*Coeloglossum* (S. 163)

*Dactylorhiza* (S. 164)

*Barlia* (S. 208)

*Himantoglossum* (S. 210)

*Comperia* (S. 214)

*Steveniella* (S. 215)

*Orchis* (S. 216)

*Neotinea* (S. 236)

*Anacampis* (S. 241)

*Serapias* (S. 258)

*Ophrys* (S. 276)

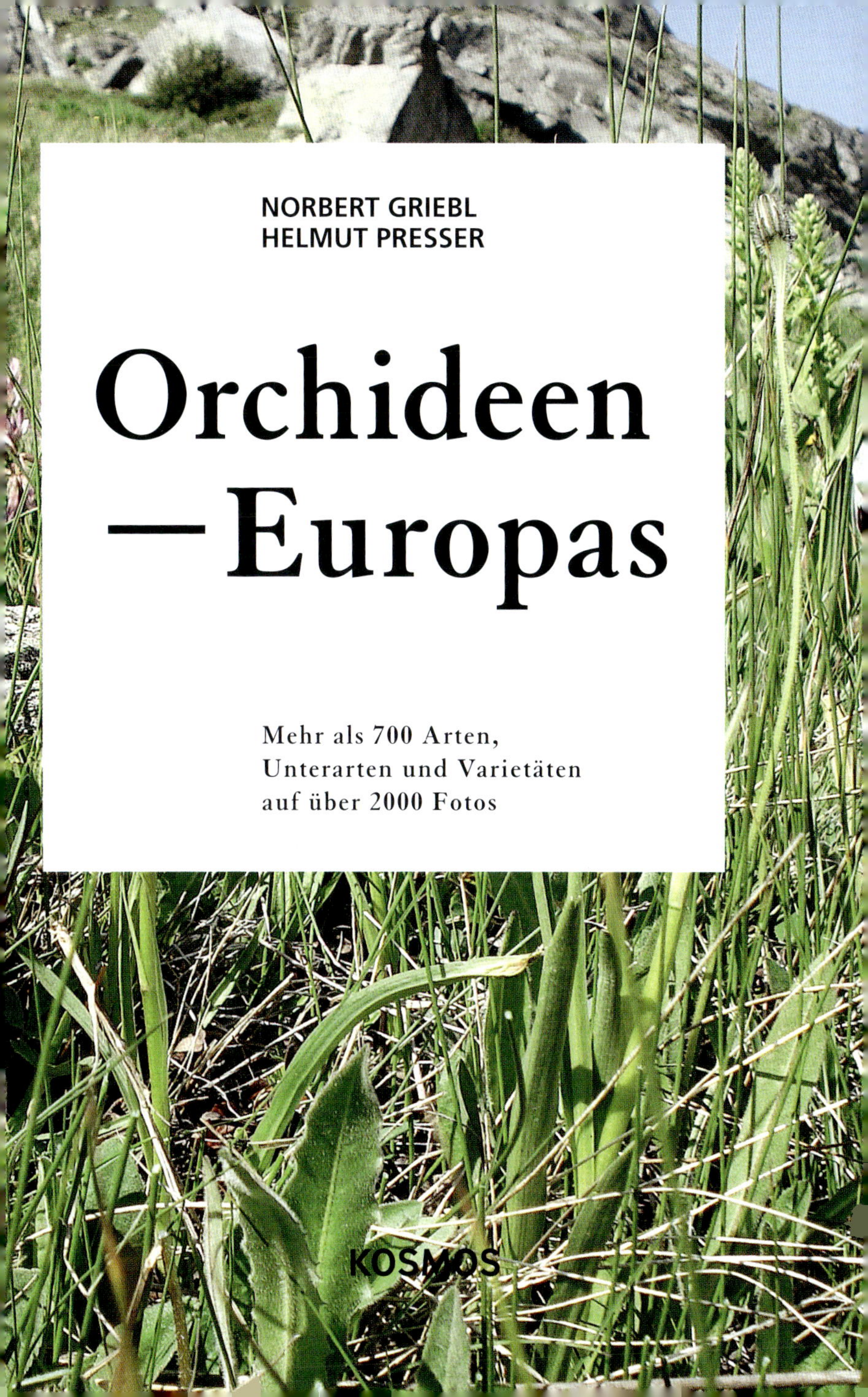

NORBERT GRIEBL
HELMUT PRESSER

# Orchideen — Europas

Mehr als 700 Arten,
Unterarten und Varietäten
auf über 2000 Fotos

KOSMOS

# Inhalt

# Einleitung

In dem hier vorliegenden Feldführer werden alle bisher bekannten europäischen Orchideen in Wort, Bild und Verbreitung vorgestellt. Dabei wurde auf alle bisher beschriebenen Sippen eingegangen, auch wenn es nach Meinung vieler Kenner nur Synonyme zu bereits bestehenden sind. Damit wird dem orchideeninteressierten Nutzer die Möglichkeit geboten, alle europäischen Orchideen bestimmen und alle gebräuchlichen Namen einschätzen zu können.

Die behandelten Sippen wurden analog den Grundregeln der taxonomischen Rangstufen eingeteilt:

- Zwei Sippen werden als getrennte **Arten** betrachtet, wenn die Nachkommen aus einer Hybride zwischen beiden normalerweise nicht fruchtbar sind. Von den meisten Autoren werden auch selbstbestäubende (autogame) und apomiktische Sippen im Artrang geführt, da sie sich in der Regel nicht mehr kreuzen. Dem schließen wir uns hier an. Als problematisch sehen wir an, dass einige der bisher beschriebenen Arten morphologisch kaum zu unterscheiden sind. Auch autogame Sippen, die sich vermutlich getrennt an verschiedenen Stellen abgespalten haben, können sehr ähnlich aussehen. Dies betrifft hauptsächlich die Gattung *Epipactis*. Wollte man der unabhängigen Entwicklung allein Rechnung tragen, müsste man sicherlich *Epipactis neglecta*, *E. leptochila*, *E. phyllanthes*, *E. albensis* etc. in viele Kleinarten aufspalten. Wir folgen dem also hier nur, wenn morphologische Unterschiede dies nahelegen.
- Eine **Unterart** ist eine morphologisch eindeutig von der Nominatart zu unterscheidende Sippe, die durch einen Isolationsmechanismus von der Nominatsippe getrennt ist. Diese Barriere kann geografischer, geologischer, phänologischer oder ähnlicher Natur sein. Unterarten sind untereinander voll fruchtbar. In Begegnungszonen sind Hybriden die Regel. Aus diesem Grund kann beispielsweise das Strohgelbe Knabenkraut, *Dactylorhiza ochroleuca*, keine Unterart des Fleischroten Knabenkrautes, *D. incarnata*, sein, weil beide Sippen weder eine geografische, geologische, phänologische oder sonst eine andere Barriere haben und meist gemeinsam vorkommen. Wären es Unterarten, müssten Hybriden und Mischpopulationen die Regel sein und *D. ochroleuca* wäre wahrscheinlich in *D. incarnata* aufgegangen. Dies ist aber nicht der Fall. Hybriden zwischen diesen beiden Sippen sind sehr selten, obwohl sie häufig im selben Biotop zu finden sind. So einfach, wie in diesem Fall, ist es allerdings selten, und so sind die Grenzen zwischen Art und Unterart oft fließend bzw. Auslegungssache. Natur lässt sich nun einmal nicht ohne Weiteres in Schubladen pressen.
- Als **Varietät** gelten Einzelexemplare, die hier und da in den Populationen der Nominatform vorkommen und sich durch ein gemeinsames Merkmal deutlich von dieser unterscheiden. Varietäten können aber auch in reinen Beständen auftreten. Sie zeigen in der Regel aber kein einheitliches Verbreitungsbild.

Folgt man diesen Grundregeln der taxonomischen Rangstufen, wird auch schlüssig, warum bei *Epipactis*, *Ophrys* und den apomiktischen Nigritellen mehr oder weniger kleine Abweichungen bereits zu einer Benennung im Artrang führen, bei den anderen Gattungen und den diploiden Nigritellen jedoch nicht. Das ist kein Spezifikum der Orchideen, sondern wir kennen das auch aus mehreren anderen Pflanzenfamilien, wie z. B. den Rosengewächsen. Hier wird die Gattung Frauenmantel *Alchemilla*, trotz geringster Unterschiede, in Dutzende Arten untergliedert. Bei den Nelkenwurzen *Geum* gibt es trotz augenfälliger Unterschiede hingegen nur wenige Arten. *Alchemilla* vermehrt sich überwiegend apomiktisch, *Geum* sexuell.

In diesem Buch wird dem biologischen Artbegriff gefolgt. Die Biologie der Sippen entscheidet, welche Pflanzen sich in der Regel fruchtbar kreuzen (bilden zusammen eine Art) und welche nicht (unterschiedliche Arten). Dies wird besonders deutlich in der umfangreichen Gattung *Ophrys*. Einerseits sind deren Blüten innerartlich oft extrem variabel. Dies dient dazu, die schnell lernfähigen Wildbienenmännchen zu täuschen und zu erneuter Pseudokopulation auf einer anderen Pflanze zu bewegen. Andererseits ähneln sich verschiedene Arten extrem und sind morphologisch für uns kaum zu unterscheiden. Ein Bienenmännchen jedoch reagiert auf den Duft, der dem Sexuallockstoff seines Weibchens nahezu gleicht, und wird normalerweise nur von Blüten einer einzigen Orchideenart angezogen. Die sehr ähnlich aussehende Pflanze einer anderen Art am selben Standort ist für sie dagegen komplett uninteressant. Um sicherzugehen, welche Art man vor sich hat, ist also die Kenntnis des bestäubenden Insekts wichtig. Allerdings können auch hier nur Fachleute die nahe verwandten Arten auseinan-

*Ophrys flavicans* mit der Mörtelbiene *Megachile (Chalicodoma) manicata* (HR, Sibenik, 29.3.2015, HP)

derhalten, i. d. R. ist dies mikroskopisch eindeutig zu erkennen.

In getrennten Gebieten können allerdings verschiedene Orchideenarten jeweils auch ein und dieselbe Bienenart anziehen, sie haben sich denselben Bestäuber erschlossen. Da sie nicht gemeinsam vorkommen, kreuzen sie sich nicht. In Begegnungszonen, die sehr selten sind, kommt es dann zu Übergangspopulationen. Dies ist z. B. bei *O. incubacea* der kroatischen Küste und *O. mammosa* von Griechenland der Fall: In Albanien existieren zwischen beiden Arten sehr variable Populationen, die Kennzeichen beider Arten gleichzeitig zeigen.

Auch kann eine Biene im selben Gebiet zwei unterschiedliche Arten bestäuben, eine mit dem Kopf und eine mit dem Hinterleib (Abdomen). Dies ist z. B. bei der früh aktiven Sandbiene *Andrena nigroaenea* der Fall, die in Südostfrankreich *Ophrys forestieri* (abdominal – *Pseudophrys*) und *Ophrys massiliensis* (vorwärts – *Euophrys*) bestäubt. Normalerweise kommen die Pollinien von *Pseudophrys* am Abdomen der Biene nicht an die Narbe einer *Euophrys* und umgekehrt.

*Ophrys explanata* mit der Mörtelbiene *Megachile (Chalicodoma) sicula* (I, Sizilien, Gela, 26.2.2020, HP)

Abdominalbestäubung: *Ophrys sicula* subsp. *galilaea* mit der Sandbiene *Andrena hesperia* (CY, Larnaka, 2.3.2014, HP)

# Wo findet man Orchideen?

Orchideen kann man praktisch in ganz Europa finden, vom südlichsten Punkt Europas, der Insel Gavdos, bis hinauf zum Nordkap. Wesentlich dabei ist, dass die Landschaft ursprünglich oder extensiv bewirtschaftet wird. In intensiv bewirtschafteten, ausgeräumten Gebieten wie etwa der Po-Ebene kann es sein, dass man gar keiner Orchidee ansichtig wird. Orchideen mögen zwar das Tun des Menschen, weil dieser immer wieder offene, neue Siedlungsmöglichkeiten schafft, zu viel des Tuns und seinen oft übertriebenen Reinlichkeitsfimmel mögen sie – wie auch fast alle anderen Lebewesen – nicht. Besonders artenreich sind kleinstrukturierte Landschaften, wo sich Magerwiesen, Ödland, Feuchtbiotope und Wälder fortwährend abwechseln. Keine Möglichkeit zum Weiterkommen haben Orchideen auf intensiv bewirtschafteten Flächen wie Äckern oder stark gedüngten Wiesen, da sie konkurrenzschwach sind und hier den Platz für konkurrenzstarke Arten räumen.

Zeitlich gesehen kann man in Europa das ganze Jahr über blühende Orchideen sehen. Die „richtige" Saison der Orchideen beginnt im Süden mit etwa Februar und endet in den Buchenwaldgebieten Italiens etwa Ende August. Freilich gibt es einzelne Arten wie *Ophrys forestieri*, die auf Mallorca oder Sizilien bereits im Dezember ihre Blüten öffnen und andere, wie die Herbst-Wendelähre *Spiranthes spiralis* und die Biber-Ständelwurz *Epipactis fibri*, die noch im Oktober, teilweise sogar später, ihre Blüten zeigen. Aber das sind die Ausnahmen. Hauptsaison für europäische Orchideen sind März bis Juli. Der Reigen beginnt im Süden, über Weihnachten und Neujahr blühen bereits einige Arten auf den Kanaren, die erste Art hat da schon die Hochblüte hinter sich. Vor allem Zypern kann als erstes reichhaltiges Orchideenziel im Jahr empfohlen werden. Hier findet man bereits im Februar zahlreiche Orchideenarten, bald danach im übrigen mediterranen Raum. Je weiter man nun nach Norden bzw. je höher man ins Gebirge steigt, desto weiter verschiebt sich die Blütezeit nach hinten.

Vercors (F) in den Westalpen: Im abgebildeten Bereich wachsen fast 40 verschiedene Orchideenarten, eine ganz erstaunliche Fülle (19.5.2018, HP).

Nicht nur die Blütezeit, auch die jeweilige Region ist ausschlaggebend dafür, auf welche Orchideen man treffen kann. So findet die riesige Gattung *Ophrys* unzweifelhaft im Mittelmeergebiet ihre Hauptverbreitung, *Dactylorhiza* hat Verbreitungszentren in den Alpen, den Gebirgen der Balkanhalbinsel, auf den Britischen Inseln, in den Niederlanden und in Skandinavien. Die Nigritellen sind in den Kalkstöcken der Ostalpen am mannigfaltigsten zu finden und *Serapias* ist wiederum ein Kind des Mittelmeergebiets.

**Standorte erkennen**

Mit etwas Training oder auch Anleitung wird man bald die reichhaltigsten Biotope im besuchten Gebiet schon aus Entfernung erkennen und dann untersuchen. Generell sind das magere Bereiche, in niedrigen Lagen im Süden bevorzugt Nordhänge, die der Sonne weniger stark ausgesetzt sind. Bei stärkerer Besonnung ist gelegentlicher Schatten von Gehölzen förderlich. Eine Beweidung (nach der Blütezeit) ist oft eine Voraussetzung für gute Bestände. Ein Einstellen der Beweidung ist in einigen Gebieten allerdings zunehmend zu erkennen, hier vergrast und verbuscht das Gelände, die empfindlichen Orchideen gehen schnell zurück.

Manchmal lohnt es sich, im Sommer abgebrannte Bereiche zu untersuchen, wenn das Feuer nicht zu viel Nahrung hatte – die Pflanzen bekommen wieder mehr Licht, die Böden sind vegetationsarm. Kalkreiche Gebiete sind in der Regel artenreicher als silikatische, leicht feuchte Böden individuenreicher als trockene. In Feuchtgebieten ist niedriges, lückig stehendes Schilf mit schütterer Vegetation meistens lohnend. Oft helfen auch auffallende Orchideenarten, einen guten Biotop zu erkennen: Mit dem Auto hält man beispielsweise im Süden meist nicht vergeblich an, wenn das Italienische Knabenkraut, *Orchis italica*, in größeren Stückzahlen zu sehen ist. Waldorchideen finden sich größtenteils in ursprünglichen, nicht zu dichten Mischwäldern mit wenig Unterwuchs. Gerade diese Biotope gehen in vielen Bereichen Mitteleuropas aber rasant zurück („Waldumbau", Nährstoffeintrag, liegen gebliebenes Astmaterial, starke Bejagung des Wilds, Aufforstungen, Einbringen fremder Gehölze). Auch reine Buchenwälder können sehr ergiebig sein, besonders, wenn sie gelegentlich beweidet werden und Lücken aufweisen. So sind z. B. im Sommer besonders einige Gebirge Italiens in dieser Hinsicht sehr interessant. Zypressen oder Kiefern zeigen oft interessante Stellen an. Nebenbei bemerkt: Reichhaltige Orchideengebiete sind fast immer auch besonders reich an anderen Raritäten, seien es Pilze, Pflanzen, Insekten, Reptilien oder Vögel.

Zuerst wird man vermutlich Bereiche anlaufen, die bekannt für ihren Orchideenreichtum sind. Hat man bereits eine gute Kenntnis der Orchideen in einem Gebiet, so sucht man eher Stellen auf, die auf den ersten Blick weniger orchideenreich wirken, die unzugänglich oder fernab der üblichen Ziele liegen. Hier findet man vielleicht noch Arten, die bisher übersehen wurden, die neu für das Gebiet oder sogar noch nicht beschrieben sind. Dies ist sozusagen die „Kür der Orchideensuche".

### Faszinierend und variantenreich

Diese Kleinode der Natur zu suchen und zu finden, ist wie Urlaub für die menschliche Seele, ein Entschleunigen des oft hektischen Arbeitsalltags, ein Zurückfinden auf den Boden. Mit allen uns Menschen zur Verfügung stehenden Sinnen zieht man durch die Landschaft, das Ohr offen für die Klänge der Vögel, die Nase für die Düfte der Kräuter und das Auge wachsam für Orchideen. Das Suchen und Entdecken der Blumen und Landschaften ist eine Wohltat für uns und das Objekt unserer Begierde gilt seit jeher als etwas ganz Besonderes. Orchideen haben den Naturfreund, den Forscher, den Botaniker und den Naturfotografen immer schon in ihren Bann gezogen. Die „raffinierten" Überlebenstaktiken, die Seltenheit, der unglaubliche Variationsreichtum, die mannigfaltige Bildung von Hybriden und die verwirrende Vielfalt an Farben und Formen sind dafür hauptsächlich ausschlaggebend.

Kreta (GR), östlich von Spili. Bergland mit über 20 verschiedenen Orchideenarten, im sichtbaren Nahbereich 10 Arten (20.4.2011, HP)

### Orchideen und Naturschutz

Für den Naturschutz sind die Orchideen zum Inbegriff gefährdeter Lebewesen geworden, weil ihre Lebensräume zusehends weniger werden. Doch belegen bereits die frühesten Quellen, dass wilde Orchideen schon immer gefährdete Kostbarkeiten waren.

Das Wissen um diese Naturschätze ist ein wesentlicher Beitrag für deren Schutz. Wenn wir Menschen etwas nicht kennen, dann schätzen wir es nicht, und wenn wir es nicht schätzen, dann schützen wir es nicht. Ein langfristig und tiefgreifend wirksamer Ansatz im Naturschutz muss Kopf und Herz der Menschen ansprechen. Naturschutz bleibt oberflächlich und kurzlebig, wenn er uns Menschen nicht berührt, wenn er nicht an die in uns allen mehr oder weniger verborgen liegende, tiefe Naturverbundenheit anknüpft. Menschen, die sich in der Natur geborgen und wie zu Hause fühlen, bringen ihr ganz selbstverständlich Liebe und Respekt entgegen. Sie spüren oder wissen um den Wert der Natur. Der Schritt zu einem aktiven Engagement für den Erhalt der Flora, der Fauna und der Landschaft liegt dann auf der Hand. Und der ist angesichts der ansteigenden Gefährdungen heutzutage höchst notwendig, um die Kostbarkeiten der Natur zu erhalten.

# Die Reihenfolge der Arten

Damit die Reihenfolge der behandelten Arten übersichtlicher ist, wird hier die verwendete Systematik in Tabellenform dargelegt. Die Reihenfolge der Taxa fußt auf verwandtschaftlichen Beziehungen und Ähnlichkeiten im Aussehen, die das optische Auffinden unter ähnlichen Arten erleichtert.

| Gattung | Art | Unterart | Varietät | gebräuchliche Synonyme | Seite |
|---|---|---|---|---|---|
| *Cypripedium* | *calceolus* | | | | 34 |
| *Cephalanthera* | *damasonium* | | | | 34 |
| | *longifolia* | | | | 35 |
| | | | *rosea* | | 36 |
| | | | *citrina* | | 36 |
| | *epipactoides* | | | | 36 |
| | *cucullata* | | | | 37 |
| | *rubra* | | | | 37 |
| *Limodorum* | *abortivum* | *abortivum* | | var. *viridis* | 38 |
| | | | *rubrum* | *L. rubriflorum* | 39 |
| | | *gracile* | | | 39 |
| | | *mezekii* | | | 39 |
| | *trabutianum* | *trabutianum* | | *L. abortivum* var. *trabutianum* | 40 |
| | | *thracum* | | | 40 |
| | *brulloi* | | | | 41 |
| *Epipactis* | *veratrifolia* | *veratrifolia* | | | 43 |
| | | *oaseana* | | | 43 |
| | *palustris* | | | | 44 |
| | *microphylla* | | | | 44 |
| | *atrorubens* | *atrorubens* | | | 45 |
| | | | *triploidea* | | 46 |
| | | | *borbasii* | | 46 |
| | | | *atrata* | | 46 |
| | | *spiridonovii* | | var. *macedonica* | 47 |
| | *subclausa* | | | | 47 |
| | *kleinii* | | | *E. parviflora* | 48 |
| | *condensata* | | | | 49 |
| | *krym-montana* | | | | 50 |
| | *meridionalis* | | | | 50 |
| | *ioessa* | | | | 51 |
| | *lucana* | | | | 52 |
| | *cordigera* | | | | 53 |
| | *torqueta* | | | | 54 |
| | *voethii* | | | | 54 |
| | *cardina* | | | | 55 |
| | *tremolsii* | | | *E. duriensis* | 56 |

| Gattung | Art | Unterart | Varietät | gebräuchliche Synonyme | Seite |
|---|---|---|---|---|---|
| *Epipactis* | | | *lusitanica* | *E. lusitanica* | 57 |
| | *latina* | | | | 57 |
| | *turcica* | | | | 58 |
| | | | *densifolia* | *E. levantina, E. densifolia* | 58 |
| | *helleborine* | *helleborine* | | | 59 |
| | | | *neerlandica* | *E. neerlandica* | 60 |
| | | | *castanearum* | | 60 |
| | | | *orbicularis* | | 60 |
| | | | *minor* | *E. helleborus* subsp. *minor* | 61 |
| | | | *youngiana* | *E. youngiana* | 61 |
| | | *moratoria* | | *E. moratoria* | 61 |
| | | *guegelii* | | *E. guegelii* | 62 |
| | | *schubertiorum* | | *E. schubertiorum* | 62 |
| | *renzii* | | | *E. neerlandica* var. *renzii* | 63 |
| | *distans* | *distans* | | | 64 |
| | | *molochina* | | *E. molochina* | 65 |
| | *cupaniana* | | | *E. hyblaea* | 65 |
| | *aspromontana* | | | | 66 |
| | *degenii* | | | | 66 |
| | *heraclea* | | | | 67 |
| | *halacsyi* | | | | 68 |
| | *leutei* | | | | 69 |
| | *nasuta* | | | | 70 |
| | *purpurata* | | | *E. pollinensis* | 71 |
| | *pseudopurpurata* | | | | 72 |
| | *minipurpurata* | | | | 73 |
| | *sanguinea* | | | | 73 |
| | *calabrica* | | | | 74 |
| | *collaris* | | | | 75 |
| | *dunensis* | *dunensis* | | | 76 |
| | | *bugacensis* | | *E. bugacensis, E. rhodanensis* | 77 |
| | | *sancta* | | *E. sancta* | 77 |
| | | *tynensis* | | | 78 |
| | *campeadorii* | | | *E. hispanica* | 78 |
| | *pontica* | | | | 79 |
| | *etrusca* | | | | 80 |
| | *majellensis* | | | | 80 |
| | *bicolor* | | | | 81 |
| | *garganica* | | | | 82 |

| Gattung | Art | Unterart | Varietät | gebräuchliche Synonyme | Seite |
|---|---|---|---|---|---|
| *Epipactis* | *nordeniorum* | | | | 83 |
| | *autumnalis* | | | | 84 |
| | *zaupolensis* | | | | 85 |
| | *rivularis* | | | | 86 |
| | *maricae* | | | *E. nordeniorum* subsp. *maricae* | 86 |
| | *ariosica* | | | | 87 |
| | *mecsekensis* | | | | 88 |
| | *tallosii* | | | | 89 |
| | | | *moravica* | *E. moravica* | 90 |
| | *albensis* | *albensis* | | | 90 |
| | | *lusatia* | | | 91 |
| | *fibri* | | | | 92 |
| | *taurica* | | | | 92 |
| | *danubialis* | | | | 93 |
| | *hygrophila* | | | | 94 |
| | *exilis* | | | *E. gracilis*, *E. baumanniorum*, *E. persica* subsp. *exilis* | 95 |
| | *troodi* | | | | 95 |
| | *cretica* | | | | 96 |
| | *phyllanthes* | *phyllanthes* | | subsp. *arenaria*, var. *cambrensis*, var. *olarionensis*, var. *pendula*, var. *vectensis* | 97 |
| | | | *degenera* | | 98 |
| | | *confusa* | | *E. fageticola* | 98 |
| | *olympica* | | | | 99 |
| | *neglecta* | | | var. *sudalpina*, var. *collina* | 99 |
| | *wartensteinii* | | | | 100 |
| | *komoricensis* | | | | 101 |
| | *naousaensis* | | | | 102 |
| | *peitzii* | | | | 103 |
| | *leptochila* | *leptochila* | | | 104 |
| | | | *altensteiniana* | | 105 |
| | | | *cleistogama* | | 105 |
| | | *dinarica* | | | 105 |
| | | *thesaurensis* | | | 106 |
| | | *maestrazgona* | | | 106 |
| | *provincialis* | | | | 107 |
| | *savelliana* | | | *E. leptochila* var. *savelliana* | 108 |
| | *umbrae* | | | *E. leptochila* subsp. *umbrae* | 109 |
| | *caramolica* | | | | 110 |

| Gattung | Art | Unterart | Varietät | gebräuchliche Synonyme | Seite |
|---|---|---|---|---|---|
| *Epipactis* | *futakii* | | | | 110 |
| | *lapidocampi* | | | | 111 |
| | *muelleri* | | | var. *saltuaria* | 112 |
| | *placentina* | *placentina* | | | 113 |
| | | *robatschiana* | | *E. robatschiana* | 113 |
| | *pinovica* | | | | 114 |
| | *greuteri* | *greuteri* | | *E. flaminia* | 115 |
| | | *preinensis* | | | 116 |
| | | *sancti-bruni* | | | 116 |
| *Calypso* | *bulbosa* | | | | 117 |
| *Epipogium* | *aphyllum* | | | | 117 |
| *Corallorhiza* | *trifida* | | | | 118 |
| *Neottia* | *nidus-avis* | | | | 119 |
| *Listera* | *ovata* | | | *Neottia ovata* | 120 |
| | *cordata* | | | *Neottia cordata* | 121 |
| *Liparis* | *loeselii* | | | var. *ovata* | 121 |
| | *nemoralis* | | | *L. kumokiri* subsp. *nemoralis* | 122 |
| *Herminium* | *monorchis* | | | | 123 |
| *Hammarbya* | *paludosa* | | | *Malaxis paludosa* | 124 |
| *Malaxis* | *monophyllos* | | | | 124 |
| *Gennaria* | *diphylla* | | | | 125 |
| *Habenaria* | *tridactylites* | | | | 126 |
| *Chamorchis* | *alpina* | | | | 127 |
| *Platanthera* | *oligantha* | | | *Lysiella oligantha* | 128 |
| | *hyperborea* | | | | 129 |
| | *chlorantha* | | | *P. montana* | 129 |
| | | | *gselliana* | | 130 |
| | *holmboei* | | | *P. lesbiaca* | 130 |
| | *algeriensis* | | | | 131 |
| | *muelleri* | | | *P. × hybrida, P. bifolia* subsp. *osca* | 132 |
| | *fornicata* | | | *P. latiflora* | 133 |
| | | | *subalpina* | | 134 |
| | *bifolia* | | | | 134 |
| | *kuenkelei* | | *sardoa* | | 135 |
| *Spiranthes* | *aestivalis* | | | | 136 |
| | *spiralis* | | | | 136 |
| | *romanzoffiana* | | | | 137 |
| *Goodyera* | *repens* | | | | 138 |
| *Ponerorchis* | *cucullata* | | | *Neottianthe cucullata, Hemipilia cucullata* | 138 |

| Gattung | Art | Unterart | Varietät | gebräuchliche Synonyme | Seite |
|---|---|---|---|---|---|
| *Traunsteinera* | *globosa* | | | | 139 |
| *Pseudorchis* | *albida* | *albida* | | | 140 |
| | | | *tricuspis* | | 140 |
| | | *straminea* | | *P. straminea* | 140 |
| *Gymnadenia* | *frivaldii* | | | *Pseudorchis frivaldii* | 141 |
| | *odoratissima* | | | | 141 |
| | *pyrenaica* | | | | 142 |
| | *borealis* | | | | 143 |
| | *vernalis* | | | | 144 |
| | *conopsea* | | | var. *neglecta, G. alpina* | 145 |
| | *graminea* | | | *G. conopsea* subsp. *serotina* | 146 |
| | *splendida* | | | | 147 |
| | *densiflora* | *densiflora* | | *G. densiflora* subsp *odorata, G. splendida* subsp. *odorata* | 148 |
| | | *friesica* | | *G. conopsea* var. *densiflora* fo. *friesica* | 148 |
| *Nigritella* | Hybridsippen | | | *„kossutensis"*<br>*„ravnikii"*<br>*„carniolica"* | 149 |
| | *runei* | | | *Gymnigritella runei* | 150 |
| | *nigra* | | | *Gymnadenia nigra* | 150 |
| | *gabasiana* | | | *Gymnadenia gabasiana* | 151 |
| | *rhellicani* | *rhellicani* | | *Gymnadenia rhellicani, N. ravnikii, N. kossutensis* | 152 |
| | | *cenisia* | | *N. cenisia, Gymnadenia cenisia, N. rhellicani* var. *robusta* | 152 |
| | *austriaca* | | | *N. nigra* subsp. *austriaca, Gymnadenia austriaca* subsp. *gallica*, subsp. *iberica* | 153 |
| | *carpatica* | | | *Gymnadenia carpatica* | 153 |
| | *corneliana* | | | *Gymnadenia corneliana* | 154 |
| | | | *bourneriasii* | *Gymnadenia corneliana* subsp. *bourneriasii* | 155 |
| | *lithopolitanica* | | | *Gymnadenia lithopolitanica, N. karawankarum* | 155 |
| | | | *luciae* | | 156 |
| | *widderi* | | | *Gymnadenia widderi* | 156 |
| | *archiducis-joannis* | | | *Gymnadenia archiducis-joannis* | 157 |
| | *bicolor* | | | *Gymnadenia bicolor* | 157 |
| | *stiriaca* | | | *Gymnadenia stiriaca* | 158 |
| | *miniata* | | | *Gymnadenia miniata, Nigritella rubra, Gymnadenia rubra* | 159 |
| | *minor* | | | *Gymnadenia minor* | 159 |

| Gattung | Art | Unterart | Varietät | gebräuchliche Synonyme | Seite |
|---|---|---|---|---|---|
| *Nigritella* | *graciliflora* | | | | 160 |
| | *dolomitensis* | | | *Gymnadenia dolomitensis*, *G. miniata* var. *dolomitensis* | 160 |
| | *hygrophila* | | | *Gymnadenia miniata* var. *dolomitensis* fo. *hygrophila* | 161 |
| | *buschmanniae* | | | *Gymnadenia buschmanniae* | 162 |
| *Coeloglossum* | *viride* | | | *Dactylorhiza viridis*, inkl. subsp. *islandica* | 163 |
| *Dactylorhiza* | *iberica* | | | | 165 |
| | *insularis* | | | | 165 |
| | | | *bartonii* | | 166 |
| | *cantabrica* | | | | 166 |
| | *sambucina* | | | | 167 |
| | *romana* | *romana* | | *D. flavescens*, inkl. subsp. *georgica* | 168 |
| | | *guimaraesii* | | *D. markusii* | 169 |
| | *incarnata* | *incarnata* | | | 169 |
| | | | *drudei* | var. *borealis* | 171 |
| | | | *dunensis* | | 170 |
| | | | *gemmana* | | 171 |
| | | | *haematodes* | var. *reichenbachii* | 170 |
| | | | *hyphae-matodes* | | 170 |
| | | | *lobelii* | | 171 |
| | | | *macrophylla* | var. *latissima* | 171 |
| | | | *ochrantha* | | 171 |
| | | | *rosea* | | 171 |
| | | *coccinea* | | *D. coccinea* | 171 |
| | | *pulchella* | | var. *pulchella* | 171 |
| | | *serotina* | | var. *haussknechtii?*, var. *pulchella* | 172 |
| | *cruenta* | | | *D. incarnata* subsp. *cruenta* | 172 |
| | *ochroleuca* | | | | 173 |
| | *purpurella* | *purpurella* | | | 174 |
| | | | *maculosa* | *D. incarnata* subsp. *ochroleuca*, var. *atrata* | 175 |
| | | | *majaliformis* | | 175 |
| | | | *cambrensis* | *D. cambrensis* | 175 |
| | *vadorum* | | | | 175 |
| | | | *picturata* | | 176 |
| | *francis-drucei* | | | *D. ebudensis* | 176 |
| | | | *ebudensis* | var. *scotica* | 177 |

| Gattung | Art | Unterart | Varietät | gebräuchliche Synonyme | Seite |
|---|---|---|---|---|---|
| *Dactylorhiza* | *lapponica* | | | subsp. *rhaetica* | 177 |
| | *kerryensis* | | | | 178 |
| | | | *occidentalis* | *D. occidentalis* | 179 |
| | *majalis* | *majalis* | | *D. brevifolia* | 179 |
| | | *alpestris* | | *D. alpestris* | 180 |
| | | *parvimajalis* | | *D. parvimajalis* | 180 |
| | *cordigera* | *cordigera* | | subsp. *bosniaca*, *D. lagotis* | 181 |
| | | | *graeca* | | 181 |
| | | | *vermionica* | | 181 |
| | | | *rhodopeia* | | 181 |
| | | *siculorum* | | | 182 |
| | *baumanniana* | | | | 182 |
| | *pindica* | | | | 183 |
| | *smolikana* | | | *D. baumanniana* subsp. *smolikana* | 184 |
| | *pythagorae* | | | | 184 |
| | *kalopissii* | *kalopissii* | | | 185 |
| | | *macedonica* | | *D. macedonica* | 185 |
| | *ruthei* | *ruthei* | | *D. pomeranica* | 186 |
| | | *osiliensis* | | | 186 |
| | | *vironii* | | | 186 |
| | *praetermissa* | *praetermissa* | | | 187 |
| | | | *junialis* | *D. pardalina* | 188 |
| | | | *integrata* | | 189 |
| | | *schoenophila* | | | 189 |
| | *montis-mosae* | | | | 189 |
| | *sphagnicola* | *sphagnicola* | | subsp. *hoeppneri*, subsp. *deweveri*, *D. sennia* | 190 |
| | | *calcifugiens* | | *D. majalis* subsp. *calcifugiens* | 190 |
| | *elata* | *elata* | | subsp. *sesquipedalis* | 191 |
| | | | *iberica* | | 191 |
| | | *brennensis* | | *D. brennensis* | 191 |
| | | *irenica* | | *D. traunsteineri* subsp. *irenica*, *D. irenica* | 192 |
| | *caramulensis* | | | *D. maculata* subsp. *caramulensis* | 192 |
| | *occitanica* | | | *D. elata* subsp. *ambigua* | 193 |
| | *bohemica* | | | *D. traunsteineri* subsp. *bohemica* | 193 |
| | *traunsteineri* | *traunsteineri* | | subsp. *vosagiaca* | 194 |
| | | *curvifolia* | | *D. russowii* | 195 |
| | | *devillersiorum* | | | 195 |
| | | *schurii* | | | 196 |

| Gattung | Art | Unterart | Varietät | gebräuchliche Synonyme | Seite |
|---|---|---|---|---|---|
| *Dactylorhiza* | *turfosa* | | | *D. majalis* subsp. *turfosa, D. traunsteineri* subsp. *turfosa* | 196 |
| | *angustata* | | | *D. delphinensis, D. lapponica* subsp. *angustata, D. traunsteineri* subsp. *angustata* | 197 |
| | *traunsteinerioides* | | | | 198 |
| | *carpatica* | | | *D. traunsteineri* subsp. *carpatica* | 198 |
| | *baltica* | | | *D. majalis* subsp. *baltica* | 199 |
| | | | *kuzkenembe* | | 199 |
| | *saccifera* | *saccifera* | | | 200 |
| | | *gervasiana* | | *D. cyrnea, D. gervasiana* | 200 |
| | *fuchsii* | *fuchsii* | | subsp. *sooana, D. isculana* | 201 |
| | | *hebridensis* | | *D. hebridensis* | 202 |
| | | *okellyi* | | *D. okellyi, D. maculata* subsp. *okellyi* | 203 |
| | | *psychrophila* | | | 203 |
| | | *punicea* | | *D. andoeyana* | 203 |
| | *maculata* | *maculata* | | *D. elodes* (Form magerer, sauere Standorte) | 204 |
| | | *ericetorum* | | *D. maculata* var. *rhoumensis, D. ericetorum* | 205 |
| | | *islandica* | | *D. islandica* | 205 |
| | | *montellii* | | *D. koalensis* | 205 |
| | | *podesta* | | | 206 |
| | | *pyrenaica* | | | 206 |
| | | *savogiensis* | | *D. savogiensis* | 206 |
| | | *sudetica* | | *D. sudetica* | 207 |
| | | *transsilvanica* | | *D. transsilvanica* | 207 |
| *Barlia* | *robertiana* | | | *Himantoglossum robertianum* | 208 |
| | *metlesicsiana* | | | *Himantoglossum metlesicsianum* | 209 |
| *Himantoglossum* | *hircinum* | | | | 210 |
| | | | *aestivalis* | | 211 |
| | *adriaticum* | | | | 211 |
| | *calcaratum* | *calcaratum* | | | 212 |
| | | *rumelicum* | | *»H. caprinum«* | 212 |
| | | | | *H. jankae*, subsp. *jankae* | 212 |
| | | | | *H. samariense* | 212 |
| | *caprinum* | | | *H. affine* | 214 |
| *Comperia* | *comperiana* | | | *Himantoglossum comperianum* | 214 |
| *Steveniella* | *satyrioides* | | | | 215 |
| *Orchis* | *italica* | | | | 217 |
| | *simia* | | | | 217 |

| Gattung | Art | Unterart | Varietät | gebräuchliche Synonyme | Seite |
|---|---|---|---|---|---|
| *Orchis* | *militaris* | *militalis* | | | 218 |
| | | *stevenii* | | | 219 |
| | *purpurea* | | | | 219 |
| | *punctulata* | | | *O. sepulchralis* | 220 |
| | *anthropophora* | | | *Aceras anthropophorum* | 221 |
| | *pauciflora* | | | | 222 |
| | *provincialis* | | | | 222 |
| | *pallens* | | | | 223 |
| | *mascula* | *mascula* | | *O. mascula* subsp. *wanjkowii* | 224 |
| | | *ichnusae* | | *O. olbiensis* subsp. *ichnusae, O. ichnusae* | 224 |
| | | *pinetorum* | | *O. pinetorum* | 225 |
| | | *speciosa* | | subsp. *signifera*, var. *ovalis*, var. *speciosa, O. ovalis* | 225 |
| | | *tenera* | | *O. tenera* | 226 |
| | *olbiensis* | | | *O. mascula* subsp. *olbiensis*, *O. lapalmensis* | 226 |
| | *langei* | | | *O. hispanica, O. mascula* subsp. *laxifloraeformis* | 227 |
| | *sitiaca* | | | *O. anatolica* subsp. *sitiaca* | 228 |
| | *troodii* | | | *O. anatolica* var. *troodii* | 229 |
| | *anatolica* | | | | 229 |
| | *sezikiana* | | | | 230 |
| | *quadripunctata* | | | | 231 |
| | *brancifortii* | | | | 232 |
| | *prisca* | | | *O. spitzelii* subsp. *nitidifolia* | 232 |
| | *spitzelii* | *spitzelii* | | *O. patens* subsp. *spitzelii* | 233 |
| | | *cazorlensis* | | *O. cazorlensis* | 233 |
| | *patens* | | | Hybriden mit *O. mascula* wurden als *O. ligustica* beschrieben | 234 |
| | *canariensis* | | | *O. patens* subsp. *canariensis* | 235 |
| *Neotinea* | *maculata* | | | *N. intacta* | 236 |
| | *ustulata* | *ustulata* | | *Orchis ustulata* | 236 |
| | | *aestivalis* | | *Orchis ustulata* var. *aestivalis* | 237 |
| | *tridentata* | *tridentata* | | *Orchis tridentata* | 238 |
| | | | *commutata* | *Orchis commutata* | 238 |
| | | *angelica* | | *Orchis commutata* var. *angelica*, *O. tridentata* var. *angelica* | 238 |
| | *conica* | | | *Orchis tridentata* subsp. *conica, O. conica* | 239 |
| | *lactea* | *lactea* | | *Orchis lactea* | 239 |

| Gattung | Art | Unterart | Varietät | gebräuchliche Synonyme | Seite |
|---|---|---|---|---|---|
| *Neotinea* | | *corsica* | | *Orchis corsica, Neotinea lactea* var. *corsica* | 239 |
| | | *minuscula* | | *Neotinea lactea* fo. *minuscula* | 240 |
| *Anacamptis* | *berica* | | | | 241 |
| | *pyramidalis* | *pyramidalis* | | var. *orientalis*, var. *purpuralis* | 241 |
| | | | *tanayensis* | | 242 |
| | | | *nivea* | | 242 |
| | | | *sanguinea* | | |
| | | *brachystachys* | | | 242 |
| | | *cerigensis* | | var. *cerigensis* | 242 |
| | | *serotina* | | var. *dunensis* | 243 |
| | | *urvilleana* | | | 244 |
| | *sancta* | | | *Orchis sancta, Anteriorchis sancta* | 244 |
| | *coriophora* | *coriophora* | | *Orchis coriophora, Anteriorchis coriophora* | 245 |
| | | *fragrans* | | *Orchis fragrans, Anteriorchis fragrans* | 245 |
| | | *martrinii* | | var. *carpetana, Orchis coriophora* subsp. *martrinii* | 246 |
| | *boryi* | | | *Orchis boryi, Herorchis boryi* | 246 |
| | *morio* | *morio* | | *Orchis morio, Herorchis morio* | 247 |
| | | *albanica* | | *Orchis albanica, Herorchis albanica* | 248 |
| | | *caucasica* | | var. *skorpilii, Herorchis picta* var. *caucasica* | 248 |
| | | *picta* | | *Orchis picta, Herorchis picta* | 249 |
| | | *syriaca* | | *Orchis syriaca, Herorchis syriaca* | 249 |
| | *champagneuxii* | | | *Orchis champagneuxii, Herorchis morio* subsp. *champagneuxii* | 249 |
| | | | *mesomelana* | | 250 |
| | *longicornu* | | | *Orchis longicornu, Herorchis morio* subsp. *longicornu* | 250 |
| | *papilionacea* | *papilionacea* | | *Orchis papilionacea* subsp. *septentrionalis, O. papilionacea, Vermeulenia papilionacea* | 251 |
| | | | *rubra* | *Orchis papilionacea* subsp. *balcanica* | 251 |
| | | *aegaea* | | *A. papilionacea* subsp. *heroica, A. papilionacea* var. *aegaea* | 251 |
| | | | *thaliae* | *Orchis papilionacea* subsp. *thaliae* | 251 |
| | | *alibertis* | | *Orchis papilionacea* var. *alibertis, Vermeulenia papilionacea* var. *alibertis* | 252 |
| | | *expansa* | | subsp. *vexillifera, Orchis papilionacea* subsp. *expansa* | 252 |

| Gattung | Art | Unterart | Varietät | gebräuchliche Synonyme | Seite |
|---|---|---|---|---|---|
| *Anacamptis* | | | *morgetiana* | *Orchis papilionacea* subsp. *morgetiana* | 253 |
| | | *grandiflora* | | *Orchis papilionacea* subsp. *grandiflora* | 253 |
| | | *messenica* | | *Orchis papilionacea* var. *messenica* | 253 |
| | | *palaestina* | | *Orchis papilionacea* subsp. *palaestina* | 254 |
| | *collina* | | | *Orchis collina, Vermeulenia collina* | 254 |
| | *laxiflora* | | | *Orchis laxiflora, Paludorchis laxiflora* | 255 |
| | *palustris* | *palustris* | | *Orchis palustris, Paludorchis palustris* | 256 |
| | | *elegans* | | *Orchis mediterranea, Paludorchis palustris* var. *elegans* | 257 |
| | | *robusta* | | *Orchis robusta, Paludorchis robusta* | 257 |
| *Serapias* | Hybridsippen | | *»elsae«*<br>*»intermedia«*<br>*»kelleri«*<br>*»lucana«*<br>*»todaroi«* | <br>*hyblaea, francavillae*<br><br>*guardinae*<br>inkl. *cyrnosardoa* | 258 |
| | *nurrica* | | | | 259 |
| | | | *santuingensis* | *S. nurrica* subsp. *santuingensis* | 259 |
| | *parviflora* | | | *S. mascaensis* | 259 |
| | *aphroditae* | | | | 260 |
| | *politisii* | | | | 261 |
| | *bergonii* | | | *S. laxiflora* | 261 |
| | *cilentana* | | | *S. bergonii* subsp. *cilentana* | 262 |
| | *vomeracea* | | | subsp. *longipetala, S. artemisae* | 263 |
| | *perez-chiscanoi* | | | | 263 |
| | *patmia* | | | | 264 |
| | *levantina* | | | | 265 |
| | *orientalis* | *orientalis* | | | 265 |
| | | | *spaethiae* | | 266 |
| | | *apulica* | | | 266 |
| | | *moreana* | | var. *sennii* | 266 |
| | | *siciliensis* | | | 267 |
| | *cycladum* | | | *S. carica, S. montana* | 267 |
| | *istriaca* | | | | 268 |
| | *ionica* | | | | 269 |
| | *neglecta* | | | | 269 |
| | *cordigera* | *cordigera* | | subsp. *gentilii* | 270 |
| | | *cossyrensis* | | | 271 |
| | | *cretica* | | | 271 |
| | | *guadarramica* | | *S. vomeracea* subsp. *guadarramica* | 272 |
| | | *lorenziana* | | | 272 |

| Gattung | Art | Unterart | Varietät | gebräuchliche Synonyme | Seite |
|---|---|---|---|---|---|
| *Serapias* | | *occidentalis* | | *S. maria* | 272 |
| | *olbia* | | | | 273 |
| | *strictiflora* | | | *S. gregaria* | 274 |
| | | | *distenta* | | 274 |
| | *lingua* | | | | 275 |
| *Ophrys* | *atlantica* | | | | 277 |
| | *mirabilis* | | | *O. fusca* subsp. *hayekii* | 278 |
| | *algarvensis* | | | | 278 |
| | *dyris* | | | | 279 |
| | *vasconica* | | | | 280 |
| | *brigittae* | | | *O. lenae* | 280 |
| | *fleischmannii* | | | | 281 |
| | *omegaifera* | | | *O. polycratis* | 282 |
| | *basilissa* | | | | 282 |
| | *apollonae* | | | | 283 |
| | *israelitica* | | | | 284 |
| | *sitiaca* | | | *O. achillis, O. creutzburgii, O. scyria* | 284 |
| | *pelinaea* | | | *O. meropes, O. theophrasti* | 285 |
| | *eptapigiensis* | | | | 285 |
| | *attavira* | | | | 286 |
| | *cesmeensis* | | | | 286 |
| | *thracica* | | | *O. fusca* subsp. *thracica* | 287 |
| | *lucana* | | | | 288 |
| | *calocaerina* | | | *O. sabulosa* | 288 |
| | *leucadica* | | | | 289 |
| | *creberrima* | | | | 289 |
| | *phaidra* | | | | 290 |
| | *kedra* | | | | 290 |
| | *thriptiensis* | | | | 291 |
| | *pallidula* | | | | 291 |
| | *cressa* | | | | 292 |
| | *parvula* | | | | 293 |
| | *cinereophila* | | | | 293 |
| | *pallida* | | | *O. pectus* | 294 |
| | *bilunulata* | *bilunulata* | | *O. japigiae* | 294 |
| | | *kalirachiensis* | | | 295 |
| | | *punctulata* | | *O. perpusilla, O. sancti-isodorii* | 295 |
| | | *subfusca* | | *O. caesiella, O. africana,O. gazella* | 295 |
| | *zonata* | | | | 296 |

| Gattung | Art | Unterart | Varietät | gebräuchliche Synonyme | Seite |
|---|---|---|---|---|---|
| *Ophrys* | *obaesa* | | | | 296 |
| | *parosica* | | | | 297 |
| | *peraiolae* | | | | 297 |
| | *sulcata* | | | *O. clara, O. hespera* | 298 |
| | *funerea* | | | *O. marmorata* | 298 |
| | *delforgei* | | | | 299 |
| | *fabrella* | | | | 299 |
| | *ortuabis* | | | | 300 |
| | *pintoi* | | | | 300 |
| | *fusca* | | | | 301 |
| | *malacitana* | | | | 302 |
| | *forestieri* | *forestieri* | | *O. decembris, O. laureotica, O. lupercalis* | 302 |
| | | *arnoldii* | | *O. arnoldii* | 303 |
| | *gackiae* | | | | 303 |
| | *lucifera* | | | | 304 |
| | *eleonorae* | | | *O. lojaconoi, O. vallesiana* | 305 |
| | *astypalaeica* | | | | 305 |
| | *iricolor* | | | | 306 |
| | *mesaritica* | | | *O. hospitalis* | 306 |
| | *lucentina* | | | *O. dianica* | 307 |
| | *lindia* | | | | 307 |
| | *creticola* | | | | 308 |
| | *persephonae* | | | | 308 |
| | *blitopertha* | | | | 309 |
| | *flammeola* | | | | 310 |
| | *archimedea* | | | | 310 |
| | *battandieri* | | | | 311 |
| | *laurensis* | | | | 311 |
| | *lepida* | | | *O. lutea* subsp. *liveranii* | 312 |
| | *pseudomelena* | | | | 313 |
| | *praemelena* | | | *O. heracleotica* | 313 |
| | *melena* | | | | 314 |
| | *sicula* | *sicula* | | var. *transadriatica* | 315 |
| | | *galilaea* | | | 315 |
| | *penelopeae* | | | | 316 |
| | *phryganae* | | | *O. cythnia?* | 316 |
| | *corsica* | | | | 317 |
| | *hellenica* | | | | 318 |

| Gattung | Art | Unterart | Varietät | gebräuchliche Synonyme | Seite |
|---|---|---|---|---|---|
| *Ophrys* | *lutea* | | | | 318 |
| | *alpujata* | | | | 319 |
| | *quarteirae* | | | | 320 |
| | *insectifera* | | | | 320 |
| | *aymoninii* | | | | 321 |
| | *subinsectifera* | | | | 322 |
| | *speculum* | *speculum* | | *O. ciliata* | 322 |
| | | *orientalis* | | *O. eos* | 322 |
| | *lusitanica* | | | *O. vernixia* | 323 |
| | *regis-ferdinandii* | | | | 323 |
| | *apifera* | | | var. *cambrensis* | 324 |
| | | | *flavescens* | var. *chlorantha* | 324 |
| | | | *bicolor* | | 324 |
| | | | *fulvofusca* | var. *almaracensis* | 325 |
| | | | *belgarum* | | 325 |
| | | | *atrofusca* | | 325 |
| | | | *aurita* | | 325 |
| | | | *purpurea* | var. *tilaventina* | 325 |
| | | | *curviflora* | | 325 |
| | | | *badensis* | | 325 |
| | | | *fribur-gensis* | var. *botteronii*, var. *jurana*, var. *saraepontana* | 326 |
| | | | *basiliensis* | | 326 |
| | | | *brevilabellata* | | 326 |
| | | | *trollii* | | 326 |
| | | | *patinata* | | 326 |
| | *bombyliflora* | | | | 326 |
| | *parviflora* | | | *O. bombyliflora* var. *parviflora* | 327 |
| | *tenthredinifera* | *tenthredinifera* | | *O. aprilia* | 328 |
| | | *villosa* | | *O. tenthredinifera* subsp. *sanctae-marcellae* | 328 |
| | *ficalhoana* | | | | 329 |
| | *spectabilis* | | | | 329 |
| | *grandiflora* | | | | 330 |
| | *neglecta* | | | | 331 |
| | | | *expansa* | | 331 |
| | *lycomedis* | | | | 332 |
| | *dictynnae* | *dictynnae* | | | 332 |
| | | *lychnitis* | | *O. lychnitis* | 333 |

| Gattung | Art | Unterart | Varietät | gebräuchliche Synonyme | Seite |
|---|---|---|---|---|---|
| *Ophrys* | *dimidiata* | | | | 333 |
| | *korae* | | | | 334 |
| | *leochroma* | | | | 335 |
| | *ulyssea* | | | *O. amphidami* | 335 |
| | *tardans* | | | | 336 |
| | *normanii* | | | | 337 |
| | *chestermanii* | | | | 337 |
| | *aeoli* | | | | 338 |
| | *chiosica* | | | | 339 |
| | *helios* | | | | 339 |
| | *episcopalis* | | | subsp. *talonensis* | 340 |
| | *malvasiana* | | | *O. samia* | 341 |
| | *colossaea* | | | | 341 |
| | *saliarisii* | | | | 342 |
| | *halia* | | | | 343 |
| | *lyciensis* | | | | 343 |
| | *samiotissa* | | | | 344 |
| | *chalkae* | | | | 345 |
| | *tili* | | | | 345 |
| | *ellinicaea* | | | | 346 |
| | *ethemeae* | | | | 347 |
| | *bornmuelleri* | | | *O. aphrodite* | 347 |
| | *levantina* | | | *O. bornmuelleri* subsp. *grandiflora* | 348 |
| | *oreas* | | | | 349 |
| | *heterochila* | | | | 349 |
| | *dodekanensis* | | | | 350 |
| | *homeri* | | | | 351 |
| | *andria* | | | *O. thesei* | 352 |
| | | | var. *halkionis* | *O. thesei* | 352 |
| | *graeca* | | | | 352 |
| | *candica* | *candica* | | *O. minoa* | 353 |
| | | *cytherea* | | | 354 |
| | | *lacaena* | | | 354 |
| | *biancae* | | | *O. discors* | 354 |
| | *calliantha* | | | | 355 |
| | *lacaitae* | | | | 356 |
| | *oxyrrhynchos* | | | | 356 |
| | *celiensis* | | | *O. ingrassiae* | 357 |

| Gattung | Art | Unterart | Varietät | gebräuchliche Synonyme | Seite |
|---|---|---|---|---|---|
| *Ophrys* | *apulica* | | | *O. pharia* | 358 |
| | *cinnabarina* | | | *O. holosericea* subsp. *paolina* | 358 |
| | *parvimaculata* | | | | 359 |
| | *istriensis* | | | | 360 |
| | *untchjii* | | | | 360 |
| | *medea* | | | | 361 |
| | *dinarica* | | | *O. druentica, O. personata* | 362 |
| | *holubyana* | | | | 363 |
| | *holosericea* | | | *O. holoserica, O. fuciflora* | 363 |
| | *pinguis* | | | | 364 |
| | *gracilis* | | | | 365 |
| | *apennina* | | | | 366 |
| | *brachyotes* | | | *O. holosericea* subsp. *lorenae* | 366 |
| | *annae* | | | | 367 |
| | *linearis* | | | *O. pseudoscolopax* | 368 |
| | *serotina* | | | *O. posidonia* | 368 |
| | *tetraloniae* | | | *O. holosericea* subsp. *laxiflora* | 369 |
| | *gresivaudanica* | | | | 370 |
| | *santonica* | | | | 370 |
| | *elatior* | | | | 371 |
| | *demangei* | | | | 372 |
| | *montiliensis* | | | | 373 |
| | *souchei* | | | *O. montis-aviarii* | 373 |
| | *truncata* | | | *O. aegirtica* | 374 |
| | *vetula* | | | | 375 |
| | *quercophila* | | | *O. querciphila* | 375 |
| | *corbariensis* | | | | 376 |
| | *scolopax* | | | | 377 |
| | *picta* | | | *O. sphegifera* | 377 |
| | *beirana* | | | | 378 |
| | *conradiae* | | | *O. sardoa* | 379 |
| | *philippi* | | | *O. philippei* | 379 |
| | *zinsmeisteri* | | | *O. kvarneri* | 380 |
| | *rhodostephane* | | | *O. oestrifera* subsp. *montis-gargani, O. mattinatae* | 380 |
| | *bicornis* | | | | 381 |
| | *oestrifera* | | | *O. cornuta* | 382 |
| | *cerastes* | | | | 383 |
| | *crassicornis* | | | | 384 |

| Gattung | Art | Unterart | Varietät | gebräuchliche Synonyme | Seite |
|---|---|---|---|---|---|
| *Ophrys* | *sepioides* | | | *O. oestrifera* var. *grandiflora* | 384 |
| | *phrygia* | | | | 385 |
| | *leptomera* | | | | 386 |
| | *calypsus* | | | *O. ptolemaea* | 387 |
| | | | *scolo-paxoides* | | 387 |
| | | | *pseudo-apulica* | *O. holosericea* subsp. *cerigona* | 387 |
| | *heldreichii* | | | *O. schlechteriana, O. oestrifera* subsp. *lemnosiana, O. oestrifera* subsp. *pusilla* | 388 |
| | *hippocratis* | | | | 389 |
| | *minuscula* | | | | 389 |
| | *stavri* | | | | 390 |
| | *cornutula* | | | | 391 |
| | *cephaloniensis* | | | | 392 |
| | *mycenensis* | | | | 392 |
| | *kassandra* | | | | 393 |
| | *nestoris* | | | *O. scolopax* subsp. *nestoris* | 394 |
| | *ceto* | | | | 394 |
| | *polyxo* | | | | 395 |
| | *orphanidea* | | | | 396 |
| | *masticorum* | | | *O. sappho* | 396 |
| | *minutula* | | | | 397 |
| | *lapethica* | | | *O. pamphylica* | 398 |
| | *astarte* | | | | 399 |
| | *rhodia* | | | | 399 |
| | *umbilicata* | | | | 400 |
| | *orientalis* | | | | 401 |
| | *attica* | | | | 401 |
| | *flavomarginata* | | | | 402 |
| | *bucephala* | | | | 403 |
| | *kotschyi* | | | | 404 |
| | *cretica* | *cretica* | | | 404 |
| | | *beloniae* | | | 405 |
| | | *bicornuta* | | | 405 |
| | *ariadnae* | | | | 406 |
| | *reinholdii* | | | | 407 |
| | *reinhardiorum* | | | | 408 |
| | *spruneri* | | | | 409 |

| Gattung | Art | Unterart | Varietät | gebräuchliche Synonyme | Seite |
|---|---|---|---|---|---|
| *Ophrys* | *grigoriana* | | | | 409 |
| | *icariensis* | | | | 410 |
| | *elegans* | | | | 411 |
| | *biscutella* | | | | 411 |
| | *crabronifera* | *crabronifera* | | | 412 |
| | | *pollinensis* | | | 413 |
| | *aegaea* | | | | 414 |
| | *lesbis* | | | | 414 |
| | *lucis* | | | | 415 |
| | *mavromata* | | | | 416 |
| | *ferrum-equinum* | *ferrum-equinum* | | | 416 |
| | | *convexa* | | *O. ferrum-equinum* var. *minor*, *O. subtriloba*, *O. subtriloba* var. *convexa*, *O. ferrum-equinum* var. *anafiensis* | 417 |
| | | *gottfriediana* | | *O. gottfriediana* | 417 |
| | | *labiosa* | | | 418 |
| | | *parnassica* | | *O. ferrum-equinum* fo. *parnassica* | 418 |
| | *argolica* | *argolica* | | | 418 |
| | | *olympiotissa* | | *O. olympiotissa* | 419 |
| | *delphinensis* | | | | 419 |
| | *morisii* | | | | 420 |
| | *panattensis* | | | | 421 |
| | *lunulata* | | | | 422 |
| | *explanata* | *explanata* | | | 423 |
| | | *balearica* | | *O. balearica*, *O. triloba*, *O. bertolonii* subsp. *balearica* | 423 |
| | *flavicans* | | | | 424 |
| | *bertoloniiformis* | | | | 424 |
| | *bertolonii* | *bertolonii* | | *O. romolinii* | 425 |
| | | *aurelia* | | | 426 |
| | | *benacensis* | | | 427 |
| | | *magniflora* | | | 427 |
| | *saratoi* | | | | 428 |
| | *drumana* | | | | 428 |
| | *catalaunica* | | | | 429 |
| | *tarentina* | | | | 430 |
| | *melitensis* | | | | 430 |
| | *promontorii* | | | | 431 |
| | *passionis* | *passionis* | | *O. caloptera* | 432 |

| Gattung | Art | Unterart | Varietät | gebräuchliche Synonyme | Seite |
|---|---|---|---|---|---|
| *Ophrys* | | *garganica* | | *O. garganica* | 433 |
| | *pseudoatrata* | | | | 433 |
| | *gravinensis* | | | | 434 |
| | *minipassionis* | | | | 435 |
| | *majellensis* | | | | 435 |
| | *ligustica* | | | | 436 |
| | *sipontensis* | | | | 437 |
| | *incubacea* | | | *O. atrata* | 438 |
| | | | var. *dianensis* | | 439 |
| | *brutia* | | | | 439 |
| | *aegilica* | | | | 440 |
| | *hansreinhardii* | | | *O. ustulata* | 441 |
| | *prespaensis* | | | | 442 |
| | *leucophthalma* | | | | 442 |
| | *eretriae* | | | | 443 |
| | *mammosa* | *mammosa* | | subsp. *taurica* | 444 |
| | | *ciliciana* | | | 445 |
| | | *posteria* | | | 445 |
| | *willingii* | | | | 446 |
| | *doerfleri* | | | *O. mammosa* subsp. *falsomammosa* | 446 |
| | *taigetica* | | | | 447 |
| | *mavrochila* | | | | 448 |
| | *hystera* | | | *O. mammosa* subsp. *serotina* | 449 |
| | *morio* | | | | 450 |
| | *alasiatica* | | | | 451 |
| | *aesculapii* | | | | 452 |
| | *epirotica* | | | *O. chaonica, O. mammosa* subsp. *parviflora, O. macedonica* | 452 |
| | *zeusii* | | | | 453 |
| | *gortynia* | | | | 454 |
| | *helenae* | | | | 455 |
| | *herae* | | | *O. pseudomammosa* | 456 |
| | *montenegrina* | | | *O. janrenzii, O. herae* subsp. *janrenzii* | 457 |
| | *grammica* | | | *O. sphegodes* subsp. *catalcana, O. cretensis* subsp. *samica, O. sphegodes* subsp. *knossia, O. sphegodes* subsp. *oodicheila* | 458 |
| | *sphegodes* | | | *O. liburnica, O. classica, O. molisana* | 459 |
| | *cretensis* | | | | 460 |

| Gattung | Art | Unterart | Varietät | gebräuchliche Synonyme | Seite |
|---|---|---|---|---|---|
| *Ophrys* | *massiliensis* | | | | 461 |
| | *tommasinii* | | | *O. incantata* | 461 |
| | *argentaria* | | | *O. maritima, O. metaurensis* | 462 |
| | *araneola* | | | | 463 |
| | *illyrica* | | | *O. ausonia* | 464 |
| | *virescens* | | | | 465 |
| | *riojana* | | | *O. quadriloba* | 466 |
| | *suboccidentalis* | | | subsp. *olonae* | 467 |
| | *kallaikia* | | | | 468 |
| | *castellana* | | | | 469 |
| | *argensonensis* | | | | 469 |
| | *provincialis* | | | | 470 |
| | *aveyronensis* | | | *O. vitorica* | 471 |
| | *splendida* | | | | 472 |
| | *panormitana* | | | *O. praecox* | 472 |
| | *exaltata* | *exaltata* | | | 473 |
| | | *marzuola* | | *O. occidentalis* | 474 |
| | | *arachnitiformis* | | | 475 |
| | | *archipelagi* | | *O. mateolana* | 475 |
| | | *cephalonica* | | | 474 |
| | | *montis-leonis* | | *O. tyrrhena* | 475 |
| | *grassoana* | | | *O. sphegodes* subsp. *grassoana* | 476 |
| | *tarquinia* | | | | 476 |
| | *cilentana* | | | | 477 |
| | *albanica* | | | | 478 |
| | *hebes* | | | | 479 |
| | | | *negadensis* | | 479 |

# Zum Aufbau der Porträts

In den Porträts wird jede Art und Unterart mit ihrem deutschen und korrekten wissenschaftlichen Namen vorgestellt. Danach folgen relevante Synonyme, damit klar ist, welche Sippen in dieses Taxon mit einbezogen wurden. Sollte der botanische Name in der hier vorgestellten und als passend erachteten Rangstufe noch nicht beschrieben sein, folgt ein „nom. prov.". In Klammern danach steht, wie die Sippe erstveröffentlicht wurde. Auf die Nennung des Beschreibers wurde hier aus Platzgründen und vor allem deshalb verzichtet, weil der Autorenname nichts über die Definition des bezeichneten Taxons aussagt (Fischer 2015).

Unter **Steckbrief** folgt die Beschreibung der Pflanze, wobei der Aufbau immer gleich ist, beginnend mit der Höhe und endend mit der Beschreibung der Blüte. Die Blütezeit findet sich rechts oben im Porträtkopf.
Auf Angaben wurde aus Platzgründen dann verzichtet, wenn diese nicht trennungsrelevant sind, beispielsweise „Sepalen und Petalen helmförmig zusammenneigend" bei *Anacamptis* oder „Blätter am Grunde rosettig gehäuft" bei *Ophrys*.
In Klammern wurden Größenangaben gesetzt, die zwar immer wieder mal vorkommen, die aber nicht die Regel sind. Es wird nur die häufiger vorkommende Variabilität dargelegt, extreme Ausprägungen sind jederzeit möglich. Beispielsweise kommen häufiger albinotische, selten überfärbte Exemplare vor, auf die hier nicht eingegangen wird. In der Nähe kalter Meere in windiger Lage und im Gebirge kann man oft besonders kleine Pflanzen finden, was teilweise ganze Populationen betrifft. Solche Bestände wurden schon öfters mit eigenen Namen belegt, wir betrachten sie allerdings nur als Ökotypen. Auch ist zu bedenken, dass die Ausprägung der Laubblätter im Wald und im offenen Gelände höchst unterschiedlich ausfallen kann. Im Wald sind die Blätter z. B. bei der Gattung *Epipactis* fast immer länger und oft breiter als im Freien. Auch stehen sie bei „Sonnenformen" steiler nach oben und sind meist gelblicher.
Unter **Verwechslung** werden Arten vorgestellt, die der Beschriebenen besonders ähneln. Die trennenden Merkmale sind angegeben. Bei unverwechselbaren Arten wie *Calypso bulbosa* oder *Ophrys apifera* fehlt der Punkt.
In welchen Biotopen die jeweilige Pflanze bevorzugt aufzufinden ist, beschreibt der Absatz **Vorkommen**. Auch die bisher bekannte Höhenverbreitung wird hier vorgestellt, wobei sich die Höhenangaben auf das im Buch behandelte Gebiet bezieht, also auf Europa. Im anatolischen Taurus-Gebirge oder im marokkanischen Atlas-Gebirge etwa kann die Höhengrenze höher liegen. Auf die Bezeichnung „ü. d. M.", „Seehöhe" und dergleichen wurde hier verzichtet.
Unter **Verbreitung** wird das bisher bekannte Verbreitungsgebiet der jeweiligen Sippe vorgestellt. Die Angaben sind beabsichtigt kurz gehalten, weil der Großteil der Informationen bereits aus der Verbreitungskarte ersichtlich ist. Unter **Typus** wird der „Typusfundort" als Text mit Ort und Veröffentlichungsjahr der Beschreibung gekennzeichnet, in der Karte ist er als roter Punkt eingetragen. Die Beschreibungsjahre sind dabei vorrangig dem „Kompendium der Europäischen Orchideen" von Kreutz (2004) entnommen, jüngere Arten der jeweiligen Erscheinungsliteratur.
Für jede Art und Unterart wird eine europaweite **Karte** gezeigt, Varietäten haben keine gesonderten Karten. Sollte sich das Verbreitungsgebiet auf Südosteuropa bis Zypern beschränken, findet eine genauere Karte Anwendung. Das Gleiche gilt auch für die Britischen Inseln sowie die Kanarischen Inseln.
Besonders bei erst vor kurzer Zeit beschriebenen Sippen ist die Verbreitung noch wenig bekannt. Die Karten zeigen daher oft lediglich den momentanen Wissensstand. Fragliche Angaben oder Vermutungen wurden mit einem Fragezeichen gekennzeichnet.
Vor allem innerhalb der Gattung *Ophrys* kommt der Punkt **Bestäuber** zum Einsatz, wenn dieser bekannt ist. Dabei wurde nur auf zweifelsfreie Quellen zurückgegriffen wie Paulus (2018). Bedingt durch die komplexen Schwierigkeiten der Nachweise ist dieser Punkt allerdings nur als „aktueller Wissensstand" zu betrachten.
Ist eine Art/Unterart nach einer Person benannt, wird das unter dem Punkt **Name** erörtert. Andere Artbeinamen werden aus Platzgründen nicht erklärt. Hierfür gibt es gute weiterführende Literatur.
Unter dem Punkt **Anmerkungen** wird Wissenswertes über die jeweilige Art angeführt, wenn dies nicht zu den anderen Punkte passt. Beispielsweise dann, wenn eine Art möglicherweise in die Variabilität einer anderen Art fällt. Unter **Variabilität** werden etwaig vorkommende Varietäten vorgestellt. Unter **Unterart/Unterarten** werden die Sippen angeführt, die als zur selben Art gehörig angesehen werden und als Unterart zur jeweiligen Nominatunterart gehören.

Bei den **Abbildungen** wurde versucht, typische Exemplare abzubilden und gleichzeitig die nor-

Sandiger, moosiger Küstendünen-Wald: Locus classicus von *Ophrys albanica* (AL, Diviaka, 6.4.2015, HP)

male Variabilität zu zeigen. Das bedeutet, es kommen immer auch extremere Ausprägungen vor. Bei den wenigen möglichen Abbildungen pro Sippe kann die wirkliche Variabilitätsbreite nicht gezeigt werden. Zeigt ein Bild das Typus-Exemplar (dieses muss zur Beschreibung entnommen werden), wird dies mit „Typus" vermerkt. Der Entnahme-Ort wird als Locus classicus bezeichnet. Andere Aufnahmen von diesem Gebiet werden mit L.c. gekennzeichnet. Die Ortsbezeichnungen setzen sich zusammen aus dem Länderkürzel und meist einer nahegelegenen Ortschaft. Bei einer kleineren Insel oder einem bekannten Berg wurde auf einen Ortsnamen verzichtet, da diese oft weit entfernt liegen bzw. wegen ihrer geringen Größe ohne genaue Karte und Ortskenntnisse kaum auffindbar sind. Zudem ist das Datum, an dem das Bild aufgenommen wurde, angegeben sowie der abgekürzte Name der Fotografen (S. 492).

Auf eine Beschreibung der leicht erkennbaren Arten *Cypripedium guttatum*, *C. macranthon* und *Spiranthes sinensis* wurde aus Platzgründen verzichtet, weil diese Arten nur ehemals bzw. vorübergehend in der Ukraine bzw. in Russland gefunden wurden.

**Dank**

Abschließend möchten wir vielen Personen unseren Dank aussprechen; als Erstes denen, die uns Angaben zu Fundorten überließen oder uns gar dorthin führten. Mit einigen versierten Orchideenfreunden haben wir sehr ausgiebig über einzelne Arten oder auch nomenklatorischen Fragen diskutiert, man hat uns darüber hinaus Literatur zur Verfügung gestellt. Auch wäre dieser Feldführer so nicht möglich gewesen, wenn nicht zahlreiche Fotografen ihre besten Bilder zur Verfügung gestellt hätten. Allen danken wir aufs Herzlichste, ganz besonders Michel Nicole und Bernd Tenschert.

# Die Orchideenarten

## Frauenschuh
— *Cypripedium calceolus*

Ende April–
Anfang Juli

**STECKBRIEF** 20–40 (50) cm hoch; Blätter eiförmig-spitz, deutlich längs geadert und unterseits fein behaart; Blütenstand 1–2(3)-blütig; Lippe groß, gelb, als Kesselfalle in Form eines Pantoffels ausgebildet, in diesen Kessel werden Hautflügler, v. a. Erdbienen gelockt; Sepalen und Petalen meist braunpurpurn, selten gelb oder grün.

*C. calceolus* (D, Kastl, 23.5.2012, HP)

**VORKOMMEN** Lichte Edellaub- und Föhrenwälder, Schluchtwälder, Wacholder-Steppenheiden, Gebüsch, Halbtrockenrasen, Latschengebüsch, Flussauen. Als Halbschattenpflanze gerne in Gebüschen und im Saum von Kiefernmischwäldern. Bis 2200 m (im Himalaya bis 3650 m).

**VERBREITUNG** Eurasiatische Art von Nordspanien, England und Nordskandinavien bis Sachalin und Korea. **Typus:** Deutschland, Baden-Württemberg, Schwäbische Alb zwischen Geislingen und Bad Überkingen, 1753.

*C. calceolus*, grünes Perigon (D, Kastl, 23.5.2012, HP)

## Bleiches Waldvögelein
— *Cephalanthera damasonium*

Anf. Mai–
Anf. Juli

*C. damasonium* (D, Buchenhüll, 22.5.2014, HP)

**STECKBRIEF** 10–35 (50) cm hoch; Stängel hellgrün, im oberen Bereich kantig, im Blütenstand geschlängelt; Blätter 2–6, hellgrün, länglich-eiförmig, am Rand etwas gewellt, schräg aufwärtsgerichtet oder waagerecht abstehend; Blütenstand locker mit bis zu 18 Blüten; Blüten relativ groß, spornlos, kaum geöffnet, gelblich cremeweiß bis elfenbeinweiß; Sepalen

13–20 mm lang, eiförmig-lanzettlich, in einer stumpfen Spitze endend; Lippenspitze nach unten gebogen, bis auf die Randbereiche eidottergelb gefärbt mit meist 3 gelben Längsleisten.

**VERWECHSLUNG** *C. longifolia* hat weiter geöffnete, reinweiße Blüten und schmälere, zweizeilig angeordnete Blätter und mehr Leisten auf der Lippe.

**VORKOMMEN** Laub- und Nadelwälder, oft in Rotbuchenwäldern, auch in Lärchen- und Kiefernforsten, an Waldrändern, in Gebüschen, Parkanlagen und sogar spontan in Gärten. Bis 1940 m.

**VERBREITUNG** In der meridionalen bis temperaten Zone Europas und Vorderasiens von der Iberischen Halbinsel bis in den Nordiran. Typus: Deutschland, Rheinland-Pfalz, bei Worms, 1768.

*C. damasonium* (li: D, Buchenhüll, 22.5.2014, HP; re: GR, Ossa, 30.5.2010, HP)

## Schwertblättriges Waldvögelein
### — *Cephalanthera longifolia*

April–Anf. Juli

*C. longifolia* (E, Grazalema, 17.4.2014, HP)

**STECKBRIEF** (15) 20–40 (55) cm hoch; Blätter 7–10, lineal-lanzettlich, schräg aufwärts abstehend bis überhängend, grün, zweizeilig verteilt, bis 18 cm lang und 4 cm breit, mit lang ausgezogener Spitze; Blütenstand mit bis zu 35 weißen, spornlosen Blüten, diese glockig geöffnet; Sepalen bis 18 mm lang und 6 mm breit, lanzettlich, spitz endend, deutlich größer als die Lippe; Petalen stumpf endend; Epichil mit aufgebogenen Rändern

*C. longifolia* (E, Grazalema, 17.4.2014, HP)

und 4–6 gelblich orangen Längsleisten, die bis zum abwärtsgebogenen, stumpf-rundlichen Lippenende reichen; Hypochil ebenfalls mit aufgestellten Seitenlappen und orangefarbenem Fleck am Grund.
**VERWECHSLUNG** *C. damasonium* hat cremeweiße, mehr geschlossene Blüten mit weniger Leisten auf der Lippe und breitere, nicht zweizeilig angeordnete Blätter. *C. epipactoides* hat einen 4,5–6,5 mm langen Sporn und kurze Blätter.
**VORKOMMEN** Bevorzugt trockene bis frische Kiefernmisch- und Tannenwälder, lichte Buchenwälder, Eichenwälder, Magerwiesen, Gebüsche, Wald- und Wegränder. Bis etwa 2000 m (im Himalaya bis 4000 m).
**VERBREITUNG** Von Marokko und der Levante bis Schottland und Südskandinavien. Östlich bis zur Kaspischen See und mit Verbreitungslücken bis zum Himalaya und zum Ostchinesischen Meer. **Typus:** Dänemark, Halbinsel Himmerland, Dronninggard, 1753.
**VARIABILITÄT** Die var. *rosea* hat rosa Blüten, die var. *citrina* hat gelbe Blüten. Sie weisen keine Anzeichen einer Hybridisierung auf und kommen sehr selten als Einzelpflanzen in normalen Populationen vor.

## Gesporntes Waldvögelein
*— Cephalanthera epipactoides*

eher spät: April–Juni

**STECKBRIEF** 20–40 (60) cm hoch; Stängel hellgrün und beblättert, aufwärts fein gerippt; Blätter 3–5, bläulich grün bis hellgrün, tütenförmig, geädert, kurz, eiförmig-elliptisch, 2–6 cm lang, 1–2,5 cm breit; Blütenstand meist länger als der beblätterte Stängelteil, 10–35-blütig; Blüten weiß bis gelblich weiß; seitliche Sepalen allmählich zugespitzt, 25–36 mm lang, 4–8 mm breit; Lippe 17–21 mm lang, 12–15 mm breit; Vorderlippe am Rand gekräuselt, mit braungelben, behaarten Längsleisten; Sporn 4,5–6,5 mm lang, zugespitzt.

**VERWECHSLUNG** *C. longifolia* ist spornlos und hat 8–18 cm lange, schwertförmige Blätter.
**VORKOMMEN** Lichte Eichen-, Kiefern- und Tannenwälder, Gebüsch; kalkliebend. Bis etwa 800 m (in Anatolien bis 1300 m).
**VERBREITUNG** Von Thrakien bis in den nordwestlichen Kaukasus. **Typus:** Türkei, Canakkale, 1854.

*C. epipactoides* (TR, Kemer, 24.4.2014, NG)

*C. epipactoides* (GR, Chios, 30.4.2008, BT)

## Kreta-Waldvögelein
*— Cephalanthera cucullata*

eher spät:
Mai–Juni

**STECKBRIEF** 8–20 (30) cm hoch; Stängel oft hin- und hergebogen, mit 1–4 Blättern; Blätter eiförmig-elliptisch, tütenförmig eingerollt, 2,5–6 cm lang, 1,5–2,5 cm breit; untere Tragblätter länger als die Blüten, oberste ± so lang wie der Fruchtknoten; Blütenstand 4–15 cm lang mit 7–18 (24) cremeweißen bis zartrosa Blüten; Sepalen 14–22 mm lang, 4–8 mm breit; Lippe 11–13 mm lang, 7–9 mm breit, zweigliedrig, Vorderlippe kahnförmig, mit 3–6 gelben Längsrillen; Sporn 1–3 mm lang, oft grün überlaufen.

**VORKOMMEN** Selten; Steineichen-, Kiefern-, immergrüne Ahorn- und Zypressenwälder; auf kalkreichen Böden. Von etwa 700–1500 m.

**VERBREITUNG** Endemit der kretischen Gebirge Lefka Ori, Idhi Oros und Dhikti Oros. **Typus:** Griechenland, Kreta, Lassithi, 1853.

*C. cucullata* (GR, Kreta, Rouvas-Schlucht, 10.6.2019, BT)

*C. cucullata* (GR, Kreta, Rouvas-Schlucht, 10.6.2019, BT)

## Rotes Waldvögelein
*— Cephalanthera rubra*

eher spät:
Mai–Juli

*C. rubra* (D, Solnhofen, 30.6.2013, HP)

**STECKBRIEF** 20–40 (60) cm hoch; Stängel leicht hin- und hergebogen, oben drüsig behaart, unten mit mehreren Schuppenblättern, darüber 3–6 lanzettliche Blätter, diese bläulich grün, rinnig gefaltet, abstehend, 5–12 cm lang und 1–3 cm breit; Blütenstand locker, bis 20 cm lang mit 4–15 weit geöffneten, rosa, spornlosen Blüten; Lippe zweigliedrig, Hypochil weißlich, mit aufgerichteten Seiten-

*C. rubra* (D, Solnhofen, 30.6.2013, HP)

lappen, Epichil spitz, abwärtsgerichtet, mit mehreren gelbbraunen Längsleisten und pinker Spitze.
**VERWECHSLUNG** Weiß blühende Formen des Roten Waldvögeleins unterscheiden sich von *C. longifolia* durch bläulich grüne Blätter und die spätere Blütezeit von Mai bis Juli.
**VORKOMMEN** Lichte Wälder, v. a. Föhren-, Eichen-, Buchen- und Laubmischwälder, Waldschläge, Straßenböschungen, beschattete Wiesen, Wiesenränder; auf trockenen, kalkhaltigen Böden. Bis etwa 2400 m (in Marokko bis 2600 m).
**VERBREITUNG** Von Nordafrika, der Iberischen Halbinsel und Südskandinavien bis zum Ural und in den Nordiran. Typus: Deutschland, Thüringen, um Jena, 1767.

*C. rubra* (D, Solnhofen, 30.6.2013, HP)

## Violetter Dingel
— *Limodorum abortivum* subsp. *abortivum*

April–Juni

*L. abortivum* subsp. *abortivum* (li: D, Steinenstadt, 19.5.2018, HP; re: TR, Olympos, 2.4.2016, HP)

**STECKBRIEF**

20–50 (70) cm hoch; Rhizom waagrecht; Stängel kräftig, blauviolett bis silbrig violett, gestreift, im Knospenstadium spargelartig; Laubblätter fehlen, aber violette, genervte Blattschuppen vorhanden; Blütenstand langgestreckt, Tragblätter grünlich violett, länger als der Fruchtknoten; Blüten groß, 3–4 cm breit; Blütenhüllblätter je nach Witterungsverhältnissen geschlossen bleibend bis ganz geöffnet, blauviolett, teils auch hell bis weiß; Lippe 14–22 mm lang, zweigliedrig, Epichil mit hochgebogenen, welligen Rändern; Sporn 15–20 mm lang, abwärtsgerichtet, ± so lang wie der Fruchtknoten.
**VERWECHSLUNG** *L. trabutianum* und *L. brulloi* haben einen rudimentären, bis höchstens 6 mm langen Sporn.
**VORKOMMEN** Lichte, sommerwarme, trockene Föhren- und Eichenwälder, Magerrasen, Weinberge, Gebüsch,

Weiden, Brennen, Buchenbergwälder. Bis etwa 1900 m (in Kleinasien bis 2300 m).

**VERBREITUNG** Von Nordwestafrika und Südbelgien bis Transkaukasien, in den Nordiran und bis Israel. **Typus:** Frankreich, Département Seine-et-Marne, bei Fontainebleau, 1753.

**VARIABILITÄT** Var. *rubrum* (Syn.: *L. rubriflorum*): Mit purpurnen Blüten, kaum mit Blauanteil. Vor allem im östlichen Mittelmeergebiet von Lesbos und der Krim bis Zypern und Türkei, vereinzelt aber auch aus dem westlichen Mittelmeerraum angegeben, so von Mallorca und aus den Cevennen.

*L. abortivum* (TR, Olympos, 23.4.2014, NG)

*L. abortivum* var. *rubrum* (F, Lapanouse, 27.5.2018, HP)

*L. abortivum* subsp. *gracile* (GR, Neochori, 24.4.2007, SH)

**UNTERARTEN**

Zierlicher Dingel, *Limodorum abortivum* subsp. *gracile*: Unterscheidet sich von der Nominatunterart durch niedrigeren, zierlicheren Wuchs, hellgrüne, vegetative Pflanzenteile und weiße bis hellviolette, etwas kleinere Blüten. Das Epichil ist schwach bis nicht vom Hypochil abgesetzt, die Blüte ähnelt dadurch etwas *L. trabutianum*. Blüht etwas früher als subsp. *abortivum* und ist bisher nur von Arkadien am Peloponnes bekannt. **Typus:** Griechenland, Peloponnes, nahe Horemis bei Megalopoli, 1981.

Mezek-Dingel, *Limodorum abortivum* subsp. *mezekii*: Unterscheidet sich von der Nominatunterart durch grüne Stängel mit kleinen, grünen Blättern und kleineren weißen bis leicht bläulichen Blüten. Die Unterart blüht nach der subsp. *abortivum* und ist bisher aus Thrakien in Nordostgriechenland und dem angrenzenden Rhodopen-Gebirge in Bulgarien bekannt, vermutlich auch von der Krim (»var. *viridis*«). **Typus:** Bulgarien, nahe dem Dorf Mezek, 1997.

*L. abortivum* subsp. *mezekii* (GR, Dadia, 5.6.2004, HP)

## Trabuts Dingel
— *Limodorum trabutianum* subsp. *trabutianum* (Syn.: *L. abortivum* var. *trabutianum*)

April–Juli

**STECKBRIEF** 25–60 cm hoch; Stängel mit braunvioletten Schuppenblättern; Blütenstand 14–20 cm lang mit 10–20 großen, violetten, kaum bis weit geöffneten Blüten; seitliche Sepalen 17–20 mm lang, 4–5 mm breit, ± waagrecht stehend, zugespitzt, mittleres Sepal 15–22 mm lang, 4–7 mm breit; Petalen 11–17 mm lang, 1–3 mm breit; Lippe lineal-schwertförmig, ungegliedert, 13–18 mm lang, 3–5 mm breit, bogig aus dem Helm herausgekrümmt; Sporn rudimentär, 1–3 mm lang und sackförmig.
**VERWECHSLUNG** *L. abortivum* hat einen 15–20 mm langen Sporn und eine gegliederte Lippe, *L. brulloi* kleinere, meist kleistogame Blüten mit einer breiteren Lippe.
**VORKOMMEN** Besonders lichte Eichen- und Kiefernwälder, Macchie. Bis etwa 1400 m (in Marokko bis 2000 m).
**VERBREITUNG** Von Marokko und Portugal bis Sizilien und Griechenland. **Typus:** Algerien, Zucchabar, Mt. Zaccar, 1886.
**NAMEN** Benannt zu Ehren des französischen Botanikers, Arztes und Physikers Louis Charles Trabut (1853–1929), der sich v. a. um die Flora von Algerien und Tunesien Verdienste erwarb.

**ANMERKUNG** Möglicherweise ist *L. trabutianum* nichts anderes als eine Missbildung von *L. abortivum*, wie molekulargenetische Untersuchungen vermuten lassen. Allerdings pflanzt sich die Sippe autogam erfolgreich fort, bildet auch reine Populationen und besiedelt eigene Gebiete (Parallele zu einigen *Epipactis*-Arten).

**UNTERART**

Thrakischer Dingel, *Limodorum trabutianum* subsp. *thracum*: Unterscheidet sich von der Nominatunterart durch grüne Stängel und Schuppenblätter, hellviolette Blüten und sehr schmale, den Petalen ± gleichenden Lippen. Die Blüten sind größer, die Lippe ist 20–21 mm lang. Blüht deutlich nach *L. abortivum* im selben Gebiet. Bisher nur aus dem Raum Dadiá in Thrakien Nordostgriechenlands bekannt. **Typus:** Griechenland, Thrakien, Dadiá, 2004.

*L. trabutianum* subsp. *trabutianum* (E, Elvira, 18.4.2014, HP)

*L. trabutianum* subsp. *trabutianum* (E, Elvira, 18.4.2014, HP)

L. *trabutianum* subsp. *thracum* (GR, Dadia, 6.6.2004, HP)

L. *trabutianum* subsp. *thracum* (GR, Dadia, 7.6.2006, SH)

## Brullos Dingel
*—Limodorum brulloi*

Mai–Juni

**STECKBRIEF** 20–40 cm hoch; Stängel grauviolett; Blütenstand 10–22 cm lang mit 6–20 relativ kleinen Blüten; Blüten weißlich bis grauviolett, senkrecht aufwärts dem Stängel angedrückt, geschlossen bleibend, nur selten öffnet sich an der Spitze ein enger Spalt; seitliche Sepalen 16–20 mm lang, 5–6,5 mm breit; Petalen etwas kleiner, länglich bis verkehrt-eilanzettlich, an der Spitze am breitesten; Lippe breiter als die Petalen, kaum bis leicht in eine Vorder- und Hinterlippe gegliedert; Sporn 3–6 mm lang, sackförmig.

L. *brulloi* (I, Ferdinandea, 2.6.2015, HP)

**VERWECHSLUNG** *L. trabutianum* hat einen 1–3 mm kurzen Sporn und eine ungegliederte Lippe, *L. abortivum* einen 15–20 mm langen Sporn. Die Blüten beider Sippen sind größer.

**VORKOMMEN** In alten, unterwuchsarmen Buchenwäldern, auch in Kiefern- und Tannenwäldern. Von etwa 1000–1480 m.

**VERBREITUNG** Kalabrien, v. a. in der Region Aspromonte. **Typus:** Italien, Kalabrien, Aspromonte, bei Gambarie, 1993.

**NAMEN** Benannt zu Ehren des zeitgenössischen italienischen Botanikers Salvatore Brullo, Jg. 1947, der sich v. a. um die Flora Siziliens und Kalabriens Verdienste erwarb.

## GATTUNG EPIPACTIS: STÄNDELWURZ ODER SITTER

Die Gattung ist v. a. in Eurasien verbreitet, findet sich aber auch im äußersten Nordwestafrika, in Ostafrika und in einer ursprünglichen Art *(E. gigantea)* in Nordamerika. Mannigfaltigkeitszentrum der Gattung sind die Bergwälder Südeuropas, besonders Italiens. Zurzeit sind rund 80 *Epipactis*-Arten bekannt. In Europa sind es 74 Arten und 18 Unterarten.
Die *Epipactis*-Arten besitzen keine Knollen sondern fleischig verdickte Wurzeln, das Rhizom. Der neue Spross mit den Blättern erscheint im Allgemeinen erst im späten Frühling oder im Frühsommer. Als Besonderheit weisen die Blüten eine zweiteilige Lippe auf: die schüsselförmige Hinterlippe (Hypochil, bei ausreichender Wasserversorgung meist mit Nektartröpfchen) und die Vorderlippe (Epichil) als Landeplatz für Insekten.

Bei der Gattung *Epipactis* wird in puncto Bestäubung zwischen allogamen (fremdbestäubten) und autogamen (selbstbestäubten) Arten unterschieden:
**Allogamie, Fremdbestäubung:** Allogame Arten werden meist durch Wespen bestäubt, bei einigen Arten auch durch Bienen und Schwebfliegen, gelegentlich auch Käfer, die ein oder beide Pollinien auf die Narbe einer anderen Blüte übertragen. Ein Hinweis auf Allogamie ist ein funktionsfähiges Viscidium (Klebdrüse), kompakte, nicht zerfallende (oder bereits fehlende) Pollinien und ein breit ausladender oberer Narbenrand, der einen Kontakt der Pollinien mit der Narbenfläche verhindert. Bei fast allen allogamen Arten kann bei ausbleibender Fremdbestäubung und ungünstigen Witterungsbedingungen gegen Ende der Blütezeit Selbstbestäubung eintreten (fakultative Autogamie), die Pollinien werden bröselig und erreichen in Teilen die Narbe.
**Autogamie, Selbstbestäubung:** Bei obligat autogamen Arten kommt der Pollen in Kontakt mit der eigenen Narbe, je nach Art bereits in der Knospe oder im Verlauf der Blütezeit. Hinweise auf Autogamie sind ein fehlendes oder funktionsunfähiges Viscidium, nach vorne geschobene und auch zerfallende Pollinien. Gefördert wird die Autogamie durch ein Vorschieben der Pollinien über den Oberrand der Narbe hinaus, entweder durch einen Stiel der Anthere (z. B. bei *E. leptochila*) oder durch Verkürzung des Klinandriums, manchmal bis zum völligen Verschwinden (z. B. bei *E. muelleri*). Ein vollständiger Fruchtansatz ist kein sicheres Zeichen für Autogamie; einerseits können an günstigen Wuchsorten auch allogame Pflanzen fast vollständigen Fruchtansatz haben, andererseits können autogame Pflanzen, bei ungünstigen Witterungsbedingungen oder wenn sie zu schwach sind, die Knospen oder Blüten vor der Fruchtbildung abwerfen.
Autogamie kommt in anderen Gattungen selten vor, bei *Epipactis* scheint sie durch schnelle Besiedelung von Nischen die Artbildung voranzutreiben; die Nachkommen ähneln stark der Mutterpflanze. Mutationen können auffallende Veränderungen hervorrufen, die bei den Nachkommen bestehen bleiben.

Blick von der Seite in die Blüte: links allogame Säule von *E. purpurata* (E, Roncal, 10.8.2010, HP), rechts autogame Säule von *E. muelleri* (F, Montelimar, 20.6.2019, HP)

## Germerblättrige Ständelwurz
— *Epipactis veratrifolia* subsp. *veratrifolia*

April–Juli

**STECKBRIEF** (20) 30–60 (120) cm hoch, meist in größeren Gruppen; Stängel dick, grün; Laubblätter 3–10, aufrecht bis abstehend, spitz zulaufend, gekielt, untere breitoval bis lanzettlich, stängelumfassend, mittlere Blätter schmal-lanzettlich, lang zugespitzt, die größten 8–28 cm lang, 1–6 cm breit; Blütenstand locker und langgestreckt, mit bis zu 50 sehr großen, weit geöffneten Blüten; Sepalen bei großen Blüten 13–21 mm lang, 7–10 mm breit, grünlich gelb, an den Rändern stark rötlich bis braunrot überlaufen; Petalen kleiner; Hypochil länglich kahnförmig; Epichil mit hohen und scharfkantigen Kalli; allogam. **VORKOMMEN** Schattige Quellfluren, Fluss- und Bachufer, nasse Wiesen, wasserüberrieselte Felshänge und andere feuchte Stellen im Gebirge. Bis etwa 1900 m (in China bis 3400 m).

**VERBREITUNG** Von der Südosttürkei und dem Troodos-Gebirge auf Zypern über Irak, Iran, Afghanistan, Belutschistan, Westpakistan, Nepal und Nordindien bis Südchina und Burma. **Typus:** Iran, Provinz Teheran, March Mahal bei Darband, 1854.

*E. veratrifolia* subsp. *veratrifolia* (CY, Troodos, 20.6.2012, BT)

**UNTERART** Oasen-Ständelwurz, *Epipactis veratrifolia* subsp. *oaseana*: Unterscheidet sich von der Nominatunterart durch größere Blüten und längere Laubblätter, über das Jahr verteilt gibt es immer grüne Pflanzen. Sie besiedelt v. a. Oasen und Sinterhänge in Südisrael, Jordanien, Ägypten, verschiedenen arabischen Staaten, Äthiopien und Somalia. Im Oman bis 1400 m.
Im Gebiet nur meeresnah aus der Umgebung von Episkopi in Südzypern bekannt, wo sie Sinterhänge in der Gemeinschaft von Frauenhaarfarn besiedelt und von Februar bis April blüht. **Typus:** Jordanien, Callirrhoe, 2014.

*E. veratrifolia* subsp. *veratrifolia* (CY, Troodos, 20.6.2012, BT)

*E. veratrifolia* subsp. *oaseana* (CY, Episcopi, 6.3.2014, HP; klein: IL, En Gedi, 3.3.2017, HP)

## Sumpf-Ständelwurz
— *Epipactis palustris*

Mitte Juni–
Anf. Aug.

*E. palustris* (LV, Liepaja, 19.6.2011, HP)

**STECKBRIEF** 15–45 (60) cm hoch; Stängel grün bis verwaschen violett, unten kahl, oben dicht flaumig behaart; Laubblätter 5–8, grün, zweizeilig angeordnet, rinnig mit vorspringenden Längsnerven, länger als die Internodien, unterstes Stängelblatt eilanzettlich, kurz zugespitzt, 5–9 cm lang, 1,8–3,2 cm breit, nach oben folgen länger zugespitzte, lanzettliche Blätter; Blütenstand langgestreckt, einseitswendig, kurzhaarig, 5–15 cm lang, locker mit 4–20 Blüten; Sepalen breit-lanzettlich, 10–13 mm lang, 3,5–4 mm breit, grünlich und meist braunrot bis violettrot überlaufen; Petalen elliptisch stumpf, 10–11 mm lang, 3,5–4 mm breit, weiß bis hellrosa mit violetten Linien entlang der Aderung; Hypochil weiß mit purpurner Aderung; Hypochil mit dem Epichil durch ein bewegliches Gelenk verbunden; Epichil rundlich, weiß, am Rand wellig gekerbt, an der Basis mit 2 Längswülsten, diese vorn von einer gelborangen Linie umgeben, welche Blütenstaub imitiert; allogam, die Pollinien sind lange kompakt.

**VORKOMMEN** Feuchtwiesen, Quell- und Niedermoore, Moorwiesen, Binsensümpfe, Pfeifengraswiesen, nährstoffarme Moore und Moorwälder, sickernasse Hänge, Seeufer, wechselfeuchte Mulden in Flussauen, nasse Dünentäler. Bis etwa 2250 m (in China bis 3350 m).

**VERBREITUNG** Temperate und submeridionale Florenzone Europas und Asiens, östlich bis in die Mongolei. In Nordamerika 2006 das erste Mal verwildert gefunden. Typus: Belgien, Umgebung von Mechelen, 1753.

*E. palustris* (li: E, Pyros Veilha, 6.8.2010, HP; re: D, Allersberg, 28.6.2012, HP)

## Kleinblättrige Ständelwurz
— *Epipactis microphylla*

Anf. Mai–Ende
Juli/Mitte Aug.

**STECKBRIEF** 12–30 (40) cm hoch; Stängel steif, hellgrün, graugrün bis violettgrün; Laubblätter 3–6, auffallend klein, bis 3,5 (5) cm lang, meist kürzer als die Internodien, je nach Sonneneinstrahlung schräg aufwärts stehend bis waagrecht oder leicht überhängend, graugrün bis grün, oft etwas violett überlaufen, v. a. auf der Unterseite, eilanzettlich, zugespitzt, ± gekielt; Blütenstand oft einseitswendig mit 4–20 (30) Blüten, Spindel dicht und stark behaart; Blüten klein, glockig bis (seltener) weit geöffnet oder kleistogam, abstehend bis nickend; Sepalen länglich-eiförmig, gekielt, außen behaart, 7–9 × 3–4,5 mm; Petalen 6–8 × 3–4 mm, weißlich grün bis schmutzig rosa, außen mit grüner, behaarter Mittelleiste; Hypochil klein und ku-

*E. microphylla* (A, Kathreinkogel, 16.6.2020, BSch)

gelig, Rand oben etwas zusammengezogen, außen weiß mit rosa Anflug bis leicht grünlich, innen grünlich bis gelblich oder hellbraun; Durchgang zwischen Hypochil und Epichil mittelbreit, u-förmig; Epichil herzförmig, am Rand gekerbt, weißlich grün; kurze Zeit allogam, Pollinien schnell bröselig werdend. Blütezeit früh.

**VERWECHSLUNG** *E. kleinii* auf der Pyrenäenhalbinsel und *E. subclausa* in Griechenland besitzen noch kleinere Blüten mit kaum zugespitztem Epichil, die Blätter sind größer. Außerdem kommt bei diesen eine violette Färbung der vegetativen Teile sehr viel häufiger vor, die Blüten sind oft bunter.

**VORKOMMEN** Lichte Eichen-, Steineichen- und Kiefernbestände, in Buchenwäldern, an Straßenrändern usw. Bis etwa 1800 m.

*E. microphylla* (HR, Cres, 2.6.2002, SH; klein: D, Gilching, 18.6.2017, UG)

**VERBREITUNG** Von Spanien über Frankreich bis Deutschland, über die Karpaten bis in die Türkei, zur Krim, in den Kaukasus und bis in den Nordiran. Typus: Deutschland, Niedersachsen, Braunschweig-Lüneburg bei Hannover, 1791.

## Braunrote Ständelwurz
— *Epipactis atrorubens* subsp. *atrorubens*

Anf. Juni–Ende Juli (Ende Aug.)

*E. atrorubens* subsp. *atrorubens* (D, Neumarkt, 28.6.2010, HP)

**STECKBRIEF** (10) 20–40 (70) cm hoch (110 bei der var. *triploidea*); Stängel oben dicht flaumig behaart und meist purpurn überlaufen; 2–3 Schuppenblätter am Stängelgrund, oberhalb 5–11 ± wechselständige Laubblätter, diese schmal- bis breit-eiförmig, 4–8 cm lang und 1–4 cm breit, zugespitzt, oft rinnig und sichelförmig gebogen, auf der Unterseite oft violett überlaufen; Blütenstand mit 6–40 Blüten, meist einseitswendig; Blüten purpurrot bis grünlich, auch zweifarbig, intensiv nach Vanille duftend; Sepalen 5,5–8 mm lang, Petalen wenig kürzer; Lippe

E. atrorubens subsp. atrorubens (D, Haunsfeld, 29.6.2016, HP)

li: *E. atrorubens* var. *atrata* (LV, Ainaži, 18.6.2011, HP); re: *E. atrorubens* var. *borbasii* (H, Bugac, 18.6.1994, EG)

*E. atrorubens* subsp. *atrorubens* (F, Izoard, 1.8.2016, HP)

5–6 mm lang, Hypochil innen dunkelviolett, nektarführend, Epichil mit 2 seitlichen, runzeligen Wülsten, am Rande gekerbt; Fruchtknoten dicht flaumig behaart; allogam. Blütezeit Anfang Juni bis Ende Juli (Ende August an nördlichen Küsten und bei var. *triploidea*).

**VERWECHSLUNG** *E. subclausa* und *E. kleinii* haben etwas kleinere, meist weniger weit geöffnete Blüten mit schwächer ausgeprägtem Kallus und stärker behaartem Perigon. Stängel und Blätter sind stets violett überlaufen, die Blüten haben nie einen gelbgrünen Ton. Von rötlich blühenden *E. helleborine* unterscheidet sich *E. atrorubens* durch runzelige Wülste an der Lippe, den Vanilleduft und den behaarten Fruchtknoten.

**VORKOMMEN** In unterschiedlichen Biotopen, v. a. in Föhrenwäldern, Magerrasen, Dünen, Kalkschutthalden, Straßenböschungen, im Flussschotter, trockenwarmen und lichten Laubwäldern sowie Felswänden. Der Untergrund ist in der Regel basisch, teils auch sehr kalkhaltig, wasserdurchlässig, meist trocken bis sehr trocken. Bis 2570 m.

**VERBREITUNG** Eurasiatische Art von Spanien und Schottland bis Sibirien und zum Kaukasus. Als Neophyt in Nordamerika. **Typus:** Norwegen, Snaasen bei Trondheim, 1804.

**VARIABILITÄT** Sehr variable Art. Eine Reihe von Abweichungen wurde darüber hinaus als eigene Taxa beschrieben, so:

var. ***triploidea***: Kräftige, triploide Pflanze, bis über 1 m hoch, Blätter schmal-lanzettlich, Blüten farbintensiv, Blütezeit 4–6 Wochen später als bei der Nominatvarietät. Bekannt aus Nordostdeutschland, Südschweden (Gotland, Skåne) und Polen, fraglich für Süd-Limburg in den Niederlanden und Friaul.

var. ***borbasii***: Benannt zu Ehren des ungarischen Botanikers Vincze von Borbás (1844–1905). Blätter auffallend kurz, etwas kürzer bis wenig länger als die Internodien. Beschrieben aus den Steppengebieten Ungarns und möglicherweise nur ein Ökotyp trockener Sandböden.

var. ***atrata***: Stängel und Blätter auffallend purpurbraun. U. a. aus dem westlichen Nordtirol bekannt.

*E. atrorubens* subsp. *spiridonovii* (BG, Pirin, L.c., 3.8.2017, HP)

**UNTERART** Spiridonovs Ständelwurz, *Epipactis atrorubens* subsp. *spiridonovii* (Syn.: *E. atrorubens* var. *macedonica*): Unterscheidet sich von der Nominatunterart durch grünliche bis rötlich gelbe, teils kleinere Blüten. **Verbreitung:** Gebirge der Balkanhalbinsel, ca. 1400–1800 m. In den Gebirgen Italiens kommen ähnliche Pflanzen vor. **Typus:** Bulgarien, Pirin-Gebirge, 1995.

## Thessalische Ständelwurz
*— Epipactis subclausa*

Anf. Juli–Mitte Aug.

**STECKBRIEF** 15–30 (45) cm hoch; Stängel rötlich bis purpurviolett, besonders im oberen Teil kräftig behaart; Laubblätter 4–6, aufrecht abstehend bis sichelförmig gebogen und rinnig, länglich-eiförmig bis lanzettlich, 3–6 × 1,5–2 cm, oberseits dunkel blaugrün bis purpurviolett, unterseits grün-silbrig-purpurn mit violetter Nervatur; Blütenstand bis 30-blütig, Spindel meist sehr stark behaart; Blüten klein, meist nur halb geöffnet; Sepalen außen dunkel grünviolett überlaufen bis braunrot, stark konkav mit kielartigem Mittelnerv, stark behaart, innen dunkelgrün bis leicht rötlich, 5–7 mm lang, 2,5–4 mm breit; Petalen außen rötlich grün bis braunrot, konkav, innen gelbgrün bis rosagrün, 4–5 mm lang, 2,5–3 mm breit; Hypochil tief, außen weißlich rosa, innen violettrosa bis dunkel braunrot. Durchgang zwischen Hy-

*E. subclausa* (GR, Olymp, L.c., 12.7.2000, HP)

*E. subclausa* (GR, Olymp, 12.7.2001, SH)

pochil und Epichil eng bis breit; Epichil kaum breiter als das Hypochil, Ränder leicht gezähnelt, 2,5–4 × 3,5–4,5 mm, violettpurpurn mit hellem Rand; allogam.

**VERWECHSLUNG** *E. kleinii* von der Iberischen Halbinsel ist nicht so stark purpurn gefärbt, hat etwas kleinere Blüten, das Epichil ist meist breiter. *E. microphylla* hat kleinere Blätter und einen lockeren Blütenstand, ist weniger violett überlaufen und blüht früher.

**VORKOMMEN** Kalkhaltige Böden verschiedener Standorte, so in Buchenwäldern, Kiefernbeständen, Magerrasen und offenen Schotterböden. 700–1700 m.

**VERBREITUNG** Von den Gebirgen Nordgriechenlands westlich der mazedonischen Tiefebene und Südalbaniens südlich bis zur Peloponnes (Chelmos, Ziria, Menalon-Gebirge) und Euböa (Dirfis). **Typus:** Griechenland, Thessalien, Olymp oberhalb Litochoro, 1988.

## Kleinblütige Ständelwurz — *Epipactis kleinii* (Syn. *E. parviflora*)

früh: Mitte Mai–Ende Juli

**STECKBRIEF** 15–35 (45) cm hoch; Stängel steif, graugrün bis violettgrün, hell graufilzig behaart; Laubblätter 3–6, oft zweizeilig angeordnet, länger als die Internodien, steif und schräg aufwärts stehend bis waagrecht und leicht überhängend, meist hell graugrün, oft violett überlaufen, v. a. auf der Unterseite und beim Austrieb; Blütenstand einseitswendig mit 7–40 auffallend kleinen Blüten, Spindel dicht und stark behaart; Sepalen 5–6 mm lang, 2–3 mm breit, außen graugrün, teils mit violettem Schimmer, drüsig behaart, innen grün bis gelb oder braunrot; Petalen bis 5 mm lang und 3 mm breit, außen graugrün bis gelblich grün mit rötlicher Mittelleiste, innen gelblich grün bis rötlich; Hypochil klein und kugelig, Rand oben etwas zusammengezogen, ca. 4 mm breit, ca. 3 mm tief, innen hellbraun bis rotbraun; Durchgang zwischen Hypochil und Epichil u-förmig; Epichil sehr klein, um 3 mm lang, meist gerade nach vorne gestreckt, selten herabgebogen,

*E. kleinii* (E, Rasquera, 31.5.1996, HP)

*E. kleinii* (F, Montbolo, 9.6.2009, HP)

*E. kleinii* (F, Montbolo, 9.6.2009, HP)

weißlich bis rosa, oft mit grünlicher Mitte, am Rand häufig gezähnt; allogam, die Pollinien bleiben lange kompakt.
**VERWECHSLUNG** *E. microphylla* besitzt ein größeres, spitzes Epichil, weniger Rotanteile in den Blüten und kleinere Blätter, die kürzer als die Internodien sind. *E. subclausa* im Osten hat meist ein schmäleres Epichil und etwas größere Blüten.
**VORKOMMEN** In lichten Eichen-, Steineichen- und Kiefernbeständen, an Straßenrändern, in Pappelforsten, Gräben usw., 700–1900 m.
**VERBREITUNG** Berggebiete der Iberischen Halbinsel, bis Südfrankreich reichend. **Typus:** Spanien, Provinz Albacete, Vianos bei Alcaraz, 1971.
**NAME** Benannt zu Ehren des österreichischen Orchideenspezialisten Erich Klein (1931–2016).

## Dichtblütige Ständelwurz
*— Epipactis condensata*

Mitte Juni–
Anf. Aug.

**STECKBRIEF** 20–50 (60) cm hoch, kräftig, oft büschelig wachsend; Stängel dick, bläulich hellgrün; Laubblätter 4–8, die unteren tütig, eiförmig, kurz und klein, die mittleren eilanzettlich, zugespitzt, klein, die obersten tragblattartig, die größten Blätter 3,5–5,5 × 2,2–3,5 cm, in etwa so lang wie die Internodien, matt, grau gelbgrün, manchmal bläulich grün, gelegentlich violett überlaufen; Blütenstand dicht, 10–45-blütig, oft einseitswendig, Spindel dicht weißgrau behaart; Blüten abstehend bis leicht herabhängend, ziemlich geöffnet, Perigonblätter glockenförmig zusammenneigend, daher Blüten kleiner wirkend; Sepalen breit-lanzettlich, grün, 9–11 mm lang, 5–7 mm breit; Petalen hellgrün oder meist zartrosa, an

*E. condensata* (CY, Troodos, 25.6.2012, BT)

*E. condensata* (CY, Troodos, 25.6.2012 BT)

der Spitze gelblich, 9–10 mm lang, 5–6 mm breit; Hypochil tief schalenförmig, innen tiefbraun oder purpurschwarz; Durchgang zwischen Hypochil und Epichil weit geöffnet; Epichil breit-dreieckig oder stumpf-herzförmig mit zerklüfteten Kalli; allogam.
**VERWECHSLUNG** *E. purpurata* hat Blätter, die auf beiden Seiten, stärker auf der Unterseite, violett überlaufen sind, einen weniger behaarten Stängel und Blüten mit glattem Kallus.
**VORKOMMEN** In lichten Kiefernwäldern und an Waldrändern über Kalk. In Zypern bis 1900 m.
**VERBREITUNG** Anatolien, Syrien, Libanon, Samos, Zypern und Krasnodar-Region im russischen Schwarzmeer-Gebiet. **Typus:** Türkei, Izmir, Bounarbachi, 1970.

## Krim-Ständelwurz
*— Epipactis krym-montana*

früh: Mitte Juni–Mitte Juli

*E. krym-montana* (Krim, Karadag, L.c., 15.6.2015, AVF)

**STECKBRIEF** 10–30 (60) cm hoch; Laubblätter 3–5, klein, die größten 2–4,5 × 1–2,6 cm, hellgrün, gelegentlich violett überlaufen; Blütenstand locker, 3–15 (28) cm lang mit 8–32 Blüten; Spindel dicht weißgrau behaart; Blüten abstehend bis leicht herabhängend, Perigonblätter glockenförmig zusammenneigend; Sepalen breit-lanzettlich, grünlich, 8,5–10 mm lang, 2,5–3 mm breit; Petalen rosa; Hypochil innen braun; Epichil breit-dreieckig oder herzförmig, 3,5–4,5 mm lang, 4–5 mm breit.
**VERWECHSLUNG** Unterscheidet sich von *E. condensata* durch die weniger bläuliche Farbe, einen lockeren und kürzeren Blütenstand, ein helles Epichil, das Fehlen einer Klebdrüse und den Standort in Buchenwäldern.
**VORKOMMEN** Buchenwälder, oft gemischt mit Eiche und Hainbuche; kalkliebend. Ca. 350–1250 m.
**VERBREITUNG** Endemit der südlichen Krim. **Typus:** Ukraine, Krim, bei Zemlyanichnoye, 2014.

## Mittelmeer-Ständelwurz
*— Epipactis meridionalis*

Ende Juni–Mitte Aug.

**STECKBRIEF** 20–40 cm hoch; Stängel dünn, meist rötlich, violett oder bräunlich überlaufen, unten kahl, oben zunehmend flaumig behaart; Laubblätter 4–5 (8), oft zweizeilig angeordnet, steif und schräg aufwärts stehend bis leicht überhängend, relativ klein und dünn, grün mit ± bräunlichen oder violetten Adern, selten violett überlaufen, 4–6 cm lang, 1,4–2,7 cm breit; Blütenstand oft einseitswendig mit 5–17 locker angeordneten Blüten, Spindel deutlich flaumig behaart; Blütenstiele grünlich, purpurviolett überlaufen; Blüten mittelgroß bis klein, glockig bis später weit geöffnet, waagrecht abstehend bis leicht nickend; Sepalen eiförmig bis lanzettlich, zugespitzt, 8–10 × 4,5–6 mm, innen grün bis schmutzig grünviolett, außen ± violett überlaufen; Petalen eiförmig zugespitzt, 7,5–9 × 4–5 mm, schmutzig weiß bis grün, an

*E. meridionalis* (I, Volturino, 3.8.2020, HP; klein: I, Gambarie, 5.8.2014, HP)

*E. meridionalis* (I, Volturino, 3.8.2020, HP)

Rand und Spitze intensiver gefärbt; Hypochil kugelig, weit geöffnet, 3,5–5 × 3,5–5 mm, innen hell- bis dunkelbraun; Durchgang zwischen Hypochil und Epichil mittelbreit, U-förmig; Epichil dreieckig bis herzförmig mit zurückgeschlagener, stumpfer Spitze, breiter als lang, 3–4 × 5–6 mm, weiß bis weißlich grün; allogam.

**VERWECHSLUNG** *E. sanguinea* hat einen stark gefärbten Kallus und ist im Habitus zierlicher. Ihre Blütenstiele sind reingrün. Sie ist autogam. Auch *E. cordigera* ist autogam und weist kaum violette Anteile auf. Die variable *E. lucana* kann sehr ähnlich aussehen, hat aber durchgehend grüne Stängel, ist am grünen Fruchtknoten weniger behaart, hat dickere Blätter und blüht 1–2 Wochen später. Zwischenformen sind jedoch lokal vorhanden.
**VORKOMMEN** Krautarme Stellen in Buchen- und Buchen-Tannen-Mischwäldern, aber auch in Eichen- und Esskastanien-Beständen mit wenig Unterwuchs. 500–1600 m.
**VERBREITUNG** Vermutlich südliches Italien von Latium bis Sizilien und zur Insel Pantelleria. Typus: Kalabrien, Reggio de Calabria, Gambarie, 1988.

## Veilchenfarbene Ständelwurz
— *Epipactis ioessa*

Ende Juli–
Anf. Aug.

*E. ioessa* (I, Pollino, L.c., 6.8.2013, HP)

**STECKBRIEF** (15)
20–25 cm hoch; Stängel dünn, unten violettrosa, oben violett bräunlich; Laubblätter 2–3, spitz-eiförmig, 3–4 cm lang, etwa 1,5-mal so lang wie die Internodien, steif, abstehend bis leicht überhängend, tief dunkelgrün mit violetten Adern; Blüten waagrecht abstehend, glockig, ziemlich klein; Sepalen hellgrün, außen mit violetten Adern, ca. 9 mm lang; Petalen weißlich grün mit dunkleren Adern; Hypochil innen dunkelbraun; Durchgang zwischen Hypochil und Epichil breit v-förmig; Epichil herzförmig, breiter

als lang, vorgestreckt, die Spitze nur leicht zurückgebogen, der Rand oft etwas aufgewölbt, weiß, Mitte blass grünlich gelb und vom Hypochil kaum getrennt, nur selten kommen Blüten mit deutlich gegliederter Lippe vor; autogam, Klinandrium stark reduziert bis fehlend („muelleri"-Säule).
**VERWECHSLUNG** Von Kümmerexemplaren der *E. purpurata* durch breitere Blätter und den breit v-förmigen Lippendurchgang verschieden. Diese hat eine normale Säule mit Klebdrüse.
**VORKOMMEN** Lichter Kalk-Buchenhochwald mit sehr lockerer, niedriger Krautschicht. Ca. 1530–1600 m.
**VERBREITUNG** Bisher nur vom Monte Pollino an der Grenze Basilikata/Kalabrien und bei Terranova bekannt.
Typus: Italien, Basilikata, Prov. Potenza, Rotonda, 2007.

*E. ioessa* (I, Pollino, L.c., 6.8.2013, HP)

*E. ioessa* (I, Pollino, L.c., 6.8.2013, HP)

## Lukanische Ständelwurz
*— Epipactis lucana*

spät: Ende Juli–Ende Aug.

**STECKBRIEF** 15–30 (80) cm hoch; Stängel grün, relativ kräftig, bei kleinen Pflanzen ± hin und her gebogen, sonst steif aufrecht, bei kräftigeren Pflanzen auffallend dick; Laubblätter 2–4 (5), die größten 3,5–12 cm lang, 1–4 cm breit, breit-lanzettlich bis oval, spitz, oft überhängend bzw. sichelförmig gebogen; Blütenstand mit (5) 8–20 (30) Blüten, Spindel kurz weißlich grau behaart; Blüten mittelgroß, waagrecht abstehend bis leicht hängend; Sepalen grün, schmal-eiförmig, spitz, die seitlichen 8–11 × 4–6,5 mm; Petalen spitz-eiförmig, 7–10 × 4–6,5 mm, blassgrün bis weißlich grün, selten leicht rosa, mit deutlicher, grüner Mittelrippe; Hypochil mittelgroß, kreisrund, etwa 4 × 4 mm, tief napfförmig, außen grün, innen grünlich bis braun; Durchgang zwischen Hypochil und Epichil mittelbreit, u-förmig; Epichil breit-dreieckig, spitz, die Spitze oft nach unten gebogen, 4,5–5 × 3–4 mm, weiß bis weißlich grün, oft mit bräunlichem oder violettem Fleck; allogam.

*E. lucana* (I, Brienza, L.c., 9.8.2014, HP)

**VERWECHSLUNG** Unterscheidet sich von *E. meridionalis* v. a. durch den stets grünen Stängel (auch unten), fleischigere Blätter, eine geringere Behaarung, die reingrüne Innenseite des Perigons und die spätere Blütezeit. Es scheint jedoch lokal auch Zwischenformen zu geben.

*E. cordigera* hat kleinere Blüten, die autogam sind, das herzförmige Epichil weist einen Einschnitt zwischen den Kalli auf. *E. helleborine* s. l. hat u. a. dünnere, flachere, breitere und hellere Blätter.
**VORKOMMEN** Meist unterwuchsarme Buchenwälder, aber auch Eichenwälder. Ca. 1000–1850 m.
**VERBREITUNG** Von den Monti del Matese südlich bis fast zum Monte Pollino und westlich bis in die Monti Picentini und das Cilento. **Typus:** Italien, Basilikata, Provinz Potenza, Brienza, 2015.

*E. lucana* (I, Brienza, L.c., 31.7.2014, HP)

*E. lucana* Typus (I, Brienza, 8.8.2015, HP)

## Herz-Ständelwurz
*— Epipactis cordigera*

spät: Ende Juli–Mitte Aug.

*E. cordigera* (I, Lungro, L.c., 8.8.2014, HP)

**STECKBRIEF** (10) 15–30 (50) cm hoch; Laubblätter 3–4, die größten 5–12 cm lang, 1,5–4,5 cm breit, dunkelgrün; Blütenstand mit 5–25 kleinen bis mittelgroßen Blüten; Sepalen grün, 6–11 mm × 3–5 mm; Petalen weißlich grün, manchmal rosa überlaufen, 6–9 mm × 3–5 mm; Hypochil innen rotbraun bis braun; Übergang von Hypochil zu Epichil breit u-förmig; Epichil herzförmig, spitz, Spitze vorgestreckt bis nach unten gebogen, weiß bis grünlich, Kalli ebenfalls oft herzförmig, rosa bis bräunlich; autogam.
**VERWECHSLUNG** *E. lucana* ist allogam und hat ein breit-dreieckiges Epichil. *E. sanguinea* und *E. calabrica* haben ebenfalls kein herzförmiges Epichil mit tiefem Einschnitt.
**VORKOMMEN** Unterwuchsarme Buchenwälder. 1300–1420 m.
**VERBREITUNG** Monte Caramolo und Monte Pollino. **Typus:** Italien, Kalabrien, bei Lungro, 2019.

## Verdrehte Ständelwurz
*— Epipactis torqueta*

Ende Juli–
Mitte Aug.

**STECKBRIEF** 10–25 (35) cm hoch; Stängel grün, unten schwach, oben flaumig weiß behaart; Laubblätter 3–4, die größten 4–7 cm lang, 2,5–3,5 cm breit, breit-lanzettlich bis eiförmig, spitz, grün, waagrecht abstehend, an den Enden oft überhängend; Blütenstand wenigblütig mit (5) 8–20 (30) weit geöffneten, oft in sich verdrehten Blüten; Sepalen grün, ca. 10 mm lang, 4 mm breit; Petalen blasser, grün bis weißlich grün; Hypochil rund, ca. 3 mm im Ø, innen braungrün, außen hellgrün bis grün; Durchgang zwischen Hypochil und Epichil breit u-förmig; Epichil breit-dreieckig, nach vorne stehend, Spitze oft nach unten gebogen, grünlich weiß mit braunvioletten Kalli; autogam, Klinandrium und Viscidium fehlend („muelleri-Säule").
**VERWECHSLUNG** *E. lucana* hat kräftigere Stängel und größere, nicht in sich verdrehte Blüten und ist allogam. Die Lippe ist immer gut gegliedert. *E. ioessa* hat etwas größere, farbigere Blüten und violett überlaufene Blätter und Stängel. Die Blüten sind nicht verdreht.
**VORKOMMEN** Unterwuchsarme Buchenwälder über kalkhaltigem Untergrund. Bisher aus 1300–1360 m bekannt.
**VERBREITUNG** Bisher nur aus der „Abentina di Laurenzana" im Nationalpark Lukanischer Apennin bekannt.
Typus: Italien, Basilikata, bei Laurenzana, 2019.

*E. torqueta* (I, Laurenzana, L.c., 3.8.2020, HP)

*E. torqueta* (I, Laurenzana, L.c., 3.8.2020, HP)

## Vöths Ständelwurz
*— Epipactis voethii*

eher früh: Ende
Juni–Ende Juli

**STECKBRIEF** (10) 15–25 (40) cm hoch; Stängel meist hin und her gebogen, grün, unten mäßig behaart; Laubblätter (3) 4–7, lang, schmal-lanzettlich, 6–10 cm lang, 1–2,5 cm breit, ± waagerecht abstehend, oft bogig und rinnig, mit deutlichen Blattnerven, grün bis gelbgrün; Blütenstand locker, ± einseitswendig, mit bis zu 30 oft hängenden, relativ lang gestielten Blüten, Spindel dicht flaumig behaart; Blüten weit geöffnet; Sepalen außen grün, innen etwas heller, die seitlichen 9–10 mm lang, 4–5 mm breit, das mittlere etwas kürzer; Petalen außen weißlich grün, innen weißlich, in den Randbereichen leicht rötlich, ca. 7 mm lang, 4 mm breit; Hypochil breit-topfförmig und tief, außen weiß bis grünlich, innen hellbraun, rotbraun bis olivgrün; Durchgang

*E. voethii* (A, Bisamberg, L.c., 19.7.1998, WV)

zwischen Hypochil und Epichil mittelbreit; Epichil herzförmig, zugespitzt, Spitze leicht nach unten weisend bis stark zurückgeschlagen, am Rand z. T. grob gekerbt, ca. 4 × 4 mm, weißlich rosa; autogam, Klinandrium normal entwickelt, Viscidium höchstens kurz funktionsfähig, Pollinien schnell bröselig werdend.
**VERWECHSLUNG** Durch die weit geöffneten hellen, meist autogamen Blüten und den oft zierlichen Wuchs mit meist hin und her gebogenem Stängel und langen Blättern gut charakterisierte Art.
**VORKOMMEN** Warme, grasige, luftfeuchte Eichen-Hainbuchenwälder. 220–580 m.
**VERBREITUNG** Mitteleuropäische Art von Österreich und Tschechien bis Ungarn und zur Slowakei. **Typus:** Österreich, Niederösterreich, Bisamberg, 1993.
**NAME** Benannt zu Ehren des Entdeckers, dem österreichischen Botaniker Walter Vöth (1919–2013).

*E. voethii* (A, Rechnitz, 25.7.2004, HP)

## Dunkelviolette Ständelwurz
*— Epipactis cardina*

Anf. Juli–
Anf. Aug.

*E. cardina* (E, Valdelinares, 1.8.2006, HP)

**STECKBRIEF**

15–50 cm hoch; Stängel kräftig, häufig violett überlaufen; Laubblätter 5–8, bis 10 cm lang, lanzettlich, zugespitzt, rinnig, meist sichelförmig gebogen, am Rand deutlich gewellt, mittel- bis dunkelgrün, oft violett überlaufen, besonders unterseits kräftiger gefärbt, oft streng zweizeilig angeordnet; Blütenstand ± dichtblütig, mit 20–35 Blüten, ein Drittel bis deutlich über die Hälfte des Stängels einnehmend, Spindel im Bereich des Blütenstandes kräftig und hell behaart; Blüten weit geöffnet; Sepalen grün, violett überlaufen, oft weit nach hinten geschlagen, 9–10 × 4,5–5 mm; Petalen hell- oder dunkel-

*E. cardina* (E, Valdelinares, 1.8.2006, HP)

rosa bis violett, 8–9 × 3,9–4,3 mm; Hypochil ± 3 mm tief, außen weißlich, innen braun, seltener grünlich; Durchgang zwischen Hypochil und Epichil schmal, eine gerade Spalte; Epichil klein, stark nach unten gebogen, stumpf-herzförmig, 3,8–4,2 × 3,6–4 mm, rot bis braunviolett; allogam.

**VERWECHSLUNG** Aufgrund der zweizeiligen, langen, tief angesetzten, gewellten Blätter, der kräftigen Behaarung der Spindel und der violetten Überfärbung kaum zu verwechseln. Von *E. tremolsii* unterscheidet sie sich unter anderem durch die spätere Blütezeit, Übergänge sind jedoch bekannt.

**VORKOMMEN** Kalkreiche Wälder, v. a. lichte Rotföhrenwälder, Lichtungen und nordexponierte Wiesen, auch Pappel-Anpflanzungen. 900–2100 m.

*E. cardina* (E, Valdelinares, 1.8.2006, HP)

**VERBREITUNG** Bergmassive des mittleren und südlichen Ostspaniens, bisher bekannt aus den Provinzen Teruel, Cuenca, Alicante, Murcia, Jaén und Granada. Typus: Spanien, Provinz Teruel, Cantavieja, 1998.

## Tremols Ständelwurz
### — *Epipactis tremolsii* (inkl. *E. duriensis, E. lusitanica*)

früh: Mitte März–Ende Juni

**STECKBRIEF** (20) 30–45 (90) cm hoch; Stängel kräftig, unten kahl und grün, seltener bräunlich oder bronzefarben, besonders im Austrieb häufig violett überlaufen, im Blütenstand behaart; Laubblätter 4–8, den Stängel hoch hinaufreichend, hellgrün bis auffallend bläulich

*E. tremolsii* (E, Elvira, 18.4.2014, HP)

dunkelgrün, mittlere 5–10 × 4–8 cm, rundlich bis eiförmig, seltener spitz-lanzettlich, schräg aufrecht bis fast waagrecht, oft mit welligem Rand; Blütenstand 20–70-blütig, die Hälfte bis zwei Drittel des Stängels einnehmend; Blüten groß; Sepalen 8–12,5 × 4,5–6,5 mm, Außenseiten grün, oft bronzefarben, gelegentlich rötlich, Innenseite ± purpurn überlaufen; Petalen ähnlich den Sepalen; Hypochil groß, fast kugelig bis oval, außen schmutzig grün mit rotem Rand bis grün, innen olivfarben bis schwarzbraun; Durchgang zwischen Hypochil und Epichil breit; Epichil sehr breit bis herzförmig, teils zugespitzt, 4,5–6 mm lang, meist stark nach unten umgeschlagen und dadurch kurz wirkend; allogam.

**VERWECHSLUNG** *E. helleborine* unterscheidet sich v. a. durch die spätere Blütezeit und die meist weniger farbigen Blüten. Die Blätter sind nicht bläulich grün.
**VORKOMMEN** In unterschiedlichen Biotopen, meist hell, aber selten vollsonnig. Besonders gerne zusammen mit Eichen und Kiefern; kalkliebend (außer var. *lusitanica*). Bis etwa 1600 m.
**VERBREITUNG** Von Marokko und Portugal bis zu den Seealpen und Sardinien. **Typus:** Spanien, Provinz Barcelona, Moncada nahe Cerdañola, 1914.
**NAME** Benannt nach dem katalanischen Botaniker Frederico Tremols y Borrel (1831–1900), der die Sippe als Erster gesammelt hat.
**VARIABILITÄT** Die var. *lusitanica* unterscheidet sich von der Nominatsippe durch einen zierlicheren Wuchs. Die Varietät besiedelt saure, kristalline Böden und findet sich in Kiefern- und Korkeichenwäldern, im Zistrosen-Gebüsch und auch in Eukalyptus-Pflanzungen in bis zu 800 m. Sie ist bisher nur aus Südportugal und dem angrenzenden Spanien bekannt, sehr ähnliche Ausprägungen gibt es jedoch auch in Südfrankreich und auf Sardinien. Vermutlich handelt es sich nur um eine Wuchsform kalkfreier, trockener Böden. Als *E. duriensis* wurden Pflanzen aus Portugal beschrieben, die weniger stark gefärbt sind und grüne Blütenstielchen aufweisen. Ihr Habitus ist sehr variabel und steht etwa zwischen „*lusitanica*" und *tremolsii* s.str.

*E. tremolsii* (E, Elvira, 18.4.2014, HP)

## Italienische Ständelwurz
*— Epipactis latina*

früh: Ende Mai–Ende Juli

*E. latina* (I, Fara S. Martino, 10.6.2006, HP)

**STECKBRIEF**

35–70 (100) cm hoch, robust; Stängel steif, unten kahl, oben behaart; Laubblätter (3) 6–9 (11), gelblich grün bis grün, bei hellem Standort unten ± zusammengedrängt, fast zweizeilig angeordnet, aufgerichtet bis waagerecht abstehend, die unteren eiförmig bis rundlich, die oberen lanzettlich, zugespitzt, 5–9 cm lang, 4–7 cm breit, Rand meist gewellt; mit einer Lücke zwischen Laubblättern und Blütenstand; Blütenstand fast einseitswendig, 10–60-blütig, Spindel weißlich grau behaart; Blüten mittelgroß, sehr ähnlich *E. helleborine*, fast waagrecht ausgerichtet; Sepalen gelblich grün, purpurn überlaufen, 8–12 mm lang, 4–6 mm breit; Petalen ähnlich den Sepalen, aber farbintensiver, meist rosa; Hypochil kesselförmig, innen braun, außen weiß, hellgrün oder rötlich; Epichil breit

bis herzförmig, Spitze meist nach hinten geschlagen, 5–6 mm lang, ca. 5 mm breit, weißlich, grünlich oder rosa; allogam.
**VERWECHSLUNG** *E. helleborine* hat am Stängelgrund keine zusammengedrängten Blätter und keine auffallende Lücke zwischen Blättern und Blütenstand. Sie blüht ca. 4 Wochen später als *E. latina*. Möglicherweise handelt es sich bei der aus Südfrankreich beschriebenen *E. helleborine* var. *castanearum* um dieselbe Sippe.
**VORKOMMEN** Magerrasen, Gebüschsäume, Böschungen, lichte Eichenwälder. Ca. 200–1700 m.
**VERBREITUNG** Mittleres und südliches Italien, Istrien. Typus: Italien, Latium, Lagustelli di Percile, 1987.

*E. latina* (I, Fara S. Martino, 10.6.2006, HP)

## Türkische Ständelwurz
*— Epipactis turcica* (inkl. *E. densifolia, E. levantina*)

früh: Anf./Mitte Mai–Mitte Juli

**STECKBRIEF** 25–50 (90) cm hoch; Stängel hellgrün; Laubblätter 6–16, teils tütenförmig, schräg aufwärtsgerichtet, leicht gefaltet, an den Rändern gewellt, am Grund stängelumfassend, die unteren rundlich bis eiförmig, die mittleren breit-eiförmig bis lanzettlich, zugespitzt; Blütenstand mit 20–60 mittelgroßen, meist relativ farbigen Blüten, teils rötlich überlaufen; Sepalen breit-lanzettlich, zugespitzt, olivgrün, 6,5–10 mm lang, 3,5–7 mm breit; Petalen hellgrün bis rosa, an den Rändern meist rötlich überlaufen; Hypochil innen dunkel rotbraun bis fast schwarz; Durchgang zwischen Hypochil und Epichil mäßig breit; Epichil (manchmal extrem) breit-herzförmig, am Rand weißlich bis rot; allogam.

*E. turcica* (GR, Dadia, 6.6.2006, SH)

*E. turcica* (GR, Chios, 17.5.2009, HP)

**VERWECHSLUNG** Kann *E. tremolsii* sehr ähnlich sehen, hat aber keine bläulich grünen Blätter. Schwächere Pflanzen oder solche mit gestrecktem Habitus sehen *E. helleborine* sehr ähnlich.
**VORKOMMEN** Trockenrasen, Eichengebüsch, lichte Kiefernwälder, Ödland, Schutthänge, Haselnusskulturen. Ca. 300–1500 m.
**VERBREITUNG** Nord- und Südanatolien, Georgien, Syrien, Libanon, Israel, Thrakien in Griechenland, Ägäische Inseln, Krim. **Typus:** Türkei, Ankara, SW Kizilcahamam, Soguksu Milli Park, 1997.
**VARIABILITÄT** Kräftige, bis 90 cm hohe, reich beblätterte Pflanzen mit dunkelgrünen, nahezu kreisrunden Blättern und vielblütigem Blütenstand können als var. ***densifolia*** nom. prov. (Syn.: *E. densifolia*) abgetrennt werden. Sie ist von den Inseln Kos, Chios, Lesbos, Samos und Rhodos sowie vom südlichen Anatolien bekannt. Die als *E. helleborine* subsp. *levantina* beschriebenen Pflanzen nehmen eine Mittelstellung zwischen beiden Extremen ein. Häufig sind 2 oder alle Ausprägungen in einem Bereich zu finden.

*E. turcica* var. *densifolia* (GR, Samos, Pirgos, 10.6.2017, BT)

## Breitblättrige Ständelwurz
— *Epipactis helleborine* subsp. *helleborine*
(Syn.: *E. youngiana*, *E. helleborine* subsp. *castanearum*, *E. neerlandica*, *E. helleborine* subsp. *minor*, *E. moratoria*)

Mai–
Ende Aug.

**STECKBRIEF** (10) 15–45 (100) cm hohe, extrem vielgestaltige „Sammelart"; Laubblätter 3–7, ± spiralig stehend bis ± versetzt zweireihig, eiförmig bis eilanzettlich, meist ± doppelt so lang wie ihre Internodien, das zweite von unten (4,5) 6,5–10 (15) cm lang, (2,3) 3–6,5 (7,5) cm breit; Blütenstand 10–25 cm lang mit 10–40 (80) Blüten, Spindel kurz behaart; Blüten leicht glockig bis weit geöffnet, bei ausreichender Wasserversorgung waagrecht abstehend; Sepalen eilanzettlich, 9–11 mm lang, blassgrün, manchmal rot überlaufen bis rot; Petalen meist spitz-eiförmig, grün, weißlich oder rosa bis hellrot, nicht kräftiger gefärbt als das Epichil; Hypochil innen dunkelbraun, seltener rötlich oder grün; Durchgang zwischen Hypochil und Epichil u-förmig; Epichil meist breit-eiförmig, spitz oder stumpf, ± 4 mm lang und 4,5 mm breit, Spitze zurückgeschlagen, weißlich, rosa bis rot; allogam, die Pollinien bleiben lange kompakt.

*E. helleborine* subsp. *helleborine* (li: D, Enkering, 29.6.2018, HP; re: D, Neumarkt/OPf, 9.7.2011, HP)

**VERWECHSLUNG** Mit ± allen Sippen der *E. helleborine*-Gruppe. Von vielen lässt sie sich durch das Epichil, das breiter als lang ist, unterscheiden. Die extrem variable Sippe kann in einzelnen Populationen oder Einzelexemplaren auch gut abgesetzten Arten ähneln. Diese sind dann oft durch Autogamie zu erkennen.
**VORKOMMEN** Laub-, Misch- und Nadelwälder, Gebüsche, Lichtungen, Wegränder, Kalkschutt, Abraumhalden, Gartenbeete usw. Bis 2360 m (in China bis 4000 m).
**VERBREITUNG** In der temperierten Klimazone von der Atlantikküste bis zum Baikalsee in Sibirien und bis zum

*E. helleborine* (D, Enkering, 29.6.2018, HP)

*E. helleborine* (D, Wolfratshausen, 17.7.2011, HP)

*E. helleborine* var. *castanearum* (F, Manosque, 1.6.1994, HP; klein: F, Olargues, 22.6.2008, MN)

*E. helleborine* var. *neerlandica* (F, Bray-Dunes, 31.7.2002, HP; klein: DK, Skagen, 23.7.2017, UG)

Himalaya, in Nordamerika weitläufig eingebürgert. Viele Meldungen, besonders in Südeuropa, dürften anderen Sippen zuzuordnen sein. **Typus:** Deutschland, Baden-Württemberg, bei Tübingen, 1753.

**ANMERKUNG** Für die Krim wird auch die subsp. *levantina* angegeben, die dort im Aussehen aber einer *helleborine* gleicht und die daher hier als *E. helleborine* geführt wird.

**VARIABILITÄT** Vielgestaltige Art, von der in Europa zahlreiche Varietäten, Unterarten und Arten abgetrennt wurden. Bedeutend an Varietäten davon sind:

var. *neerlandica* unterscheidet sich von der Nominatvarietät durch das Vorkommen in Dünensand, die verstärkte Tendenz zur Büschelbildung, den durchschnittlich niedrigeren Wuchs, die im unteren Bereich eng stehenden und kurzen Blätter und die weniger geöffneten Blüten. Blüht von Juli bis Mitte September und besiedelt küstennahe Gebiete von Frankreich und Großbritannien (Südwales) bis Dänemark und Südwestnorwegen bis zu einer Seehöhe von etwa 40 m. Vermutlich handelt es sich nur um eine Wuchsform der Dünen, die kennzeichnenden Merkmale ändern sich schon auf der Nordseite oder im Schatten.

var. *castanearum* unterscheidet sich von der Nominatvarietät durch schlankeren Wuchs, kürzere, schräg aufwärtsgerichtete, etwas wellige Blätter und die frühe Blütezeit von Mitte Mai bis Ende Juni. Die Varietät ist bisher nur aus Südfrankreich aus den Départements Ardèche, Hérault und Var bekannt und besiedelt hier v. a. Edelkastanienwälder in 200–700 m Höhe.

var. *orbicularis* ist eine mastige Varietät mit ± kreisrunden Laubblättern, kräftigem Stängel und dichtem Blütenstand. Sie sollte nicht verwechselt werden mit *E. distans* und besiedelt v. a. lichte bis höchstens halbschattige Stel-

li: *E. helleborine* var. *orbicularis* (D, Unteremmendorf, 1.7.2020, HP); re: *E. helleborine* var. *minor* (F, Kohlhütte, 10.7.2018, BT)

*E. helleborine* var. *youngiana* (GB, Stonecroft Farm, L.c., 6.8.2002, HP)

len. Ihre Verbreitung ist aufgrund der Verwechslung mit ähnlichen Sippen wenig bekannt, dürfte aber zumindest in den Alpen weit verbreitet sein und reicht nördlich zumindest bis Belgien und in die Niederlande.

**var. *minor*** ist mit 10–35 cm Höhe kleiner und zierlicher als die Nominatvarietät. Die Laubblätter sind kleiner, das breiteste nur 2,3–3,9 cm breit (bei der var. *helleborine* 3–6,5 cm),

*E. helleborine* subsp. *moratoria* (D, Retten, 22.7.2017, HP)

*E. helleborine* subsp. *moratoria* (D, Retten, 22.7.2017, HP)

auch die Blüten sind etwas kleiner. Sie blüht später von Ende Juli bis Ende August und kommt in Frankreich vom Elsass bis in die Nordvogesen und in Belgien vor. Zahlreiche Meldungen aus anderen Gebieten sind unsicher. Sie besiedelt v. a. bodensaure Buchenwälder in 250–350 m Höhe.

**var. *youngiana*** ist nach dem englischen Botaniker D. P. Young (1917–1972) benannt. Die Verbreitung der teilweise autogamen Sippe mit schnell zerbröselndem Viscidium beschränkt sich auf Schwermetallböden im englischen Northumberland, wobei es sich bei ihr auch bloß um eine Standortmodifikation handeln könnte.

**UNTERARTEN**

**Spätblühende Ständelwurz, *Epipactis helleborine* subsp. *moratoria*** (Syn.: *E. moratoria*): Unterscheidet sich von der Nominatunterart durch einen dünnen,

*E. helleborine* subsp. *guegelii* (RO, Donaudelta, 23.6.2018, GG)

*E. helleborine* subsp. *schubertiorum* (I, Gambarie, 4.8.2014, HP)

*E. helleborine* subsp. *guegelii* (RO, Donaudelta, 23.6.2018, GG)

im unteren Bereich meist zickzackförmig gebogen Stängel, kürzeren Blütenstand und weniger bunte Blüten, die keine farbigen Sepalen, höchstens zartrosa Petalen haben. Sie blüht von Ende Juli bis Mitte August und damit nur geringfügig später als die subsp. *helleborine*. Besiedelt lichte Laubwälder und Waldränder und wurde bereits von mehreren europäischen Ländern gemeldet, ohne dass die Verbreitung bisher wirklich bekannt ist. **Typus:** Deutschland, Bayern/Oberfranken, Rettern, 2007. Die Abgrenzung ist oft sehr schwierig, zur var. *minor* oft unmöglich.

**Gügels Ständelwurz, *E. helleborine* subsp. *guegelii* nom. prov.** (als *E. guegelii* beschrieben): Benannt zu Ehren des zeitgenössischen deutschen Feldbotanikers Ernst Gügel. Unterscheidet sich von der Nominatunterart durch einen dünnen, oft nicht aufrecht stehenden Stängel, hellgrüne, schmälere Laubblätter mit welligem Rand, lockerem Blütenstand und einer etwas späteren Blütezeit von Ende Juni bis Mitte Juli. Das Blütenstielchen ist oft grün, das Epichil kaum eingerollt und am Rand gezähnt. Wächst v. a. im feuchten Eschen-Eichenwald niederer Lagen und bevorzugt feuchtere und schattigere Standort als die subsp. *helleborine*. Es handelt sich vermutlich um eine Anpassung an warme, luftfeuchte Standorte. Sie ist bis jetzt nur aus 2 Bereichen in Rumänien bekannt. **Typus:** Rumänien, Letea-Grind im Donau-Delta, (1996).

**Schuberts Ständelwurz, *Epipactis helleborine* subsp. *schubertiorum*** (Syn.: *E. schubertiorum*): Benannt zu Ehren der zeitgenössischen Orchideenkenner Bernhard und Lucia Schubert aus Karlstetten in Niederösterreich. Unterscheidet sich von der Nominatunterart v. a. durch bis 12 cm lange und 4,5 cm breite Laubblätter und kleinere Blüten mit bis zu 7 mm langen Sepalen. Tannenwälder sowie Buchen- und Buchenmischwälder in 900–1570 m Höhe. Sie ist in Süditalien ver-

*E. helleborine* subsp. *schubertiorum* (I, San Bruno, L.c., 6.8.2014, HP)

breitet, bisher nachgewiesen aus den kalabrischen Gebirgen Sila, Serre und Aspromonte, dem Monte Faito, vereinzelten Stellen in der Basilikata. Meldungen vom Foresta Umbra am Gargano und dem Naturreservat Bosco di Malabotta in Nordostsizilien sind zu überprüfen. Stellenweise scheint es Übergänge zu *E. helleborine* s. l. zu geben. **Typus:** Italien, Kalabrien, Serra San Bruno, 1997.

## Renz'-Ständelwurz
*— Epipactis renzii (*Syn.: *E. neerlandica* var. *renzii)*

eher spät: Ende Juli–Mitte Aug.

**STECKBRIEF** 10–40 cm hoch; Stängel relativ dick, unten mäßig, oben stärker flaumig behaart; Laubblätter 4–6, tütig, kurz, fest, die unteren 3–4 × 2–3 cm, die mittleren 5–8 × 2–3,5 cm, elliptisch, schräg nach oben stehend, die oberen lanzettlich, grün; Blütenstand dicht, einseitswendig, mit bis zu 30 (40) Blüten, Spindel dicht flaumig behaart; Blüten groß, kugelig, meist halb geöffnet, leicht hängend, mit leichtem Hyazinthenduft; Sepalen innen rotgrün, außen grün-gelblich, ca. 10 mm lang, 6 mm breit; Petalen rot-grünlich, auffallend breit, ± 9 mm lang, 5 mm breit; Hypochil groß, außen grün, innen dunkelrot bis dunkelbraun; Durchgang zwischen Hypochil und Epichil breit; Epichil herzförmig, zugespitzt, Spitze etwas nach unten gebogen, intensiv rosa; autogam, Klinandrium und Viscidium meist fehlend („muelleri-Säule").

**VERWECHSLUNG** Unterscheidet sich von *E. helleborine* var. *neerlandica* v. a. durch intensiver gefärbte, purpurne Blüten und die „muelleri-Säule".

**VORKOMMEN** Dünen. Bis etwa 20 m.

**VERBREITUNG** Bisher nur aus Nordjütland bekannt. **Typus:** Dänemark, Nordjütland, Skagen, 1988.

**NAME** Zu Ehren des Schweizer Orchideenforschers Jany Renz (1907–1999) benannt.

**ANMERKUNG** Bei der Sippe scheint es sich um eine autogame Entwicklung aus *E. helleborine* var. *neerlandica* mit Anpassung an das häufig windige, insektenarme Gebiet zu handeln.

*E. renzii* (DK, Grenen, L.c., 23.7.2017, UG)

*E. renzii* (DK, Grenen, L.c., 23.7.2017, UG)

## Kurzblättrige Ständelwurz
— *Epipactis distans* subsp. *distans*

früh: Mitte Juni–Ende Juli

**STECKBRIEF** 30–50 cm hoch, nur sehr selten mit sterilen Trieben; Stängel dick, steif, grün; unterstes Laubblatt 2–4,5 cm lang, rund, löffelförmig, steil aufwärts bis stängelanliegend, die oberen 4–7 cm lang, breit-oval bis oval-lanzettlich, schräg aufwärtsgerichtet bis abstehend, kürzer oder nur wenig länger als das zugehörige Internodium; Blütenstand etwa ein Drittel der Pflanzenhöhe mit 10–30 (45) Blüten, Spindel mäßig dicht behaart; Blüten relativ groß, meist weit geöffnet, waagrecht bis leicht nickend; Sepalen 9,5–13 mm lang, innen hellgrün; Petalen innen weißlich bis tiefrosa, außen rosa, breit-eiförmig; Hypochil tief, oft mit eingezogenem Rand, innen dunkelbraun; Durchgang zwischen Hypochil und Epichil u-förmig, ziemlich eng; Epichil so lang wie breit, Spitze zurückgeschlagen, weißlich bis hellrosa, heller als die Petalen; allogam, aber Klebdrüse relativ schnell funktionslos, die Pollinien zerfallen.

**VERWECHSLUNG** Von *E. helleborine* unterschieden durch den dicken und steifen Stängel, häufiges Wachstum in Gruppen, kaum sterile Exemplare, weniger und kürzere, stärker aufrechte, konkav-rinnige Blätter, innen rein hellgrüne Sepalen, rosa gefärbte Petalen, den engeren Durchgang zwischen Hypochil und Epichil und einen auffallenden, bräunlich grün bis braunrot gefärbten Mittelkiel auf dem Epichil. *E. distans* blüht etwa 3 Wochen vor *E. helleborine*. In den Randbereichen existieren sehr ähnliche Populationen, die noch nicht abschließend geklärt sind.

*E. distans* (D, OPf, Holzheim, 17.7.2010, HP)

*E. distans* (F, Col d'Izoard, L.c., 31.7.2016, HP)

*E. distans* subsp. *molochina* (E, Villafranca el Cid, 4.7.2018, BT)

**VORKOMMEN** Lichte Wälder, Wald- und Wegränder, Lichtungen. Fast immer mit Kiefern vergesellschaftet. Bis 2200 m.
**VERBREITUNG** Von Spanien bis Schweden, Litauen und Nordgriechenland. **Typus:** Frankreich, Hautes-Alpes, zwischen Briançon und dem Col de Montgenèvre, 1872.
**UNTERART** Blasspurpurne Ständelwurz, *Epipactis distans* subsp. *molochina* nom. prov. (beschrieben als *E. molochina*): Unterscheidet sich geringfügig von der Nominatunterart v. a. durch intensiver gefärbte Blüten und reichere Blütenstände mit bis zu 75 Blüten. Sie ist in den Gebirgen Ostspaniens endemisch und besiedelt dort vorrangig Kiefernwälder von ca. 600–1700 m. **Typus:** Spanien, nahe Teruel (2004).

## Cupanis Ständelwurz
*—Epipactis cupaniana* (Syn.: *Epipactis hyblaea*)

Mitte Mai–Juni/
Ende Juni–Mitte Juli

**STECKBRIEF** 35–60 cm hoch; Stängel starr, unten kahl, oben kurz weichhaarig; Laubblätter 3–4 (5), steif, eilanzettlich bis lanzettlich, (3) 4–8 cm lang, 2–4 cm breit. Blütenstand (7) 10–20 cm lang, mit (7) 15–19 (26) schräg hängenden Blüten; Sepalen eiförmig, grünlich, 7–11 mm lang, 4,5–6 mm breit. Petalen eiförmig, grünrosa, am Rand rosa, 7–7,5 mm lang, 4,5–5 mm breit; Hypochil braun oder purpurn bis rosa, 3,5–4 mm lang, 2,5–3 mm breit; Epichil herzförmig, 3,5–4,2 mm lang, 2,5–3 mm breit, mit weißrosa Rand und dunkelrosa Mitte; allogam.
**VERWECHSLUNG** *E. meridionalis* unterscheidet sich durch einen violett überlaufenen, dünnen Stängel und 4–8 Laubblätter.

*E. cupaniana* (I, Sizilien, Ferla, L.c. von *„E. hyblaea"*, 24.5.2015, VC)

**VORKOMMEN** Von Steineichen dominierte Wälder, im Südwesten warme Hänge mit Steineichen. Von etwa 1000–1200 m im Norden und 500–650 m im Südwesten.
**VERBREITUNG** Bisher nur aus dem Madonie-Massiv in Nordsizilien und den Hybläischen Bergen am Fluss Anapo bekannt. **Typus:** Italien, Sizilien, Madonie, Pizzo Carbonara, 2013.

**NAME** Zu Ehren des sizilianischen Botanikers, Arztes und Theologen Francesco Cupani (1657–1711) benannt.
**VARIABILITÄT** Im relativ trockenen Südwesten der Insel kommen früher blühende Pflanzen vor, die durch einen etwas dickeren Stängel und deutlich kürzere Blätter auffallen. Sie ähneln dann eher *E. aspromontana* und wurden im Artrang als *„E. hyblaea"* beschrieben. Vermutlich handelt es sich jedoch nur um eine Wuchsform wärmerer Lagen. Ob die Unterschiede zur Abtrennung als Unterart ausreichen, müssten genauere Untersuchungen zeigen.

*E. cupaniana* (I, Sizilien, Ferla, L.c. von *„E. hyblaea"*, 16.5.2015, VC)

## Aspromonte-Ständelwurz
*— Epipactis aspromontana*

Juli–Aug.

**STECKBRIEF** 25–50 (60) cm hoch; Stängel gerade, grün, oben flaumig behaart; Blätter 3,5–6 cm lang und 1,5–3 cm breit, eiförmig bis lanzettlich, zugespitzt, schräg aufrecht bis hängend, grün; Blütenstand locker bis dicht, 2–30 Blüten, Spindel flaumig behaart; Blüten weit geöffnet, waagerecht bis leicht hängend; Sepalen 10–11 mm lang, gelblich grün, z. T. leicht rosa überlaufen, Außenseite mit deutlichem Mittelkiel; Petalen ± gleich lang wie die Sepalen, gelblich grün bis rosa, die Ränder meist intensiver gefärbt; Hypochil groß, außen grün bis rosa, innen dunkelbraun; Epichil ca. 5 × 5 mm; Klinandrium und Viscidium voll entwickelt, allogam.

*E. aspromontana* (I, Gambarie, L.c., 4.8.2014, HP)

**VERWECHSLUNG** *E. helleborine* subsp. *schubertiorum* hat deutlich kleinere Blüten, breitere Lippen und längere Blätter.

**VORKOMMEN** Frische Böden über Silikatgestein mit ausreichend Feuchtigkeit zur Blütezeit. Höhenverbreitung ca. 1100–1500 m.

**VERBREITUNG** Endemit Kalabriens. **Typus:** Italien, Kalabrien, Aspromonte, 1996.

*E. aspromontana* (I, Gambarie, L.c., 4.8.2014, HP)

## Dégens Ständelwurz
*— Epipactis degenii*

Anf. Juli–
Anf. Aug.

**STECKBRIEF** 8–30 cm hoch; Stängel robust, gerade und grün; Laubblätter 3–6, grün, spitz-lanzettlich, untere ovaler, stängelumfassend, schräg nach oben gerichtet, Internodien kürzer als Blattlänge; Blütenstand 3–30-blütig; Blüten voll geöffnet; Sepalen innen meist hellgrün, selten rosa überlaufen, Ränder meist rosa, Außenseite ± rötlich überlaufen, selten grün, 8–11,5 mm lang, 4–6 mm breit; Petalen innen und außen meist rosa, 7–9 mm lang, (4) 5–6 mm breit; Hypochil innen meist braun, seltener schmutzig grün, bis 4,5 mm Ø, außen grünlich weiß oder leicht rosa; Durchgang zwischen Hypochil und Epichil mittelbreit bis schmal; Epichil herzförmig, zugespitzt, rosa, Spitze zurückgebogen, 3,5–4,5 mm lang, 4,5–6 mm breit; allogam, die Pollinien werden aber nach einiger Zeit krümelig.

*E. degenii* (GR, Olymp, L.c., 4.7.2015, SH)

**VERWECHSLUNG** *E. halacsyi* hat deutlich kleinere Tragblätter und einen breiteren Übergang von Hypochil zu Epichil, die Blüten sind sehr weit geöffnet. *E. helleborine* s.l. hat u.a. größere Blätter.
**VORKOMMEN** Kalkhaltige, trockene Böden in offenen Kiefernwäldern und im felsigen Grasland, auch unter Buchen. Ca. 1600–1850 m.
**VERBREITUNG** Griechisches Festland, v.a. am Südhang des Olymp. **Typus:** Griechenland, Thessalien, Olymp oberhalb Lithohoro zwischen Strangos und Barmpa, 1999.
**NAME** Zu Ehren des ungarischen Botanikers und Balkanforschers Árpád Dégen (1866–1934) benannt.

*E. degenii* (GR, Olymp, L.c., 20.7.2014, SH; klein: GR, Olymp, L.c., 20.7.2000, HP)

## Herakles' Ständelwurz
*— Epipactis heraclea*

Anf. Juni–
Anf. Aug.

*E. heraclea* (GR, Vardousia, 9.7.2015, SH)

**STECKBRIEF**

20–45 cm hoch, robust, vielgestaltig; Stängel dick, unten kahl; Laubblätter 4–7, am Stängel verteilt, fast zweizeilig angeordnet, aufgerichtet, meist gebogen, die mittleren lanzettlich, 3,2–7 cm lang, 1,4–4 cm breit; Blütenstand 8–19 cm lang mit 12–30 (50) Blüten; Blütenstiel violett überlaufen; Blüten mittelgroß, fast waagrecht ausgerichtet, glockig bis weit geöffnet, außen oft bronzefarben; Sepalen grün bis weißlich grün, gekielt, 9–10 mm lang, 4–5 mm breit; Petalen kaum kleiner als die Sepalen, rosa; Hypochil außen weiß bis hellgrün, innen schwarzbraun; Durchgang zwischen Hypochil und Epichil mittel bis breit; Epichil 5–6,5 mm lang, ca. 5 mm breit, blassrosa, weißlich oder purpurn; allogam, die Pollinien bleiben lange kompakt.

**VERWECHSLUNG** *E. tremolsii* in Südwesteuropa hat ein größeres Hypochil und einen breiteren Übergang von Hypochil zu Epichil. Kurzblättrige Pflanzen kommen hier nicht vor. *E. helleborine* s. l. kann sehr ähnlich ausgebildet sein. Die Abgrenzung ist oft schwierig.
**VORKOMMEN** Magerrasen, Schutthänge, Böschungen, Gebüschränder; kalkliebend. Ca. 1250–1800 m.
**VERBREITUNG** Griechisches Festland: bisher gefunden im Iti-Massiv in der Provinz Phthiotis, im Giona-Gebirge, am nördlichen Peloponnes und im Pindus-Gebirge. Typus: Griechenland, Sterea Ellas, Berg Iti bei Neohori, 2003.

*E. heraclea* (GR, Vardousia, 9.7.2015, SH)

## Halacsys Ständelwurz
*— Epipactis halacsyi*

Ende Juni–
Ende Juli

**STECKBRIEF** 25–40 cm hoch; Stängel unten blassgrün, manchmal etwas rötlich, oben grün; Laubblätter 3–5, besonders klein, bis 4 cm lang und 2 cm breit, nur halb so lang bis etwas länger als die Internodien, elliptisch, zugespitzt, waagerecht bis schräg nach oben stehend, grün; Blütenstand allseitwendig, bis zu 35 Blüten, Spindel flaumig behaart; Blüten groß, meist extrem weit geöffnet; Sepalen außen grün bis rot, innen überwiegend grün und am Rand rötlich, die seitlichen 9–10 mm lang, 5–6 mm breit; Petalen außen weißlich grün bis rot, innen weißlich grün, weißlich rosa bis intensiv rosa, in den Randbereichen meist intensiver rötlich, ca. 7 mm lang, 4 mm breit; Hypochil groß, außen weißlich grün bis weißlich rosa, oben häufig rot gerandet, innen braun bis olivgrün; Durchgang zwischen Hypochil und Epichil sehr breit mit breitem Kragen; Epichil herzförmig, zugespitzt, Spitze leicht nach unten weisend bis stark nach hinten umgeschlagen, ca. 4 × 5,5 mm, rot; allogam.
**VERWECHSLUNG** *E. degenii* hat einen lockereren Blütenstand und mehr Laubblätter, die größer und

*E. halacsyi* (GR, Taygetos, 6.7.20015, SH)

*E. halacsyi* (GR, Taygetos, 6.7.20015, SH)

schmäler sind. Der Durchgang zwischen Hypochil und Epichil ist mittelbreit bis schmal. *E. helleborine* hat in der Regel weniger Rotanteile in den Blüten, viel längere Blätter und das Epichil ist kaum bis zumindest weniger stark nach hinten geschlagen, die Blüten sind weniger weit geöffnet.

**VORKOMMEN** Lichte Kiefern- und Tannenwälder, in Bachtälern unter Platanen, auf Wegböschungen. 950–1700 m.

**VERBREITUNG** Gebirge der Peloponnes (Taygetos, Parnon, Menalon). Typus: Griechenland, Peloponnes, Taygetos-Gebirge, 1990.

**NAME** Benannt zu Ehren des österreichisch-ungarischen Botanikers Eugen von Halacsy (1842–1913), der die Art als *Epipactis graeca* ungültig beschrieben hatte.

*E. halacsyi* (GR, Taygetos, 6.7.20015, SH)

## Leutes Ständelwurz
*— Epipactis leutei*

Anf. Juli–
Anf. Aug.

**STECKBRIEF** 30–50 cm hoch, stämmig, oft in Gruppen; Stängel kräftig, grün, mäßig behaart, unten violett überlaufen; Laubblätter 2–4, steif und robust mit kräftigen Hauptnerven, grün, ± waagrecht abstehend, untere Blätter am Ansatz oft auffallend rotviolett überlaufen, oval bis lanzettlich, 5–8 cm lang, 2,2–4 cm breit, zugespitzt; Blütenstand 12–30-blütig, Spindel behaart; Blüten mittelgroß bis groß, meist weit geöffnet, waagrecht abstehend bis leicht hängend, grünlich mit zartrosa bis bräunlich purpurner Lippe; Sepalen grün, ca. 12 mm lang, 4,5–5 mm breit; Petalen etwas kleiner; Hypochil bräunlich rot; Durchgang zwischen Hypochil und Epichil schmal u-förmig bis sehr eng; Epichil herzförmig, zugespitzt, etwas länger als breit, gestreckt bis nach unten zurückgeschlagen, grün bis rosa, ca. 5,5 mm lang, 5 mm breit; allogam.

*E. leutei* (A, Kleinobir, 8.7.2018, AF)

*E. leutei* (A, Kleinobir, 8.7.2018, AF)

**VERWECHSLUNG** Unterscheidet sich von *E. helleborine* durch das Epichil, welches etwas länger als breit ist, den engen Durchgang zwischen Hypochil und Epichil, die kurzen Blätter und den unten violetten Stängel.
**VORKOMMEN** In luftfeuchten Fichten-Tannen-Buchenwäldern über Kalk. Ca. 800–900 m.
**VERBREITUNG** Bisher sicher nur aus den Karawanken in Kärnten bekannt. Meldungen aus Slowenien und Kroatien sind zu überprüfen. **Typus:** Österreich, Kärnten, Kleinobir, 1989.
**NAME** Benannt zu Ehren des zeitgenössischen Kärntner Botanikers Gerfried Horand Leute (*1941). Leute war Kustos für Botanik am Landesmuseum für Kärnten in Klagenfurt.

*E. leutei* (A, Kleinobir, 30.7.2006, UG)

## Nasen-Ständelwurz
*— Epipactis nasuta*

Ende Juli–
Mitte Aug.

**STECKBRIEF** 20–50 (65) cm hoch; Stängel kräftig, meist gerade, unten schwach, oben etwas stärker flaumig behaart, grün; Laubblätter 4–10, die größten 4–10 cm lang, 1,5–5 cm breit, breit-lanzettlich bis schmal-oval, spitz, grün, ± waagerecht abstehend und die Enden etwas überhängend; Blütenstand eher kurz und dicht, 15–30 % der Pflanze einnehmend mit 5–30 Blüten; Blütenstielchen grün; Blüten mittelgroß, waagerecht abstehend, gut geöffnet; Sepalen grün, eiförmig, spitz, die seitlichen 11–14 mm lang und 5–7 mm breit; Petalen weißlich grün bis grün mit etwas dunklerer Mittelrippe, breit-eiförmig, spitz, 9–11 mm lang, 5–7 mm breit; Hypochil ± kreisrund, 4–5 mm × 4–6 mm, tief napfförmig, außen weißlich grün, innen braun; Durchgang zwischen Hypochil und Epichil u-förmig mit breitem, kurzem Kragen; Epichil breit-dreieckig bis auffallend halbkreisförmig, die kurze Spitze nach unten gebogen, 3–5 mm × 5–6 mm, weiß bis weißlich grün, seltener rosa; autogam, Klebdrüse anfangs deutlich sichtbar, aber funktionslos, Pollinien krümelig.

*E. nasuta* (I, Laceno, L.c., 1.8.2020, HP)

*E. nasuta* (I, Laceno, 1.8.2019, HP)

**VERWECHSLUNG** *E. nasuta* ist u. a. aufgrund des dicken Stängels, der oft zahlreichen, kurzen Blätter, des großen Klinandriums und der meist stark verlängerten Anthere (Name!) charakterisiert.

**VORKOMMEN** Unterwuchsarme Buchenwälder, gerne im Bereich von Rinnen, an Felsen. 1130–1280 m.
**VERBREITUNG** Bisher sicher nur von den Monti Picentini bekannt. **Typus:** Italien, Kampanien, südlich Laceno, 2020.

## Violette Ständelwurz
*— Epipactis purpurata* (Syn.: *E. pollinensis*)

eher spät: Mitte Juli–Mitte Sept.

**STECKBRIEF** 25–40 (60) cm hoch, häufig in Gruppen; Stängel kräftig und steif, grün, violett überlaufen, unten spärlich behaart; Laubblätter 3–12, relativ klein, schmaleiförmig, ± violett überlaufen (besonders vor der Blütezeit), waagrecht vom Stängel abgehend, Verteilung meist gleichmäßig, oft spiralig; Blütenstand dicht und reichblütig, mit 7–50 großen, weit geöffneten Blüten, Spindel kurz und dicht behaart; Sepalen 12–15 × 6–8 mm, spitz-eiförmig, grün, außen ± leicht bronzefarben überlaufen, seltener bräunlich oder leicht violett; Petalen 10–12 × 5,5–7 mm, eiförmig, heller als die Sepalen, außen hellgrün, innen blass hellgrün bis weißlich; Hypochil so lang wie breit, weißlich bis hellrosa, innen rosa- bis hellbraun, örtlich auch grün; Durchgang zwischen Hypochil und Epichil breit; Epichil 4,5–6 × 5–6,5 mm, herzförmig, gerade vorgestreckt bis stark nach unten geschlagen; allogam.

*E. purpurata* (li: D, Hirnstetten, 19.7.2019, HP; re: I, Gargano, 29.7.2019, HP)

**VERWECHSLUNG** *E. halacsyi* ist kaum violett überlaufen und hat innen rosa gefärbte, weiter geöffnete Blüten. *E. pseudopurpurata* ist zierlicher und hat eine „muelleri-Säule".
**VORKOMMEN** Unterwuchsarme Wälder, v. a. Buchen-, Tannen-, Eichen- und Hainbuchenwälder, gern auch zusammen mit Fichten, Espen, Haseln und Weiden. Vor allem an Waldrändern oder an Bächen. Bis 1480 m.
**VERBREITUNG** Europäische Art von Nordspanien und England bis Süditalien und Moldawien. **Typus:** England, Worcestershire, Leigh, 1814.
**VARIABILITÄT** Selten finden sich prächtig rosa (lus. *rosea*) oder weiße Pflanzen, denen das Chlorophyll fehlt. Gebietsweise oder bei Einzelpflanzen kann der rote Farbstoff fehlen.

*E. purpurata* (I, Basilikata, 5.8.2013, HP)

*E. purpurata* (E, Roncal, 10.8.2010, HP)

## Falsche Violette Ständelwurz
— *Epipactis pseudopurpurata*

Mitte Juli–
Mitte Aug.

**STECKBRIEF** 15–30 cm hoch; Stängel dünn, olivfarben bis braunviolett, an der Basis braunviolett; Laubblätter 1–3, dunkel graugrün mit rosaviolett bis bläulich gefärbten Unterseiten und Blattnerven, ± in der Stängelmitte verteilt, breit-lanzettlich, meist scharf zugespitzt, am Rand leicht gewellt, waagerecht abstehend oder bogig schräg aufwärtsgerichtet, Blattspitze oft gebogen oder verdreht, größtes Blatt (2,5) 3,5–6 (7,2) cm lang, (0,7) 1–2 (2,8) cm breit, kürzer oder höchstens 1,5-mal so lang wie das Internodium; Blütenstand armblütig mit 3–12 großen, waagerecht abstehenden bis leicht herabhängenden, relativ weit geöffneten Blüten, Spindel dicht flaumig behaart; Sepalen 8,5–11,5 mm lang, 3,5–5 mm breit, graugrün; Petalen 8–9,5 mm lang, 3,5–5 mm breit, außen elfenbeinweiß, manchmal in der Mitte grünlich, mit ± intensiv malvenrosa-farbigem Hauch, innen heller; Hypochil außen weißlich, innen hell gelblich bis grünlich; Epichil herzförmig, 3–4 mm lang, 4–5,5 mm breit, elfenbeinweiß, an der Spitze gelblich; autogam, Klinandrium und Viscidium meist fehlend („muelleri-Säule").

**VERWECHSLUNG** *E. purpurata* ist höherwüchsig, hat intensiver violett gefärbte Stängel und Blattunterseiten und wird bei normal entwickelter Säule fremdbestäubt (allogam).

**VORKOMMEN** Rot- und Hainbuchenwälder über Kalk. Ca. 330–820 m.

**VERBREITUNG** Bisher aus dem Gebiet der Strážov-Berge und der Vel'ka Fatra in der Westslowakei, im Chočgebirge (Chočské vrchy) in der Nordslowakei und aus den Weißkarpaten (Biele Karpaty), dem Grenzgebiet zwischen der Westslowakei und Südosttschechien bekannt. Außerdem in den Budaer Bergen in Nordungarn.

Typus: Slowakei, Bezirk Ilava, Strážovské vrchy, Südwesthang des Berges Klepač, 1996.

*E. pseudopurpurata* (SK, Trencianske Teplice, 29.7.2011, BT)

*E. pseudopurpurata* (SK, Trencianske Teplice, 24.7.2011, HP)

*E. pseudopurpurata* (SK, Trencianske Teplice, 24.7.2011, HP)

## Kleine Violette Ständelwurz
— *Epipactis minipurpurata* nom. prov.

spät, kurz: (Ende Juli)–Aug.

*E. minipurpurata* (I, Terranova, L.c., 5.8.2018, HP)

**STECKBRIEF** (10) 25–35 (45) cm hoch, nur selten mit sterilen Trieben; Stängel unten violett überlaufen, oben hellgrün; Laubblätter (2) 3–4 (5), mittel- bis hellgrün, die größten 5–7 cm lang, 1,6–2 (3) cm breit, schmal-lanzettlich, spitz, grün, waagerecht, meist stark sichelförmig gebogen; Blütenstand ± kurz und locker, mit (3) 9–20 (32) Blüten; Blüten mittelgroß, waagerecht bis hängend, weit geöffnet; Sepalen grün, schmal-eiförmig, spitz, 8–12 mm lang, 4–5 mm breit; Petalen weißlich bis grün, im Zentrum dunkler, außen mit grüner Mittelrippe, 8–9 mm lang, 3–5 mm breit; Hypochil längsoval, 3,5–5 mm × 3–4 mm, meist tief, außen weißlich, innen rötlich braun; Epichil etwas breiter als Hypochil, Spitze ± nach unten gebogen, 3–4 × 3,5–5 mm, weiß mit seitlich ausgebreitetem Rand; Kallus ± herzförmig, zartrosa, farblich deutlich abgesetzt; Durchgang zwischen Hypochil und Epichil eher breit; autogam, Klinandrium und Viscidium normal entwickelt, Klebdrüse vorhanden, aber ± schon beim Aufblühen funktionslos, Pollinien beim Aufblühen oft schon krümelig.

**VERWECHSLUNG** *E. cordigera* hat dunkelgrüne Blätter, kleinere, weniger weit geöffnete Blüten mit einer nach vorne gestreckten Epichil-Spitze. *E. purpurata* ist u. a. deutlich kräftiger und größer mit verhältnismäßig kleineren Blüten.

**VORKOMMEN** Laubwälder, 1350–1430 m.

**VERBREITUNG** Bisher nur vom nordöstlichen Monte Pollino bekannt, westlich von Terranova di Pollino, nahe dem Picknick-Gebiet Acquatremola. **Typus:** Italien, Basilikata, bei Terranova di Pollino, 2021.

E. minipurpurata (I, Terranova, L.c., 5.8.2018, HP)

## Blutfleck-Ständelwurz
— *Epipactis sanguinea*

spät: Ende Juli–Ende Aug.

**STECKBRIEF** 20–30 (40) cm hoch; Stängel meist etwas hin und her gebogen, unten schwach, oben stärker flaumig behaart, grün; Laubblätter 2–5, die größten 4–9 cm lang, 1,4–4,5 cm breit, breit-lanzettlich, zugespitzt, grün, etwas überhängend, Blattansatz und Blütenstiel immer grün; Blütenstand locker, 8–25-blütig, Spindel schwach flaumig weißlich grau behaart; Blüten klein, hängend, offen; Sepalen grün, schmal-eiförmig, zugespitzt, ± 10 × 4 mm; Petalen schmal, weißlich grün, eiförmig bis schmal-eiförmig, ± 8 × 4 mm; Hypochil mittelgroß, kreisrund, ca. 4 × 4 mm, napfförmig, außen grün, innen rötlich braun; Durchgang zwischen Hypochil und Epichil breit u-förmig; Epichil oft schmal wirkend, dreieckig, stumpf, Spitze oft nach unten gebo-

*E. sanguinea* Typus (I, Ferdinandea, L.c., 8.8.2013, HP)

*E. sanguinea* (I, Pollino, 7.8.2019, HP)

*E. sanguinea* (I, Ferdinandea, L.c., 6.8.2013, HP)

gen, 3–4 × 3–4 mm, grünlich weiß, meistens mit intensiv schmutzig rotvioletter bis bräunlicher Färbung im oberen Drittel, oft sogar die Hälfte einnehmend; autogam, Klinandrium normal entwickelt, Viscidium vorhanden aber unwirksam, Pollinien schnell bröselig werdend.
**VERWECHSLUNG** *E. calabrica* ist kräftiger, hat ein weniger intensiv gefärbtes Epichil (weißrosa), rötliche Blütenstiele und einen Blütenstand, bei dem ein Teil bis alle Blüten geschlossen bleiben. Ihre Blätter sind etwas kürzer. *E. cordigera* hat ein herzförmiges Epichil, das einen Einschnitt zwischen den Kalli aufweist, sowie meist violette Blütenstiele.

**VORKOMMEN** Frische Böden in Buchenwäldern mit Tannen, gerne auch in jungen Tannenbeständen, selten in reinen Buchenwäldern oder unter Kiefern, auch in krautigen Tannenhochwäldern. 900–1400 m.
**VERBREITUNG** Gebirge Kalabriens und der Basilikata. Typus: Italien, Kalabrien, Ferdinandea, 2014.

## Kalabrische Ständelwurz
*— Epipactis calabrica*

spät: Ende Juli–Mitte Sept.

**STECKBRIEF** 20–40 cm hoch, meist einzeln stehend; Stängel oft etwas hin und her gebogen, unten schwach, oben etwas stärker flaumig behaart, grün; Laubblätter 2–7, 2,5–7 cm lang, 1,3–3,5 cm breit, eiförmig bis breitlanzettlich, zugespitzt, grün, besonders die untersten mit violettem Blattansatz; Blütenstand locker, ein Viertel bis ein Drittel des Stängels einnehmend, (2) 8–16 (30) Blüten; Blüten mittelgroß, meist waagerecht bis leicht hängend, oft ein Teil bis alle Blüten geschlossen bleibend; Sepalen grünlich, eiförmig, zugespitzt, die seitlichen ca. 10 mm lang, 4 mm breit; Petalen weißlich grün, v. a. im Zentrum leicht rosa angehaucht, eiförmig, 8–9 mm lang, 3–4 mm breit; Hypochil ca. 4 × 4 mm, napfförmig, außen grün bis rosa, innen

*E. calabrica* (I, Ferdinandea, L.c., 6.8.2014, HP)

braunrot; Durchgang zwischen Hypochil und Epichil breit, mit breitem Kragen; Epichil breit-dreieckig, zugespitzt, Spitze oft nach unten gebogen, 3–4 × 3–5 mm, weiß mit rosa gefärbten, mittelgroßen Kalli, die die obere Hälfte des Epichils einnehmen; autogam, Klebdrüse funktionslos, die Pollinien zerfallen.

*E. calabrica* (I, Ferdinandea, L.c., 8.8.2013, HP)

**VERWECHSLUNG** *E. pontica* hat keine Rosatöne in der Lippe und längere Blätter, das Epichil ist rundlicher, kaum zugespitzt und ohne Mittelkallus, das Hypochil ist innen grün bis braunoliv und eher länglich. Der Habitus ist weniger schlank und nicht so hochwüchsig. *E. sanguinea* hat meist einen deutlich gefärbten Fleck auf dem Epichil, ein grünes Blütenstielchen und einen zierlicheren Wuchs.
**VORKOMMEN** In unterwuchsfreien, kalkarmen Buchen- und Buchen-Tannenwäldern. 1000–1500 m.
**VERBREITUNG** Aus den Gebirgen Serre und Aspromonte in Kalabrien bekannt. **Typus:** Italien, Kalabrien, Ferdinandea, 2014.

## Kragen-Ständelwurz
*— Epipactis collaris*

Mitte Juli (Mt. Gargano)–Ende Aug.

*E. collaris* (I, Laceno, 1.8.2018, HP)

**STECKBRIEF**

20–35 (45) cm hoch; Stängel meist ziemlich gerade, im basalen Teil schwach, weiter oben etwas stärker flaumig behaart, grün; Laubblätter 3–4, die größten 7–12 cm lang, 2–5 cm breit, breitlanzettlich, spitz, grün, waagerecht, Enden etwas überhängend, Blattscheide immer grün; Blütenstand locker, ein Viertel bis ein Drittel einnehmend, mit 5–15 Blüten, Spindel schwach flaumig weißlich grau behaart; Blüten klein, waagerecht bis leicht hängend; Sepalen grün, schmal-eiförmig bis eiförmig, zugespitzt, die seitlichen 8–9 mm lang, ± 4 mm breit; Petalen weißlich grün, meist mit rosa Tönung, eiförmig bis schmal-eiförmig, ± 8 mm lang, 3,5–4 mm breit; Hypochil rund bis queroval, ± 4 × 4,5 mm, meist tief, außen weißlich grün, innen bräunlich rot bis braun; Durchgang zwischen Hypochil und Epichil V-förmig bis breit; Epichil relativ klein, breit-dreieckig, stumpf, Spitze oft nach unten gebogen, 2–3 × 3–4 mm, weiß mit oft rosa Tönung; autogam, Klebdrüse funktionslos, die Pollinien zerfallen.

**VERWECHSLUNG** *E. collaris* ist u. a. aufgrund des im Vergleich zum Hypochil oft deutlich kleineren Epichils und den meist (!) auffallenden Kragen am Hypochil charakterisiert.

**VORKOMMEN** Unterwuchsarme, schattige bis halbschattige, nord- bis westseitig ausgerichtete Buchenwälder. Ca. 700–1320 m.

**VERBREITUNG** Bisher von der nordwestlichen Basilikata über die Monti Picentini bis zum Monte Gargano bekannt. **Typus:** Italien, Basilikata, südlich Brienza, 2015.

*E. collaris* (I, Laceno, 1.8.2018 HP; klein: I, Brienza, L.c., 10.8.2018, HP)

## Dünen-Ständelwurz
— *Epipactis dunensis* subsp. *dunensis* (inkl. *E. sancta*, *E. bugacensis*, Syn.: *E. rhodanensis*)

Ende Juni–Anf. Aug.

**STECKBRIEF** (15) 20–40 (50) cm hoch; Stängel steif, ziemlich dick, hellgrün, Basis oft violett; Laubblätter 3–10, zweizeilig, eilanzettlich, 3–10 cm lang, 1,5–5 cm breit, 2–3-mal so lang wie die Internodien, schräg aufwärtsgerichtet bis leicht überhängend, rinnig, Rand meist wellig, hell gelbgrün, im Schatten fast waagrecht angeordnet, relativ flach und dunkler grün; Blütenstand locker, mit 6–25 kleinen, manchmal nur glockig geöffneten Blüten; Blütenstiel violett überlaufen, Spindel behaart; Sepalen 6–8,5 mm lang, 2,5–4,5 mm breit, gelblich grün bis weißlich grün, stumpf, außen gekielt; Petalen etwas kürzer als die Sepalen, weißlich grün, mitunter leicht rosa überlaufen; Hypochil innen hell rotbraun bis dunkelbraun; Durchgang zwischen Hypochil und Epichil sehr eng bis ziemlich schmal u-förmig oder schlüssellochartig; Epichil weiß bis grünlich weiß, oft rosa getönt, Epichilspitze zurückgeschlagen; autogam, Klebdrüse meist funktionslos oder fehlend, die Pollinien zerfallen.

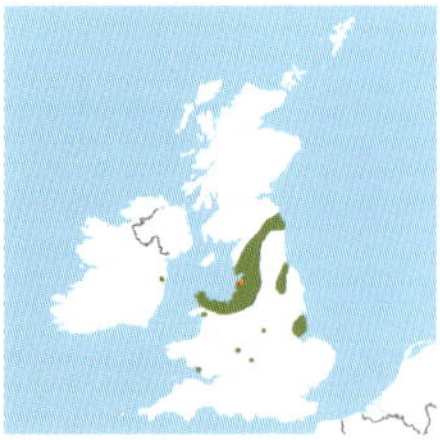

*E. dunensis* subsp. *dunensis* (GB, Anglesey, 4.8.2002, HP)

**VERWECHSLUNG** Unterscheidet sich von *E. helleborine* u. a. durch die kleineren, gelbgrünen Blätter, und das Fehlen des Klinandriums.

**VORKOMMEN** Dünentäler mit Kriechweiden- und Kiefernbewuchs, lichte Birkenwälder und Bergbau-Abraumböden. Bis etwa 200 m.

**VERBREITUNG** England, östliches Irland. **Typus:** Großbritannien, Lancashire, 1918.

*E. dunensis* subsp. *dunensis* (GB, Ainsdale Dunes, 21.7.2012, AS)

*E. dunensis* subsp. *bugacensis* (D, Passau, 22.6.2014, HP)

*E. dunensis* subsp. *sancta* (GB, Lindisfarne, L.c., 6.7.2018, AS; klein: GB, Lindisfarne, 11.7.2007, JS)

**UNTERARTEN**

Bugac-Ständelwurz, *Epipactis dunensis* subsp. *bugacensis* nom. prov. (als *E. bugacensis* beschrieben; Syn.: *E. rhodanensis*): Unterscheidet sich kaum von der Nominatunterart durch stärker rosa gefärbte Petalen und Epichile, eine frühere Blütezeit von Mitte Juni bis Anfang Juli. Sie kommt v. a. in grundwassernahen Eichenwäldern, Auwäldern, gerne im Überschwemmungsbereich der Weichholzauen vor, auch direkt im kalkarmen Ufersand oder zwischen Befestigungssteinen, an Mauern, meist in künstlichen Anpflanzungen oder an gestörten Stellen. Die Unterart ist von Südfrankreich bis Ungarn bekannt und steigt bis etwa 400 m. **Typus:** Ungarn, Bács-Kiskun, Bugac, (1990).

Heilige Ständelwurz, *Epipactis dunensis* subsp. *sancta* nom. prov. (als *E. sancta* beschrieben): Unterscheidet sich von der Nominatunterart durch grünlich gelbe Blütenstiele, hellgrüne bis grünlich weiße Blüten ohne jeden Rosaton und einen flaumig behaarten Stängel sowie eine frühere Blütezeit. Klebdrüse fehlt gewöhnlich. Das Taxon stellt v. a. eine ökologisch und geografisch abgetrennte Sippe dar, das bisher nur von Holy Island in Nordostengland unweit der schottischen Grenze auf ± Meereshöhenniveau bekannt ist. **Typus:** England, Holy Island, (2000).

*E. dunensis* subsp. *sancta* (GB, Lindisfarne, L.c., 6.7.2018, AS)

Tyne-Ständelwurz, *Epipactis dunensis* subsp. *tynensis*: Unterscheidet sich von der Nominatunterart durch einen höheren, aber zierlicheren Wuchs, hellgrüne bis grünlich weiße Blüten ohne jeden Rosaton und ein verlängertes, vorgestrecktes Epichil mit grünlicher Spitze. Blütezeit Mitte Juli bis Mitte August. Auch die ökologischen Ansprüche der Unterart sind anders, ähnlich der subsp. *bugacensis*: Sie kommt v. a. in lichten Laub- und Mischwäldern sowie an Flussufern vor und besiedelt ein kleines Gebiet im nördlichen England (Northumberland, Cumbria, Nordwest-Yorkshire) und im Süden von Schottland (Midlothian, West Lothian, Lanarkshire), wo sie hauptsächlich in der Nähe des Flusses Tyne vorkommt. **Typus:** England, Northumberland, Slaggyford, 2007.

*E. dunensis* subsp. *tynensis* (GB, Alston, 23.7.2012, AS)

*E. dunensis* subsp. *tynensis* (GB, Alston, 15.7.2007, JS)

## Spanische Ständelwurz
— *Epipactis campeadorii* (Syn. *E. hispanica*)

Ende Juni–
Ende Juli

*E. campeadorii* (E, Cidat de Ebro, 2.7.2018, BT)

**STECKBRIEF**

25–60 cm hoch; Stängel dick, steif; Laubblätter 4–6, spitz-eiförmig, 5–8,5 cm lang, 1,5-2-mal so lang wie die Internodien, schräg aufrecht, steif, rinnig mit welligem Rand, an dunkleren Standorten sind die Blätter länger und abstehend („*hispanica*“); Blütenstand einseitswendig, mit 10–30 (45) ± waagrechten, kleinen, glockigen, wenig geöffneten Blüten, Spindel kahl

bis weiß behaart; Sepalen blassgrün, 6–8 mm lang; Petalen grünlich weiß, manchmal leicht gelblich; Hypochil innen meist grün, von der Seite gesehen asymmetrisch; Durchgang zwischen Hypochil und Epichil mittelbreit; Epichil weiß bis rosa, 3–4 mm lang und breit; autogam, Viscidium funktionsunfähig, die Pollinien ± nach vorne geschoben und schnell bröselig werdend.
**VERWECHSLUNG** *E. dunensis* subsp. *bugacensis* ist teils sehr ähnlich, hat einen dünneren Stängel, weniger steife Blätter und das Hypochil ist von der Seite gesehen gleichmäßig gerundet.
**VORKOMMEN** Künstliche, meist lichte Pappel-Pflanzungen an Flüssen und Bächen, Weichholzauen-Reste. Ca. 400–1000 m.
**VERBREITUNG** Nord- und Zentralspanien. **Typus:** Spanien, Burgos, Manzanedo, 1995.
**NAME** Nach El Cid de Campeador (1045–1099) benannt, einem spanischen Nationalhelden.

*E. campeadorii* (E, Villafranca el Cid, 4.7.2018, BT)

## Pontische Ständelwurz
*— Epipactis pontica*

eher spät: Mitte Juli–Ende Aug.

**STECKBRIEF** 10–20 (30) cm hoch; Stängel dünn, grün bis bräunlich und spärlich behaart; Laubblätter hoch ansetzend, 2–4, hellgrün bis grün, längstes 4,5–8 × 1–2 cm, oval-lanzettlich, waagrecht vom Stängel abstehend, flach ausgebreitet bis rinnig; Blütenstand 5–12-blütig, ± einseitswendig, Spindel kahl bis weiß behaart; Blüten klein, glockig geöffnet (bei Trockenheit kleistogam), grünlich, fast waagrecht ausgerichtet bis deutlich hängend; Sepalen 6,5–8 × 2–4 mm, das mittlere etwas kleiner, länglich-oval bis oval, grün; Petalen etwas kleiner, oft ein wenig heller; Hypochil fast rund bis oval, 3–3,5 × 3–3,3 mm, 2 mm tief, außen grünlich weiß, innen grün bis braun; Durchgang zwischen Hypochil und Epichil relativ breit u-förmig; Epichil rund bis queroval, wenig bis gar nicht gespitzt, 2,5–3 × 3–4 mm, grünlich weiß; autogam, Klinandrium normal entwickelt, Viscidium vorhanden, aber funktionsunfähig, Pollinien schnell bröselig werdend.

*E. pontica* (SK, Uhrovec, 23.7.2011, HP)

**VERWECHSLUNG** *E. tallosii* hat kürzere Blätter und einen schmäleren Epichil-Hypochil-Übergang. *E. garganica* hat oft einen höheren Wuchs, kürzere Blätter und Rottöne in der Blüte. *E. majellensis* ist zierlicher und fast immer kleistogam, die Blüten sind weniger rundlich und haben keinen grünen Kallus. Zierlichere Pflanzen von *E. helleborine* (auch populationsbildend) haben einen tiefen Blattansatz und weißlichere Blüten mit funktionierender Klebdrüse.
**VORKOMMEN** Unterwuchsarme Laubwälder, v. a. Hainbuchen-, Buchen- und Edelkastanienwälder über lehmigem Untergrund. Ca. 300–1500 m.
**VERBREITUNG** Von Nordostitalien über Nordanatolien bis ins Kaukasusgebiet. **Typus:** Türkei, Provinz Bolu, Pass Dorukhan gecidi, 1975.

## Etruskische Ständelwurz
*— Epipactis etrusca*

spät: Ende Juli–
Ende Aug.

**STECKBRIEF** (10) 17–30 (40) cm hoch, stämmig; Stängel meist hin und her gebogen, unten unbehaart, oben etwas flaumig behaart, grün; Laubblätter 1–6, die größten 3,4–7,2 cm lang, 1,1–3,8 cm breit, eiförmig bis eiförmig-lanzettlich, zugespitzt, grün, relativ tief angesetzt und dicht beisammen; Blütenstand ein Drittel bis die Hälfte einnehmend mit 10–25 Blüten, Spindel schwach flaumig weißlich grau behaart; Blüten meist waagerecht, z. T. leicht hängend oder nach oben orientiert, oft ein Teil bis alle Blüten geschlossen bleibend; Sepalen grünlich, eiförmig, zugespitzt, die seitlichen 8–9 mm lang, ± 4 mm breit; Petalen weißlich grün, v. a. an der Basis rosa getönt, eiförmig zugespitzt, 6–7 mm lang, ± 4 mm breit; Hypochil mittelgroß, ± 4 × 4 mm, napfförmig aufgewölbt, außen grün, innen bräunlich rot; Durchgang zwischen Hypochil und Epichil u-förmig bis breit; Epichil breitdreieckig, stumpf, Spitze oft nach unten gebogen, ± 3 × 4 mm, weiß mit stets rot gefärbten, mittelgroßen, relativ glatten Seitenkalli; autogam, Klebdrüse funktionslos, die Pollinien zerfallen.

**VERWECHSLUNG** *E. pontica* hat keine Rotfärbung auf dem Epichil und in den Petalen, ein rundlicheres Epichil, ein innen grünes bis olivbraunes, eher längsovales Hypochil und einen meist „hochbeinigen" Habitus. *E. majellensis* kann sehr ähnliche Blüten aufweisen, ist aber zierlich, wenigblütig und blüht früher.
**VORKOMMEN** Tiefgründige, kalkarme, nordexponierte Buchen-Tannenwälder. 1100–1350 m.
**VERBREITUNG** Bisher nur vom Monte Amiata in der südlichen Toskana bekannt. **Typus:** Italien, Monte Amiata, 2014.

*E. etrusca*, Typus (I, Amiata, L.c., 10.8.2013, HP)

*E. etrusca* (I, Amiata, L.c., 10.8.2013, HP)

## Majella-Ständelwurz
*— Epipactis majellensis*

Ende Juli

**STECKBRIEF** (10) 14–18 (28) cm hoch, klein und unauffällig; Stängel dünn, grün, unten kahl, oben leicht flaumig behaart; Laubblätter 2–4, lanzettlich, die größten 5–6 cm lang, 1,3–2 cm breit, spitz, waagrecht abstehend, zum Ende hin hängend; Blütenstand sehr wenigblütig und auffallend kurz, mit (2) 4–6 (14) kleinen Blüten; Blüten überwiegend kleistogam bis höchstens glockig geöffnet; Sepalen grün, 7–8 mm lang, 1,7–4 mm breit; Petalen blasser gelbgrün, etwas kleiner als die Sepalen; Hypochil innen hell rötlich braun; Durchgang zwischen Hypochil und Epichil eng; Epichil dreieckig, etwa so lang wie breit, ca. 2,5 mm lang und breit, weiß mit rosa Hauch; autogam, Klinandrium meist normal ausgebildet, Klebdrüse oft vorhanden, jedoch unwirksam, Pollinien schnell bröselig werdend.

**VERWECHSLUNG** *E. pontica* hat u. a. kürzere Blätter und ist reichblütiger. *E. garganica* ist deutlich kräftiger mit kürzeren Blättern. Beide haben meist geöffnete Blüten. *E. etrusca* kann sehr ähnliche Blüten aufweisen, hat jedoch einen deutlich stämmigeren Habitus und blüht später.
**VORKOMMEN** Unterwuchsarme Buchenwälder. Bisher von 1000–1155 m bekannt.
**VERBREITUNG** Endemit der Majella, bisher nur im Norden und Nordosten des Gebirges. **Typus:** Italien, Abruzzen, Majella, SSW Pretoro, 2019.

*E. majellensis* (I, Pretoro, L.c., 28.7.2010, HP)

*E. majellensis*, Typus (I, Pretoro, 28.7.2010, HP)

## Zweifarbige Ständelwurz
*— Epipactis bicolor* nom. prov.

kurz: Mitte Juli–Anf. Aug.

**STECKBRIEF** (6) 8–20 (28) cm hoch, meist sehr klein und unauffällig; Stängel dünn, grün, unten schwach, oben locker flaumig behaart; Laubblätter 3–5, lanzettlich, die größten 3–7 cm lang, 1,5–2,5 cm breit, spitz, waagrecht abstehend, zum Ende hin hängend; Blütenstand mit (2) 3–14 (19) sehr kleinen bis kleinen Blüten; Blüten waagrecht abstehend bis hängend, meist kleistogam, teilweise glockig geöffnet; Sepalen grün, im ersten Drittel oft außen dunkelrosa bis rosa überlaufen, teils mit rosa überlaufenem Rand, 5–10 mm lang, 2–3,5 mm breit; Petalen rosa, spitz, lediglich 4,5–6 mm lang, 2–3 mm breit; Hypochil außen weißlich, innen olivgrün bis hellbraun; Durchgang zwischen Hypochil und Epichil u-förmig, mit breitem Kragen; Epichil dreieckig bis halbkreisförmig, die kurze Spitze nach unten gebogen, 2–3 mm × 1,5–3 mm, weiß bis weißlich grün, seltener rosa, mit meist sehr kleinem rosa Zentrum, Kalli flächig und stark aufgewölbt, dreifarbig rosa, grün und braun; autogam, Klinandrium normal ausgebildet, Klebdrüse oft vorhanden, jedoch unwirksam; Pollinien schnell bröselig werdend.

*E. bicolor*, kleistogam (I, Monti Matese, 9.8.2020, HP)

**VERWECHSLUNG** *E. majellensis* hat außen einfarbig grüne Sepalen und Petalen, das Hypochil ist innen hell rötlich braun. Die Kalli sind wenig auffällig und blassrosa. Besonders kleine Pflanzen oder Blüten kommen nicht vor.
**VORKOMMEN** Nord- bis ostorientierte Buchenwälder, auf ca. 1020 m.
**VERBREITUNG** Bisher nur aus den Monti del Matese bekannt, möglicherweise auch am südsüdöstlich gelegenen Monte Alto Rotondi. **Typus:** Italien, Kampanien, nördlich Piedimonte Matese, 2021.

*E. bicolor* (I, Monti Matese, L.c., 31.7.2019, HP)

*E. bicolor*, Typus (I, Monti Matese, L.c., 30.7.2018, HP)

## Gargano-Ständelwurz
*— Epipactis garganica*

Mitte Juli–Anf./ Mitte Aug.

*E. garganica* (I, Gargano, 25.7.2020, HP)

**STECKBRIEF**
15–25 (35) cm hoch; Stängel grün, unten schwach, oben flaumig weiß behaart; Laubblätter 2–4, lanzettlich bis breit-lanzettlich, die größten bis 7 cm lang und 3 cm breit, waagrecht ab-

*E. garganica* (I, Gargano, 18.7.2016, SH)

stehend, zum Ende hin hängend; Blütenstand auffallend kurz mit nur 2–11 Blüten; reife Knospen kugelig; Sepalen hellgrün, ca. 11 mm lang, 5 mm breit; Petalen ca. 9 mm lang, 5 mm breit, Spitzen häufig nach hinten gebogen; Hypochil innen grün, außen weißlich grün, ca. 4 mm lang und breit; Durchgang zwischen Hypochil und Epichil mittelbreit, u-förmig; Epichil breit-dreieckig, Spitze meist nach unten gebogen, ca. 3 mm lang, 4 mm breit, weiß bis leicht rosa mit hellgrünem Kallus; autogam, Klebdrüse funktionslos, die Pollinien zerfallen.

**VERWECHSLUNG** Bei der meist zierlicheren *E. pontica* sind die Blätter im unteren Teil des Stängels konzentriert und länger, zwischen den Blättern und dem Blütenstand ist eine Lücke, die Sepalen sind mit 6,5–8 mm Länge und 2–4 mm Breite kleiner. In den Blüten fehlen alle Rosatöne.

**VORKOMMEN** Buchenwald, Lichtungen, Wegränder; kalkliebend. Ca. 650–800 m.

**VERBREITUNG** Endemit des Monte Gargano. **Typus:** Italien, Apulien, Mt. Gargano, Forestra Umbra, 2019.

## Nordens Ständelwurz
*— Epipactis nordeniorum*

eher spät: Mitte Juli–Anf. Sept.

**STECKBRIEF** 10–35 cm hoch; fast immer einzeln; Laubblätter 2–3, breit-elliptisch bis breit-eiförmig, bei hellem Stand schmaler und eilanzettlich, waagrecht abstehend; Blütenstand locker mit 5–11 (22) Blüten, einseitswendig, Spindel schwach behaart; Blüten meist waagrecht und mäßig weit offen; Sepalen 6–8 mm lang, 3–4 mm breit, grün, ± stark bräunlich bis rosa überlaufen; Petalen breiter als das Epichil, grün bis rosa mit dunkleren Adern, oft mit grünlichem Zentrum; Hypochil rund und relativ tief, innen braun; Durchgang zwischen Hypochil und Epichil eng schlüsselloch- bis eng u-förmig; Epichil cremeweiß bis rosa; autogam, Klinandrium normal ausgebildet, Klebdrüse oft vorhanden, jedoch unwirksam, Pollinien etwas vorgeschoben und schnell bröselig werdend.

**VERWECHSLUNG** *E. mecsekensis* hat größere und weiter geöffnete Blüten, einen hellgrünen bis bronzefar-

*E. nordeniorum* (A, Pinkafeld, L.c., 5.8.2006, UG)

*E. nordeniorum* (H, Mecsek, 19.8.2017, HP)

benen, längeren Blütenstiel sowie ein lang elliptisches und relativ flaches Hypochil. Das Epichil ist länger und weniger gekrümmt. Die Art blüht am gleichen Ort etwas später als *E. nordeniorum*. *E. albensis* hat ähnliche Standortansprüche und ist leicht durch das unterste, vergrößerte Tragblatt abzutrennen.

**VORKOMMEN** Bodenfeuchte Eichen- und Hainbuchenwälder, an Waldbächen, kalkmeidend. Bis etwa 400 m.

**VERBREITUNG** Vom südöstlichen Österreich bis Kroatien und Nordungarn; Rumänien. **Typus:** Österreich, Steiermark, Lichendorf, 1991.

**NAME** Benannt zu Ehren der Entdecker, der Familie Norden aus der Steiermark.

*E. nordeniorum* (A, Rechnitz, 13.8.2008, UG)

## Herbst-Ständelwurz,
*— Epipactis autumnalis*

spät: Ende Juli–Okt.

**STECKBRIEF** (8) 25–35 (70) cm hoch; Stängel unten kahl, oben dichter behaart, hellgrün bis grün, an der Basis immer violett überlaufen; Laubblätter (1) 2–3 (5), relativ kurz, das unterste 0,8–3,3 cm lang, 0,5–2,4 cm breit, rundlich bis oval, hell gelblich grün bis grün, an der Basis rosa-violett überlaufen, waagerecht abstehend bis leicht aufgerichtet, am Ende nach unten gebogen, die mittleren 3–7 cm lang, 2–6 cm breit, eiförmig, meist kürzer als die Internodien, Blattränder leicht gewellt; Blütenstand mit 8–15 kleinen, geöffneten Blüten, ± einseitswendig, Spindel kurz flaumig weißlich bis hellgrün behaart; Sepalen grün, 8–10 mm lang, 3,5–4,5 mm breit; Petalen hellgrün, oft rosa überlaufen, 6,5–8 mm lang, 3,5–4,2 mm breit; Hy-

*E. autumnalis* (I, Quargneta, L.c., 7.8.2012, HP)

*E. autumnalis* (I, Quargneta, L.c., 7.8.2012, HP)

pochil rundlich, außen hellgrün bis weißlich grün, innen bräunlich, 2,8–4 mm lang, 3–4 mm breit; Durchgang zwischen Hypochil und Epichil mittelbreit, flach, mit sehr breitem Kragen; Epichil dreieckig, öfter mit hoch gebogenen Rändern, so breit wie lang (2,8–3,4 × 2,8–3,4 mm), weißlich; autogam, Klebdrüse funktionslos, die Pollinien zerfallen.
**VERWECHSLUNG** *E. tallosii* hat insgesamt mehr Violettanteil, einen schmäleren Übergang vom Hypochil zum Epichil und kommt im Auwald vor. Das Epichil ist zurückgeschlagen. *E. zaupolensis* ist sehr ähnlich, hat u. a. einen dickeren Stängel, kürzere Blätter und ein verlängertes unteres Tragblatt, die Spitzen der Petalen sind zurückgebogen.
**VORKOMMEN** Laubwälder über sauren Böden. 620–830 m.
**VERBREITUNG** Bisher nur aus einem kleinen Bereich Oberitaliens bekannt: Vorberge der Lessinischen Berge westlich des Flusses Agno zwischen Sette Roccoli und dem Monte Faldo in der Region Venetien, Provinz Vicenza. **Typus:** Italien, Venetien, Selva in Trissini, 2007.

## Zoppola-Ständelwurz
*— Epipactis zaupolensis*

eher spät: Anf. Juli–Mitte Okt.

**STECKBRIEF** Eher klein, 10–25 (35) cm hoch; Stängel ziemlich dick und steif, gerade; Laubblätter 1–4, klein, 2,5–4 cm lang, 1,5–2,5 cm breit, die unteren rundlich bis oval, die mittleren eiförmig, meist waagerecht stehend, hellgrün bis grün; Blütenstand mit 5–30 (40) Blüten; Sepalen kurz zugespitzt, Spitzen oft zurückgebogen, grün, 4,5–7,5 mm lang, 2,5–4,5 mm breit; Petalen zugespitzt, die Spitzen zurückgebogen, hellgrün, teilweise rosa überlaufen, mit dunkelgrünen Nerven, (entgegen der Erstbeschreibung) 3,5–8 mm lang, 2–5 mm breit; Hypochil außen hell weißlich grün, innen dunkelpurpurn bis braun; Durchgang zwischen Hypochil und Epichil mittelbreit; Epichil klein, breit-herzförmig, etwas breiter als lang, weißlich bis weißlich grün; autogam, Klinandrium normal entwickelt, Viscidium funktionsunfähig, Pollinien etwas nach vorne geschoben, bald bröselig werdend.

**VERWECHSLUNG** *E. tallosii* hat größere Blüten, einen schmaleren Übergang von Hypochil zu Epichil und größere Blätter. *E. autumnalis* ist sehr ähnlich, hat aber einen dünneren Stängel, die Sepalen und Petalen sind an den Spitzen nicht zurückgebogen, das untere Tragblatt ist nicht verlängert.
**VORKOMMEN** Bachbegleitende Gehölze und Pappelwälder in etwa 35 m.
**VERBREITUNG** Bisher nur vom Locus classicus bei Zoppola bekannt. **Typus:** Italien, Friaul, Zoppola bei Pordenone, 2007.

*E. zaupolensis* (I, Zoppola, L.c., 7.8.2012, HP)

*E. zaupolensis* (I, Zoppola, L.c., 7.8.2012, HP)

## Bach-Ständelwurz
— *Epipactis rivularis*

Ende Juli–
Anf. Sept.

*E. rivularis* (HR, Zagreb, L.c., 2.8.2008, SH)

*E. rivularis* (HR, Zagreb, L.c., 6.8.2012, BT)

**STECKBRIEF** 10–23 (34) cm hoch; Stängel gerade; Laubblätter 2–4, bis 5,5 cm lang, bis 3,4 cm breit, weich, eiförmig bis lanzettlich, zugespitzt, waagerecht abstehend, oft sichelförmig gebogen, grün; Blütenstand 6–8 (10) cm lang, locker, mit (3) 4–12 (15) mittelgroßen Blüten, einseitswendig, Spindel schwach und kurz weißlich behaart; Sepalen grün, teilweise mit rötlichem Rand, außen oft rötlich überlaufen, 10–11 mm lang, 4,5–6 mm breit; Petalen hellrosa mit grünlichem Zentrum, ca. 9 mm lang, 4 mm breit; Hypochil innen rötlich bis hell rotbraun; Durchgang zwischen Hypochil und Epichil schmal; Epichil breit-herzförmig zugespitzt mit vorgestreckter, selten umgeschlagener Spitze, 3,5–4 mm lang und breit, breiter als das Hypochil, blassrosa, an der Spitze meist blass grünlich angehaucht; autogam, Klinandrium normal entwickelt, Viscidium vorhanden, aber unwirksam, Pollinien schnell bröselig werdend.

**VERWECHSLUNG** *E. mecsekensis* hat blasse Blüten, ein dunkelbraunes Hypochil, das Epichil ist schmäler als das Hypochil, die Anthere ist nicht gestielt. *E. nordeniorum* ist ebenfalls weniger rosa gefärbt, der Übergang von Hypochil zu Epichil ist enger, die Anthere ist weniger gestielt.

**VORKOMMEN** Feuchte, kalkreiche Böden an Bachrändern und im begleitenden Laubmischwald von ca. 250–320 m.

**VERBREITUNG** Bisher nur vom Westteil des Naturparks Bärenberg (Medvednica), nördlich von Zagreb, bekannt. Typus: Kroatien, Medvednica bei Gornje Vrapče, 2006.

## Maricas Ständelwurz
— *Epipactis maricae* (Syn.: *E. nordeniorum* subsp. *maricae*)

Anf.–Ende Juli
(Anf. Aug.)

**STECKBRIEF** 15–35 cm hoch; Stängel kräftig, gerade, unten kahl; Laubblätter klein, nur 2–3, waagerecht abstehend, Blattränder nicht gewellt, das größte 4–5,5 cm lang, 2,5–3 cm breit; Blütenstand locker, 6,5–18 cm lang, die Hälfte bis zwei Drittel der Pflanzenhöhe einnehmend, 7–25-blütig, einseitswendig; Blüten schließen sich am Ende der kurzen Blütezeit wieder; Sepalen breit-eiförmig, kurz zugespitzt, nach vorne zur Epichilspitze gerichtet, hellgrün, außen etwas dunkler und gelegentlich rosa angehaucht, 8–9 mm lang, 3,8–4,5 mm breit; Petalen eiförmig, weißlich grün, selten in den Randbereichen hellrosa überlaufen, 7,5–8 mm lang, 4–4,5 mm breit; Hypochil innen braun, länger als breit; Durchgang zwischen Hypochil und Epichil breit, v-förmig; Epichil

breit-herzförmig, blassrosa bis weißlich, 3,5–4 mm lang, ca. 4,5 mm breit; autogam, Klinandrium normal ausgebildet, Klebdrüse oft vorhanden, jedoch unwirksam, Pollinien schnell bröselig werdend.

**VERWECHSLUNG** Bei *E. nordeniorum* ist u. a. der Durchgang von Hypochil zu Epichil eng, die Blütezeit später, der dunkle Mittelkallus fehlt.

**VORKOMMEN** Wälder über frischen Böden und vulkanischem Gestein von 290–580 m.

**VERBREITUNG** Bisher nur vom Locus classicus an der Ostseite des Vulkanes Roccamonfina entlang des Baches Savone bekannt. **Typus:** Italien, Kampanien, Provinz Caserta, westlich von Teano, 2016.

*E. maricae* (I, Teano, L.c., 30.7.2014, HP)

*E. maricae* (I, Teano, L.c., 30.7.2014, HP)

## Arioso-Ständelwurz
—*Epipactis ariosica* nom. prov.

Ende Juli–
Anf. Aug.

*E. ariosica*, Typus (I, Sasso di Castalda, 4.8.2018, HP; klein: I, Sasso di Castalda, L.c., 4.8.2018, HP)

**STECKBRIEF**

15–30 (50) cm hoch, sterile Exemplare sind für eine autogame Art relativ häufig; Laubblätter 4–5, waagerecht abstehend bis schräg aufwärtsgerichtet, die größten 7–9 cm lang, 2–5 cm breit; Blütenstand mit (3) 5–20 (33) glockig bis sehr weit geöffneten Blüten; Sepalen hellgrün bis grün, Adern und Rand manchmal leicht violett, 8,5–10,5 mm lang, 4–5 mm breit; Petalen weißlich grün, teils rosa überlaufen, 7–9 mm lang, 4–5 mm breit; Hypochil kreisrund, 3–4 mm im Ø, außen weißlich grün, oben auch rötlich, innen braungrün bis braun; Durchgang zwischen Hypochil und Epichil u-förmig, mit breitem Kragen; Epichil breit-dreieckig bis halbkreisförmig, 3–4 mm lang und breit, weiß, mittig grünlich, Kalli

warzig, bräunlich bis grün; autogam, das Rostellum ist reduziert, die Klebdrüse unwirksam, die Pollinien quellen stark auf.
**VERWECHSLUNG** Bei *E. maricae* sind keine sterilen Pflanzen bekannt, die Laubblätter sind kleiner und weniger (2–3), die Blütezeit früher (Anfang bis Ende Juli).
**VORKOMMEN** Entlang von Bächen im unterwuchsarmen Buchenwald, derzeit bekannt von 1175–1390 m.
**VERBREITUNG** Lukanischer Appenin im Bereich des Monte Arioso und des Monte Viggiano sowie bei Acqua Tremola im Nordosten des Monte Pollino. Weitere Funde sind an ähnlichen Wuchsorten zu erwarten. **Typus:** Italien, Basilikata, NO Sasso di Castalda, (2021).

*E. ariosica* (I, Sasso di Castalda, L.c., 4.8.2018, HP)

## Mecsek-Ständelwurz
*— Epipactis mecsekensis*

spät: Ende Juli–Ende Aug.

**STECKBRIEF** 15–25 (40) cm hoch; Stängel ziemlich dünn, grün, kurz behaart; Laubblätter 3–5, eilanzettlich bis lanzettlich, waagrecht bis etwas überhängend, Rand oft wellig; Blütenstand locker, einseitswendig, 2–20-blütig; Blüten meist weit geöffnet, waagrecht oder leicht nickend, später hängend; Sepalen grün, gelegentlich leicht bräunlich überlaufen, ca. 8 mm lang, 4 mm breit; Petalen weißlich bis grün oder hellrosa; Hypochil lang elliptisch, relativ flach, innen hell- bis dunkelbraun; Durchgang zwischen Hypochil und Epichil eng bis mittelbreit; Epichil eiförmig bis dreieckig, spitz bis zugespitzt, gerade vorgestreckt und höchstens die Spitze leicht nach unten gebogen, cremefarben bis kräftig rosa; autogam, Klinandrium normal ausgebildet, Klebdrüse vorhanden, jedoch unwirksam, Pollinien schnell bröselig werdend.

**VERWECHSLUNG** *E. tallosii* unterscheidet sich durch die höchstens leicht rosa überlaufenen, grünweißen Blüten und das stark zurückgeschlagene Epichil.
**VORKOMMEN** Bachbegleitende Gehölze und bodenfeuchte Wälder, Wegränder. 350–430 m.
**VERBREITUNG** Bisher aus dem Reka-Tal und dessen Umgebung im Mecsek-Gebirge nahe Pécsvárad in Ungarn bekannt und von Baranjsko Petrovo Selo im nordöstlichen Kroatien. **Typus:** Ungarn, Mecsek-Gebirge, 1996.

*E. mecsekensis* (H, Pécsvárad, L.c., 9.8.2017, HP)

*E. mecsekensis* (H, Pécsvárad, L.c., 9.8.2017, HP)

## Tallos' Ständelwurz
— *Epipactis tallosii* (inkl. *E. moravica*)

eher spät: Anf. Juli–Mitte Aug.

**STECKBRIEF** 15–25 (35) cm hoch; Stängel ziemlich dünn, leicht zickzackförmig bis gerade; Laubblätter 2–5, spitz-eiförmig bis eilanzettlich, abstehend bis schräg aufwärtsgerichtet, 1,5–2-mal so lang wie die Internodien; Blütenstand 5–35-blütig; Blüten eher klein, glockenförmig bis weit geöffnet und leicht nickend; Sepalen 9–10 mm lang, hellgrün, außen gelegentlich leicht bräunlich überlaufen; Petalen ± so lang wie die Sepalen, eilanzettlich bis spitz-eiförmig, grünlich weiß, oft hellrosa überlaufen; Hypochil innen hellgrün, olivgrün oder braun; Durchgang zwischen Hypochil und Epichil eng u-förmig bis mäßig breit; Epichil dreieckig bis eiförmig, so lang bis deutlich länger als breit, zurückgeschlagen, weiß, oft mit charakteristisch grünen Kalli, selten leicht rosa überhaucht; autogam, Klinandrium normal entwickelt, Viscidium vorhanden, aber unwirksam, Pollinien schnell bröselig werdend.

*E. tallosii* (H, Pécs, 9.8.2017, HP)

**VERWECHSLUNG** Bei *E. albensis* ist das Epichil lang zugespitzt und gerade vorgestreckt. Das unterste Tragblatt ist vergrößert. *E. nordeniorum* wird weniger kräftig, der Durchgang zum Hypochil ist schmäler, das Epichil ist weniger groß, die Blütezeit etwas später.

**VORKOMMEN** Feuchte und warme Laubwälder, auch Aufforstungen, an Waldbächen und hier gern im Überschwemmungsbereich. Meist unter Weiden oder Pappeln. Bis etwa 430 m.

*E. tallosii* (H, Pécs, 9.8.2017, HP)

*E. tallosii* (SK, Dubnica, 11.8.2012, HP)

E. *tallosii* var. *moravica* (CZ, Vrapenky, 8.8.2008, UG)

E. *tallosii* var. *moravica* (CZ, Nivnice, L.c., 9.8.2011, UG)

**VERBREITUNG** Ungarn, nördlich bisher bis Tschechien, östlich bis in die Westukraine und südlich bis Nordkroatien und Nordserbien bekannt. **Typus:** Ungarn, Nyirád, 1996.

**NAME** Benannt zu Ehren des ungarischen Botanikers Pál Tallós (1931–1968).

**VARIABILITÄT** Aus Südostmähren, der Slowakei und Ungarn ist die var. *moravica* nom. prov. (beschrieben als *E. moravica*) bekannt, die sich durch kaum geöffnete, weißlich grüne, nicht rosa überlaufene Blüten von der Nominatsippe unterscheidet. Das untere Tragblatt ist ebenfalls vergrößert. Sie besiedelt v. a. Pappelbestände und Eichen-Hainbuchen-Mischwälder entlang von Bächen und Waldquellsümpfe in 270 bis 440 m Höhe, auch zusammen mit der var. *tallosii* und *E. albensis*. Sie ist möglicherweise als eigene Art zu führen.

## Elbe-Ständelwurz
— *Epipactis albensis* subsp. *albensis*

ungleichmäßig:
Anf. Juli–Ende Sept.

**STECKBRIEF** (10) 15–25 (40) cm hoch, keine sterilen Triebe bildend; Stängel steif aufrecht, hellgrün; Laubblätter 2–4, relativ hoch angesetzt, hellgrün, eiförmig bis eilanzettlich, zugespitzt; Spreite 2,4–6,3 cm lang, 1–2 cm breit, etwa 1,5-mal länger als das Internodium, ausgebreitet waagerecht abstehend mit überhängender Spitze und welligem Rand; Blütenstand locker, ± einseitswendig, mit 3–16 Blüten; Blüten klein, anfangs ± gleichmäßig abstehend, später herabhängend, gelblich grün, meist mäßig bis glockenförmig geöffnet, nur sehr kurze Zeit weiter geöffnet; Sepalen 6–9,5 mm lang, 2,5–5 mm breit; Epichil weißlich bis gelblich grün, so breit wie lang oder breiter als lang; Hypochil innen rötlich bis braun, Durchgang v-förmig; autogam, Klebdrüse meist fehlend.

E. *albensis* (SK, Modrova, 6.8.2011, UG)

**VERWECHSLUNG** *E. leptochila* hat einen kräftigen Wuchs, dunklere, derbere, am Rand kaum gewellte Blätter, deutlich kürzere unterste Tragblätter, etwas größere

*E. albensis* (CZ, Brumov, 3.8.2011, UG)

*E. albensis* subsp. *lusatia* (D, Lieberose, L.c., 4.8.2005, UG)

*E. albensis* subsp. *lusatia* (D, Lieberose, L.c., 4.8.2005, UG)

Blüten mit einem flacheren Hypochil und ein lang und spitz ausgezogenes Epichil.

**VORKOMMEN** Kalkarme, schattige Edellaubwälder, besonders Auwälder, auch Straßenböschungen; nur in luftfeuchten Lagen mit frischen bis leicht feuchten, kalkarmen Böden. Bis etwa 500 m.

**VERBREITUNG** Mittel- bis osteuropäische Art von Deutschland bis Rumänien. **Typus:** Tschechien, Mittelelbe, Střední Polabí, 1978.

**VARIABILITÄT** Durch Autogamie können sich einzelne abweichende Individuen fortpflanzen und bilden so gleichförmige Populationen. Dies betrifft nicht nur die Färbung sondern auch die Ausprägung der Lippe und der Säule.

**UNTERART** Lausitzer Ständelwurz, *Epipactis albensis* subsp. *lusatia*: Unterscheidet sich von der Nominatunterart durch die vollständig gelblich grün gefärbten Blütenblätter ohne weiße Farbanteile. Die Lippe ist deutlicher zugespitzt und an den Rändern oft etwas ausgefranst. Bisher nur in wenigen Exemplaren aus der nördlichen Niederlausitz in Brandenburg bekannt. **Typus:** Deutschland, Lieberose-Behlow, 2019.

## Biber-Ständelwurz
— *Epipactis fibri*

spät: Ende Juli–Sept.

*E. fibri* (F, Tupin-et-Semons, L.c., 4.8.2010, HP)

**STECKBRIEF** (5) 12–25 (40) cm hoch, keine sterilen Triebe bildend; Stängel steif aufrecht, hellgrün; Laubblätter 3–10, eilanzettlich bis lanzettlich, waagrecht abstehend, am Ende überhängend, am Rand oftmals gewellt; Blütenstand locker; Blüten klein, außen hellgrün, innen weißlich grün, ohne jegliche Rotfärbung; Sepalen gelblich grün, ± 6 mm lang, 4 mm breit; Petalen heller, innen weißlich grün, außen mit erhabenem, grünem Mittelnerv; Epichil weiß, am Rand grünlich, dreieckig, vorn stets zugespitzt; Hypochil innen meist hell olivgrün; Durchgang v-förmig mit breitem Kragen; autogam, Klebdrüse vorhanden, aber funktionslos.

**VERWECHSLUNG** *E. albensis* hat nur 2–4 Laubblätter, einen ± einseitswendigen Blütenstand mit etwas größeren Blüten und ein innen rötlich bis braunes Hypochil. Möglicherweise sind beide Sippen als Unterarten einzuordnen.

**VORKOMMEN** Flussbegleitende Weichholzauen, ca. 90–160 m.

**VERBREITUNG** Rhône-Tal von Lyon bis annähernd zum Mittelmeer. **Typus:** Frankreich, Département du Rhône, Tupin-et-Semons, 1995.

## Taurische Ständelwurz
— *Epipactis taurica*

eher früh: Mitte Juni-Mitte Juli

**STECKBRIEF** 20–40 cm hoch; Stängel robust, hellgrün; Laubblätter 3–6, grün, aufrecht, eiförmig bis lanzettlich, steif, spitz oder kurz zugespitzt, gefaltet, mittleres 4,5–6,5 cm lang, 1,5–3,5 cm breit, meist mit gewelltem Rand; Blütenstand locker, 7–18 cm lang mit 7–25 Blüten; Blüten ziemlich klein, geöffnet oder glockig; Sepalen grün, 6–8 mm lang, 3–4 mm breit, eiförmig-lanzettlich, zugespitzt; Petalen weißlich grün; Hypochil außen rosa, innen bräunlich und glänzend, 3–3,5 mm lang und breit; Epichil herzförmig, 3–3,5 mm lang, 3,5–4 mm breit, Spitze leicht nach unten gebogen; autogam, Klinandrium normal entwickelt, Viscidium vorhanden, aber unwirksam, Pollinien schnell bröselig werdend.

**VERWECHSLUNG** *E. danubialis* ist sehr ähnlich, unterscheidet sich durch einen zierlicheren Wuchs, etwas größere Blüten mit 9–10 mm langen Sepalen, ein außen olivgrünes Hypochil und den Standort in luftfeuchten Wäldern. Meist ist sie armblütiger. Auch *E. fibri* ist zierlicher im Wuchs, hat ungefaltete Blätter und hat ein innen meist hell olivgrünes Hypochil.

**VORKOMMEN** Kiefernwälder, Magerwiesen, Gebüsch, Lichtungen; auf kalkreichen Böden. Ca. 400–1000 m.

**VERBREITUNG** Krim, möglicherweise auch in Georgien. **Typus:** Ukraine, Krim, Yalta, Lapata-Berge, 2012.

*E. taurica* (Krim, L.c., 23.6.2014, AVF)

*E. taurica* (Krim, L.c., 23.6.2014, AVF)

## Donau-Ständelwurz
*— Epipactis danubialis*

Ende Mai–
Anf. Aug.

*E. danubialis* (RO, Letea, 12.6.2018, NDA)

**STECKBRIEF** 10–30 (60) cm hoch; Stängel dünn, hellgrün; Laubblätter 2–4, grün, eiförmig bis lanzettlich, spitz, ziemlich klein, sehr variabel, horizontal bis schräg aufwärts, mittleres 3–6 cm lang, 1,5–3,5 cm breit; Blütenstand locker, ± einseitswendig, wenigblütig mit 3–30 Blüten; Blüten ziemlich klein, geöffnet oder glockig; Sepalen 9–10 mm lang, breit-lanzettlich, hellgrün, leicht rosa überlaufen; Petalen weißlich grün; Hypochil außen olivgrün, oberer Rand und vorderer Teil oft rosa, innen braungrün, 3–4 mm lang und breit; Durchgang zwischen Hypochil und Epichil v-förmig, mäßig breit; Epichil breit-dreieckig bis rundlich, Spitze leicht nach unten gebogen, Rand oft gezähnt, an der Basis meist rötlich, vorderer Teil rosa, weiß oder hellgrün; Klebdrüse klein und funktionslos, die Pollinien zerfallen.
**VERWECHSLUNG** *E. exilis* ist etwas kleiner, zierlicher und hat kleinere, schmalere, schräg aufwärtsgerichtete, später nach unten gebogene, rinnige, steifere Blätter. *E. hygrophila* blüht etwas früher, die Blätter setzen schon unten am Stängel an.

**VORKOMMEN** Luftfeuchte, lichte Kiefern-, Tannen-, Buchen- und Eichenwälder, Gebüsche und Haselnusskulturen. Bis etwa 1200 m.
**VERBREITUNG** In der Schwarzmeer-Region und im östlichen Mittelmeergebiet vom Donaudelta bis Lesbos und Anatolien. Die genaue Verbreitung ist aufgrund der Verwechslung mit *E. persica* nicht bekannt. Typus: Rumänien, Donaudelta, 1989.
**ANMERKUNG** *E. danubialis* wurde bisher oft als Synonym zu *E. persica* gedeutet, unterscheidet sich von dieser aber u. a. durch schmälere und längliche Blüten. *E. persica* fehlt in Europa.

*E. danubialis* (RO, Letea, 12.6.2018, NDA)

## Wasserliebende Ständelwurz
*— Epipactis hygrophila*

Ende Juni–
Ende Juli

*E. hygrophila* (I, Bosco Rubbio, L.c., 31.7.2020, HP)

**STECKBRIEF** 15–50 (65) cm hoch; Stängel kahl, auch die Spindel fast unbehaart; Laubblätter 3–4, die größten 5 cm lang, 2,5–4 cm breit, breit-eiförmig bis rundlich, spitz, grün, ± waagrecht abstehend; Blütenstand locker, mit (1) 5–20 (25) mittelgroßen, meist weit geöffneten Blüten; Sepalen hellgrün, schmal-eiförmig, spitz, 9–10 mm lang, ca. 4 mm breit; Petalen gleich gefärbt oder etwas heller, geringfügig kleiner als die Sepalen; Hypochil innen bräunlich, außen rötlich bis olivbraun; Durchgang zwischen Hypochil und Epichil eng bis mittelbreit, u-förmig; Epichil breit-dreieckig, spitz, ca. 4 mm lang, 4,5 mm breit, weißlich rot mit grünlicher Spitze, Kalli intensiver gefärbt; autogam, Klebdrüse funktionslos, die Pollinien zerfallen.
**VERWECHSLUNG** *E. exilis* hat schmälere, nicht rundliche Laubblätter, die höher ansetzen und dunkler und rinniger sind, sowie schmälere Petalen. Auch die äußerst ähnliche *E. danubialis* hat dunklere, höher angesetzte Laubblätter.

**VORKOMMEN** Entlang von Bächen an dauerhaft feuchten Stellen im unterwuchsarmen Buchenwald. 1150–1275 m.
**VERBREITUNG** Bisher nur vom Bosco di Rubbio in der Basilikata im südlichen Italien bekannt. Typus: Italien, Basilikata, bei Francavilla in Sinni, 2019.

*E. hygrophila* (I, Bosco Rubbio, L.c., 21.7.2016, SH; klein: I, Bosco Rubbio, L.c., 31.7.2020, HP)

## Zierliche Ständelwurz
— *Epipactis exilis* (Syn.: *E. gracilis, E. baumanniorum, E. persica* subsp. *exilis*)

Mitte Juni–Aug.

*E. exilis* (I, Amiata, 31.7.2013, HP; klein: GR, Nestos-Delta, 15.6.2016, HP)

*E. exilis* (I, Vitulano, 29.7.2020, HP)

**STECKBRIEF** 10–25 (35) cm hoch, schlank, zierlich; Stängel dünn, hellgrün, auch oben fast kahl oder kurz behaart; Laubblätter 2–6, bei ausgewachsenen Pflanzen unterstes Blatt hoch über dem Boden, dunkelgrün bis grün, schmal, meist rinnig, sichelförmig gebogen, steif, ziemlich klein, größtes 3,5–5 × 1–2,3 cm, ± so lang wie das zugehörige Internodium; Blütenstand locker, 3–13-blütig; Blüten ziemlich klein, wenig geöffnet, anfangs abstehend, später nickend; Sepalen glockenförmig zusammenneigend, 8–10 mm lang, breit-lanzettlich, weißlich grün; Petalen etwas kürzer, weißlich grün; Hypochil außen olivgrün, oft rosa überlaufen, innen grünlich oder ockerfarben, 3–4,5 mm lang und breit; Hypochil und Epichil nicht sauber getrennt, Durchgang v-förmig, breit; Epichil breit-dreieckig bis rundlich, kurz, Spitze manchmal leicht nach unten gebogen, grünlich, an der Basis meist rötlich, vorderer Teil weißlich bis hellgrün, Rand oft gezähnt; autogam, Klebdrüse funktionslos, die Pollinien zerfallen.
**VERWECHSLUNG** *E. danubialis* ist größer, hat keine steifen, rinnigen Blätter und einen etwas reicheren Blütenstand mit bis zu 30 Blüten. *E. hygrophila* hat flachere und hellere Blätter, die tief ansetzen. Sie blüht etwas früher.
**VORKOMMEN** Frische, mäßig feuchte, basenreiche Böden in luftfeuchten, unterwuchsfreien Buchen- und Eichenwäldern, gerne an Bachrändern. 350–1650 m.
**VERBREITUNG** Von Katalonien bis Bulgarien und in die Slowakei. **Typus:** Griechenland, Imathia, 2004.

## Troodos-Ständelwurz
— *Epipactis troodi*

früh: Juni–Mitte Juli

**STECKBRIEF** 20–35 (45) cm hoch, schlank; Laubblätter 2–4, klein, kürzer bis so lang wie die Internodien, die unteren tütig-oval, 3–4,5 (7) cm lang, 2–2,8 cm breit, beidseitig violett überlaufen, schräg vom Stängel abstehend; Blütenstand ± einseitswendig, 5–30-blütig, Spindel spärlich behaart; Blüten glockenförmig, gelbgrün, nickend bis hängend; Sepalen hellgrün, 10–12 mm lang, ca. 6 mm breit; Petalen ähnlich, oft violett überlaufen; Hypochil innen olivgrün, mit purpurnem Rand; Durchgang zwischen Hypochil und Epichil breit; Epichil purpurn mit grünem Mittelstreif; Fruchtknoten fast kahl; allogam, Pollinien schnell bröselig werdend.
**VERWECHSLUNG** *E. cretica* hat kleinere Blüten. *E. microphylla* hat einen stark behaarten Fruchtknoten.

**VORKOMMEN** Gebüschränder, Straßengräben, kühle, schattige Pinienwälder und Mischwälder, oft unter Platanen entlang von Bächen, auch in Haselnusspflanzungen. Ca. 800–2000 m.
**VERBREITUNG** Endemit des Troodos-Gebirges. **Typus:** Zypern, Troodos-Gebirge, 1942.

*E. troodi* (CY, Troodos, 22.6.2012, BT)

*E. troodi* (CY, Troodos, 22.6.2012, BT)

## Kreta-Ständelwurz
*— Epipactis cretica*

Ende Mai–Anf. Juli

*E. cretica* (GR, Kreta, Roufas-Schlucht, 9.6.2019, BT)

**STECKBRIEF**

Pflanze zierlich, 10–30 (40) cm hoch; Stängel violett-grün; Laubblätter 2–4, oberseits grün, unterseits violett, kürzer oder so lang wie die Internodien, 2–4 cm lang und 1,5–3,5 cm breit, das unterste rundlich-eiförmig, tütig, wenig zugespitzt, weit vom Boden entfernt, die oberen länglicher und zugespitzter; Blütenstand locker, ± einseitswendig, bis 20-blütig; Spindel schwach behaart; Blüten klein, wenig geöffnet, glockenförmig, horizontal bis hängend; Sepalen graugrün, schalenförmig gewölbt mit auffallend nahtförmigem Mittelnerv, bis 9 mm lang und 5 mm breit; Petalen außen weißlich grün mit rötlichem Schimmer, innen rot-grün, bis 8 mm lang und 4 mm breit; Hypochil innen dunkelgrün oder glänzend dunkelbraun, kugelförmig, bis 5 mm im Ø; Durchgang zwischen Hypochil und Epichil breit; Epichil rundlich-herzförmig, stumpf bis schwach zugespitzt, 4–5 mm lang, ± 5 mm breit; allogam bis autogam, Klinandrium

normal entwickelt, Klebdrüse schnell funktionslos werdend, die Pollinien zerfallen.
**VERWECHSLUNG** *E. microphylla* hat eine stark behaarte Spindel.
**VORKOMMEN** Kalkhaltige Böden an schattigen, humusreichen, vegetationsfreien Stellen entlang von Bachläufen, bevorzugt in schluchtartigen Laubmischwäldern aus *Acer sempervirens* und *Quercus*-Arten. Ca. 700–1500 m.
**VERBREITUNG** Endemit Kretas, in den Waldregionen Lefka Ori, Psiloritis und Dikti. **Typus:** Griechenland, Kreta, Ida-Gebirge, 1980.

*E. cretica* (GR, Kreta, Roufas-Schlucht, 9.6.2019, BT)

## Grünblütige Ständelwurz
— *Epipactis phyllanthes* subsp. *phyllanthes* (inkl.: subsp. *arenaria*, var. *cambrensis*, var. *olarionensis*, var. *pendula*, var. *vectensis*, *E. confusa*, Syn.: *E. fageticola*)

Anf. Juni–Ende Aug.

**STECKBRIEF** 12–30 (45) cm hoch, gelblich grün, sehr variabel; Stängel kräftig, kahl bis höchstens spärlich kurzhaarig; Laubblätter 3–8, hoch über dem Boden beginnend, waagrecht bis schräg nach oben stehend, 3,5–7,5 cm lang, 1,5–5 cm breit; Zähne an den Blatträndern (Lupe notwendig) ungleichmäßig gruppiert und durch Lücken getrennt; Blütenstand 5–15 cm lang mit 10–35 ± hängenden, glockig bis weit geöffneten, selten auch kleistogamen grünlichen Blüten; Sepalen und Petalen 7–11 mm lang, hellgrün, selten purpurn überlaufen, wächsern, eiförmig-lanzettlich, zugespitzt, nach der Blüte noch länger frisch bleibend; Hypochil becherförmig, grünlich bis weißlich, innen grün bis hellbraun; Epichil herzförmig, weiß bis grünlich, selten rosa überlaufen, mit 2 kleinen Wülsten an der Basis; autogam, Klinandrium meist normal entwickelt, Viscidium fehlend oder funktionsuntüchtig.

**VERWECHSLUNG** Vor allem durch den nicht oder kaum behaarten Stängel charakterisiert.

*E. phyllanthes* (F, Nohèdes, 1.8.2016, HP; klein: S, Yngsjö, 16.7.2008, UG)

*E. phyllanthes* (F, Oléron, 2.6.2002, HWZ)

li: *E. phyllanthes* var. *degenera* (B, Brüssel, 30.7.2002, HP); re: *E. phyllanthes „cambrensis"* (GB, Dolgellau, 4.8.2002, HP)

**VORKOMMEN** Lichte Kiefernwälder, Küstendünen, Gebüsch. Meist bis etwa 200 m, in den Pyrenäen auch höher.

**VERBREITUNG** Westeuropäische Unterart von Nordspanien über die Britischen Inseln bis Schweden und Norddeutschland. **Typus:** England, Sussex, Westdean, 1852.

**VARIABILITÄT** Die Art ist autogam, wodurch sich theoretisch jede Mutation fortpflanzen kann. So entstehen wie bei *E. albensis*, *E. leptochila* und *E. neglecta* leicht abweichende Pflanzen, die bei Fortpflanzungserfolg in der Population einheitlich erscheinen. Die Bestäubung erfolgt in der Regel nicht in der Knospe, sondern in der Blüte, sodass immer auch Einkreuzungen möglich sind. So entstanden im Lauf der Zeit die unterschiedlichen Ausprägungen, die die Beschreibung von mehreren Varianten zur Folge hatten, so: var. *degenera*: Hypochil rudimentär und vom Epichil wenig getrennt, Blüten kleistogam, sich nur wenig öffnend. Bisher nur aus Belgien bekannt, so bei Tervuren und Brüssel. Bei *„cambrensis"* handelt es sich lediglich um eine niederwüchsige Form der Dünen in Wales. Sie wurde auch schon als eigene Art geführt.

**UNTERART** Verwirrende Ständelwurz, *Epipactis phyllanthes* subsp. *confusa* (inkl. *E. fageticola*): Unterscheidet sich von der Nominatunterart durch zierlicheren Wuchs und einen Blütenstand mit nur 5–25 deutlich geöffneten Blüten, deren Perigonblätter schnell verwelken. Besiedelt Buchenwaldränder, Auwälder und Waldbachufer bis etwa 1500 m. Durchgehende Unterschiede zwischen den südlichen Pflanzen *(fageticola)* und den nördlichen sind nicht festzustellen, auch die Standortbedingungen sind gleich. Verbreitet im westlichen Europa von Portugal und Südspanien bis Südschweden. **Typus:** Dänemark, Teglvaerkskoven, 1953.

*E. phyllanthes* subsp. *confusa* (DK, Aarhus, 25.7.2017, UG)

*E. phyllanthes* subsp. *confusa* (E, Roncal, 9.8.2010, HP)

*E. phyllanthes* subsp. *confusa* (DK, Moesgård, 25.7.2006, SH)

## Olymp-Ständelwurz
— *Epipactis olympica*

früh: Mitte Juni–
Ende Juli

*E. olympica* (GR, Olymp, L.c., 4.7.2015, SH)

*E. olympica* (GR, Olymp, L.c., 4.7.2015, SH)

**STECKBRIEF** 30–50 cm hoch; Stängel kräftig, hellgrün bis grün, an der Basis oft heller als im Blütenstand; Laubblätter 3–6, oval bis breit-lanzettlich, kurz, wenig zugespitzt, gelegentlich am Rand gewellt, waagrecht vom Stängel abgehend, obere Blätter nach unten gebogen; Blütenstand oft auffallend dicht und reichblütig mit 30–50 Blüten, allseitswendig, ein Viertel bis die Hälfte des Stängels einnehmend, Spindel nur schwach behaart; Sepalen grün, manchmal weißlich, Spitzen nach hinten geschlagen, 9–10 mm lang, 4–5 mm breit; Petalen außen grün, innen grün mit breitem, weißlichem oder selten rosa Randbereich, ca. 8 mm lang, 3,5 mm breit; Hypochil breit, flach, außen blassgrün, innen grün bis hellbraun; Durchgang zwischen Hypochil und Epichil breit; Epichil dreieckig, etwas länger als breit, die Spitze ausgestreckt bis etwas nach unten geschlagen, weiß mit leicht rosa Basis, zur Spitze hin grün; autogam, Klinandrium etwas reduziert, Klebdrüse fehlt, Pollinien nach vorne geschoben und schnell bröselig werdend.
**VERWECHSLUNG** *E. greuteri* hat ein breites Epichil, längere Blätter und einen viel lockereren Blütenstand. *E. naousaensis*, *E. neglecta* und *E. leptochila* haben u. a. einen lockereren Blütenstand, längere Blätter und ein tieferes Hypochil.
**VORKOMMEN** Unterwuchsarmer, ursprünglicher, luftfeuchter Buchenwald mit wenigen Kiefern oder Tannen. 830–1200 m.
**VERBREITUNG** Bisher nur vom Nord- und Osthang des Olymp bekannt. **Typus:** Griechenland, Thessalia, Litóhoro, 1990.

## Übersehene Ständelwurz
— *Epipactis neglecta* (inkl. var. *sudalpina*, var. *collina*)

kurz, eher früh:
Anf.–Mitte Juli

**STECKBRIEF** Sammelart, sehr variabel, (15) 25–35 (55) cm hoch; Stängel grün, behaart; Laubblätter dunkelgrün, 4,5–9,7 cm lang, 1,5–3,5 cm breit, Blattrand oft leicht gewellt; Blütenstand relativ lang, locker, ± einseitswendig, mit (4) 10–20 (35) Blüten, Spindel kurz flaumig weißlich behaart; Blüten meist hängend; Knospen spitzeiförmig, ± waagrecht stehend; Sepalen grün, teils violett überlaufen, schmal, zugespitzt, 10–12 mm lang, 4–5 mm breit; Petalen weißlich grün, am Rand rosa überlaufen, 8–10 mm lang, 4–4,5 mm breit; Hypochil innen braun bis grün; Durchgang zwischen Hypochil und Epichil eng, teils berühren sich die Ränder; Epichil länger als breit, Spitze nach unten gebogen, 5–5,5 mm lang, 4–4,5 mm breit, grünlich weiß, purpurn überlaufen; autogam,

*E. neglecta* (D, Meiningen, L.c., 17.7.2016, HP; klein: D, Walting, 13.7.2014, HP)

*E. neglecta* (D, Meiningen, L.c., 17.7.2016, HP)

Klinandrium normal ausgebildet, Klebdrüse teils vorhanden, jedoch unwirksam, Pollinien schnell bröselig werdend.

**VERWECHSLUNG** *E. leptochila* hat hellere, steifere Blätter, eine etwas spätere Blütezeit, größere Blüten und einen breiteren Durchgang zwischen Hypochil und Epichil, der u- oder v-förmig ist. Das Epichil ist nach vorne gestreckt, der Rand ist hochgebogen.

**VORKOMMEN** Luftfeuchte Buchen- und Buchenmischwälder, Lichtungen, Waldränder. Ca. 300–1700 m.

**VERBREITUNG** Von England bis Süditalien, Griechenland. Typus: Deutschland, Thüringen, bei Herpf, 1986.

## Wartenstein-Ständelwurz
*— Epipactis wartensteinii*

Ende Juni–
Ende Juli

*E. wartensteinii* (A, Otterthal, 15.7.2004, SH)

**STECKBRIEF**

30–58 cm hoch; Stängel grün, bis zum ersten Niederblatt violett überlaufen; Laubblätter 3–4, eiförmig bis lanzettlich, die größten 7,5 cm lang und 2,5 cm breit, Blattansatz meist stängelumfassend und violett überlaufen bis hellgrün; Blütenstand relativ locker mit 5–16 (20) mittelgroßen, hängenden und meist glockig geöffneten Blüten, Spindel mäßig behaart, untere Brakteen groß, laubblattähnlich; Sepalen hellgrün, oft rosa überlaufen, spitz, ± 11 mm lang und 6 mm breit; Petalen ähnlich gefärbt, der Rand öfters mit einem auffallenden rosa Rand; Hypochil ± 5 mm lang, 4 mm breit, braun, glänzend; Durchgang zwischen Hypochil und Epichil relativ eng; Epichil breit-dreieckig, spitz, die Spitze nach un-

*E. wartensteinii* (A, Otterthal, 15.7.2004, SH)

ten geschlagen, hellrosa mit grüner Spitze und rosa Seitenkalli; autogam, die Pollinien zerbröseln bald nach der Blütenöffnung; Klinandrium vorhanden aber reduziert, der Pollen bröselt leicht seitlich in die Narbe; Klebdrüse funktionslos, meist fehlend.

*E. wartensteinii* (A, Otterthal, 15.7.2004, SH)

**VERWECHSLUNG** *E. komoricensis* ist äußerst ähnlich, insgesamt etwas heller, hat etwas weiter geöffnete Blüten und blüht von Anfang bis Ende Juli (Anfang August). Das Klinandrium ist oft noch weiter reduziert bis hin zur „muelleri-Säule". Ob tatsächlich eine Artverschiedenheit vorliegt, müssten noch genauere Untersuchungen zeigen, die Unterschiede sind sehr gering. Gleiches gilt für *E. peitzii*.

**VORKOMMEN** Unterwuchsarme, dunkle, laubreiche Kalk-Buchenwälder von 650–905 m, auch in Kiefern-Fichtenbeständen.

**VERBREITUNG** Östliches Semmeringgebiet in Niederösterreich. **Typus:** Österreich, Niederösterreich, Wartenstein bei Gloggnitz, 2020.

## Slowakische Ständelwurz
*— Epipactis komoricensis*

Anf. Juli–Anf. Aug.

*E. komoricensis* (SK, Omsenie, 27.7.2004, SH)

**STECKBRIEF**

20–50 cm hoch; Stängel grün; Laubblätter 3–6, eiförmig bis lanzettlich, grün, oft hell und gestreift, waagrecht bis schräg nach oben stehend, manchmal am Rand leicht gewellt, ± weit über dem Boden beginnend; Blütenstand relativ locker, ± einseitswendig, max. ein Drittel der Stängellänge, 3–20 (38) ± hängende Blüten, Spindel dicht flaumig behaart; Blüten glockig bis breit-glockig geöffnet; Sepalen gelbgrün bis grün, innen etwas heller und gelegentlich wie an der Basis mit leicht

rosavioletter Färbung, die seitlichen (9) 10,5–12,5 mm lang, (2,5) 4–5 mm breit; Petalen ähnlich gefärbt, Spitze ± nach außen gebogen, (8) 9–11 mm lang, (2,5) 4–5,5 mm breit; Hypochil tief, innen rosaviolett bis bräunlich violett, außen gelblich grün; Durchgang zwischen Hypochil und Epichil eng, schlüssellochartig; Epichil dreieckig, selten herzförmig, 3,5–4,3 × 3–4,3 mm, etwa so lang wie breit bis etwas länger als breit, Grundfarbe weiß, unterhalb der Kalli weißlich grün; autogam, Klinandrium stark reduziert bis fehlend („muelleri-Säule").
**VERWECHSLUNG** *E. peitzii* ist stämmiger mit dickerem Stängel und ledrigen, steifen, dunkleren Blättern, die Seitenkalli haben die gleiche weißliche Färbung wie das Epichil. Die Unterschiede sind marginal. *E. wartensteinii* ist kaum zu unterscheiden, etwas dunkler mit etwas geschlosseneren Blüten.
**VORKOMMEN** Kalk-Buchenwald. 340–800 m.
**VERBREITUNG** Westliche Slowakei: Westlicher Teil der Strážovské vrchy und zentraler Teil der Súľovské vrchy. Typus: Slowakei, Strážovské vrchy, Ilava, 1996.

*E. komoricensis* (SK, Omsenie, 27.7.2004, SH)

## Naousa-Ständelwurz
— *Epipactis naousaensis*

Mitte Juli–
Anf. Aug.

*E. naousaensis* (GR, Pinovo, 27.7.2014, SH)

**STECKBRIEF**

20–40 (50) cm hoch, oft in Gruppen; Stängel unten hellviolett überlaufen; Laubblätter 3–6, hellgrün, lanzettlich, 7–9 cm lang, 1,8–3,5 cm breit, das oberste schmal-lanzettlich, waagrecht bis leicht bogig nach unten vom Stängel abstehend, nicht gewellt; Blütenstand locker, 4–30-blütig, Spindel behaart; Sepalen grün, innen gelblich grün, 8–9 mm lang, 4–5,5 mm breit; Petalen grün, innen oft rötlich gelb gezeichnet; Hypochil innen dunkelrosa; Durchgang zwischen Hypochil und Epichil eng; Epichil blassrosa, manchmal weiß, etwas grünlich, länger als breit, zurückgeschlagen; die Pflanzen in Italien sind häufig kleistogam, das Epichil mehr ausgestreckt; autogam, Klinandrium teils normal ausgebildet, gelegentlich reduziert, Klebdrüse nur selten vorhanden, dann unwirksam, Pollinien schnell bröselig werdend.
**VERWECHSLUNG** *E. leptochila* hat ein vorgestrecktes, nicht zurückgekrümmtes Epichil und blüht vor *E. helleborine* s. l. Die Epichilränder sind grün. *E. neglecta* hat kleinere Blüten und blüht ebenfalls früh.
**VORKOMMEN** Unterwuchsarme Altbuchenwälder; kalkliebend. Ca. 1100–1500 m.
**VERBREITUNG** Bisher bekannt aus den nordgriechischen Gebirgen Vermion, Paiko, Falakron und Pangäon,

*E. naousaensis* (I, Brienza, 1.8.2014, HP)

im anschließenden Nordmakedonien, im bulgarischen Pirin-Gebirge und in Italien in der Basilikata und am Monte Pollino. **Typus:** Griechenland, Präfektur Imathia, Vermion-Gebirge, 1989.

*E. naousaensis* (I, Sasso di Castalda, 2.8.2020, HP)

## Peitz' Ständelwurz
*— Epipactis peitzii*

Ende Juli–Anf. Aug.

**STECKBRIEF** 20–37 cm hoch; Triebe fast immer einzeln; Stängel kräftig; Laubblätter 3–4, spitz-eiförmig, das größte 5–9 cm lang, 1,5–2-mal so lang wie das Internodium, dunkelgrün, etwas ledrig, schräg aufwärtsgerichtet; Blütenstand einseitswendig mit (5) 10–20 (23) Blüten, Spindel dicht kurzhaarig; Blüten mittelgroß; Sepalen blassgrün, 9,5–11,5 mm lang; Petalen grünlich weiß mit rosa Rand; Hypochil innen rotbraun,

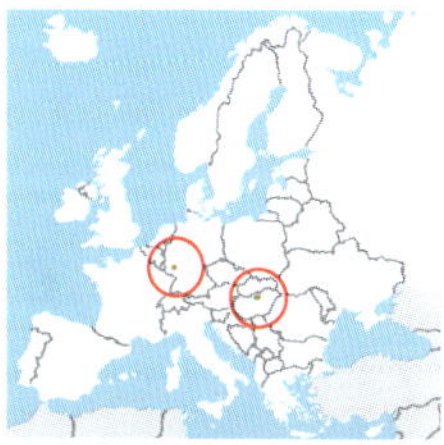

*E. peitzii* (D, Zollhaus, L.c., 2.8.2005, UG)

*E. peitzii* (D, Zollhaus, L.c., 2.8.2005, UG)

seltener dunkelbraun oder grün; Durchgang zwischen Hypochil und Epichil eng, u-förmig; Epichil breit-herzförmig, zugespitzt, etwas länger als breit, konvex, vorgestreckt mit leicht zurückgekrümmter Spitze; autogam, Klinandrium teils normal ausgebildet, teils reduziert, Klebdrüse fehlt.
**VERWECHSLUNG** *E. neglecta* hat schlaffere, nicht aufwärtsgerichtete Blätter und ein längeres Epichil, das Rostellum ist immer normal ausgeprägt. Sehr ähnlich *E. komoricensis* und *E. wartensteinii*, die oft eine „muelleri-Säule" mit fehlendem Klinandrium haben.
**VORKOMMEN** Unterwuchsarme Buchenhochwälder, ca. 200–300 m.
**VERBREITUNG** Bisher nur aus dem nördlichen Taunus-Gebirge und Ungarn, etwa 15 km nordwestlich von Budapest, bekannt. Der einzige deutsche Fundort (l. c.) ist wegen Veränderung des Biotops fast erloschen. **Typus:** Deutschland, Rheinland-Pfalz, Hohlenfels, 1996.
**NAME** Zu Ehren des deutschen Orchideenfachmanns Eduard Peitz (1913–1984) aus Kirn a. d. Nahe, einem Pionier der Biotop-Pflege, benannt.

## Schmallippige Ständelwurz
— *Epipactis leptochila* subsp. *leptochila*

Ende Juni–Mitte Aug.

**STECKBRIEF** (15) 20–35 (50) cm hoch; Stängel gelegentlich ± hin und her gebogen, grün, unten schwach, oben etwas stärker flaumig behaart; Laubblätter 3–6 (10), meist zweizeilig angeordnet, die größten 5–11 cm lang, 1,8–6 cm breit, eiförmig bis breit-lanzettlich, spitz, grün, waagrecht mit hängenden Enden bis schräg aufwärtsgerichtet; Blütenstand ± locker, einseitswendig, 8–40-blütig, Spindel kurz flaumig weißlich grau behaart; Blüten groß, hängend, glockenförmig, teilweise geschlossen bleibend; Sepalen grünlich, eiförmig, spitz, gekielt, die seitlichen 10–15 mm lang, 6–8 mm breit; Petalen grün bis weißlich grün, oft rosa überlaufen, eiförmig, 8–11 mm lang, 4–6 mm breit; Hypochil ca. 4 × 4 mm und 3–4 mm tief, napfförmig, außen grün bis rosa, innen braunrot, glänzend; Durchgang zwischen Hypochil und Epichil u- oder v-förmig; Epichil länger als breit, schmal-herzförmig, spitz, Spitze vorgestreckt und nicht oder kaum nach unten gebogen, Ränder hochgebogen, 4–7 (9) mm lang, 3–5 mm breit, grünlich mit weißlichem oder grünem Rand, teils rosa überlaufen; autogam, Klinandrium normal ausgebildet, Klebdrüse fehlend.

**VERWECHSLUNG** *E. neglecta* hat meist dunklere, schlaffere, nicht aufwärtsgerichtete Blätter, eine etwas frühere Blütezeit, zierlichere Blüten und ein gelegentlich vorhandenes Klinandrium. Der Durchgang zwischen Hypochil und Epichil ist bei ihr eng, teilweise berühren sich die Ränder, das Epichil ist meist nach hinten geschlagen oder verdreht.
**VORKOMMEN** Vor allem in unterwuchsarmen Buchenwäldern, selten auch in Nadelholzbeständen. Liebt

*E. leptochila* (D, Bayreuth, 26.7.2009, UG)

*E. leptochila* (D, Pfünz, 12.7.2019, HP)

*E. leptochila* var. *cleistogama* (D, Pfünz, 12.7.2019, HP)

*E. leptochila* subsp. *dinarica* (HR, Učka, L.c., 6.7.2002, SH)

*E. leptochila* var. *altensteiniana* (D, Meiningen, 17.7.2016, HP)

frische, kalkhaltige Böden mit ausreichender Feuchtigkeit zur Blütezeit. Bis etwa 1700 m.

**VERBREITUNG** Gemäßigtes Europa von Großbritannien und Dänemark bis zu den Pyrenäen, Norditalien, Kroatien und bis zur Krim. **Typus:** England, West-Horsley, bei Guildford, 1919.

**VARIABILITÄT** Durch Autogamie sehr variable Sippe, die in Populationen eigene Ausprägungen aufweisen kann. Beispielsweise existieren wenige Populationen im Taunus mit stark reduziertem Klinandrium. Aus Thüringen wurde eine völlig grünblütige Form als var. ***altensteiniana*** beschrieben. Ihre Sepalen sind an der Spitze miteinander verhakt, wodurch sich die Blüten oft nicht öffnen. Als var. ***cleistogama*** werden Pflanzen (meist in einheitlichen Populationen) bezeichnet, die ihre Blüten nicht oder nur sehr wenig öffnen. Sie sind weit verbreitet. In Großbritannien wurden Pflanzen mit auffallend breiten Lippen als var. ***cordata*** benannt. Sie ist sehr selten. Eine ähnliche Ausprägung ist aus Belgien bekannt.

**UNTERARTEN**

Dinarische Ständelwurz, *Epipactis leptochila* subsp. *dinarica*: Unterscheidet sich von der Nominatunterart durch ein breiteres und konvex gewölbtes Epichil. Die Blätter sind kürzer und schräg aufwärtsgerichtet, der Stängel ist stärker behaart. Besiedelt wärmere Standorte und ist bisher aus den kroatischen Küstengebirgen Učka und Ćićarija sowie südlich davon bis zum zentralen Dalmatien bekannt, wo sie in thermophilen Buchen- und Laubmischwäldern von ca. 600–1000 m wächst. **Typus:** Kroatien, Istrien, Učka, 2003.

*E. leptochila* subsp. *thesaurensis* (I, Veneto, L.c., 10.7.2010, HP)

Tesoro-Ständelwurz, *Epipactis leptochila* subsp. *thesaurensis*: Unterscheidet sich von der Nominatunterart v. a. durch die ± intensiv violette Lippenfärbung. Das Epichil ist konvex gewölbt. Blütezeit Juli. Die auffallende Unterart ist bisher nur von Laubmischwäldern des Monte Tesoro bei Crestena in der norditalienischen Provinz Verona bekannt, wo sie Höhenlagen von 680–860 m besiedelt. **Typus:** Italien, Veneto, Monte Tesoro, **2007**.

Maestrazgo-Ständelwurz, *Epipactis leptochila* subsp. *maestrazgona*: Unterscheidet sich von der Nominatunterart durch kleinere, 4–8 cm lange und 1,5–3,5 cm breite, aufrecht gerichtete Laubblätter, einen breiteren Durchgang von Hypochil zum kürzeren Epichil und das Vorkommen in hochmontanen Kiefernwäldern von 1400–1700 m. Die Unterart ist auf das zentrale Ostspanien und die Pyrenäen beschränkt. Möglicherweise handelt es sich nur um einen Ökotyp (var.), bei unabhängiger Entwicklung wäre sie jedoch als Art zu bewerten. Rein morphologisch steht sie zwischen *E. leptochila* und *E. provincialis*. **Typus:** Spanien, Provinz Teruel, bei Morella, 2004.

*E. leptochila* subsp. *maestrazgona* (E, Fontanete, 31.6.2006, HP)

*E. leptochila* subsp. *maestrazgona* (E, Fontanete, 31.6.2006, HP)

## Provence-Ständelwurz
— *Epipactis provincialis*

früh: Ende Mai–
Mitte Juni

*E. provincialis* (F, Montelimar, 1.6.1989, HP; klein: F, Grignan, 1.6.2007, UG)

*E. provincialis* (F, Grignan, 1.6.2007, UG)

**STECKBRIEF** 20–30 (40) cm hoch; Stängel kräftig, hellgrün; Laubblätter 3–8, eher klein, mittlere 3,5–5 × 2–4 cm, oval bis lanzettlich, meist schräg aufwärts stehend, zweizeilig angeordnet; Blütenstand 6–30-blütig, ± einseitswendig, Spindel kurz und dicht behaart; Sepalen 10–11 × 6–7 mm, grün, fleischig; Petalen innen meist rosa überlaufen; Hypochil groß und breit mit geweitetem Rand, außen weißlich grün bis rosa, innen kräftig rotbraun bis hellbraun; Durchgang zwischen Hypochil und Epichil v-förmig, teils wenig gegliedert; Epichil ca. 6 × 5–6 mm, herzförmig, spitz, gerade vorgestreckt, die Spitze oft etwas nach unten weisend, Seitenränder aufgewölbt, an der Basis weißlich bis rosa, die breiten Ränder grün; autogam.
**VERWECHSLUNG** *E. leptochila* hat einen dünneren Stängel, ein schmäleres und längeres Epichil und eine spätere Blütezeit von Ende Juni bis Mitte August. Epichil und Hypochil sind fast immer gut gegliedert. Sie kommt gewöhnlich nicht unter Eichen vor.
**VORKOMMEN** Wärme- und kalkliebend, halbschattig unter Kiefern und Steineichen, oft unter Flaumeichen, gerne zusammen mit Buchs und Wacholder, besonders am Waldrand, in Trüffelkulturen. Ca. 200–500 m.
**VERBREITUNG** Provence Südfrankreichs (Départements Drôme, Bouches-du-Rhône, Ardèche, Var, Vaucluse). Auch für die spanische Provinz Teruel in Aragon angegeben (Ayuso 2017), hier handelt es sich um *E. leptochila* subsp. *maestrazgona*. **Typus:** Frankreich, Department Drôme, Rochefort-en-Valdaine, La Baysse, 1996.

## Savellis Ständelwurz
— *Epipactis savelliana* (Syn.: *E. leptochila* var. *savelliana*)

Mitte Juli–
Mitte Aug.

**STECKBRIEF** (15) 20–30 (50) cm hoch, meist einzeln; Stängel unten schwach, oben etwas stärker flaumig behaart; Laubblätter 2–5 (6), kurz, die größten 4–5,5 cm lang, ca. 2 cm breit, eiförmig bis breit-lanzettlich, spitz, grün, waagerecht bis schräg aufwärtsgerichtet; Blütenstand ± locker, 9–15 (35)-blütig, Spindel kurz flaumig weißlich grau behaart; Blüten fast waagrecht bis leicht hängend, glockenförmig, selten weiter geöffnet, teilweise kleistogam; Sepalen gelblich grün, eiförmig, spitz, gekielt, die seitlichen ca. 8 mm lang, 3–4 mm breit; Petalen gelblich grün, oft rosa überlaufen, eiförmig, ca. 6,5 mm lang; Hypochil ca. 4 × 4 mm, napfförmig, außen gelblich grün, innen braunrot; Durchgang zwischen Hypochil und Epichil breit u- oder v-förmig mit

*E. savelliana* (I, Pretoro, 28.7.2018, HP)

breitem Kragen; Epichil herzförmig, Spitze vorgestreckt und öfters etwas nach unten gebogen, ca. 4 × 4 mm mit flachen, rosa Kalli; autogam, Klinandrium oft nur rudimentär vorhanden, Viscidium meist fehlend.
**VERWECHSLUNG** *E. leptochila* hat mehr und größere Blätter, größere Sepalen und Petalen und einen schmäleren Übergang von Hypochil zu Epichil.
**VORKOMMEN** Bergbuchenwälder und Laubmischwälder über kalkreichem Boden. Ca. 650–1500 m.
**VERBREITUNG** Bisher nur von der Nord- und Nordostseite der Majella bekannt. Typus: Italien, Abruzzen, Majella, Provinz Chieti, Tal von Bocca di Valle, 2007.
**NAME** Benannt zu Ehren des italienischen *Epipactis*-Spezialisten Pier Roberto Savelli (1939–1997).

*E. savelliana* (I, Pretoro, 28.7.2018, HP)

## Foresta Umbra-Ständelwurz
— *Epipactis umbrae* nom. prov.
(beschrieben als *E. leptochila* subsp. *umbrae*)

spät: Mitte Juli–Mitte Aug.

*E. umbrae* (I, Gargano, 29.7.2019, HP)

**STECKBRIEF** (15)

20–30 cm hoch; Stängel zart, ± hin und her gebogen, grün, unten stark violett überlaufen, flaumig behaart; Laubblätter 3–6, die größten 4–4,5 cm lang, 1,5–2,5 cm breit, eilanzettlich, Internodien kürzer als die Blattlänge; Blütenstand kurz, weniger als ein Drittel der Gesamtlänge einnehmend, mit (2) 5–9 Blüten; Sepalen grünlich, rosa getönt, 8–12 mm lang, 3,5–5,5 mm breit; Petalen grün bis weißlich grün, oft rosa überlaufen, lanzettlich, 6–9 mm lang, 3,5–5 mm breit; Hypochil ca. 4 mm lang, 4 mm breit und 3–4 mm tief, napfförmig, außen grünlich weiß bis rosa, innen braunrot; Durchgang zwischen Hypochil und Epichil u- oder v-förmig; Epichil länger als breit, 4–6 mm lang, 3–5 mm breit, weiß bis grünlich rosa, Spitze zurückgebogen; auto-

*E. umbrae* (I, Gargano, 5.8.2016, SH)

gam, Viscidium oft vorhanden, die Pollinien sind aber schon beim Aufblühen bröselig.

**VERWECHSLUNG** *E. leptochila* hat einen höheren Wuchs, größere Blätter, bei denen die größten 5–11 cm lang sind, einen reichblütigeren Blütenstand mit 8–40 Blüten, größere Sepalen und Petalen, keine Klebdrüse und eine frühere Blütezeit.

**VORKOMMEN** Lichtungen und lichte Buchenwälder, über Kalk.

**VERBREITUNG** Bisher nur vom Forestra Umbra des Monte Gargano von 600–700 m bekannt. Typus: Italien, Apulien, Monte Gargano, Forestra Umbra, 2014.

*E. umbrae* (I, Gargano, 29.7.2019, HP)

## Caramolo-Ständelwurz
— *Epipactis caramolica* nom. prov.

eher spät: Mitte Juli–Mitte Aug.

**STECKBRIEF** 20–30 (50) cm hoch; Stängel kräftig bis auffallend dick, kurz und spärlich behaart; Laubblätter 3–5, klein, die größten 3,5–5,7 cm lang, 1,6–4,8 cm breit, eiförmig bis oval-lanzettlich; Blütenstand (6)10–38-blütig; Blüten mittelgroß, waagrecht bis hängend, kleistogam bis glockig geöffnet; Sepalen hellgrün bis gelblich grün, 7,5–12 mm lang, 4,5–6 mm breit; Petalen weißlich grün, oft rosa überlaufen, 7–11 mm lang, 4–6 mm breit; Hypochil 4–5 × 4–5 mm außen weißlich bis grünlich rosa, innen braunrot bis dunkelbraun; Durchgang zwischen Hypochil und Epichil v-förmig; Epichil dreieckig, Spitze vorgestreckt, 5–6 mm lang, 4,5–5 mm breit, grünlich weiß, ± rosa überlaufen; autogam, Klinandrium normal ausgebildet, Klebdrüse vorhanden, aber schon beim Aufblühen funktionslos.

*E. caramolica*, Typus (I, Saracena, 5.8.2020, HP)

**VERWECHSLUNG** Im Gebiet keine; *E. leptochila* hat längere, weniger rundliche Blätter (die längsten 5–11 cm lang), größere, 6–8 mm breite Sepalen, eine Klebdrüse fehlt. Das Epichil ist schmäler, der Rand gewöhnlich hochgebogen. *E. neglecta* s. l. hat ein längeres Epichil, das nach hinten gerollt oder verdreht ist, sowie eine frühe Blütezeit und längere Blätter.

**VORKOMMEN** Buchenwälder, zumindest zwischen 950 und 1200 m.

**VERBREITUNG** Nur vom Monte Caramolo und bei Laceno bekannt. Sehr wahrscheinlich ist sie aber in den überwiegend schwer zugänglichen Wäldern der Monti di Orsomarsi weiter verbreitet, vermutlich auch im nördlichen Teil des Pollino-Massivs. **Typus:** Italien, Basilikata, Monte Caramolo, 2021.

*E. caramolica* (I, Acquaformosa, 8.8.2014, HP)

*E. caramolica* (I, Acquaformosa, 8.8.2014, HP)

## Futáks Ständelwurz
*— Epipactis futakii*

Juli

*E. futakii* (SK, Hradiste, 21.7.2012, HP)

**STECKBRIEF**

15–35 (-50) cm hoch; Stängel grün, im unteren Teil und an den Scheiden der unteren Blätter violett überlaufen; Laubblätter 2–5, eilanzettlich bis lanzettlich, am Rand ± gewellt; Blütenstand mit 2–20, ± einseitswendigen, waagrecht abstehenden bis leicht hängenden Blüten, maximal ein Drittel der Stängellänge einnehmend; Blüten fast ausschließlich geschlossen; Sepalen 9–13,5 mm lang, 3,5–6 mm breit, an der Spitze verhakt, auffallend zweifarbig: basale Hälfte violett, äußere Hälfte grün, auch auf der Außenseite sichtbar; Hypochil tief, innen meist bräunlich violett, außen weißlich, 3,7–4,7 mm breit; Durchgang zwischen Hypochil und Epichil relativ schmal; Epichil dreieckig, 3,5–5,5 mm lang, 3–4,5 mm breit, am Rand meist schwach gekerbt; autogam durch Kleistogamie, Klebdrüse bald funktionslos, die Pollinien zerfallen.

**VERWECHSLUNG** Unterscheidet sich von *E. leptochila* durch eine nahezu 100%ige Kleistogamie mit ge-

schlossen bleibenden Blüten und Zweifarbigkeit der Blüten mit einer deutlichen Grenze zwischen dem Hellgrün und dem Violett der Sepalen und Petalen.
**VORKOMMEN** Buchen- und Hainbuchenwälder über Kalk. Ca. 200–600 m.
**VERBREITUNG** Bisher bekannt aus der Slowakei (Strážovsky vrchy, Biele Karpaty, Malé Karpaty, Ipel'sko-rimavská brázda, Slovenské rudohorie, Považský Inovec, Revúcka vrchovina und Ostrôžky), Tschechien (Bile Karpaty) und Ungarn (Pilis). **Typus:** Slowakei, Strážovsky vrchy, Trenčianske Teplá, 1998.
**NAME** Zu Ehren des slowakischen Botanikers Ján Futák (1914–1980) benannt.

*E. futakii* (SK, Hradiste, 21.7.2012, HP)

## Steinfeld-Ständelwurz
*— Epipactis lapidocampi*

eher früh: Ende Juni–Mitte Juli

**STECKBRIEF** 25–55 cm hoch, steif aufrecht; Stängel einzeln, kurzhaarig, auffallend stark; Laubblätter 4–8, aufrecht bis abstehend, größtes 5,5–6 cm lang, rundlich, 1,5–2-mal so lang wie die Internodien, schräg aufwärtsgerichtet, dunkelgrün, Rand oft gewellt; Blütenstand mit 10–25 Blüten, Spindel dicht behaart; Blüten durch den kurzen Stiel und Fruchtknoten nahe am Stängel, weit glockenförmig geöffnet, nickend bis hängend, hell; Blütenhüllblätter hellgrün bis weißlich grün, Petalen oft rosa überlaufen; Durchgang zwischen Hypochil und Epichil sehr breit; Epichil kurz, breiter als lang, rosa, mit einem gelbgrünen Streifen; autogam, Klinandrium und Viscidium fehlen („muelleri-Säule").

**VERWECHSLUNG** Bei *E. muelleri* sind die Laubblätter 2–4-mal so lang wie die Internodien, der Stängel ist nicht auffallend kräftig. Die Blüten haben mehr Abstand vom Stängel (normaler Stiel und Fruchtknoten), die Anthere hat meist eine verlängerte Spitze.
**VORKOMMEN** Schwarzföhrenforst. Auf etwa 330 m.
**VERBREITUNG** Bisher nur vom Locus classicus im niederösterreichischen Steinfeld bekannt, wurde die letzten Jahre kaum noch gefunden. **Typus:** Österreich, Niederösterreich, Steinfeld bei St. Egyden, 2004.

*E. lapidocampi* (A, Weikersdorf, L.c., 7.7.2012, HP)

*E. lapidocampi* (A, Weikersdorf, L.c., 7.7.2012, HP)

## Müllers Ständelwurz
*— Epipactis muelleri*

eher früh: Anf. Juni–Mitte Juli

*E. muelleri* (D, Egloffstein, 13.7.2009, JV; klein: I, Veneto, 10.7.2010, HP)

**STECKBRIEF** 20–40 cm hoch; Stängel ± hin und her gebogen, reingrün, unten spärlich behaart; Laubblätter 3–6, an hellen Standorten wenige und relativ kurz, teils eingerollt und schräg nach oben stehend, hell- bis gelblich grün, oft mit leicht gewelltem Rand, an schattigen Stellen lang, rinnig gefaltet, ± waagrecht stehend und überhängend, an den Rändern oft auffallend gewellt; Blütenstand 5–45-blütig, Spindel kurz und dicht filzig behaart; Blüten mittelgroß, fast waagrecht ausgerichtet bis stark hängend; Sepalen 8–12 × 4–5 mm, gelblich grün bis dunkelgrün; Petalen 8–10 × 3,5–4,5 mm, meist heller als die Sepalen, außen hellgrün, innen hellgrün bis weißlich, selten etwas rosa überlaufen; Hypochil 4–5 × 6–7 mm, außen weißlich grün, manchmal etwas rosa, innen hellbraun, dunkelrot, rotbraun oder schwarzbraun; Durchgang zwischen Hypochil und Epichil auffallend breit und flach; Epichil meist breiter als lang, häufig herzförmig, an der Spitze oft herabgebogen; autogam, Klinandrium meist fehlend, eine Klebdrüse fehlt dadurch, die Pollinien fallen teils komplett in die Narbe.

**VERWECHSLUNG** *E. placentina* hat deutlich purpurn gefärbte Blüten und flache, kaum gewellte Blätter. *E. helleborine* hat weniger schmale Blätter, blüht später und hat deutlich abweichende Blüten.

**VORKOMMEN** Kalkmagerrasen, Wald- und Wegränder, unterwuchsarme Wälder, v. a. Buchen- und Föhrenwälder, Lichtungen und Waldschläge. Bis 1590 m.

**VERBREITUNG** Mitteleuropa, südlich bis Katalonien und Sardinien. **Typus:** Frankreich, Seealpen, Thorence bei Grasse, 1921.

**NAME** Benannt zu Ehren des deutschen Botanikers Hermann Müller (1829–1883), der bereits 1868 die abweichende Säulenstruktur dieser Sippe beschrieb. Charles Darwin schrieb: „Hermann Müller ist ein so exakter Beobachter und ein so scharfer Denker, dass ich immer zögere, etwas zu veröffentlichen, wenn ich nicht mit ihm übereinstimme."

**VARIABILITÄT** Die Schattenform wurde schon als var. *saltuaria* beschrieben, ist jedoch variabel und sicher nur eine Ökoform, die keine eigene Rangstufe verdient.

*E. muelleri* (F, Montelimar, 20.6.2019, HP)

## Piacenza-Ständelwurz
— *Epipactis placentina* subsp. *placentina* (inkl. *E. robatschiana*)

Anf. Juli–
Anf. (Mitte) Aug.

**STECKBRIEF** 20–30 (50) cm hoch; Stängel mäßig dick, meist einzeln; Laubblätter 4–6, meist ± zweizeilig, untere breit-eiförmig, spitz, obere eilanzettlich, flach, abstehend bis leicht überhängend mit leicht welligem Rand, 2–3-mal so lang wie die Internodien, das größte 6–11 cm lang; Blütenstand 6–25 cm lang, meist dicht, ± stark einseitswendig, Spindel dicht kurz behaart; Blütenstand mit 8–32 kleinen bis mittelgroßen, glockigen bis weit geöffneten, nickenden bis hängenden Blüten; Sepalen 7–9 (12) mm lang, grün, Rand- und Spitzenbereich ± stark purpurn überlaufen; Petalen grün bis rosa oder kräftig purpurn; Hypochil breit-oval, ziemlich flach, innen braunrot bis rotbraun, unten mit charakteristischer Delle; Durchgang zwischen Hypochil und Epichil mäßig breit; Epichil breit-herzförmig, zugespitzt, vorgestreckt mit nur wenig zurückgebogener Spitze, tiefrosa bis purpurn; autogam, Klinandrium und Viscidium fehlend („muelleri-Säule").
**VERWECHSLUNG** Durch die purpurn gefärbten Blüten, die flache Lippe und das vorgestreckte, zugespitzte Epichil und die Säule gut charakterisierte Sippe. Blasse Pflanzen sind die Ausnahme.

**VORKOMMEN** Laub- und Mischwälder mit Buchen, Eichen und Kiefern. Bis ca. 1400 m.
**VERBREITUNG** Zentrales Mittel- und Südeuropa von Korsika und Sizilien bis in die Slowakei. **Typus:** Italien, Emilia Romagna, Pertuso Val Nure, 1993.

**UNTERART** Robatsch' Ständelwurz, *Epipactis placentina* subsp. *robatschiana*: Benannt zu Ehren des ös-

*E. placentina* (I, Amiata, 31.7.2013, HP)

*E. placentina* (I, Vitulano, 29.7.2020, HP)

*E. placentina* (I, Pollino, 6.8.2018, HP)

*E. placentina* subsp. *robatschiana* (I, Serra San Bruno, 7.8.2013, HP; klein: I, San Bruno, 6.8.2014, HP)

*E. placentina* subsp. *robatschiana* (I, San Bruno, 6.8.2014, HP)

terreichischen Orchideenfachmanns und Schachgroßmeisters Karl Robatsch (1929–2000). Unterscheidet sich von der Nominatunterart v. a. durch überwiegend kleistogame Blüten, die blassere Färbung der Blüten und das weißlich rosa Epichil, bei dem nur der Kallus intensiver rosa gefärbt ist. Die Säule „duckt sich" tiefer ins Hypochil. Bisher ist die Unterart nur vom südlichen Kalabrien bekannt, wo sie schattige Esskastanien-, Kiefern-Eichen- und Buchenmischwälder von 890–1270 m besiedelt. Stellenweise werden allerdings Populationen gefunden, die in etwa eine Mittelstellung zwischen beiden Unterarten einnehmen, so am Monte Gargano und in den Abruzzen sowie in Kampanien. Sie zeigen kaum Rottöne in der Blüte. **Typus:** Italien, Kalabrien, Bosco di Santa Maria, Serra San Bruno, 2003.

## Pinovo-Ständelwurz
— *Epipactis pinovica*

(Mitte) Ende Juli–Mitte Aug.

*E. pinovica* (GR, Pinovo, L.c., 1.8.2017, HP)

**STECKBRIEF**

15–35 (55) cm hoch; Stängel vollkommen grün, unten wenig, oben stärker flaumig behaart; Laubblätter 3–5, 3,8–12 (13,2) cm lang, 0,6–2,5 cm breit, eiförmig bis lanzettlich, spitz, grün, matt, schräg aufwärtsgerichtet, teils überhängend; Blütenstand locker, 9–28 cm lang mit 10–60 mittelgroßen Blüten, Spindel flaumig behaart; Knospen leicht geschnäbelt; Sepalen grün, die seitlichen 9–11 mm lang, 4–5 mm breit; Petalen gelblich bis weißlich grün, Ränder meist rosa getönt, 8–10 mm lang, 4–5 mm breit; Hypochil innen dunkelbraun bis rötlich; Durchgang zwischen Hypochil und Epichil flach und breit; Epichil herzförmig, stumpf, weißlich, 3,7–4,2 mm lang, 3,9–4,3 mm breit; autogam, Klinandrium reduziert („muelleri-Säule"), Klebdrüse fehlt.

**VERWECHSLUNG** Unterscheidet sich von *E. greuteri* durch längere, auffallend matte Laubblätter und kürzere Blütenstiele.

**VORKOMMEN** Buchen-, Kiefern-, Tannen- und Mischwälder; kalkmeidend. 1050–1430 m.

**VERBREITUNG** Bisher aus dem griechischen Pinovo-Gebirge an der Grenze zu Nordmakedonien und vom Olymp bekannt. **Typus:** Griechenland, nördlich Aridea, 2014.

*E. pinovica* (GR, Pinovo, L.c., 1.8.2017, HP)

*E. pinovica* (GR, Pinovo, L.c., 1.8.2017, HP)

## Greuters Ständelwurz

— *Epipactis greuteri* subsp. *greuteri* (Syn.: *E. flaminia*)

Ende Juni–Mitte Aug.

*E. greuteri* subsp. *greuteri* (I, Campigna, 27.7.2019, HP)

**STECKBRIEF**

20–50 (80) cm hoch; Stängel gerade, z. T. etwas hin und her gebogen, unten schwach, oben stärker flaumig behaart, grün; Laubblätter 2–4, 5–10 cm lang, 2–4 cm breit, eiförmig bis breit-lanzettlich, zugespitzt, grün; Blütenstand langgestreckt, locker, ein Drittel bis die Hälfte einnehmend, mit bis zu 35 Blüten, Spindel dicht flaumig weißlich grau behaart; Tragblätter auffallend lang; Blüten mittelgroß, durch den typisch langen Blütenstiel meist auffallend hängend; Sepalen grünlich, zugespitzt, die seitlichen 9–14 mm lang, 4–5 mm breit; Petalen weißlich grün, 8–9 mm lang, 4–5 mm breit; Hypochil groß, meist tief, außen weißlich grün, innen grüngelb bis bräunlich; Durchgang zwischen Hypochil und Epichil breit, mit breitem Kragen; Epichil breit-dreieckig, stumpf, Spitze oft nach unten gebogen, Ränder gleichmäßig gewellt, ca. 3–4 × 4–5 mm, weiß mit grün bis bräunlich gefärbten, flachen Kalli; autogam, Klinandrium vorhanden oder reduziert bis fehlend („muelleri-Säule" – „*flaminia*").

**VERWECHSLUNG** *E. leptochila* hat ein längeres, 4–7 mm langes, spitzes Epichil, kürzere Tragblätter und kürzere Blütenstielchen.

**VORKOMMEN** Frische Böden mit ausreichend Feuchtigkeit zur Blütezeit, meist halbschattig bis schattig, bei ausreichender Wasserversorgung auch sonnig, insbesondere an Wegrändern. Gern in Begleitung von Fichten oder Tannen. 300–1900 m.

*E. greuteri* subsp. *preinensis* (A, Prein, L.c., 15.8.2008, UG)

*E. greuteri* subsp. *sancti-bruni* (I, San Bruno, L.c., 7.8.2013, HP)

**VERBREITUNG** Von Thüringen im Norden bis zum Taygetos auf der Peloponnes im Süden. **Typus:** Griechenland, Trikala, 1981.

**NAME** Benannt zu Ehren des zeitgenössischen deutschen Botanikers Werner Greuter.

**UNTERARTEN**

**Preiner Ständelwurz, *Epipactis greuteri* subsp. *preinensis*:** Unterscheidet sich von der Nominatunterart durch kürzere Blütenstiele und Fruchtknoten, weniger stark hängende Blüten sowie öfter rosa getönte Petalen und Epichile. Blütezeit Mitte Juli bis Mitte August. Möglicherweise ist die Sippe durch Einkreuzung von *Epipactis purpurata* entstanden. Bisher nur aus dem niederösterreichischen Rax-Gebiet bei Prein aus einer Seehöhe von ca. 800–900 m bekannt. **Typus:** Niederösterreich, Prein an der Rax, Rettenbachgraben, 2001.

**Brunos Ständelwurz, *Epipactis greuteri* subsp. *sancti-bruni*:** Die zu Ehren des Gründers des Kartäuserordens Bruno von Köln (1030–1101) benannte Unterart unterscheidet sich von der Nominatunterart durch ein flacheres Hypochil, allogame Blüten mit stets vorhandenem Klinandrium und fast immer funktionsfähiger Klebdrüse. Sie ist bisher nur aus dem Gebirgszug Serre südlich von Serra San Bruno in Kalabrien bekannt und besiedelt hier nordseitige Tannenwälder von 950–1000 m. **Typus:** Italien, Kalabrien, Serra San Bruno, 2016.

*E. greuteri* subsp. *sancti-bruni* (I, San Bruno, L.c., 6.8.2014, HP)

## Norne
— *Calypso bulbosa*

Mai–Juni

**STECKBRIEF** 8–15 (20) cm hoch; Stängel am Grund mit einem langgestielten, eiförmigen, 3–7 cm langen, 2–5 cm breiten, oberseits dunkelgrünen, unterseits purpurnen, am Rand gewellten Blatt; Blütenstand mit einer relativ großen, nach Vanille duftenden Blüte; Sepalen und Petalen rosa, 12–22 mm lang, 2,5–4 mm breit; Lippe 15–23 mm lang, 10–15 mm breit, zweiteilig, Vorderlippe zungenförmig, weißlich bis rosa, am Grund mit gelben Streifen und Haarbüscheln, flach bis leicht zurückgeschlagen, Hinterlippe napfförmig, rotbraun gestreift, zu einem kurzen, zweigeteilten Sporn verlängert. Blütezeit kurz nach der Schneeschmelze.

**VORKOMMEN** Feuchte Nadelwälder, Moore. Bis ca. 800 m (in China bis 3000 m).

**VERBREITUNG** Zirkumboreale Art, in Nordeuropa, Nordasien und im nördlichen Nordamerika. **Typus:** Schweden, Lappland, 1753.

*C. bulbosa* (S, Västerbotten, 4.6.1996, NG)

*C. bulbosa* (S, Norrfällsviken, 1.6.1999, HP)

## Widerbart
— *Epipogium aphyllum*

Anf. Juli–
Mitte Aug.

**STECKBRIEF** 5–15 (25) cm hohe, blasse, fremdartig anmutende Pflanze ohne Blattgrün; Stängel ohne Laubblätter, nur mit wenigen Schuppenblättern, röhrig; Blütenstand locker, mit 1–8 kurz gestielten, relativ großen, hängenden, nicht gedrehten Blüten, daher die Lippe nach oben gerichtet; Blütenhüllblätter schmal, blassgelb bis zartrosa, nach unten gerichtet; Lippe weißlich, dreilappig, Mittellappen breit-oval bis herzförmig, mit 4–6 Längsleisten aus purpurnen Papillen; Sporn sackartig, aufwärtsgerichtet. Blüte je nach Niederschlagsgeschehen (ab Mitte Juni) Anfang Juli bis Mitte August (Mitte November–Dezember), teils mit zweiter Blühwelle.

**VERWECHSLUNG** Keine. Kann von botanischen Laien mit dem Fichtenspargel, *Hypopitys monotropa* agg., verwechselt werden.

*E. aphyllum* (GR, Olymp, 29.8.2016, HP)

**VORKOMMEN** Schattige, frische Edellaubwälder und Fichtenwälder, besonders in montanen Buchenwäldern, gern in Bachnähe oder um quellige Bereiche. Bis 1900 m (im Himalaya bis 4000 m).
**VERBREITUNG** Eurosibirische Art von den Pyrenäen und Nordskandinavien bis Kamtschatka und Japan. Typus: Russland, Sibirien, 1753.

*E. aphyllum* (I, Pollino, 6.8.2013, HP; klein: D, Hüfingen, 3.8.2010, HP)

## Korallenwurz
— *Corallorhiza trifida*

Ende April–Mitte Juli

*C. trifida* (D, Mörnsheim, 11.5.2013, HP)

**STECKBRIEF** 7–15 (25) cm hohe, zarte, wenig auffällige Pflanze mit korallenartig verzweigtem Rhizom; Stängel dünn, gelbgrün bis braunpurpurn, am Grund mit 3 bauchigen, den Stängel scheidenartig

*C. trifida* (D, Solnhofen, 10.5.2019, HP)

umfassenden Schuppenblättern; Laubblätter fehlen; Blütenstand locker mit 3–12 kleinen, kurz gestielten, abstehenden, spornlosen Blüten; Sepalen grün, in manchen Populationen an den Spitzen ± braun überlaufen; mittleres Sepal und Petalen einen lockeren Helm bildend; Lippe weiß, am Grund meist mit dunkelroten Flecken, stumpf zungenförmig, mit gewelltem Rand, nach unten gekrümmt; Fruchtkapseln auffällig prall.

**VORKOMMEN** Schattige, humusreiche Nadel- und Laubwälder, seltener in Mooren, Bergwiesen und auf modernden Baumstümpfen. Ordnungscharakterart der montanen bis alpinen bodensauren Fichtenwälder. In hohen Lagen oftmals außerhalb des Waldes. Bis 2590 m (in Asien bis 3500 m).

**VERBREITUNG** Eurosibirisch-nordamerikanische Art von Island und den Pyrenäen bis Sibirien, Nordchina und Nordamerika. Typus: Schweden, Norrbotten, bei Luleå, 1753.

*C. trifida* (F, Allevard, 21.6.2019, HP)

## Vogel-Nestwurz
*— Neottia nidus-avis*

April–Juli

**STECKBRIEF** 10–25 (40) cm hohe, braune Pflanze, fast ohne Blattgrün und ohne Laubblätter; Stängel dick und kräftig, gerillt, kahl, mit wenigen scheidenförmigen Schuppenblättern; Blütenstand reichblütig, unterste Blüten oft in größeren Abständen aufeinander folgend; Sepalen und Petalen zu einem lockeren Helm zusammenneigend; Lippe am Grund mit einer napfartigen

*N. nidus-avis* (D, Eichstätt, 8.6.2013, HP)

*N. nidus-avis* var. *nivea* (li: I, Gargano, 27.5.2015, HP; re: I, Ferdinandea, 2.6.2015, HP)

Vertiefung, nektarführend, am Ende tief zweispaltig mit spreizenden, vorn verbreiterten Lappen; Sporn fehlt.
**VERWECHSLUNG** Mit keiner anderen europäischen Orchidee, höchstens mit braunen Arten der Gattung Sommerwurz, so etwa mit *Orobanche salviae* und mit den beiden Fichtenspargel-Arten aus der Gattung *Hypopitys*.
**VORKOMMEN** Schattige, humose, nährstoff- und basenreiche Laub- und Nadelwälder, vorrangig im Kalk-Buchenwald, Saumgesellschaften, Wiesenränder. Bis etwa 2200 m (im Iran bis 2400 m).
**VERBREITUNG** Eurosibirische Art von Portugal und Skandinavien bis Südsibirien und in den Iran. **Typus:** Südengland, 1753.
**VARIABILITÄT** Wenig veränderlich, lediglich in ihrer Ausfärbung variabel. So sind hellbraune (lusus/var. *pallida*), weiße (lusus/var. *nivea*) und schwefelgelbe (lusus/var. *sulphurea*) Pflanzen sowie Zwischenformen bekannt.

## Großes Zweiblatt
— *Listera ovata* (Syn.: *Neottia ovata*)

Ende April– Ende Aug.

**STECKBRIEF** (10) 20–35 (60) cm hoch; Stängel steif, grün bis bräunlich, leicht filzig behaart; Blätter zu zweit gegenständig, etwas über dem Grund, groß, breit-eiförmig, mehrnervig; Blütenstand eine lange, lockere, allseitswendige und vielblütige Ähre mit grünen, spornlosen Blüten, die oft bis zur Samenreife frisch bleiben; Perigonblätter konkav gewölbt, etwas nach vorn gerichtet, leicht bräunlich gerandet; Lippe grün oder gelbgrün, tief zweispaltig mit stumpf endenden Zipfeln, am Grund mit nektarproduzierendem Grübchen, herabfließender Nektar ist meist als glänzender Längsstrich in der Lippenmitte sichtbar.
**VORKOMMEN** Frische Laubwälder, Auwälder, lichte Nadelwälder, Wiesen, Magerrasen, Niedermoore, Pfeifengraswiesen, Weiden, Gärten, Wegränder. Bis etwa 2500 m (in Asien bis 3000 m).

**VERBREITUNG** Eurasiatische Art von Spanien und Island bis zum Himalaja. **Typus:** Deutschland, Baden-Württemberg, Österberg bei Tübingen, 1753.
**ANMERKUNG** Die Blüten sondern reichlich Nektar ab und werden dadurch von einer Vielzahl an Insekten besucht. Wenn ein Insekt die Rostelldrüse am Narbenrand berührt, löst es eine explosionsartige Reaktion aus: Ein klebriger Tropfen wird ausgeschleudert, der die Pollinien mit dem Kopf des Insekts verbindet. Sehr kleine Insekten können diese Reaktion auch auslösen, sind aber oft zu schwach, die Pollinien mitzunehmen, und kleben dann an der Blüte fest.

*L. ovata* (CZ, Hum, 22.5.2011, HP; klein: GB, North Uist, 10.6.2017, HP)

*L. ovata* (GR, Pindus, 26.5.2010, HP)

## Herz-Zweiblatt
— *Listera cordata* (Syn.: *Neottia cordata*)

je nach Höhe: Anf. Mai–Aug.

**STECKBRIEF** 5–12 (20) cm hoch, unscheinbar, mit kriechendem Rhizom; Stängel dünn, oberhalb der Blätter flaumig behaart; Blätter 2, waagrecht, klein, herzförmig bis dreieckig, gegenständig, 1–3 cm lang und breit, oberseits glänzend; Blütenstand 5–15-blütig; Blüten von grüner Grundfarbe, oft kräftig rotbraun gefärbt; Blütenhüllblätter ausgebreitet, elliptisch-lanzettlich, 1,5–2,5 mm lang; Lippe 3,5–5 mm lang, tief gespalten, mit spitzen, spreizenden Zipfeln, an der Lippenbasis mit hornförmigen Auswüchsen der Nektargrube; Früchte meist schon reif, während die Blüten noch nicht abgewelkt sind.
**VORKOMMEN** Feuchte, moosige, bodensaure Nadelwälder, Latschengebüsche, Schneeheide-Föhrenwälder, moosige Baumstrünke, Fichtenforste, tundrenartige Zwergstrauchheiden. Gerne in Gesellschaft von Torfmoos, Waldsauerklee und Heidelbeere. Es zeigt eine besondere Vorliebe für Standorte mit kühlem Mikroklima und erhöhter Luftfeuchtigkeit, kalkmeidend. So wächst es gern in Blockwäldern in der Nähe von Kluftausgängen, bei Bächen und Wasserfällen und in Moorwäldern; sogar Dauerfrostböden werden besiedelt. Bis etwa 2300 m (in Nordamerika bis 3500 m).

**VERBREITUNG** Eurosibirisch-nordamerikanische Art. Typus: Schweden, Småland, am Taberg, 1753.
**NAME** Die Gattung ehrt den englischen Arzt Martin Lister (1638–1712), Leibarzt der Königin Anna von England.

*L. cordata* (D, Fichtelsee, 19.5.2012, HP)

*L. cordata* (RO, Buşteni, 20.6.2018, NDA)

## Moor-Glanzständel
— *Liparis loeselii*

Mai–Juli

**STECKBRIEF** 5–15 (25) cm hoch; Stängel gelbgrün, kahl, oben kantig; Blätter 2 (3), grundständig, fast gegenständig, schräg aufwärtsgerichtet, fettig glänzend, hellgrün bis gelbgrün, oval, lanzettlich bis elliptisch, 2–11 cm lang, 0,7–2,5 cm breit, an der Spitze stumpfkapuzenförmig; Blütenstand locker mit 2–12 kurzgestielten, spornlosen Blüten; Tragblätter kurz, schuppenförmig, viel kürzer als der Fruchtknoten; Blüten gelbgrün, mit aufrecht abstehenden bis waagrecht spreizenden Blütenhüllblättern; Lippe 4–6 mm lang, zungenförmig, rinnig, gegen die Spitze breiter werdend, sichelförmig nach unten gebogen.

**VERWECHSLUNG** *L. nemoralis* hat weiche, nach unten gebogene Blätter und eine breitere und längere,

7–8 mm lange Lippe. Sie besiedelt beschattete, ± trockene Standorte.
**VORKOMMEN** Niedermoore, Torfsümpfe, Kopfbinsenriede; kalkliebend. Bis etwa 1170 m.
**VERBREITUNG** Eurosibirisch-nordamerikanische Art von Ostspanien und Südskandinavien bis Sibirien und Nordamerika. **Typus:** Schweden, Uppland, Norvidsiön, 1753.
**NAME** Der botanische Artname ehrt den deutschen Medizinalprofessor Johann Loesel (1607–1657) aus Königsberg, der ein druckreifes Manuskript der „Flora Prussica" hinterlassen hat, welches im Jahre 1703 von Johann Gottsched herausgegeben wurde.

*L. loeselii* (D, Quaßliner Moor, 8.6.2020, HP)

*L. loeselii* (D, Quaßliner Moor, 8.6.2020, HP)

## Hain-Glanzständel
— *Liparis nemoralis* (Syn.: *Liparis kumokiri* subsp. *nemoralis*)

Juni–Juli

*L. nemoralis* (li: I, Vajont, L.c., 27.6.2020 HP; klein: A, Lavant, 26.6.2020, HP)

**STECKBRIEF** 10–15 (20) cm hoch; Stängel gelbgrün, kahl, oben kantig; Blätter 2 (3), grundständig, langgestielt, weich, nach unten gebogen, hellgrün bis grün, lanzettlich bis elliptisch, 2–11 cm lang, 0,7–2,5 cm breit, mit einer gelegentlich welligen oder am Rand sogar gekräuselten Spreite mit stumpfer bis leicht zugespitzter Spitze; Blütenstand locker mit 2–10 spornlosen, gelbgrünen bis grünen Blüten; äußere Sepalen in einem Winkel von 120° (bis 180°) auseinander stehend, nicht angenähert und/oder nahezu parallel unter der Lippe stehend; Lippe 7–8 mm lang, 3,3–6 mm breit, bis zur Mitte rinnig, vorne flach, breit und nach unten zurückgeschlagen.
**VERWECHSLUNG** *L. loeselii* hat stumpf endende, kapuzenförmige, gelblichere und glänzende Blätter, eine schlankere, kürzere, 4–6 mm lange Lippe und besiedelt Moore.

**VORKOMMEN** Niederschlagsreiche, luftfeuchte Laubmischwälder, Nadelwälder und Gebüsche auf feuchten und gut dränierten Kalkschotterhängen auf Moos oder zersetztem Laubsubstrat, gelegentlich auch auf Felsen. 420–800 m.
**VERBREITUNG** Norditalien (Trentino, Venetien, Friaul) und Osttirol. Wahrscheinlich weiter verbreitet und bisher übersehen oder verkannt. Die Funde sind jüngeren Datums mit Ausnahme eines ehemaligen Vorkommens bei Tezze di Grigno in Valsugana aus dem 19. Jahrhundert. **Typus:** Italien, Provinz Pordenone, Le Spesse sopra il Lago del Vajont, 2012.

*L. nemoralis* (A, Lavant, 26.6.2020, HP)

## Honig-Einknolle
### — *Herminium monorchis*

Ende Mai–
Ende Juli

**STECKBRIEF** 7–20 (30) cm hoch, schlank, zur Blütezeit mit nur einer kugeligen Knolle; Stängel dünn, oben kantig, hellgrün oder gelbgrün, mit 1–2, selten auch mehr grundständigen Blättern; Blätter eilanzettlich, 2–10 cm lang, etwas rinnig, obere Stängelblätter tragblattartig; Blütenstand 2–10 cm lang mit 10–50 (70) Blüten; Blüten klein, nickend, gelbgrün, nach Honig duftend, spornlos, aber mit einer schwachen Aussackung; Sepalen und Petalen glockig zusammenneigend, Petalen spitz ausgezogen; Lippe dreilappig, mit langem und schmalem Mittellappen und 2 zahnförmigen Seitenlappen.

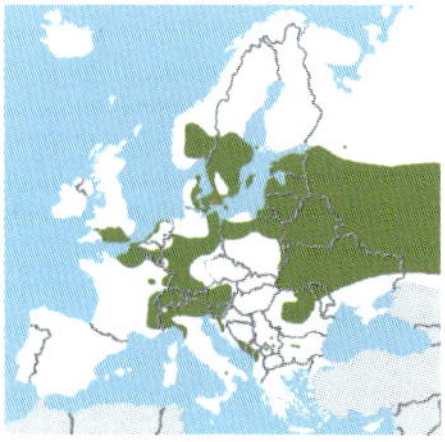

**VORKOMMEN** Feuchte und trockene Magerrasen, Niedermoore, Almweiden, besonders gerne in wechselfeuchten Kalkmagerrasen und -magerweiden, Dünensenken und feuchten Kalksteinmulden. Bis etwa 2100 m (in Tibet bis 4500 m).
**VERBREITUNG** Eurasiatische Art von Frankreich, England und Südskandinavien bis an die ostasiatischen Küsten. **Typus:** Schweden, Skane, zwischen Malmö und Trelleborg, 1753.

*H. monorchis* (EST, Hosby, 18.6.2011, HP)

*H. monorchis* (RO, Peștera, 5.7.2017, NDA)

## Weichorchis
— *Hammarbya paludosa* (Syn.: *Malaxis paludosa*)

(Mitte Juni) Juli–Aug.

**STECKBRIEF** 5–20 cm groß, gelbgrün, zierlich und unscheinbar; Stängel, kahl, 3–5-kantig; Blätter 2–4, fleischig, eiförmig, 0,8–3 cm lang und 0,3–1,1 cm breit, an der Spitze gelegentlich mit Brutknollen; Blütenstand locker- und reichblütig mit bis zu 35 winzigen, gelbgrünen, spornlosen Blüten; Fruchtknoten gestielt, um 360° gedreht, Lippe daher nach oben gerichtet; Lippe sehr klein, kürzer als die Blütenhüllblätter, eiförmig-spitz, löffelartig-konkav, das Säulchen oben umhüllend.

H. paludosa (GB, New Forest, 15.6.2017, HP; klein: D, Starnberg, 15.7.2011, HP)

**VERWECHSLUNG**
Mit anderen grünlich blühenden Arten, v. a. mit *Malaxis monophyllos*. Diese unterscheidet sich aber u. a. durch ein einziges, viel größeres Blatt und fadenförmige Blütenblätter.

**VORKOMMEN** Hoch- und Niedermoore, gerne in der Nähe verlandender Moorseen, zwischen Torfmoos und am unteren Rande von Bulten; kalkfeindlich. Bis etwa 1400 m.

**VERBREITUNG** Eurosibirisch-nordamerikanische Art vom Französischen Zentralmassiv, Irland und Skandinavien disjunkt bis Japan und Nordamerika. **Typus:** Schweden, Uppsala, 1753.

**ANMERKUNG** Die Art hat sich speziell an den Lebensraum der Hoch- und Zwischenmoore angepasst. Sie besitzt ein vertikal wachsendes Rhizom, das mit den Torfmoosen, die ihr Substrat bilden, gemeinsam nach oben wächst. Alljährlich wird über der vorjährigen absterbenden eine neue Scheinknolle gebildet. Zusätzlich zur sexuellen Vermehrung über Samen besitzt sie eine spezielle Form der vegetativen Vermehrung: Am vorderen Ende der Blätter werden kleine Brutknospen, sogenannte Bulbillen, angelegt. Diese fallen ab und wachsen zu neuen Pflanzen heran.

## Einblatt-Weichständel
— *Malaxis monophyllos*

Juni– Juli (Ende) Aug.

**STECKBRIEF** 7–20 (35) cm hoch, zierlich; Stängel dünn, kahl, hellgrün, oben kantig; meist 1 Blatt, seltener 2–3, grundständig, langscheidig, hellgrün, elliptisch-eiförmig, 3–10 cm lang, 1,5–4,5 cm breit; Blütenstand lang-zylindrisch, 20–100-blütig; Blütenstiel um 360° gedreht, 1–1,5 mm lang; Blüten winzig, hellgrün, mit nach oben gerichteter Lippe, spornlos; Blütenhüllblätter etwa gleich lang, kurz, fadenförmig, etwa so lang wie der Fruchtknoten; Lippe 1,5–2,5 mm lang, eiförmig mit ausgezogener, dreieckiger Spitze.

**VERWECHSLUNG**
Unterscheidet sich von den anderen grünblütigen Orchideen durch den fischgrätenartigen Blütenstand mit den winzigen Blüten, der ihr auch den Volksnamen „Fischgrätenorchidee" eingebracht hat.

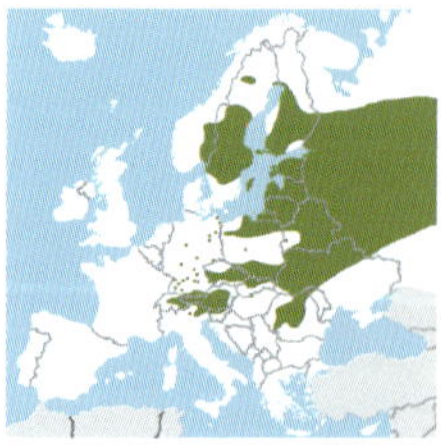

*M. monophyllos* (RO, Lacu Roșu, 11.8.2018, NDA)

*M. monophyllos* (D, Böhmfeld, 17.6.2018, HP; klein: D, Böhmfeld, 28.6.2013, HP)

**VORKOMMEN** Frische, moosige Wälder, kräuterreiche Bergwiesen, moosige Felsen, Erlenbrüche, Torfstiche, lichte Kiefernwälder, trockenes Gebüsch; kalkliebend. Bis etwa 2200 m (im Himalaya bis 3060 m).
**VERBREITUNG** Eurosibirisch-nordamerikanische Art von den Alpen und Mittelskandinavien bis Japan und Südchina. In Nordamerika in den Unterarten *diphyllos* und *brachypoda*. Typus: Schweden, Medelpad, Alnön, 1753.

## Zweiblättriger Grünständel
— *Gennaria diphylla*

März–April
Kanaren: ab Jan.

*G. diphylla* (E, La Palma-Ost, 3.3.2014, BT)

**STECKBRIEF**
10–25 (40) cm hohe, hellgrüne Pflanze mit 2 auffallenden, herzförmigen, wechselständigen, stängelumfassenden Blättern, unteres Blatt mehr als doppelt so groß wie das obere, 6–14 cm lang, 2,5–7,5 cm breit; Blütenstand vielblütig, dicht, ± einseitswendig; Sepalen grün, gerade nach vorn gerichtet mit kapuzenförmiger Spitze, 3,5–4 mm lang; Petalen etwas größer als die Sepalen, gelbgrün, gleichmäßig nach hinten gebogen; Lippe gelblich grün, 4–5 mm lang, 2,2–3 mm breit, dreigeteilt mit dreieckig-spitzen, nach außen gebogenen Seitenlappen und nach unten gerichteten dreieckigen Mittellappen; Sporn kurz, 1–2 mm lang, sackförmig und gefurcht.
**VORKOMMEN** Kiefernwälder, Garrigue, Macchie, Felsspalten, Lavafelder, Lorbeer- und Nadelwälder. Bis etwa 1300 m.

**VERBREITUNG** Von Madeira und den Kanarischen Inseln bis Tunesien, Korsika und bis zur Insel Elba, eine isolierte Fundstelle in der Türkei. **Typus:** Portugal, Setubal, 1800.

**NAME** Benannt zu Ehren des sardischen Botanikers Patrizio Gennari (1820–1897), der unter anderem Direktor des Botanischen Universitätsgartens in Cagliari war.

*G. diphylla* (E, Teneriffa, 15.3.2015, HP)

*G. diphylla* (E, La Palma-Ost, 3.3.2014, BT)

## Kanarenständel
*— Habenaria tridactylites*

Nov.–Febr.

*H. tridactylites* (E, La Palma-Südost, 1.1.2017, HP)

**STECKBRIEF**
10–30 cm hoch; Stängel nur am Grund mit 2 (3) derben, eilanzettlichen, stachelspitzigen, fast gegenständigen Blättern; Blütenstand locker, mit 2–16 gelbgrünen Blüten; Sepalen ab-

*H. tridactylites* (E, La Palma-Südost, 1.1.2017, HP)

wärtsgerichtet und zurückgeschlagen, 5–7 mm lang, 1–2,5 mm breit, mittleres Sepal und Petalen helmförmig zusammengeneigt; Lippe 7–9 mm lang, tief dreilappig zerteilt, Lappen etwa gleich lang; Sporn 9–18 mm lang, abwärtsgerichtet.
**VERWECHSLUNG** *Gennaria diphylla* hat wechselständige Stängelblätter und kleinere Blüten mit 3–4 mm langen Blütenblättern.

**VORKOMMEN** Lichte Wälder, spärlich bewachsene Lavafelder, extensives Kulturland, schattig-feuchte Standorte der Lorbeerstufe, moosige Lesesteinmauern. Bis ca. 1500 m.
**VERBREITUNG** Endemit der Kanarischen Inseln (Teneriffa, Gran Canaria, La Gomera, La Palma, El Hierro, Lanzarote). **Typus:** Spanien, Kanarische Inseln, Teneriffa, 1835.

## Zwergorchis
*— Chamorchis alpina*

Ende Juni–
Mitte Aug.

**STECKBRIEF** 5–12 cm hohe, kleinwüchsige, leicht zu übersehende Pflanze; Stängel hellgrün, kantig; 4–10 Blätter in grundständiger Rosette, diese grasartig lineal-lanzettlich, rinnig gefaltet, aufrecht, den Blütenstand erreichend oder überragend; Blütenstand dicht mit 3–12 sehr kleinen, spornlosen Blüten; Sepalen und Petalen grün bis gelbgrün, oft rötlich braun überlaufen; Lippe gelb mit grünem Zentrum, zungenförmig, ungeteilt bis schwach dreilappig mit zurückgebogenen Rändern.

**VERWECHSLUNG** Die Hohlzunge, *Coeloglossum viride*, hat oval-lanzettliche Blätter und einen beblätterten Stängel.
**VORKOMMEN** Polsterseggenrasen, trockene Gebirgsmagerrasen, windausgesetzte Grate mit geringer winterlicher Schneebedeckung; meist bei Silberwurz, kalkliebend. Bis 2900 m, in Skandinavien bis auf Meereshöhe hinabreichend.
**VERBREITUNG** Arktisch-alpine Art Skandinaviens, der Alpen und der Karpaten. **Typus:** Schweden, Njunjes, 1753.

*C. alpina* (A, Petzen, 7.7.2012, HP)

*C. alpina* (A, Petzen, 7.7.2012, HP)

## GATTUNG PLATANTHERA, WALDHYAZINTHE

Die Gattung besteht aus etwa 85 Arten. Mannigfaltigkeitszentrum ist Ostasien mit 52 endemischen Arten. Europa wird von 9 Arten besiedelt. Hybriden sind bei der Gattung selten und werden nur interspezifisch, also nicht mit anderen Gattungen, gebildet.
Die unterirdischen Knollen der *Platanthera*-Arten sind ungeteilt und rübenförmig. Die Arten haben in der Regel ein großes, grundständiges Blattpaar und kleine Stängelblätter. Bei Einzelexemplaren kommen über Jahre hinweg auch 3 oder 4 Blätter vor. Die Lippe ist schmal, ungeteilt und zungenförmig. Das Perigon ist helmförmig und schützt die Säule, der nektarführende Sporn ist deutlich länger als der gedrehte Fruchtknoten. Die Pollinien sind getrennt mit je einer Klebscheibe. An ihrer Stellung und Ausprägung sind einige Arten zu trennen. Die Bestäubung erfolgt in der Regel durch Nachtfalter.

### Wenigblütige Waldhyazinthe
— *Platanthera oligantha* (Syn.: *Lysiella oligantha*)

Juni–Juli

**STECKBRIEF** 5–15 (25) cm hoch, sehr klein und unauffällig; Stängel kahl, kantig; ein Grundblatt, dieses aufgerichtet bis abstehend, länglich-zungenförmig, 4–9 cm lang, 1–2,2 cm breit; Blütenstand kurz, 2–4,5 cm lang, mit 3–9 kleinen, grünlichen Blüten; Perigonblätter 2–3 mm lang, mittleres Sepal ± 2,5 mm lang, 3 mm breit; Lippe zungenförmig, aus breitem Grund allmählich verschmälert, stumpf, 3–3,5 mm lang; Sporn 2,5–3 mm lang, absteigend, etwa halb so lang wie der Fruchtknoten.

**VORKOMMEN** Birkenwälder, Zwergstrauchheiden, Gebüsch; kalkliebend. Bis etwa 800 m (in Sibirien bis 1200 m).

**VERBREITUNG** Nordskandinavien und weit abgetrennt in Sibirien vom Jenissei bis Kamtschatka. Die Art besitzt in Europa nur wenige Fundorte in Lappland. Typus: **Typus:** Russland, Sibirien, Aladscheja, 1854.

*P. oligantha* (S, Abisko, 3.7.2008, SH)

*P. oligantha* (S, Abisko, 3.7.2008, SH)

# Platanthera

## Nordische Waldhyazinthe
— *Platanthera hyperborea*

Juni–Juli

**STECKBRIEF** (5) 10–20 (30) cm hoch; Stängel kantig, kahl; Blätter am Stängel verteilt; unterstes Blatt kurz, die folgenden 3–13 cm lang, 0,6–2,5 cm breit, lanzettlich bis elliptisch, aufgerichtet bis schräg abstehend; Blütenstand zylindrisch, 3–9 cm lang, mit 15–70 kleinen, gelblichen bis grünlichen Blüten; Perigonblätter 3–5 mm lang; seitliche Sepalen schräg nach unten abstehend; Lippe lanzettlich, stumpf, 3–7 mm lang; Pollinienfächer nach unten breit auseinanderspreizend; Sporn zylindrisch, 3,5–6,5 mm lang, gekrümmt, etwas kürzer als der Fruchtknoten.

**VORKOMMEN** Besonders auf feuchtem Boden in Wiesen, Weiden, Zwergstrauchheiden, Weidengebüschen, Bachrändern, im Sprühnebel von Wasserfällen. Bis etwa 100 m (in Nordamerika bis 3400 m).

**VERBREITUNG** Nordatlantisch-pazifisch-boreale Art von Kamtschatka und Nordjapan über das nördliche Nordamerika bis Grönland und Island. **Typus:** Island, bei Skálholt, 1753.

*P. hyperborea* (IS, Egilsstadir, 6.7.2016, BT)

*P. hyperborea* (IS, Egilsstadir, 4.7.2016, BT)

## Grüne Waldhyazinthe
— *Platanthera chlorantha* (Syn.: *P. montana*)

Mai–Juli

**STECKBRIEF** 20–40 (60) cm hoch; Grundblätter 2, selten 3, groß, oval bis breit-lanzettlich, 6–18 cm lang, 2–6 cm breit, kahl, glänzend, hell- bis dunkelgrün; Blütenstand breit-zylindrisch; Blüten weißgrün, parfümartig duftend; seitliche Sepalen abstehend, 9–12 mm lang, 4–6 mm breit, das mittlere Sepal breit-herzförmig; Lippe zungenförmig, schwach bis stark zurückgebogen, zur Spitze verschmälert, grünlich, nur an der Basis weiß aufgehellt, 6,5–10 mm lang, 2–3 mm breit; Pollinienfächer nach unten zu auseinanderspreizend, oben etwa 2 mm, unten etwa 4 mm voneinander entfernt; Sporn fadenförmig, 1,8–4 cm lang, gegen das Ende zu flachgedrückt und verbreitert. Blütezeit Mai bis Juli, gebietsweise kommen später blühende Pflanzen vor, ihr Status ist zu prüfen.

*P. chlorantha* (D, Obereichstätt, 23.5.2014, HP)

**VERWECHSLUNG** *P. fornicata* hat einen schlankeren, dichteren Blütenstand, parallel liegende Pollinienfächer und einen gleichförmigen, nicht verbreiterten Sporn. Sie blüht etwas früher. *P. muelleri* nimmt bezüglich der Pollinienfächer eine Mittelstellung ein, sie wirkt wie ein Bastard, kommt jedoch populationsbildend vor. *P. holmboei* ist zierlicher und hat kleinere, grünere Blüten im schlankeren Blütenstand. Übergangsformen sind bekannt. *P. algeriensis* wächst auf feuchtem Untergrund, die Lippen sind stark zurückgebogen.
**VORKOMMEN** Wälder, besonders lichte Föhren- und Buchenwälder über basenreichen Lehmböden, Magerwiesen, Flach- und Hangmoore, Riedwiesen; kalkliebend. Bis etwa 2300 m.

*P. chlorantha* (D, Solnhofen, 20.5.2020, HP)

**VERBREITUNG** Europäische Art von Spanien und Mittelskandinavien bis zur Ukraine und zum Kaukasus. **Typus:** Schweiz, Appenzell-Außerrhoden, bei Wolfhalden, 1827.
**VARIABILITÄT** Gedrungenere Pflanzen mit etwas kleineren Blüten wurden als var. *gselliana* abgetrennt, stellen aber wohl nur einen Ökotyp im Bergland dar.

## Holmboes Waldhyazinthe
— *Platanthera holmboei* (Syn.: *P. lesbiaca*)

April–Juni

**STECKBRIEF** 15–30 (40) cm hoch, in Thrakien teils deutlich höher; Stängel hellgrün; Grundblätter (1) 2 (3), groß, oval bis breit-lanzettlich, 6–18 cm lang, 2–5 cm breit; Blütenstand locker mit 8–25 grünen bis weißlich grüngelben, eher kleinen Blüten; seitliche Sepalen abstehend, 7–10 mm lang, 3–4 mm breit, das mittlere Sepal breit-herzförmig; Lippe zungenförmig, schwach bis stark zurückgebogen, zur Spitze verschmälert, grünlich, nur an der Basis weiß aufgehellt, 7–10 mm lang, 1,5–3 mm breit; Pollinienfächer nach unten zu auseinanderspreizend, oben etwa 2 mm, unten etwa 4 mm voneinander entfernt; Sporn fadenförmig, 15–30 mm lang, gegen das Ende zu flachgedrückt und verbreitert.

**VERWECHSLUNG** *P. chlorantha* hat einen dichteren, breiteren Blütenstand, weißlichere und größere Blüten mit 9–12 mm langen und 4–6 mm breiten seitlichen Sepalen. Übergangsformen sind jedoch vorhanden.

**VORKOMMEN** Kiefernwälder. Bis etwa 1900 m.
**VERBREITUNG** Östliches Mittelmeergebiet vom Pelion,

*P. holmboei* (CY, Troodos, 10.5.2016, HP)

*P. holmboei* (CY, Troodos, 19.6.2012, BT)

Thrakien und Lesbos über Zypern bis Israel. **Typus:** Zypern, Troodos, 1942.
**NAME** Benannt zu Ehren des norwegischen Botanikers Jens Holmboe (1880–1943), der u. a. eine Arbeit über die Vegetation Zyperns schrieb.

## Algerische Waldhyazinthe
*— Platanthera algeriensis*

Mai–Juni

*P. algeriensis* (E, Miranda, 9.6.2002, HP)

**STECKBRIEF** (20) 30–40 (80) cm hoch; Stängel kahl, rund, am Grund mit 2 eilanzettlichen, 7–30 cm langen, 3–5 cm breiten, schräg aufrecht stehenden Blättern; Blütenstand 10–25 cm lang mit 12–35 gelbgrünen Blüten; seitliche Sepalen abstehend, sichelförmig, 8–10 mm lang, 3–6 mm breit; Lippe zungenförmig, herabhängend bis zurückgeschlagen, 8,5–12 mm lang, 2–3,5 mm breit; Pollinienfächer nach unten stark auseinanderspreizend; Sporn waagrecht, fadenförmig, an der Spitze leicht verdickt, 18–24 mm lang, 1,4–2,1 mm dick, länger als der Fruchtknoten.
**VERWECHSLUNG** *P. chlorantha* hat weniger intensiv gelbgrüne Blüten und wächst gewöhnlich nicht auf nassem Boden.

**VORKOMMEN** Hangmoore, Quellaustritte, Bachränder, Küstensümpfe, Flussbetten. Von etwa 700–1400 m (in Marokko bis 2100 m).
**VERBREITUNG** Nordwestafrika, Spanien, Sardinien, Korsika, punktuell in Südfrankreich. **Typus:** Algerien, Algier, 1892.

*P. algeriensis* (I, Sa. Lanusei, 1.6.2000, HP)

*P. algeriensis* (I, Sa. Lanusei, 1.6.2000, HP)

## Müllers Waldhyazinthe
— *Platanthera muelleri* (Syn.: *P.* × *hybrida* p.p.; inkl. *P. bifolia* subsp. *osca*)

Ende Mai–Juli

**STECKBRIEF** 20–35 (70) cm hoch, kräftig; Grundblätter groß, 2, selten mehr, breit-lanzettlich bis oval, 7–20 cm lang, 2–5,5 cm breit, glänzend; Blütenstand zylindrisch, mit 8–30 Blüten; Blüten weiß mit gelbgrünen Partien; seitliche Sepalen abstehend, leicht gebogen, nach hinten geneigt, 7–12 mm lang, 3–6 mm breit, mittleres Sepal aufrecht, leicht konkav, nach vorne geneigt, 4,5–10 mm lang, 3–9,5 mm breit; Petalen 4–10 mm lang, 1–3 mm breit; Lippe weiß, mit grünlicher Spitze bis zu ganz grünlich überlaufen, 8–18 mm lang, zungenförmig, gerade schräg nach vorne unten bis leicht nach hinten gebogen; Pollinien 3,5–4,5 mm lang, Pollinienfächer parallel bis leicht trapezförmig zueinander, (0,6) 1,4–2,1 mm voneinander getrennt; Sporn fadenförmig, nicht verdickt, (22) 25–45 mm lang, waagrecht bis abwärtsgebogen, Verhältnis von Spornlänge zu Lippenlänge mit ± 2,8 am höchsten für alle Taxa der Verwandtschaft.
**VERWECHSLUNG** *P. fornicata* hat enger stehende, 1–1,5 mm voneinander getrennte Pollinienfächer, die 2,5–3 mm lang sind. Das Spornlängen-Lippenlängenverhältnis beträgt ± 2,3.

**VORKOMMEN** Magerrasen, Halbtrockenrasen, Streuwiesen, Gebüsche, Buchenwälder; trocken bis wechselfeucht, kalkliebend.

**VERBREITUNG** Ungenügend bekannt. Deutschland, Belgien, Niederlande, Schweiz, Österreich, Frankreich, Italien. Sehr wahrscheinlich weiter verbreitet. **Typus:** Deutschland, Nordrhein-Westfalen, Lengerich, Intruper Berg, 2017.
**NAME** Benannt zu Ehren des deutschen Botanikers und Blütenbiologen Herrmann Müller (1829–1883), der als Erster eine dritte mitteleuropäische *Platanthera*-Art erkannte.
**ANMERKUNG** Immer wieder finden sich in manchen Gebieten morphologisch zwischen *P. bifolia* s. lat. und *P. chlorantha* stehende Populationen, die bislang als

*P.* × *hybrida* benannt wurden. Neueste genetische Untersuchungen zeigen jedoch, dass echte Hybriden nur selten auftreten und gewöhnlich von den Eltern begleitet werden. Die große Mehrheit im Aussehen als Hybriden erscheinenden Pflanzen stellte sich genetisch als eine weder *P. fornicata* noch *P. chlorantha* zuzuordnende Sippe heraus. Diese in offenkundig eigenständigen Populationen wachsende Sippe wurde als *P. muelleri* beschrieben. Es gibt jedoch auch Populationen von *P. fornicata*, die weiter auseinanderstehende Pollinienfächer haben. Die morphologische Abtrennung im Einzelfall ist sehr schwierig. Genauere Untersuchungen stehen bisher aus. Pflanzen in Italien sind von der Blütezeit her relativ heterogen, ein Klon wurde als *P. bifolia* subsp. *osca* beschrieben.

*P. muelleri* (D, Münster, L.c., 30.5.2020, HP)

*P. muelleri* (D, Münster, L.c., 30.5.2020, HP)

## Große Waldhyazinthe
*— Platanthera fornicata* (Syn.: *P. latiflora*)

Mai–Juni

**STECKBRIEF** Hochwüchsige, 25–60 (70) cm hohe Pflanze; Blätter groß, 2, selten mehr, breit-lanzettlich bis oval, 7–20 cm lang und 2–5,5 cm breit, glänzend; Blütenstand meist mit Lücken zwischen den Blüten; Blüten weiß mit gelbgrünen Partien; seitliche Sepalen verlängert-eiförmig, abstehend; Lippe zungenförmig, weiß, 10–16 mm lang, zur Spitze hin verschmälert und grünlich werdend, nach unten weisend, teils leicht nach hinten gebogen; Pollinienfächer eng parallel, 1–1,5 mm voneinander getrennt, Antheren 2,5–3 mm lang; Sporn fadenförmig, nicht verdickt, 20–38 mm lang, meist leicht abwärtsgebogen.

*P. fornicata* (D, Obertrubach, 23.6.2020, JV)

**VERWECHSLUNG** *P. bifolia* ist mit 10–30 cm Wuchshöhe niedriger, hat kleinere Blüten mit einer 6–11 mm langen Lippe und einem 12–23 mm langen Sporn, besiedelt v. a. feuchtes Offenland auf kalkarmen Böden und blüht um etwa 3 Wochen später. *P. muelleri* hat weiter auseinanderstehende, manchmal gespreizte Pollinienfä-

*P. fornicata* var. *subalpina* (A, Grünleitennock, 26.6.2018, AF)

cher. Sie wirken wie Bastarde mit *P. chlorantha*, kommen jedoch populationsbildend vor.

**VORKOMMEN** Mäßig trockene bis frische Wälder und Gebüsche. Besonders gern in lichten Wäldern oder Waldsäumen auf basenreichen Lehm- und Tonböden. Bis ca. 2200 m.

**VERBREITUNG** In Europa und Asien weit verbreitet, östlich bis Zentralsibirien reichend. **Typus:** Dänemark, Ostjütland, 2011.

*P. fornicata* (E, Katalonien, 20.5.2016, HP)

**VARIABILITÄT** Die Gebirgssippe var. *subalpina* (unter dem Namen der missverstandenen Nominatart *P. bifolia* als Unterart beschrieben) ist vorrangig über etwa 1300 m anzutreffen. Sie ist durch einen kompakteren Wuchs, gelblichere Blüten und einen etwas dickeren Sporn zu unterscheiden.

## Kleine Waldhyazinthe
— *Platanthera bifolia*

Juni–Juli

*P. bifolia* (DK, Grenen, 13.6.2020, HP)

**STECKBRIEF**

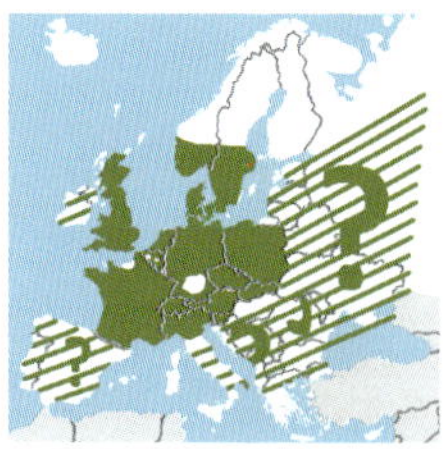

10–30 cm hoch; Grundblätter groß, 2, selten mehr, breitlanzettlich bis oval, 7–15 cm lang, 2–5 cm breit, ungefleckt, glänzend; Blütenstand zylindrisch, dichtblütig, ohne Lücken zwischen den Blüten; Blüten klein, weiß, teils gelblich, mit gelbgrünen Partien; seitliche Sepalen verlängert-eiförmig, abstehend, mittleres Sepal schlank-herzförmig; Lippe zungenförmig, weiß, 6–11 mm lang, zur Spitze hin verschmälert und grünlich werdend, schräg bis ± gerade nach unten weisend; Pollinienfächer eng parallel, etwa 1 mm voneinander getrennt, Antheren 2,5–3 mm lang; Sporn fadenförmig, nicht verdickt, 12–23 mm lang, abwärtsgebogen.

**VERWECHSLUNG** *P. chlorantha* hat nach unten zu auseinandergespreizte Pollinienfächer und einen Sporn, der am Ende flachgedrückt und verbreitert ist. Die weit verbreitete *P. fornicata* ist mit 25–70 cm höherwüchsig, hat größere Blüten mit einer 10–16 mm langen Lippe und einem 20–38 mm langen Sporn. Auch *P. muelleri* und ähnliche Sippen sind höherwüchsig, der Blütenstand ist locker, die Blüten sind größer und die Pollinienfächer stehen weiter auseinander.

**VORKOMMEN** Feuchte Silikatmagerrasen, Magerwiesen, Heiden, Bergmatten, Dünensenken, Flach- und Hochmoore, kalkmeidend.

**VERBREITUNG** Wahrscheinlich europäische Art, bekannt aus Norddeutschland, mehreren deutschen Mittelgebirgen, Dänemark, Schweden, Belgien, England und der Schweiz. Verbreitung aber völlig unzureichend bekannt durch Verwechslungen mit *P. fornicata* und *P. muelleri*. **Typus:** Schweden, Stockholm, 1753.

*P. bifolia* (DK, Grenen, 13.6.2020, HP)

## Künkeles Waldhyazinthe
*— Platanthera kuenkelei* var. *sardoa*

Mai–Juni

**STECKBRIEF** 40–90 cm hoch; Stängel hellgrün; Grundblätter groß, 2, selten mehr, breit-lanzettlich bis oval, 15–30 cm lang, 5–7 cm breit, glänzend; Blütenstand reichblütig mit 15–80 Blüten; seitliche Sepalen verlängert-eiförmig, abstehend, mittleres Sepal schlank-herzförmig; Lippe zungenförmig, weiß, 10,5–13 mm lang, zur Spitze hin verschmälert; Pollinienfächer parallel oder nach oben hin divergierend; Sporn fadenförmig, nicht verdickt, 22–27 mm lang, abwärts gebogen.

*P. kuenkelei* var. *sardoa* (I, Sa. Borore, L.c., 6.6.2012, RL)

**VERWECHSLUNG** *P. fornicata* ist armblütiger, 25–60 cm hoch und hat kleinere, 7–20 cm lange und 2–5,5 cm Grundblätter.

**VORKOMMEN** Schattige, luftfeuchte Laubmischwälder über Silikat und Vulkanit. In Sardinien von etwa 650–750 m (außerhalb Europas bis etwa 1300 m).

**VERBREITUNG** In Nordwestafrika (Algerien, Tunesien), Georgien und Aserbaidschan (subsp. *atropatanica*) und in der var. *sardoa* auch in Sardinien (bisher nur bei Borore in der Provinz Nuoro bekannt). **Typus:** Algerien, Azazga, 1981.

**NAME** Benannt zu Ehren des deutschen Orchideenforschers Siegfried Künkele (1931–2004).

# Spiranthes

## Sommer-Wendelähre
— *Spiranthes aestivalis*

eher spät:
Mai–Aug.

**STECKBRIEF** 12–25 (35) cm hoch, schlank; Stängel grün, oben drüsig behaart; Blattrosette des Blühtriebes zur Blütezeit vorhanden; Blätter hellgrün, ungefleckt, die unteren rosettig gehäuft, lineal-lanzettlich, 4–12 cm lang, 0,5–1,2 cm breit, rinnig, aufgerichtet; Stängelblätter linealisch, dem Stängel anliegend; Tragblätter 6–8 mm lang, wenig länger als der Fruchtknoten; Blütenstand 3–10 cm lang, mit 6–22 ± spiralig angeordneten, spornlosen, kleinen, weißen Blüten; Blütenhüllblätter außen drüsig behaart, eine glockige Röhre bildend; Lippe weiß, am Grund etwas grünlich, 6–8 mm lang, etwa 4 mm breit, Lippenvorderteil nach unten gebogen und am Rand gekerbt.

*S. aestivalis* (D, Weilheim, 16.7.2011, HP)

**VERWECHSLUNG** Bei *S. spiralis* sind zur Blütezeit die Laubblattrosetten der Blühtriebe bereits vertrocknet. Ihre Blätter sind eiförmig und flach am Boden, nicht lineal-lanzettlich und hochstehend, der Blütenstand dichter, die Lippen innen deutlich grün.

**VORKOMMEN** Kalkniedermoore, Riedwiesen. Als niederwüchsige Rosettenpflanze ist die Art konkurrenzschwach, weshalb sie besonders gerne an vegetationsarmen Quellaustritten und Rieselfluren der Kalkflachmoore auftritt. Im Süden gern an nassen Stellen von Flüssen und Bächen zwischen Steinen, seltener in feuchten Dünensenken. Bis etwa 1400 m.

**VERBREITUNG** Westmediterran-westeuropäische Art von Nordafrika und Südengland bis Ungarn und Serbien. Typus: Frankreich, bei Paris, 1798.

## Herbst-Wendelähre
— *Spiranthes spiralis*

sehr spät:
Anf. Aug.–Nov.

*S. spiralis* (F, Maures, 1.10.2011, HP; klein: GR, Taigetos, 2.11.2017, HP)

**STECKBRIEF** 8–25 cm hoch; Stängel grün, oben stark weißlich-drüsig behaart, mit 3–6 drüsig behaarten Hochblättern; Laubblattrosette des Blühtriebes zur Blütezeit bereits vertrocknet, daneben mit austreibenden Laubblattrosetten des nächsten Jahres; Rosettenblätter 3–7, eiförmig, zugespitzt, 2–3,5 cm lang und 1–2 cm breit, dunkelgrün glänzend, sehr flach dem Boden aufliegend; Blütenstand 3–15 cm lang mit 6–30 spiralig angeordneten, spornlosen Blüten; Tragblätter außen drüsig behaart; Blütenhüllblätter zu einer Röhre zusammengeneigt, die seitlichen Sepalen abstehend; Lippe weiß mit gelbgrünem Mittelteil, am Rande durchsichtig und gefranst. Blütezeit sehr spät, Anfang August

bis September, im Süden später, je nach Niederschlagsbeginn meist im Oktober, teils bis Dezember.
**VERWECHSLUNG** Bei *S. aestivalis* sind zur Blütezeit die Laubblattrosetten der Blühtriebe nicht vertrocknet. Ihre Blätter sind lineal-lanzettlich, nicht eiförmig, den Blüten fehlt das Grün.
**VORKOMMEN** Wechselfeuchte bis trockene Magerwiesen und -weiden. Gern auf kalkarmen Böden. Bis 1640 m.
**VERBREITUNG** Submediterran-subatlantische Art von Nordafrika und Irland bis zum Kaukasus. **Typus:** Elsass, Straßburg, 1753.

## Romanzoffs Wendelähre
*—Spiranthes romanzoffiana*

spät:
Mitte Juli–Aug.

**STECKBRIEF** 10–20 (30) cm hoch; Stängel von Grund an beblättert; Grundblätter 4–6, lineal-lanzettlich, 7–12 cm lang, 0,5–1,3 cm breit, spitz; Blütenstand kurzzylindrisch, 3–6 cm lang, dicht mit 12–35 spornlosen Blüten in 3 Spiralen angeordnet; Blüten klein, weiß bis grünlich weiß; Perigonblätter lanzettlich, 8–12 mm lang, mit der Lippe eine bis zur Hälfte geschlossene, waagrechte Röhre bildend; Lippe 8–11 mm lang, stark nach unten gebogen, vorne kreisförmig verbreitert, am Rande gezähnelt.
**VORKOMMEN** Sickernasse Feuchtwiesen, Torfmoore, Gewässerufer, gern zwischen Steinen auf nassem Untergrund. Bis etwa 250 m (in Nordamerika bis 2500 m).
**VERBREITUNG** Nordamerikanisch-westeuropäische Art. In den Niederlanden seit dem Jahr 2014 neophytisch, inzwischen vermutlich wieder erloschen. **Typus:** USA, Alaska, Aleuten, 1828.

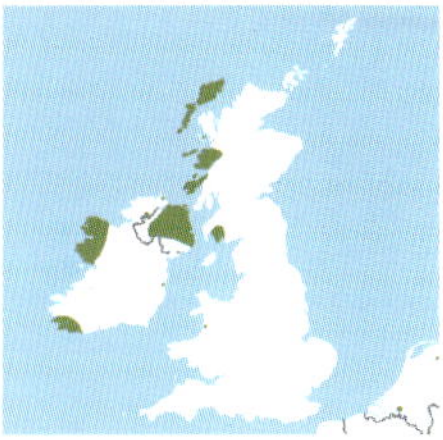

**NAME** Der Artbeiname ehrt den russischen Staatsmann Nikolai Petrowitsch Rumyantsev (Romanzoff) (1754–1826). Er finanzierte eine Expedition, im Zuge derer der deutsche Forscher Adelbert von Chamisso (1781–1838) die Pflanze 1828 fand.
**ANMERKUNG** Die im östlichen Nordamerika beheimatete Nickende Wendelähre, *Spiranthes cernua*, kommt seit etwa der Jahrtausendwende in Europa neophytisch vor, so in Belgien, den Niederlanden und bei Münster im deutschen Nordrhein-Westfalen sowie in Brandenburg. Seit dem Jahr 2014 ist in den Niederlanden auch die nordamerikanische Glänzende Wendelähre, *Spiranthes lucida*, neophytisch bekannt.

*S. romanzoffiana* (IRL, Lough Mask, 9.8.1994, HP)

*S. romanzoffiana* (IRL, Lough Mask, 9.8.1994, HP)

## Netzblatt
— *Goodyera repens*

Ende Juni–
Anf. Sept.

**STECKBRIEF** 7–15 (25) cm hoch mit oberirdisch im Moos oder Humus kriechendem Rhizom; Stängel oben drüsig behaart; Blätter am Stängelgrund rosettenartig genähert, Spreite herzförmig bis spitz-eiförmig, 1,5–3,5 cm lang, 1–2 cm breit, kurzgestielt, oft netzartig genervt (als Besonderheit dieser Orchidee, daher auch der deutsche Name Netzblatt), die neuen Blattrosetten bilden sich im Herbst und überdauern den Winter, die mit Blütentrieb sterben nach der Blüte meist ab; Stängelblätter schuppenartig, drüsig; Blütenstand mit 5–25 Blüten, diese einseitswendig bis schwach spiralig angeordnet; Blüten klein, weiß, spornlos; Blütenhüllblätter (bis auf die Lippe) helmartig zusammenneigend; Sepalen außen auffällig drüsig behaart; Lippenvorderglied dreieckig-zungenförmig, nach unten gerichtet.

*G.repens* (D, Gungolding, 23.7.2019, HP; re o: F, Millau, 14.8.2013, HP; re u: A, Lavamünd, 19.4.2010, GT)

**VORKOMMEN** Nadelwälder, besonders in moosreichen Kiefern- und Fichtenwäldern, gerne auch in Nadelbaumforsten, seltener auf bemoosten Felsen. Als flachwurzelnde Moderhumuspflanze konkurrenzschwach und daher Moospolster bevorzugend, die auf einer Nadelschicht gedeihen. Falllaub verdrängt die zierliche Pflanze. Bis 2070 m (im Himalaya bis 4000 m).

**VERBREITUNG** Eurosibirisch-nordamerikanische Art von Spanien und Norwegen bis Japan, Kamtschatka und Nordamerika. **Typus:** Deutschland, Bayern, Moritzberg bei Hersbruck, 1753.

**NAME** Benannt zu Ehren des englischen Botanikers John Goodyer (1592–1664).

## Kapuzenorchis
— *Ponerorchis cucullata* (Syn.: *Neottianthe cucullata, Hemipilia cucullata*)

Ende Juli–Aug.

*P. cucullata* (PL, Augustow, 4.8.2003, HP)

**STECKBRIEF** 10–20 (30) cm hohe, schlanke Pflanze; Stängel dünn, oberwärts kantig; Grundblätter 2, elliptisch, lang zugespitzt, 2–9 cm lang, 1–5 cm breit, unterseits glänzend; Blütenstand 3–8 cm lang, mit 3–25, ± einseitswendigen, kleinen, rosa Blüten; Perigonblätter helmartig zusammenneigend; Sepalen linealisch, 6–8 mm lang, etwa 1,5 mm breit, zugespitzt; Petalen etwa 1 mm breit; Lippe schräg abwärtsgerichtet, schmal,

*P. cucullata* (PL, Augustow, 4.8.2003, HP)

7–9 mm lang, tief dreiteilig, Mittellappen größer, nach vorne verschmälert, Lippenmitte weißlich mit dunkelrosa Punkten; Sporn abwärtsgerichtet, 5–6,5 mm lang, fadenförmig, nach außen gekrümmt, am Ende verdickt.
**VORKOMMEN** Luftfeuchte, moosreiche, sandige Nadel- und Mischwälder, besonders Kiefern-Eichenwälder mit wenig Laubgehölzen. Bis etwa 500 m (in Asien bis über 2000 m).
**VERBREITUNG** Eurasische Art, von Polen bis Japan. Typus: Russland, Sibirien, beim Baikalsee, 1753.

*P. cucullata* (PL, Augustow, li: 4.8.2003; re: 11.8.2004, HP)

## Kugelorchis
— *Traunsteinera globosa*

Mai–Aug.

**STECKBRIEF** (15) 25–45 (60) cm hoch; kahler Stängel und Blätter grün bis blaugrün; Blätter 4–6, am Stängel verteilt, aufwärtsgerichtet, länglich-lanzettlich, 5,5–13 cm lang, 1–3 cm breit; Blütenstand dicht- und reichblütig, beim Aufblühen pyramidenförmig, später kugelförmig; Blütenhüllblätter rosa, mit keulenförmigem Zipfel auslaufend, anfangs helmförmig zusammenneigend, später abstehend; Lippe hellrosa, rosa oder purpurn gepunktet, tief dreilappig, Mittellappen vorgezogen, manchmal in eine Spitze auslaufend; Sporn dünn, 2,5–3 mm lang, abwärtsgebogen.

*T. globosa* (A, Hochobir, 15.7.2009, NG; klein: I, Mt. Verzegnis, 27.6.2010, NG)

**VERWECHSLUNG** *Neotinea tridentata* ist nur 10–25 cm hoch, hat größere Blüten, einen 5–10 mm langen Sporn, besiedelt tiefere Lagen und blüht von Ende April bis Anfang Juni.
**VORKOMMEN** Frische Magerrasen höherer Lagen, artenreiche Bergwiesen, tiefgründige, alpine Rasen, zwischen lockeren Latschenbeständen; kalkliebend. 250–2630 m.
**VERBREITUNG** Südeuropäisch-montane Art der Gebirge von den Pyrenäen bis zur Krim. Typus: Schweiz, 1759.
**NAME** Der botanische Gattungsname ehrt den österreichischen Apotheker Joseph Traunsteiner (1798–1850) aus Kitzbühel, der sich um die Flora Tirols und Vorarlbergs verdient machte.

## Echte Höswurz
— *Pseudorchis albida* subsp. *albida*

Ende Mai–Aug.

**STECKBRIEF** 7–30 (35) cm hoch; Blätter 4–8, die unteren 2–8 cm lang und 1–2,5 cm breit, schräg aufwärtsgerichtet, ungefleckt, oberseits glänzend; Blütenstand 2–8 cm lang mit 15–70 sehr kleinen Blüten; Tragblätter 5–8 mm lang; Blüten cremeweiß, gelblich weiß oder grünlich weiß; Lippe dreilappig, Seitenlappen lanzettlich zugespitzt, Mittellappen stumpf-zungenförmig, Lippenlappen fast gleich lang bis seitliche deutlich kürzer; Sporn zylindrisch, stumpf, 1,5–2,5 mm lang, abwärtsgerichtet. **VORKOMMEN** Magerrasen, Weiden, lockere Zwergstrauchbestände, Moore, Polsterseggenrasen. Bis ca. 2700 m. **VERBREITUNG** Eurasiatische Art von Spanien und Skandinavien bis Kamtschatka. **Typus:** Italien, Pistoia bei Florenz, Berge bei Mandormini, 1753.

*P. albida* (li: I, Puflatsch, 4.7.2012, NG; re: D, Erzgebirge, 29.6.2019, UG)

**VARIABILITÄT** Neben der Nominatsippe kommt in den Kalkalpen, in der Tatra, in Rumänien und Skandinavien auch eine var. *tricuspis* vor, die sich von der var. *albida* durch niedrigeren Wuchs (7–17 cm statt 10–35 cm hoch), eine geringere Blütenzahl (15–30 statt 25–70) und das Vorkommen über Kalkböden unterscheidet. Die längeren Lippenseitenlappen als Unterscheidungsmerkmal haben sich als nicht durchgehend herausgestellt.
**UNTERART** Nordische Höswurz, *Pseudorchis albida* subsp. *straminea*: Unterscheidet sich von der Nominatunterart durch nur 2–5 Laubblätter, die 1–4 cm breit sind, 10–15 mm lange Tragblätter, die länger als die Blüten sind und größere Blüten mit einem längeren, 2,5–3,1 mm langen Sporn. Sie duftet stark. Blütezeit spät, Juli bis August. Sie kommt von Nordeuropa über Island und Grönland bis Neufundland vor und besiedelt kalkreiche, trockene bis feuchte Wiesen bis etwa 1000 m. **Typus:** Kanada, Neufundland, 1926.

*P. albida* var. *tricuspis* (li: D, Hochplatte, 25.6.2011, UG; re: A, Wölzer Tauern, 20.7.2016, UG)

*P. albida* subsp. *straminea* (li: IS, Eskifjörður, 6.7.2016, BT; re: IS, Akureyri, 4.7.2016, BT)

## Frivalds Händelwurz
— *Gymnadenia frivaldii* (Syn.: *Pseudorchis frivaldii*)

Juni–Juli

**STECKBRIEF** 12–20 (30) cm hoch; Stängel kahl, rinnig; 3–5 Blätter am Stängel verteilt, die unteren zungenförmig, kurz zugespitzt, 6–11 cm lang, 0,8–1,5 cm breit; Blütenstand kurz, dicht und gedrungen, mit 10–40 cremeweißen bis blassrosa, kleinen Blüten, die oft leicht verdreht stehen; Perigonblätter 3–4 mm lang; seitliche Sepalen schräg abstehend; Lippe ungeteilt bis schwach dreilappig, 3,5–4 mm lang, 3–3,5 mm breit, an der Spitze abwärtsgekrümmt; Sporn schmal-zylindrisch, 1,5–2,6 mm lang.

**VERWECHSLUNG** *G. conopsea* s.l. ist bis zu 55 cm hoch, hat meist dunkelrosa Blüten und einen langen Sporn (1–2,5 cm). Helle Exemplare von *G. odoratissima* können ähnlich aussehen, sind in der Population aber nicht einheitlich gefärbt und wachsen selten in Sümpfen. Die Blüten stehen lockerer, sind nicht verdreht und duften intensiv nach Vanille.
**VORKOMMEN** Flachmoore, Feuchtwiesen. Etwa 1000–2300 m.
**VERBREITUNG** Auf der Balkanhalbinsel von Montenegro und Albanien über Nordgriechenland bis Bulgarien, auch in Rumänien. **Typus:** Nordostgriechenland, bei Xanthi, 1846.
**NAME** Benannt zu Ehren des ungarischen Naturwissenschaftlers Imre Frivaldszky de Frivald (1799–1870). Frivaldszky organisierte auf eigene Kosten vier Expeditionen auf die Balkanhalbinsel.

*G. frivaldii* (GR, Vitsi, 12.6.2014, HP)

*G. frivaldii* (AL, Korab, 16.6.2009, NG)

## Wohlriechende Händelwurz
— *Gymnadenia odoratissima*

Ende Mai–Aug.

**STECKBRIEF** 10–25 (40) cm hoch; Blätter 6–10, lineal-lanzettlich, bis 12 cm lang, bis 1 cm breit, oft bläulich grün, grasartig, rinnig gefaltet und daher noch schmäler wirkend, am Stängelgrund gehäuft; Blütenstand gestreckt-zylindrisch; Blüten klein, unterschiedlich in der Farbe von weiß und hellgelb bis kräftig rosa und purpurn, intensiv nach Vanille duftend; seitliche Sepalen 3–5 mm lang, das obere Sepal und die Petalen etwas kürzer; Lippe bis 5 mm lang mit deutlich längerem Mittellappen; Sporn 4–7 mm lang, etwa so lang wie der Fruchtknoten, nur schwach nach unten gebogen.

**VERWECHSLUNG** *G. conopsea* s.l. hat einen viel längeren Sporn (1–2,5 cm) und einen kaum vorgezogenen Lippenmittellappen. *G. pyrenaica* hat einen etwas län-

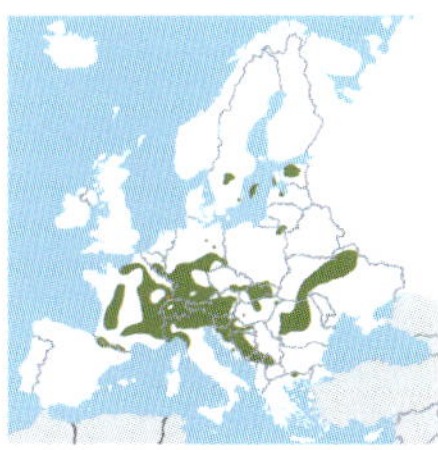

*G. odoratissima* (A, Tauplitz, 8.7.2012, HP)

*G. odoratissima* (I, Stilfser Joch, 8.8.2012, HP)

*G. odoratissima* (A, Tauplitz, 8.7.2012, HP)

geren Sporn und größere Blüten. *G. graminea* hat neben größeren Blüten einen deutlich längeren Sporn. Bei allen Arten ist der Blütenstand weniger schlank, die Blätter etwas breiter.

**VORKOMMEN** Alpine Matten über Kalk, Magerrasen, lichte Föhrenwälder auf Flussschotter, gefestigter Felsschutt, seltener Feucht- und Nasswiesen, Flach- und Quellmoore. Bis etwa 2650 m.

**VERBREITUNG** Europäische Art von den Pyrenäen und Südschweden bis in die Karpaten. **Typus:** Elsass, Michelfelden, 1759.

**VARIABILITÄT** Die Variabilität der Art ist hoch, sowohl was den Habitus, den Blütenstand, die Blütengröße, die Lippenform als auch die Blütenfarbe angeht.

## Pyrenäen-Händelwurz
*— Gymnadenia pyrenaica*

Ende Mai–Juli

*G. pyrenaica* (F, Lapanouse, 27.5.2018, HP)

**STECKBRIEF**
15–40 cm hoch; Blätter 4–8, lineal-lanzettlich, bis 14 cm lang, bis 1,2 cm breit, rinnig gefaltet, am Stängelgrund gehäuft; Blütenstand gestreckt-zylindrisch; Blüten hellrosa bis lilarosa,

*G. pyrenaica* (F, Lapanouse, 27.5.2018, HP)

*G. pyrenaica* (F, Lapanouse, 27.5.2018, HP)

intensiv nach Vanille duftend; seitliche Sepalen 3–5 mm lang, das obere Sepal und die Petalen etwas kürzer; Lippe bis 5 mm lang mit deutlich längerem Mittellappen; Sporn 8–12 mm lang, etwa 1,3-mal so lang wie der Fruchtknoten, nach unten gebogen.
**VERWECHSLUNG** *G. odoratissima* ist geringfügig niedriger und hat einen kürzeren, 4–7 mm langen Sporn. *G. graminea* hat einen längeren Sporn, ist aber ansonsten sehr ähnlich. *G. borealis* hat 2–4 Blätter und einen kurzen, 3–6 cm langen Blütenstand. *G. pyrenaica* ist möglicherweise eine artgewordene Hybride aus *G. conopsea* × *G. odoratissima*.
**VORKOMMEN** Magerrasen, Bergmatten, Feuchtwiesen. Bis etwa 2200 m.
**VERBREITUNG** Pyrenäen, Cevennen und Kantabrisches Gebirge, mehrere weitere Fundmeldungen liegen aus verschiedenen Teilen Frankreichs und Nordspaniens vor und sind aufgrund möglicher Verwechslungen ungewiss. Typus: Frankreich, Hautes-Pyrénées, 1860.
**ANMERKUNG** Kritische Sippe.

## Nordische Händelwurz
*— Gymnadenia borealis*

Juni–Aug.

**STECKBRIEF** 15–25 cm hoch, zierlich; Blätter 2–4, bis 10 cm lang und 1 cm breit, lineal-lanzettlich, die oberen viel kleiner; Blütenstand 3–6 cm lang; Blüten klein, locker stehend, rosa bis dunkelrosa; seitliche Sepalen breit-lanzettlich, stumpf, fast waagrecht abstehend; Lippe wenig dreilappig, 3–5 mm lang und breit; Sporn 0,8–1,5 cm lang, dünn, abwärtsgebogen.
**VERWECHSLUNG** *G. conopsea* s.l. ist höherwüchsig, hat einen längeren, 5–20 cm langen Blütenstand und größere Blüten mit 4–7 mm breiten Lippen. *G. densiflora* subsp. *friesica* ist stämmiger, dichtblütiger und blüht etwas später. *G. vernalis* blüht früher und hat etwas hellere Blüten, eine Artverschiedenheit der beiden Sippen ist noch zu überprüfen.

G. *borealis* (N, Dovre Fjell, 14.8.1993, HP)

G. *borealis* (GB, Glenfinnan, 17.6.2013, BT)

**VORKOMMEN** Feuchte oder frische Wiesen und Moore auf sauren bis neutralen Substraten. Bis etwa 600 m. **VERBREITUNG** Britische Inseln und Skandinavien. Möglicherweise auch im Nordwesten der Iberischen Halbinsel. **Typus:** England, Cumbria, 1918.

## Frühlings-Händelwurz
— *Gymnadenia vernalis*

Mai–Anf. Juni

**STECKBRIEF** 15–26 cm hoch, zart; Blätter 2–4, bis 8 cm lang und 0,9 cm breit, linealisch, die oberen viel kleiner; Stängeldurchmesser unterhalb des Blütenstandes 1,5–1,9 mm; Blütenstand locker und wenigblütig, 3–5,5 cm lang; Blüten rosa, mit leichtem Vanilleduft; seitliche Sepalen breit-lanzettlich, stumpf, fast waagrecht abstehend; Lippe 3,5–5,5 mm breit; Sporn 1,3–1,7 cm lang, 0,7–0,9 mm stark, abwärtsgebogen. Blütezeit am Alpenrand sehr früh, aufblühend zur Hochblüte oder beim Abblühen von *Anacamptis morio* im selben Biotop.

G. *vernalis* (D, Huglfing, L.c., 25.5.2017, HP)

**VERWECHSLUNG** G. *conopsea* s.l. hat einen kräftigeren Habitus, 0,6–1,4 cm breite Blätter und einen 5–20 cm langen Blütenstand, sie blüht später. Offenbar kommen hier aber Übergänge vor. Die sehr ähnlichen Sippen G. *borealis* und G. *densiflora* subsp. *friesica* blühen ebenfalls später.
**VORKOMMEN** Flachmoore. Bis etwa 1100 m.
**VERBREITUNG** Die Verbreitung der Sippe ist aufgrund der Verwechslung bzw. Eingliederung in G. *conopsea* völlig unzureichend bekannt. Neben den Alpen und dem Al-

*G. vernalis* (D, Huglfing, L.c., 25.5.2017, HP)

penvorland wird eine weitaus größere Verbreitung vermutet, adäquate Pflanzen wurden beispielsweise in Wales, Großbritannien, gefunden. Eine Artverschiedenheit zu *G. borealis* ist jedoch zu überprüfen. **Typus:** Deutschland, Bayern, Huglfing, 2002.
**ANMERKUNG** Kritische Sippe.

*G. vernalis* (D, Huglfing, L.c., 25.5.2017, HP)

## Mücken-Händelwurz
— *Gymnadenia conopsea* (inkl. var. *neglecta*, *G. alpina*)

Ende Mai–Aug.

*G. conopsea* (D, Roth, 8.6.2016, HP)

**STECKBRIEF** 20–55 cm hoch; Blätter 3–10, lineal-lanzettlich, bis 20 cm lang und 1,4 cm breit, die oberen viel kleiner; Stängeldurchmesser unterhalb des Blütenstandes 2–3 mm; Blütenstand 5–20 cm lang mit bis zu 70 Blüten; Blüten hellrosa bis intensiv dunkelrosa, selten weiß, mit leichtem Zimtduft; seitliche Sepalen breit-lanzettlich, stumpf, fast waagrecht abstehend, oft um die Längsachse eingerollt; Lippe 4–7 mm breit, Mittellappen etwas länger als die Seitenlappen; Sporn 1–2,2 cm lang, 1,5–2-mal so lang wie der Fruchtknoten, dünn, abwärtsgebogen, mit sichtbarem Nektar.
**VERWECHSLUNG** *G. odoratissima* hat einen nur 0,4–0,7 cm langen Sporn und einen deutlich vorgezogenen Lippenmittellappen. Weitere ähnliche Sippen sind oft schwer zu unterscheiden (vgl. dort).
**VARIABILITÄT** Die Art variiert hinsichtlich Farbe und v. a. Wuchs je nach Standort. In hohen Lagen ist der Wuchs ge-

*G. conopsea* (I, M, Sirente, 8.6.2012, HP; klein: D, Rettern, 23.6.2020, AR)

stauchter, die Pflanze wirkt robuster (analog zu anderen Arten). Diese Formen werden auch als „*G. alpina*" bezeichnet. **VORKOMMEN** Magerwiesen verschiedener Art: Halbtrockenrasen, wechselfeuchte Wiesen, Feuchtwiesen, Nieder- und Quellmoore, Kalkmagerrasen, Borstgras-

*G. conopsea*, alpine Form (A, Nockberge, 29.6.2018, UG)

rasen, alpine Matten, aber auch lichte Eichen- und Föhrenwälder. Die Art besitzt eine breite ökologische Amplitude, da sie sowohl auf trockenen als auch auf feuchten Standorten gedeihen kann. Auch bei der Bodenunterlage ist sie wenig wählerisch, der Kalkgehalt spielt keine entscheidende Rolle. Bis etwa 2800 m.
**VERBREITUNG** Eurosibirische Art von Portugal und Nordskandinavien bis Japan und Südchina. **Typus:** Deutschland, Baden-Württemberg, bei Tübingen, 1753.

## Grasblättrige Händelwurz
—*Gymnadenia graminea*

Mitte Juni–
Ende Juli

*G. graminea* (CZ, Hum, 17.6.2012, HP)

**STECKBRIEF**
15–35 cm hoch, zart, mit *odoratissima*-ähnlichem Aussehen; Blätter 3–5, schmal, 4–14 cm lang, 4–12 mm breit, linealisch; Blütenstand locker; Blüten kräftig rosa, leicht duftend; Stängeldurchmesser unterhalb des Blütenstandes zart, 1–1,8 mm; seitliche Sepalen breit-lanzettlich, stumpf, fast waagrecht abste-

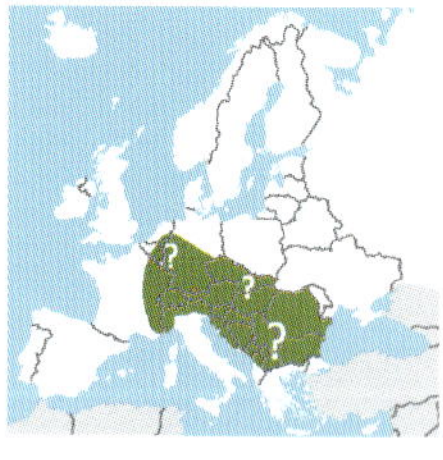

hend, oft um die Längsachse eingerollt; Lippe 5,5–6 mm breit; Sporn 1,4–1,7 cm lang, 0,7–1 mm dick. Blütezeit zeitgleich mit *G. odoratissima*.
**VERWECHSLUNG** Ähnelt einer hochgewachsenen *G. odoratissima*. Diese hat aber einen kürzeren, 4–7 mm langen Sporn und einen intensiven Blütenduft, die Blüten stehen etwas dichter. *G. pyrenaica* hat ebenfalls einen kürzeren Sporn, ist aber ansonsten sehr ähnlich.
**VORKOMMEN** Feuchte Wiesen und Halbtrockenrasen, Streu- und Bergwiesen. Bis 2160 m.
**VERBREITUNG** Alpen, Alpenvorland, sehr wahrscheinlich weiter verbreitet, so in der Slowakei, auf der Balkanhalbinsel und in den Karpaten Rumäniens. Die Verbreitung ist aufgrund der Verwechslung mit ähnlichen Arten kaum bekannt. **Typus:** Deutschland, Bayern, Huglfing, 2002.
**ANMERKUNG** Kritische Sippe. Möglicherweise ist die ebenfalls aus demselben Gebiet beschriebene „*G. conopsea* subsp. *serotina*" mit dieser Sippe identisch.

li: *G. graminea* (D, Huglfing, L.c., 18.6.2014 BT); re: *G. graminea* subsp. *serotina* (D, Oberammergau, 18.7.1996, HP)

## Prächtige Händelwurz
*— Gymnadenia splendida*

Anf. Juni–
Anf. Juli

*G. splendida* (D, Augsburg, 11.6.2016, UG)

**STECKBRIEF**

40–70 (90) cm hoch; Blätter 3–7, relativ breit, 8–21 cm lang, 0,9–2,5 cm breit, lineal-lanzettlich, die oberen viel kleiner; Blütenstand 5–25 cm lang mit himbeerfarbener Spitze, dicht- und vielblütig mit bis zu 70 Blüten; Stängel unterhalb vom Blütenstand kräftig, 3–6 mm stark; Blüten rosa bis violettrosa, schwach nelkenartig duftend; seitliche Sepalen breit-lanzettlich, stumpf, fast waagrecht abstehend, oft um die Längsachse eingerollt; Lippe 6–8 mm breit; Sporn 1–2 cm lang, 0,8–1,3 cm dick.
**VERWECHSLUNG** *G. conopsea* ist 20–55 cm hoch, hat schmälere, 0,6–1,4 cm breite Blätter und einen Stängeldurchmesser unterhalb des Blütenstandes von 2–3 mm. Die morphologische Abgrenzung zu *G. densiflora* ist schwierig, diese hat einen kräftigen Duft und oft einen hellen Sporneingang.
**VORKOMMEN** Kalkreiche, nicht zu trockene Halbtrockenrasen, Magerwiesen, Feuchtwiesen, Kalkquellmoore, Bergwiesen. Bis etwa 1600 m.
**VERBREITUNG** Alpen und Alpenvorland, wahrscheinlich aber weiter verbreitet. **Typus:** Deutschland, Bayern, Etting, 2002.
**ANMERKUNG** Kritische Sippe.

## Dichtblütige Händelwurz
— *Gymnadenia densiflora* subsp. *densiflora*
(Syn.: *G. splendida* subsp. *odorata*, *G. friesica*)

Ende Juni–Aug.

**STECKBRIEF** 40–100 cm hoch, stattlich; Blätter 3–10, Grundblätter rosettenartig gehäuft, 1–4 cm breit, lanzettlich, vorne spitz; Stängeldurchmesser unterhalb des Blütenstandes 2–5 mm; Blütenstand 8–40 cm lang mit bis zu 150 Blüten, diese dicht stehend, sodass die Spindel zur Vollblüte ± unsichtbar ist; Blüten rosa bis lila, Sporneingang oft heller; mit intensivem Gewürznelkenduft; seitliche Sepalen breit-lanzettlich, stumpf, fast waagrecht abstehend; Sporn ± 1,5-mal so lang wie der Fruchtknoten. Blütezeit etwa 4 Wochen später als *G. conopsea* im selben Biotop.

**VERWECHSLUNG** *G. conopsea* ist 20–55 cm hoch und hat schmälere, 0,6–1,4 cm breite Blätter. *G. splendida* ist sehr ähnlich, hat aber keinen hellen Sporneingang und duftet stärker.

G. *densiflora* (RO, Breaza, 13.6.2017, NDA; klein: CZ, Hum, 17.6.2012, HP)

**VORKOMMEN** Nasswiesen und Quellmoore. Bis ca. 1600 m.

**VERBREITUNG** Lückenhaft in weiten Teilen Europas von Spanien und Irland bis Russland. **Typus:** Schweden, Gotland, 1806.

**UNTERART** Friesische Händelwurz *Gymnadenia densiflora* subsp. *friesica* nom. prov.: Unterscheidet sich von der subsp. *densiflora* durch einen gedrungenen, 10–25 cm hohen Wuchs und kleinen, deutlicher intensiv rosa gefärbten Blüten mit einem weißlichen Fleck in der Blütenmitte. Der Blütenstand ist 4–9 cm lang. Der Sporn ist 1,5–2-mal so lang wie der Fruchtknoten. Blütezeit Mitte Juli bis Mitte August. In Küstendünen der Friesischen Inseln Deutschlands und der Niederlande sowie in Südengland, Wales und Irland. Gegenwärtig in Deutschland verschollen. **Typus:** Deutschland, Niedersachsen, Ostfriesische Inseln, Borkum 1919.

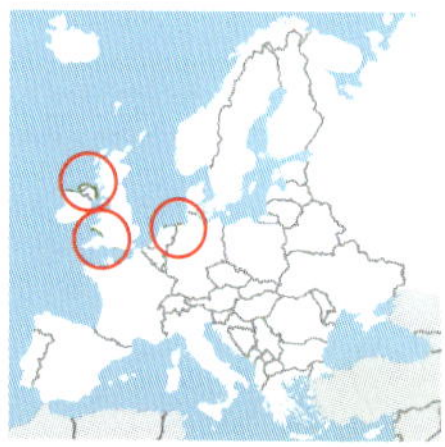

*G. densiflora* subsp. *friesica* (IRL, Rosapenna, 9.8.2002, HP)

## GATTUNG NIGRITELLA: KOHLRÖSCHEN

Bis vor wenigen Jahrzehnten wurden innerhalb der Kohlröschen nur zwei Arten akzeptiert, nämlich das Schwarze Kohlröschen als *Nigritella nigra* und das Rote Kohlröschen als *N. rubra*. Es folgten Beschreibungen von weiteren Sippen, die von manchen Autoren als Unterarten zu der einen oder der anderen Art gestellt wurden. Eine einfache, wenngleich sicher zu einfache Form der Einteilung.

Innerhalb der Gattung *Nigritella* wird grundsätzlich unterschieden zwischen diploiden, sich sexuell vermehrenden Arten, bei denen die Embryonen aus befruchteten Eizellen entstehen, und apomiktischen, sich asexuell vermehrenden Arten, die Nucellarembryonen bilden. Viele der bisher beschriebenen apomiktischen Kohlröschen-Taxa werden in der Botanik als selbstständige Arten allgemein akzeptiert. In den letzten Jahren wurden weitere, apomiktische, polyploide *Nigritella*-Taxa beschrieben, deren Rechtfertigung v. a. auf der asexuellen Vermehrung beruht: *Nigritella bicolor, N. graciliflora, N. hygrophila*.

Problematischer sind die in den letzten Jahren beschriebenen neuen sexuellen, diploiden *Nigritella*-Taxa „*Nigritella carniolica*", „*N. karawankarum*", „*N. kossutensis*" und „*N. ravnikii*". Sie kommen in der beschriebenen Form durchwegs in wenigen Exemplaren zusammen mit anderen diploiden Arten vor (*N. lithopolitanica* und *N. rhellicani*) und sind unserer Meinung nach lediglich das Ergebnis der Vielgestaltigkeit der Elternarten und ihrer Fähigkeit, Hybriden und Rückkreuzungen zu bilden und dadurch eine derartige Mannigfaltigkeit zu erzeugen.

Bei der (bereits seit Langem bestehenden) Frage, ob *Nigritella* als Teil der Gattung *Gymnadenia* angesehen wird oder als selbstständige Gattung, haben wir uns ganz klar für den Erhalt der Gattung *Nigritella* entschieden, da sich *Nigritella* sehr einheitlich zeigt und im Aussehen gut von *Gymnadenia* abtrennen lässt. Zudem kommen sie im Gegensatz zu *Gymnadenia* ausschließlich in alpinen Regionen bzw. sehr weit im Norden vor.

Die als „*N. carniolica*" beschriebene Form, Typus (SLO, Koschuta, 24.6.2019, WF)

Die als „*N. kossutensis*" beschriebene Form, Typus (SLO, Koschutnikturm, 7.7.2016, WF)

Die als „*N. ravnikii*" beschriebene Form, Typus (SLO, Koschuta, 9.7.2016, WF)

## Runes Kohlröschen
— *Nigritella runei* (Syn.: *Gymnigritella runei*)

Juli

**STECKBRIEF** 10–16 cm hoch; Grundblätter schmal-lanzettlich; Blütenähre dicht, eiförmig bis halbkugelig; Blüten nicht resupiniert, trichterförmig; Blütenfarbe trübrot, im Knospenzustand dunkel, mit fortschreitender Blüte zunehmend heller; Blütenduft schwach, an *Gymnadenia conopsea* erinnernd; seitliche Sepalen 6–7,7 (8,5) mm lang, 1,7–2,8 mm breit, rasch in die Spitze verschmälert, asymmetrisch, im Spitzenbereich rinnig-gekielt, seitlich abstehend bis sichelförmig zurückgekrümmt, mittleres Sepal geringfügig kleiner; Petalen 5–6,8 mm lang, 1,5–2,3 mm breit, wenig schmäler als die Sepalen, asymmetrisch; Lippe (ohne Sporn) 6,5–8,5 mm lang, weit geöffnet, im basalen Teil flach gewölbt; Sporn 1,9–2,3 mm lang, sackförmig, an der Basis eng, gegen die Spitze erweitert.

N. runei (S, Rösnas, 5.7.2008, SH)

**VERWECHSLUNG** *N. nigra* hat dunklere, schwarzrote Blüten und einen kürzeren, 1–1,2 mm langen Sporn.
**VORKOMMEN** Meist unbeweidete Rasen, gern in der Nähe von Bächen; kalkliebend. Etwa 600–850 m.
**VERBREITUNG** In der Provinz Västerbotten im schwedischen Teil Lapplands. **Typus:** Schweden, Västerbotten, bei Tärnaby, 1989.
**NAME** Benannt zu Ehren von Olof Rune, der die Sippe 1960 am Berg Rödingsnäset nordwestlich von Hemavan entdeckte. Rune hat sich bedeutende Verdienste um die Erforschung der Flora und Vegetation Skandinaviens, insbesondere der Serpentingebiete, erworben.
**ANMERKUNG** Die Sippe mit 3 Genomen von *N. nigra* und einem Genom von *Gymnadenia conopsea* nimmt innerhalb der europäischen Orchideen eine Sonderstellung ein. Die Allozym-Daten bestätigen den Ursprung von *N. runei* aus der Kombination eines vollständigen Chromosomensatzes von Pollen einer *N. nigra*-Blüte und eines halben Chromosomensatzes einer Eizelle von *G. conopsea*. Das Besondere dieser Hybridbildung ist der unreduzierte Chromosomensatz vom *Nigritella*-Vater, weshalb die Pflanze im Aussehen deutlich mehr einem Kohlröschen ähnelt.

## Schwarzes Kohlröschen
— *Nigritella nigra* s.str.

Mitte Juni–Ende Juli

**STECKBRIEF** 9–22 cm groß; Tragblätter der Blüten am Rand glatt oder bei den untersten wellig; Blüten verhältnismäßig groß, schwarzrot, schokoladenartig duftend; Blütenhüllblätter weit abstehend, Petalen schmäler als die Sepalen; Lippe zugespitzt dreieckig, weit offen, 7,5–12 mm lang, 1,4–2,2 mm breit, mit meist lang ausgeschweiftem Spitzenabschnitt; Sporn kurz, 0,8–1,3 mm lang, sackartig. Apomikt.
**VERWECHSLUNG** Andere dunkle Kohlröschen kommen im Verbreitungsgebiet nicht vor bzw. haben kleinere Blüten. *N. runei* hat trübrote Blüten und einen längeren, 1,9–2,3 mm langen Sporn.
**VORKOMMEN** Weiden, Wiesen mit moorigem Untergrund; über Kalk. 350–1300 m.

N. nigra (S, Lit, 30.6.2008, SH)

*N. nigra* (li: S, Lit, 30.6.2008, SH; re: S, Röjan, 29.6.2008, SH)

**VERBREITUNG** Endemit Skandinaviens, in den schwedischen Provinzen Jämtland, Västernorrland und Gävleborg und in den norwegischen Provinzen Hedmark und Troms. **Typus:** Schweden, Provinz Jämtland, 1851.

## Pyrenäen-Kohlröschen
— *Nigritella gabasiana* (Syn.: *Gymnadenia gabasiana*)

Mitte Juni–Anf. Aug.

*N. gabasiana* (E, Formigal, 30.6.2018, BT)

**STECKBRIEF**

10–18 (23) cm hoch; Blütenähre dicht, lang-kegelig bis halbkugelig; Perigonblätter zurückgekrümmt bis zurückgeschlagen, Petalen und mittleres Sepal z. T. auch gerade vorgestreckt; Blütenfarbe schwarzrot bis schwarzbraun; Blütenduft schwach, nicht nach Schokolade oder Vanille duftend; seitliche Sepalen (6,2) 6,8–8,5 (9) mm lang, (1) 1,4–2 (3) mm breit, mittleres Sepal etwas kleiner; Petalen (5) 6–8,5 mm lang, 0,8–1,5 mm breit; Lippe (ohne Sporn) (6,5) 7–9 mm lang, basaler Teil der Lippe 1,7–3,6 mm breit, darüber vom Rücken her stark sattelförmig verengt; Sporn 0,8–1,3 mm lang, sackförmig. Diploide Art.

**VERWECHSLUNG** Die in den Pyrenäen ebenfalls vorkommende *N. austriaca* hat einen kurzen Blütenstand, ist tetraploid und vermehrt sich apomiktisch.

**VORKOMMEN** Bergwiesen, etwa 1500–2300 m.

**VERBREITUNG** Endemit der Pyrenäen und des Kantabrischen Gebirges. **Typus:** Spanien, Aragón, Huesca, oberhalb El Formigal, 1994.

## Rhellicanus-Kohlröschen
— *Nigritella rhellicani* subsp. *rhellicani*
(Syn.: *Gymnadenia rhellicani*)

relativ spät: Ende Juni–Mitte Aug.

**STECKBRIEF** (5) 10–20 (27) cm hoch; Stängel kantig; Deckblätter schmal-lanzettlich, spitz, etwa so lang wie die Blüten, die untersten zumindest in der vorderen Hälfte mit einem Papillensaum (starke Lupe); Blütenstand mit 20–75 Blüten (im Durchschnitt 40), zu Blühbeginn kegelförmig, später walzlich bis kugelig, meist höher als breit; Blüten schwarzrot bis schwarzbraun, stark duftend; Sepalen 5–7,5 mm lang, 1,4–2,5 mm breit; Lippe 5,2–6,5 mm lang; Sporn 1,1–1,7 mm lang. Fortpflanzung sexuell.

**VERWECHSLUNG** *N. austriaca* hat Deckblattränder, die glatt oder die untersten in der Mitte höchstens schwach papillös sind. Der Blütenstand ist meist breiter als hoch, die Lippe ist mit 6,8–10 mm länger, die Blütezeit um etwa 14 Tage früher.

**VORKOMMEN** Alpine und subalpine Rasengesellschaften über kalkreichem und kalkarmem Untergrund, wie etwa im Borstgrasrasen. (530) 1200–2700 (2805) m.

**VERBREITUNG** Südeuropäisch-montane Art von den Alpen bis zu den Gebirgen der Balkanhalbinsel und Rumäniens. **Typus:** Österreich, Kärnten, Grünleitennock, 1990.

*N. rhellicani* (I, Südtirol, Pragser Hochalm, 8.7.2012, NG)

**VARIABILITÄT** In Bezug auf die Blütenfarbe lokal sehr variabel. So können Pflanzen mit roten, rosa, orangen, gelben, weißen oder mehrfarbigen Blütenständen auftreten. Die Abmessungen der Blütenblätter sind ebenfalls lokal variabel.

**UNTERART** Mont-Cenis-Kohlröschen *Nigritella rhellicani* subsp. *cenisia* nom. prov. (beschrieben als *N. cenisia*; Syn.: *Gymnadenia cenisia*, *N. rhellicani* var. *robusta*): Unterscheidet sich von der Nominatunterart durch größere Blütenstände, die 2,2–4,2 cm lang und 1,8–2,9 cm breit sind (im Durchschnitt 3,3 cm lang und 2,3 cm breit) und 50–120 Blüten tragen (im Durchschnitt 84). Die Lippe ist 6–8 mm lang, meist tütenförmig eingerollt und dadurch schmal wirkend, die Blütenfarbe ist meist weniger schwärzlich. Die Unterart ist endemisch in den französischen und italienischen Südwestalpen vom Col du Galibier bis zum Col du Petit Saint Bernard und besiedelt Bergwiesen über Kalk und Kalkschiefer von 1800–2700 m. **Typus:** Frankreich, Savoyen, Mont Cenis, Plan des Trois, (1998).

*N. rhellicani* subsp. *cenisia* (F, Galibier, 1.8.2016, HP)

## Österreichisches Kohlröschen,
— *Nigritella austriaca* (Syn.: *Nigritella nigra* subsp. *austriaca, Gymnadenia austriaca;* inkl. subsp. *gallica*, subsp. *iberica*)

Mitte Juni–
Ende Juli

**STECKBRIEF** 8–15 (20) cm groß; Stängel kantig, hellgrün; Blütenstand halbkugelig bis kugelig, meist breiter als hoch; Deckblattränder glatt oder die untersten in der Mitte am Rand höchstens schwach papillös (starke Lupe); Blüten schwarzrot bis schwarzbraun, duftend, aber nicht so angenehm wie bei *N. rhellicani*; Blütenhüllblätter weit abstehend, seitliche Sepalen 6,1–8,2 mm lang, 1,3–2,1 mm breit; Petalen 5,2–7,4 mm lang, 0,8–1,3 mm breit; Lippe zugespitzt dreieckig, weit offen, 6,8–10 mm lang, am Grund mit aufgebogenem Rand; Sporn 1–1,2 mm lang, sackartig. Apomikt.

**VERWECHSLUNG** *N. rhellicani* hat Deckblattränder, bei denen zumindest die untersten im vorderen Teil einen dichten Papillensaum aufweisen (starke Lupe), der Blütenstand ist durchwegs höher als breit, die Blüten duften angenehmer. Die Lippe ist mit 5–7 mm kürzer, die Blütezeit um etwa 14 Tage später.

**VORKOMMEN** Kalkmagerrasen. 1100–2400 m. *N. rhellicani* kommt sowohl auf kalkreichen, als auch auf kalkarmen Böden vor, während *N. austriaca* kalkstet ist.

**VERBREITUNG** Pyrenäen, Französisches Zentralmassiv, Jura und Alpen. Angaben aus den Karpaten sind fraglich. **Typus:** Österreich, Steiermark, Trenchtling, 1990.

*N. austriaca* (I, Südtirol, Goldknopf, 3.7.2012, NG)

*N. austriaca* „subsp. *iberica*" (F, Formigal (E), 30.6.2018, BT)

## Karpaten-Kohlröschen
— *Nigritella carpatica*

Anf. Juni–
Anf. Juli

**STECKBRIEF** Klein, meist nur 8–12 (18) cm hoch; Blütenstand eiförmig; Petalen und mittleres Sepal gerade vorgestreckt; Farbe der Blütenknospen dunkelrot, Perigon im Zuge der Anthese zu blass lachsrosa bis weißlich umfärbend, obere Blüten meist dunkler bleibend, v. a. die Lippe; Blüten stark duftend; seitliche Sepalen 4,8–5,5 mm lang, 1,6–2,0 mm breit, spitz, gekielt und längs gefaltet, asymmetrisch, mittleres Sepal etwas kleiner; Petalen 3,7–4,2 mm lang, 1,0–1,1 mm breit, gefaltet, asymmetrisch; Lippe (ohne Sporn) 4,5–5,4 (5,9) mm lang, bauchiger basaler Teil der Lippe 1,5–1,8 mm breit, darüber sattelförmig verengt; Sporn 1–1,1 (1,5) mm lang, sackförmig, 0,8–0,9 mm breit; Fruchtknoten gerade,

*N. carpatica* (RO, Obcinele Bucovinei, 27.6.2020, MB; klein: UA, Preluka Polonina, 27.6.2020, MB)

*N. carpatica* (RO, Bobeica Village, 27.6.2020, CVT)

nicht gedreht, Früchte 3–4 mm lang, 2,5–3 mm breit. Diploid.
**VORKOMMEN** Bergwiesen. 1100–1760 m.
**VERBREITUNG** Reliktendemit des rumänisch-ukrainischen Grenzgebietes in den Ostkarpaten. **Typus:** Rumänien, Stanalui Verticu – Trojaga, 1906.

## Cornelias Kohlröschen
*— Nigritella corneliana*

Ende Juni–
Mitte Aug.

*N. corneliana* (F, Galibier, 1.8.2016, HP)

**STECKBRIEF** 8–20 (25) cm hoch; Deckblätter schmal-lanzettlich, spitz, etwa so lang wie die Blüten, die untersten zumindest in der vorderen Hälfte mit einem Papillensaum (starke Lupe); Blütenstand mit 20–75 Blüten, zu Blühbeginn kegelförmig, später walzlich bis kugelig, meist höher als breit; Blüten hellrosa bis kräftigrosa oder zinnoberrot (var. *bourneriasii*), verhältnismäßig variabel und fast ohne Blaustich, im Lauf der Anthese oft hell werdend, stark duftend; Sepalen nur wenig breiter als die Petalen; Lippe 5,5–8,5 mm lang, über dem Grund kaum verengt (außer bei var. *bourneriasii*); Sporn 0,8–1,5 mm lang. Diploid.
**VERWECHSLUNG** Im Verbreitungsgebiet keine.

*N. corneliana* (F, Galibier, 1.8.2016, HP)

*N. corneliana* var. *bourneriasii* (F, Testa Mottas, 15.7.2014, AA)

**VORKOMMEN** Bergwiesen, lichte Lärchenweiden, kurzrasige Bergmatten; kalkliebend. (1500) 1800–2500 (2650) m.
**VERBREITUNG** Südwestalpen Frankreichs und Italiens, nördlich bis Savoyen. Typus: Frankreich, Hautes Alpes, Col du Lautaret, 1925.

**NAME** Benannt zu Ehren der Genfer Botanikerin Cornelia Rudio, welche die Pflanze am Col du Lautaret erstmals fand.
**VARIABILITÄT** Einheitlich leuchtend rot blühende Pflanzen mit einer teils einwöchig späteren Blütezeit als die Nominatvarietät werden als var. *bourneriasii* abgetrennt. Sie kommt immer wieder zusammen mit der var. *corneliana* vor.

## Steineralpen-Kohlröschen
— *Nigritella lithopolitanica* (Syn.: *Gymnadenia lithopolitanica, Nigritella karawankarum*)

Anf. Juni–Ende Juli

*N. lithopolitanica* (SLO, Koschuta, 8.7.2020, NG)

**STECKBRIEF** 8–15 (22) cm hoch; Blütenstand zuerst halbkugelig bis kugelig, später stumpfkegelig; Blüten weit geöffnet, relativ variabel, hellrosa bis dunkelrosa, die Blütenknospen intensiver gefärbt als die offenen Blüten; seitliche Sepalen 5–8,2 mm lang, 1,5–2,8 mm breit, mittleres Sepal 4–7,7 mm lang, 1,2–2 mm breit; Petalen 4,2–7 mm lang, 1–1,8 mm breit; Lippe 4,8–9 mm lang, 3,5–6 mm breit, bauchiger Basisteil der Lippe ± 2 mm breit; Sporn 0,8–1,4 mm lang. Fortpflanzung sexuell.
**VERWECHSLUNG** *N. widderi* ist äußerst ähnlich, in der Population aber sehr einheitlich. Sie hat einen bauchigen, etwa 3 mm breiten Lippenbasisteil, einen meist kugeligeren Blütenstand und vermehrt sich apomiktisch. *N. corneliana* ist in den Westalpen verbreitet.

*N. lithopolitanica* (SLO, Koschuta, 30.6.2017, WF)

*N. lithopolitanica „karawankarum"*, Typus (A, Hochobir, 19.6.2014, WF)

**VORKOMMEN** Kalkmagerrasen, v. a. Blaugras-Horstseggen-Rasen. Etwa 1500–2100 m.
**VERBREITUNG** Endemit der Südostalpen. **Typus:** Slowenien, Steiner Alpen, Krvavec, 1978.
**VARIABILITÄT** In der slowenischen Koschuta wurde eine var. *luciae* beschrieben. Diese hat sehr kleine Blüten, die unten weißlich sind und zur Spitze des Blütenstandes immer intensiver rosa bis scharlachrot werden.
**ANMERKUNG** 2018 wurde eine größerblütige *N. karawankarum* mit einer Lippenlänge > 6 mm von *N. lithopolitanica* s.str. mit einer Lippenlänge < 6 mm abgetrennt. Nachdem beide Sippen diploid sind und sich in Beständen meistens großblütige neben kleinblütigen Pflanzen finden, halten wir die Trennung für nicht zielführend.

## Widders Kohlröschen
— *Nigritella widderi* (Syn.: *Gymnadenia widderi*)

relativ früh: Anf. Juni–Mitte Juli

*N. widderi* (A, Hochschwab, 18.6.2016, NG)

**STECKBRIEF**

5–17 cm hoch; Blütenstand halbkugelig bis eiförmig; Blüten hellrosa, in der Knospe dunkel, mit fortschreitender Blüte zunehmend heller werdend, die unteren Blüten heller als die oberen, die untersten oft fast weißlich; Sepalen 6,5–8 mm lang, 2,2–2,5 mm breit; Petalen 5,7–6,3 mm lang, 1,5–2 mm breit; Lippe 6,7–8 mm lang, 4,5–5,7 mm breit, am Grund bauchig erweitert, bauchiger Basisteil etwa 3 mm breit; Sporn 1,3–1,7 mm lang, 1–1,3 mm dick. Tetraploid. Apomikt.
**VERWECHSLUNG** Der bauchige Basisteil der Lippe ist bei *N. lithopolitanica* schmäler, etwa 2 mm breit, der Sporn ist 0,8–1,4 mm lang. *N. lithopolitanica* ist diploid

und vermehrt sich sexuell, dementsprechend sind die Populationen wenig einheitlich.
**VORKOMMEN** Alpiner Kalkmagerrasen. Etwa 1300–2200 m.
**VERBREITUNG** Ostalpisch-apenninische Art der östlichen Kalkalpen und des zentralen Apennins. **Typus:** Österreich, Steiermark, Trenchtling, 1985.
**NAME** Benannt zu Ehren des steirischen Botanikers Prof. Dr. Felix Josef Widder (1892–1974) aus Graz. Er beschäftigte sich schon in den 1950er-Jahren mit den verschiedenen Kohlröschen der Koralpe.

*N. widderi* (li: I, Tremoggia, 5.7.2020, SH; re: A, Reiting, 6.7.2011, WK)

## Erzherzog-Johanns Kohlröschen
*— Nigritella archiducis-joannis*

Ende Juni–
Ende Juli

**STECKBRIEF** 5–15 (20) cm hoch; Blütenstand halbkugelig bis kugelig; Blütenknospen rosa bis fleischfarben, in der Knospe nicht oder nur wenig dunkler als in der voll entwickelten Blüte; seitliche Sepalen 7–9 mm lang, seitlich abstehend, mittleres Sepal und Petalen schmäler, gerade vorgestreckt und mit der Lippe, deren vorderer Teil aufwärtsgebogen ist, eine enge Röhre bildend; Lippe 7–9 mm lang, Vorderabschnitt der Lippe eingerollt, die Blüte erscheint daher weitgehend geschlossen. Apomikt.

*N. archiducis-joannis* (A, Lawinenstein, 8.7.2012, HP)

**VERWECHSLUNG** Unterscheidet sich von den anderen hellblütigen Arten v. a. durch den eingerollten Vorderabschnitt der Lippe, den der Lippe ± anliegenden Petalen und oft auch des mittleren Sepals und die damit immer geschlossen wirkenden Blüten sowie des eigenen Farbtons.
**VORKOMMEN** Kalkmagerrasen. 1540–2150 m.
**VERBREITUNG** Ostalpische Art. **Typus:** Österreich, Steiermark, Totes Gebirge, Traweng, 1985.
**NAME** Zu Ehren Erzherzog Johanns von Österreich (1782–1859) benannt.

## Zweifarbiges Kohlröschen
*— Nigritella bicolor*

Mitte Juni–
Ende Juli

**STECKBRIEF** 7–20 (25) cm hoch; Tragblätter grün mit rötlicher Ränderung bis ganz braunrot; Blütenstand verhältnismäßig groß, meist 2–3,5 cm lang und deutlich länger als breit; Blüten rosarot bis purpurrosa, die unteren meistens deutlich heller als die oberen; Sepalen ausgebreitet, 5,1–7,5 mm lang, 1,5–2,6 mm breit; Petalen 4,4–6,4 mm lang und 1–1,5 mm breit; Lippen 6,2–7,6 mm lang und 4–5 mm breit, die unteren sind weniger eingerollt; Sporn 1–1,8 mm lang. Apomikt.

**VERWECHSLUNG** Die nah verwandte *N. miniata* hat einen kleineren, einfarbig roten Blütenstand und schmälere, 1,3–1,6 mm breite Sepalen. Die Lippen der unteren Blüten sind stärker einge-

rollt, sodass sich die Ränder im unteren Teil oft berühren. *N. graciliflora* hat stark eingerollte, 1,4–2 mm breite Lippen. *N. minor* ist in allen Blütenteilen kleiner mit 4,2–5,7 mm langen Lippen.

**VORKOMMEN** Alpine Kalkmagerrasen, Almwiesen. (980) 1200–2150 (2460) m.

**VERBREITUNG** Europäisch-montane Art der Alpen, norddinarischen Gebirge und der Karpaten. In Nordwestgriechenland (Gramoz) wurden sehr ähnliche Pflanzen gefunden. Ihr Status ist noch zu klären. **Typus:** Österreich, Steiermark, Trenchtling, 2010.

**VARIABILITÄT** Pflanzen mit nicht aufgehellten unteren Blüten wurden als var. *rubida* beschrieben.

*N. bicolor* (li: I, Pala, Col Verde, 3.7.2014, NG; re: A, Grünleitennock, 10.7.2016, AF)

## Steirisches Kohlröschen
— *Nigritella stiriaca* (Syn.: *Gymnadenia stiriaca*)

Mitte Juni–Ende Juli

*N. stiriaca* (A, Schafberg, L.c., 4.7.2004, UG)

**STECKBRIEF** 7–15 (20) cm hoch; Deckblätter rot gerändert bis rot; Blütenstand eiförmig bis zylindrisch, 15–38 mm lang, 20–23 mm breit, dichtblütig; Blütenhüllblätter dunkelrosa, zur Spitze hin weiß und daher jede Blüte auffallend zweifarbig; Sepalen 6–7,3 mm lang und 1,6–2,8 mm breit; Petalen 5,2–6,7 mm lang, 1,3–1,8 mm breit; Lippe 7,8–8,2 mm lang und (ausgebreitet) 5,6–5,8 mm breit, tütenförmig eingerollt; Sporn etwa 1,5 mm lang und 1,2 mm breit. Tetraploid, Apomikt.

**VERWECHSLUNG** *N. stiriaca* lässt sich gut durch die Zweifarbigkeit der Blüten, welche innen rosa und außen weißlich gefärbt sind, von den anderen Kohlröschen-Arten unterscheiden. Die selten zweifarbige *N. rhellicani* hat eine offene Lippe.

**VORKOMMEN** Kalkmagerrasen. 1250–1900 m.

**VERBREITUNG** Endemit der nordöstlichen Kalkalpen und der Berge des Grazer Berglandes. **Typus:** Österreich, Sarstein, Grenze Oberösterreich zu Steiermark, 1906.

*N. stiriaca* (li: A, Frießkogel, 28.6.2006, GT; re: A, Schafberg, L.c., 4.7.2004, UG)

## Rotes Kohlröschen
— *Nigritella miniata* (Syn.: *Gymnadenia miniata, Nigritella rubra*)

Mitte Juni–
Ende Juli

**STECKBRIEF** (5) 10–20 (25) cm hoch; Tragblätter grün mit purpurnen Rändern bis ganz purpurn, Ränder und Spitzen dunkler als die Blüten; Blütenstand mittelgroß, einfarbig leuchtend rubinrot, pyramidenförmig bis walzlich, meist 1,2–2,5 cm lang; Sepalen 5,2–7,5 mm lang, 1,3–1,6 mm breit, Petalen 4,8–6 mm lang, 1,2–1,6 mm breit; Lippe schmal, 6,6–8 mm lang, 2,6–4,1 mm breit, an der Einschnürung 0,1–1,3 mm breit; Sporn 0,9–1,7 mm lang. Apomikt.

*N. miniata* (A, Traweng, 15.07.2014, NG)

**VERWECHSLUNG** *N. bicolor* unterscheidet sich durch den unten aufgehellten Blütenstand, die breitere, 4,5–5 mm breite Lippe mit einer weniger engen, 1,3–2,5 mm breiten Einschnürung und die meist größeren Blütenstände. *N. minor* hat einen kleineren, schmäleren Blütenstand, kürzere, 4,2–5,7 mm lange Lippen und kleinere, 2,9–4,6 mm lange und 0,6–1,2 mm breite Petalen.
**VORKOMMEN** Kalkmagerrasen, ca. 1200–2200 m.
**VERBREITUNG** Nach Abtrennung der häufigeren *N. bicolor* von *N. miniata* im Jahr 2010 hat sich das Verbreitungsgebiet der *N. miniata* beträchtlich verringert, ohne dass die genaue Verbreitung aufgrund von Verwechslungen bekannt ist. **Typus:** Österreich, Niederösterreich, Schneeberg, 1889.

## Zwerg-Kohlröschen
— *Nigritella minor*

Ende Juni–
Mitte Juli

**STECKBRIEF** 5–17 cm hoch; Tragblätter hellgrün, ohne dunkelpurpurne Spitzen; Blütenstand klein, schlank, 14–23 mm lang und 14–17 mm breit, dichtblütig aus 20–70 Blüten; Blüten klein (die kleinsten der Gattung), wenig geöffnet, einfarbig rosarot, etwas heller als bei *N. miniata*; Sepalen 3,8–5,2 mm lang, 1,4–2,2 mm breit; Petalen 2,9–4,6 mm lang und 0,6–1,2 mm breit; Lippe 4,2–5,7 mm lang, 3–3,8 mm breit, an der Einschnürung 0,6–0,8 mm breit; Sporn 1–1,3 mm lang. Apomikt.

*N. minor* (li: A, Trenchtling, L.c., 29.6.2015, UG; re: A, Trenchtling, L.c., 9.7.2020, NG)

**VERWECHSLUNG** *N. miniata* hat größere Blütenstände, dunklere Tragblätter und größere Einzelblüten mit 5,2–7 mm langen Sepalen, 4,8–6 mm langen und 1,2–1,6 mm breiten Petalen und 6,6–7,7 mm langen Lippen.
**VORKOMMEN** Alpiner Kalkmagerrasen. 1700–1880 m.
**VERBREITUNG** Nordöstliche Kalkalpen. Bisher ist nur der Erstfundort am Trenchtling bekannt. **Typus:** Österreich, Steiermark, Hochschwab-Stock, Trenchtling, 2007.

## Schmalblütiges Kohlröschen
*—Nigritella graciliflora*

Mitte Juni–Anf. Juli

*N. graciliflora* (A, Trenchtling, L.c., 9.7.2020, NG)

**STECKBRIEF** 10–15 cm hoch; Hochblätter tragblattartig, rötlich gerändert; Blütenstand an der Basis ± aufgehellt, 1,7–2,6 cm lang, 1,6–2,2 cm breit; Tragblätter rötlich gerändert bis ganz dunkel braunrot; Blüten weit geöffnet; Sepalen 5,6–8 mm lang, 1,4–2,2 mm breit; Petalen 6,3–8 mm lang und 1,4–2,2 mm breit; Lippe stark eingerollt, schmal erscheinend, 5,9–8 mm lang, 1,4–2 mm breit; Sporn 0,8–1,4 mm lang. Apomikt.

**VERWECHSLUNG** *N. bicolor* hat breitere, 4–5 mm breite Lippen und etwas kürzere seitliche Sepalen.

**VORKOMMEN** Alpiner Magerrasen über Kalk. Um etwa 1800 m.

**VERBREITUNG** Bisher nur von einem kleinen Bereich am Trenchtling bekannt. **Typus:** Österreich, Steiermark, Hochschwabgruppe, Trenchtling, 2018.

**ANMERKUNG** Kritische Sippe, bisher wurden nur wenige Pflanzen gefunden.

## Dolomiten-Kohlröschen
*—Nigritella dolomitensis* (Syn.: *Gymnadenia dolomitensis*)

Juli

*N. dolomitensis* (I, Fanesgruppe, L.c., 4.7.2015, UG)

**STECKBRIEF** 5–15 cm hoch; Tragblätter der untersten Blüten am Rand mit stark ausgeprägtem Stiftchensaum (Lupe); Blütenstand mittelgroß, dunkelrot mit einem Stich ins Violette; Sepalen 6–7,5 mm lang, sehr schmal; Petalen sehr schmal, 0,9–1,2 mm breit; Lippe weit geöffnet, 6,8–8 mm lang, 3–4 mm breit; Sporn 1,1–1,3 mm lang. Apomikt, tetraploid.

**VERWECHSLUNG** Unterscheidet sich von *N. miniata* durch weiter geöffnete Lippen, zumindest der unteren Blüten. Der Vorderteil der Lippe ist nur schwach eingerollt und wirkt dreieckig, im Gegensatz zu den engen, tütenförmigen Lippenspitzen bei *N. miniata*. Die Einschnürung im unteren Lippenbereich ist geringer, die gegenüberliegenden Lippenränder berühren sich nicht.

Dadurch ist die Säule bei voll geöffneten Blüten sichtbar. Der Stiftchensaum der Tragblätter ist stärker ausgebildet als bei *N. miniata*. Der violette Farbstich fehlt bei *N. miniata*. *N. hygrophila* hat sattelförmig verengte Lippen mit der schmalsten Stelle im unteren Drittel. *N. graciliflora* ist bisher nur vom Trenchtling in der Steiermark bekannt.
**VORKOMMEN** Flachgründige, kurzrasige, alpine Dolomitrasen, etwa 2040–2500 m.
**VERBREITUNG** Dolomiten Südtirols, möglicherweise auch andernorts in den Alpen, so gibt es mehrere Fundmeldungen aus den bayrischen Alpen. **Typus:** Südtirol, östliche Dolomiten, Fanes-Gruppe, Limojoch, 1998.
**ANMERKUNG** Kritische Sippe.

*N. dolomitensis* (I, Fanesgruppe, L.c., 4.7.2015, UG)

## Pordoi-Kohlröschen
*—Nigritella hygrophila*

rel. spät: Ende Juni–Mitte Juli

**STECKBRIEF** 8–15 (20) cm hoch; Tragblätter rötlich gerändert bis dunkelrot, mit glatten Rändern; Blütenstand dichtblütig, lediglich halbkugelig; Blüten mittelgroß, wenig geöffnet, einfarbig dunkelrot, nach Vanille duftend, die Knospen schwarzrot; seitliche Sepalen ± rinnig gefaltet, gekielt, zugespitzt, 6–8,3 mm lang, 1,5–2,5 mm breit, mittleres Sepal schmäler; Petalen kürzer und schmäler als die Sepalen; Lippe 7–8,5 mm lang, sattelförmig verengt mit schmalster Stelle im unteren Drittel; Sporn hell und durchsichtig, 1,1–1,5 mm lang. Apomikt.

**VERWECHSLUNG** Unterscheidet sich von den anderen rot blühenden *Nigritella*-Arten durch einheitlich dunkelrote Blüten und einen kurzen Blüten-

*N. hygrophila* (I, Pordoi, L.c., 3.7.2015, UG)

*N. hygrophila* (I, Pordoi, L.c., 3.7.2015, UG)

stand, der ± so hoch wie breit ist sowie durch eine etwas spätere Blütezeit. Die sehr ähnliche *N. dolomitensis* hat weiter geöffnete Lippen, *N. miniata* hat einen verlängerten Blütenstand mit etwas helleren Blüten. *N. graciliflora* hat stark eingerollte, schmal erscheinende Lippen.

**VORKOMMEN** Alpine Rasen, Polsterseggenrasen; kalkstet. Etwa 1800–2200 m.

**VERBREITUNG** Vermutlich nördliche und südliche Ostalpen. Die genaue Verbreitung ist aufgrund der Unsicherheiten bezüglich des Taxons zurzeit schwer erfassbar. In den Südwestalpen wurden aktuell sehr ähnliche, spät blühende Pflanzen gefunden. **Typus:** Italien, Trentino, Pordoi-Pass, 2011.

**ANMERKUNG** Kritische Sippe, von der auch eine wenigblütige var. *pauciflora* beschrieben wurde.

## Buschmanns Kohlröschen
*— Nigritella buschmanniae*

Anf.–Ende Juli

**STECKBRIEF** 5–15 cm hoch; Stängel kräftig, kantig und hellgrün; unterste Tragblätter mit gleichmäßigem Stiftchensaum (starke Lupe); Blütenstand halbkugelig, auffallend dichtblütig; Blüten purpurrosa; seitliche Sepalen 6–8 mm lang, 1,8–2,5 mm breit, asymmetrisch; Lippe 6,1–7,7 mm lang, über dem Grund kaum oder nicht eingeschnürt, bis auf drei Viertel der Länge röhrenartig eingerollt; Rostellumfalte sich gut sichtbar zwischen den beiden Pollinien erhebend; Sporn 1–1,4 mm lang. Apomikt, pentaploid. Blütezeit 1–2 Wochen vor *N. rhellicani*.

**VERWECHSLUNG** Die Perigonblätter stehen vom Blütenzentrum weniger abgespreizt als bei anderen Kohlröschen, was den Blütenstand dichter und geordneter erscheinen lässt.

**VORKOMMEN** Kurzrasige, süd- bis westorientierte Hänge auf kalkhaltigen, humosen Böden an geschützten Stellen. 2100–2400 m.

**VERBREITUNG** Bisher nur aus der Brenta-Gruppe bekannt. **Typus:** Italien, Trentino, Brenta-Gruppe, 1996.

**NAME** Benannt zu Ehren der österreichischen Botanikerin Adolfine Buschmann (1908–1989). Buschmann war von 1936 bis 1969 am Institut für Botanik der Universität Graz tätig. Hier forschte sie v. a. an der Gattung *Cerastium* und an den Süßgräsern.

*N. buschmanniae* (I, Brenta, L.c., 11.7.2010, HP)

*N. buschmanniae* (I, Brenta, 12.7.2008, UH)

## Hohlzunge
— *Coeloglossum viride* (= *Dactylorhiza viridis*; inkl. subsp. *islandica* bzw. *islandicus*)

Anf. Mai–
Mitte Aug.

**STECKBRIEF** 5–20 (30) cm hoch; Stängel kantig, hellgrün; Blätter 3–7, die unteren den Stängel umfassend, oval, schräg aufwärtsgerichtet, 2,5–10 cm lang, 1,2–5,5 cm breit, die oberen Blätter lanzettlich, spitz; Tragblätter grün, lanzettlich, die unteren länger als die Blüten; Blütenstand zylindrisch, mit 5–25 Blüten; Blüten meist gelbgrün, braunrot überlaufen, seltener nur grün, gelbgrün oder braunrot; Lippe zungenförmig, hängend bis leicht zurückgeschlagen, zur Spitze hin verbreitert, dreilappig, Mittellappen deutlich kürzer, spitz-zahnförmig; Sporn sackartig, eingekerbt, nektarführend.

**VERWECHSLUNG** *Chamorchis alpina* hat grasartig schmale Blätter und keinen Sporn.

**VORKOMMEN** Bodensaure bis basische Magerrasen, Weiden, Zwergstrauchheiden, Tundren, Waldlichtungen, lichte Nadelwälder. Bis 2970 m (im Himalaya bis 3900 m). Die Vorkommen im mitteleuropäischen Flachland sind stark rückläufig. Gestauchte Pflanzen in überwiegend dunkler Ausprägung und mit kleineren Blüten wurden als subsp. *islandica* abgetrennt. Sie sind jedoch im Norden meeresnah häufiger zu finden und stellen einen Ökotyp dar. Ähnliches kann man auch in anderen Gattungen beobachten.

**VERBREITUNG** Eurosibirisch-nordamerikanische Art von Südspanien und Island bis Sibirien, Taiwan und Nordamerika. **Typus:** Königsberg, 1753.

*C. viride* (I, Cilento, 27.5.2012, HP)

*C. viride* (D, Hersbruck, 18.5.2012, HP)

*C. viride* (D, Ammergau, 17.07.1999, NG)

## GATTUNG DACTYLORHIZA: FINGERWURZ-KNABENKRAUT

Die Gattung *Dactylorhiza* hat bei Orchideenliebhabern den Ruf einer schwierigen Gattung. Die morphologischen Unterschiede zwischen den Sippen sind oft nur gering, die Variabilität dagegen oft groß. Bei mehr als der Hälfte ihrer Arten handelt es sich um Allotetraploide, die sich wie normale Diploide verhalten. Genetisch untersucht ist inzwischen, dass fast alle heute als Arten betrachtete Sippen hybridogenen Ursprungs sind, an verschiedenen Stellen hervorgegangen aus den ursprünglichen Arten *D. fuchsii* und *D. incarnata*. **Hybriden** sind theoretisch zwischen allen Arten möglich, das Auftreten von Hybridschwärmen mit Rückkreuzungen ist zu beobachten, lokal auch gehäuft. Zwischen manchen Sippen existieren Hybridschwärme in größeren, teils reinen Populationen, die eine bestimmte Verbreitung aufweisen. Sind sie stabilisiert, also ändern sie nicht innerhalb weniger Jahre ihre Zusammensetzung bzw. ihr Aussehen, werden sie mitunter als hybridogene Sippen neu beschrieben. Der ICBN (Internationaler Code der Botanischen Nomenklatur) lässt hierfür nur die Möglichkeit im Artrang zu, eine Angliederung im Unterartrang ist nicht vorgesehen.
Regional kommen bei einigen Arten bestimmte Ausprägungen vor, die in Begegnungszonen ineinander übergehen. Häufig haben sie andere ökologische Ansprüche. Sie werden meist als Unterarten geführt.
Eine nahe Verwandtschaft zeigt die Gattung mit *Gymnadenia* und *Nigritella*, was auch die zahlreich gebildeten Gattungshybriden untermauern. Mit der ihr ähnelnden Gattung *Orchis* ist sie nicht näher verwandt, was auch das Fehlen von solchen Gattungshybriden bestätigt.
Die Gattung besteht aus etwa 47 Arten, von denen 37 in Europa vorkommen. Viele davon werden in Unterarten unterteilt.
Der **Blütenaufbau** innerhalb der Gattung ist ziemlich einheitlich. Die drei Kelchblätter (Sepalen) und die zwei Kronblätter (Petalen) neigen zu einem Helm zusammen und schützen damit Narbe und Pollinarien. Weil das bei allen *Dactylorhiza*-Arten der Fall ist, wird darauf bei den einzelnen Beschreibungen aus Platzgründen verzichtet. Viele Arten weisen, wie auch einige Arten der Gattung *Orchis* s.str. und *Neotinea maculata*, deutliche Flecken auf den Blättern auf, was möglicherweise als Fraßschutz vor weidenden Säugern gedeutet werden kann.
Von der im Aussehen oft sehr ähnlichen Gattung *Orchis* s.l. unterscheidet sich *Dactylorhiza* insofern, dass die Tragblätter (Brakteen) fleischig und mindestens so lang wie die Fruchtknoten sind, während diese bei *Orchis* deutlich kürzer als die Fruchtknoten und häutig sind. Auch unterirdisch gibt es Unterschiede, statt rundlicher Knollen sind die Speicherorgane eher handförmig ausgebildet. Deshalb hat sich auch der deutsche Name „Fingerwurz" eingebürgert. Im Austrieb ist der Knospenstand nicht wie bei *Orchis* s.l. durch Hüllblätter geschützt.
Die Gattung zählt trotz durchgehend deutlichem Sporn zu den **Nektartäuschblumen**. Ihr Sporn ist leer, die Bestäuber werden nicht belohnt. Da auch Insekten lernfähig sind, sind die Taxa der Gattung *Dactylorhiza* auf junge, noch unerfahrene Bestäuberinsekten angewiesen, häufig variiert auch die Lippenzeichnung bei den einzelnen Pflanzen. Auch lässt sich manche Mehrfarbigkeit, wie die bei den Arten der Gruppe um das Holunder-Knabenkraut, davon ableiten, ein Erkennen der „uninteressanten" Sippe wird erschwert. Eine Bestäubung ist zudem wahrscheinlicher, wenn optisch ähnliche, Nektar produzierende Pflanzen in der näheren Umgebung wachsen.
Die sehr nah verwandte *Coeloglossum viride* wird von vielen Autoren neuerdings mit in die Gattung eingegliedert *(Dactylorhiza viridis)*, sie bietet als einzige Sippe Nektar an. Ihre Bestäuber sind neben Wespen hauptsächlich Käfer, kaum Bienen und Hummeln, die die Hauptbestäuber der anderen Arten darstellen.

## Krim-Knabenkraut
— *Dactylorhiza iberica*

eher spät:
Mai–Juli

*D. iberica* (GR, Grevena, 18.6.2014, HP)

**STECKBRIEF** 15–40 (50) cm hoch, sehr schlank; Stängel dünn, oben rinnig; Blätter 4–5, am Stängel verteilt, ungefleckt, aufwärtsgerichtet, die unteren Blätter lineal-lanzettlich, 10–30 cm lang, 0,7–2,5 cm breit, gefaltet, grasartig; Blütenstand zylindrisch, 4–12 cm lang, aus 8–35 kleinen Blüten; Sepalen 6–8 mm lang, 2–3,5 mm breit; Petalen etwas kleiner; Lippe rundlich bis keilförmig, flach, dreilappig bis fast ganzrandig, am Grund stielartig verengt, 7–10,5 mm lang, 6–9 mm breit; Lippengrundfarbe weiß, vorne hellrosa, rosa gezeichnet, Lippenmittellappen spitz-dreieckig und leicht vorgezogen; Sporn 5–7 mm lang, etwa 1 mm stark, kürzer als der Fruchtknoten, leicht bogig, abwärtsgerichtet.
**VORKOMMEN** Quellfluren, Nasswiesen, Quellsümpfe, Ufer; kalkliebend. Etwa 500–1800 m (in Asien von 360 m in Aserbaidschan bis 2600 m in Anatolien).
**VERBREITUNG** Von Griechenland und der Krim bis in den Nordiran und Libanon. **Typus:** Georgien, 1805.

## Insel-Knabenkraut
— *Dactylorhiza insularis*

Anf. April–
Anf. Juni

*D. insularis* (E, Guardo, 23.5.2016, HP)

**STECKBRIEF** 15–35 cm hoch; Stängel oben rinnig, mit 6–8 am Grund gehäuft stehenden, grünen, ungefleckten Blättern; Blätter lanzettlich, 8–15 cm lang, 1,1–2,1 cm breit, stängelumfassend und schräg bis steil aufwärtsgerichtet, die größte Breite oberhalb der Mitte; Blütenstand 4–7 cm lang, aus meist 8–13 Blüten; Blüten hellgelb, an der Lippenbasis oft mit 2 roten Punkten oder Flecken; seitliche Sepalen schräg aufwärtsgerichtet; Lippe ausgebreitet, dreigeteilt, 7–9 mm lang, 8–11 mm breit; Sporn zylindrisch, 8–10 mm lang, waagrecht abstehend.
**VERWECHSLUNG** *D. romana* hat noch schmälere, 0,9–1,5 cm breite Blätter, deren größte Breite sich ± in der Mitte befindet und einen meist aufwärtsgebogenen Sporn.

*D. insularis* (E, Guardo, 23.5.2016, HP)

**VORKOMMEN** Wiesen, lichte Kastanien- und Kiefernwälder. Bis etwa 1500 m.
**VERBREITUNG** Von Portugal bis zur Toskana. Ein Fundort außerhalb Europas im Rif-Gebirge Marokkos.
Typus: Italien, Grosseto, Isola del Giglio, 1896.

*D. insularis* var. *bartonii* (E, Cazorla, 25.5.2002, HP)

**VARIABILITÄT** Die Größe der beiden roten Punkte auf der Lippe variiert. Bei der var. *bartonii* sind sie besonders groß, am Sporneingang befindliche, auffällige rote Farbstreifen. Vereinzelt im Verbreitungsgebiet der Art.
**ANMERKUNG** *D. insularis* ist triploid und kann sich nur ungeschlechtlich (apomiktisch) fortpflanzen. Sie ist durch eine weit zurückliegende Hybridisierung zwischen einer unreduzierten Gamete von *D. romana* subsp. *guimaraesii* als Mutter und einer normalen Gamete von *D. sambucina* als Vater entstanden.

## Kantabrisches Knabenkraut
— *Dactylorhiza cantabrica*

Anf. Mai–
Anf. Juni

*D. cantabrica* (E, Guardo, 23.5.2016, HP)

**STECKBRIEF**

12–18 cm hoch; Blätter 3–5, das größte 7–10 cm lang und 1,5–2,5 cm breit, 4–6-mal so lang wie breit, ungefleckt; Blütenstand 3–6 cm lang mit meist 8–14 gelben Blüten; Lippe 7–12 mm lang, am Mittellappen mit 2 Reihen rotbrauner Punkte; Sporn gerade, schwach konisch, 9–11 mm lang, am Eingang 3–3,5 mm im Ø. Pollinien nicht kompakt.

*D. cantabrica* (E, Guardo, 23.5.2016, HP)

*D. cantabrica* (E, Guardo, 23.5.2016, HP)

**VERWECHSLUNG** *D. sambucina* hat einen nach unten gebogenen, größeren Sporn und kompakte Pollinien.
**VORKOMMEN** Bergwiesen, lichte, grasige Kiefernwälder. 900–1800 m.
**VERBREITUNG** Vorkommen sind bisher aus dem Kantabrischen Gebirge der Provinzen Lugo, León, Palencina und Pontevedra bekannt. Typus: Spanien, Galizien, Provinz Pontevedra, bei O Couto, 2006.
**ANMERKUNG** Die erst 2006 beschriebene Art ist eine tetraploide, aus *D. insularis* × *D. sambucina* entstandene, fertile Sippe (apomiktisch?), an deren weit zurückliegender Entstehung eine unreduzierte Gamete von *D. insularis* (n= 60) als Mutter und eine normale Gamete von *D. sambucina* (n= 20) als Vater beteiligt waren. Nach ihrer Entdeckung in Galizien 2003 wurden weitere, jeweils nur schwach bestückte Fundorte in Nordwestspanien gefunden.

## Holunder-Knabenkraut
*— Dactylorhiza sambucina*

April–
Ende Juni

*D. sambucina* (I, Baldo, 29.4.2011, HP)

**STECKBRIEF**

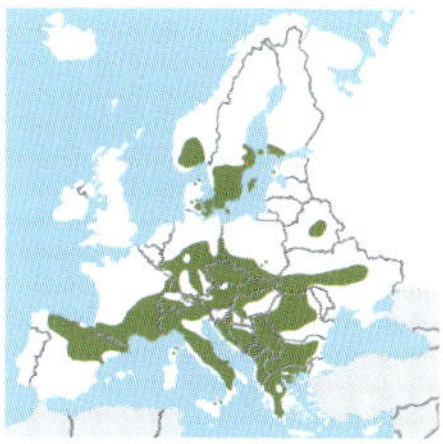

10–25 (30) cm hoch; Stängel hohl, mit 4–7 Blättern, diese lanzettlich, 5–12 cm lang, 1–3 cm breit, glänzend, ungefleckt; Blütenstand eiförmig, dichtblütig; Tragblätter groß, so lang oder länger als die Blüten; Blüten gelb oder purpurn, seltener Zwischenfarben; Lippe ganzrandig bis undeutlich dreilappig, breiter als hoch, 7–12 mm lang, 9–17 mm breit, mit schleifenförmiger Musterung, bestehend aus purpurnen Punkten, seltener Schleifen, bei der gelben Form und einem gelben Lippengrund bei der purpurnen Form; Sporn dick, walzenförmig konisch, abwärtsgebogen, 10–18 mm lang, 2,5–4,5 mm stark.
**VERWECHSLUNG** *D. romana* hat einen dünneren, 1,5–3 mm dicken, aufwärtsgebogenen Sporn und schmä-

lere Blätter. *D. cantabrica* hat u. a. einen kleineren, waagrechten Sporn.
**VORKOMMEN** Frische bis mäßig trockene Magerrasen, Bergwiesen, Gebüschsäume, Weiden, Zwergstrauchheiden, blumenreiche Heuwiesen. Bis etwa 2600 m.
**VERBREITUNG** Europäische Art von Spanien und Südskandinavien bis in die Karpaten und in die Ukraine. **Typus:** Schweden, bei Stockholm, Mariaberg, 1755.

*D. sambucina* (I, Monti del Matese, 25.5.2015, HP)

*D. sambucina* (I, Baldo, 29.4.2011, HP)

## Römisches Knabenkraut
— *Dactylorhiza romana* subsp. *romana* (inkl. subsp. *georgica* [= *D. flavescens*])

März–Mai

**STECKBRIEF** 12–25 (35) cm hoch; am Grund des Stängels 4–8 rosettig stehende, ungefleckte, schmale, lineal-lanzettliche, 6–17 cm lange, 0,8–1,3 cm breite Blätter, deren größte Breite ± in der Mitte liegt; Blütenstand 4–7 cm lang aus 6–14 meist gelben oder purpurnen, aber auch weißlichen bis fleischfarbenen Blüten; seitliche Sepalen schief-eiförmig, 8–10 mm lang, 4–5 mm breit, steil aufwärtsgerichtet; Petalen kürzer als die Sepalen; Lippe ungezeichnet, rundlich, 9–11 mm lang, 11–13 mm breit, Seitenlappen zurückgebogen; Sporn sehr variabel, 13–22 mm lang, 1,5–3 mm dick, meist aufwärtsgebogen, länger als der Fruchtknoten.

*D. romana* (li: I, Amiata, 13.4.2019, HP; re: AL, Vlora, 3.4.2015, HP)

**VERWECHSLUNG** *D. sambucina* hat einen dickeren, 2,5–4,5 mm starken, nach unten gebogenen Sporn und gezeichnete Lippen.
**VORKOMMEN** Lichte Nadel- und Laubwälder, v. a. in Kastanien-, Tannen-, Kiefern- und Eichenwäldern, schattige Felsfluren, Gebüsch, Macchien. Bis etwa 2000 m (im Kaukasus bis 2200 m).
**VERBREITUNG** Von Italien bis zur Krim, zum Kaukasus, nach Turkmenistan und bis Nordisrael. **Typus:** Italien, Latium, bei Rom, 1813.

*D. romana* (I, Amiata, 13.4.2019, HP)

*D. romana* subsp. *guimaraesii* (I, Siz., Collesano, 6.4.2015, UG)

**UNTERART** Guimaraes' Knabenkraut *Dactylorhiza romana* subsp. *guimaraesii* (Syn. *D. markusii*): Benannt zu Ehren des portugiesischen Botanikers José d'Ascensao Guimaraes (1863–1922). Unterscheidet sich von der subsp. *romana* durch einen kürzeren Sporn, der 9–12 mm lang und etwa so lang wie der Fruchtknoten ist. Die purpurne Farbform fehlt bei dieser Unterart, es kommen nur gelb blühende Pflanzen vor. Die Unterart ist von Portugal bis Westsizilien verbreitet und besiedelt lichte Wälder und Bergwiesen von etwa 700–2000 m. **Typus:** Italien, Sizilien, Palermo, 1817.

## Fleischrotes Knabenkraut
— *Dactylorhiza incarnata* subsp. *incarnata*

Mai–Juli

**STECKBRIEF** (5) 25–60 (100) cm hoch, kräftig; Stängel dick, hohl, oben kantig, saftig hellgrün; Blätter 3–7, hellgrün bis gelbgrün, schmal-lanzettlich, aufwärtsgerichtet bis leicht zurückgebogen (lokal gehäuft, besonders in Küstengebieten), ungefleckt (gefleckt bei den Varietäten *haematodes* und *hyphaematodes*), obere Blätter mit kapuzenartiger Spitze, bis in den Blütenstand reichend; Blütenstand zylindrisch, viel- und dichtblütig mit 15–60 kleinen Blüten; Tragblätter groß, grün, oft rotbraun überlaufen; Blüten rosa bis dunkelrosa, selten hellrosa oder weiß; Sepalen 6–9 mm lang, 2,5–3,5 mm breit; Lippe ziemlich schmal, leicht dreilappig, mit vorgezogenem Mittellappen, Seitenlappen oft nach unten gebogen, hellerer Mittelteil der Lippe mit abgesetztem Schleifenmuster; Sporn 6–10 mm lang, konisch, waagrecht bis leicht abwärtsgebogen.

*D. incarnata* subsp. *incarnata* (D, Plankstetten, 6.6.2013, HP; klein: D, Inching, 22.5.2011, HP)

*D. incarnata* var. *haematodes* (D, Weichering, 8.6.2019, HP)

*D. incarnata* var. *dunensis* (F, La Panne, 3.6.2017, HP)

**VERWECHSLUNG** *D. cruenta* ist 15–30 cm hoch, hat einen dicken Stängel und meist beidseitig purpurn gefleckte, abstehende, kürzere Blätter.

**VORKOMMEN** Feuchte bis nasse, moorige Wiesen, Flachmoore, Schilfbestände, Bruchwälder, auf basenreichen, stickstoffarmen Böden. Bis 2200 m (in Asien bis mind. 2400 m).

**VERBREITUNG** Eurasiatische Unterart von Westspanien, Irland und Norwegen bis zum Baikalsee und disjunkt bis in die Amurregion. Typus: Schweden, Uppland, Uppsala, 1755.

**VARIABILITÄT** Die große Veränderlichkeit der Art hat dazu geführt, dass an die 60 Sippen innerhalb der Spezies beschrieben wurden. Neben den unten beschriebenen Unterarten kommen auch mehrere auffällige Varietäten und Formen vor:

var. *dunensis* mit 5–15 cm Wuchshöhe und blass rötlichen Blüten, in feuchten Dünentälern und mit Kriechweiden bewachsenen Dünen von Belgien bis Schottland und Norwegen.

var. *haematodes* (= var. *reichenbachii*) mit oberseits gefleckten Blättern und einer geringfügig späteren Blütezeit. Zerstreut im gesamten Verbreitungsgebiet der Art.

var. *hyphaematodes* mit beidseitig gefleckten oder dun-

li: *D. incarnata* var. *hyphaematodes* (D, Pfünz, 27.5.2020, HP); re: *D. incarnata* var. *lobelii* (DK, Ålbæk, 5.6.2020, HP)

li: *D. incarnata* var. *ochrantha* (D, Grasleiten, 25.5.2017, HP; re: *D. incarnata* var. *rosea* (D, Ottmaring, 2.6.2019, HP)

*D. incarnata* subsp. *coccinea* (GB, Anglesey, 4.6.2017, HP; klein: GB, Kenfig, 14.6.2017, HP)

kelpurpurn überlaufenen Blättern, welche zu Blühbeginn den Blütenstand weit überragen. Zerstreut im gesamten Verbreitungsgebiet der Art.
var. *gemmana* mit robustem Habitus und Wuchshöhen von bis zu 100 cm. In Westeuropa.
var. *lobelii* mit kurzem, mastigem Wuchs und einer Wuchshöhe von 10–20 cm und weit abstehenden Blättern. An den Küsten Nordwesteuropas von Belgien über die Niederlande und Dänemark bis Norwegen.
var. *macrophylla* (Syn.: *var. latissima*) mit hohem Wuchs, über 4 Stängelblättern, diese breit und stärker vom Stängel abstehend. Zerstreut im Verbreitungsgebiet der Art.
var. *drudei* (inkl. var. *borealis*) mit niederem, 10–20 cm hohen, schlanken Wuchs und kleinen, 4–6 cm langen und 0,4–1 cm breiten Blättern. In Skandinavien.
Gelblich weiß blühende Pflanzen werden var. *ochrantha*, rosa blühende var. *rosea* genannt. Hybriden mit *D. praetermissa* wurden als subsp. *cungsii* zu Ehren des Luxemburger Entomologen Josy Cungs beschrieben. Die Sippe scheint noch nicht stabilisiert zu sein, ein Unterartrang ist weder angemessen noch legitim (ICBN).

**UNTERARTEN**

Rotes Knabenkraut *Dactylorhiza incarnata* subsp. *coccinea* (Syn.: *D. coccinea*): Unterscheidet sich von der subsp. *incarnata* durch die niedere Wuchshöhe von 10–25 cm, die geringere Blattanzahl und den kurzen Blütenstand aus leuchtend purpurroten Blüten. Die Unterart blüht etwa 2 Wochen später als die Nominatsippe und ist auf die Britischen Inseln und die Niederlande beschränkt. Sie besiedelt hier Dünensenken, Küstenwiesen und Flachmoore über kalkhaltigen Böden bis 200 m. Aus den Niederlanden ist die Sippe erst seit etwa 1985 bekannt (angesalbt?). **Typus:** Großbritannien, Wales, Halbinsel Gower, bei Whiteford Burroas, 1935.

Hübsches Knabenkraut *Dactylorhiza incarnata* subsp. *pulchella* (Syn.: *D. incarnata* var. *pulchella*): Unterscheidet sich von der subsp. *incarnata* durch einen zierlicheren Wuchs, schmälere Blätter, eine intensiver purpurne Blütenfarbe und eine stärkere Lippenzeichnung. Blütezeit Juni bis Anfang August. Sie kommt auf den Britischen Inseln vor, ein isoliertes Vorkommen in Frankreich. Besiedelt eher saure Nasswiesen, Moore und feuchte Dünen-

*D. incarnata* subsp. *pulchella* (GB, New Forest, 15.6.2014, HP)

*D. incarnata* subsp. *serotina* (D, Weichering, 9.6.2019, HP; klein: D, Großmehring, 24.6.2010, HP)

täler von der Küste bis etwa 200 m. **Typus:** Großbritannien, Hampshire, Lyndhurst, 1917.

**Spätes Knabenkraut *Dactylorhiza incarnata* subsp. *serotina*** (Syn.: *D. incarnata* var. *haussknechtii*?): Unterscheidet sich wesentlich von der subsp. *incarnata* durch den schlanken Habitus, die insgesamt zierliche Statur, den dünneren Stängel, schmale, steif aufwärtsgerichtete Blätter, den kurzen, eiförmigen Blütenstand und eine etwa 3 Wochen spätere Blütezeit. Die subsp. *serotina* tritt oft zusammen mit der Nominatunterart am gleichen Wuchsort auf, beginnt aber erst zu blühen, wenn die subsp. *incarnata* bereits verblüht ist. Die Unterart wurde früher oft irrtümlich mit der subsp. *pulchella* gleichgestellt, wodurch auch ihr Verbreitungsareal ungenügend bekannt ist. Fundmeldungen aus den Benelux-Ländern beziehen sich auf ein anderes Taxon. In den Alpen kommt die Unterart zerstreut vor. Sie besiedelt hier ähnliche Wuchsorte wie die subsp. *incarnata* und ist bisher bis etwa 1700 m bekannt. **Typus:** Deutschland, Offenbach am Main, 1884.

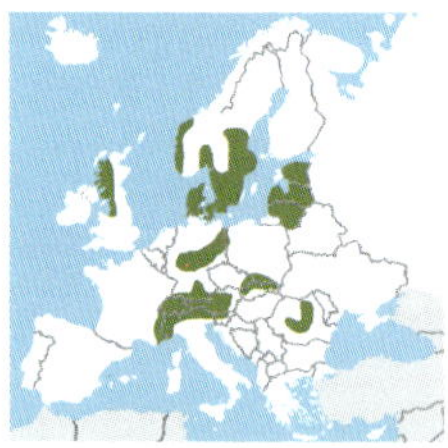

## Blutrotes Knabenkraut
— *Dactylorhiza cruenta* (Syn.: *D. incarnata* subsp. *cruenta*)

Juni–Juli

**STECKBRIEF** Gedrungene, kräftige, 15–30 cm hohe Pflanze; Stängel dick, hohl; Blätter 3–5, eiförmig-lanzettlich, den Stängel umfassend und meist deutlich abstehend, beidseitig purpurbraun gefleckt, sehr selten ungefleckt; Blütenstand zylindrisch, dichtblütig, gedrungen, mit 10–30 kleinen, rosa bis purpurnen Blüten; seitliche Sepalen nach oben gerichtet; Lippe ungeteilt bis angedeutet dreilappig, komplex mit Schleifen und Ringen gezeichnet; Sporn dick, konisch, schwach gebogen.

**VERWECHSLUNG** *D. incarnata* ist 25–60 cm hoch und hat längere, gekielte, hellgrüne, ungefleckte, meist aufrecht stehende Blätter. *D. incarnata* var. *hyphaematodes* hat einen schlanken Wuchs

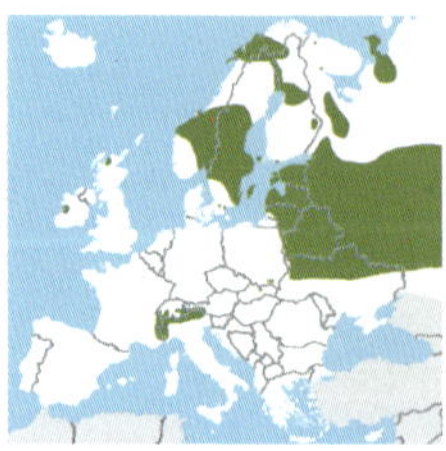

mit dünnerem Stängel und meist aufrecht stehenden Blättern.

**VORKOMMEN** Flach-, Hang- und Quellmoore, entlang von kleineren Wasserläufen, auf Kalk. Bis 2600 m. Fehlt im mitteleuropäischen Flachland, die wenigen Vorkommen in Nordostdeutschland sind erloschen.

**VERBREITUNG** Eurosibirische Art von den Alpen, Britischen Inseln, Baltikum und Skandinavien bis Sibirien. Typus: Norwegen, bei Roeraas, 1782.

*D. cruenta* (I, Karerpass, 11.7.2010, HP)

*D. cruenta* (I, Falzarego, 14.7.2013, HP)

## Strohgelbes Knabenkraut
### — *Dactylorhiza ochroleuca*

Mitte Mai–
Anf. Juli

*D. ochroleuca* (D, Bergen, 12.6.2010, HP)

**STECKBRIEF** Kräftige, 25–70 cm hohe Pflanze; Stängel dick, hohl, oben kantig, bis oben saftig grün; Blätter 3–7, grün bis gelbgrün, lanzettlich, am Stängel anliegend, gekielt bis gefaltet, ungefleckt, obere Blätter mit nach innen geneigter Spitze; Blütenstand langgestreckt, viel- bis dichtblütig mit 30–60 relativ kleinen Blüten; Tragblätter groß, hellgrün bis gelblich grün; Blüten blassgelb bis hellgelb, mit ± dunkelgelber Lippenbasis; seitliche Sepalen zurückgeschlagen; Lippe ziemlich schmal, deutlich dreilappig, mit vorgezogenem Mittellappen, Seitenlappen nach unten geschlagen; Sporn konisch, leicht abwärtsgebogen.

**VERWECHSLUNG** Mit hellgelben Formen des Fleischroten Knabenkrauts, *D. incarnata* var. *ochrantha*. Von dieser lässt sich *D. ochroleuca* nur schwer unterscheiden: durch intensiver gelb gefärbte Blüten, deren Lippenseitenlappen nach unten geschlagen sind (bei *D. incarnata* nur nach unten gebogen) und deren Lippenmittellappen tief dreiteilig ist (bei *D. incarnata* seicht dreilappig), sowie einen kräftigeren, schlankeren Habitus. Die var. *ochrantha* tritt meist nur vereinzelt in *D. incarnata*-Beständen auf, während *D. ochroleuca* selbst ± individuenreiche Bestände bildet.

**VORKOMMEN** Flachmoore, Streuwiesen; auf Kalk. Bis etwa 850 m.

**VERBREITUNG** Europäische Art, vom östlichen Frankreich bis Schweden und ins Baltikum. **Typus:** Deutschland, Mecklenburg, bei Steinberg, 1860.

*D. ochroleuca* (EST, Saarema, 14.6.2011, HP)

## Purpurblütiges Knabenkraut
*— Dactylorhiza purpurella*

Ende Mai–Juli

*D. purpurella* (GB, Thurso, 8.6.2017, HP; klein: GB, Anglesey, 13.6.2017, HP)

**STECKBRIEF** (10) 15–25 (35) cm hoch; Stängelblätter 5–7, ungefleckt bis schwach gefleckt, breit, untere 9–14 cm lang, 1,5–3 cm breit, mit der größten Breite ± in der Mitte; Blütenstand 4–7 cm lang, mit 13–35 dichtgestellten, in den meisten Populationen intensiv purpurnen Blüten (in Dänemark auch hellere Formen); seitliche Sepalen 7–9 mm lang, 2,5–4 mm breit; Lippe normalerweise rautenförmig und kaum dreiteilig, 5–9 mm lang, 6–11 mm breit (wenn dreiteilig, Seitenlappen flach oder leicht aufgebogen), Mittellappen kaum vorgezogen; Sporn 7–9 mm lang, 2–2,5 mm dick, abwärtsgebogen, stumpf, ± so lang wie der Fruchtknoten.

**VERWECHSLUNG** Durch die meist intensiv purpurnen Blüten und die hellen, meist ungefleckten bis nur schwach gefleckten Blätter gut charakterisierte Art. In Dänemark Übergänge zu *D. majalis*.

**VORKOMMEN** Nasswiesen, Küstensümpfe, Dünentälchen, Straßenböschungen. Von der Küste bis etwa 600 m.

**VERBREITUNG** Nordwesteuropäische Art von den Britischen Inseln bis Norwegen, Dänemark und Luxemburg. **Typus:** Großbritannien, Wales, Aberystwyth, 1920.

*D. purpurella* var. *maculosa* (DK, Hjørring, 6.6.2020, HP)

li: *D. purpurella* var. *maculosa* (DK, Hjørring, 6.6.2020, HP); re: *D. purpurella* var. *atrata* (GB, Hartlepool, 19.6.1999, GB)

*D. purpurella* var. *majaliformis* (GB, Thurso, 8.6.2017, HP)

*D. purpurella* var. *cambrensis* (GB, Kenfig, 14.6.2017, HP; klein: GB, Wales, Ynyslas, L.c., 13.6.2017, HP)

**VARIABILITÄT** var. *maculosa* ist mit 20–60 cm Wuchshöhe teils größer und hat oberseits eine grobe Blattfleckung. Sie ist u. a. bekannt aus Durham und Hartlepool in Großbritannien und aus Dänemark. Als var. *atrata* werden *maculosa*-Pflanzen mit überfärbten Blüten bezeichnet.

var. *majaliformis* mit *majalis*-ähnlichem Wuchs, dreiteiligen, helleren Blüten und teils gefleckten Blättern. Sie ist u. a. aus Dänemark und Nordschottland bekannt.

var. *cambrensis* hat meist gefleckte Blätter, ist höher und hat einen mastigeren Habitus. Sie ist bisher aus den Küstengebieten von Wales bekannt, möglicherweise kommt sie aber auch in Schottland vor. Vermutlich eine ± stabilisierte Hybridsippe.

## Watt-Knabenkraut
*— Dactylorhiza vadorum*

Anf. Juni–Mitte Juli

**STECKBRIEF** 20–40 (60) cm hoch, kräftig; Stängel dick, grün bis hellgrün, oben oft purpurn überlaufen; Laubblätter grün bis hellgrün, breit-lanzettlich, auffallend kräftig, oft rinnig, ungefleckt (bei der var. *picturata* gefleckt), ± zweireihig am Stängel angeordnet; Blütenstand zylindrisch und dicht mit 15–40 (70) intensiv purpurnen Blüten; Hochblätter lanzettlich, teils besonders an den Rändern purpurrot; Lippe schwach dreilappig, flach, dunkelpurpurn; Sporn gerade, 8–9 mm lang und 2–3 mm dick.

**VERWECHSLUNG** Charakterisiert durch die kräftigen, breiten Blätter, den dichten Blütenstand und die intensiv dunkelpurpurnen Blüten.
*D. praetermissa* hat einen schlankeren Wuchs, schmälere

D. *vadorum* (DK, Rømø, L.c., 7.6.2020, HP)

D. *vadorum* (DK, Rømø, L.c., 7.6.2020, HP)

Blätter, hellere Blüten und eine etwas frühere Blütezeit. *D. purpurella* ist meist gestauchter und blüht etwas später. Die Art ist vermutlich aus beiden hervorgegangen und nimmt in etwa eine Mittelstellung ein.

**VORKOMMEN** In feuchten Dünentälern und in feuchten Magerwiesen auf ± Meeresniveau.
**VERBREITUNG** Bisher nur vom Westteil der friesischen Insel Schiermonnikoog in den Niederlanden und im südlichen Jütland mit den vorgelagerten Watteninseln sicher bekannt. Möglicherweise auch in Deutschland auf den Ostfriesischen Inseln. Sehr ähnliche Pflanzen finden sich auch im Norden von Dänemark. Typus: Dänemark, Rømø, südwestlich von Lakolk, 2016.
**VARIABILITÄT** Die var. *picturata* unterscheidet sich durch oberseits gefleckte Blätter.

## Druces Knabenkraut
— *Dactylorhiza francis-drucei* (inkl. *D. ebudensis*, *D. ebudensis* var. *scotica*)

Anf. Juni–
Anf. Juli

*D. francis-drucei* (GB, Hebriden, Harris, 9.6.2017, HP)

**STECKBRIEF** 5–15 (20) cm hoch, in Meeresnähe sehr kurz; Stängel hohl; Stängelblätter 2–4, schmal und rinnig, lanzettlich, den Stängel scheidig umfassend, den Blütenstand teils erreichend, teils gebogen, meist gefleckt; Blütenstand 3–6 cm lang, mit 5–20 dunkelpurpurnen Blüten; seitliche Sepalen schräg nach oben gestreckt, oft mit dunkler Punkt- oder Strichzeichnung, mittleres Sepal nach vorne neigend; Lippe dreilappig, 6–8,5 mm lang, 8–11,5 mm breit, dunkelpurpurn gemustert; Sporn gekrümmt, leicht nach unten gebogen, 8–12 mm lang.
**VERWECHSLUNG** *D. traunsteinerioides* ist höherwüchsig, 10–30 cm hoch und hat größere Blüten mit

*D. francis-drucei* (GB, Hebriden, Harris, 9.6.2017, HP)

*D. francis-drucei* var. *ebudensis* (GB, North Uist, 10.6.2017, HP)

*D. francis-drucei* var. *ebudensis* (GB, North Uist, 10.6.2017, HP)

einer stärker dreilappigen, weniger gezeichneten Lippe und blüht früher. *D. purpurella* ist kräftiger mit weniger dreilappigen Lippen. Offenbar gibt es lokal aber zahlreiche Hybriden bzw. Übergänge.

**VORKOMMEN** In feuchten Dünentälern, Mooren und kalkhaltigen Anspülungen von Meereshöhe bis etwa 100 m.

**VERBREITUNG** An der Westküste Schottlands und den vorgelagerten Inseln sowie in Nordirland. **Typus:** Großbritannien, Schottland, Wester Ross, beim Loch Maree, 1936.

**NAME** Benannt zu Ehren des britischen Botanikers und Schatzmeisters der „Linnean Society of London" Francis Druce (1873–1941), der die Pflanze entdeckte.

**ANMERKUNG** Die Art ist eine stabilisierte Althybride aus *D. incarnata* subsp. *coccinea* als Vater und *D. fuchsii* subsp. *hebridensis* als Mutter.

**VARIABILITÄT** Besonders auffällig ist die var. *ebudensis* mit stark gefleckten Blättern und intensiv gefärbten Blüten, die sehr an *D. purpurella* erinnern.

## Lappland-Knabenkraut

— *Dactylorhiza lapponica* (Syn.: *D. lapponica* subsp. *rhaetica*)

Anf. Juni–
Ende Juli

**STECKBRIEF** 10–25 (30) cm hohe, schlanke und zierliche Pflanze; Stängel kantig, hell- bis dunkelgrün, oben ± purpurn überlaufen; Blätter lediglich 2–4, kurz, gleichmäßig über den Stängel verteilt, oberseits stark gefleckt, das unterste breit oval-lanzettlich und wie das zweitunterste meist bogig vom Stängel abstehend, die oberen schmal-lanzettlich, schräg aufwärtsgerichtet; Blütenstand kurz, locker- und armblütig, 3–20 eher kleine, purpurrote Blüten; seitliche Sepalen zurückgeschlagen, mit purpurnen Flecken, 6–9 mm lang; Lippe dreilappig bis ganzrandig, herzförmig, mit dunklem Schleifenmuster, 4,5–8 mm lang, 6–9,5 mm breit; Sporn kegelförmig, 6,5–11 mm lang, 2–3 mm dick, etwa so lang wie der Fruchtknoten.

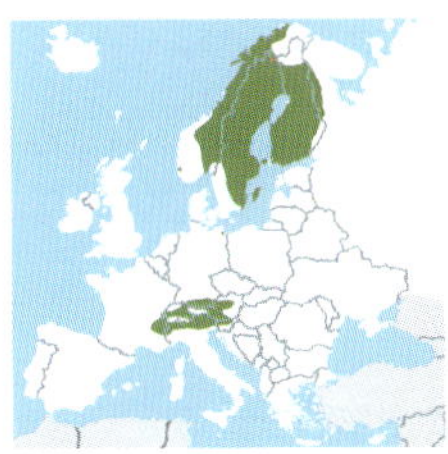

**VERWECHSLUNG** *D. traunsteineri* hat gekielte, längere Blätter, einen langen, lockeren Blütenstand und längere, 7–10 mm lange Lippen. *D. majalis* hat 4–6 Blätter, die breiter sind, größere Blüten und reichere Blütenstände mit 15–50 Blüten. Hybriden sind allerdings lokal häufig.
**VORKOMMEN** V. a. Hangmoore, lehmige Rutschhänge; über Kalk. Bis etwa 2200 m.
**VERBREITUNG** Nordeuropäisch-alpische Art Skandinaviens und der Alpen. Typus: Schweden, Lappland, Karesuando, 1843.

*D. lapponica* (I, Falzarego, 14.7.2013, HP)

*D. lapponica* (I, Falzarego, 14.7.2013, HP)

## Kerrys Knabenkraut
— *Dactylorhiza kerryensis* (Syn.: *D. occidentalis*)

Anf. Juni–
Ende Juli

*D. kerryensis* (IRL, Waterville, 16.6.2012, GB)

**STECKBRIEF**

10–30 cm hoch; Stängel oben rinnig; 6–7 breit-lanzettliche Stängelblätter, 10–15 cm lang, 1,2–2 cm breit, mit größter Breite ± in der Mitte, ungefleckt bis gefleckt; Blüten rosa bis purpurrosa, in einem dichten Blütenstand; Sepalen 8–9,5 mm lang, 3–4,5 mm breit; Lippe breit-herzförmig, dreilappig, 7,5–10 mm lang, 10–12 mm breit, mit Schleifenzeichnung oder gestrichelt; Sporn 7–9 mm lang, 1,5–2,5 mm dick, abwärtsgerichtet, etwa zwei Drittel so lang wie der Fruchtknoten.
**VERWECHSLUNG** Die Art ähnelt sehr der in Irland nicht vorkommenden *D. majalis*. *D. maculata* s.l. hat oberseits stark gefleckte Laubblätter, blassere Blüten und einen zierlicheren, 5,5–8 mm langen und 1–1,5 mm

*D. kerryensis* (li: IRL, Kells, 16.6.2012, GB; re: IRL, Ballyheige, 22.5.2015, AS)

*D. kerryensis* (IRL, Waterville, 16.6.2012, GB)

dicken Sporn. *D. purpurella* hat dunklere Blüten, deren Lippen gewöhnlich ganzrandig und eher rautenförmig sind.
**VORKOMMEN** Sumpf- und Küstenwiesen, Weiden, feuchte Dünentälchen. Bis etwa 200 m.
**VERBREITUNG** Endemit Irlands. **Typus:** Irland, County Kerry, Dingle-Halbinsel, 1936.
**VARIABILITÄT** var. *occidentalis*: insgesamt kräftiger gefärbt mit punktierten Laubblättern.

## Breitblättriges Knabenkraut
— *Dactylorhiza majalis* subsp. *majalis* (inkl. subsp. *brevifolia*, *D. alpestris*, *D. parvimajalis*)

April–Juli

*D. majalis* (D, Berching, 9.5.2020, HP)

**STECKBRIEF** (10) 15–40 (50) cm hohe, kräftige Pflanze; Stängel dick, hohl, oben kantig und dunkelpurpurn überlaufen; Blätter 4–6, dunkelgrün, auf der Oberseite stark gefleckt, selten ungefleckt, die unteren eiförmig-lanzettlich, 6–16 cm lang, 1,8–4,5 cm breit, 2–4-mal so lang wie breit, abstehend, die oberen lanzettlich, schräg bis steil aufwärtsgerichtet; Blütenstand zylindrisch, dichtblütig mit 15–50 Blüten; Blütenfarbe purpurrot; seitliche Sepalen aufwärtsgerichtet; Lippe deutlich dreilappig mit leicht vorgezogenem, stumpfem Mittellappen, Lippenzeichnung meist aus auffälligen Schleifen; Sporn 7,5–10 mm lang, 2–3,5 mm dick, konisch, leicht abwärtsgebogen.
**VERWECHSLUNG** *D. traunsteineri* hat gekielte, längere und schmalere Blätter, die 6–10-mal so lang wie breit sind. *D. lapponica* hat 5–20-blütige Blütenstände und weniger, kleinere Blätter. *D. fuchsii* hat einen dünneren, nicht hohlen Stängel. *D. purpurella* hat dunklere Blüten mit weniger dreiteiligen Lippen und meist ungefleckte Blätter.

*D. majalis* (li: D, Seligenporten, 18.5.2011, HP; re: D, Neumarkt, OPf, 29.5.2011, HP)

*D. majalis* subsp. *alpestris* (I, Pordoi, 13.7.2013, HP)

**VORKOMMEN** Flachmoorwiesen, Quell- und Hangmoore, feuchte Magerwiesen, entlang von Bächen, auch noch in nährstoffreicheren Böden. Bis etwa 2000 m.
**VERBREITUNG** Europäische Art von den Pyrenäen bis Südskandinavien, im Osten bis zur Ukraine und ins angrenzende Russland. Typus: Deutschland, Bayern, bei Nürnberg, 1828.
**VARIABILITÄT** Sehr variable Art mit lokal manchmal einheitlicher Ausprägung. In manchen Gebieten kommen relativ kurzblättrige Exemplare vor (möglicherweise rührt daher die Beschreibung einer „subsp. *brevifolia*", die hier aber eher als *D. lapponica* oder Hybride mit dieser interpretiert wird).
**UNTERARTEN** Alpen-Knabenkraut *Dactylorhiza majalis* subsp. *alpestris*: Unterscheidet sich von der subsp. *majalis* durch einen kompakteren Wuchs mit meist 4, ± waagrechten, intensiv gefleckten Blättern, dunkler purpurn gefärbten Blüten und Lippen, die größer und weniger tief dreiteilig sind. Die Lippenseitenlappen sind deutlich breiter und der Mittellappen kleiner als bei der Nominatunterart, daher ist die Lippe meist ± ungeteilt mit einer vorgezogenen Spitze. Besiedelt Sumpfwiesen, Quellaustritte und Rieselhänge im Gebirge von etwa 1000–2550 m. Typus: Österreich, Salzburg, Radstädter Tauern, 1935.

*D. majalis* subsp. *parvimajalis* (F, Allevard, 21.6.2019, HP)

Kleinfleckiges Knabenkraut *Dactylorhiza majalis* subsp. *parvimajalis*: Unterscheidet sich von der subsp. *majalis* durch einen zierlicheren Habitus, meist nur 4 kürzere und schmälere, 1,2–2,4 cm breite Blätter, dünnere Stängel, einen Blütenstand mit nur 7–20 etwas kleineren Blüten und einen längeren, 10–13 mm langen Sporn. Die Lippe ist weniger tief geteilt mit breiteren Seitenlappen und kleineren Mittellappen. Blütezeit Juni bis Juli. Besiedelt ± saure Moorwiesen und Sümpfe von etwa 1000–2100 m. Verbreitet in den Westalpen, im Jura und in den Vogesen. Typus: Frankreich, Hautes-Alpes, La-Chapelle-en-Valgaudemar, 2000.

## Herz-Knabenkraut

— *Dactylorhiza cordigera* subsp. *cordigera* (inkl. subsp. *bosniaca*, Syn.: *D. lagotis*)

Ende Mai–Mitte Juli

**STECKBRIEF** 10–25 (35) cm hoch; Stängel hohl; Blätter gefleckt, untere Stängelblätter eiförmig, mittlere Stängelblätter eiförmig-lanzettlich, 5–11 cm lang (bei der var. *graeca* bis 20 cm lang), 1,5–4 cm breit, etwa in der Mitte am breitesten; Blütenstand eiförmig bis zylindrisch, 3,5–6 cm lang, (4) 8–28-blütig; Tragblätter 1,2–1,7 cm lang; Blüten purpurrosa bis dunkel purpurn, im Zentrum weißlich; Sepalen 8–10 mm lang, 3–4 mm breit; Lippe 8–16 mm lang, (5) 10–20 mm breit, dreieckig bis herzförmig, mit leicht vorgezogener Spitze und purpurner Schleifenzeichnung, an den Rändern gekerbt bis gewellt; Sporn auffallend kurz, dick-kegelförmig, 5–8 mm lang (8–9,5 mm bei der var. *graeca*), 3–5 mm dick (1,2–2 mm bei der var. *graeca*), schräg abwärts gebogen, zur Spitze hin schmäler werdend, etwa halb so lang wie der Fruchtknoten.

**VERWECHSLUNG** *D. majalis* hat einen 7,5–10 mm langen und 2–3,5 mm dicken Sporn.

**VORKOMMEN** Nasswiesen, Bachufer, Quellmoore; v. a. auf kalkarmen Böden. Etwa 900–2200 m.

**VERBREITUNG** Balkanisch-karpatisch. **Typus:** Rumänien, Banat, Muntii Tarcu bei Caransebesch, 1845.

**VARIABILITÄT** var. *graeca* mit schmalen, 15–20 cm langen und 1,5–2,5 cm breiten Blättern, einem längeren, schlanken, 8–9,5 mm langen, 1,2–2 mm dicken Sporn, helleren, rautenförmigen Lippen und einem sehr eng begrenzten Verbreitungsgebiet in Nordgriechenland. Dort siedelt sie in wenigen Quellsümpfen und Nasswiesen im Vrondous-Gebirge von etwa 1600–1800 m. Sie bildet wie die anderen Varietäten keine reinen Populationen.

var. *vermionica* hat schmale, ganzrandige, eher dreieckige Lippen mit einem deutlichen, aber einfachen Schleifenmuster. Die Blütenstände sind schmal und wenigblütig. Selten in Sumpfwiesen im Vermion-Gebirge Nordgriechenlands.

var. *rhodopeia* wurde als zierliche, 10–20 cm hohe Varietät mit schmalen Blättern, schmäleren, 5–7 mm breiten Lippen, schlankerem Sporn und nur 4–8-blütigen Blütenständen von der Stammart abgegliedert. Der Lippenmit-

*D. cordigera* (GR, Vitsi, 12.6.2014, HP)

*D. cordigera* var. *graeca* (GR, Levaditis, 16.6.2014, HP)

*D. cordigera* var. *vermionica* (GR, Vermion, 15.6.2003, HP)

*D. cordigera* var. *rhodopeia* (GR, Levaditis, 16.6.2014, HP)

*D. cordigera* subsp. *siculorum* (RO, Izvoare, 17.6.2019, NDA)

tellappen ist meist verlängert. Sie ist aus wenigen Quellsümpfen in den griechischen Rhodopen aus einer Seehöhe von rund 1300 m bekannt.

**UNTERART** Siculorum-Knabenkraut *Dactylorhiza cordigera* subsp. *siculorum*: Unterscheidet sich von der subsp. *cordigera* durch einen höheren, 25–45 cm hohen Wuchs, sehr breite, wenig spitz zulaufende untere Blätter und einen längeren, 8–11 mm langen Sporn, der nur wenig kürzer als der Fruchtknoten ist. Das Taxon erinnert im Aussehen an eine Übergangsform von *Dactylorhiza cordigera* zu *D. majalis*. Die Unterart besiedelt die Ostkarpaten und das Bihargebirge und bevorzugt hier feuchte Bergwiesen, Übergangsmoore und Fettwiesen von etwa 900–1800 m. **Typus:** Rumänien, 1926.

## Baumanns Knabenkraut
*— Dactylorhiza baumanniana*

Mitte Mai–
Anf. Juli

*D. baumanniana* (GR, Iti, 25.5.2012, HP)

**STECKBRIEF**

20–35 cm hoch; Stängel unten rund, oben kantig, meist bräunlich überlaufen; Blätter 4–5, gefleckt, selten auch ungefleckt, schmal-lanzettlich, die größten 9–15 cm lang, 0,8–2,5 cm breit, am Stängel locker verteilt und zum Grund hin etwas gehäuft; Blütenstand eiförmig bis kurz-zylindrisch, 5–10 cm lang, dicht

mit 8–25 Blüten; seitliche Sepalen zugespitzt, oben rinnig gefaltet; Lippe breiter als lang, ganzrandig, 8–11 mm lang, 8–13 mm breit, an der Basis weiß mit purpurnen Linien, Punkten oder Schleifen, Lippenmittellappen klein, etwas vorgezogen; Sporn dick, schwach konisch bis zylindrisch mit abrupter Spitze, schräg abwärtsgerichtet bis fast waagrecht.
**VERWECHSLUNG** *D. cordigera* hat breit-lanzettliche, 1,5–4 cm breite Blätter. *D. smolikana* und *D. pindica* haben einen höheren Wuchs, einen längeren und reichblütigeren Blütenstand und größere Blüten.
**VORKOMMEN** Flachmoore, Nasswiesen und Bachufer von etwa 1100–2000 m.
**VERBREITUNG** Endemit der Gebirge der südlichen Balkanhalbinsel. Typus: Griechenland, Grevena, bei Panorama, 1983.
**NAME** Benannt zu Ehren des deutschen Botanikers und Apothekers Helmut Baumann (1937–2014).

*D. baumanniana* (li: GR, Smolikas, 11.6.2014, HP; re: GR, Gramoz, 10.6.2014, HP)

## Pindus-Knabenkraut
*— Dactylorhiza pindica*

Mitte Mai–
Anf. Juli

*D. pindica* (GR, Gramoz, 9.6.2014, HP)

*D. pindica* (GR, Gramoz, 9.6.2014 HP; klein: GR, Iti, 4.6.2010, HP)

**STECKBRIEF** (25) 35–70 (80) cm hoch; Stängel hohl; Blätter 4–6, groß, stängelumfassend, gleichmäßig aufsteigend, breit-lanzettlich, 3,5–6 cm breit, mit der größten Breite ± in der Blattmitte, gefleckt; Blütenstand walzlich, 8–21 cm lang mit 25–80 großen, rosa bis purpurnen Blüten; seitliche Sepalen 12–14 mm lang, 4–5,5 mm breit, schräg aufwärts stehend; Lippe 10–13 mm lang, 16–20 mm breit, dreilappig mit abgesetztem Mittellappen, mit purpurnen Flecken und Strichen gezeichnet; Sporn 8–11 mm lang, 3–4,5 mm dick, waagrecht bis leicht abwärtsgerichtet, so lang oder etwas kürzer als der Fruchtknoten.
**VERWECHSLUNG** *D. cordigera* ist niedriger, hat schmälere Blätter und einen kürzeren, 7–14 cm langen Blütenstand mit 15–35 kräftiger gefärbten Blüten mit kurzem Sporn. *D. baumanniana* ist deutlich zierlicher mit kleineren Blüten. *D. smolikana* ist sehr ähnlich, weniger robust, hat aufrechter stehende, schlankere, ungefleckte Blätter und blüht etwas später auf.
**VORKOMMEN** Quellmoore, Sumpf- und Nasswiesen, Ufer; auf Sandstein und Serpentin. Etwa 1200–1800 m.
**VERBREITUNG** Endemit der südlichen Balkanhalbinsel. Typus: Griechenland, Kastoria, bei Pefko, 1987.
**VARIABILITÄT** Die hohe Variabilität der Art geht wahrscheinlich auf den Einfluss anderer *Dactylorhiza*-Sippen zurück, Hybridpopulationen sind im Gebiet häufig.

## Smolikas-Knabenkraut
— *Dactylorhiza smolikana*
(Syn.: *Dactylorhiza baumanniana* subsp. *smolikana*)

Juni

**STECKBRIEF** 30–60 cm hoch; Stängel unten rund, oben kantig; Blätter 4–6, ungefleckt, schmal-lanzettlich, 8–19 cm lang, 2–3,5 cm breit, steil bis schräg aufwärtsgerichtet; Blütenstand zylindrisch, nicht sehr reichblütig, 8–14 cm lang, aus 15–35 purpurrosa, großen Blüten; seitliche Sepalen zugespitzt, 10–13 mm lang, 3,5–4,5 mm breit; Lippe breiter als lang, ganzrandig, 9,5–13 mm lang, 12–16,5 mm breit, an der Basis weiß mit purpurnen Linien, Bögen oder Schleifen, Seiten oft heruntergeklappt, Lippenmittellappen meist vorgezogen; Sporn 7,5–10,5 mm lang, 3–4 mm dick, schräg abwärtsgerichtet.

D. *smolikana* (GR, Smolikas, L.c., 11.6.2014, HP)

**VERWECHSLUNG** *D. baumanniana* ist mit 20–35 cm Wuchshöhe niedriger, hat gefleckte, schmälere Blätter, die 0,8–2,5 cm breit sind, und einen Blütenstand mit nur 10–25 kleineren, rötlicheren Blüten. *D. pindica* hat meist gefleckte, weniger lange und kaum aufrecht stehende Blätter und stärker dreigeteilte Lippen.

**VORKOMMEN** Kalkarme Quellmoore und Nasswiesen. 1230–1550 m.

**VERBREITUNG** Endemit des nordgriechischen Smolikas-Gebirges, es sind nur wenige Fundorte mit reinen Pflanzen bekannt. **Typus:** Griechenland, Ioanina, nahe Agia Paraskevi, 1989.

## Pythagoras' Knabenkraut
— *Dactylorhiza pythagorae*

Ende Mai–
Anf. Juli

*D. pythagorae* (GR, Samos, Ambelos, 12.6.2015, BT)

**STECKBRIEF** 20–40 cm hoch; Stängel mit 4–7 ungefleckten, schräg aufwärtsgerichteten Blättern; untere Stängelblätter lanzettlich, 10–17 cm lang, 2–4 cm breit; Blütenstand kopfig bis zylindrisch, 5–15 cm lang, mit 8–40 rosa Blüten; seitliche Sepalen 11–15,5 mm lang, 3–5 mm breit, steif aufwärtsgerichtet; Lippe 9–15 mm lang, 10–14,5 mm breit mit schwacher Punkt- oder Strichzeichnung; Sporn 9–14,5 mm lang, 4–5 mm dick, waagrecht bis leicht abwärtsgerichtet, am Ende stumpf.

**VORKOMMEN** Hangmoore und Bachränder von 800–900 m.
**VERBREITUNG** Endemit der Insel Samos. **Typus:** Griechenland, Samos. Hier sehr selten im Ambelos-Gebirge.
**NAME** Benannt nach dem auf Samos geborenen Philosophen und Mathematiker Pythagoras (etwa 580–500 v. Chr.).
**ANMERKUNG** Die Sippe ist genetisch gut abgesetzt, sie ähnelt am ehesten *D. smolikana* und der anatolischen *D. urvilleana*.

## Kalopissis' Knabenkraut
*— Dactylorhiza kalopissii* subsp. *kalopissii*

Mai–Juni

**STECKBRIEF** (20) 30–50 (60) cm hoch; Stängel hohl, mit 5–6 ungefleckten, hellgrünen, steil aufwärtsgerichteten Blättern; untere Stängelblätter 11–15 cm lang, 2–4 cm breit, lanzettlich, rinnig gefaltet, mit der größten Breite unterhalb der Mitte; Blütenstand 8–12 cm lang, mit 8–35 rosa Blüten; seitliche Sepalen 9–12 mm lang, 3–4,5 mm breit, waagrecht abstehend bis schräg aufwärtsgerichtet; Lippe 7–9 mm lang, 9–12 mm breit, herzförmig bis dreilappig, flach, Lippengrundfarbe weiß bis hellrosa, mit mehreren Reihen purpurrosa Punkten; Sporn 6–9 mm lang, 2–2,5 mm dick, leicht abwärtsgerichtet, etwa zwei Drittel so lang wie der Fruchtknoten.

*D. kalopissii* subsp. *kalopissii* (GR, Milea, 19.6.2014, HP)

**VERWECHSLUNG** *D. incarnata* hat kleinere, 6–9 mm lange und 2,5–3,5 mm breite Sepalen und eine Lippenzeichnung mit Schleifen. Die Sippe hybridisiert gern mit *D. saccifera*, so auch im Terra typica. Reine Pflanzen sind dort relativ selten. Rückkreuzungen weisen oft Schleifenmuster auf der Lippe oder eine leichte Blattfleckung auf.
**VORKOMMEN** Quellsümpfe, Nasswiesen, Flachmoore; auf kalkarmen Böden. Etwa 600–1700 m.
**VERBREITUNG** Nordwestgriechenland und angrenzendes Albanien. **Typus:** Griechenland, Metsovo, Katara-Pass, 1976.
**NAME** Benannt zu Ehren des griechischen Botanikers Joannis Kalopissis (1913–2004), dem Entdecker der Art.
**UNTERART** Mazedonisches Knabenkraut *Dactylorhiza kalopissii* subsp. *macedonica* (Syn.: *Dactylorhiza macedonica*): Unterscheidet sich von der subsp. *kalopissii* durch einen höheren, (30) 45–75 cm hohen Wuchs, 8–10 gleichmäßig am Stängel verteilte Stängelblätter, von denen die unteren 18–26 cm lang sind, und einen längeren und reicheren Blütenstand aus 20–65 Blüten. Diese sind kleiner und weniger gezeichnet als bei der Nominatunterart. Die Lippen sind schmäler. Die Unterart ist bisher aus Nordgriechenland, Nordmakedonien, Albanien und Bulgarien bekannt. **Typus:** Griechenland, Drama, Mt. Menikion oberhalb Mikropolis, 1988.

*D. kalopissii* subsp. *macedonica* (GR, Edessa, 12.6.2014, HP)

## Ruthes Knabenkraut
— *Dactylorhiza ruthei* subsp. *ruthei* (Syn.: *D. pomeranica*)

Ende Mai–
Ende Juni

**STECKBRIEF** 30–60 cm hoch; Stängel hohl, mit 5–7 hellgrünen, ungefleckten, straff aufwärtsgerichteten Blättern, Stängelblätter breit-lanzettlich, größte Blätter 11–19 cm lang, 1,6–4,3 cm breit, gekielt, mit der größten Breite im unteren Drittel, das oberste Blatt den Blütenstand erreichend; Blütenstand 5–17 cm lang mit 15–70 hell- bis lilarosa Blüten mit weißem Sporneingang; seitliche Sepalen abstehend bis aufwärtsgerichtet, 9,5–12 mm lang; Lippe ungezeichnet bis schwach gestrichelt, flach und schwach bis deutlich dreigeteilt, 8,5–9,5 mm lang, 10,5–13 mm breit, Mittellappen teils stark vorgezogen, mit „anhängselförmig" aufgebogener Spitze; Sporn 7,5–8,5 mm lang, 2–3 mm dick, leicht abwärtsgerichtet, ± drei Viertel so lang wie der Fruchtknoten.

*D. ruthei* (D, Peenemünde, 5.6.2016, HP)

*D. ruthei* (D, Peenemünde, 4.6.2016, HP)

**VERWECHSLUNG** *D. incarnata* hat schmälere Blätter, deutlich gezeichnete Lippen (mit „Lätzchen") und kürzere, 6–9 mm lange Sepalen. *D. praetermissa* hat keine ungezeichneten und weniger dreiteilige Lippen, der Sporneingang ist nicht weiß. Die Lippenzeichnung ist bei *D. ruthei*, wenn vorhanden, weniger auf den Mittelteil konzentriert.
**VORKOMMEN** Küstennahe Sumpf- und Schilfwiesen auf kalkreichen Böden, selten nass stehend. Von Meeresniveau bis etwa 20 m.
**VERBREITUNG** Gegenwärtig nur von der Insel Usedom bekannt, aktuell sind etwa 2000 Exemplare an verschiedenen Stellen bekannt. Der Typusfundort am Osterkopf bei Swinemünde (und somit die polnischen Vorkommen) ist vermutlich erloschen. **Typus:** Polen, Osterkopf bei Swinemünde, 1897.
**NAME** Benannt zu Ehren des Erstfinders Johann Gustav Rudolf Ruthe (1823–1905), deutscher Tierarzt und Botaniker, der die Art am 13. Juni 1896 am Osterkopf bei Swinemünde entdeckte.
**UNTERARTEN**

Ösel-Knabenkraut *Dactylorhiza ruthei* subsp. *osiliensis* (Syn.: *Dactylorhiza osiliensis*): Unterscheidet sich von der subsp. *ruthei* durch höheren, 40–80 cm hohen Wuchs, schmälere, 1,8–2,5 cm breite Stängelblätter, eine wenig dreigeteilte Lippe und einen größeren, 10–11 mm langen und 3–4 mm dicken Sporn. Die Lippenzeichnung ähnelt sehr *D. praetermissa*. Blütezeit Mitte Juni bis Mitte Juli. Bisher nur vom Typusstandort bekannt, hier auf einer locker bewaldeten Sumpfwiese in etwa 10 m Seehöhe. **Typus:** Estland, Insel Ösel (Saaremaa), bei Lümanda, 2005.
Estnisches Knabenkraut *Dactylorhiza ruthei* subsp. *vironii* nom. prov. (beschrieben als *D. vironii*): Unterscheidet sich von der subsp. *ruthei* durch einen eher kleineren, 20–40 cm hohen Wuchs, etwas breitere Blätter, kürzere, 7–9 mm lange Sepalen und oft schmälere, 6,5–9,5 mm

*D. ruthei* subsp. *osiliensis* (EST, Saarema, 14.6.2011, HP)

*D. ruthei* subsp. *vironii* (EST, Virtsu, L.c., 16.6.2011, HP)

*D. ruthei* subsp. *osiliensis* (EST, Saarema, 14.6.2011, HP)

breite Lippen mit prominenteren Seitenlappen. Blütezeit Juni. In einer meeresnahen feuchten Mähwiese, bestanden mit einzelnen Bäumen und in lockeren Schilfbeständen über kalkreichem Sandboden knapp oberhalb dem Meeresniveau. Bisher nur in sehr wenigen reinen Exemplaren vom Locus classicus bekannt. **Typus:** Estland, Halbinsel Puhtu (Virtsu), (2007).

## Übersehenes Knabenkraut
— *Dactylorhiza praetermissa* subsp. *praetermissa*

Mitte Mai–
Anf. Juli

**STECKBRIEF** (20) 30–60 (70) cm hoch; Stängel hohl, mit 5–8 ungefleckten bis gefleckten (var. *junialis*) Blättern; größte Blätter 16–24 cm lang, 2,3–4 cm breit, ± in der Mitte am breitesten; Blütenstand 6–11 cm lang mit 25–70 purpurrosa Blüten; seitliche Sepalen 9,5–11 mm lang, 3,5–4,5 mm breit; Lippe dreilappig mit vorgezogenem Mittellappen, 7,5–9,5 mm lang und 10–11,5 mm breit, im Zentrum heller und mit purpurner Zeichnung; Sporn 8–9 mm lang und 2–3 mm dick, stumpf, ± drei Viertel so lang wie der Fruchtknoten.

**VERWECHSLUNG** *D. incarnata* hat kleinere Blüten mit 6–9 mm langen und 2,5–3,5 mm breiten Sepalen. *D. sphagnicola* ist zierlicher und hat deutlich schmälere Blätter; nur auf moorigem Untergrund.

*D. praetermissa* subsp. *praetermissa* (GB, Wales, Kenfig, 14.6.2017, HP)

*D. praetermissa* var. *junialis* (NL, Sluis, 1.6.2020, HP; klein: NL, Zaandjik, 2.6.2020, HP)

*D. praetermissa* subsp. *praetermissa* (GB, Wales, Kenfig, 14.6.2017, HP)

*D. ruthei* hat stärker dreiteilige Lippen mit weißem Sporneingang. Ihre Lippen sind häufig ungezeichnet.

**VORKOMMEN** Nasswiesen, Küstenwiesen, Dünentälchen, Sickerstellen, feuchte Straßengräben. Bis etwa 600 m.

**VERBREITUNG** Westeuropa von Westfrankreich bis Schweden. In Nordamerika eingeschleppt, vorübergehend eingeschleppt auch in der Schweiz und in Italien. Typus: England, Hornstock Northants, 1913.

**VARIABILITÄT** var. *junialis* (inkl. *D. pardalina*) hat oberseits ringförmig gefleckte Blätter, einen hohen

*D. praetermissa* var. *integra* (NL, Kerkrade, 9.6.2020, HP)

Wuchs, einen länglicheren Blütenstand und eine ausgeprägtere Lippenzeichnung aus vorwiegend Schleifen. Kommt in Norddeutschland, Dänemark, Niederlande, Belgien, Nordfrankreich und Südengland vor.

*D. praetermissa* subsp. *schoenophila* (GB, Abingdon, L.c., 4.6.2014, HP)

var. *integrata* mit häufig schlankeren Lippen, die im Randbereich kaum gezeichnet sind, und einer häufig dunkleren Blütenfarbe. Blätter ungefleckt. Kann eigene Populationen bilden.

**UNTERART** Binsen-Knabenkraut *Dactylorhiza praetermissa* subsp. *schoenophila*: Unterscheidet sich von der subsp. *praetermissa* durch in allen Teilen kleinere Maße: Wuchshöhe 15–35 cm, Blätter sehr schmal, 0,8–2,2 cm breit, Blütenstand 4–7 cm lang mit 5–20 Blüten. Der Lippenmittellappen ist kleiner und spitzer. Blütezeit Mitte Mai bis Mitte Juni. Bisher aus England und mit je einem Fund aus Belgien (Kampenhout) und den Niederlanden (Swartbroek) bekannt. Besiedelt Nasswiesen und kalkhaltige Niedermoore, die von der Kopfbinse, *Schoenus nigricans*, dominiert werden. Von Küstenniveau bis etwa 100 m. **Typus:** Großbritannien, Oxfordshire, Cothill-Moor bei Abingdon, 2012.

## Maasberg-Knabenkraut
— *Dactylorhiza montis-mosae* (pro hybr.)

Ende Mai–Mitte Juni

*D. montis-mosae* (B, Lanaye, L.c., 9.6.2020, HP; klein: NL, Kerkrade, 31.5.2020, HP)

**STECKBRIEF** Stabilisierte Hybride aus *Dactylorhiza fuchsii* × *D. praetermissa* var. *integrata*. Die Art steht im Aussehen entsprechend zwischen dem der Elternsippen: (25) 30–60 (90) cm hoch; Stängel mit 4–8 gefleckten, selten auch ungefleckten, lanzettlichen Blättern; Blütenstand dicht- und reichblütig; Blütengrundfarbe weiß bis rosa, Lippenränder und Perigonblätter purpurrosa; Lippe mit stark kontrastierender, purpurner Zeichnung aus Schleifen und Punkten.

**VERWECHSLUNG** *D. praetermissa* ist im Wuchs kompakter, hat ungefleckte Blätter (außer var. *junialis*) und oft dunklere Blüten mit weniger kontrastierender Lippenzeichnung.

**VORKOMMEN** Feuchtwiesen bis fast trockene Magerrasen, steht meist trockener als *D. praetermissa*.

**VERBREITUNG** Bisher bekannt aus Belgien, Niederlande und Luxemburg. **Typus:** Belgien, Sint-Pietersberg bei Lanaye, 2017.

**ANMERKUNG** Die Sippe bildet große, reine und relativ einheitliche Populationen aus.

## Torfmoos-Knabenkraut

— *Dactylorhiza sphagnicola* subsp. *sphagnicola* (inkl. subsp. *hoeppneri*, subsp. *deweveri*, *D. sennia*, *D. calcifugiens*)

Ende Mai–Anf. Juni

**STECKBRIEF** 20–40 (50) cm hoch; Stängel mit 4–6 steil aufwärtsgerichteten, hellgrünen, ungefleckten, schmal-lanzettlichen Blättern, untere Stängelblätter 10–24 cm lang, 1–2,4 cm breit, mit der größten Breite im unteren Drittel; Blütenstand walzen- bis pyramidenförmig, 4–8 cm lang mit 13–50 rosa bis purpurrosa Blüten; seitliche Sepalen asymmetrisch, 8–10,5 mm lang, 3–4 mm breit, oft gezeichnet; Lippe 7–9 mm lang, 9,5–12,5 mm breit, gezeichnet bis ungezeichnet; Sporn 9–11 mm lang, 2–2,5 mm dick, stumpf, leicht abwärtsgebogen.

**VERWECHSLUNG** *D. praetermissa* ist höherwüchsig, hat breitere, 1,8–4 cm breite Blätter, dunklere Blüten und wächst nicht in sauren Mooren.

li: *D. sphagnicola „deweveri"* (NL, Schinveld, 31.5.2020, HP); re: *D. sphagnicola „sennia"* (D, Sennelager, L.c., 6.6.2010, GL)

*D. sphagnicola* subsp. *sphagnicola* (B, Postel, 1.6.2020, HP)

**VORKOMMEN** Zwischenmoore und torfige Hochmoorränder; auf sauren, teils sehr nassen Böden von 50–600 m.

**VERBREITUNG** Von Nordostfrankreich bis Schweden und Finnland. **Typus:** Deutschland, Nordrhein-Westfalen, zwischen Wahn und Spich, 1933. Beschrieben wurden sehr kräftige Pflanzen, die heute nur noch selten vorkommen.

**VARIABILITÄT** Äußerst variabel, lokal können bestimmte Ausprägungen gehäuft auftreten. Diese wurden in der Vergangenheit als eigene Taxa beschrieben: „subsp. *hoeppneri*" mit kräftigem Wuchs, etwas breiteren Blättern und großen, farbigen Blüten; subsp. *„deweveri"* mit niedrigem Wuchs und kleinen Blüten (mit Einfluss von *D. maculata*?); *„D. sennia"* mit niedrigerem Wuchs und überwiegend hellen Blüten.

**UNTERART** Kalkfliehendes Knabenkraut *Dactylorhiza sphagnicola* subsp. *calcifugiens* (Syn. *D. majalis* subsp. *calcifugiens*): Unterscheidet sich von der subsp. *sphagnicola* durch reinweiße Blüten und ist bisher nur aus Nordjütland in Dänemark bekannt, wo sie feuchte, saure Dünentäler und Weideflächen, aber auch relativ trockene Sandböden entlang eines etwa 50 km langen Küstenstreifens besiedelt. **Typus:** Dänemark, Nissekær bei Glæde, 2004.

*D. sphagnicola* subsp. *calcifugiens* (DK, Lild, 5.6.2020, HP)

## Hohes Knabenkraut

— *Dactylorhiza elata* subsp. *elata* (inkl. subsp. *sesquipedalis*, *D. irenica*, *D. brennensis*)

Anf. Mai–
Ende Juli

**STECKBRIEF** (20) 50–100 cm hoch; Stängel hohl; Stängelblätter 8–13, fast immer ungefleckt, zum Grund hin etwas gehäuft, untere Stängelblätter 15–30 cm lang, (1,5) 3,5–6 cm breit, im unteren Drittel am breitesten, rinnig gefaltet, schräg aufwärts vom Stängel abstehend; Blütenstand schmal-zylindrisch, 10–25 cm lang, dicht- und reichblütig, mit 40–100 Blüten; Tragblätter 2,5–4 cm lang, 0,5–0,8 cm breit; Blüten purpurrosa; Sepalen 11–16 mm lang, 4–5 mm breit; Lippe 9–14 mm lang, 12,5–18 mm breit, vorne kurz dreilappig, purpurn gezeichnet, Mittellappen 3–5 mm lang; Sporn zylindrisch bis konisch, mit 10–15 mm Länge auffallend lang, 1,5–3,5 mm dick, abwärtsgerichtet.

**VERWECHSLUNG** *D. incarnata* hat 15–55-blütige Blütenstände, deutlich kleinere Blüten und 6–9 mm lange und 2,5–3,5 mm breite Sepalen.

*D. elata* subsp. *elata* (E, Formigal, 7.8.2010, HP)

li: *D. elata* subsp. *elata* (E, Villacastin, 15.6.2013, HP); re: *D. elata* var. *iberica* (E, Picos de Europa, 1.6.2007, HP)

**VORKOMMEN** Küstensümpfe, Quellmoore, Nasswiesen, Sickerstellen, feuchte Straßengräben. Bis etwa 1600 m.

**VERBREITUNG** Von Marokko, Spanien, Portugal und Frankreich bis Tunesien, ein kleines Vorkommen auf Sardinien, ehemals auch in den Niederlanden (angesalbt?). **Typus:** Algerien, Mechta Mazoula, 1927.

**VARIABILITÄT** Ausgesprochen variabel, sogar innerhalb einer Population. Var. *iberica*: Niedrigwüchsig, 20–35 cm hoch, mit schmalen Blättern, die 7–12-mal so lang wie breit sind. Bisher aus Spanien und Frankreich bekannt.

**UNTERARTEN** Brenne-Knabenkraut *Dactylorhiza elata* subsp. *brennensis*: Unterscheidet sich von der subsp. *elata* durch einen niedrigeren, 25–45 cm hohen Wuchs, 5–6 auffallend schmale Stängelblätter, kleinere Blüten mit etwa 8 mm langen Lippen und einem wenigblütigen Blütenstand aus 15–25 Blüten. Blütezeit Juni. Die Unterart ist ein französischer Lokalendemit, der nur in der Brenne bei

*D. elata* subsp. *brennensis* (F, Sainte Gemme, L.c., 3.6.2002, li: EG, re: HWZ)

*D. elata* subsp. *irenica* (E, Navalvillar, 28.5.2013, HP)

Sainte Gemme vorkommt. Dort in sumpfigen Heide- und Wiesengebieten über Kalk bis etwa 100 m. **Typus:** Frankreich, Département Indre, Sainte Gemme, 1976.

**Irenes Knabenkraut *Dactylorhiza elata* subsp. *irenica* nom. prov.** (Syn.: *D. traunsteineri* subsp. *irenica*, *D. irenica*): Benannt nach der Tochter des Beschreibers, Irene Vázquez Garcia. Unterscheidet sich von der subsp. *elata* durch den schmächtigen Habitus, eine Wuchshöhe von nur 12–25 cm, schmalere und am Grund gehäufte Blätter, die 6–10 cm lang und 0,5–1 cm breit sind. Der Blütenstand ist 5–7 cm lang und besteht aus 8–15 kleineren Blüten. Die Sepalen sind 5–8 mm lang, 2–3,5 mm breit, der Sporn ist 7–9 mm lang. Der Lippenmittellappen ist nur wenig vorgezogen. Die Sippe ist bisher nur vom Bergland des mittleren und nördlichen Teils der spanischen Extremadura von etwa 800–1400 m bekannt. Sie besiedelt saure Sümpfe und Hangquellmoore. **Typus:** Spanien, Provinz Cáceres, bei Navalvillar de Ibor, an der Straße zum Bischofs-Krankenhaus (2008).

## Caramulo-Knabenkraut
— *Dactylorhiza caramulensis* (Syn.: *D. maculata* subsp. *caramulensis*)

Anf. Mai–Ende Juni

**STECKBRIEF** 25–40 (50) cm hoch; Stängelblätter 4–7, gefleckt oder ungefleckt, zum Grund hin etwas gehäuft, untere Stängelblätter 12–16 cm lang, 1,5–3 cm breit; Blütenstand 5–15 cm lang, mit 10–50 relativ großen Blüten; Tragblätter 1,6–3,5 cm lang, 3,5–5,5 mm breit; Blüten rosa bis dunkelrosa; Sepalen 9–15 mm lang, 3–4 mm breit; Lippe 9–15 mm lang, 12–17 mm breit, Mittellappen nur wenig vorgezogen, Lippenmitte purpurn gezeichnet mit Schleifen, Strichen und Punkten; Sporn lang, zylindrisch bis konisch, 9–14 mm lang, 2–3 mm dick, nach unten gebogen.

*D. caramulensis* (P, Caramulo, 30.5.2013, HP)

**VERWECHSLUNG** *D. elata* ist höherwüchsig (50–100 cm hoch), reichblütiger mit 40–100 Blüten und hat breitere, 3,5–6 cm breite, fast immer ungefleckte Stängelblätter. Der Sporn ist noch länger und dicker.

**VORKOMMEN** Hangmoore, Quellfluren und Nasswiesen von etwa 300–1600 m.

**VERBREITUNG** Nordwestliche Iberische Halbinsel. **Typus:** Portugal, Serra do Caramulo, bei São João de Monte, 1970.

**ANMERKUNG** Vermutlich hybridogen aus *D. elata* × *D. maculata* entstanden.

## Abendländisches Knabenkraut
— *Dactylorhiza occitanica* (Syn.: *D. elata* subsp. *ambigua*)

Anf. Mai–
Mitte Juni

*D. occitanica* (F, Notre-Dame-de-Londres, 24.5.2018, HP; klein: F, Notre-Dame-de-Londres, L.c., 24.5.2018, HP)

**STECKBRIEF**
20–50 cm hoch; Stängel hohl; Blätter 5–7, länglich-lanzettlich, ungefleckt oder selten gefleckt; Blütenstand schmal-zylindrisch, 6–12 cm lang, aus 15–40 Blüten; Tragblätter schmal, ± so lang wie die Blüten; Blüten purpurrosa, seltener hell; Sepalen 7–11 mm lang, 3–4,5 mm breit, die beiden äußeren schräg nach oben gerichtet; Lippe 8–11 mm lang, 11–14 mm breit, vorne kurz dreilappig, mit purpurnen Schleifen und Punkten gezeichnet; Sporn schwach konisch, leicht abwärtsgerichtet, 8–11 mm lang, ± so lang wie der Fruchtknoten.

**VERWECHSLUNG** Steht etwa zwischen *D. majalis* und *D. elata*. *D. elata* ist mit 50–100 cm Wuchshöhe höherwüchsig, schlanker, hat 8–13 Stängelblätter, Blütenstände mit 50–110 Blüten und einen längeren, 10–15 mm langen Sporn. *D. majalis* hat meist gefleckte, kürzere Blätter, blüht früher und hat etwas kleinere, meist dunklere Blüten.

**VORKOMMEN** Nasse, ebene Mähwiesen, die im Sommer trockenfallen. Von Meeresniveau bis etwa 400 m.

**VERBREITUNG** Endemit Südfrankreichs, in den Regionen Provence-Alpes, Côte d'Azur, Rhône-Alpes und Languedoc-Roussilion. **Typus:** Frankreich, Département Tarn, Lisle-sur-Tarn, 1864.

## Böhmisches Knabenkraut
— *Dactylorhiza bohemica* (Syn.: *D. traunsteineri* subsp. *bohemica*)

Anf. Juni–
Ende Juli

*D. bohemica* (CZ, Staré Splavy, L.c., 26.6.2010, HP)

**STECKBRIEF** 15–25 (40) cm hohe, schlanke, zierliche Pflanze; Stängel dünn, grün; Stängelblätter 3–4, schräg abstehend bis aufwärtsgerichtet, 7–21 cm lang, 0,9–2 cm breit, ungefleckt bis leicht gefleckt, gekielt; Blütenstand zylindrisch, 3–8 cm lang mit 5–15 dunkelrosa bis purpurrosa, relativ kleinen Blüten; Sepalen 8–9,5 mm lang, 3–3,5 mm breit; Lippe dreilappig mit vorgezogenem, oft herabgebo-

genem Mittellappen, 6,5–9 mm lang, 9–12 mm breit, mit purpurnen Schleifen und Punkten, an der Basis weißlich; Sporn gerade, konisch, waagrecht abstehend bis leicht abwärts weisend, 7–9 mm lang, 1,5–2,4 mm dick. Blütezeit eher spät, Ende Juni bis Anfang Juli.
**VERWECHSLUNG** *D. traunsteineri* hat einen etwas kräftigeren Habitus und größere Blüten mit einem größeren, 8–14 mm langen, 2–3,5 mm dicken Sporn.
**VORKOMMEN** Sumpfwiesen von ± 250–270 m.
**VERBREITUNG** Bisher nur wenige Fundorte in der Umgebung des Locus typicus zwischen dem Dorf Staré Splavy und dem Bahnhof Jestrebi im tschechischen Bezirk Česká Lípa bekannt. **Typus:** Tschechien, Česká Lípa, 1989.
**ANMERKUNG** Vermutlich hybridogen entstandene Art.

*D. bohemica* (CZ, Staré Splavy, L.c., 26.6.2010, HP)

## Traunsteiners Knabenkraut
— *Dactylorhiza traunsteineri* subsp. *traunsteineri* (inkl. subsp. *vosagiaca*)

Ende Mai–Ende Juli

**STECKBRIEF** 15–40 cm hohe, schlanke Pflanze; Stängel dünn, grün, im oberen Teil purpurn überlaufen, kantig; Blätter 3–5, schräg abstehend bis steil aufwärtsgerichtet, 5–18 cm lang, 0,5–1,8 cm breit, 5–10-mal so lang wie breit, gefleckt oder ungefleckt, rinnig bis gekielt; Blütenstand zylindrisch, 5–12 cm lang mit 5–15 Blüten, locker- und wenigblütig; Tragblätter ± so lang wie die Blüten; Blüten verhältnismäßig groß, dunkelrosa bis purpurrosa, am Lippengrund weiß; Lippe dreilappig mit vorgezogenem Mittellappen, 7–10 mm lang, 7,5–13 mm breit; Sporn lang, gerade, konisch, waagrecht abstehend bis leicht abwärts weisend, 8–14 mm lang, 2–3,5 mm breit, etwas kürzer als der Fruchtknoten.

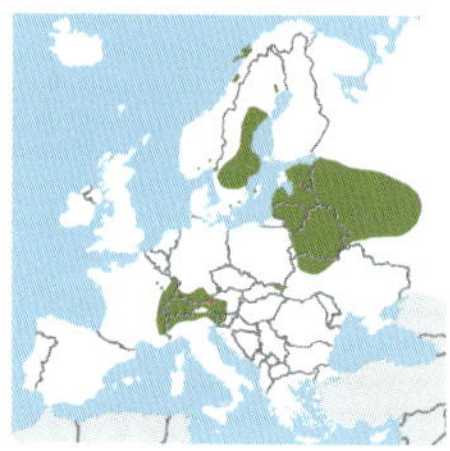

*D. traunsteineri* subsp. *traunsteineri* (D, Spiegelau, 25.6.2010, HP)

**VERWECHSLUNG** *D. majalis* hat kürzere und breitere Blätter, die 2–4-mal so lang wie breit sind. *D. lapponica* hat weder rinnige, noch gekielte Blätter.
**VORKOMMEN** Feuchte bis nasse Wiesen, Nieder- und Quellmoore. Auf basen-, meist kalkreichen Böden, teils in relativ sauren Bereichen. Bis 2150 m.

*D. traunsteineri* subsp. *traunsteineri* (li: D, Spiegelau, 25.6.2010, HP; re: D, Bergen, 12.6.2010, HP)

*D. traunsteineri* subsp. *curvifolia* (li: D, Meyenburg, 8.6.2020, HP; re: LIT, Pravirŝulis, 21.6.2011, HP)

*D. traunsteineri* subsp. *curvifolia* (LIT, Pravirŝulis, 21.6.2011, HP)

**VERBREITUNG** Die Verbreitung der Unterart wird sehr unterschiedlich gesehen. Hier wird ECCARIUS (2016) gefolgt und die Unterart als europäisches Element mit einer Verbreitung von Frankreich und Norwegen bis ins europäische Russland gesehen. **Typus:** Österreich, Tirol, bei Kitzbühel, 1830.

**NAME** Benannt zu Ehren des Tiroler Apothekers Joseph Traunsteiner (1798–1850), der sie um das Jahr 1830 am Schwarzsee bei Kitzbühel entdeckte (zuvor hatte sie allerdings schon der Bergrat und Liebhaber-Botaniker Michael Mielichhofer am Zeller See gefunden). Traunsteiner teilte seinen Fund dem Botaniker Anton Sauter (1800–1881) mit und dieser wiederum Heinrich G. L. Reichenbach. Die Einstufung als Varietät durch Reichenbach missfiel Sauter und so beschrieb er sie 1837 selbst im Artrang.

*D. traunsteineri* subsp. *devillersiorum* (F, Chameroy, L.c., 8.6.2014, BT)

**VARIABILITÄT** Sehr variable Sippe mit lokalen Ausprägungen. So blühen die meisten Populationen im Alpenvorland erst Ende Juni auf, einige jedoch schon im Mai. Auch Blattbreite, Wuchshöhe, Blütenanzahl und -größe können variieren. Aus diesem Grund werden immer wieder Lokalrassen abgetrennt und oft sogar im Artrang beschrieben.

**UNTERARTEN**

Russows Knabenkraut *Dactylorhiza traunsteineri* subsp. *curvifolia* (Syn.: *D. russowii*): Zu Ehren des deutsch-baltischen Botanikers Edmund Russow (1841–1897) benannt. Unterscheidet sich von der subsp. *traunsteineri* durch teilweise bogig gekrümmte und oberseits stark gefleckte Blätter sowie einer Lippe mit stark vorgezogenem Mittellappen mit stumpfer Spitze. Die Blüten stehen dichter und sind häufig etwas heller und kleiner. Blütezeit Anfang Juni bis Mitte Juli. Hauptverbreitung nordosteuropäisch, östlich inselartig bis fast zum Baikalsee reichend. Besiedelt kalkhaltige Sümpfe und Moorwiesen bis etwa 1000 m. Die nordostdeutschen Vorkommen sind fast erloschen. **Typus:** Russland, Tiudie, 1844.

Devillers´ Knabenkraut *Dactylorhiza traunsteineri* subsp. *devillersiorum* nom. prov.: Benannt zu Ehren der zeitgenössischen belgischen Orchideenspezialisten Jean Devillers-Terschuren und Pierre Devillers. Unterscheidet sich von der subsp. *traunsteineri* durch die 4–7 breiteren,

D. *traunsteineri* subsp. *schurii* (RO, Prejmer, 11.6.2016, BB; klein: RO, Prejmer, 6.6.2019, NDA)

1,3–2,8 cm breiten Blätter. Der Blütenstand ist mit 10–28 größeren Blüten reichblütiger. Die Lippe ist mit 9–12 mm Länge und 11–14,5 mm Breite größer. Blütezeit Ende Mai bis Ende Juni. In kalkreichen Sumpfwiesen von etwa 380–600 m. Verbreitet im französischen Département Haute-Marne, möglicherweise auch in Burgund. **Typus:** Frankreich, Haute-Marne, Chameroy, 2011.

**Schurs Knabenkraut** ***Dactylorhiza traunsteineri*** **subsp.** ***schurii*:** Benannt zu Ehren von F. P. J. Schur (1799–1878), deutscher Botaniker. Die Unterart ist charakterisiert durch einen schlanken, niederen, 18–27 cm hohen Wuchs, schmale, oft nach außen gebogene Blätter, einen schopfigen Blütenstand und Tragblätter, die länger als die Blüten sind. Auf die rumänischen Ostkarpaten beschränkt, hier bis etwa 1400 m. **Typus:** Rumänien, bei Reussen (Rus. i) in Siebenbürgen, 1894.

## Torf-Knabenkraut

— *Dactylorhiza turfosa* nom. prov. (beschrieben als *D. majalis* subsp. *turfosa*, Syn.: *D. traunsteineri* subsp. *turfosa*)

Anf. Juni–Mitte Juli

*D. turfosa* (CZ, Horska Kvilda, L.c., 16.6.2012, HP)

**STECKBRIEF** (12)
15–20 (26) cm hoch; Stängel hohl, im oberen Teil purpurn bis schwarzpurpurn überlaufen; Blätter 3–4, gelblich grün, gekielt, lanzettlich-linear, (6) 7–9 (12) cm lang, (0,7) 1,1–1,3 (1,6) cm breit, ungefleckt, selten gefleckt (*'aspersa'*); Blütenstand oval bis kurz-zylindrisch, (3) 4–5 (6,5) cm lang; Blüten dunkelrot, dunkelrosa bis dunkelpurpurn, am Lippengrund weiß; Lippe dreilappig mit vorgezogenem Mittellappen, Seitenlappen am Rand schwach gekerbt; Sporn walzlich konisch, gerade bis leicht abwärtsgebogen, 7,5–10 mm lang, 2–3,5 mm dick, fast so lang wie der Fruchtknoten.

**VERWECHSLUNG** *D. traunsteineri* ist höherwüchsig mit dünnerem Stängel, hat größere, locker stehende Blüten, die meist weniger dunkel sind. Sie blüht etwas später. *D. majalis* hat breitere, 1,8–4,5 cm breite Blätter, die oberseits meist gefleckt sind.
**VORKOMMEN** Kalkfreie Moore und Sümpfe von 900–1100 m.
**VERBREITUNG** Bisher nur aus einem sehr kleinen Gebiet im tschechischen Böhmerwald bekannt. **Typus:** Tschechien, Böhmen, Moor am Fuß des Berges Antigl (Sokol) südöstlich des Dorfes Innergefild (Horska Kvilda), 1982.
**ANMERKUNG** Vermutlich stabilisierte Hybridsippe aus *D. majalis* × *D. traunsteineri*.

*D. turfosa* (CZ, Horska Kvilda, L.c., 26.6.2010, HP)

## Schmalblättriges Knabenkraut
— *Dactylorhiza angustata* (Syn.: *D. delphinensis*; *D. lapponica* subsp. *angustata*, *D. traunsteineri* subsp. *angustata*)

eher spät: Mitte Juni–Juli

*D. angustata* (F, Grasse, 21.6.2002, HP; klein: F, St. Alban, 15.6.2014, OG)

**STECKBRIEF** 15–25 (35) cm hoch; Stängel hohl, grün, oben violett überlaufen; Blätter 3–7, schräg abstehend, 4–12 cm lang, 1–2,5 cm breit, 4–7-mal so lang wie breit, meist gefleckt, rinnig bis gekielt; Blütenstand zylindrisch, 4–9 cm lang mit 8–27 Blüten; Blüten verhältnismäßig groß, blass- bis dunkelrosa, am Lippengrund weiß; Lippe dreilappig mit wenig vorgezogenem Mittellappen, 8–10,5 mm lang, 9–14 mm breit, mit purpurner Schleifenzeichnung; Sporn gerade, konisch, waagrecht abstehend bis leicht abwärtsgerichtet, 8–11 mm lang, 2–3,5 mm breit.

**VERWECHSLUNG** *D. traunsteineri* hat längere und schmälere Blätter, die 5–18 cm lang und 0,5–1,8 cm breit sind, und einen wenigblütigeren, lockereren Blütenstand mit 5–15 Blüten.
**VORKOMMEN** Nasswiesen, Sümpfe, Moore und Sickerstellen von etwa 800–2000 m.
**VERBREITUNG** Westalpen. **Typus:** Frankreich, Isère, le Japin sur Murianette östlich von Grenoble, 1871.
**ANMERKUNG** Vermutlich stabilisierte Hybridsippe, möglicherweise aus *D. majalis* × *D. traunsteineri* entstanden.

*D. angustata* (F, Grasse, 21.6.2002, HP)

## Traunsteinerartiges Knabenkraut
— *Dactylorhiza traunsteinerioides*

früh: Mitte Mai–Ende Juni

**STECKBRIEF** 10–30 cm hoch; Stängel hohl; Stängelblätter 3–5, schmal-lanzettlich, 0,9–1,8 cm breit, den Stängel scheidig umfassend, den Blütenstand oft erreichend, ungefleckt bis verwaschen gefleckt; Blütenstand 3–6 cm lang, mit wenigen, 6–25 purpurrosa Blüten; seitliche Sepalen schräg nach oben gestreckt, oft mit schwacher, dunkler Punkt- oder Strichzeichnung; Lippe eher groß, dreilappig, 7–9 mm lang, 9–12 mm breit, purpurn gemustert, Lippenseitenlappen ausgebreitet oder schwach nach oben gewölbt; Sporn gekrümmt, nach unten gebogen, 8–11 mm lang.
**VERWECHSLUNG** *D. traunsteineri* hat schmälere 0,4–1,4 cm breite Blätter und einen 5–12 cm langen Blütenstand, sie fehlt auf den Britischen Inseln. *D. francis-drucei* ist mit 5–15 cm Wuchshöhe meist kleiner, hat dunklere Blüten, eine weniger stark dreilappige Lippe und einen längeren, 10–14 mm langen Sporn. Sie blüht später. Auch *D. praetermissa* subsp. *schoenophila* blüht etwas später und hat kaum dreiteilige Lippen, der Sporn ist gerade.

**VORKOMMEN** Kalkhaltige Moore, Nasswiesen und feuchte Dünentäler bis etwa 100 m.
**VERBREITUNG** Endemit der Britischen Inseln, durch Verwechslung noch immer ungenügend bekannt. In Publikationen werden häufig Bastarde der verschiedensten Sippen gezeigt. Die hier angegebene Verbreitung dürfte aus diesem Grund übertrieben sein. **Typus:** Irland, Newcastle, Wicklow, 1936.

*D. traunsteinerioides* (GB, Anglesey, 4.6.2017, HP)

*D. traunsteinerioides* (GB, Anglesey, 4.6.2017, HP)

## Karpaten-Knabenkraut
— *Dactylorhiza carpatica* (Syn.: *D. traunsteineri* subsp. *carpatica*)

Juni

**STECKBRIEF** 30–55 cm hohe, schlanke Pflanze; Stängel grün, im oberen Teil meist purpurn überlaufen; Blätter 4–5, schräg aufwärtsgerichtet, 8,5–16,5 cm lang, 1–1,9 cm breit, 7–11-mal so lang wie breit, stark gefleckt, rinnig; Tragblätter etwas länger als die Blüten; Blütenstand 6–8 cm lang mit 11–26 relativ kleinen, blassvioletten Blüten; Sepalen 6,6–8,7 mm lang, 2,2–3,1 mm breit; Lippe schwach dreilappig mit vorgezogenem Mittellappen, 5,8–7,5 mm lang, 6,3–10,6 mm breit; Sporn konisch, schräg abwärtsgerichtet, 5,6–8,1 mm lang, 1,6–2,1 mm dick, etwas kürzer als der Fruchtknoten.
**VERWECHSLUNG** *D. traunsteineri* ist mit 15–40 cm Wuchshöhe niedriger, hat schmalere, oft ungefleckte Blätter, größere, locker angeordnete und

dunklere, rötlichere Blüten und einen größeren, 8–14 mm langen und 2–3,5 mm breiten Sporn. *D. fuchsii* hat flachere, kürzere und breitere Blätter und dreiteiligere Lippen.
**VORKOMMEN** Hangsümpfe, Sumpfwiesen. Etwa 250–1300 m.
**VERBREITUNG** Tschechien, Slowakei, möglicherweise auch in Rumänien. **Typus:** Tschechien, Südostmähren, Weiße Karpaten (Bilé Karpaty), nahe dem Ort Brezová, 1999.

*D. carpatica* (CZ, Brezová, L.c., 16.6.2012, HP)

*D. carpatica* (CZ, Brezová, L.c., 16.6.2012, HP)

## Baltisches Knabenkraut
— *Dactylorhiza baltica* (Syn.: *D. majalis* subsp. *baltica*)

Juni–Juli

*D. baltica* (EST, Saarema, 15.6.2011, HP; klein: LV, Lilaste, 13.6.2011, HP)

**STECKBRIEF**

20–35 (65) cm hohe, kräftige Pflanze; Stängel dick, hohl, oben kantig; Blätter 4–9, hellgrün, auf der Oberseite gefleckt, selten ungefleckt, lanzettlich, 12–29 cm lang, 1,6–3,5 cm breit; Blütenstand dicht- und vielblütig mit 15–50 hellrosa Blüten; Sepalen 8–10 mm lang, 3–4,5 mm breit; Sporn 6–9 mm lang, 2–3 mm dick, konisch, leicht abwärtsgebogen.
**VERWECHSLUNG** *D. majalis* ist niedriger, hat kürzere und 1,8–4,5 cm breite Blätter, dunklere, rötlichere Blüten und blüht früher.
**VORKOMMEN** Feucht- und Nasswiesen sowie Flachmoore über kalkarmen Böden, salzertragend, daher gern meeresnah. Landeinwärts bis etwa 400 m.
**VERBREITUNG** Von Nordpolen und Südfinnland bis in die Mongolei. **Typus:** Lettland, Wolmar (Valmiera), 1898.
**VARIABILITÄT** Die var. *kuzkenembe* hat ungefleckte Blätter, einen kürzeren, dünneren Blütenstand und dunklere Blüten. Die Sippe ist bisher von Kuusnõmme und Kaarmise auf der estnischen Insel Ösel (Saaremaa) bekannt.

## Sack-Knabenkraut

— *Dactylorhiza saccifera* subsp. *saccifera* (inkl. *D. gervasiana*)

eher spät:
Mai–Anf. Aug.

**STECKBRIEF** (20) 30–50 (60) cm hoch; Stängel vollmarkig, oben rinnig; Blätter 6–12, im oberen Teil des Stängels gedrängt und in die Tragblätter übergehend, oberseits gefleckt (im Taygetos meist ungefleckt), lanzettlich bis breit-lanzettlich, spitz zulaufend; Blütenstand locker- bis dichtblütig; Blüten rosa bis dunkelrosa; Sepalen eiförmig-lanzettlich, die seitlichen gefleckt; Petalen kürzer; Lippe dreilappig, flach, 8–10 mm lang, 10–15 mm breit, der Mittellappen zugespitzt und vorgezogen, stark gezeichnet mit purpurnen, unregelmäßigen Strichen; Sporn sackartig-zylindrisch, 11–13 mm lang, 3–4 mm dick, sich nach hinten verjüngend, schräg abwärtsgerichtet.

*D. saccifera* (li: BG, Bansko, 4.8.2017, HP; re: GR, Taigetos, 2.6.2012, HP)

**VERWECHSLUNG** *D. fuchsii* hat einen 6–12 mm langen und schlankeren, 1,4–2,5 mm dicken Sporn. Die Lippen sind weniger breit, der Wuchs weniger stark. In den nördlichen Randgebieten kommen Übergänge vor, die schwer einzuordnen sind. Demzufolge müsste *D. fuchsii* als später beschriebenes Taxon eigentlich im Unterartrang geführt werden.

**VORKOMMEN** Quellfluren, Sickerstellen, Gewässerufer, Feuchtwiesen, frische bis feuchte Wälder, Schluchten. Von ± 400–2000 m.

**VERBREITUNG** Von Kroatien und Rumänien bis Ostanatolien und in die Levante. **Typus:** Griechenland, Peloponnes, Taygetos, 1832.

**UNTERART** Gervasis Knabenkraut *Dactylorhiza saccifera* subsp. *gervasiana* (inkl. *D. cyrnea*): Benannt zu Ehren des italienischen Botanikers Nicolo Gervasi (1632–1681) aus Palermo, dem Entdecker der Sippe. Unterscheidet sich von der subsp. *saccifera* durch einen etwas dünneren Sporn und durch Wuchsorte, die nicht

*D. saccifera* (GR, Taigetos, 2.6.2012, HP; klein: GR, Gramoz, 2.8.2017, HP)

*D. saccifera* subsp. *gervasiana* (I, Gargano, 26.5.2015, HP)

*D. saccifera* subsp. *gervasiana* (I, Cilento, 27.5.2012, HP)

ganzjährig auf Feuchtigkeit angewiesen sind. Die Unterart ist auf Italien beschränkt, die korsischen Pflanzen tendieren stark zu *D. fuchsii* (s. dort). Sie wurden als *D. cyrnea* beschrieben, kommen aber auch am italienischen Festland in Begegnungszonen vor. Subsp. *gervasiana* besiedelt vorzugsweise frische bis feuchte Wälder, beschattete Straßengräben und Böschungen von ± 300–800 m. **Typus:** Italien, Nordsizilien, 1842.

## Fuchs' Knabenkraut

— *Dactylorhiza fuchsii* subsp. *fuchsii* (inkl. *D. fuchsii* subsp. *sooana, D. isculana, D. psychrophila, D. okellyi, D. hebridensis, D. cyrnea*))

Mai–Aug.

**STECKBRIEF** Extrem variabel, 15–50 (70) cm hoch, schlank, mittelgroß, zierlich bis kräftig; Stängel vollmarkig, oben kantig, oft purpurn überlaufen; 5–10 Blätter mit breiten Flecken, die quer zur Nervrichtung liegen, lanzettlich, 5–20 cm lang, 1,2–3 cm breit, am breitesten in oder über der Mitte, das unterste Blatt breit, oft rundlich, stumpf, obere Blätter tragblattartig; Blütenstand kegelförmig, dichtblütig, Blütenfarbe variabel von rosa über purpurn bis weißlich; Lippe tief dreilappig, Mittellappen meist groß und vorgezogen, mit kräftigem, purpurnem Schleifenmuster, Punkten und Strichen; Sporn länglich zylindrisch, waagrecht oder schräg abwärtsgebogen.

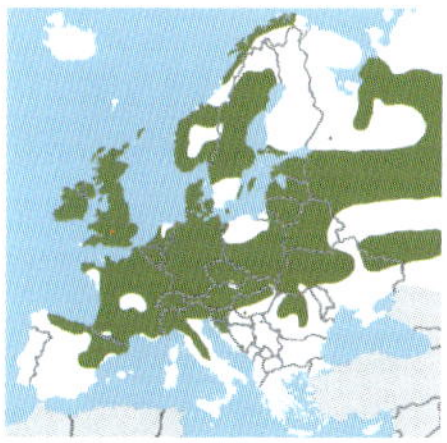

**VERWECHSLUNG** *D. maculata* hat einen Lippenmittellappen, der die Seitenlappen kaum überragt und ein schlankes, spitzes unterstes Blatt.

**VORKOMMEN** Sehr anpassungsfähig, so in Wiesen, Weiden, Halbtrockenrasen, Borstgrasrasen, Wäldern, Sümpfen, Mooren, an Straßenrändern, Flach- und Quellmooren, Waldlichtungen, usw.; auf kalkreichen und kalkarmen Böden. Bis etwa 2500 m.

*D. fuchsii* subsp. *fuchsii* (F, Causse du Larzac, 28.5.2016, HP)

*D. fuchsii* subsp. *fuchsii* (li: EST, Saarema, 15.6.2011, HP; re: A, Graz, 6.6.2014, HP)

*D. fuchsii* subsp. *hebridensis* (GB, Donnet, 16.6.2013, BT)

*D. fuchsii* „subsp. *psychrophila*" (A, Lawinenstein, 8.7.2012, HP)

*D. fuchsii* subsp. *okellyi* (IRL, Burren, L.c., 8.8.2002, HP)

**VERBREITUNG** Eurosibirische Art von Spanien, Irland und Skandinavien bis Sibirien. Genetisch können zwei Stämme unterschieden werden, die aber kein abgrenzbares eigenes Territorium haben und morphologisch offenbar nicht zu unterscheiden sind. Typus: England, Oxfordshire, Wantage, 1915.

**NAME** Die Art ist nach dem Tübinger Medizinprofessor Leonhard Fuchs (1501–1566) benannt, der in seinem Buch „De Historia Stirpium" ein Bild dieser Art veröffentlichte. Neben der Orchidee ist u. a. auch die Gattung *Fuchsia* (Fam. Oenotheraceae) zu seinen Ehren benannt.
**VARIABILITÄT** Neben den unten genannten Unterarten, die auch als Arten oder Varietäten geführt werden, gibt es lokal besondere Ausprägungen. So werden z. B. ungefleckte Pflanzen mit blassen, kaum gezeichnete Blüten in Rumänien als subsp. oder var. *sooana* bezeichnet. Übergangspopulationen zwischen *D. fuchsii* und *D. saccifera* supsp. *gervasiana* wurden von Korsika als *D. cyrnea* beschrieben. Sie treten auch in Begegnungszonen in Italien auf, Übergänge zu *D. saccifera* s.str. sind u. a. aus Rumänien bekannt.
**UNTERARTEN** Hebriden-Knabenkraut *Dactylorhiza fuchsii* subsp. *hebridensis*: Unterscheidet sich von der subsp. *fuchsii* durch einen gedrungeneren, 10–25 cm hohen Wuchs, einen dichteren Blütenstand und deutlich größere Blüten, die oft rötlicher sind. Blütezeit Ende Juni bis Ende Juli. Die Verbreitung beschränkt sich auf die Westküste der Britischen Inseln: Äußere Hebriden, Irland und

*D. fuchsii* subsp. *punicea* (N, Hinnøya, 4.7.2008, SH)

*D. fuchsii* subsp. *punicea* (N, Andøya, 4.7.2008, SH)

Insel Skye. Dort besiedelt sie küstennahe Heiden und bewachsene Dünen bis etwa 100 m. **Typus:** Großbritannien, Äußere Hebriden, Insel Lewis, bei Ardroil, 1939. **O'Kellys Knabenkraut *Dactylorhiza fuchsii* subsp. *okellyi*** (Syn.: *D. okellyi*, *D. maculata* subsp. *okellyi*): Benannt zu Ehren des irischen Botanikers Patrick O'Kelly (1890–1930), dem Entdecker der Sippe. Unterscheidet sich von der subsp. *fuchsii* durch einen niedrigeren, 15–25 cm hohen Wuchs, schmalere und ungefleckte Grundblätter und duftende, meist reinweiße Blüten. Die Lippen tendieren zu *D. maculata*. Sie besiedelt kalkreiche Magerrasen, Hanganrisse und Karstgebiete bis etwa 500 m und ist aus dem westlichen Irland, Nordirland, Isle of Man und den südlich des Firth of Lorne der schottischen Küste vorgelagerten Inseln bekannt. **Typus:** Irland, County Clare, Ballyvaughan, 1909.

**Kälteliebendes Knabenkraut *Dactylorhiza fuchsii* „subsp. *psychrophila*"**: Unterscheidet sich von der subsp. *fuchsii* laut Beschreibung durch schlankeren Wuchs, einer Beblätterung nur an der Stängelbasis mit 1–2 weiteren tragblattähnlichen Stängelblättern und einem schmalen Lippenmittellappen. Die Blüten im Terra typica sind relativ groß und tendieren zu *D. maculata*. Vermutlich ist sie mit der subsp. *montellii* identisch. Die Sippe besiedelt sehr zerstreut Nordskandinavien und Sibirien, wo sie auf Kalkböden in der arktischen Tundra und auf Waldwiesen von 200–700 m vorkommt. Die Pflanzen der Alpen und des mitteleuropäischen Berglandes sind vermutlich nicht mit dieser Sippe identisch, werden aber allgemein als solche bezeichnet. Sie haben kleine Blüten. **Typus:** Finnland, Lappland, Muonio, 1927.

**Lofoten-Knabenkraut *Dactylorhiza fuchsii* subsp. *punicea*** (Syn.: *Dactylorhiza andoeyana*): Unterscheidet sich von der subsp. *fuchsii* durch einen schlankeren, aber hochwüchsigeren Habitus, einen hohlen, oben dunkelpurpurn überlaufenen Stängel, schmal-lanzettliche, rinnige Blätter und intensiv purpurrosa Blüten. Die Pflanzen sind 25–45 cm hoch, die Blätter schmal, gefleckt oder ungefleckt. Blütezeit Ende Juni bis Mitte Juli. Besiedelt Moore, feuchte Waldränder, Böschungen und Sumpfwiesen bis etwa 100 m auf den Lofoten und Vesterålen, aber auch auf Hinnøya und wahrscheinlich auch anderen Inseln in Nordnorwegen. **Typus:** Norwegen, Inselgruppe Vesterålen, Insel Andøya, 2007.

## Geflecktes Knabenkraut

— *Dactylorhiza maculata* subsp. *maculata* (inkl. *D. elodes*) | Juni–Juli

**STECKBRIEF** 15–45 cm hohe, teilweise ziemlich kräftige Pflanze, in sauren Mooren meist zierlich; Stängel hell- bis dunkelgrün, oben kantig; Blätter 4–10, auf der Oberseite stark gefleckt, die unteren breit-lanzettlich, zugespitzt, abwärts stehend, rinnig bis gefaltet, die oberen schmal-lanzettlich, schräg bis steil aufwärtsgerichtet, den Blütenstand nicht erreichend, 5–15 cm lang, 1,2–3 cm breit; Blütenstand zylindrisch bis verlängert, 3–8 cm lang, mit 10–35 Blüten; Tragblätter lanzettlich, grün, oft purpurn überlaufen; Blüten mittelgroß, weißlich bis bläulich hellrosa oder purpurn; seitliche Sepalen abstehend, 7,5–9,5 mm lang, 2,5–3 mm breit; Lippe undeutlich dreilappig, 6–8,5 mm lang, 9–12,5 mm breit, Mittellappen ± kürzer als die Seitenlappen, Lippenzeichnung aus purpurnen Schleifen; Sporn dünn, („*elodes*" oft sehr dünn und kurz), zylindrisch, 5,5–8 mm lang, 1–1,5 mm dick, leicht abwärtsgerichtet.

**VERWECHSLUNG** Bei *D. fuchsii* ist der Lippenmittellappen deutlich länger als die Seitenlappen, die Blätter sind an der Basis breiter, das unterste ist stumpf löffelförmig.

**VORKOMMEN** Saure, feuchte bis nasse Böden, Sumpfwiesen, Hochmoore. Bis etwa 2300 m.

**VERBREITUNG** Von Norwegen und Nordportugal ostwärts bis Mittelsibirien. **Typus:** Schweden, bei Uppsala, 1753.

*D. maculata* subsp. *maculata* (li: DK, Öster Vrögum, 7.6.2020, HP; re: F, Saint-Sauveur-Campriau, 18.6.2019, HP)

*D. maculata* subsp. *maculata* (li: F, Orteulle, 18.6.2019, HP; re: DK, Öster Vrögum, 7.6.2020, HP)

*D. maculata* subsp. *ericetorum* (GB, Anglesey, 6.6.2017, HP)

**UNTERARTEN** Heide-Knabenkraut *Dactylorhiza maculata* subsp. *ericetorum* (inkl. var. *rhoumensis*; Syn.: *D. ericetorum*): Unterscheidet sich von der subsp. *maculata* durch einen niedrigen Wuchs, weniger und zartere Blätter, die 0,8–2 cm breit sind, und etwas größere Blüten mit 7–10 mm langen Lippen. Die Lippenzeichnung besteht mehr aus Punkten als aus Schleifen, die Blütengrundfarbe ist weiß bis hellrosa und ist meist heller als bei der subsp. *maculata*, die Seitenlappen der Lippe sind oft verlängert. Blütezeit Juni bis August. Besiedelt saure, feuchte Heiden im westlichen und nördlichen Europa. Die Ostgrenze ist aufgrund Verwechslungen mit der subsp. *maculata* nicht bekannt, eine Abtrennung ist nicht immer möglich. **Typus:** England, Bournemouth, 1900.

*D. maculata* subsp. *islandica* (IS, Dalvik, 3.7.2016, BT)

Isländisches Knabenkraut *Dactylorhiza maculata* subsp. *islandica* (Syn.: *D. islandica*): Unterscheidet sich von der subsp. *maculata* durch stämmigeren, niedrigeren, 5–20 (30) cm hohen Wuchs, am Grund gedrängt stehende Blätter und einen kürzeren, dichteren Blütenstand mit 4–20 Blüten. Blütezeit Juli. Besiedelt Krähenbeerenbestände über saurem Boden und ist auf Island beschränkt, wo sie in Höhen bis zu 500 m vorkommt. **Typus:** Island, Bucht Kaldalón, bei Bildudalur, 1948.

*D. maculata* subsp. *montellii* (N, Hinnøya, 4.7.2008, SH)

Montells Knabenkraut *Dactylorhiza maculata* subsp. *montellii* (Syn.: *D. kolaensis*): Benannt nach dem Entdecker, dem finnischen Botaniker Justus Elias Montell (1869–1954). Unterscheidet sich von der subsp. *maculata* durch zierlicheren Wuchs mit einer Höhe von 5–25 cm, weniger, 2–4 Blätter, die grob gefleckt sind, Blütenstände mit nur 5–15 Blüten und größere Blüten mit 8,5–12 mm langen Lippen. Die Lippen sind z.T. *fuchsii*-ähnlich ausgeprägt, möglicherweise wurden hochwüchsigere Pflanzen als *D. fuchsii* „subsp. *psychrophila*" beschrieben. Blütezeit Juli bis Anfang August. Besiedelt Torfmoore auf nassen, sauren Böden der subarktischen Tundra bis etwa 200 m. Verbreitet im nördlichen Skandinavien und östlich angrenzenden Gebieten. **Typus:** Russland, Halbinsel Kola, 1947.

*D. maculata* subsp. *podesta* (DK, Glaedeby, 12.6.2016, BT)

*D. maculata* subsp. *pyrenaica* (AND, Canillo, 2.8.2016, HP)

**Stämmiges Knabenkraut** ***Dactylorhiza maculata*** **subsp.** ***podesta***: Unterscheidet sich von der subsp. *maculata* durch robusten, niedrigeren, 5–20 cm hohen Wuchs, breitere und dichter gefleckte Blätter und dichtere Blü-

*D. maculata* subsp. *savogiensis* (I, Cogne Valnontey, 12.7.2019, NG)

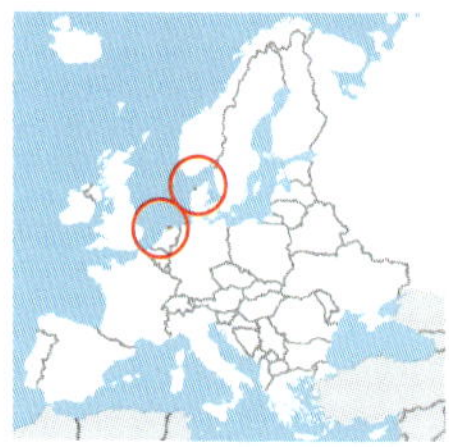

tenstände mit 40–60 Blüten. Die Seitenlappen der deutlich dreilappigen Lippen sind etwas nach hinten geschlagen und nach vorne gewölbt. Bisher nur von den niederländischen Inseln Terschelling, Nes und Vlieland sowie Nordwestdänemark bei Lild bekannt, wo sie in feuchten Dünentälern, auf Nasswiesen und im Uferbereich von Meeresbuchten von der Küste bis etwa 20 m vorkommt. Möglicherweise gehören auch Populationen in Schottland zu dieser Unterart. Blütezeit Mitte Mai bis Ende Juni. **Typus:** Niederlande, Insel Terschelling, bei Oosterend, 1977.

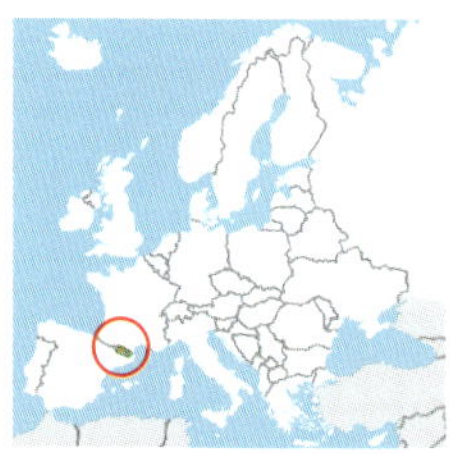

**Pyrenäen-Knabenkraut** ***Dactylorhiza maculata*** **subsp.** ***pyrenaica***: Unterscheidet sich von der subsp. *maculata* durch einen höheren, 20–70 cm hohen Wuchs, einen langgezogenen, weniger kopfigen Blütenstand mit 12–65 Blüten und einen abwärtsgebogenen, dickeren Sporn. Die Unterart kommt in mittleren und höheren Lagen der Ostpyrenäen vor und siedelt dort in Feucht- und Nasswiesen, Riesel- und Quellhängen sowie in Hangquellmooren von ca. 1600–2400 m. Blütezeit von Mitte Juni bis Ende Juli. Möglicherweise ist die Sippe zur subsp. *savogiensis* zu ziehen. **Typus:** Andorra, zwischen Pas de la Casa und Andorra la Vella, 2007.

**Savoyen-Knabenkraut** ***Dactylorhiza maculata*** **subsp.** ***savogiensis*** (Syn.: *D. savogiensis*): Unterscheidet sich von der subsp. *maculata* durch einen gestreckten Blütenstand und eine deutlich dreilappige Lippe. Im Aussehen steht

*D. maculata* subsp. *sudetica* (CZ, Špindlerův Mlýn, 28.6.2014, BT)

sie zwischen *D. maculata* subsp. *maculata* und *D. fuchsii*. Sie blüht von Ende Mai bis Mitte Juli. Die Unterart besiedelt Hangmoore, Quellfluren, Nasswiesen und Uferbereiche in den westlichen Alpen und im Jura, möglicherweise auch in den Pyrenäen, s. o. Etwa 1200–2000 m. **Typus:** Frankreich, Département Haute-Savoie, bei Les Contamines-Montjoie, 1990.

**Sudeten-Knabenkraut *Dactylorhiza maculata* subsp. *sudetica*** (Syn.: *D. sudetica*): Unterscheidet sich von der subsp. *maculata* durch einen niedrigeren, 10–25 cm hohen, schmächtigeren Wuchs und einen armblütigen und kurzen, kräftig gefärbten Blütenstand mit 3–20 Blüten. Ihre Lippen sind wenig dreiteilig und relativ schmal. Die 1850 beschriebene Sippe wird als hagere, schlanke und wenigblättrige Bergform aus den Sudeten vage charakterisiert. Der von Josef Alois Poech (1816–1846) gesammelte Typus stellt eine etwa 15 cm hohe, zierliche Einzelpflanze mit etwa 6 Blüten und wenigen, zierlichen Blättern dar. Die Sippe besiedelt v. a. kalkfreie Moore, zumindest zwischen 1300 und 1400 m. Ihre Verbreitung ist aufgrund unterschiedlicher Angaben nicht genau bekannt, möglicherweise auf die Sudenten beschränkt. Angaben aus den Alpen und dem Erzgebirge sind sehr wahrscheinlich nicht zutreffend. **Typus:** Sudeten, Gebiet der Elbquelle, 1851.

**Siebenbürger Knabenkraut *Dactylorhiza maculata* subsp. *transsilvanica*** (Syn.: *D. transsilvanica*): Unterscheidet sich von der subsp. *maculata* durch meistens reinweiße Blüten ohne jede Zeichnung, einen schlankeren Habitus, wenige ungefleckte bis schwach gefleckte, hellgrüne Blätter. Die Unterart kommt von der nördlichen Balkanhalbinsel (Slowenien) bis Rumänien und Tschechien vor, besiedelt Kalkflachmoore, frische bis feuchte Wiesen und Waldränder von 100–1200 m. **Typus:** Rumänien, Siebenbürgen, bei Hermannstadt (Sibiu), 1866.

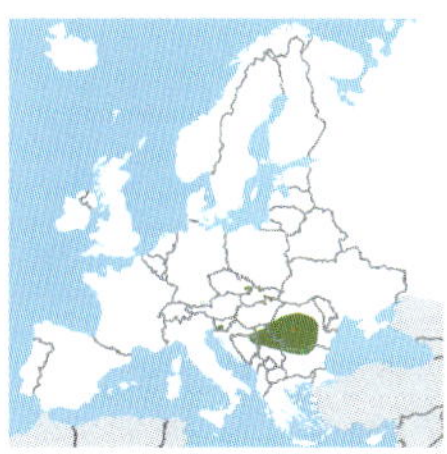

*D. maculata* subsp. *transsilvanica* (SLO, Novo Mesto, 8.7.2009, HP)

## Roberts Mastorchis
— *Barlia robertiana* (Syn.: *Himantoglossum robertianum*)

Ende Dez.–
April

**STECKBRIEF** 25–60 (70) cm hoch, kräftig und stämmig; Blätter am Grund rosettig gehäuft, länglich-eiförmig, 8–30 cm lang, 4–10 cm breit, glänzend, dunkelgrün; Blütenstand zylindrisch, 6–25 cm lang, dicht- und vielblütig mit 20–65 großen, grünlich weißen bis bräunlich rosa Blüten; Perigonblätter grün, innen purpurn punktiert; Sepalen eiförmig, 10–16 mm lang, 5–10 mm breit; Petalen lanzettlich, kürzer als die Sepalen; Lippe 13–22 mm lang, mit gespaltenem Mittellappen, Seitenlappen am Rand wellig; Sporn 4–7 mm lang, konisch, abwärtsgerichtet.

*B. robertiana* (li: I, Sizilien, Etna, 12.4.2012, HP; re: I, Sizilien, Canicattini, 2.1.2013, HP)

**VORKOMMEN** Ödland, Weiden, Trockenrasen, Gebüsch, lichte Kiefernwälder, Zypressenforste, Straßenböschungen. Bis etwa 1700 m.

**VERBREITUNG** Von Nordmarokko bis Anatolien und Zypern. Breitet sich derzeit in kühlere Bereiche aus: Neuerdings auch in der Schweiz in den Kantonen Waadt und Genf gefunden, in den Niederlanden bei Noordwijk, in Südwestdeutschland erste Pflanzen am Oberrhein. Typus: Frankreich, Département Var, 1806.

**NAME** Der botanische Gattungsname ehrt den französischen Botaniker Jean-Baptiste Barla (1817–1896), einen Mitbegründer des Naturgeschichtemuseums in Nizza. Die Art ist zu Ehren des französischen Botanikers, Gärtners und Apothekers Gaspard Nicolas Robert (1776–1857) benannt, nach dem auch *Brassica robertiana*, *Dryopteris robertiana*, *Robertiella robertiana* und weitere Pflanzenarten ihren Namen haben.

*B. robertiana* (I, Sizilien, Gela, 26.12.2012, HP)

*B. robertiana* (CY, Larnaka, 4.3.2014, HP)

## Metlesics' Mastorchis

— *Barlia metlesicsiana* (Syn.: *Himantoglossum metlesicsianum*)

(Mitte) Ende Dez.– Anf. Febr.

**STECKBRIEF** 30–60 (70) cm hoch, kräftig und stämmig; Blätter am Stängel gleichmäßig verteilt, länglich-eiförmig, 6–20 cm lang, 3–7 cm breit, hellgrün, glänzend; Blütenstand zylindrisch, 8–16 cm lang, dicht- und vielblütig mit 15–40 großen, purpurrosa Blüten; Perigonblätter außen purpurn, innen grün und purpurn punktiert; Sepalen eiförmig, 8–13 mm lang, 5–7 mm breit; Petalen lanzettlich, 8–12 mm lang, 3–4 mm breit; Lippe 16–22 mm lang, purpurrosa, in der Lippenmitte heller, ohne Grünton, mit purpurroter Zeichnung, Seitenlappen am Rand wellig; Sporn 5–6 mm lang, sackartig-konisch, abwärtsgerichtet.

*B. metlesicsiana* (E, Teneriffa, 24.1.2014, JV)

*B. metlesicsiana* (E, Teneriffa, 17.1.2015, JV)

**VERWECHSLUNG** *B. robertiana* hat am Grund rosettig gehäufte Laubblätter, grünlichere Blüten und fehlt auf den Kanarischen Inseln.

**VORKOMMEN** Ehemaliges Kulturland, extensive Mandel- und Feigenkulturen, Schluchten, Kiefernwald in der Blocklavazone. Leidet die letzten Jahre stark unter Trockenheit. Von etwa 850–1350 m.

**VERBREITUNG** Endemit der Kanarischen Inseln: Teneriffa (im Südwesten und Norden), Gran Canaria und La Palma. **Typus:** Spanien, Kanarische Inseln, Teneriffa, nahe Santiago, 1982.

**NAME** Die Art ist zu Ehren des österreichischen Botanikers Hans Metlesics (Jg. 1944) benannt, der die Art 1979 bei Santiago del Teide wiederentdeckte. Metlesics hat sich v. a. um die Flora der Kanarischen Inseln verdient gemacht.

*B. metlesicsiana* (E, Teneriffa, 23.1.2018, JV)

# Himantoglossum

## GATTUNG HIMANTOGLOSUM s.l.: RIEMENZUNGE

Die Gattung *Himantoglossum* s. str. im heutigen Sinn umfasst 6 Arten, von denen 4 in Europa vorkommen. Auffallend ist der bei allen Arten lang gezogene Mittellappen der Lippe, der der Gattung den deutschen und den lateinischen Namen gab. Er ähnelt der gespaltenen Zunge eines Reptils.

Vor einigen Jahren mussten zwei lang gebräuchliche Namen geändert werden: Durch Unkenntnis der Situation im Terra typica von *Him. caprinum* wurde lange Zeit die falsche, sehr variable Sippe unter diesem Namen geführt. Dies musste bei der Aufklärung geändert werden: Die lange Zeit als „*Him. affine*" bezeichnete, hauptsächlich in Anatolien verbreitete Sippe muss nun wieder mit diesem Namen belegt werden. Die irrtümlich falsch benannte, weiter im Westen und Norden verbreitete Sippe wurde umgehend neu benannt („*Him. jankae*"). Im vorliegenden Werk wird sie jedoch als Unterart der früher beschriebenen *Him. calcaratum* geführt (s. dort), der neue Name ist somit überflüssig.

Aufgrund genetischer Untersuchungen vereinigen einige Autoren unter dem Gattungsnamen *Himantoglossum* s.l. auch die sehr nahe verwandten bisherigen Gattungen *Comperia* (mit einer Art) und *Barlia* (mit 2 Arten). Dies ist zwar möglich, aber nicht zwangsläufig nötig. Hier wird diesem Vorgehen nicht gefolgt, die klassische Trennung aufgrund unterschiedlicher Morphologie wird beibehalten. So sind neue Namenskombinationen unnötig. Hybriden der beiden Gattungen mit *Himantoglossum* s. str. kommen zwar vor, sind jedoch ausgesprochen selten.

Der Austrieb von *Himantoglossum* s. str. findet in Mitteleuropa im Spätsommer bis Herbst statt, der im Frühling erscheinende Blütentrieb wird anfangs durch Hüllblätter geschützt.

Auch *Barlia* und *Comperia* treiben bereits vor dem Winter aus, die Rosetten sind bei allen Arten auffallend groß, die Blätter relativ fleischig. Alle Arten besitzen auch einen kräftigen Habitus. Es sind Knollengeophyten mit zwei eiförmigen Knollen, die unterschiedlichen Entwicklungszyklen angehören. Sie besitzen zwei Pollinien auf einer Klebscheibe. Die Petalen und das mittlere Sepalum neigen zu einem geschlossenen Helm zusammen. Bemerkenswert sind die langen Lippenfortsätze bei *Comperia*, ihre Funktion ist noch völlig unklar.

## Bocks-Riemenzunge
*— Himantoglossum hircinum*

Mai–Juli (Aug.)

*H. hircinum* (D, Gungolding, 20.5.2014, HP)

**STECKBRIEF**

25–70 cm hoch; Stängel oben kantig; Blätter kräftig, fleischig, am Grund rosettig, zur Blütezeit oft schon welk; Blütenstand bis 30 cm lang, zylindrisch, reich- und dichtblütig; Blüten unangenehm nach Ziegenbock riechend; Perigonblätter grünlich bis bräunlich weiß, oberseits grün geadert, auf der Innenseite braunrot gepunktet und gestreift; Lippe dreiteilig, am Grund mit welligem, braunviolettem Rand, der in die gedrehten, spitz zulaufenden, bis ca. 25 mm langen Seitenlappen übergeht, Mittellappen hellgrün bis dunkelbraun, bis 60 mm lang, riemenförmig-schraubig gedreht und kurz gespalten, Lippengrund mit roten Papillen besetzt; Sporn abwärtsgerichtet, 4–5 mm lang. Interessanterweise blühen Pflanzen in Bay-

Li: *H. hircinum* (D, Gungolding, 20.5.2014, HP); re: *H. hir*cinum var. aestivalis (D, Altheim im Bliesgau, L.c., 28.6.2015 BT)

ern (Anfang Mai) oder am Oberrhein deutlich früher auf als in warmen Lagen der Provence (Ende Mai) und in Süditalien (Juli im Bergland, blühen dort teils bis Mitte August).
**VERWECHSLUNG** *H. adriaticum* hat lockere Blütenstände mit meist farbenfroheren Blüten, die leicht duften.
**VORKOMMEN** Kalkmagerrasen, Weinberge, Gebüschsäume, Obstgärten, Halbtrockenrasen, lichte Wälder. In Mitteleuropa derzeit in Ausbreitung begriffen. Bis 1880 m.
**VERBREITUNG** Westmediterran-atlantische Art von Marokko und England bis Süditalien und Kroatien. Typus: Frankreich, Paris, Bois de Boulogne, 1753.

*H. hircinum* (D, Gungolding, 20.5.2014, HP)

**VARIABILITÄT** Etwa 4 Wochen später als die Nominatvarietät blüht die var. *aestivalis*, die bisher aus Deutschland, Luxemburg und Frankreich bekannt ist. Ihr Blütenstand ist armblütiger, kürzer und lockerer.

## Adriatische Riemenzunge
*— Himantoglossum adriaticum*

Mai–Ende Juni

*H. adriaticum* (I, Sirente, 8.6.2012, HP)

**STECKBRIEF**

30–80 cm hoch; Grundblätter eilanzettlich, 10–20 cm lang, 4–5 cm breit, zur Blütezeit bereits eintrocknend; Stängelblätter aufrecht abstehend, Deckblätter 2–3 cm lang; Blütenstand locker, lang gestreckt mit 20–60 bizarren, schwach duftenden Blüten; Sepalen und Petalen grünlich weiß, purpurn gezeichnet; Lippe weißlich mit purpurnen bis braunroten Haarbüscheln, tief dreilappig, Mittellappen gedreht, bis 6 cm lang, an der Spitze 5–18 mm tief gespalten; Sporn 2–4 mm lang.

*H. adriaticum* (I, Barrea, 7.6.2012, HP)

*H. adriaticum* (I, Sirente, 8.6.2012, HP)

**VERWECHSLUNG** *H. hircinum* hat dichte Blütenstände, die nach Ziegenbock riechen. Die Blüten sind weniger bunt, der oft breitere Mittellappen ist nur wenig gespalten. In Süditalien scheint es Übergänge zwischen beiden Arten zu geben.

**VORKOMMEN** Halbtrockenrasen, lichte Wälder, Saumgesellschaften, aufgelassene Weingärten, stillgelegte Steinbrüche, extensive Weiden, alte Obstgärten. Bis ca. 1900 m.
**VERBREITUNG** Von Kalabrien bis Tschechien und in die Slowakei. **Typus:** Italien, Trentino, Padergnone, 1978.

## Langspornige Riemenzunge
— *Himantoglossum calcaratum* subsp. *calcaratum*

Mai–Juli

**STECKBRIEF** 30–80 cm hoch, kräftig und doch relativ schlank; untere Blätter eiförmig-lanzettlich, die oberen lanzettlich, deutlich kleiner; Blütenstand 15–40 cm lang, locker- und vielblütig, 15–50-blütig; Blüten waagrecht bis schräg abstehend; seitliche Sepalen 14–17 mm lang, 6–8 mm breit; Perigonblätter hellgrün bis schmutzig rotbraun oder dunkelpurpurn; Lippe weiß, grün und purpurbraun überlaufen, purpurn gezeichnet, stark dreilappig; Seitenlappen 12–35 mm lang, relativ breit, olivgrün bis purpurn, am Rand wellig, Mittellappen 55–95 mm lang; Sporn groß, 8–11 mm lang, kegelförmig, schräg abwärtsgerichtet.
**VERWECHSLUNG** *H. adriaticum* hat zierlichere Blüten mit kürzeren, 35–60 mm langen Lippenmittellappen und einen kürzeren, 2–4 mm langen Sporn.
**VORKOMMEN** Extensives Kulturland, Magerwiesen, lichte Laubwälder, Phrygana, Ödland, Böschungen. Bis ca. 1200 m.

**VERBREITUNG** Bosnien-Herzegowina, Montenegro, Albanien, Nordmakedonien, Kosovo und Serbien. **Typus:** Herzegowina, 1887.

**UNTERART** Rumelische Riemenzunge *Himantoglossum calcaratum* subsp. *rumelicum* (inkl. *„H. caprinum"* im alten Sinn, *H. jankae*, *H. samariense*): Unterscheidet sich von der Nominatunterart durch kleinere, 12–14 mm lange, 5–6 mm breite seitliche Sepalen, kürzere, 40–75 mm lange Lippenmittellappen und kürzere, 3–7 mm lange Sporne. Besiedelt v. a. lichte Eichen- und Laubmischwälder, Ödland und extensives Kulturland bis ca. 1500 m. Verbreitet von Ungarn und der Südslowakei bis Ana-

*H. calcaratum* (MNE, Berane, 28.6.2010, SH)

*H. calcaratum* subsp. *rumelicum* (GR, Anavriti, 1.6.2012, HP)

*H. calcaratum* subsp. *rumelicum* (GR, Nestos, 17.6.2014, HP)

*H. calcaratum* subsp. *rumelicum* (li: GR, Nestos, 17.6.2014, HP; re: GR, Taigetos, 19.6.2012, HP)

tolien. **Typus:** Griechenland, Mikropolis, 1987. **ANMERKUNG** Die Sippe ist lokal sehr variabel, besonders im Nordosten Griechenlands, auf Kreta und im Taigetos. Hier können u.a. auch die Lippenpunkte fehlen oder dichtblütigere Pflanzen auftreten. In Thrakien kommen Pflanzen in der Population vor, die man morphologisch zur anatolischen *H. montis-tauris* stellen müsste, diese stellt vielleicht nur eine Extremform dar. Auf Lesbos kommen dagegen teils sehr kleinblütige Exemplare vor. Im Nordwesten des Verbreitungsgebiets scheint es stellenweise Übergänge zu *H. adriaticum* zu geben. Lokal, so etwa in Albanien, geht die Sippe in die Nominatunterart über. Die Sippe wurde lang unter dem Namen *H. caprinum* geführt, bis klar wurde, dass auf der Krim (L.c.) nur die armblütigere, ungezeichnete Sippe vorkommt, die in der Zwischenzeit irrtümlich als *H. affine* bezeichnet worden war.

## Ziegen-Riemenzunge
— *Himantoglossum caprinum* (Syn.: *H. affine*)

Juni–Ende Juli

**STECKBRIEF** 25–80 cm hoch; Blätter am Stängelgrund rosettig, 8–22 cm lang, 2,5–6 cm breit; Blütenstand locker, 10–35-blütig; Blüten weiß trüb purpurn; Lippe ungezeichnet, ohne purpurne Papillen, Mittellappen 45–68 mm lang, tief zweispaltig, Seitenlappen 10–30 mm lang; Sporn sackförmig, 2–5 mm lang.
**VERWECHSLUNG** *H. calcaratum* s. lat. hat zahlreichere, intensiver gefärbte Blüten, purpurn gezeichnete Lippen und einen längeren, 3–11 mm langen Sporn. Die Lippen hängen oft stärker.

**VORKOMMEN** Steinrasen, Weiden, lichte Eichenwälder, Ödland, Waldränder. Bis etwa 700 m (in Anatolien bis 1400 m).
**VERBREITUNG** Von Anatolien und der Krim bis Israel und in den Nordwestiran. **Typus:** Krim, 1819.
**ANMERKUNG** Die Sippe wurde lang unter dem Namen *„affine"* geführt, bis klar wurde, dass auf der Krim (L. c.) die gezeichnete Sippe nicht vorkommt und sich der ältere Name *„caprinum"* somit auf die ungezeichnete, armblütige Sippe bezieht.

*H. caprinum* (TR, Vezirköprü, 27.6.1993, HWZ)

*H. caprinum* (TR, Vezirköprü, 27.6.1993, HWZ)

## Faden-Bartorchis
— *Comperia comperiana* (Syn.: *Himantoglossum comperianum*)

Anf. Mai–
Anf. Juni

**STECKBRIEF** (15) 25–50 (65) cm hoch; Blätter 4–7, die unteren rosettig gehäuft, länglich-eiförmig, 7–15 cm lang, 2–4 cm breit; Blütenstand 5–25 cm lang mit 5–25 ausladenden Blüten; Perigonblätter bis zu drei Viertel ihrer Länge helmförmig verwachsen, auf der Außenseite braunpurpurn überlaufen, olivgrün genervt; seitliche Sepalen 15–18 mm lang, 7–8 mm breit, an der Spitze aufgebogen; Lippe 55–63 mm lang, 16–18 mm breit, im oberen Abschnitt keilförmig, dann dreilappig mit langen, fadenförmig ausgezogenen Lappen; Sporn 13–16 mm lang, 2–3 mm dick, nach unten gebogen.
**VORKOMMEN** Waldränder, Gebüsch, lichte Eichen-, Kiefern- und Zedernwälder; kalkliebend. Bis ca. 700 m (in Anatolien bis 1800 m).

*C. comperiana* (Krim, Oliwa, 20.5.2011, PZ)

**VERBREITUNG** Von den Ägäischen Inseln und der Krim bis in den Libanon und den Iran. **Typus:** Ukraine, Krim, Laspi-Tal, 1907.

*C. comperiana* (Krim, Laspi, L.c., 24.5.2011, PZ)

## Kappenwurz
*— Steveniella satyrioides*

April–Juni

*S. satyrioides* (Krim, Perivalnoye, 19.5.2011, WH; klein: AZ, Schemacha, 21.5.1996, HWZ)

**STECKBRIEF** 15–35 (50 cm) hoch; Stängel rund, dick, am Grund mit einem großen Blatt, dieses 10–20 cm lang, 2,5–6,5 cm breit, bogenförmig abstehend, stängelumfassend, dunkel-olivgrün, ± braunrot überlaufen; Blütenstand zylindrisch, bis zu 18 cm lang mit 7–20 kleinen, dem Stängel angedrückten Blüten; Perigonblätter einen geschlossenen, 8–10 mm langen Helm bildend, grün, oft purpurn bis braunrot überlaufen; Lippe dreilappig, 8–10 mm lang, oliv- bis gelbgrün, am Grund purpurn, Mittellappen zungenförmig; Sporn breit-konisch, 3–4 mm lang, am Grund ca. 4 mm dick, an der Spitze ± zweigeteilt.
**VORKOMMEN** Feuchte Bergwiesen, Gebüsch, lichte Wälder, Haselnusspflanzungen; kalkliebend. Bis etwa 700 m (im Iran bis 2100 m).
**VERBREITUNG** Von der Krim und Nordanatolien bis in den Nordiran. **Typus:** Georgien, 1826.
**NAME** Der botanische Gattungsname ehrt den schwedisch-finnischen Botaniker Christian von Steven (1781–1863), der u. a. maßgeblich an der Gründung des Botanischen Gartens in Nikita auf der Krim beteiligt war.

## GATTUNG ORCHIS s.l.: KNABENKRAUT

Die Gattung *Orchis* s. str. im heutigen Sinn umfasst ± 26 Arten, von denen 21 in Europa vorkommen. Es sind Knollengeophyten mit zwei eiförmigen Knollen, die unterschiedlichen Entwicklungszyklen angehören. Die Petalen und das mittlere Sepalum (Untergattung *Masculae*) oder alle Sepalen (Untergattung *Orchis*) neigen zu einem geschlossenen Helm zusammen. Der Austrieb findet in Mitteleuropa meist nach dem Winter statt, der Blütentrieb wird durch Hüllblätter geschützt. Einige Arten bilden eine Blattfleckung aus, die jedoch meist nicht durchgängig ist. Alle Arten haben einen auffallenden Sporn, gehören aber zu den Nektar-Täuschblumen, d. h. Nektar wird nicht produziert.
In dem Gattungsnamen ***Orchis*** wurden lange Zeit verschiedene Orchideengattungen geführt, so bis etwa 1962 sogar auch die Gattung *Dactylorhiza*. Über Jahrhunderte standen praktisch nur morphologische Kriterien zur Verfügung. Ende des 20. Jahrhunderts wurden erstmals nunmehr verfügbare genetische Untersuchungstechniken eingesetzt, die zeigten, dass die traditionelle Gattung *Orchis* in drei Gruppen zerfällt, die hinsichtlich aller knollentragenden Orchideen Europas relativ wenig miteinander verwandt sind, auch wenn sie sich im Aussehen ähneln. Wollte man sie in einer Gattung *Orchis* vereinigt lassen, wäre dies nur möglich, wenn auch die bisherigen Gattungen *Serapias*, *Ophrys*, *Himantoglossum*, *Platanthera*, *Gymnadenia* und *Dactylorhiza* in einer solchen hypothetischen Großgattung vereinigt würden. Nachdem dies nicht sinnvoll ist, blieb nur der Weg der Auftrennung. Bateman & al. (1997) vollzogen diesen, indem sie zwei Gruppen aus der „alten" Gattung ***Orchis*** ausgliederten und diese Gruppen den jeweils nahe verwandten, bislang monotypischen Gattungen ***Anacamptis*** und ***Neotinea*** hinzufügten. Ein Kern der Gattung *Orchis* konnte so unter dem alten Gattungsnamen erhalten bleiben. Es dauerte in Mitteleuropa eine Weile, bis diese angelsächsische Lösung akzeptiert wurde. Dass sie richtig ist, zeigt sich auch im Hybridverhalten. Es sind nur Hybriden jeweils innerhalb der Gattungen *Orchis*, *Neotinea* und *Anacamptis* möglich, nicht aber untereinander. ***Anacamptis*** bildet zusätzlich Gattungshybriden mit *Serapias*.
Diesem Ansatz wird auch in diesem Werk gefolgt, andere Autoren spalten jedoch die neu gefüllte Gattung *Anacamptis* noch weiter auf: Die Gruppe um *A. coriophora* wird als *Anteriorchis* bezeichnet, die Pflanzen um *A. palustris* werden unter *Paludorchis* geführt, die um *A. morio* unter *Vermeulenia*. Der Name *Anacamptis* bleibt dann der Gruppe um *A. pyramidalis* vorbehalten (in diesem System nur eine Art mit mehreren Varietäten). Zwischen diesen „Gattungen" kommt es zur Hybridisation.
*Anacamptis*: Die Blätter der Arten auf trockenem Boden beginnen in Mitteleuropa gewöhnlich schon im Spätsommer mit dem Austrieb (niederschlagsabhängig), die von *A. coriophora* meist am Ende des Winters und die der Arten in Feuchtgebieten generell im Frühjahr.
*Neotinea*: Der Blattaustrieb erfolgt in Mitteleuropa meist im Herbst, der von *Neotinea ustulata* subsp. *aestivalis* überwiegend erst gegen Ende des Winters.

## Italienisches Knabenkraut
— *Orchis italica*

März–Mai

**STECKBRIEF** 15–25 (40) cm hoch; Blätter 5–8, breitlanzettlich, 5–11 cm lang, 1,5–3 cm breit, am Rand auffallend gewellt, gefleckt oder ungefleckt; Blütenstand dicht, 3,5–6,5 cm lang; Tragblätter klein; Blüten dunkelrosa und weiß; Lippe tief dreiteilig, der Mittellappen nochmals tief zweigeteilt mit einem fadenförmigen Zahn in der Mitte; Sporn etwa 6 mm lang, etwa halb so lang wie der Fruchtknoten, abwärtsgerichtet.

**VERWECHSLUNG** Die gewellten Ränder der Grundblätter sind einzigartig und charakteristisch für die Art.

**VORKOMMEN** Magerrasen, lichte Gebüsche, Ödland; kalkliebend. Bis etwa 1300 m.

**VERBREITUNG** Mediterrane Art von Nordmarokko und Portugal bis zum Libanon. In der Schweiz angesalbt, aber auch lokal verschleppt auftretend. **Typus:** Italien, 1798.

*O. italica* (CY, Limassol, 4.3.2014, HP)

*O. italica* (AL, Xarrë, 13.4.2017, HP)

## Affen-Knabenkraut
— *Orchis simia*

März–Juni, im Norden relativ früh

**STECKBRIEF** (15) 20–30 (40) cm hoch; Blätter glänzend, ungefleckt; Blütenstand 3–7 cm lang mit (8) 15–40 (55) Blüten, dicht- und reichblütig, kugelig bis eiförmig, von oben nach unten aufblühend; Sepalen und Petalen weißlich, innen dunkelrosa genervt, einen Helm mit aufgeworfener Spitze bildend; Lippe tief dreilappig mit dunkelrosa Papillen, Seitenlappen und Zipfel des Mittellappens schmal, aufwärtsgekrümmt, intensiv purpurrosa gefärbt, zwischen den Zipfeln des Mittellappens ein kurzes, aber auffälliges Zähnchen; Sporn zylindrisch, 4–8 mm lang, weiß, abwärtsgerichtet.

**VERWECHSLUNG** *O. militaris* blüht von unten nach oben auf und hat breitere Lippenzipfel.

**VORKOMMEN** Trockenrasen, Halbtrockenrasen, Macchie, Gebüsch, lichte Wälder; kalkliebend. Bis etwa 1800 m.

*O. simia* (F, Vercors, 19.5.2018, HP)

**VERBREITUNG** Von Nordalgerien und Spanien bis in den Iran, im Norden bis in die Niederlande. Typus: Frankreich, Departement Yvelines, St. Maur, 1779.

*O. simia* (D, Dollnstein, 7.5.2015, HP; klein: D, Dollnstein, 14.5.2015, HP)

## Helm-Knabenkraut
— *Orchis militaris* subsp. *militaris*

Mitte April–
Ende Juni

**STECKBRIEF** (15) 20–30 (50) cm hoch; Stängel im oberen Teil purpurn überlaufen, Blätter 4–7, ungefleckt, die unteren stark rinnig gefaltet, die oberen in scheidige

*O. militaris* (li: CZ, Hum, 22.5.2011, HP; re: EST, Saaremaa, 16.6.2011, HP)

Stängelblätter übergehend; Blütenstand zunächst kegelförmig, später verlängert-eiförmig, mit 10–40 Blüten, von unten nach oben aufblühend; Sepalen und Petalen auf der Außenseite blassrosa, weißlich grau überlaufen; Sepalen innen mit purpurrosa Adern; Lippe weiß und dunkelrosa mit purpurnen Papillenbüscheln, tief dreilappig; Seitenlappen linealisch-stumpf, Mittellappen mit breiten und spreizenden Zipfeln und einem Zahn dazwischen; Sporn zylindrisch, 5–7 mm lang, abwärtsgerichtet.

**VERWECHSLUNG** *O. simia* blüht von oben nach unten auf und hat eine Lippe mit dünnen und verdrehten Seiten- und Mittellappenzipfeln. Sie blüht früher auf.

**VORKOMMEN** Halbtrockenrasen, lichte Wälder, Feuchtwiesen, Wacholderheiden, aufgelassene Steinbrüche, Bahn- und Flussdämme; kalkliebend, meidet

*O. militaris* (D, Kissing, 20.5.2012, HP)

stärkere Trockenheit. Bis 2010 m (in Russland bis 2200 m).

**VERBREITUNG** Eurasiatisch, Spanien bis Mongolei. Typus: Deutschland, Baden-Württemberg, Tübingen, 1753.

**UNTERART** Stevens Knabenkraut *Orchis militaris* subsp. *stevenii*: Benannt zu Ehren des schwedisch-finnischen Botanikers und Entomologen Christian von Steven (1781–1863). Unterscheidet sich von der Nominatunterart durch schlanke-

*O. militaris* subsp. *stevenii* (Krim, Perewalnoje, 26.5.2011, PZ)

ren, höheren Wuchs, aufrechtstehende und stärker rinnig gefaltete Blätter, waagrechter abstehende Blüten und Perigonblätter, die an den Spitzen leicht zurückgebogen sind. Der Winkel zwischen Helm und Lippe ist kleiner als bei der subsp. *militaris*. Bis etwa 1100 m (in Asien bis 2000 m). Die Unterart ist von Anatolien bis in den Nordiran disjunkt verbreitet und reicht nördlich bis zur Halbinsel Krim. **Typus:** Kaukasus, 1849.

## Purpur-Knabenkraut
*— Orchis purpurea*

April–Juni

*O. purpurea* (F, Tuchan, 12.4.2014, HP)

**STECKBRIEF** (20) 30–50 (80) cm hoch, stattlich; 3–6 große, ovale, glänzende, grüne, ungefleckte Grundblätter; Blütenstand anfangs kegelförmig, später eiförmig-zylindrisch, dicht- und reichblütig mit 20–50 (80) großen, weiß-purpurnen Blüten; Sepalen und Petalen innen rötlich, außen dunkelpurpurn bis braunrot, einen auffällig schwärzlich braunen Helm bildend; Lippe sehr variabel, weißlich bis hellrosa, mit zahlreichen braunroten Papil-

lenbüscheln, tief dreilappig; Seitenlappen breit-linealisch, abstehend, Mittellappen nochmals zweigeteilt, die beiden Lappen breit, leicht gezähnt, im Spalt mit einem kleinen Zahn versehen; Sporn kurz, 3–8 mm lang, zylindrisch, abwärtsgerichtet.

**VERWECHSLUNG** *O. militaris* ist zierlicher, hat schmälere, stärker gefärbte Lippenlappen und einen hellen Helm.

**VORKOMMEN** Lichte Kiefern-, Eschen- und Buchenwälder, Halbtrockenrasen, Gebüsche; kalkliebend. Bis etwa 2000 m.

**VERBREITUNG** Von Algerien, Spanien und England bis Anatolien und zur Krim. **Typus:** England, Kent, Northfleet bei Gravesend, 1762.

**VARIABILITÄT** In zwei Unterarten auftretend: Neben der Nominatunterart die subsp. *caucasica* im weiten Kaukasus-Gebiet.

*O. purpurea* (li: D, Ellenbrunn, 1.5.2014, HP; re: I, Ancona, 16.4.2011, HP)

## Punktiertes Knabenkraut

*—Orchis punctulata* (inkl. *O. sepulchralis*)

früh: Febr.–Mai

**STECKBRIEF** (15) 25–40 (70) cm hoch; Blätter 5–10, breit-lanzettlich, 12–25 cm lang. 3,5–6 cm breit, grün und glänzend, ungefleckt; Blütenstand langgestreckt und sehr reichblütig mit 20–60 (90) gelben bis grüngelben Blüten; Perigonblätter auf der Innenseite mit dunkler hervortretenden Nerven; Sepalen 9–13 mm lang, Petalen kleiner; Lippe grüngelb oder gelb, häufig mit bräunlichen bis dunkel rotbraunen Enden, tief dreilappig,

*O. punctulata* (CY, Tochni, 3.3.2014, HP)

*O. punctulata* (CY, Tochni, 3.3.2014, HP)

der Mittellappen nochmals zweigeteilt mit einem zusätzlichen Zähnchen, mit dunkleren Punkten gezeichnet; Sporn 4–6 mm lang, am Ende stumpf und nach unten gekrümmt, etwa halb so lang wie der Fruchtknoten.
**VORKOMMEN** Wiesen, Phrygana, lichte Eichen- und Kiefernwälder, ehemaliges Kulturland. Bis etwa 500 m (in Anatolien bis 1800 m).
**VERBREITUNG** Sehr zerstückelt von Ostgriechenland bis in den Nordiran. Südlich bis Israel, nördlich bis zur Krim. **Typus:** Krim, 1835.
**ANMERKUNG** Besonders große Pflanzen wurden früher zu einer eigenen Art *O. sepulchralis* gestellt. Die Größe hängt jedoch sehr von der Wasserversorgung ab und variiert auch von Jahr zu Jahr.

## Ohnsporn-Knabenkraut
— *Orchis anthropophora* (Syn.: *Aceras anthropophorum*)

Ende März-Juni

**STECKBRIEF** (10) 15–30 (50) cm hoch; Blätter 4–8, 2–5 davon am Grund rosettig gehäuft, bläulich grün bis gelblich grün, ungefleckt, deutlich genervt, leicht gekielt, stumpf, 6–14 cm lang, 1,5–3,5 cm breit; Blütenstand 5–20 cm lang, mit 10–80 spornlosen Blüten; Sepalen und Petalen einen halbkugeligen, gelbgrünen Helm bildend, dieser entlang der Nerven und Ränder meist rotgrün gezeichnet; Lippe 10–16 mm lang, tief dreilappig, der längere Mittellappen wiederum zweigeteilt, gelbgrün bis orangebraun.

**VERWECHSLUNG** Durch den fehlenden Sporn und die einem Männchen ähnlichen Blütenlippen unverwechselbar.
**VORKOMMEN** Trocken-warme Magerrasen, Trockengebüschsäume, Garrigue, im Windschutz von Hecken; gern auf trockenen, schottrigen Böden, kalkliebend. Bis etwa 1600 m (in Marokko bis 2000 m).
**VERBREITUNG** Von Marokko und Südengland bis Anatolien und Zypern. **Typus:** Frankreich, bei Paris, 1753.

*O. anthropophora* (E, Clavijo, 20.5.2016, HP; klein: I, Gargano, 2.4.2012, HP)

*O. anthropophora* (li: F, Lagrasse, 17.5.2016, HP; re: I, Sassano, 28.5.2012, HP)

## Wenigblütiges Knabenkraut
— *Orchis pauciflora*

März–Mai

**STECKBRIEF** 10–15 (30) cm hoch; Blätter 4–9, länglich-eiförmig, 4–7 cm lang, 1–2 cm breit, ungefleckt; Blütenstand 3–10 cm lang mit 3–15 (25) großen, gelben Blüten; seitliche Sepalen zurückgeschlagen; Lippe dunkelgelb oder weißlich mit gelbem Zentrum, dieses gelegentlich auch grünlich; braun, selten rot gepunktet, dreigeteilt mit vorgezogenem Mittellappen, 10–15 mm lang, 13–19 mm breit, Seitenlappen zurückgeschlagen; Sporn 14–25 mm lang, aufwärtsgebogen, am Ende stumpf.

**VERWECHSLUNG** *O. provincialis* hat gefleckte Blätter und meist gleichmäßig hellgelbe, schafsnasenartige Lippen mit roter Punktierung.

**VORKOMMEN** Magerwiesen, Felsrasen, lichtes Gebüsch; kalkstet. Bis etwa 1700 m.

**VERBREITUNG** Mediterrane Art von Korsika bis Kreta. Typus: Italien, Neapel, 1811.

*O. pauciflora* (GR, Kreta, Spili, 25.4.2011, HP)

*O. pauciflora* (I, Popoli, 26.4.2019, HP)

## Provence-Knabenkraut
— *Orchis provincialis*

früh: März–Juni

**STECKBRIEF** 15–25 (35) cm hoch; Blätter lanzettlich, kräftig schwärzlich gefleckt, 5–15 cm lang, 1,5–2,5 cm breit; Blütenstand locker- und wenigblütig mit 5–15 hellgelben bis weißlich gelben Blüten; seitliche Sepalen steil aufgerichtet, leicht nach außen gedreht; Lippe dreilappig, schafnasenartig herabgebogen, im gelben Zentrum fast immer mit rötlichen Flecken oder Punkten; Lippenmittellappen länger als die leicht herabgeschlagenen Seitenlappen; Sporn 13–19 mm lang, aufwärtsgebogen, Ende oft keulenförmig verdickt.

**VERWECHSLUNG** *O. pauciflora* hat ungefleckte Blätter und oft dunkler gelbe Lippen ohne „Schafsnase" mit dunkler Punktierung.

**VORKOMMEN** Lichte Laub- und Nadelwälder, Macchien,

*O. provincialis* (I, Sizilien, Ferla, 16.4.2010, AA)

Gebüsch, Bergwiesen. Meist auf kalkfreien Böden. Bis etwa 1700 m.

**VERBREITUNG** Mediterrane Art von Portugal bis zur Krim und Nordostanatolien. Fehlt im afrikanischen Teil des Mittelmeers. **Typus:** Frankreich, Département Var, nahe Fréjus, 1806.

*O. provincialis* (li: GR, Rhodos, 2.4.2013, HP; re: AL, Munzine, 13.4.2017, HP)

## Blasses Knabenkraut — *Orchis pallens*

April–Juni

*O. pallens* (D, Eichstätt, 28.4.2020, HP)

**STECKBRIEF**

15–30 (40) cm hoch; Stängel kräftig, hellgrün; Blätter 4–6, hellgrün, ungefleckt, glänzend, elliptisch bis verkehrt-eiförmig, 6–12 cm lang und 1,5–4 cm breit, größte Breite in oder über der Mitte; Tragblätter ungefähr so lang wie oder länger als der Fruchtknoten; Blüten hellgelb, manchmal mit grünlichem Hauch, holunderartig duftend, beim Verblühen nach Katzenurin riechend; Lippe fast flach bis schwach gewölbt, seicht dreilappig, ohne jede Zeichnung; Sporn zylindrisch, 7–14 mm lang, stumpf, horizontal bis aufwärtsgebogen.

**VERWECHSLUNG** *O. pauciflora* hat gefleckte Blätter und schafsnasenartige, gepunktete Lippen, zurückgeschlagene Lippenseitenlappen und einen 14–25 mm langen Sporn. Die gelbe Form von *Dactylorhiza sambucina* hat wie alle *Dactylorhiza*-Arten fleischige Tragblätter sowie eine gepunktete Lippe.

**VORKOMMEN** Lichte Laubmischwälder, lichte Nadelwälder, Gebüsche, Bergweiden, Magerrasen, alpine Matten; kalkliebend. Bis etwa 2300 m (in Anatolien bis 2400 m).

**VERBREITUNG** Südeuropäische Art von Nordspanien bis zum Kaukasus. **Typus:** Schweiz, Waadt, bei Roche, 1771.

## Manns-Knabenkraut

— *Orchis mascula* subsp. *mascula* (inkl. *O. mascula* subsp. *wanjkowii*)

April –Juli

**STECKBRIEF** (10) 20–30 (60) cm hoch; Stängel kräftig, oben purpurn überlaufen; Blätter lanzettlich, 4–17 cm lang, 1–3,5 cm breit, ungefleckt oder schwarzpurpurn gefleckt, das oberste den Stängel umhüllend; Blütenstand mit 8–30 (40) dunkelrosa Blüten; Tragblätter purpurn, etwa so lang wie der Fruchtknoten; Sepalen eiförmig, 8–14 mm lang, die seitlichen steil hochgeschlagen bis zur Berührung; Lippe dreilappig, 7–14,5 mm lang, 7,5–17 mm breit, Mittelteil heller und gezeichnet, Seitenlappen kürzer als der 4–7 mm breite Mittellappen; Sporn zylindrisch, 11–21 mm lang, stumpf, aufwärtsgerichtet.

O. mascula (D, Eichstätt, 9.5.2016, HP)

O. mascula (D, Eichstätt, 9.5.2016, HP)

**VERWECHSLUNG** *Anacamptis morio* hat grün geaderte Blütenhüllblätter. Auch die Arten des *spitzelii*-Formenkreises haben Grün in den seitlichen Sepalen.

**VORKOMMEN** Magerwiesen, ungedüngte, mäßig feuchte, tiefgründige Wiesen, lichte Buchen-, Eichen- und Hainbuchenwälder, Bergtriften, Almweiden. Bis etwa 2650 m (im Iran bis 2900 m).

**VERBREITUNG** Europäische Art von Marokko und Norwegen inselartig bis zum Ural und in den Nordiran. **Typus:** Schweden, Gotland, Visby, 1753. Die Ostverbreitung ist durch Verwechslungen der Unterarten nur unzureichend bekannt.

**UNTERARTEN** Sardisches Knabenkraut *Orchis mascula* subsp. *ichnusae* (Syn.: *Orchis olbiensis* subsp. *ichnusae*, *O. ichnusae*): Unterscheidet sich von der Nominatunterart durch kleineren Wuchs, kürzere, dichtere Blütenstände, hellere Blüten, einen geraden, 9–14 mm langen Sporn und stets ungefleckte Blätter. Blütezeit Anfang April bis Mitte Mai. Endemit Sardiniens und Mallorcas, verbreitet von etwa 400–1400 m. **Typus:** Italien, Sardinien, Monte di Oliena, 1982.

O. mascula (E, Cazorla, 22.5.2013, HP)

*O. mascula* subsp. *ichnusae* (I, Laconi, 20.4.2017, PZ; klein: I, Sardinien, Lanusei, 1.4.2007, UG)

*O. mascula* subsp. *pinetorum* (GR, Chelmos, 4.6.2012, HP)

*O. mascula* subsp. *pinetorum* (li: GR, Menalon, 30.5.2012, HP; re: GR, Smolikas, 11.6.2014, HP)

*O. mascula* subsp. *speciosa* (RO, 15.7.2017, NDA)

**Kiefernwald-Knabenkraut *Orchis mascula* subsp. *pinetorum*** (Syn.: *O. pinetorum*): Unterscheidet sich von der Nominatunterart durch grazileren Wuchs, meist ungefleckte Blätter und einen lockereren Blütenstand. Die Lippe ist stärker dreilappig mit weiter vorgezogenem Mittellappen, dieser 5–9 mm breit und oft nach unten gebogen („Schafsnase"), die Punktierung ist meist schwächer. Es besiedelt v. a. lichte Wälder über basenreichen Böden und steigt bis etwa 2400 m. Die Verbreitung reicht von der Balkanhalbinsel bis in den Kaukasus, die genaue Verbreitung ist aufgrund Verwechslungen mit anderen Sippen und Übergänge unklar. **Typus:** Türkei, Anatolien, Kikilien, 1882.

**Prächtiges Knabenkraut *Orchis mascula* subsp. *speciosa*** (Syn.: *Orchis ovalis*, *O. mascula* subsp. *signifera*, *O. mascula* var. *ovalis*, *Androrchis ovalis*): Unterscheidet sich von der Nominatunterart durch seitlich abstehende, oft verlängerte Sepalen,

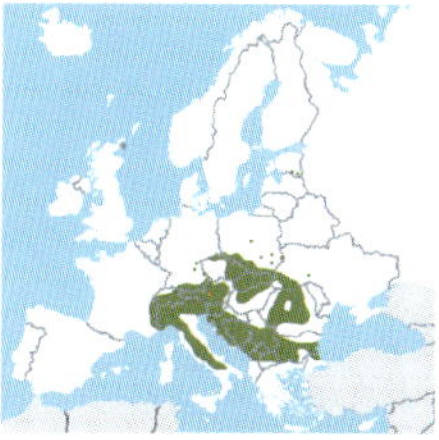

die in 3–5 mm lange Spitzen auslaufen, und Lippen, die am Rand gezähnt sind. Der Lippenmittellappen ist stärker vorgezogen. Die Unterart besiedelt v. a. Gebirgs- und Vorgebirgslagen von den Alpen und dem Apennin

*O. mascula* subsp. *speciosa* (RO, 15.4.2017, NDA)

*O. mascula* subsp. *tenera* (E, Serra Segura, 25.5.2013, HP)

bis zur Balkanhalbinsel, nördlich bis Estland und kommt in Grenzbereichen nicht selten zusammen mit der Nominatunterart vor, so im Apennin, in Bayern, in den westlichen Alpen und in den Gebirgen der Balkanhalbinsel und bildet dort mannigfaltige Übergangsformen. **Typus:** Österreich, 1837.
**Zierliches Knabenkraut** ***Orchis mascula*** **subsp.** ***tenera*** (Syn.: *O. tenera*): Unterscheidet sich von der Nominatunterart durch schlankeren Wuchs, v. a. kleinere Blüten mit 5–8 mm langen Lippen und kürzerem, 7–8,5 mm langem Sporn. Die Blätter sind 1–2,2 cm breit, meist ungefleckt, die Blütenlippen meist heller als bei der subsp. *mascula*. Schwer einzuordnende Pflanzen sind in Begegnungszonen die Regel. Es besiedelt v. a. lichte Eichen- und Kiefernwälder, aber auch Magerwiesen und Lichtungen von etwa 500–1800 m. Endemisch in den Gebirgen Ostspaniens. **Typus:** Spanien, Albacete, 1977.

## Südfranzösisches Knabenkraut
— *Orchis olbiensis* (Syn.: *O. lapalmensis, O. mascula* subsp. *olbiensis*)

Ende Febr.–Mai

**STECKBRIEF** 10–20 (35) cm hoch, meist zierlich; Blätter 4–8, lanzettlich, 5–10 cm lang, 1–2 cm breit, gefleckt oder ungefleckt; Blütenstand zylindrisch, 5–10 cm lang, 8–20-blütig; Blüten weißlich bis dunkelrosa; seitliche Sepalen zurückgeschlagen, mittleres Sepal über die beiden Petalen geneigt; Lippe dreilappig mit vorgezogenem Mittellappen, Seitenlappen nach unten geschlagen, die weiße Lippenmitte purpurrosa gefleckt; Sporn 14–19 mm lang, aufwärtsgerichtet, etwa so lang wie der Fruchtknoten. Blütezeit März bis Mai.

**VERWECHSLUNG** *O. mascula* hat ausgebreitete Lippen, deren Seitenlappen nicht nach unten geschlagen sind. Die etwas größeren Blüten sind meist intensiver gefärbt, der Sporn ist im Verhältnis zur Lippe

O. olbiensis (li: E, Herrero, 1.5.2014, EG; re: F, Korsika, 7.5.2008, JV)

weniger lang und kaum gebogen. Die Pflanzen sind meist kräftiger.

**VORKOMMEN** Felsrasen, Macchien, Garrigue, Magerwiesen, lichte Nadelwälder. Bis etwa 1800 m.

**VERBREITUNG** Westmediterrane Art von der Kanareninsel La Palma und Nordmarokko bis Portugal und Korsika. **Typus:** Frankreich, Département Var, Montagne de Faron nahe Toulon, 1868.

**ANMERKUNG** Auf der Kanareninsel La Palma kommt eine kräftigere Form mit einer Wuchshöhe von bis zu 35 cm vor, die auch als Unterart *O. mascula* subsp. *lapalmensis* bzw. Art *O. lapalmensis* geführt wird.

*O. olbiensis* (E, La Palma-SW, 28.2.2014, BT)

## Spanisches Knabenkraut
— *Orchis langei* (Syn.: *O. mascula* subsp. *laxifloraeformis*, *O. hispanica*)

April– Juni

*O. langei* (E, Extremadura, 28.5.2013, HP)

**STECKBRIEF**

20–30 (60) cm hoch; Stängel oben purpurn überlaufen; Blätter lanzettlich, 5–15 cm lang und 1–2,5 cm breit, meist gefleckt, das oberste den Stängel umhüllend; Blütenstand locker mit 10–35 Blüten; Tragblätter purpurn, Blüten rosa; Sepalen 7–13 mm lang, 3–6,5 mm breit; Lippe schafsnasenartig, dreilappig, 7,5–13 mm lang, 9–18 mm breit, dunkelrosa mit weißer Mitte, diese meist rosa gezeichnet; Sporn zylindrisch, 9–16 mm lang, dünn, stumpf, aufwärtsgerichtet.

**VERWECHSLUNG** *O. mascula* hat größere Blüten, keine schafsnasenartig geformten Lippen und einen dickeren Sporn. Sie blüht an gleicher Stelle früher. Die subsp. *tenera* hat etwas kleinere Blüten mit kürzerem Sporn, die Lippen sind kaum schafsnasenartig herabgebogen.

**VORKOMMEN** Vor allem in lichten Wäldern, aber auch in verbuschten Wiesen und in Weiden über saurem Substrat. Bis etwa 1700 m.
**VERBREITUNG** Auf der Iberischen Halbinsel, in den Pyrenäen und im marokkanischen Atlas. **Typus:** Spanien, Madrid, 1890.
**NAME** Benannt zu Ehren des dänischen Botanikers Johan Martin Christian Lange (1818–1898), der sich besonders um die Erforschung der Flora Dänemarks, Grönlands und Spaniens Verdienste erwarb.

*O. langei* (li: E, Rioja, 21.5.2016, HP; re: E, Grazalema, 17.4.2014, HP)

## Sitia-Knabenkraut
— *Orchis sitiaca* (Syn.: *O. anatolica* subsp. *sitiaca*)

eher spät: April–Mai

**STECKBRIEF** 10–30 (50) cm hoch; Blätter 2–5, lanzettlich, 6–14 cm lang, 1–3 cm breit, auffallend grau-silbrig-blaugrün, gefleckt; Blütenstand lang gestreckt, 5–15 cm lang, mit 2–25 locker angeordneten Blüten; Blüten blass- bis dunkelrosa mit verwaschenem Grünton im Zentrum der Sepalinnenseite; Sepalen 7–11 mm lang; Lippe purpurrosa getüpfelt, tief dreilappig, 8–14 mm lang; Seitenlappen keilförmig, steil nach unten geschlagen, Mittellappen undeutlich zweilappig; Sporn dünn, 1,5–2,2 cm lang, am Ende stark nach oben gebogen und dünner werdend, aber stumpf endend.

**VERWECHSLUNG** *O. anatolica* hat keine auffallend silbrig blaugrünen Blätter und keinen Grünanteil auf der Sepalinnenseite.
**VORKOMMEN** Phrygana, Wiesen, Gebüsch, Kiefernwälder; besonders auf oberflächlich versauerten Böden über Serpentin. Bis etwa 1400 m.
**VERBREITUNG** Endemit von Kreta. **Typus:** Griechenland, Kreta, Afendis-Kavousi bei Thripti, 1932.

*O. sitiaca* (GR, Kreta, Spili, 20.4.2011, HP)

*O. sitiaca* (GR, Kreta, Spili, 20.4.2011, HP)

## Troodos-Knabenkraut
— *Orchis troodi* (Syn.: *O. anatolica* var. *troodi*)

Anf. März–Ende April

**STECKBRIEF** 15–25 (50) cm hoch; Stängel gelegentlich leicht hin und her gebogen, dunkelpurpurn bis verwaschen braunrot; Blätter 2–5, lanzettlich, 8–20 cm lang, 2–3,5 cm breit, zugespitzt, meist gefleckt; Blütenstand lang gestreckt, 8–20 cm lang, mit 3–18 locker angeordneten, weißen, hellrosa bis rosa, im Abblühen dunkler werdenden, relativ großen Blüten; Sepalen 7–11 mm lang, 3,5–5 mm breit, in der Mitte grün; Lippe tief dreilappig, 11–17 mm lang, 15–22 mm breit, Mitte weiß bis weißlich, purpurn gefleckt; Seitenlappen keilförmig, Mittellappen an der Spitze eingebuchtet bis gekerbt; Sporn lang und dünn, 2–2,5 cm lang, waagrecht bis aufwärtsgebogen oder senkrechtgerichtet, am Ende verjüngt, etwa doppelt so lang wie der Fruchtknoten.

**VERWECHSLUNG** *O. anatolica* ist in allen Teilen kleiner, hat schmälere, 1–2,5 cm breite Grundblätter und 8–14 mm lange Lippen. *O. sezikiana* ist deutlich kleiner.
**VORKOMMEN** Lichte Kiefern- und Eichenmischwälder, Phrygana. Von (300) 700–1000 (1700) m.
**VERBREITUNG** Endemit Zyperns. **Typus:** Zypern, Troodos-Gebirge, Kakopetria, nahe der Quelle Veyssi Platonia, 1929.

*O. troodi* (CY, Larnaka, 4.3.2014, HP)

*O. troodi* (CY, Larnaka, 4.3.2014, HP)

## Anatolisches Knabenkraut
— *Orchis anatolica*

März–Mai

**STECKBRIEF** 10–25 (45) cm hoch; Stängel leicht hin und her gebogen, purpurn überlaufen; Blätter 2–5, lanzettlich, 6–12 cm lang, 1–2,5 cm breit, zugespitzt, meist gefleckt; Blütenstand lang gestreckt, 5–15 cm lang, mit 2–15 locker angeordneten, rosa bis weißen, gebietsweise unterschiedlich großen Blüten; Sepalen 8–10 mm lang; Lippe purpurn getüpfelt, tief dreilappig, 8–14 mm lang, die keilförmigen Seitenlappen wenig bis stark nach unten gefaltet, der Mittellappen etwas vorgezogen; Sporn dünn, 1,5–2,5 cm lang, waagrecht bis aufwärtsgebogen, am Ende verjüngt, etwa doppelt so lang wie der Fruchtknoten.
**VERWECHSLUNG** *O. quadripunctata* hat eine 5–7 mm lange Lippe mit meist 4 Punkten und einen 1–1,2 cm langen, eher herabgebogenen

*O. anatolica* (GR, Rhodos, 25.3.2013, HP)

Sporn. *O. sezikiana* bildet eine Zwischenform zwischen beiden Arten, sie hat kleinere Blüten. ***O. troodi*** hat größere Blüten und 2–3,5 cm breite Blätter.
**VORKOMMEN** Lichte Kiefernwälder, felsiges Gelände, Gebüsch, Ödland, Phrygana. Bis 2400 m.
**VERBREITUNG** Ostmediterrane Art von Kreta bis in den Westiran. Typus: Türkei, Karien, 1844.

*O. anatolica* (TR, Ulupinar, 1.4.2016, HP)

## Seziks Knabenkraut
— *Orchis* (×)*sezikiana*

Ende Febr.–April

*O.* (×)*sezikiana* (CY, Larnaka, 4.3.2014, HP)

**STECKBRIEF** (5) 10–25 (35) cm hoch, zierlich; Stängel purpurn überlaufen; Blätter 3–7, schmal-lanzettlich, 5–12 cm lang, 1–2 cm breit, gefleckt oder ungefleckt; Blütenstand mit 4–15 (20) dunkel- bis hellrosa, nicht selten auch weißen Blüten; Sepalen seitlich abstehend, 5,5–8,2 mm lang; Petalen kleiner; Lippe dreigeteilt, 5,8–10,5 mm lang und breit, mit ± 8 purpurnen Punkten oder Flecken an der helleren Lippenbasis; Sporn lang und sehr dünn, 0,7–1,6 cm lang, 0,9–1,5 mm stark, waagrecht bis leicht abwärtsgerichtet.
**VERWECHSLUNG** *O. quadripunctata* hat einen reichblütigeren Blütenstand mit 8–35 kleinen, locker angeordneten Blüten, deren seitliche Sepalen nur 3–5 mm lang sind. *O. anatolica* hat größere Blüten mit einer 8–14 mm langen Lippe und einem längeren, 1,5–2,5 cm langen Sporn.
**ANMERKUNG** Artgewordene Hybride aus *Orchis anatolica* × *O. quadripunctata*.

**VORKOMMEN** Steinige Magerrasen, lichte Wälder, Macchien, Phrygana. Bis etwa 1100 m (in Anatolien höher).
**VERBREITUNG** Ägäische Inseln, besonders auf Kreta, in Anatolien und auf Zypern. **Typus:** Türkei, Lydien, Çeşme, 1991.
**NAME** Benannt zu Ehren des zeitgenössischen türkischen Botanikers Ekrem Sezik (Jg. 1942).
**VARIABILITÄT** Auf der Halbinsel Akamas auf Zypern treten besonders zierliche Pflanzen mit oft weißen Blüten bestandsbildend auf.

*O.* (×)*sezikiana* (CY, Larnaka, 4.3.2014, HP)

## Vierpunkt-Knabenkraut
*— Orchis quadripunctata*

März–Anf. Juni

**STECKBRIEF** (5) 10–20 (30) cm hoch; Blätter 3–6, schmal-lanzettlich, 5–12 cm lang, 0,8–1,5 cm breit, gefleckt oder ungefleckt; Blütenstand lang gestreckt mit 8–35 kleinen, locker angeordneten, dunkel- bis hellrosa, seltener weißen Blüten; Sepalen seitlich abstehend, 3–5 mm lang; Petalen kleiner, sich über das Säulchen wölbend; Lippe 5–7 mm lang und breit, mit 4, seltener mehr purpurnen Punkten an der helleren Basis, Lippe tief dreigeteilt, mit ± gleich großen Lappen; Sporn lang und sehr dünn, 1–1,2 cm lang, waagrecht bis leicht abwärtsgerichtet.

**VERWECHSLUNG** *O. anatolica* hat längere, 8–14 mm lange Lippen mit mehr Punkten und einen 1,5–2,5 cm langen Sporn. *O.* (×)*sezikiana* bildet eine Zwischenform zwischen beiden Arten, sie hat ebenfalls mehr Punkte auf der Lippe.
**VORKOMMEN** Steinige Magerrasen, Feldfluren, Macchien, Gebüsch; kalkliebend. Bis etwa 1500 m.
**VERBREITUNG** Von Italien und Kroatien bis Zypern. **Typus:** Italien, Neapel, 1811.

*O. quadripunctata* (GR, Menalon, 3.6.2012, HP)

*O. quadripunctata* (li: GR, Kreta, Spili, 20.4.2011, HP; re: HR, Muc, 10.4.2015, HP)

## Brancifortis Knabenkraut
— *Orchis brancifortii*

(Ende März) April–Mai

**STECKBRIEF** 10–25 cm hoch; Blätter 4–6, meist ungefleckt, lanzettlich, 6–10 cm lang, 1–1,5 cm breit; Stängel oben braunrot gefärbt oder zumindest überlaufen; Blütenstand eiförmig-zylindrisch, mit zahlreichen, sehr kleinen, locker angeordneten, rosa Blüten; Sepalen abstehend, aber nicht vollständig zurückgeschlagen, 3–5 mm lang, größer als die Lippe; Lippe winzig, tief dreigeteilt, Mittellappen größer und breiter als die Seitenlappen, mit meist 4 purpurnen Punkten; Sporn lang und dünn, waagrecht bis leicht abwärtsgerichtet, etwa so lang wie der Fruchtknoten.

**VORKOMMEN** Steinige Magerwiesen, Macchien, Garrigue, lichtes Gebüsch, Lavagrus; auf basischem Boden. Bis etwa 1300 m.

**VERBREITUNG** Sizilien, Sardinien und Kalabrien. **Typus:** Italien, Sizilien, nahe Palermo, 1813.

**NAME** Zu Ehren des sizilianischen Prinzen Ercole Michele Branciforti benannt, einem Förderer des Entdeckers, des italienischen Botanikers Antonius de Bivona-Bernardi (1774–1834).

*O. brancifortii* (I, Sizilien, Ätna, 11.4.2012, HP)

*O. brancifortii* (I, Sizilien, Ätna, 11.4.2012, HP)

## Kreta-Knabenkraut
— *Orchis prisca* (Syn.: *O. spitzelii* subsp. *nitidifolia*)

Ende April–Ende Mai

**STECKBRIEF** (15) 20–30 (40) cm hoch; Stängel oben meist purpurn überlaufen; Blätter 2–7, grundständig, eiförmig bis lanzettlich, spitz, glänzend, ungefleckt, der Länge nach gefaltet; Blütenstand locker, zylindrisch, mit 5–25 dunkelrosa, großen Blüten; Sepalen und Petalen dunkelrosa, mit grünem Zentrum, dieses purpurn punktiert; Lippe 10–16 mm lang, ± stark seitlich der Länge nach gefaltet, tief dreilappig, in der Mitte weiß, dunkelrosa punktiert; Sporn kegelförmig, 7–11 mm lang, 2–3,5 mm dick, abwärtsgebogen, etwa halb so lang wie der Fruchtknoten.

**VERWECHSLUNG** *O. spitzelii* hat innerseits gänzlich grüne, purpurn gepunktete Sepalen und Petalen, einen dickeren Sporn und fehlt auf Kreta.

**VORKOMMEN** Bevorzugt in Geschieberinnen, grasreiche Stellen in lichten Kiefernwäldern, steinige Phrygana und Buschland aus Kretischem Ahorn von etwa 800–1500 m.

**VERBREITUNG** Endemit Kretas. **Typus:** Griechenland, Kreta, Aphendi Kavusi bei Thripti, 1975.

*O. prisca* (GR, Kreta, Thripti, 29.4.2011, HP)

*O. prisca* (GR, Kreta, Thripti, 29.4.2011, HP)

## Spitzels Knabenkraut
— *Orchis spitzelii* subsp. *spitzelii*
(Syn.: *O. patens* subsp. *spitzelii)*

Ende Mai–
Ende Juni

**STECKBRIEF** (15) 20–30 (40) cm hoch; Stängel oben meist purpurn überlaufen; Blätter 2–7, eiförmig bis lanzettlich, stumpf, glänzend, ungefleckt; Blütenstand zylindrisch, dicht- bis lockerblütig, mit 5–25 großen Blüten; Sepalen und Petalen grün bis olivgrün, stumpf, Sepalen innen mit braunpurpurnen Flecken, seitliche Sepalen eiförmig, leicht aufgerichtet; Lippe dunkelrosa, dunkel gefleckt, 11–18 mm lang, trapezförmig, tief dreilappig, die Seitenlappen kürzer als der gespaltene Mittellappen, zurückgefaltet, am Sporneingang mit 2 deutlichen Schwielen; Sporn kegelförmig, dick, 6–11 mm lang, 3–4 mm dick, abwärtsgebogen, stumpf, etwa halb so lang wie der Fruchtknoten.
**VERWECHSLUNG** *O. mascula* hat Blütenhüllblätter ohne olivgrüne Grundfarbe, der Sporneingang ist schwielenlos, der Sporn lang und aufwärtsgerichtet.

*O. spitzelii* (GR, Taigetos, 2.6.2012, HP)

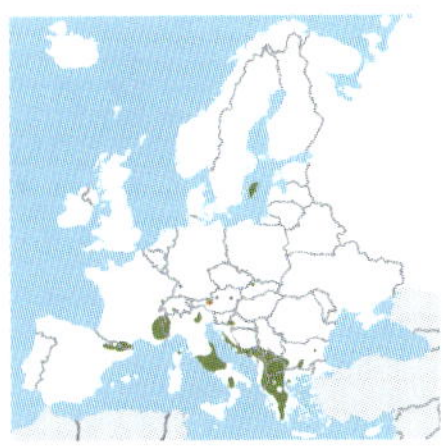

**VORKOMMEN** Nadel- und Mischwälder, Adlerfarnfluren, Weiderasen, Krummholzgebüsch. Bis ca. 2000 m (Anatolien bis 2100 m).
**VERBREITUNG** Unterart mit inselartiger Verbreitung von den Pyrenäen bis zum Iran und nördlich bis zur Insel Gotland, dort aber nicht ursprünglich. Hauptursache für das zerstückelte Verbreitungsbild dürften die hohen Standortansprüche sein, welche kalte, schneereiche Winter, hohe Bodenfeuchtigkeit im Frühjahr und basisch reagierende Böden voraussetzen. **Typus:** Österreich, Salzburg, Weißbachelalpe bei Saalfelden, 1837.
**NAME** Benannt zu Ehren des Münchner Forstrates, Regierungsrates und Pflanzensammlers Anton von Spitzel (1807–1853), der die Pflanze 1835 erstmals nahe Saalfelden fand. Spitzel machte sich um die Erforschung der Flora Südbayerns und Salzburgs verdient.
**UNTERART** Cazorla-Knabenkraut *Orchis spitzelii* subsp. *cazorlensis* (Syn.: *O. cazorlensis*): Unterscheidet sich von der Nominatunterart durch etwas größere und

*O. spitzelii* (GR, Taigetos, 2.6.2012, HP)

*O. spitzelii* subsp. *cazorlensis* (E, Cuenca, 23.5.2013, HP)

*O. spitzelii* subsp. *cazorlensis* (E, Cuenca, 23.5.2013, HP)

hellere, 14–21 mm langen Lippen sowie einen oft grüneren Helm. Es wächst bevorzugt in lichten, unterwuchsarmen Kiefernwäldern der Iberischen Halbinsel und Nordwestafrikas von 900–1900 m, sehr selten auch auf Mallorca. **Typus:** Spanien, Jaén, Sierra de Cazorla, Guadalquivir, 1930.

## Atlas-Knabenkraut
*— Orchis patens*

April–Juni

**STECKBRIEF** (15) 20–35 (60) cm hoch; Blätter 5–8, lanzettlich, 7–14 cm lang, 1,3–2,5 cm breit, ungefleckt oder schwach gefleckt; Blütenstand zylindrisch, 6–25 cm lang mit 7–40 locker angeordneten, rosa bis dunkelrosa Blüten; seitliche Sepalen eiförmig, 8–10 mm lang, ausgebreitet, mit grünlicher Mitte, diese dunkelrosa gepunktet; Lippe stark dreiteilig mit vorgezogenem Mittellappen und kleineren, nach unten gefalteten Seitenlappen; Sporn sackförmig, waagrecht bis abwärtsgerichtet, sehr kurz, 6–8 mm lang, etwa ein Drittel so lang wie der Fruchtknoten.

**VERWECHSLUNG** Bei *O. spitzelii* ist die Lippe weniger stark dreigeteilt, der Sporn ist etwa halb so lang wie der Fruchtknoten.

*O. patens* (li: I, Lavagna, 30.4.2009, PZ; re: I, Cichero, 11.5.2008, UG)

**VORKOMMEN** Kastanien-, Eichen- und Zedernwälder, Magerwiesen. Bis etwa 700 m (im Atlasgebirge bis 1600 m).
**VERBREITUNG** Nordalgerien, Nordtunesien und Ligurien. Typus: Atlasgebirge, wahrscheinlich algerischer Teil, 1799.
**ANMERKUNG** Hybriden mit *Orchis mascula* wurden auch als Art *O.* (×)*ligustica* beschrieben, Bastarde mit *O. provincialis* sind stellenweise häufiger.

*O. patens* (I, Rapallo, 2.5.2004, HWZ)

## Kanaren-Knabenkraut
— *Orchis canariensis* (Syn.: *O. patens* subsp. *canariensis*)

Anf. Jan. – Anf. April

**STECKBRIEF** 15–25 (40) cm hoch; Blätter 3–5, lanzettlich, ungefleckt; Blütenstand zylindrisch, mit 10–20 rosa Blüten; seitliche Sepalen eiförmig, 8–13 mm lang, 4–6 mm breit, ausgebreitet, mittleres Sepal über den Helm geneigt; Lippe rosa-weiß, purpurn gezeichnet, stark dreiteilig mit vorgezogenem Mittellappen und nur wenig nach unten gefalteten Seitenlappen; Sporn sackförmig, waagrecht bis schwach aufwärtsgerichtet, sehr kurz, 5–7 mm lang, etwa ein Drittel so lang wie der Fruchtknoten, fast so breit wie lang.
**VERWECHSLUNG** Im Verbreitungsgebiet keine. *O. patens* hat stärker nach unten gefaltete Lippenseitenlappen, einen längeren, waagrechten bis abwärtsgerichteten Sporn und blüht von April bis Juni.

**VORKOMMEN** Luftfeuchte Kiefernwälder und v. a. nordexponierte Felswände der Nebelstufe von etwa 800–1400 m.
**VERBREITUNG** Endemit der Kanarischen Inseln. Typus: Spanien, Kanarische Inseln, Teneriffa, Orotava-Tal, 1835.

*O. canariensis* (E, Teneriffa, Teno, 11.2.2019, JV)

*O. canariensis* (E, Teneriffa, Teno, 16.2.2015, JV)

## Gefleckte Waldwurz
— *Neotinea maculata* (Syn.: *N. intacta*)

März–Anf. Juni

**STECKBRIEF** 8–18 (30) cm hoch; Stängel grün, oft braunpurpurn überlaufen; Blätter 3–6, die unteren am Grund genähert, zugespitzt, 3–12 cm lang, 1–3 cm breit, mit auffallend stumpfer Oberfläche, blaugrün, meist schwarzpurpurn gefleckt; Blütenstand schmal-zylindrisch, dicht und vielblütig; Blüten klein, wenig geöffnet, weißlich bis rosa; Sepalen und Petalen 3–4 mm lang; Lippe dreilappig, waagrecht bis herabhängend, Seitenlappen kürzer als der Mittellappen, Lippenmittellappen an der Spitze oft zweispaltig; Sporn stumpf, breit-konisch, 1,5–2 mm lang.

N. *maculata* (GR, Kefalonia, 16.4.2017, HP; klein: GR, Taigetos, 1.6.2012, HP)

**VORKOMMEN** Lückige Rasen, Macchien, Gebüsch, beweidetes Ödland, Kiefern-, Tannen- und Eichenwälder, moosige Felswände. Bis etwa 2000 m.

**VERBREITUNG** Mediterran-atlantische Art von den Kanarischen Inseln und Irland bis Nordanatolien und Libyen. **Typus:** Portugal, Serra da Arrabida, 1799.

**NAME** Die Gattung ist zu Ehren des italienischen Botanikers Vincenzo Tineo (1791–1856), Medizin- und Botanikprofessor in Palermo, benannt.

*N. maculata* (GR, Kefalonia, 1.4.2010, HP)

## Brand-Knabenkraut
— *Neotinea ustulata* subsp. *ustulata* (Syn.: *Orchis ustulata*)

Ende April–Anf. Juli

**STECKBRIEF** (5) 10–20 (30) cm hoch; untere Blätter am Grund in flacher Rosette, im Herbst erscheinend, 3–8 cm lang, 1–2,5 cm breit, obere den Stängel umfassend; Blütenstand reichblütig, oben dicht, unten aufgelockert, zunächst kegelförmig, später zylindrisch; Blüten klein, duftend; Knospen purpurschwarz; Sepalen und Petalen außen rot- bis schwarzbraun, innen grünlich; Lippe weiß mit roten Papillen, tief dreilappig mit schwach gespaltenem Mittellappen; Sporn zylindrisch und stumpf, abwärtsgerichtet, ± halb so lang wie der Fruchtknoten.

**VORKOMMEN** Magerwiesen, Halbtrockenrasen, seltener Flachmoorwiesen. Bis etwa 2500 m (im Kaukasus bis 2700 m).

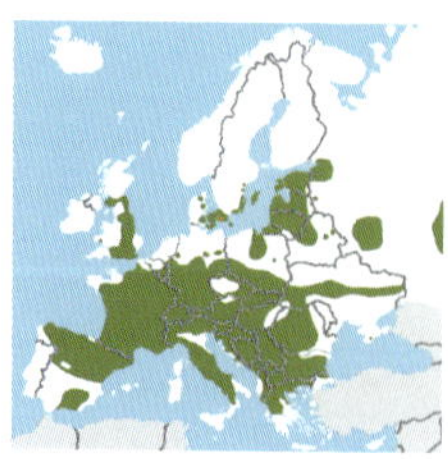

**VERBREITUNG** Von Spanien und England bis in den

Ural und in den Kaukasus. **Typus:** Schweden, Skåne, Siörup, 1753.

**UNTERART** Sommer-Brandknabenkraut *Neotinea ustulata* subsp. *aestivalis* (Syn.: *Orchis ustulata* var. *aestivalis*): Unterscheidet sich von der Nominatunterart durch einen schlanken, bis zu 40 (70) cm hohen Habitus, gekielte, am Stängel verteilte längere Laubblätter und einen sehr schlanken Knospenstand. Der Blütenstand ist lockerer, der knospige Teil oben spitzer. Blütezeit von Ende Juni bis Ende August, die Blätter erscheinen meist im Vorfrühling. Die Unterart wächst stellenweise gemeinsam mit der subsp. *ustulata* und ist daher kein Ökotyp. Sie ist wegen der späten Blütezeit allerdings weniger tolerant gegenüber Trockenheit, sie kommt auch häufiger in feuchten Wiesen vor. Verbreitet von England bis ins Baltikum und Nordgriechenland, wobei die gesamte Verbreitung noch nicht bekannt ist. **Typus:** Deutschland, Thüringen, bei Nordhausen, 1988.

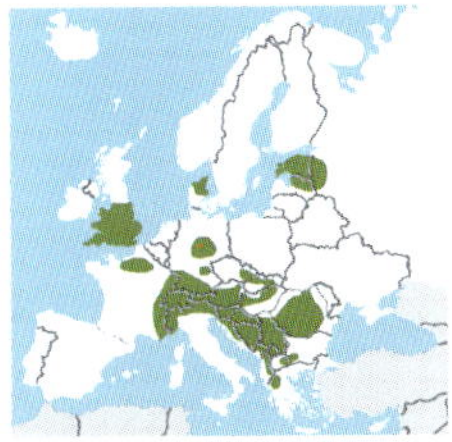

**ANMERKUNG** In der Regel ist die Sippe gut von der Nominatunterart unterscheidbar. Probleme gibt es nur in höheren Lagen, wo sich Blütezeiten zusammenschieben und sich durch gute Wasserversorgung bzw. gestauchteres Wachstum in der Höhe die Wuchsformen einander annähern. Sie könnten auch gut als biologische Art geführt werden, eindeutige Bastarde sind praktisch nicht bekannt. Dies hätte zur Folge, dass mehr auf die späte Sippe geachtet werden würde.

*N. ustulata* (li: D, Gungolding, 9.5.2013, HP; re: GR, Veria, 9.6.2014, HP)

*N. ustulata* (D, Gungolding, 9.5.2013, HP)

*N. ustulata* subsp. *aestivalis* (D, Wolfratshausen, 17.7.2011, HP)

*N. ustulata* subsp. *aestivalis* (D, Rohrenfeld, 7.7.2013, HP)

## Dreizähniges Knabenkraut
— *Neotinea tridentata* subsp. *tridentata* (Syn.: *Orchis tridentata*)

Anf. März–Ende Juni

*N. tridentata* (D, Eichstätt, 5.5.2014, HP; klein: I, Matese, 25.5.2015, HP)

**STECKBRIEF** 10–20 (35) cm hoch; Stängel silbrig graugrün bis hellgrün; Blätter 4–7, bläulich grün, teils braunrot gerandet; Blütenstand ± halbkugelig, dichtblütig, aus 15–40 weißen, rosa gezeichneten, relativ kleinen Blüten; Sepalen 8–13 (18) mm lang; Petalen schmal-zungenförmig; Lippe 6–11 mm lang, tief dreilappig, Mittellappen schwach bis stark zweiteilig mit Zähnchen in der Bucht, alle Lappen vorne fein gezähnt; Sporn 5–10 mm lang, zylindrisch, abwärtsgebogen.

**VERWECHSLUNG** *N. lactea* hat einen gedrungenen Wuchs, einen zylindrischen Blütenstand, meist blassere Blüten und blüht früher von Februar bis April. Die Enden der Seitenlappen sind meist herabgeschlagen. *N. conica* ist ebenfalls blasser und blüht früher, meist mit kleinen Blüten.

**VORKOMMEN** Halbtrockenrasen, Weiden, Trockenrasen, Gebüschsäume, Macchien; kalkliebend. Bis ca. 1500 m.

**VERBREITUNG** Von Frankreich bis ins Kaukasusgebiet und bis Israel. Nördliche Enklaven in Deutschland, Luxemburg und Polen. **Typus:** Deutschland, Niedersachsen, bei Göttingen, 1772.

*N. tridentata* (I, Sassano, 27.5.2012, HP)

**VARIABILITÄT** Var. *commutata* (Syn.: *Orchis commutata*) hat lang zugespitzte, 13–18 mm lange Sepalen, größere Lippen und meist weniger Blüten. Der Chromosomensatz ist triploid, man findet sie zumindest auf Sizilien und in Apulien. Die Pflanzen auf Sizilien sollen nach Untersuchungen alle zu *commutata* gehören.

**UNTERART** Angelikas Knabenkraut ***Neotinea tridentata*** **subsp.** ***angelica*** **nom. prov.** (Syn.: *Orchis tridentata* var. *angelica*): Unterscheidet sich von der subsp. *tridentata* durch kleineren, 8–20 cm hohen Wuchs, wenigblütigere Blütenstände mit 8–20 kleinen Blüten und lang ausgezogene, zugespitzte seitliche Sepalen. Der Lippenmittellappen ist deutlich zweilappig. Bisher nur von Kreta bekannt, wo sie Phrygana von etwa 300–1200 m besiedelt und wahrscheinlich die Nominatunterart ersetzt. **Typus:** Griechenland, Kreta, Gerakari, (2011).

Li: *N. tridentata* var. *commutata* (I, Sizilien, Ferla, 10.4.2012, HP); re: *N. tridentata* subsp. *angelica* (GR, Kreta, Spili, L.c., 20.4.2011, HP)

## Kegel-Knabenkraut
— *Neotinea conica* (Syn.: *Orchis tridentata* subsp. *conica*, *Orchis conica*)

Ende Febr.–
Anf. Juni

*N. conica* (F, Bugarach, 18.5.2016, HP; klein: P, Murtal, 24.3.2015, BT)

**STECKBRIEF** 8–20 (30) cm hoch; Stängel silbrig graugrün bis hellgrün; Blätter 4–7, bläulich grün, ungefleckt; Blütenstand ± kegelförmig, dichtblütig; Blüten relativ klein, weiß, rosa gezeichnet; seitliche Sepalen in einen lang ausgezogenen Zipfel auslaufend, dieser flach ausgebreitet oder stark umgebogen; Lippe 5–7,5 mm lang, tief dreilappig, Mittellappen schwach bis stark zweiteilig mit Zähnchen in der Bucht, Lippenwölbung eher konkav; Sporn 3,5–5 mm lang, zylindrisch, abwärtsgebogen.
**VERWECHSLUNG** *N. lactea* hat einen etwa 6 mm langen Sporn, Lippenwölbung eher konvex. *N. tridentata* hat einen ± halbkugeligen Blütenstand, meist größere und farbigere Blüten mit 7–11 mm langen Lippen und einen 5–10 mm langen Sporn. Sie blüht später.
**VORKOMMEN** Magerrasen, lockeres Gebüsch, Dornstrauchgesellschaften, lichte Wälder. Bis etwa 1100 m (in Nordafrika bis zumindest 1600 m).
**VERBREITUNG** Westmediterrane Art von Nordmarokko und Nordalgerien bis ins östliche Pyrenäengebiet. Typus: Portugal, Bellas, 1805.
**ANMERKUNG** Auf Korsika, Sizilien und Malta findet man teilweise sehr ähnliche Pflanzen, die aber *N. lactea* zugerechnet werden, die hier auch typisch vorkommt.

## Milchweißes Knabenkraut
— *Neotinea lactea* subsp. *lactea* (Syn.: *Orchis lactea*)

früh:
Febr.–April

**STECKBRIEF** 7–25 cm hoch; Stängel kräftig; Blätter 5–8; Grundblätter breit-eiförmig, 4–9 cm lang, 1,5–2,5 cm breit; Blütenstand 2,5–7 cm lang; Blüten weißlich bis hellrosa, rosa gezeichnet, Helm selten grünlich; seitliche Sepalen lang zugespitzt und nach außen gebogen; Lippe tief dreiteilig, eher konvex gebogen, 7–12 mm lang, 7–13 mm breit, rosa gefleckt, der Mittellappen größer und breiter als die Seitenlappen; Sporn zylindrisch, dick, am Ende zugespitzt, ± 6 mm lang, ± halb so lang wie der Fruchtknoten.
**VERWECHSLUNG** *N. conica* hat einen dichten, ± kegelförmigen Blütenstand, eine eher konkav gebogene Lippe, einen kürzeren, 3,5–5 mm langen Sporn und ein westmediterranes Verbreitungsgebiet. *N. tridentata* ist farbiger und blüht später.

**VORKOMMEN** Magerrasen, Waldlichtungen, Gebüsch; kalkliebend. Bis etwa 1800 m.
**VERBREITUNG** Mediterrane Art von Südfrankreich und Nordalgerien bis Westanatolien. Typus: Algerien, 1798.
**UNTERARTEN** Korsisches Knabenkraut *Neotinea lactea* subsp. *corsica* (Syn.: *Orchis corsica*): Unterscheidet sich von der subsp. *lactea* durch einen 3–12 cm langen

*N. lactea* subsp. *lactea* (AL, Delvinë, 4.4.2015, HP; klein: GR, Epirus, 28.3.2010, HP)

*N. lactea* subsp. *minuscula* (GR, Parnon, 30.3.2018, HP)

*N. lactea* subsp. *lactea* (I, Sizilien, Noto, 24.2.2020, HP)

*N. lactea subsp. corsica* (Li: F, Korsika, Bonifacio, L.c., 17.3.2008, HP; re: 19.3.2008, L.c., HP)

Blütenstand mit etwas größeren Blüten, weniger stark zurückgebogene Lippenseitenlappen, schräg vorgestreckte Lippen mit weniger konvexer Wölbung und Lippenrändern, die oft aufgebogen oder aufgefaltet sind. Die Sippe ist bereits 1824 als Art beschrieben worden, unterscheidet sich aber so geringfügig von der Nominatsippe, dass selbst der Unterartrang fraglich erscheint. Vorkommen sind v. a. aus dem Süden Korsikas bekannt, möglicherweise aber auch im Norden der Insel und auf Sardinien auftretend. **Typus:** Frankreich, Korsika, Bonifacio, zwischen Gallo und St. Jean, 1824.

**Zierliches Milchweißes Knabenkraut *Neotinea lactea* subsp. *minuscula* nom. prov.** (Syn.: *N. lactea* var. *lactea* fo. *minuscula*): Unterscheidet sich von der subsp. *lactea* durch einen zierlichen, schlanken, dichten Blütenstand und kleinere Blüten mit 5–7 mm langen Lippen. Lippen gekrümmt, Lippenseitenlappen ± abwärtsgebogen. Blütezeit um 1–2 Wochen später als bei der Nominatunterart. Verbreitet im westlichen Griechenland, die genaue Verbreitung ist noch wenig bekannt. **Typus:** Griechenland, Akarnanien, bei Tryos, 2011.

## Colli Berici-Pyramidenorchis
— *Anacamptis berica*

Mitte April–
Anf. Juni

**STECKBRIEF** 18–46 cm hoch; Blätter 3–11, schmal-lanzettlich, rinnig bis gefaltet, zur Blütezeit vorhanden; Blütenstand oval bis zylindrisch, 4,4–5,8 cm lang, 3,2–4,2 cm breit, aus 20–44 Blüten; Blüten dunkelrosa; Sepalen 5,2–5,4 mm lang, 1,9–2,2 mm breit; Petalen 5,8–6 mm lang, 2–2,3 mm breit; Lippe 5–7 mm lang, 7–9 mm breit, mit zwei aufrechten Längsleisten an der Basis, tief dreilappig; Sporn fadenförmig, 13–19 mm lang, länger als der Fruchtknoten. Blütezeit etwa 2 Wochen früher als *A. pyramidalis*.

**VERWECHSLUNG** *A. pyramidalis* hat etwas kleinere und dichter stehende Blüten, einen kürzeren, 10–15 mm langen Sporn und eine etwas spätere Blütezeit am gleichen Ort. Auch genetisch lassen sich die Sippen unterscheiden, *A. berica* ist tetraploid, *A. pyramidalis* diploid. Ob die in Italien häufigen weißen Exemplare (var. *nivea*) dieser Sippe oder *A. pyramidalis* zugerechnet werden müssen, ist noch unklar. Die im selben Biotop vorkommende *A. pyramidalis* subsp. *serotina* ist sehr hochwüchsig, blüht später und hat einen sehr dichten Blütenstand mit einheitlich hellrosa Blüten.

**VORKOMMEN** Magerwiesen, Gebüsch, Ödland, lichte Wälder. Bisher bis etwa 800 m bekannt.

**VERBREITUNG** Bisher aus den Colli Berici und dem Monte Gargano bekannt. Wahrscheinlich aber viel weiter verbreitet, vermutlich auch in Kroatien und Nordwestgriechenland. **Typus:** Italien, Venezien, Colli Berici, Monte del Roccola, 2020.

*A. berica* (I, Gargano, 15.4.2019, HP)

*A. berica* (I, Gargano, 15.4.2019, HP)

## Echte Pyramidenorchis
— *Anacamptis pyramidalis* subsp. *pyramidalis* (inkl. var. *orientalis*, var. *purpuralis*)

Anf. April–
Mitte Aug.

**STECKBRIEF** 10–35 (50) cm hoch; Blätter 4–10, schmal-lanzettlich, 8–25 cm lang und 0,7–2 cm breit, rinnig bis gefaltet; Blütenstand pyramidenförmig bis zylindrisch, dicht- und reichblütig; Blüten rosa, selten kräftig karminrosa oder weiß; Tragblätter lanzettlich, purpurn überlaufen, fast so lang wie die Fruchtknoten; Lippe 5–7 mm lang und breit, mit zwei aufrechten Längsleisten an der Basis, tief dreilappig; Sporn fadenförmig, etwa so lang wie der Fruchtknoten oder wenig länger, (5) 10–15 mm lang, etwa 0,5 mm dick, abwärtsgerichtet.

**VERWECHSLUNG** *A. berica* in Teilen Südeuropas ist sehr ähnlich, sie blüht verhältnismäßig früh, hat intensiv dunkelrosa gefärbte, locker angeordnete Blüten und einen längeren, 13–19 mm langen

*A. pyramidalis* subsp. *pyramidalis* (li: I, Majella, 7.6.2012, HP; re: GB, Wales, Kenfig, 14.6.2017, HP)

*A. pyramidalis* subsp. *pyramidalis* (li: D, Großmehring, 20.6.2016, HP; re: GR, Taigetos, 2.6.2012, HP)

li: *A. pyramidalis* var. *tanayensis* (F, Grenoble, 20.6.1994, WV); re: *A. pyramidalis* var. *nivea* (I, Potenza, 28.5.2015, HP)

Sporn. Manche Zuordnungen sind jedoch unklar. *Gymnadenia conopsea* hat keine basalen Längsleisten auf der Lippe und einen lang gezogenen Blütenstand.

**VORKOMMEN** Trockene bis wechselfrische Magerwiesen, Gebüsche, lichte Wälder, küstennahe Macchien, Dornstrauchgebüsche, Feuchtstellen in Küstendünen. Bis etwa 1900 m (in Anatolien bis 2350 m).

*A. pyramidalis* var. *sanguinea* (IRL, Rosapenna, 11.8.1994, HP)

**VERBREITUNG** Westeuropäisch-mediterrane Art von Marokko und Irland bis Estland und Turkmenistan. **Typus:** England, nahe Oxford, 1753.

**VARIABILITÄT** Sehr variable Art, von der mehrere Varietäten beschrieben wurden, so:

Var. *tanayensis*, hochwüchsig, mit leuchtend dunkel pupurroten, kleinen Blüten. Bekannt aus den Westalpen, fraglich für die Karpaten und andere Gebiete.

Var. *nivea* mit reinweißen Blüten und kurzem, 5–10 mm langem Sporn. Teils in einheitlichen Populationen, zumindest in Italien.

Var. *sanguinea*, niedrigwüchsig, mit leuchtend roten Blüten. Bisher nur aus den Grafschaften Galway und Kerry in Westirland bekannt.

**UNTERARTEN**

Kurzährige Pyramidenorchis *Anacamptis pyramidalis* subsp. *brachystachys*: Unterscheidet sich von der Nominatunterart durch kleinere, hellere, weißliche bis hellrosa Blüten mit oft hellerer Lippenmitte und einer früheren Blütezeit von Februar bis Anfang Mai. Steigt bis etwa 600 m Seehöhe. Weit verbreitet zumindest im östlichen Mittelmeerraum, die Verbreitung ist jedoch noch ungenügend bekannt. So auf den Ägäischen Inseln, auf Korfu, vermutlich auch auf Sardinien und den Balearen. **Typus:** Griechenland, Insel Milos, 1822.

Kithira-Pyramidenorchis *Anacamptis pyramidalis* subsp. *cerigensis* (Syn.: *A. pyramidalis* var. *cerigensis*): Unterscheidet sich von der Nominatunterart durch kleine, weißliche Blüten, einen lockeren,

*A. pyramidalis* subsp. *brachystachys* (GR, Kithira, 4.4.2010, HP; klein: Peloponnes, Kyparissi, 28.3.2018, HP)

*A. pyramidalis* subsp. *cerigensis* (GR, Kreta, Mali, 26.4.2011, HP; klein: GR, Peloponnes, Parnon, 19.5.12, SH)

*A. pyramidalis* subsp. *serotina* (GR, Igoumenitsa, 6.6.2012, HP; klein: I, Greve, L.c., 11.6.2015, HP)

teils verlängerten Blütenstand, kleine, nur etwa 3 × 3 mm große Lippen, einen kurzen, etwa 9 mm langen Sporn und eine späte Blütezeit von Ende April bis Mitte Juni. Bisher u. a. von Kithira, Kreta, der Peloponnes, Nordostgriechenland, der kroatischen Insel Vis und Anatolien bekannt. **Typus:** Griechenland, Insel Kithira, 2010.

**Späte Pyramidenorchis *Anacamptis pyramidalis* subsp. *serotina*** (inkl. var. *dunensis*): Unterscheidet sich von der Nominatunterart durch schlankeren Wuchs, Laubblätter, die zur Blütezeit großteils schon vertrocknet sind, kurze und kompakte Blütenstände, stets einheitlich hellrosa Blüten, Tragblätter, die kürzer als die Fruchtknoten sind, und eine spätere Blütezeit von Ende Mai bis Juli. Die Unterart ist bisher vom britischen Lancashire, von der französischen, belgischen und niederländischen Küste, großen Teilen Italiens, der westlichen Balkanhalbinsel, dem griechischen Festland, der Krim und Aserbaidschan bekannt. Die tatsächliche Verbreitung der Sippe ist aber noch völlig unzureichend bekannt, in vielen Bereichen ist die Zuordnung der Pflanzen unklar. **Typus:** Italien, Toskana, Greve, 2007.

*A. pyramidalis* subsp. *urvilleana* (Malta, 18.3.2014, KS)

Urvilles Pyramidenorchis *Anacamptis pyramidalis* subsp. *urvilleana*: Benannt zu Ehren des französischen Naturforschers und Seefahrers Jules-Sébastien-César Dumont d'Urville (1790–1852). Unterscheidet sich von der Nominatunterart durch niedrigeren Wuchs, hellere, weiße bis rosa, kleinere Blüten, einen kürzeren, 8–10 mm langen Sporn und eine frühere Blütezeit von Februar bis Ende April, während auf Malta die subsp. *pyramidalis* von Ende April bis Ende Mai blüht. Ähnliches ist auf Mallorca festzustellen. Möglicherweise Endemit des Maltesischen Archipels. **Typus:** Malta, 1915.

## Heiliges Knabenkraut
*— Anacamptis sancta* (Syn.: *Orchis sancta*)

Anf. April–
Anf. Juni

**STECKBRIEF** (10) 15–25 (40) cm hoch; Blätter 8–15, rinnig, lanzettlich, 4–11 cm lang, 0,8–1,5 cm breit, zur Blütezeit meist vertrocknet; Blütenstand lang gestreckt, bis 10 cm lang, mit bis 30 Blüten; Tragblätter etwa so lang wie der Fruchtknoten; Blüten purpurn bis weißlich; Sepalen 9–12 mm lang, auf der Außenseite purpurn mit grünem Nerv; Lippe mit lang vorgezogenem Mittellappen, ungefleckt; Sporn 6–8 mm lang, kürzer als der Fruchtknoten, hakenförmig nach unten gekrümmt, zum Ende hin deutlich verschmälert.

*A. sancta* (GR, Rhodos, Lahania, 22.4.2006, KS; klein: GR, Lesbos, 11.5.2009, HP)

**VERWECHSLUNG** *A. coriophora* subsp. *fragrans* hat gefleckte, kleinere Lippen und ist zierlicher.

**VORKOMMEN** Steinige Wiesen, rasige Stellen in der Phrygana, Wegränder, Gebüsch; kalkliebend. Bis etwa 900 m.

**VERBREITUNG** Küstennah im östlichen Mittelmeergebiet von den Griechischen Inseln bis Israel. **Typus:** Israel, Haifa, 1759.

**ANMERKUNG** *A. sancta* tritt oft zusammen mit *A. coriophora* subsp. *fragrans* auf und bildet dort in der Regel auch Hybriden mit dieser, nicht selten auch Hybridschwärme mit Rückkreuzungen zu den Elternarten.

*A. sancta* (GR, Lesbos, 11.5.2009, HP)

## Wanzen-Knabenkraut
— *Anacamptis coriophora* subsp. *coriophora*
(Syn.: *Anteriorchis coriophora, Orchis coriophora*)

Mitte Mai–
Ende Juni

**STECKBRIEF** 10–25 (40) cm hoch; Grundblätter linealisch bis schmal-lanzettlich, rinnig gefaltet, bläulich grün, am Grund rosettenartig gehäuft; Brakteen häutig, weißlich oder grünlich mit grünen Adern, ungefähr so lang wie die Fruchtknoten; Blüten purpurrot, braunrot oder grünlich, grün geadert, nach Blattwanzen riechend; Sepalen und Petalen zu einem geschnäbelten Helm zusammenneigend, verklebt bis teilweise verwachsen; Lippe 4–6 mm lang, dreilappig, Mittellappen ganzrandig, etwas länger als die ± gezähnten Seitenlappen, basale Lippenpartie papillös behaart, heller gefärbt mit dunkelroten Punkten oder Flecken; Sporn ± purpurn, kegelförmig, nach unten gebogen, kürzer als der Fruchtknoten, zum Ende hin kontinuierlich verjüngt, nektarführend.

*A. coriophora* subsp. *coriophora* (SRB, Vranje, 7.6.2014, HP)

*A. coriophora* subsp. *coriophora* (D, Großmehring, 10.6.2013, HP)

**VERWECHSLUNG** *A. sancta* hat ungezeichnete, längere Lippen.

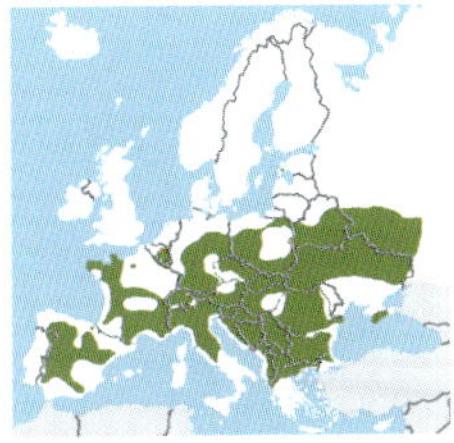

**VORKOMMEN** Magerwiesen warmer Lagen, Brennen (Heißländen), feuchte oder wechselfeuchte Wiesen, auf kalkreichen und kalkarmen Böden, salzverträglich, konkurrenzschwach. Bis etwa 2000 m (in Marokko bis 2500 m).

**VERBREITUNG** Mediterran-westasiatische Art von Marokko und Belgien bis zum Iran. Starker Rückgang in den letzten Jahrzehnten, die aktuelle Verbreitung ist wesentlich geringer als auf der Karte gezeigt. **Typus:** Belgien, Flandern, bei Löwen, 1753.

**UNTERARTEN**

Duftendes Wanzenknabenkraut *Anacamptis coriophora* subsp. *fragrans* (Syn.: *Orchis fragrans, Anteriorchis fragrans, Anacamptis fragrans*): Unterscheidet sich von der subsp. *coriophora* durch hellere Blätter, schmälere, in eine Spitze auslaufende Blütenstände, nach Vanille duftende, hellere, blassgrüne bis rosa Blüten mit intensiv purpurnen Flecken, einer schmäleren Lippe mit stark vorgezogenem Mittellappen, einem helleren, meist weißlichen Sporn und

*A. coriophora* subsp. *fragrans* (li: I, Aurunci, 24.5.2015, HP; re: I, Gardasee, 6.6.2010, HP)

*A. coriophora* subsp. *fragrans* (GR, Pyrgos, 29.5.2012, HP)

einer Präferenz für wärmere Standorte. Es blüht dort von Ende März bis Mitte Juni, an den seltenen gemeinsamen Vorkommen kurz nach der Nominatform. Die Unterart besiedelt die mediterrane Klimazone von Marokko bis in den Nordirak, nordwärts bis ins Gardasee-Gebiet, isolierte Funde in der Bretagne. Bis etwa 1200 m. **Typus:** Italien, bei Verona, 1811.

*A. coriophora* subsp *martrinii* (li: E, Extremadura, 28.5.2013, HP; re: E, Extremadura, 27.5.2013, HP)

Martrins Wanzenknabenkraut *Anacamptis coriophora* subsp. *martrinii* (inkl. var. *carpetana*; Syn.: *Orchis c.* subsp. *martrinii*, *Anteriorchis c.* subsp. *martrinii*): Benannt zu Ehren des französischen Botanikers Julien Victor de Martrin-Donos (1800–1870). Unterscheidet sich von der subsp. *coriophora* durch geruchlose Blüten und einen auffallend dicken Sporn. Blütezeit Ende April bis Ende Juni. Vor allem in sauren bis neutralen, seltener basischen, frischen bis nassen Magerwiesen. In ihrer Verbreitung auf die Iberische Halbinsel beschränkt, ein Fundort auch auf französischer Seite der Pyrenäen. **Typus:** Spanien, Girona, 1856.

## Borys Knabenkraut
— *Anacamptis boryi* (Syn.: *Orchis boryi*, *Herorchis boryi*)

Ende März–
Anf. Juni

*A. boryi* (GR, Taigetos, 31.5.2012, HP)

**STECKBRIEF**
10–20 (30) cm hoch; Blätter bis zu 12, länglich-lanzettlich, schmal, lang zugespitzt, 4–9 cm lang, 0,5–1 cm breit; Blütenstand mit 5–15 locker angeordneten, purpurrosa bis violetten Blüten, diese

als Besonderheit von oben nach unten aufblühend; Sepalen 7–10 mm lang, 4–6 mm breit; Petalen 5–8 mm lang, 2,5–3,5 mm breit; Lippe schwach dreilappig, 8–10 mm lang, 9–11 mm breit, am Lippen-

grund gepunktet; Sporn dünn und lang, waagrecht bis leicht abwärtsgerichtet, 13–17 mm lang, etwa so lang wie der Fruchtknoten.
**VERWECHSLUNG** *A. morio*, mit der sie nur sehr selten gemeinsam vorkommt (auf den Sporaden), blüht von unten nach oben auf. Sie ist wesentlich variabler in Farbe und Lippenform. *A. laxiflora* hat Lippen mit einem weißen, fast ungezeichneten Zentrum und einen Lippenmittellappen, der kürzer ist als die Seitenlappen.
**VORKOMMEN** Weiden, grasige Phrygana. Bis 1400 m.
**VERBREITUNG** Endemit Südgriechenlands. Typus: Griechenland, Peloponnes, Messina, Bassae, 1851.
**NAME** Benannt zu Ehren des französischen Botanikers Jean Baptiste Georges Geneviéve Marcellin Bory de St. Vincent (1778–1846).

*A. boryi* (li: GR, Taigetos, 31.5.2012, HP; re: GR, Kreta, Spili, 20.4.2011, HP)

## Kleines Knabenkraut
— *Anacamptis morio* subsp. *morio*
(Syn.: *Orchis morio, Herorchis morio*)

früh: Anf. April–Anf. Juni

**STECKBRIEF** 10–25 (50) cm hoch; Blätter rinnig, lanzettlich, stumpf, 3–12 cm lang, 0,5–2,5 cm breit, etwa in der Mitte am breitesten; Blütenstand zylindrisch, mit 5–25 sehr variablen, meist rotvioletten, aber auch lila, rosa, purpurroten oder weißen Blüten; Brakteen häutig, purpurn überlaufen; Sepalen und Petalen grün geadert; Lippe 6–10 mm lang, 10–18 mm breit, im helleren Mittelbereich fein bis grob gefleckt, sehr selten ungefleckt; Lippenmittellappen gespalten bis ausgerandet, länger als die Seitenlappen; Sporn horizontal bis aufwärtsgebogen, zylindrisch bis keulenförmig, 9–14 mm lang.
**VERWECHSLUNG** *Orchis mascula* hat keine grün geaderten Perigonblätter. *A. champagneuxii* hat nur selten Flecken im Lippenzentrum und etwas kleinere Blüten.

*A. morio* subsp. *morio* (A, Hof am Leithagebirge, 20.4.2008, KS; klein: P, Aljezur, 21.4.2014, HP)

*A. morio* subsp. *morio* (li: I, Gargano, 26.4.2010, BS; re: D, Gungolding, 25.4.2018, HP)

*A. morio* subsp. *albanica* (AL, Divjaka, 3.4.2015, HP; klein: AL, Divjaka, 11.4.2014, HP)

*A. morio* subsp. *caucasica* (GR, Igoumenitsa, 5.4.2015, HP; klein: GR, Soirpo, 3.4.2018, HP)

*A. morio* subsp. *picta* (F, Plaine de Maures, 15.5.2016, HP)

**VORKOMMEN** Trockene und wechselfeuchte Magerrasen, Halbtrockenrasen und Zwergstrauchheiden auf kalkreichen und kalkarmen Böden. Bis etwa 2000 m.
**VERBREITUNG** Europäische Sippe von Portugal und Irland bis zur Ukraine und Estland. **Typus:** Deutschland, Baden-Württemberg, Tübingen, 1753.
**UNTERARTEN** Albanisches Knabenkraut *Anacamptis morio* subsp. *albanica* (Syn.: *Orchis albanica, Herorchis albanica*): Unterscheidet sich von der subsp. *morio* durch in allen Teilen viel kleinere Blüten und einen kürzeren, 6,5–10 mm langen Sporn. Die Blüten sind blasser, weiß bis helllila, lilaviolett gezeichnet und die Sepalen grün geadert. Die sehr seltene Sippe besiedelt offenbar nur lichte Kiefernwälder auf Meeresniveau in Albanien. Übergänge zur subsp. *caucasica* kommen an der Westküste Griechenlands (auch Montenegro?) vor. **Typus:** Albanien, Lushnjë, 1984.

Kaukasus-Knabenkraut *Anacamptis morio* subsp. *caucasica* (inkl. var. *skorpilii*; Syn.: *Herorchis picta* var. *caucasica*): Unterscheidet sich von der subsp. *morio* durch kleinere Blüten mit einem Lippenmittellappen, der mehr als bei allen anderen Unterarten vorgezogen ist, während die Seitenlappen schmaler und kürzer sind. Der Umriss der Lippe ist dadurch länglich-eiförmig bis rund und nicht nierenförmig wie bei der subsp. *morio*. Der Sporn ist immer nach oben gekrümmt und nur wenig kürzer als

*A. morio* subsp. *syriaca* (CY, Larnaca, 4.3.2014, HP, klein: CY, Larnaca, 4.3.2014, HP)

der Fruchtknoten. Die subsp. *caucasica* ist in der Regel etwas höher- und schlankwüchsiger als die Nominatunterart. Verbreitet von Süditalien und Kroatien bis in den Nordiran. Übergangsformen sind in den breiten Überlappungszonen die Regel. Bis etwa 1600 m (im Kaukasus bis 2000 m). **Typus:** Kaukasus, Georgien, 1849.

Bemaltes Knabenkraut *Anacamptis morio* subsp. *picta* (Syn.: *Orchis picta, Herorchis picta*): Unterscheidet sich von den anderen Unterarten durch die Kleinblütigkeit bei höherem Wuchs und den lockeren Blütenstand. Die Blüten haben einen bis zum Ende hin kaum verschmälerten, zylindrischen Sporn, der nur leicht nach oben gerichtet ist und deutlich kürzer als der Fruchtknoten bleibt. Der Lippenmittellappen ist kürzer als die Seitenlappen, die erheblich verlängert sind. Verbreitet von Portugal bis Südfrankreich und zur Insel Elba. Bis etwa 1400 m. **Typus:** Frankreich, Toulon, 1827.

Syrisches Knabenkraut *Anacamptis morio* subsp. *syriaca* (Syn.: *Orchis syriaca, Herorchis syriaca*): Unterscheidet sich von der subsp. *morio* v. a. durch fast immer ungefleckte und kaum geteilte Lippen, einen dickeren Sporn und einer gänzlich anderen Verbreitung von Südanatolien bis Zypern und Israel. Besiedelt v. a. lichte Kiefernwälder, Phrygana und extensives Kulturland von den Küstenmarschen bis etwa 1300 m. **Typus:** Libanon, Monte Libani bei Sayda, 1908.

## Dreiknollen-Knabenkraut

— *Anacamptis champagneuxii* (Syn.: *Orchis champagneuxii, Herorchis morio* subsp. *champagneuxii*)

Anf. April– Mitte Juni

*A. champagneuxii* (E, Cuenca, 23.5.2013, HP)

**STECKBRIEF**

10–25 cm hoch; Blätter rinnig, lanzettlich, stumpf, 3–8 cm lang, 0,7–1,5 cm breit; Blütenstand zylindrisch, locker- und wenigblütig mit 3–15 meist violetten, aber auch lila, rosa, purpurroten oder weißen Blüten; Brakteen häutig, purpurn überlaufen; Sepalen und Petalen grün geadert; Lippe 6–8,5 mm lang, 11–14 mm breit, im helleren, oft weißen Mittelbereich ungefleckt (außer bei der var. *mesomelana*); Lippenmittellappen zurückge-

bildet, Seitenlappen stark nach unten geschlagen, nach vorn verlängert und abgerundet; Sporn kräftig, 10–15 mm lang, nach oben gebogen.
**VERWECHSLUNG** *A. morio* ist reichblütiger, meist größerblütig, der helle Lippenmittelteil ist purpurn gefleckt, die Lippenseitenlappen sind weniger stark bis gar nicht nach unten geschlagen.
**VORKOMMEN** Frische bis wechselfeuchte Wiesen, Garrigue, Waldlichtungen. Bis etwa 1500 m.
**VERBREITUNG** Von Marokko bis Südfrankreich. Typus: Frankreich, Var, 1843.
**NAME** Benannt zu Ehren des französischen Botanikers Anselm Benoit Doin de Rosiére de Champagneux (1774–1845).
**VARIABILITÄT** Var. *mesomelana* hat undeutliche Flecken im weißen Mittelteil der Lippe.

*A. champagneuxii* var. *mesomelana* (li: E, Orduna, 24.5.2016, HP; re: E, Cuenca, 23.5.2013, HP)

## Langsporniges Knabenkraut
— *Anacamptis longicornu* (Syn.: *Orchis longicornu, Herorchis morio* subsp. *longicornu*)

Febr.–Mai

**STECKBRIEF** 10–25 (35) cm hoch; Stängel unten grün, oben braunviolett; Blätter lanzettlich, 4–11 cm lang, 1,2–2,2 cm breit, etwa in der Mitte am breitesten, Ränder nach oben gefaltet; Blütenstand mit 4–15 rötlich hellvioletten bis tief dunkel purpurvioletten Blüten; Brakteen purpurn; Sepalen und Petalen dunkel geadert; Lippe 7–10 mm lang, 11–18 mm breit (ausgebreitet), im weißen Mittelbereich purpurviolett gepunktet; freier Teil des Lippenmittellappens gestutzt, gleich lang oder kürzer als die Seitenlappen; Lippe entlang der Mittellinie gefaltet und stark nach unten gebogen; Sporn aufwärtsgebogen, 13–17 mm lang, am Ende stumpf, keulig verdickt.

**VERWECHSLUNG** *A. morio* hat meist lilaviolette Blüten, einen kürzeren, 9–14 mm langen Sporn, eine weniger intensiv kontrastierende weiße Lippenmitte und Lippenseitenlappen, die weniger nach unten gebogen sind.
**VORKOMMEN** Garrigue, Magerwiesen, lichte Wälder. Bis etwa 1200 m (in Algerien bis 2000 m).
**VERBREITUNG** Von Nordalgerien bis Südfrankreich und Malta. **Typus:** Nordafrikanische Küste, vermutlich Algerien, 1789.

*A. longicornu* (I, Sizilien, Niscemi, 26.2.2020, HP; klein: I, Sizilien, Ferla, 10.4.2012, HP)

*A. longicornu* (li: I, Sizilien, Buccheri, 11.4.2012, HP; re: I, Sizilien, Ferla, 10.4.2012, HP)

## Schmetterlings-Knabenkraut
— *Anacamptis papilionacea* subsp. *papilionacea* (inkl. *A. papilionacea* subsp. *septentrionalis*; Syn.: *Orchis papilionacea, Vermeulenia papilionacea*)

Ende März–Ende Mai

*A. papilionacea* subsp. *papilionacea* (I, Potenza, 31.5.2015, HP; klein: I, Gargano, 2.4.2012, HP)

*A. papilionacea* var. *rubra* (HR, Bale, 1.5.2010, HP)

*A. papilionacea* subsp. *aegaea* (li: GR, Kefalonia, 29.3.2010, HP; re: *thaliae* (GR, Rhodos, 26.3.2013, HP)

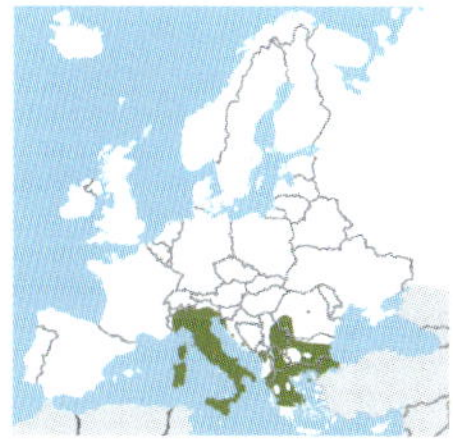

**STECKBRIEF** (8) 12–22 (30) cm hoch; Stängel im oberen Teil purpurn überlaufen; Blätter 5–14 cm lang, 0,5–2,5 cm breit, leicht gekielt, am Ende zugespitzt; Blütenstand 4–18-blütig; Tragblätter purpurn, etwa so lang wie der Fruchtknoten; Sepalen und Petalen purpurn, dunkel geadert; seitliche Sepalen 13–17 mm lang, 4–7 mm breit, zugespitzt; Petalen kürzer und schmäler als die Sepalen; Lippe rosa, ungezeichnet oder mit Strichen und Punkten gezeichnet, (8,5) 11–13 mm lang, 11–14 mm breit, im Umriss länglich-oval, zum Grund hin schmäler und nach vorne verbreitert, Lippenränder gekerbt, Seitenränder meist nach oben gebogen; Sporn 12–14 mm lang, heller als die Perigonblätter, nach unten gebogen, am Ende zugespitzt.

**VORKOMMEN** Steinige Wiesen, Macchie, lichte Wälder; kalkliebend. Bis etwa 1300 m.

**VERBREITUNG** Mittelmeergebiet von Sardinien bis Nordanatolien. **Typus:** Italien, 1759.

**VARIABILITÄT** Var. *rubra* (Syn.: *Orchis papilionacea* subsp. *balcanica*) hat etwas kleinere Blüten mit 8,5–10,5 mm langen, einheitlich purpurrosa Lippen. Verbreitet in Italien und auf der westlichen Balkanhalbinsel von Istrien bis Nordgriechenland. Bildet auch reine Populationen, könnte auch als Unterart bewertet werden.

**UNTERARTEN** Ägäisches Knabenkraut *Anacamptis papilionacea* subsp. *aegaea* (Syn.: *A. papilionacea* subsp. *heroica*, *A. papilionacea* subsp. *thaliae*): Unterscheidet sich von der Nominatunterart durch kurze, dichte Blütenstände mit 2–10 großen Blüten. Seitliche Sepalen 13–20 mm lang, Lippe 12–21 mm lang und 12–22 mm breit. Blütezeit früh, von Anfang Februar bis April. Verbreitet von den Ionischen Inseln über die Peloponnes bis zu den Ägäischen Inseln und Anatolien. **Typus:** Griechenland, Kos, 2010. Auf Rhodos und der anatolischen Provinz Antalya kommt die **var.** *thaliae* nom prov. vor, die sich

*A. papilionacea* subsp. *alibertis* (GR, Kreta, Pirgos, 25.4.2011, HP)

*Li: A. papilionacea* subsp. *expansa* (I, Sizilien, Ferla, 9.4.2012, HP); re: *A. papilionacea* subsp. *expansa* var. *morgetiana* (I, Sizilien, Avola, 9.4.2012, HP)

durch eine weiße Blütengrundfarbe mit dunkelpurpurner Lippenzeichnung, braunpurpurner Tepalenzeichnung und einem höheren Grünanteil in der Blüte unterscheidet. Eine frühere Blütezeit konnte entgegen der Beschreibung nicht festgestellt werden.

**Alibertis' Knabenkraut** ***Anacamptis papilionacea*** **subsp.** ***alibertis*** (Syn.: *Orchis papilionacea* subsp. *alibertis*, *Vermeulenia papilionacea* var. *alibertis*): Zu Ehren des griechischen Botanikers Antonis Alibertis benannt. Unterscheidet sich durch höheren, schlankeren Habitus mit schopfigem, wenigblütigem Blütenstand. Die Blütenlippe ist konkav gebogen, deutlich gestreift wie bei der subsp. *aegaea*, aber kleiner als bei dieser. Blüht von Anfang bis Ende April und damit etwa ein Monat später als die subsp. *aegaea*. Endemit Kretas und Kithiras. **Typus:** Griechenland, Kreta, Agios Ioannis, 2001.

**Ausgebreitetes Knabenkraut** ***Anacamptis papilionacea*** **subsp.** ***expansa*** (inkl. subsp. *vexillifera*; Syn.: *Orchis papilionacea* subsp. *expansa*): Unterscheidet sich von der subsp. *papilionacea* durch größere Blüten mit ± kreisförmigen Lippen, die einen Ø von (12) 14–17 mm haben. Lippengrundfarbe weiß oder hellrosa, mit purpurner Strichzeichnung, in starkem Kontrast zu den dunkelpurpurnen anderen Blütenblättern. Verbreitet im zentralen

*A. papilionacea* subsp. *expansa* (I, Sizilien, Ferla, 9.4.2012, HP; klein: I, Sizilien, Gela, 26.2.2020, HP)

*A. papilionacea* subsp. *grandiflora* (E, Malaga, 16.4.2014, HP)

*A. papilionacea* subsp. *messenica* (GR, Peloponnes, Githio, 28.3.2018, HP)

*A. papilionacea* subsp. *messenica* (GR, Peloponnes, Githio, 28.3.2018, HP; klein: GR, Peloponnes, Taigetos, 2.6.2012, HP)

Mittelmeergebiet von Korsika und Sardinien bis Sizilien und Festland-Italien. **Typus:** Italien, Neapel, 1827. Die var. *morgetiana* unterscheidet sich durch in allen Teilen kleinere Blütenabmessungen mit 12–15 mm langen Lippen. Die Varietät ist bisher nur aus Sizilien bekannt und kommt meist in normalen Populationen vor.

**Großblütiges Knabenkraut *Anacamptis papilionacea* subsp. *grandiflora*** (Syn.: *Orchis papilionacea* subsp. *grandiflora*): Unterscheidet sich durch sehr große Blüten mit 17–20 mm langen und 6–8 mm breiten seitlichen Sepalen und 15–20 mm langen und 19–25 mm breiten Lippen. Die Blüten sind intensiver gefärbt und größer als die der subsp. *expansa*. Verbreitet im westlichen Mittelmeergebiet von Marokko und Portugal bis Tunesien. **Typus:** Spanien, Sevilla, 1842.

**Messenien-Knabenkraut *Anacamptis papilionacea* subsp. *messenica*** (Syn.: *Orchis papilionacea* subsp. *messenica*, *Vermeulenia papilionacea* var. *messenica*): Unterscheidet sich von den ähnlichen subsp. *expansa* und

*A. papilionacea* subsp. *palaestina* (IL, Mt. Carmel, 27.2.2017, HP)

subsp. *aegaea* durch eine spätere Blütezeit und sehr helle Blüten mit herzförmigen Lippen in einem kompakten Blütenstand. Blütezeit Ende März bis Mitte Juni. Bisher bekannt vom Peloponnes und Kithira. Bis über 1400 m. **Typus:** Griechenland, Messenien, 1928.

*A. papilionacea* subsp. *palaestina* (CY, Kofinou, 8.3.2014, HP)

Palästina-Knabenkraut *Anacamptis papilionacea* subsp. *palaestina* (Syn.: *Orchis papilionacea* subsp. *palaestina*, *Vermeulenia papilionacea* var. *palaestina*): Unterscheidet sich durch kleinere Blüten mit 9,5–12,5 mm langen und 8–13 mm breiten Lippen, die fast horizontal abstehen und die aus schmalem Grund vorne fast halbkreisförmig enden. Die Blüten haben eine intensive, purpurne Punkt- und Streifenmusterung und stehen in einem länglichen, gestreckten Blütenstand. Die Unterart ist im asiatischen Mittelmeergebiet verbreitet und erreicht das Gebiet nur auf Zypern in wenigen Exemplaren. **Typus:** Israel, Zikhron, 2005.

## Hügel-Knabenkraut

— *Anacamptis collina* (Syn.: *Orchis collina*, *Orchis saccata*)

sehr früh: Jan.–Anf. Mai

*A. collina* (I, Sizilien, Vittoria, 9.2.2016, HP)

**STECKBRIEF**

10–30 (40) cm hohe, stämmige Pflanze; Blätter 3–7, die meisten am Grund gehäuft, Grundblätter länglich-eiförmig, ausgebreitet, 3–12 cm lang, 1–3 cm breit, etwa in der Mitte am breitesten, glänzend; Blütenstand zylindrisch, langgestreckt, mit 3–18 locker angeordneten, ziemlich großen, olivgrünen bis purpurnen oder weißlichen Blüten; seitliche Sepalen zurückgeschlagen; Lippe ungeteilt, an den Rän-

*A. collina* (I, Sizilien, Gela, 9.2.2016, HP)

dern zurückgeschlagen, an der Basis hell, ungefleckt, randlich dunkel; Sporn kurz, dick, sackförmig, am Ende verjüngt, abwärtsgerichtet, etwa halb so lang wie der Fruchtknoten. **VORKOMMEN** Küstendünen, Steinrasen, lichte Wälder, Trockenwiesen, Macchien, Ödland; kalkliebend. Bis 1300 m. **VERBREITUNG** Von Portugal und Marokko bis in den Iran und Aserbaidschan. **Typus:** Syrien, bei Aleppo, 1798. Auf Kreta fängt ein 2. Schub im März an zu blühen, wenn der erste Schub verblüht ist.

*A. collina* (I, Sizilien, Gela, 9.2.2016, HP)

## Lockerblütiges Knabenkraut

— *Anacamptis laxiflora* (Syn.: *Orchis laxiflora, Orchis palustris* subsp. *laxiflora, Paludorchis laxiflora*)

Anf. April–Mitte Juni

*A. laxiflora* (E, Pamplona, 25.5.2016, HP)

**STECKBRIEF**

20–45 (60) cm hoch; Stängel grün, oben meist intensiv dunkelpurpurn überlaufen; Blätter lineal-lanzettlich, rinnig gefaltet, straff aufrecht, 4–18 cm lang, 0,7–2 cm breit; Blütenstand locker, zylindrisch bis langgestreckt; Brakteen kräftig, purpurn überlaufen; Sepalen und Petalen purpurviolett; Lippe 6–10 mm lang, 12–18 mm breit, mit weißem, ungezeichnetem Lippenzentrum; Lippenmittellappen ganzrandig oder breit ausgerandet, kürzer als die nach unten geschlagenen Seitenlappen; Sporn horizontal bis schräg aufwärtsgebogen, 14–20 mm lang, am Ende oft etwas verbreitert und abgeflacht mit 2 Spitzen. **VERWECHSLUNG** *A. palustris* hat hellere Blüten und violette Flecken in der weißen Lippenmitte. Die Lippen sind mit 8–16 mm Länge länger. Der Sporn hat am Ende nur eine Spitze.

*A. laxiflora* (E, Pamplona, 25.5.2016, HP)

*A. laxiflora*, Albino, nicht selten (E, Pamplona, 25.5.2016, HP)

**VORKOMMEN** Wechselfeuchte Wiesen, Küstensümpfe, Binsenfluren, Sumpfwiesen, Quellfluren, Rinnen in Macchien. Bis etwa 1600 m.
**VERBREITUNG** Von Portugal bis Kirgisien. **Typus:** Frankreich, bei Versailles im Departement Yvelines, 1779.

## Sumpf-Knabenkraut

— *Anacamptis palustris* subsp. *palustris* (Syn.: *Orchis palustris, Paludorchis palustris*)

Anf. Mai–Ende Juni

*A. palustris* (F, Mauguio, 25.5.2018, HP)

**STECKBRIEF**

15–40 (60) cm hoch; Blätter lineal-lanzettlich, über den ganzen Stängel verteilt, vom Grund an verschmälert, 0,5–2 cm breit, straff aufwärtsgerichtet, rinnig bis gefaltet, aber ohne deutlichen Kiel auf der Rückseite; Blütenstand zylindrisch, lockerblütig; untere Brakteen länger als die Fruchtknoten; Blüten dunkelrosa mit weißlicher, punktierter Lippenmitte; seitliche Sepalen hochgeschlagen; Lippe 8–16 mm lang und 11–18 mm breit; Lippenmittellappen zweilappig oder tief ausgerandet bis verkehrt-herzförmig; Sporn zylindrisch, leicht abwärts, waagrecht oder aufwärtsgerichtet, gerade oder leicht gebogen, 10–19 mm lang, 1,8–2,6 mm dick, in einer stumpfen Spitze endend.
**VERWECHSLUNG** *A. laxiflora* hat dunklere Blüten, die weiße Lippenmitte ist ungefleckt. Der Sporn hat 2 stumpfe Enden.
**VORKOMMEN** Basische Niedermoore und nasse Sumpfwiesen. Salzverträglich, natürlicher Salzeintrag fördert die vegetative Entwicklung der Pflanze. Charakterart des Orchideen-Kopfbinsenmoores. Bis etwa 1800 m.

*A. palustris* (F, Mauguio, 25.5.2018, HP)

*A. palustris* subsp. *elegans* (RO, Vadu, 28.5.2017, NDA; klein: GR, Lesbos, 6.5.2009, HP)

*A. palustris* subsp. *robusta* (E, Mallorca, 12.4.2007, HP)

**VERBREITUNG** Europäische Unterart von Spanien und der Peloponnes bis Gotland. **Typus:** Österreich, Niederösterreich, bei Himberg, 1786.

**UNTERARTEN** Elegantes Knabenkraut *Anacamptis palustris* subsp. *elegans* (Syn.: *Orchis elegans, Paludorchis palustris* var. *elegans, Orchis mediterranea*) Unterscheidet sich von der subsp. *palustris* durch höheren, (30) 40–60 (80) cm hohen Wuchs, Blüten mit höherem Rotanteil und einen Sporn, der am Ende meist leicht nach oben gebogen und etwas verjüngt ist. Der Stängel ist im Blütenstandsbereich kräftig purpurbraun gefärbt. Der Blütenstand ist in der Regel reichblütiger und länger. Der Mittellappen der Lippe ist in deren Umriss praktisch integriert, nicht nach vorn abgesetzt, aber durch tiefe Einkerbungen abgegrenzt. Verbreitet von Slowenien und der Slowakei bis Südwestrussland, Turkmenistan und den Iran. **Typus:** Bulgarien, nahe Krivina, 1835.

Mallorca-Knabenkraut *Anacamptis palustris* subsp. *robusta* (Syn.: *Orchis robusta, Paludorchis robusta, Anacamptis robusta*): Unterscheidet sich von den anderen Unterarten durch den kräftigen, stämmigen Habitus mit einer Wuchshöhe von (40) 50–70 (90) cm. Die Blütenstände sind breiter und ausladender. Die Lippen sind groß und zeigen eine starke Teilung, besonders die Seitenlappen sind verbreitert und nach vorn verlängert. Der Sporn ist im Verhältnis kürzer als bei der subsp. *palustris* und zum Ende hin deutlich verjüngt. Blütezeit von (Ende März) Anfang April bis Mitte Mai und damit früher. Besiedelt küstennahe Sümpfe und findet sich auf Mallorca, der griechischen Insel Kefalonia und in einem kleinen Küstengebiet in Algerien. **Typus:** Algerien, bei Fort de l'Eau, 1931.

## GATTUNG SERAPIAS: ZUNGENSTÄNDEL

Die Gattung *Serapias* ist von den Azoren bis Georgien verbreitet. Es sind gegenwärtig ungefähr 22 Arten bekannt, von denen etwa 19 in Europa vorkommen. Entfaltungszentrum ist das zentrale Mittelmeergebiet. Gute Bestände einiger Arten findet man v. a. auf kalkfreien Böden, häufiger auch mit guter Wasserversorgung. Einige bilden bei optimalen Bedingungen dichte Bestände durch vegetative Vermehrung.
Die Zungenständel-Arten haben meist 2 eiförmige bis rundliche Knollen. Der Stängel ist grün, am Grund teils braunrot gestrichelt und oben braunrot überlaufen. Die 4–10 Laubblätter sind lang, schmal-lanzettlich, meist rinnig, die unteren rosettenartig gehäuft. Die Blüten sind duftlos und außen silbrig überlaufen. Die Sepalen sind an den Rändern miteinander zu einem schmalen, spitz auslaufenden Perigonhelm verklebt, die fadenförmigen Petalen liegen an den Nahtstellen an. Die Lippe ist ungespornt und in eine Vorder- und Hinterlippe geteilt. Die Basalschwielen an der Lippenbasis sind schwarzpurpurn, sie formen 2 Stege oder 1 Schwiele. Die Hinterlippe bildet mit dem Perigonhelm eine oft lang behaarte Röhre, in deren Innerem es um etwa 2° C wärmer ist als außerhalb. Deshalb werden die Blüten von Insekten gerne als Schlafstätte genutzt, was ihre Befruchtung sichert. Eine Art, *Serapias lingua*, lockt Bienenmännchen zusätzlich durch Sexuallockstoffe an.
Die Gattung ist unverwechselbar, die Bestimmung der Arten hingegen manchmal sehr schwierig. Der Artrang ist teilweise nur schwer nachvollziehbar, die Unterschiede manchmal marginal. Einzelne Arten sind sehr variabel, interspezifische Hybriden sind zwischen allen Arten möglich, lokal und vermutlich mit Rückkreuzungen häufiger. Gattungshybriden sind mit *Anacamptis*-Arten bekannt.
Innerhalb der Gattung *Serapias* wurden Sippen als Arten oder Unterarten beschrieben, bei denen es sich um Hybriden handelt. Einige davon sind derart stabilisiert, dass sie von den meisten Autoren als selbstständige, hybridogen entstandene Arten akzeptiert werden. Andere wiederum kommen nur in Kleinpopulationen, meist zusammen mit den Elternarten, vor und zeigen diese Stabilität kaum. Beispiele hierfür sind:
**Mittlerer Zungenständel**, *Serapias intermedia*, aus Südfrankreich (inkl. *S. intermedia* subsp. *hyblaea*, *S. francavillae* aus Ostsizilien) (*Serapias lingua* × *S. vomeracea*). Nicht häufig, meist kleine Populationen mit den Elternarten.
**Elsas Zungenständel**, *Serapias elsae*, aus Südwestspanien bis Mittelportugal (*Serapias lingua* × *S. strictiflora*). Hier sind jegliche Übergänge bekannt, es gibt große, meist gemischte Populationen.
**Kellers Zungenständel**, *Serapias kelleri*, aus Südostfrankreich (*Serapias cordigera* × *S. vomeracea*).
**Lukanischer Zungenständel**, *Serapias lucana*, aus Italien, Basilikata (inkl. *S. guadinae* aus Italien, Apulien) (*Serapias cordigera* × *S. vomeracea*). Selten ohne Elternarten, meist größere, gemischte Populationen.
**Todaros Zungenständel**, *Serapias todaroi* (inkl. subsp. *cyrnosardoa* aus Sardinien) (*Serapias lingua* × *S. parviflora*). Weit verbreitet im Gebiet der Elternarten, meist kleine Populationen.

li: *S.* × *intermedia* (I, Gargano, 27.5.2015, HP);
re: *S.* × *elsae* (P, Figueras, 21.4.2014, HP)

li: *S.* × *lucana* (I, Pignola, L.c., 29.5.2015, HP);
re: *S.* × *todaroi* (E, Castilia, 22.5.2016, HP)

## Nurra-Zungenständel
*— Serapias nurrica*

eher spät: April–Mai

*S. nurrica* (li: I, Sizilien, Cefalu, 24.4.2016, UG; re: I, Sardinien, Oristano, 14.4.2000, HP)

*S. nurrica* (I, Sizilien, Cefalu, 24.4.2016, UG)

**STECKBRIEF** 15–25 (35) cm hoch; Blattscheiden an der Stängelbasis gestrichelt; Blätter 5–8, steif aufwärtsgerichtet, lineal-lanzettlich, ± rinnig gefaltet, die oberen tragblattartig; Blütenstand kurz und relativ dicht mit 5–8 Blüten; Hochblätter außen silbrig grau mit purpurner Nervatur, kürzer als der aufwärtsgerichtete Blütenhelm; Sepalen ähnlich den Petalen, 20–26 mm lang; Lippe 25–35 mm lang, am Grund mit 2 dunkelpurpurn glänzenden Schwielen; Epichil eiförmig-lanzettlich, schräg nach vorn bis abwärtsgerichtet, am Grund mäßig behaart, im Zentrum braunrot, die nach oben gebogenen, meist gewellten Ränder auffallend weißlich bis mattlila.

**VERWECHSLUNG** Unterscheidet sich von fast allen anderen *Serapias*-Arten durch die weißlich gerandeten Lippen. Dies ist nur noch von einzelnen Exemplaren von *S. cordigera* in Portugal bekannt.

**VORKOMMEN** Magerwiesen, extensiv beweidete Nutzflächen, lichte Nadel- und Eukalyptuswälder, Straßenböschungen; über silikatischem Untergrund. Bis etwa 1000 m.

**VERBREITUNG** Von Menorca bis Südkalabrien. **Typus:** Italien, Sardinien, Sassari, 1982.

**VARIABILITÄT** Die var. *santuingensis* (Syn. *S. nurrica* subsp. *santuingensis*) ist kräftiger und reichblühend, das Epichil ist lanzettlich und gleichmäßig verjüngt. Die Schwielen im Hypochil fehlen. Bisher nur aus der Provinz Medio Campidano auf Sardinien bekannt.

## Kleinblütiger Zungenständel
*— Serapias parviflora* (Syn.: *S. mascaensis*)

April–Mai

**STECKBRIEF** 10–25 (35) cm hoch; Stängel hellgrün, an der Basis braunpurpurn gezeichnet; Blätter hellgrün bis bläulich grün, die relativ langen oberen Blätter steil aufwärtsgerichtet und nicht selten den unteren Teil des Blütenstands erreichend; Blütenstand locker und armblütig mit 3–10 kleinen, meist selbstbestäubenden, bereits knospend mit deutlich angeschwollenem Fruchtknoten versehenen Blüten; Sepalen hellgrau grünlich, oft purpurn überlaufen, 13–18 mm lang; Lippe 14–19 mm lang, mit am Grund 2 dunkleren, parallel zueinander stehenden bis leicht divergierenden Schwielen; das Hypochil mit den nach oben gebogenen Seitenlappen verschwindet fast vollständig im Perigonhelm; Epichil hellbraun, manchmal gelblich oder grün, keilförmig, kurz,

*S. parviflora* (li: I, Sizilien, Noto, 8.4.2012, HP; re: Albino, nicht selten, P, Algarve, 21.4.2014, HP)

6–10 mm lang, 3–5 mm breit, stark nach hinten gebogen.
**VERWECHSLUNG** *S. aphroditae* hat 10–15 mm lange Sepalen und ein 8–11 mm langes, 4–6 mm breites, oft dunkleres Epichil. *S. politisii* ist weniger kräftig und hat ebenfalls meist ein dunkleres, längeres Epichil.
**VORKOMMEN** Brachland, Olivenhaine, lichte Kiefernwälder, lichtes Gebüsch, Ödland. Bis etwa 1200 m.
**VERBREITUNG** Mediterran-atlantische Art von den Kanaren bis Zypern. **Typus:** Italien, Sizilien, Palermo, 1837.

*S. parviflora* (GR, Kithira, 5.4.2010, HP; klein: HR, Pula, 17.5.2010, HP)

## Aphrodites Zungenständel
*— Serapias aphroditae*

Anf. März–
Anf. April

*S. aphroditae* (CY, Akrotiri, 5.3.2014, HP)

**STECKBRIEF**

10–25 cm hoch, schlank; Blätter 4–8, grün bis gelblich grün, linealisch, rinnig gefaltet, 5–9 cm lang, schräg vom Stängel abstehend oder überhängend gebogen; Blütenstand locker- und armblütig, mit 3–8 kleinen, schräg aufwärtsgerichteten Blüten; Perigonblätter lanzettlich, außen grauviolett, purpurn geadert, innen purpurviolett; Sepalen 10–15 mm lang, 3–4 mm breit; Lippe klein, 16–21 mm lang; Hypochil am Grunde mit 2 fast parallelen Schwielen; Epichil 8–11 mm lang, 4–6 mm breit, rotbraun bis dunkelrot, oft nach hinten gebogen.
**VERWECHSLUNG** *S. politisii* ist äußerst ähnlich, blüht aber etwas später und hat ein schlankeres Epichil.
**VORKOMMEN** Wiesen, Macchien, lichte Kiefernwälder, küstennahe Feuchtwiesen. Bis etwa 500 m.
**VERBREITUNG** Zypern und angrenzendes anatolisches Festland bei Kemer. **Typus:** Zypern, Akamas-Halbinsel, 1990.

## Politis' Zungenständel
— *Serapias politisii*

eher spät:
April–Mai

**STECKBRIEF** 12–25 (35) cm hoch, schlank, dünn; Stängel an der Basis braunpurpurn gezeichnet; die oberen Blätter in Tragblätter übergehend und teils braunrot überlaufen; Blütenstand locker und armblütig mit 2–6 kleinen, schräg aufgerichteten Blüten; Sepalen hellgrau grünlich, oft purpurn überlaufen, 13–18 mm lang, 3–4,5 mm breit; Pollen meist dunkelgrau; Lippe 17–23 mm lang, mit 2 am Grund dunkleren Schwielen; Hypochil mit den nach oben gebogenen Seitenlappen fast vollständig im Helm verschwindend; Epichil 8–13 mm lang, 3–5 mm breit, herabhängend bis stark nach hinten geschlagen.

*S. politisii* (GR, Kithira, 4.4.2010, HP; klein: I, Lecce, 24.4.2019, HP)

**VERWECHSLUNG** *S. parviflora* ist weniger schlank, hat ein kleineres, 6–10 mm langes Epichil und als Selbstbestäuber meist schon im Knospenstadium angeschwollene Fruchtknoten. *S. bergonii* ist kräftiger mit größeren Blüten, die Pollenmasse ist meist gelb. Manche Exemplare sind jedoch schwer zuzuordnen. *S. aphroditae* blüht früher, hat ein etwas breiteres Epichil und eine östlichere Verbreitung.

**VORKOMMEN** Lichte Kiefernwälder, Phrygana, Macchien, Wiesen, Gebüsch, Olivenhaine, extensives Kulturland. Bis etwa 500 m (in Anatolien bis 700 m).

**VERBREITUNG** Von Sizilien bis Südwestanatolien. Typus: Griechenland, Insel Korfu, 1928.

**NAME** Benannt zu Ehren des griechischen Professors V. Politis.

## Bergons Zungenständel
— *Serapias bergonii* (Syn.: *Serapias laxiflora*)

Ende März–
Anf. Juni

*S. bergonii* (GR, Megalopoli, 1.6.2012, HP)

**STECKBRIEF** (12) 20–40 cm hoch, schlank; Blätter 6–9, hell- bis bläulich grün, schmal, rinnig gefaltet, schräg vom Stängel abstehend oder überhängend gebogen; Blütenstand locker mit 3–15 Blüten, ± die Hälfte der Pflanzenhöhe einnehmend; Sepalen bis zu 20 mm lang und 4,5 mm breit, lanzettlich und spitz zulaufend; Lippe 18–30 mm lang, farblich variierend von grünlich hellbraun bis braunrot; Hypochil am Grunde mit 2 dunkelroten Schwielen, keilförmig mit ca. 45°

abgeschrägten Schultern, Seitenlappen aufgerichtet und mehr als bis zur Hälfte bis ganz im Perigonhelm verborgen, Ränder dunkelrot; Epichil 12–18 mm lang, 4–7,5 mm breit, etwa 1,5 × so lang wie das Hypochil, länglich-lanzettlich, braunrot. Fremdbestäubung, Pollinien gelblich.

**VERWECHSLUNG** Kleinblütige Pflanzen können mit *S. parviflora* verwechselt werden, doch ist diese anders als *S. bergonii* selbstbefruchtend und hat daher bereits im Aufblühstadium einen geschwollenen Fruchtknoten. Das Epichil ist deutlich kleiner. *S. politisii* ähnelt noch mehr den schwachen Exemplaren, blüht aber etwas später und hat meist dunkle Pollinien.

**VORKOMMEN** Gebüsch, Wiesen, lichter Kiefernwald, Straßen- und Wegränder, Weideflächen, Olivenhaine. Bis etwa 1500 m, in Italien nicht über 200 m.

**VERBREITUNG** Ostmediterran, von Sizilien bis Zypern. Typus: Griechenland, Insel Korfu, 1908.

**NAME** Benannt zu Ehren des französischen Botanikers P. Bergon (1863–1912).

## Cilento-Zungenständel

— *Serapias cilentana* (Syn.: *Serapias bergonii* subsp. *cilentana*)

Mitte Mai–Ende Juni

**STECKBRIEF** 10–30 cm hoch, schlank; Blätter 4–5, hellgrün, rinnig, das größte etwa 12 cm lang und 1 cm breit; Blütenstand mit 4–9 relativ kleinen Blüten; Sepalen silbergrau, dunkelpurpurn geadert, 15–18 mm lang, 2,5–4,5 mm breit, lanzettlich und spitz zulaufend; Petalen braunrot, an der Basis schwarzrot, 10–14,5 mm lang, 2,5–5 mm breit; Lippe 16–24 mm lang, braunrot; Hypochil am Grunde mit 2 engstehenden, schwarzroten Schwielen; Seitenlappen mehr als bis zur Hälfte bis komplett im Perigonhelm verborgen, Ränder schwarzrot; Epichil 8,5–13 mm lang, 3,5–7 mm breit, zur Basis hin wieder schmäler werdend, herabhängend bis stark nach hinten gekrümmt, braunrot, teils auffallend dunkel. Fremdbefruchtung.

**VERWECHSLUNG** *S. bergonii* ist höherwüchsig und hat ein längeres, 12–18 mm langes, helleres Epichil. *S. politisii* hat einen zierlicheren Habitus und weniger rote Lippen. Beide kommen in Italien nicht über 200 m vor.

**VORKOMMEN** Trockene Wiesen, Steinrasen, Gebüschränder. Gebirgssippe, von etwa 900–1200 m.

**VERBREITUNG** Endemit Italiens vom Cilento bis in die Basilikata. Typus: Italien, Cilento, San Giacomo, 2007.

*S. cilentana* (I, Sassano, L.c., 4.6.2015, HP)

*S. cilentana* (I, Sassano, L.c., 4.6.2015, HP)

## Pflugschar-Zungenständel
— *Serapias vomeracea* (inkl. subsp. *longipetala*; Syn.: *S. artemisae*)

eher spät: April–Juni

**STECKBRIEF** (12) 20–35 (60) cm hoch; Blätter 4–7; Blütenstand locker, 3–10-blütig; Tragblätter überragen die Blüten, silbrig violett gefärbt, purpurn geadert; Sepalen 20–31 mm lang, 5–8,5 mm breit; Helm silbrig purpurn; Lippe an der Basis mit 2 glänzenden, parallel stehenden Schwielen; Hypochil breiter als lang; Epichil 20–30 mm lang, 8–12 mm breit, meist leicht zurückgekrümmt, v. a. am Lippenknick stark behaart.
**VERWECHSLUNG** *S. bergonii* hat kleinere Blüten mit bis zu 20 mm langen und 4,5 mm breiten Sepalen und 12–18 mm langen, 4–7,5 mm breiten Epichilen. *S. orientalis* hat deutlich größere Blüten.
**VORKOMMEN** Garrigue, Weinberge, Olivenhaine, lichte Kastanien- und Kiefernwälder, Trockenrasen, feuchte Wiesen. Bis etwa 1500 m.
**VERBREITUNG** Mittelmeergebiet von der Iberischen Halbinsel bis Anatolien. **Typus:** Italien, Verona, 1770.

**VARIABILITÄT** Die weit verbreitete Art variiert in manchen Bereichen stärker, was auch schon zu Neubeschreibungen geführt hat. Die Pflanzen in Mittel- und Süditalien (ohne Sizilien) wurden als „subsp. *longipetala*" abgetrennt. Sie weisen ein im Schnitt geringfügig schmäleres Epichil auf. Einige Hybridpopulationen wurden ebenfalls mit Art- oder Unterartnamen belegt (s. Hybridsippen).

*S. vomeracea* (li: GR, Igoumenitsa, 17.4.2011, HP; re: HR, Bale, 17.5.2010, HP)

*S. vomeracea* „subsp. *longipetala*" (li: I, Cilento, 26.5.2012, HP; re: I, Matese, 25.5.2015, HP)

## Chiscanos Zungenständel
— *Serapias perez-chiscanoi*

April–Mai

**STECKBRIEF** 16–35 cm hoch; Stängel hellgrün; Blätter 4–7, 7–20 cm lang, 0,7–2 cm breit; Blütenstand mit 3–13 hellgrünen bis grünweißen Blüten; Tragblätter ebenfalls hellgrün bis weißlich grün, breit-lanzettlich, 32–52 mm lang, 8–17 mm breit; Sepalen 21–25 mm lang, 5–7 mm breit, hellgrün, grün oder purpurn punktförmig geadert; Perigonblätter zu einem steil aufwärtsgerichteten, spitz zulaufenden Helm gerichtet; Lippe an der Basis mit 2 glänzenden, parallel stehenden Schwielen; Hypochil breiter als lang; Epichil lanzettlich, 17–22 mm lang, 9–14 mm breit, am Rand meist aufgebogen, blassgrün, grün geadert, v. a. am Lippenknick stark weiß bis purpurn behaart.
**VERWECHSLUNG** Durch die charakteristisch grünlich weiße Blütenfarbe unver-

wechselbar. Autogame Sippe. Albinos von *S. cordigera* oder ihrer subsp. *occidentalis* haben keine roten Adern am Helm sowie keine rote Behaarung der Lippe. Sie sind allogam.
**VORKOMMEN** Selten in feuchten, meist silikatischen Wiesen, Garrigue. Bis etwa 400 m.
**VERBREITUNG** Endemit der Iberischen Halbinsel mit Verbreitungsschwerpunkt in der Extremadura Spaniens. Typus: Spanien, Badajoz, 1990.
**NAME** Benannt zu Ehren des zeitgenössischen spanischen Botanikers J. L. Pérez Chiscano.

*S. perez-chiscanoi* (E, Obando, 25.4.2014, HP)

*S. perez-chiscanoi* (E, Obando, 25.4.2014, HP)

## Patmos-Zungenständel
— *Serapias patmia*

Mitte März–
Ende April

*S. patmia* (GR, Samos, Kambos, 17.3.2010, BT)

**STECKBRIEF** 5–12 (15) cm hoch; Blätter 4–7, grün, 3–10 cm lang, 0,5–1,5 cm breit; Blütenstand kurz, mit 2–7 relativ kleinen, dunkelroten bis rotbraunen Blüten; Hochblätter außen silbrig mit dunklen Nerven, den Blütenhelm nur wenig überragend; Sepalen 13–19 mm lang, 3,5–4,5 mm breit, eilanzettlich, spitz; Petalen 12–17 mm lang, 4–6 mm breit; Lippe 16–25 mm lang, dunkelpurpurn bis rotbraun, Epichil 9–16 mm lang, 5–9 mm breit, eiförmig, keilartig zugespitzt, vorgestreckt bis herabhängend.
**VERWECHSLUNG** Ähnliche Arten sind in allen Teilen größer, so etwa *S. orientalis*, der 20–30 mm lange Sepalen und ein 14–26 mm langes Epichil hat.
**VORKOMMEN** Phrygana, Steinrasen, Wiesen. Bis etwa 200 m.
**VERBREITUNG** Endemit der Ostägäischen Inseln Patmos, Lipsi und Agathonisi. Typus: Griechenland, Ägäische Inseln, Patmos, 1994.

## Levante-Zungenständel
*— Serapias levantina*

Anf. März–
Mitte April

*S. levantina* (CY, Larnaka, 8.3.2014, HP)

**STECKBRIEF** 15–25 (35) cm hoch, gedrungen; Blätter 4–8, hellgrün bis gelblich grün, lanzettlich bis breit-lanzettlich, 5–15 cm lang, schräg aufwärtsgerichtet bis abstehend; Blütenstand mit 3–8 großen Blüten; untere Tragblätter die Blüten deutlich überragend; Perigonblätter außen hellviolett, purpurn geadert; Sepalen 18–25 mm lang, 5–6 mm breit, eilanzettlich; Petalen etwas kleiner; Lippe 23–32 mm lang; Hypochil herzförmig, braunrot; Epichil lanzettlich bis herzförmig, dunkelrot bis braunrot, teils gelblich, 14–25 mm lang, 8–12 mm breit.
**VERWECHSLUNG** *S. vomeracea* hat einen lockeren, nicht gedrungenen Wuchs, längere, 20–31 mm lange Sepalen, ein etwas schlankeres Epichil und eine spätere Blütezeit von April bis Juni.
**VORKOMMEN** Lichte Kiefernwälder, Macchien, Phrygana, Wiesen, Olivenhaine; kalkliebend. Bis etwa 400 m (in Anatolien bis etwa 600 m).
**VERBREITUNG** Von Südanatolien und Zypern bis Israel. Typus: Palästina, 1989.

## Orientalischer Zungenständel
*— Serapias orientalis* subsp. *orientalis*

März–Mai

**STECKBRIEF** 10–20 (30) cm hoch; Blätter 4–6, breitlanzettlich, 7–11 cm lang, 1–2 cm breit; Blütenstand 4–10 cm lang, gedrängt, mit 3–6 großen Blüten; Tragblätter meist kürzer als der Helm, blassgrün bis hellgrau mit purpurner Zeichnung; Sepalen 20–30 mm lang, 6,5–9 mm breit, eilanzettlich; Petalen 18–25 mm lang; Lippe groß, 28–40 mm lang, unterschiedlich gefärbt von grünlich hellgelb und ockerfarben bis braunrot, lang behaart; Hypochil mit leicht abgeschrägten Schultern, Basalschwielen parallel, gelbrot; Epichil breit-lanzettlich bis schlank-herzförmig, 14–26 mm lang, 9–14 mm breit, herabhängend bis leicht zurückgeschlagen, am Rand etwas gewellt.
**VERWECHSLUNG** *S. levantina* ist eher kleinwüchsig und hat 18–25 mm lange, 5–6 mm breite Sepalen und eine weiter östliche Verbreitung.

*S. orientalis* (GR, Kreta, Pirgos, 22.4.2011, HP)

*S. orientalis* (GR, Kreta, Pirgos, 22.4.2011, HP)

*S. orientalis* subsp. *moreana* (GR, Areopoli, 28.3.2018, HP)

**VORKOMMEN** Frische Magerwiesen, Phrygana, Ödland, Olivenhaine; kalkliebend. Bis etwa 1000 m.
**VERBREITUNG** Östliches Mittelmeergebiet. **Typus:** Griechenland, Kreta, Lassithi, 1972.
**VARIABILITÄT** Die Sippe ist recht variabel hinsichtlich Farbe und Epichilform (dies besonders auf Kreta), sie bildet zudem Hybridpopulationen mit *S. cordigera*. Eine et-

*S. orientalis* var. *spaethiae* (GR, Kos, Andimachia, 21.3.2010, BT)

was später blühende Sippe mit kürzeren Lippen auf der Insel Kos wurde als var. *spaethiae* abgetrennt.

**UNTERARTEN**

**Peloponnes-Zungenständel** *Serapias orientalis* subsp. *moreana* (Syn.: *S. orientalis* var. *sennii*): Unterscheidet sich von der Nominatunterart durch höheren, 20–45 cm hohen Wuchs und insgesamt größere Abmessungen: Sepalen 30–38 mm lang, 7–10 mm breit, Petalen 24–32 mm lang, Lippe 40–55 mm lang. Die Blüten sind dunkler als bei der subsp. *orientalis*, bei gemeinsamen Vorkommen blüht die Sippe 1–2 Wochen früher auf. **Verbreitung:** Ionische Inseln, so Kefalonia und Zakynthos; Peloponnes, Kythera, Südalbanien. Bis etwa 500 m. **Typus:** Griechenland, Peloponnes, Lakonien, Monemvasia, 2005.

**Apulischer Zungenständel** *Serapias orientalis* subsp. *apulica*: Unterscheidet sich von der Nominatunterart durch im Schnitt etwas dunklere Blüten mit etwas größeren Abmessungen: Sepalen 25–35 mm lang, 8–11 mm breit, Lippe 32–50 mm lang, Epichil 18–32 mm lang, 11–17 mm breit. Kommt im extensiven Kulturland, in Wiesen, Phrygana, Olivenhainen und Ödland bis etwa 500 m vor. Die kalkliebende Sippe ist in Apulien vom Monte

*S. orientalis* subsp. *apulica* (I, Manfredonia, 3.4.2012, HP)

*S. orientalis* subsp. *siciliensis* (I, Sizilien, Niscemi, 6.4.2012, HP)

*S. orientalis* subsp. *apulica* (li: I, Manfredonia, 3.4.2012, HP; re: I, Manfredonia, 19.4.2019, HP)

Gargano bis Lecce endemisch. **Typus:** Italien, Apulien, Siponto, 1989. In letzter Zeit wurden mehrere geringe Abweichungen als eigene Unterarten abgetrennt. **Sizilianischer Zungenständel** ***Serapias orientalis*** **subsp.** ***siciliensis*:** Unterscheidet sich von der Nominatunterart durch längere, 10–16 cm lange Blätter, etwas größere, 32–45 mm lange Lippen mit einem 20–31 mm langen und v. a. einem oft herzförmigeren, 11–17 mm breiten Epichil. Selten im südlichen Sizilien und möglicherweise auch am südlichen italienischen Festland. Bis mindestens 450 m. **Typus:** Italien, Sizilien, Niscemi, 1993.

## Kykladen-Zungenständel
## — *Serapias cycladum* (Syn.: *S. carica*, *S. montana*)

März–Mai

**STECKBRIEF** 10–20 (35) cm hoch; Blätter 5–11, lanzettlich, 5–16 cm lang, untere oft zurückgebogen, oberste tragblattartig; Blütenstand mit 1–3 (8) dunkelviolett braunroten, manchmal schwärzlichen, relativ großen Blüten; Tragblätter meist kürzer als der Perigonhelm, hellgrau mit purpurner Zeichnung; Sepalen 21–34 mm lang, 6–9 mm breit, gekielt, eilanzettlich; Petalen etwas kleiner; Lippe groß, lang behaart, 20–44 mm lang; Hypochil 10–18 mm lang; Epichil breit-lanzettlich, 16–30 mm lang, 10–19 mm breit, herabhängend bis stark zurückgeschlagen, am Rand etwas gewellt.

**VERWECHSLUNG** *S. orientalis* ist kräftiger, hat hellere, meist mehr und größere Blüten.

**VORKOMMEN** Trockene Steinrasen, frische Magerwiesen, Phrygana, Ödland, Olivenhaine. Bis ca. 400 m.

*S. cycladum* (li: GR, Amorgos, 18.4.2009, HP; re: GR, Andros, 7.4.2009, HP)

**VERBREITUNG** Griechische Inseln, Südwestanatolien. Typus: Griechenland, Insel Andros, 1989.
**ANMERKUNG** Bei *S. cycladum* in ihrer Erstbeschreibung handelt es sich um eine extreme Ausprägung des weiter verbreiteten *S. carica*. „Carica" wurde aber als Unterart erstbeschrieben, weshalb im Artrang der Name *S. cycladum* Priorität hat.

*S. cycladum* (GR, Amorgos, 18.4.2009, HP)

## Istrischer Zungenständel
*— Serapias istriaca*

eher spät:
Mai–Mitte Juni

*S. istriaca* (HR, Pula, L.c., 15.5.2010, HP; klein: 17.5.2010, HP)

**STECKBRIEF**

15–30 cm hoch; Blätter 4–7, lanzettlich, 4–13 cm lang, 0,6–1,8 cm breit, untere oft zurückgebogen; Blütenstand mit 3–6 großen Blüten; Tragblätter meist kürzer als der Perigonhelm, hellgrau mit purpurner Zeichnung; Sepalen 20–25 mm lang, 6–8,5 mm breit, eilanzettlich; Petalen etwas kleiner; Lippe groß, 33–47 mm lang, braunrot, lang behaart; Hypochil mit leicht abgeschrägten Schultern, Basalschwielen geteilt, gelbrot; Epichil breit-lanzettlich bis leicht herzförmig, 22–35 mm lang, 10–14 mm breit, herabhängend bis leicht zurückgeschlagen.
**VERWECHSLUNG** *S. vomeracea* hat ein etwas schmäleres Epichil, das in der Mitte stärker behaart ist. Manche Exemplare sind allerdings kaum zu unterscheiden.
**VORKOMMEN** Magerwiesen, Küsten-Ödland, extensives Kulturland, Steinrasen; kalkliebend. Bis etwa 30 m.
**VERBREITUNG** Endemit Südistriens. Die Fundmeldungen von den benachbarten Inseln Lošinj und Krk sind fraglich. **Typus:** Kroatien, Istrien, bei Pula, 1998.

## Ionischer Zungenständel
— *Serapias ionica*

früh: Ende März–
Mitte (Ende) April

**STECKBRIEF** 5–17 cm hoch; Blätter 3–7, die unteren bogig überhängend, die oberen tragblattartig; Blütenstand mit 2–8 braunroten bis purpurnen, großen Blüten; Hochblätter breit-lanzettlich, kaum den Blütenhelm überragend, grünlich grau, ± violett überlaufen, streifig genervt; Sepalen 19–28 mm lang, 5–7 mm breit; Petalen im Helm verborgen, etwas kürzer als die Sepalen; Lippe groß, 29–38 mm lang, weiß behaart; Hypochil fast rechteckig mit intensiver gefärbten, nach oben gerichteten Seitenlappen, die aus dem Blütenhelm herausragen; Epichil 16–27 mm lang, 10–16 mm breit, mit nach oben gerichteten Rändern.

**VERWECHSLUNG** *S. neglecta* hat hellere Blüten mit geringfügig größeren Abmessungen und etwas weiter aus dem Helm tretenden Lippenseitenlappen sowie ein nördlicheres Verbreitungsgebiet.

**VORKOMMEN** Phrygana, Wiesen, Macchie, lichte Kiefern- und Zypressenwälder, extensives Kulturland. Bis etwa 400 m.

**VERBREITUNG** Endemit der Ionischen und Süddalmatinischen Inseln: Zakynthos, Kefalonia, Korfu, Brač, Hvar, Korčula. Außerdem ganz vereinzelt am angrenzenden westgriechischen Festland. **Typus:** Griechenland, Insel Kefalonia, 1988.

*S. ionica* (GR, Kefalonia, L.c., 30.3.2010, HP)

*S. ionica* (GR, Kefalonia, L.c., 30.3.2010, HP)

## Verkannter Zungenständel
— *Serapias neglecta*

früh: Ende März_
Anf. Mai

**STECKBRIEF** 10–15 (30) cm hoch; Blätter 4–8, bläulich grün bis hellgrün; Blattscheiden an der Stängelbasis ohne Strichzeichnung; Blütenstand mit 3–10 großen, lachsfarbenen bis hell orangebraunen, selten gelblichen Blüten; Sepalen 20–28 mm lang, 6–7,5 mm breit; Lippe sehr groß, 33–50 mm lang, am Grund mit 2 dunkelpurpurnen Schwielen; Hypochil fast rechteckig, die Seitenlappen auffallend weit aus dem Blütenhelm herausragend; Epichil breit-ei- bis herzförmig, bis zur Mitte dicht behaart, leicht bogig nach vorn bis abwärtsgerichtet mit ± stark gewellten, nach oben gerichteten Rändern.

**VERWECHSLUNG** *S. ionica* hat dunklere Lippen, die Seitenlappen ragen weniger aus dem Helm heraus.

**VORKOMMEN** Extensives Kulturland,

*S. neglecta* (F, Korsika, 14.4.2006, UG)

*S. neglecta* (li: F, Korsika, 14.4.2006, UG; re: F, Massif des Maures, 15.4.2008, NG)

wechselfeuchte Magerwiesen, Gebüsch, Garrigue, Oliven- und Haselnusskulturen, Böschungen, meist auf kalkarmen Böden. Bis etwa 600 m.

**VERBREITUNG** Von Südostfrankreich bis Nordwestitalien, Korsika und Sardinien. **Typus:** Italien, Genua, 1848.

## Herz-Zungenständel

— *Serapias cordigera* subsp. *cordigera* (inkl. subsp. *gentilii*)

eher spät: April–Anf. Juni

*S. cordigera* subsp. *cordigera* (F, Maures, 15.5.2016, HP)

**STECKBRIEF**

15–25 (45) cm hoch; Blätter 5–9, grün, Blattscheiden an der Stängelbasis meist braunrot gestrichelt; Blütenstand mit 3–10 (15) großen, dunkelroten bis schwärzlich rotbraunen Blüten; Hochblätter außen silbrig mit dunklen Nerven, ± so lang wie der Blütenhelm; Sepalen außen silbrig graulila, innen braunrot, 23–30 mm lang, 5–9 mm breit, eilanzettlich, spitz; Petalen dunkelpurpurn; Lippe groß, 30–42 mm lang, am Grund mit 2 schwarz glänzenden Schwielen; Epichil fast so breit wie der hintere Lippenteil, 19–29 mm lang, 15–26 mm breit, herzförmig, bis zur Mitte stark behaart, nach unten geknickt oder leicht zurückgeschlagen.

**VERWECHSLUNG** *S. neglecta* hat hellere, ± fleischfarbene Blüten, die Seitenlappen der Hinterlippe treten deutlich aus dem Helm heraus, die Blütezeit ist etwas früher. Der Habitus ist niedriger. Dies trifft alles auch für *S. ionica* zu. *S. orientalis* hat ein weniger breites Epichil und eine weniger rote Farbe. Hypochil und Epichil überlappen sich nicht, was auch für alle anderen, nicht genannten Sippen zutrifft. Die hier als Unterarten geführten lokalen Verwandten unterscheiden sich oft nur in der Breite des Epichils, die zudem oft sehr variiert. Unterschiede sind hier kaum noch zu erkennen. Welche der Sippen hybridogenen Ursprungs sind (oder sich unabhängig entwickelt haben) und deshalb im Artrang geführt werden müssten, ist kaum nachzuvollziehen.

**VORKOMMEN** Ödland, Gebüsch, Magerwiesen, Olivenhaine, lichte Kiefern-, Eichen- und Kastanienwälder, oft auf kalkfreien Böden. Bis etwa 1000 m.

**VERBREITUNG** Mittelmeergebiet, von Nordmarokko und der Iberischen Halbinsel bis zur Nordwesttürkei. Typus: Spanien, Andalusien, Cadiz, 1763.

**VARIABILITÄT** Pflanzen aus Südportugal werden auch als „subsp. *gentilii*" geführt, sie haben oft einen aufgebogenen Epichilrand.

*S. cordigera* subsp. *cordigera* (li: GR, Kalogria, 21.4.2017, HP; re: I, Cilento, 28.5.2012, HP)

**UNTERARTEN**

Cossyra-Zungenständel *Serapias cordigera* subsp. *cossyrensis*: Unterscheidet sich von der Nominatunterart durch einen geringfügig niedrigeren Wuchs, eine auffallend breite, etwas hellere Vorderlippe (18–28 mm breit) und eine frühe Blütezeit von Ende März bis Ende April. Die Hypochilränder spreizen weit auseinander und treten stärker aus dem Helm hervor. Endemit der italienischen Insel Pantelleria südwestlich von Sizilien. Wächst hier im Ödland, lichten Wald, Garrigue und Magerwiesen von 130–820 m. Typus: Italien, Insel Pantelleria, 1999.

Kreta-Zungenständel *Serapias cordigera* subsp. *cretica*: Unterscheidet sich von der Nominatunterart durch einen niedrigeren Wuchs (14–22 cm hoch) und ein schmäleres Epichil (12–18 mm breit). Besiedelt Phrygana, Öd-

*S. cordigera* subsp. *cossyrensis* (I, Pantelleria, 4.4.2003, HWZ; klein: I, Pantelleria, 5.4.2003, EG)

*S. cordigera* subsp. *cretica* (GR, Kreta, Heraklion, 26.4.2011, HP)

*S. cordigera* subsp. *cretica* (li: GR, Kreta, Heraklion, 26.4.2011, HP; re: GR, Kreta, Stavrohori, 23.4.2011, HP)

*S. cordigera* subsp. *guadarramica* (E, Villacastin, 1.6.2013, HP)

*S. cordigera* subsp. *lorenziana* (E, Coin, 17.4.2014, HP)

land und Gebüschränder, ist kalkmeidend, steigt bis etwa 700 m und ist in Kreta verbreitet, vermutlich auch an der Spitze der Parnon-Halbinsel des Peloponnes. **Typus:** Griechenland, Kreta, Panormos, 1999.

**Guadarrama-Zungenständel** ***Serapias cordigera*** **subsp.** ***guadarramica*** **nom. prov.** (beschrieben als *S. vomeracea* subsp. *guadarramica*): Unterscheidet sich von der Nominatunterart durch einen höheren Wuchs (20–45 cm hoch), einen wenigblütigeren Blütenstand mit 2–6 helleren Blüten, einem schmäleren, sehr variablen Epichil und einer späteren Blütezeit von Ende Mai bis Ende Juni. Die kräftig rote Farbe und die Behaarung legen eine Verwandtschaft zu *S. cordigera*, nicht zu *S. vomeracea* nahe. In Spanien gibt es verschiedene Sippen aus dieser Gruppe, die sich meist durch die Größe und Breite des Epichils unterscheiden. Die Unterart besiedelt ausschließlich Feuchtwiesen von 800–1200 m und ist bisher nur von der Sierra de Guadarrama im Grenzgebiet der spanischen Provinzen Segovia, Àvila und Madrid bekannt.
**Typus:** Spanien, Sierra de Guadarrama, bei Navas de San Antonia, (2011).

**Lorenz' Zungenständel** ***Serapias cordigera*** **subsp.** ***lorenziana***: Benannt zu Ehren des zeitgenössischen deutschen Orchideenspezialisten Richard Lorenz. Unterscheidet sich von der Nominatunterart durch einen niedrigeren Wuchs (10–22 cm hoch), kleinere Blüten mit einem schmäleren Epichil (12–18 mm breit) und eine frühere Blütezeit. Er kommt im westlichen Marokko und in Südspanien bei Malaga vor und blüht Mitte März bis Mitte April. Besiedelt v. a. Garrigue, lichte Kiefernwälder und extensives Kulturland, ist kalkliebend und steigt bis etwa 500 m (in Marokko bis 700 m). **Typus:** Marokko, Mohammedia, 1989.

**Westlicher Zungenständel** ***Serapias cordigera*** **subsp.** ***occidentalis*** **nom. prov.** (beschrieben als *S. occidentalis*; Syn.: *Serapias maria*): Unterscheidet sich von der Nominatunterart durch einen geringfügig niedrigeren Wuchs (10–30 (35) cm hoch), leuchtender rote Blüten und ein schmäleres, 8–19 mm breites Epichil. Verbreitet in der Extremadura Spaniens und Portugals, ver-

S. *cordigera* subsp. *occidentalis* (E, Obando, 25.4.2014, HP)

mutlich auch im Norden der Iberischen Halbinsel. Er wächst hier v. a. in Wiesen, in lichten Eichenhainen und auf degradierten, kalkfreien Böden bis etwa 400 m. **Typus:** Spanien, Extremadura, (2011).

S. *cordigera* subsp. *occidentalis* (E, Obando, 25.4.2014, HP)

## Südfranzösischer Zungenständel
*— Serapias olbia*

eher spät: April–Mai

**STECKBRIEF** 10–20 (30) cm hoch; Blätter 5–8, lineal-lanzettlich, die unteren seitlich abstehend, gebogen, die oberen dem Stängel anliegend; Blütenstand kurz, 2–5-blütig; Tragblätter kürzer als die Helmspitze (!); Perigonblätter silbergrau, purpurn genervt; Sepalen 19–26 mm lang, 4,5–7,5 mm breit, asymmetrisch-lanzettlich; Lippe 18–31 mm lang, am Grund mit 2 glänzenden, eng stehenden Schwielen; Vorderlippe dunkelpurpurn, aus leicht verschmälertem Grund lanzettlich, relativ kurz, 11–19 mm lang, 4–9 mm breit, herabhängend bis stark zurückgebogen, dicht behaart.

S. *olbia* (F, Collobrières, 15.5.2016, HP)

**VERWECHSLUNG** S. *strictiflora* hat 2,5–5 mm breite Sepalen und ein schmales, 2,5–5 mm breites Epichil. Hybriden unter Beteiligung von S. *lingua* können sehr ähnlich aussehen.

**VORKOMMEN** Feuchte Senken, Bachränder, Wiesen, Dünentälchen; kalkmeidend, selten. Bis 200 m.

**VERBREITUNG** Südostfrankreich, Nordkorsika, möglicherweise auch in Asturien in Nordspanien. **Typus:** Frankreich, Var, 1907.

## Aufrechter Zungenständel
— *Serapias strictiflora* (Syn.: *S. gregaria*)

Ende März–Mai

**STECKBRIEF** 10–25 (40) cm hoch; Blätter 5–7, meist aufrecht, 4–14 cm lang; Blütenstand 5–13 cm lang, locker mit 1–5 kleinen Blüten; Tragblätter kürzer als der Helm; Perigonblätter silbergrau, purpurn genervt; Sepalen 16–25 (30) mm lang, 2,5–5 mm breit; Petalen 2–4 mm breit; Lippe 16–30 mm lang, am Grund mit 2 parallelen Schwielen; Seitenlappen der Hinterlippe meist vom Helm verdeckt; Vorderlippe braunrot bis auffallend dunkelpurpurn, 9–16 mm lang, 2,5–5 mm breit, schmal-dreieckig, gerade oder zurückgebogen.

**VERWECHSLUNG** *S. olbia* hat 4,5–7,5 mm breite Sepalen und ein breiteres, 4–9 mm breites Epichil. *S. lingua* hat nur eine Schwiele und ein breiteres, helleres Epichil. Hybriden aus beiden Arten wurden als „*S. elsae*" beschrieben und können auch populationsbildend vorkommen (Schwiele mit deutlicher Kerbe). Sie haben meist ein helleres, etwas breiteres Epichil.

**VORKOMMEN** Frische Steinrasen, feuchte Wiesen, Garrigue, Gebüsch, extensives Kulturland. Bis etwa 900 m. Durch vegetative Vermehrung (Anlage von mehreren Knollen) bildet die Art auch dichte Bestände.

**VERBREITUNG** Westmediterran-atlantische Art von Marokko und Portugal bis Algerien, Südostfrankreich und zur Insel Capraia im toskanischen Archipel. **Typus:** Portugal, Estremadura, 1886.

**VARIABILITÄT** Die französischen Vorkommen werden auch unter dem Namen „*S. gregaria*" geführt, fallen jedoch in die Variationsbreite. Die **var. *distenta*** unterscheidet sich durch stark verlängerte, etwa 30 mm lange, seitliche Sepalen, die zu Blühbeginn gerade vorstehend und überkreuzt sind, danach weiter auseinanderspreizen. Bisher nur bekannt von Portugal, genauer zwischen Montemor-o-Novo und Setúbal. Diese auffallende Abweichung wurde auch schon bei *S. lingua* beobachtet.

*S. strictiflora* (P, Budens, 21.4.2014, HP)

*S. strictiflora* (P, Budens, 21.4.2014, HP)

*S. strictiflora* var. *distenta* (P, Vendas Novas, L.c., 24.4.2014, HP)

## Echter Zungenständel
*— Serapias lingua*

Ende März–Juni

**STECKBRIEF** (5) 10–25 (40) cm hoch, meist in Gruppen auftretend; Blätter 2–8, bläulich grün bis hellgrün, lineal-lanzettlich, rinnig, schräg aufwärtsgerichtet bis bogig überhängend; Blütenstand mit 2–6 (12) sehr farbvariablen Blüten, diese von fast weiß und gelblich bis rosa oder violettrot gefärbt; Sepalen außen silbrig bis graulila, 15–21 mm lang, eilanzettlich; Petalen im Helm verborgen, etwas kürzer als die Sepalen; Lippe 22–29 mm lang, zweigliedrig, mit einer dunkel glänzenden Schwiele (glatt, seltener mit Rinne) am Grund; Hypochil mit purpurroten, aufgestellten Seitenlappen; Epichil variabel, 9–19 mm lang, 5–10 mm breit.
**VERWECHSLUNG** *S. strictiflora* hat eine in der Mitte längs geteilte Schwiele und ein schmaleres, oft dunkleres Epichil. Die Hybride zwischen beiden Arten wurde als „*S. elsae*" beschrieben, sie kommt teils auch in reinen Populationen vor.
**VORKOMMEN** Wiesen, Brachland, lichte Wälder, Gebüsch, Bachränder; auf feuchten bis relativ trockenen Böden. Bis etwa 1200 m.
**VERBREITUNG** Vornehmlich im zentralen und westlichen Mittelmeergebiet, östlich bis zur Südägäis mit Vorkommen auf Kreta, südlich bis Nordafrika und westwärts bis zur Iberischen Halbinsel. **Typus:** Italien, Neapel, 1753.

**ANMERKUNG** Die Art bietet den Insekten nicht nur einen Übernachtungsplatz, sie lockt zudem Bienenmännchen durch Sexuallockstoffe an, die dann versuchen, auf der Schwiele zu kopulieren. Durch vegetative Vermehrung (oft 3–5 Knollen) bildet besonders diese Art dichte Populationen.

*S. lingua* (li: E, Extremadura, 25.4.2014, HP; re: I, Gargano, 27.5.2015, HP)

*S. lingua* (E, Extremadura, 25.4.2014, HP)

*S. lingua* (I, Buccheri, 1.5.2012, HP)

## GATTUNG OPHRYS: RAGWURZ

Die Arten der Gattung *Ophrys* sind schon lange als besonders fremdartig aussehend und damit als faszinierend bekannt. Viele Blüten zeigen durch Behaarung und glänzende Bereiche eine gewisse Ähnlichkeit zu Insekten, einige alte deutsche Namen belegen dies. Welche biologische Bedeutung hinter diesen Blütenformen steckt, war lange Zeit gänzlich unbekannt. Der Franzose Pouyanne erkannte als Erster, welches Geheimnis hinter den Blüten der Gattung *Ophrys* steckt. Er beobachtete, dass als einzige Besucher der Blüten der Spiegel-Ragwurz *Ophrys speculum* die Dolchwespen *Dasyscolia ciliata* auftraten. Da es sich bei den Besuchern ausschließlich um Männchen handelte, die auf der Blüte ganz offensichtlich Paarungsversuche ausführten und nicht etwa nach Nahrung suchten, schloss er daraus folgerichtig, dass diese Männchen die *Ophrys*-Blüten für ihre Weibchen halten. Auch wenn ihm dies natürlich zunächst niemand glaubte, so hatte Pouyanne ein neues Bestäubungsprinzip entdeckt, die „Pseudokopulation". Kullenberg hat schließlich in umfangreichen Studien das Phänomen im Prinzip geklärt und bekannt gemacht. In weiterer Folge waren es v. a. Paulus und einige andere Wissenschaftler, die dieses Bestäubungsprinzip (ansatzweise) erforschten. Alle *Ophrys*-Arten erlangen Bestäubungen über diesen Mechanismus der Sexualtäuschung, nur zwei Arten weichen nach derzeitigem Kenntnisstand davon ab: *O. apifera* wird durch Selbstbestäubung befruchtet und *O. helenae* betreibt Schlafplatzmimikry für die Männchen von Langhornbienen.
Aufgrund ausgeklügelter Bestäubungsmechanismen kann *Ophrys* auf eine Nektarproduktion verzichten. Sie produzieren den Sexuallockstoff eines bestimmten Bienen-, Wespen- oder Käferweibchens im optimalen Fall genau dann, wenn die Männchen dieser Art schon geschlüpft sind, die Weibchen aber noch nicht. Diese Männchen finden nun Blütenlippen vor, die in Duft, Form, Farbe und Behaarung den Weibchen ähneln, und versuchen nun, diese zu begatten. Dabei bekommen sie die Pollinien aufgeklebt, mit denen sie die nächste besuchte Blüte bestäuben. Die Lippe dient als Anziehungs- und Landeplatz für die Bestäuber. Nach der Entnahme senken sich die am Kopf bzw. am Abdomen der Bestäuber festgeklebten Pollinien um etwa 90° langsam nach unten, wodurch sie in die passende Lage kommen, um auf die tiefer liegende Narbe einer anderen Blüte übertragen werden zu können. Durch die Behaarung der Blütenlippe werden die Insekten in die richtige Position geleitet: Bei der Gruppe „*Euophrys*" mit dem Kopf nach Richtung Narbenhöhle, bei „*Pseudophrys*" mit dem Hinterleib zur Narbenhöhle. Zu Pseudophrys gehören nur südlich verbreitete Arten aus den *fusca*-, *lutea*- und *omegaifera*-Formenkreisen. Sie fallen durch das Fehlen von Pseudoaugen und Anhängsel auf. Das Perigon ist stets grün, gelblich oder bräunlich, lediglich *O. pallida* hat selten reinweiße, eventuell rosa angehauchte Sepalen. Bei der Gruppe *Euophrys* kommt je nach Art neben grünem häufig ein rosa oder weißes Perigon vor, selten auch bei einigen Arten, die gewöhnlich ein grünes Perigon besitzen. Das Anhängsel dient bei der Kopfbestäubung als Widerlager, an dem sich das Insekt beim Kopulationsversuch mit dem Hinterleib nach oben in die Narbenhöhle drückt. Auch längere Haare am unteren Ende der Lippe haben diese Funktion.

Von den rund 320 Arten der Gattung kommen nach derzeitigem Kenntnisstand 268 in Europa vor. Zwischen den Arten bestehen offenbar keine genetischen Schranken, Hybridisierung ist innerhalb der gesamten Gattung weit verbreitet und wird auf natürliche Weise nur durch die Spezifität der Bestäuber verhindert, was offenbar recht gut funktioniert. In den meisten gemischten Populationen mit mehreren Arten findet man keine Hybriden.

Die Ragwurz-Arten bilden bereits im Herbst eine flache Blattrosette aus, mit der sie auch im Winter assimilieren können. Der Blütenstand entwickelt sich ebenfalls aus der älteren Mutterknolle, die nach der Fruchtreife abstirbt. Die Pflanzen überdauern mithilfe einer neu aus der Achsel eines Niederblattes entstandenen Tochterknolle, die nach der Überwinterung den Vegetationsrhythmus fortsetzt. Einige, eher früh blühende Arten sind stets kleinwüchsig, die Mehrzahl ist je nach Blühphase gewöhnlich zwischen 15 und 25 cm hoch, wenige spät blühende Sippen erreichen meist eine Höhe zwischen 25 und 40 cm

oder sogar darüber hinaus. Generell korreliert die Größe natürlich mit der Wasserversorgung und der umgebenden Vegetation.
Die sichere Bestimmung der einzelnen Arten ist manchmal sehr schwierig, in Einzelfällen rein morphologisch ohne Bestäuber oder Duftstoffanalyse sogar unmöglich. Diese Problematik ist auch aus der Zoologie bekannt, so bei Fledermäusen oder Vögeln. Hier handelt es sich um sogenannte „kryptische Arten". Bei der Bestimmung der *Ophrys*-Arten ist weniger auf die Malzeichnung zu achten, eher auf die Petalform, die Lippengröße, Lippengrundfarbe, Lippenwölbung, Behaarung und die Form der Narbenhöhle. Bei *Euophrys* sind die Höckerung, das Anhängsel und die Pseudoaugen oft aussagekräftig, bei *Pseudophrys* ein eventuell vorhandener gelber Lippenrand oder die Lippenbasis, z. B. die Länge der Rinne im basalen Teil. Sehr häufig sind die Unterschiede aber nicht durchgängig, man muss mehrere Kennzeichen kombinieren und nach Möglichkeit eine gesamte Population betrachten. Einzelpflanzen sind rein morphologisch manchmal nicht sicher zuzuordnen. Hinzu kommt, dass Hybriden gelegentlich künstlich durch Menschenhand erzeugt werden: Das vorher einheitliche Bild einer Population wird so eventuell verwässert, besonders, wenn Rückkreuzungen produziert werden. Natürlich entstandene Hybriden sind allgemein selten, sind für die Insektenmännchen uninteressant und werden gewöhnlich nicht befruchtet, sie sterben nach einiger Zeit.

## Atlas-Ragwurz
*— Ophrys atlantica*

März–Mai

**STECKBRIEF** 10–20 (30) cm hoch; Blütenstand mit 1–4 großen Blüten; Sepalen gelbgrün, 11–18 mm lang; Petalen fast so lang wie die Sepalen, 8,5–15 mm lang, 2–4 mm breit, gelbgrün, ± braunrot überlaufen, am Rand gewellt; Lippe 15–22 mm lang, 12–15 mm breit, am Grund wenig gewölbt und ohne Einschnitt, in der Mitte sattelartig gewölbt, im vorderen Teil dreilappig, dunkel purpurbraun, samtig; Seitenlappen weit vorgezogen; Lippenmal glänzend leuchtend blau bis blaugrau, groß, flächig, leicht weiß behaart.
**VERWECHSLUNG** Durch die sattelartig gekrümmte Lippe mit dem blauen Malzeichen gut charakterisierte Art.

**VORKOMMEN** Lichte Kiefernwälder, Garrigue, Grasland, Ödland, Gebüsch; kalkliebend. Bis etwa 800 m (in Algerien bis 1500 m).
**VERBREITUNG** Südspanien und Nordafrika von Marokko bis Tunesien. **Typus:** Algerien, Tlemcen, 1856.

**BESTÄUBER** *Chalicodoma parietina*

*O. atlantica* (E, Casabermeja, 15.4.2014, HP)

*O. atlantica* (E, Casabermeja, 15.4.2014, HP)

## Wundersame Ragwurz
— *Ophrys mirabilis* (Syn.: *O. fusca* subsp. *hayekii*)

eher spät: April–Mai

**STECKBRIEF** 12–25 cm hoch; Blütenstand mit 2–6 mittelgroßen Blüten; Blätter zur Blütezeit oft vertrocknet; Sepalen hellgrün, 10–15 mm lang; Petalen gelbgrün, 7–10 mm lang, 1,5–2,5 mm breit, am Rand ± gewellt; Lippe waagrecht, auffallend schlank, der Länge nach nicht oder kaum gewölbt, an der Basis ohne ausgeprägte Kerbe, 15–18 mm lang, 8–12 mm breit (ausgebreitet); Lippenmittellappen am Ende keilförmig oder abgerundet, Seitenlappen vom Mittellappen gespreizt; Lippenmal flächig, braunviolett bis dunkel blaugrau, meist mit omegaförmigem, hellem Abschluss.

**VERWECHSLUNG** Auf Sizilien keine. *O. algarvensis* kann äußerst ähnlich aussehen, Bestäuberbefunde wären wünschenswert.

**VORKOMMEN** Garrigue, Weiden, lichte Wälder. Bis etwa 900 m.

**VERBREITUNG** Sizilien, Tunesien (Kap Bon), Algerien (Kabylia). **Typus:** Italien, Sizilien, Caltanisetta, Mt. Formaggio, 1928.

**BESTÄUBER** *Colletes* (?)

*O. mirabilis* (I, Sizilien, Ragusa, 27.4.2016, UG)

*O. mirabilis* (I, Sizilien, Ragusa, 27.4.2016, UG)

## Algarve-Ragwurz
— *Ophrys algarvensis*

Ende März–Anf. Mai

*O. algarvensis* (li: E, Malaga, 15.4.2014, HP; re: P, Alte, 20.4.2014, HP)

**STECKBRIEF** 10–15 (25) cm hoch; Blütenstand mit 2–5 horizontal abstehenden Blüten; Sepalen grün, 14–16 mm lang; Petalen 9,5–12 mm lang, grün, purpurbraun überlaufen, am Rand gewellt; Lippe an der Basis sehr schlank, 15–19,5 mm lang, 12–15,5 mm breit (ausgebreitet), ± gerade, praktisch ohne Längskrümmung, am

Grund ohne Lippeneinschnitt, in der unteren Hälfte dreilappig, kurz, purpurschwarz, weiß bis purpurn behaart; Lippenmal dunkelbraun, bläulich oder rötlich, mit omegaförmigem, silberblauem, weißem bis rötlichem Abschluss.
**VERWECHSLUNG** *O. dyris* hat eine stärkere Lippenkrümmung, die Lippenbasis ist etwas breiter, die Behaarung länger. *O. mirabilis* ist äußerst ähnlich, hat meist eine noch schlankere Lippe und kommt auf der Iberischen Halbinsel offenbar nicht vor. Bestäuberbefunde wären hier wünschenswert.
**VORKOMMEN** Wiesen, Garrigue, lichte Kiefernwälder, Steinrasen. Bis etwa 500 m.
**VERBREITUNG** Südliche Iberische Halbinsel von der Algarve bis Andalusien. Typus: Portugal, Algarve, 2003.
**BESTÄUBER** *Colletes albomaculatus*

*O. algarvensis* (P, Alte, 20.4.2014, HP)

## Marokkanische Ragwurz
*— Ophrys dyris*

März–Mai

**STECKBRIEF** 10–15 (25) cm hoch; Blütenstand mit 2–6 waagrecht abstehenden Blüten; Sepalen grün, 12–15 mm lang, die seitlichen abstehend bis nach vorne gekrümmt, mit eingerollten Rändern; Petalen 7,5–12 mm lang, grün, purpurbraun überlaufen, am Rand gewellt; Lippe 10–19 mm lang, 9–16 mm breit, am Grund ohne Lippeneinschnitt, knieförmig gebogen, in der unteren Hälfte dreilappig, purpurschwarz, weiß bis purpurn behaart; Seitenlappen abgerundet, schräg abstehend bis schwach zurückgeschlagen, Mittellappen nach vorne etwas verbreitert und abgerundet bis ausgerandet; Lippenmal flächig, rotviolett bis schwarzviolett, mit omegaförmigem, weißem bis blauem Abschluss.

**VERWECHSLUNG** *O. algarvensis* hat eine geringere Lippenkrümmung und eine kurze Behaarung. *O. brigittae* hat an der Lippenbasis eine leichte Rinne. *O. vasconica* hat kleinere Blüten, die Lippen sind kürzer behaart.
**VORKOMMEN** Wiesen, Garrigue, lichte Kiefernwälder, Gebüsch, Steinrasen. Bis etwa 1500 m (in Marokko bis 2000 m).
**VERBREITUNG** Von Nordmarokko und Portugal bis Menorca (?). Typus: Marokko, Hoher Atlas, 1931.
**BESTÄUBER** *Anthophora atroalba*

*O. dyris* (E, Siles, 26.3.2002, HP)

*O. dyris* (E, Orcera, 26.3.2002, HP)

## Gascogne-Ragwurz
*— Ophrys vasconica*

April–Juni

**STECKBRIEF** (6) 10–15 (25) cm hoch. Blütenstand mit (1) 2–6 Blüten; Sepalen grün, 10–14 mm lang, 6–8 mm breit, die seitlichen abstehend bis nach vorne gekrümmt; Petalen 6–9 mm lang, 1,5–3 mm breit, gelbgrün bis bräunlich, am Rand gewellt; Lippe 12–15 mm lang, 9–13 mm breit (ausgebreitet), mit geringer Längswölbung und starker Querwölbung, an der Basis mit leichtem Knick; Mittellappen am Ende meist auffallend herabgebogen; Lippengrundfarbe dunkelbraun bis schwarzbraun, samtig behaart, Rinne an der Basis kurz und unauffällig; Lippenmal ± gleichfarbig bis deutlich heller und farbiger als die Lippe mit meist omegaförmigem, blaugrauem, rötlichem bis weißem Abschluss, bis zu den Seitenlappeneinschnitten reichend.

*O. vasconica* (E, Orduna, 24.5.2016, HP)

**VERWECHSLUNG** *O. dyris* hat keine Rinne am Lippengrund und eine stärkere Lippenkrümmung der Länge nach. Die Behaarung ist länger. *O. algarvensis* im Süden ist ähnlicher, hat aber eine gestrecktere Lippe ohne Rinne.
**VORKOMMEN** Wiesen, Garrigue, lichte Kiefern- und Eichenwälder; kalkliebend. Bis etwa 1100 m.
**VERBREITUNG** Spanien, Frankreich. **Typus:** Frankreich, Gers, 1969.
**BESTÄUBER** *Andrena flavipes, Andrena nigroaenea*

*O. vasconica* (E, Orduna, 24.5.2016, HP)

## Brigittes Ragwurz
*— Ophrys brigittae* (Syn.: *O. lenae*)

März–April

**STECKBRIEF** 10–15 (25) cm hoch; Blütenstand mit 3–8 abstehenden, großen Blüten; Sepalen hellgrün, 10–15 mm lang, 6–8,5 mm breit, die seitlichen nach vorne gekrümmt; Petalen 7,5–11,5 mm lang, 2–3,5 mm breit, grün, purpurbraun überlaufen; Lippe 16–19 mm lang, 11–18 mm breit (ausgebreitet), am Grund mit schwachem v-förmigen Lippeneinschnitt, knieförmig gebogen, in der unteren Hälfte dreilappig, purpurschwarz, weiß bis purpurn behaart; Lippenmal rotviolett bis schwarzviolett, mit omegaförmigem, silbrig blauem bis weißem Abschluss.
**VERWECHSLUNG** *O. dyris* hat eine in der Längsrichtung stärker gewölbte Lippe ohne Einschnitt im basalen Teil und einen weißen Lippenmalabschluss.

*O. brigittae* (E, Mallorca, Son Forteza, 11.4.2007, HP)

**VORKOMMEN** Magerrasen, Garrique, lichte Kiefernwälder, Ödland. Bis etwa 600 m.
**VERBREITUNG** Iberische Halbinsel, Balearen. **Typus:** Portugal, Estremadura, Sanatorio (Sierra de Arrabida) 1979.
**NAME** Benannt nach Brigitte Baumann (Jg. 1938), der Ehefrau des Beschreibers Helmut Baumann (1937–2014).
**ANMERKUNG** Vermutlich stabilisierte Hybride aus Marokkanischer Ragwurz, *O. dyris*, und einer Braunen Ragwurz, *O. fusca* s.lat. Möglicherweise haben die aus Mittelportugal als *„O. lenae"* beschriebenen Pflanzen abweichende Eltern. Sie müssten dann als separate Art geführt werden.

*O. brigittae „lenae"* (P, Alcobertas, L.c., 26.3.2015, BT)

## Fleischmanns Ragwurz
*— Ophrys fleischmannii*

eher früh:
Jan.–Ende April

**STECKBRIEF** 5–15 (20) cm hoch, zierlich; Blütenstand mit nur 1–3 (5) Blüten; Sepalen grün, schmal eiförmig-elliptisch, 11–15 mm lang, 6–9,5 mm breit; Petalen grün bis bräunlich mit purpurbraunem Rand, 8–11 mm lang, 2–3,5 mm breit; Lippe an der ungefurchten Basis zunächst schräg aufwärtsgerichtet, dann knieförmig abknickend, sodass der Mittellappen meist fast rechtwinklig zum Stängel steht, 13–17 mm lang, 10–16 mm breit (ausgebreitet), schwarzbraun, mit oft auffallend langen, bläulich weißen Haaren; Lippenseitenlappen gekrümmt, Mittellappen ebenfalls gekrümmt und leicht gefurcht; Lippenmal kürzer und feiner behaart, matt bis leicht glänzend, dunkel rotbraun bis violettschwarz, am vorderen Rand mit einem graublauen bis gelblich weißen, omegaförmigen Band; Narbenhöhle hellgrün bis gelblich, teilweise mit einzelnen rötlich braunen Flecken, etwa so breit wie hoch.

*O. fleischmannii* (GR, Kreta, Thripti, 22.4.2011, HP; klein: GR, Kreta, Orino, 8.3.2019, HP)

**VERWECHSLUNG** *O. omegaifera* hat hellere, größere Lippen, die 15–21 mm lang sind, blüht etwas später auf.
**VORKOMMEN** Lichte Kiefernwälder, Phrygana, Olivenhaine. Bis etwa 1200 m.
**VERBREITUNG** Endemit Kretas. **Typus:** Griechenland, Kreta, Chania, 1926.
**BESTÄUBER** *Anthophora sicheli*
**NAME** Benannt zu Ehren des österreichischen Bürgerschuldirektors und Orchideenspezialisten Hans Fleischmann (1864–1925), der Arten wie *Ophrys kotschyi* erstbeschrieb.

## Omega-Ragwurz
— *Ophrys omegaifera* (Syn.: *O. polycratis*)

Febr.–April

**STECKBRIEF** 10–20 cm hoch; Blütenstand mit 1–5 großen, oft rechtwinkelig vom Stängel abstehenden Blüten; Sepalen 12–17 mm lang, 6,5–9,5 mm breit, grün, eiförmig-elliptisch, teils rotbraun überlaufen; Petalen linealisch, grün, rotbraun überlaufen; Lippe 15–19 mm lang, 14–20 mm breit (ausgebreitet), kastanienbraun bis orangebraun, stark behaart, am Grund ohne Kerbe, nahe der Basis ± stark abgeknickt; Mittel- und Seitenlappen konvex gewölbt mit pantoffelartigem Aussehen, Seitenlappen bei ausgebreiteten Lippen einen Winkel von etwa 45° bildend; Lippenmal schwach glänzend, farblich variierend von metallisch blau, hellbraun bis rotviolett, selten auch marmoriert, am vorderen Rand von einem graublauen bis gelblich weißen, omegaförmigen Band umrahmt; Narbenhöhle hellgrün bis gelblich, manchmal bräunlich überlaufen, höher als breit.

*O. omegaifera* (li: GR, Kreta, Orino, 22.4.2011, HP; re: GR, Kreta, Thripti, 7.3.2019, HP)

*O. omegaifera* (li: GR, Rhodos, 7.3.2011, HP; re: GR, Kreta, Faistos, 3.3.2019, HP)

**VERWECHSLUNG** *O. sitiaca* hat am Lippengrund eine flache Kerbe und etwas kleinere Lippen. Wie auch *O. israelitica* hat sie eine breitere Lippenbasis. *O. basilissa* hat größere, dunklere Lippen. *O. apollonae* hat eine dunklere Lippe, die häufig nach oben weist. Alle genannten Arten blühen früher. *O. fleischmannii* hat kleinere Lippen, die stärker behaart sind. Einzelexemplare der gesamten Gruppe sind manchmal schwer zuzuordnen.
**VORKOMMEN** Lichte Kiefernwälder, Gebüschränder, Wiesen, Phrygana, Kulturterrassen, Olivenhaine; kalkliebend. Bis etwa 1000 m.
**VERBREITUNG** Östliches Mittelmeergebiet, von den Ägäischen Inseln bis Südwestanatolien. **Typus:** Griechenland, Kreta, Lassithi, 1925.
**BESTÄUBER** *Anthophora atroalba*

## Königinnen-Ragwurz
— *Ophrys basilissa*

früh: je nach Standort Jan.–April

*O. basilissa* (GR, Kreta, Mesara, 4.3.2019, HP)

**STECKBRIEF** 10–15 (25) cm hohe, im Verhältnis zur Blütengröße zarte Pflanze; Blütenstand mit 1–3 großen Blüten; Sepalen grün, eiförmig bis elliptisch, teilweise mit rotbrauner Zeichnung; Petalen linealisch, grün bis bräunlich mit rötlichem, leicht gewelltem Rand; Lippe dreilappig mit flacher Basis ohne Furche, 18–30 mm lang, schwarzbraun, kurz samtig, am Rand etwas länger be-

haart, Lippenknick sich bogig über die gesamte Lippenlänge ziehend; Lippenmal glänzend, etwas heller als die behaarten Lippenteile, teilweise marmoriert, am vorderen Rand mit einem graublauen, omegaförmigen Band umrahmt; Narbenhöhle hellgrün bis gelblich, teilweise mit rotbrauner Zeichnung, ± so breit wie hoch.
**VERWECHSLUNG** Im Vergleich zu *O. omegaifera* ist der Lippenknick bei *O. basilissa* weniger stark ausgeprägt und runder, die Lippe hängt dadurch oft etwas nach unten. Die Lippenbehaarung ist bei *O. basilissa* samtartig fein, die Lippengrundfarbe dunkler, die Lippe mit 18–30 mm länger (bei *O. omegaifera* 15–21 mm lang). Die Blütezeit liegt etwa 2 Wochen vor *O. omegaifera*.
**VORKOMMEN** Phrygana, Wiesen, Ödland, Olivenhaine. Bis etwa 700 m.
**VERBREITUNG** Ägäischer Raum. **Typus:** Griechenland, Kreta, Iraklio, 1990.
**BESTÄUBER** *Anthophora subterranea*

*O. basilissa* (GR, Kreta, Mesara, 4.3.2019 HP; klein: GR, Rhodos, 9.3.2011, HP)

## Apollona-Ragwurz
*— Ophrys apollonae*

Febr.–März

**STECKBRIEF** 6–12 cm hoch; Blütenstand mit meist einer, seltener 2–3, oft fast senkrecht nach oben gestellter Blüte; Sepalen hellgrün, eiförmig-elliptisch mit etwas dunkleren Längsstreifen; Petalen grün, rotbraun überlaufen; Lippe 11,5–14 mm lang, 12–16 mm breit (ausgebreitet), dreiteilig, braun bis violettbraun, kurz behaart, am Grund ohne Kerbe, nahe der Basis ± stark abgeknickt; Mittel- und Seitenlappen konvex gewölbt mit pantoffelartigem Aussehen; Seitenlappen kurz und eng anliegend, bei ausgebreiteten Lippen einen Winkel von etwa 60° bildend; Lippenmal schwach glänzend, metallisch blau, hellbraun bis rotviolett, am vorderen Rand mit einem omegaförmigen Band umrahmt.

**VERWECHSLUNG** *O. omegaifera* hat etwas größere, hellere, 15–21 mm lange und 14–23 mm breite Lippen, oft mehr Blüten, die eher waagrecht orientiert sind.
**VORKOMMEN** Lichte Kiefernwälder, Wiesen, Phrygana, extensives Kulturland, Straßenböschungen.
**VERBREITUNG** Bisher aus Rhodos, Nisyros, Samos und Chios bekannt. **Typus:** Griechenland, Rhodos, nahe Apollona, 2009.
**BESTÄUBER** *Anthophora nigriceps*

*O. apollonae* (GR, Rhodos, L.c., 6.3.2011, HP)

*O. apollonae* (GR, Rhodos, L.c., 6.3.2011, HP)

## Israelische Ragwurz
— *Ophrys israelitica*

früh: Febr.–
Anf. April

**STECKBRIEF** 10–20 cm hoch; Blütenstand mit 2–10 mittelgroßen Blüten; Sepalen grün, 9–13 mm lang, 5–7 mm breit, eiförmig-elliptisch; Petalen linealisch, 7–9,5 mm lang, 2–3,5 mm breit, gelbgrün bis bräunlich; Lippe 7,5–11 mm lang, 5,5–10,5 mm breit, am Grund schwach gewölbt, hell- bis schwarzbraun, oft sehr dünn gelb gesäumt; Lippenmittellappen am Grund ohne Kerbe, Seitenlappen flach und an den Außenseiten schwach violett behaart; Malzeichnung purpurbraun bis schwarzpurpurn, meist durch ein weißliches, omegaförmiges Zeichen nach unten begrenzt.

*O. israelitica* (IL, Karmel, 1.3.2017, HP)

**VERWECHSLUNG** *O. omegaifera* hat größere, 15–21 mm lange Lippen mit deutlichem Knick an der Basis. *O. sitiaca* hat am Lippengrund eine schwache Kerbe.

**VORKOMMEN** Ödland, lichte Kiefernwälder, Macchien, Phrygana, Gebüsch, aufgelassene Kulturflächen; kalkliebend. Bis etwa 900 m.

**VERBREITUNG** Östliches Mittelmeergebiet, von den Ägäischen Inseln bis Westsyrien und Israel. **Typus:** Israel, Galiläa, 1988.

**BESTÄUBER** *Andrena flavipes*

## Sitia-Ragwurz
— *Ophrys sitiaca* (Syn.: *O. achillis*, *O. creutzburgii*, *O. scyria*)

früh: Jan.–
Mitte März

**STECKBRIEF** 7–15 (20) cm hoch; Blütenstand mit 1–5 mittelgroßen, variablen Blüten; Sepalen 8–16 mm lang, 5,5–9,5 mm breit, grün; Petalen gelbgrün, oft rotbraun überlaufen, am Rand gewellt; Lippe 13–17 mm lang, 8–15 mm breit (ausgebreitet), relativ flach, braun, oft mit grauem Einschlag, an den Lippenrändern samtig behaart, am Grund mit flacher Kerbe, nahe der Basis wenig abgeknickt; Lippenmal blaugrau bis braunviolett, zur Lippenspitze hin durch eine breite, weißgraue Omega-Zeichnung abgegrenzt.

**VERWECHSLUNG** *O. creberrima* hat an der Lippenbasis einen stärkeren Knick und eine tiefe Kerbe. *O. israelitica* hat kürzere, 7,5–11 mm lange Lippen ohne Kerbe an der Basis (wie die anderen Arten der *omegaifera*-Gruppe).

**VORKOMMEN** Kiefernwälder, Phrygana, Steinrasen, Macchie; kalkliebend. Bis etwa 800 m (in Anatolien bis 900 m).

**VERBREITUNG** Griechische Inseln und Südwestanatolien. **Typus:** Griechenland, Kreta, Sitia, 1988.

**BESTÄUBER** *Andrena nigroaenea*

*O. sitiaca* (li: GR, Kreta, Jouchtas, 6.3.2019, HP; re: GR, Kreta, Thripti, 5.3.2019, HP)

*O. sitiaca* (li: GR, Rhodos, 6.3.2011, HP; re: GR, Kreta, Thripti, 5.3.2019 HP)

## Pelinaio-Ragwurz
— *Ophrys pelinaea* (Syn.: *O. meropes, O. theophrasti*)

Mitte März–Anf. Mai

**STECKBRIEF** 8–22 cm hoch; Blütenstand mit 2–6 großen, variablen Blüten; Sepalen hellgrün, 11–17,5 mm lang, 5–9 mm breit, elliptisch; Petalen grün bis gelbgrün, oft braunrot überlaufen, 7–12 mm lang, 2,5–4 mm breit; Lippe 13,5–22 mm lang, 10–19 mm breit (ausgebreitet); Lippengrundfarbe hell- bis dunkelbraun, am Grund mit tiefer, weißhaariger, v-förmiger Kerbe; Lippenmal variabel, silberblau bis violettbraun, oft punktiert oder marmoriert, meist mit einem silbrig blauen, omegaförmigen, breiten Abschluss; Lippenrand nicht oder sehr schmal gelb gesäumt.

*O. pelinaea* (GR, Lesbos, 4.5.2009, HP)

Li: *O. pelinaea* (GR, Lesbos, 4.5.2009, HP); re: *O. pelinaea „meropes"* (GR, Chios, 2.5.2009, HP)

**VERWECHSLUNG** *O. attaviria* hat kleinere, 6–9 mm lange Petalen, meist dunklere Lippen und einen weniger auffälligen Lippenmalabschluss.

**VORKOMMEN** Ödland, Phrygana, lichte Kiefernwälder, extensives Kulturland, Weiden. Bis etwa 800 m.

**VERBREITUNG** Ostägäische Inseln, so Lesbos, Ikaria, Chios, Samos, Kos, Lipsi, Patmos, Phourni und Agathonisi, möglicherweise auch am anatolischen Festland. **Typus:** Griechenland, Chios, Mt. Pelinaio, 2007.

**BESTÄUBER** *Andrena gravida*

**VARIABILITÄT** Gebietsweise kommen auch kräftige Pflanzen mit auffallend breiten Lippen vor, diese Ausprägung wurde als *„O. meropes"* beschrieben, Pflanzen mit etwas kleineren, schlankeren Lippen unter dem Namen *„O. theophrasti"*.

## Siebenquellen-Ragwurz
— *Ophrys eptapigiensis*

Ende März–Mitte Mai

*O. eptapigiensis* (GR, Rhodos, L.c., 6.4.2014, BT)

**STECKBRIEF** 15–25 (40) cm hoch; Blütenstand mit 3–12 mittelgroßen, fast waagrecht stehenden Blüten; Sepalen hellgrün, 10–12 mm lang, 5–7 mm breit; Petalen hellgrün bis gelbgrün, meist rotbraun überlaufen, 6–9 mm lang, 1,5–2,5 mm breit, am Rand ± gewellt; Lippe schmal, schwarzbraun, flach ausgebreitet, 13–17 mm lang, 9–11 mm breit, am Grund v-förmig tief eingekerbt und weiß behaart; Lippenrand schmal gelb gesäumt oder ungesäumt dunkel-

braun; Lippenmal stark reduziert, oft nur als bläulicher Vorderrand erhalten, nicht bis zur Einkerbung der Seitenlappen reichend, zur Basalkerbe hin oft orangebraun.
**VERWECHSLUNG** *O. attaviria* hat insgesamt geringfügig hellere Blüten, hellere Petalen, ein großflächigeres Lippenmal mit längerer Rinne und eine etwas spätere Blütezeit. Beide Sippen sind kaum zu unterscheiden, Bestäubernachweise wären wünschenswert.
**VORKOMMEN** Kiefernwälder, Wiesen, Waldränder, Gebüsch. Bis etwa 300 m.
**VERBREITUNG** Endemit von Rhodos, sehr selten. **Typus:** Griechenland, Rhodos, Epta Piges bei Kolymbia, 2001.

## Attaviros-Ragwurz
*— Ophrys attaviria*

eher spät: Anf. April–Mitte Mai

*O. attaviria* (GR, Rhodos, L.c., 1.4.2013, HP)

*O. attaviria* (GR, Rhodos, L.c., 1.4.2013, HP)

**STECKBRIEF** 10–25 (35) cm hoch; Blütenstand mit 3–10 mittelgroßen, schräg abwärts bis fast waagrecht stehenden Blüten; Sepalen hellgrün, 10–12 mm lang, 5–7 mm breit; Petalen grün, 6–9 mm lang, 1,5–2,5 mm breit, am Rand ± gewellt; Lippe dunkelbraun, flach ausgebreitet, 13–18 mm lang, 9–13 mm breit, am Grund v-förmig tief eingekerbt und weiß behaart; Seitenlappen herabgeschlagen, Mittellappen ausgerandet; Lippenmal hell blaugrau, mit einem meist breiten, hellen Malabschluss.
**VERWECHSLUNG** *O. bilunulata* subsp. *punctulata* hat kleinere, stärker geneigte, fast senkrecht stehende Lippen und eine frühere Blütezeit von Ende Februar bis April.
**VORKOMMEN** Lichte Kiefernwälder, offene Phrygana, Wiesen, Waldränder. Bis etwa 700 m.
**VERBREITUNG** Ostägäische Inseln Rhodos, Kos, Lesbos, Lipsi, Samos, Chios und angrenzendes anatolisches Festland. **Typus:** Griechenland, Rhodos, am Berg Attaviros, 1990.
**BESTÄUBER** *Andrena labialis*

## Çeşme-Ragwurz
*— Ophrys cesmeensis*

März–Anf. Mai

**STECKBRIEF** 10–25 (35) cm hoch; Blütenstand mit 1–4 großen, schräg abwärts bis fast waagrecht stehenden Blüten; Sepalen hellgrün, 10–13 mm lang, 5–7 mm breit; Petalen grün, 7–11 mm lang, 1,5–3 mm breit, am Rand ± gewellt; Lippe dunkelbraun, flach ausgebreitet, 14–20 mm lang, 9–15 mm breit, am Grund v-förmig eingekerbt und weiß behaart, Lippenrand schmal bis deutlich gelb gesäumt; Seitenlappen teils herabgeschlagen, Mittellappen ausgerandet; Lippenmal dunkel graublau.

**VERWECHSLUNG** *O. attaviria* hat geringfügig kleinere, weniger flache Lippen und einen schmäleren gelben Lippenrand. *O. pelinaea* hat meist stärker eingerollte, hellere Lippen.
**VORKOMMEN** Lichte Kiefernwälder,

*O. cesmeensis* (GR, Kos, 23.3.2010, BT)

offene Phrygana, Wiesen, Waldränder. Bis etwa 300 m. **VERBREITUNG** Halbinsel Çeşme und Ägäische Inseln, so Lesbos und Kos. **Typus:** Türkei, Halbinsel Çeşme, 2003.

*O. cesmeensis* (GR, Chios, Emporios, 30.3.2008, KK)

## Thrakische Ragwurz
— *Ophrys thracica* (Syn.: *O. fusca* subsp. *thracica*)

eher spät: Mitte April–Ende Mai

*O. thracica* (TR, Nakkaş, Istanbul, 28.4.1997, KK)

*O. thracica* (TR, Nakkaş, Istanbul, 28.4.1997, KK)

**STECKBRIEF**

15–25 cm hoch; Blütenstand mit 2–5 relativ großen, schräg vom Stängel abstehenden Blüten; Sepalen hellgrün, 9–13 mm lang, 4–6 mm breit; Petalen olivgrün bis gelblich, 5–9 mm lang, 1,5–3 mm breit; Lippe ohne basalen Lippenknick, an der Lippenbasis eine weiß behaarte, v-förmige Längsfurche, flach ausgebreitet bis leicht konvex, 14–16,5 mm lang, 8,5–10,5 mm breit, dunkelbraun, am Rand meist mit einem sehr schmalen, gelben Saum, Lippenränder leicht nach unten geschlagen; Lippenmal in Form eines verwachsenen Doppelstreifens, grauviolett bis graublau, oft heller umrahmt.

**VERWECHSLUNG** *O. calocaerina* ist sehr ähnlich, etwas mehrblütiger, hat etwas größere, 11–15 mm lange und 5,5–7 mm breite Sepalen und etwas größere, 8,5–10 mm lange und 2,5–3,5 mm breite Petalen und auch etwas größere, 15–20 mm lange und 13,5–16 mm breite Lippen. Bestäuberuntersuchungen zur Abtrennung wären wünschenswert.

**VORKOMMEN** Extensives Kulturland, Phrygana, Magerrasen, Affodillfluren. Bis etwa 500 m.

**VERBREITUNG** Europäische Türkei und angrenzendes Anatolien. **Typus:** Türkei, Çanakkale, Tayfur, 2009.

## Lukanische Ragwurz
*— Ophrys lucana*

spät: Mitte Mai–Ende Juni

**STECKBRIEF** 10–15 (25) cm hoch; Blütenstand mit 2–6 mittelgroßen, fast waagrecht abstehenden Blüten; Sepalen hellgrün bis gelbgrün, 10–12,5 mm lang, 4–6 mm breit; Petalen olivgrün bis grüngelb, 7–10 mm lang, 1,6–2,5 mm breit; Lippe relativ dunkel, länglich, mit starker Querwölbung und schwacher Längswölbung, 12,5–18 mm lang, 10–14 mm breit (ausgebreitet), am Grund v-förmig eingekerbt mit langer Längsfurche; Lippengrundfarbe dunkel rotbraun, Lippenrand meist sehr schmal gelb gesäumt; Lippenmal aus zwei metallisch glänzenden, graublauen Flecken, oft rötlich umrandet, und zwei blasseren, verschwommenen Halbmonden am Ende.

*O. lucana* (li: I, Abriola, L.c., 30.5.2015, HP; re: I, Cilento, 27.5.2012, HP)

*O. lucana* (I, Abriola, L.c., 30.5.2015, HP)

**VERWECHSLUNG** *O. calocaerina* hat etwas größere, 15–20 mm lange, etwas buntere Lippen, die stärker hängen und wegen der tiefer liegenden Standorte eine frühere Blütezeit von April bis Mai.

**VORKOMMEN** Im Bergland: Magerwiesen, Weiden, lichte Eichenwälder. Etwa 500–1200 m.

**VERBREITUNG** Zentraler und südlicher Apennin. Typus: Italien, Basilikata, Abriola, 2000.

**BESTÄUBER** *Andrena labialis*

## Calocaerina-Ragwurz
*— Ophrys calocaerina* (Syn.: *O. sabulosa*)

eher spät: Ende März–Mai

**STECKBRIEF** 15–25 (40) cm hoch; Blütenstand mit 2–10 relativ großen Blüten; Sepalen hellgrün, 11–15 mm lang, 5,5–7 mm breit; Petalen olivgrün bis gelblich, 8,5–10 mm lang, 2,5–3,5 mm breit, schräg nach vorne gerichtet; Lippe hängend, länglich, mit schwacher Längswölbung, 15–20 mm lang, 13,5–16 mm breit (ausgebreitet), am Grund v-förmig eingekerbt, Lippe oft relativ bunt gefärbt mit dunkel rotbrauner Grundfarbe, Lippenrand meist gelb gesäumt; Lippenmal aus zwei metallisch glänzenden, graublauen Flecken, oft rötlich umrandet, und zwei blasseren, verschwommenen Halbmonden am Ende; Lippenunterseite hellgrün.

*O. calocaerina* (GR, Lefkas, 1.4.2010, HP)

**VERWECHSLUNG** *O. leucadica* ist niedriger, etwas kleinblütiger mit weniger hängenden Blüten und blüht früher von März bis April. *O. lucana* ist sehr ähnlich, jedoch weniger bunt. Sie blüht später auf Bergwiesen, die Blüten hängen we-

niger. *O. creberrima* hat kürzere, 11–15 mm lange Lippen und etwas kleinere Sepalen und Petalen.
Von Sizilien wurde die Sippe als „*O. sabulosa*" beschrieben. Sollte sich bestätigen, dass die Pflanzen einen eigenen Bestäuber haben, wären sie als eigene Art zu führen. Die Zuordnung der süditalienischen Pflanzen wäre dann fraglich.
**VORKOMMEN** Extensives Kulturland, Phrygana, Gebüsch. Bis etwa 700 m.
**VERBREITUNG** Attika, Euböa, Peloponnes, Kythira, Ionische Inseln, Süditalien, Sizilien. **Typus:** Griechenland, Viotia (Böotien), 1994.
**BESTÄUBER** *Andrena labialis*

*O. calocaerina „sabulosa"* (I, Sizilien, Ragusa, 14.4.2016, UG)

## Lefkas-Ragwurz
*— Ophrys leucadica*

Anf. März–Mitte April

**STECKBRIEF** 10–20 cm hoch; Blütenstand mit 2–6 mittelgroßen Blüten; Sepalen hellgrün, bis 14 mm lang und 8 mm breit; Petalen 6–9 mm lang, 2,5–3,5 mm breit, gelbgrün bis bräunlich, am Rand gewellt; Lippe dunkelbraun, 12–16 mm lang, 10–13 mm breit, an der Basis v-förmig eingeschnitten, nicht oder nur wenig nach unten geknickt; Lippenmal omegaförmig, silbrig blau, flächig bis zur Lippenbasis oder marmoriert, zur gekerbten Lippenbasis hin rötlich; Lippenränder nach unten umgeschlagen, meist mit schmalem, gelbem Saum.

*O. leucadica* (GR, Kefalonia, 29.3.2010, HP)

**VERWECHSLUNG** *O. bilunulata* subsp. *punctulata* (die lange Zeit unter dem Namen *O. leucadica* geführt wurde) ist etwas kleinblütiger und zierlicher, sie blüht früher. *O. calocaerina* ist etwas großblütiger, hat oft stärker nach unten gebogene Lippen, die zudem meist stärker hängen. Sie blüht etwas später.
**VORKOMMEN** Wiesen, Phrygana, Gebüsch, lichte Wälder, extensives Kulturland, Olivenhaine. Bis etwa 800 m.
**VERBREITUNG** Ionische Inseln, genaue Verbreitung aufgrund Verwechslungen mit ähnlichen Arten noch nicht bekannt. **Typus:** Griechenland, Ionische Inseln, Lefkada, 1928.
**BESTÄUBER** *Andrena fimbriata*

## Creberrima-Ragwurz
*— Ophrys creberrima*

März–Mai

*O. creberrima* (GR, Kreta, Spili, 20.4.2011, HP)

**STECKBRIEF** 12–20 (25) cm hoch; Blütenstand mit 2–6 mittelgroßen Blüten; Sepalen hellgrün, 10–12 mm lang, 5–7 mm breit; Petalen hellgrün, selten ockerbraun, 6–9 mm lang, 1,5–2,5 mm

*O. creberrima* (GR, Kreta, Spili, 20.4.2011, HP)

breit; Lippe relativ breit, 11–15 mm lang, 10–14,5 mm breit (ausgebreitet), rotbraun, schmal gelb gesäumt, die Ränder nach unten umgeschlagen, an der Basis gekerbt, Rand der Kerbe flach wulstig aufgeworfen, was noch verdeutlicht wird durch den Lippenknick an der Basis; Lippenmal breit berandet in Form eines flachen Omega, blau bis weißlich, in der zur Basis hin eingeschlossenen Fläche oft mit weißlichen oder blaugrauen Sprenkeln.

**VERWECHSLUNG** *O. cressa*, *O. phaidra* und *O. creticola* haben flachere Lippen.

**VORKOMMEN** Wiesen, Phrygana, Olivenhaine, lichte Kiefernwälder; kalkliebend. Bis etwa 900 m.

**VERBREITUNG** Endemit Kretas und Kithiras. **Typus:** Griechenland, Kreta, Lassithi, 1998.

**BESTÄUBER** *Andrena creberrima*

## Phaedras Ragwurz — *Ophrys phaidra*

eher spät: Mitte April–Mitte Mai

**STECKBRIEF** 10–25 cm hoch; Blütenstand mit 2–8 mittelgroßen Blüten; Sepalen hellgrün, bis 15 mm lang und 10 mm breit; Petalen 6–9 mm lang, 2,5–3,5 mm breit, gelbgrün bis bräunlich; Lippe 10,5–16,5 mm lang, 10–15 mm breit, relativ flach, der Länge nach nur wenig gewölbt; Lippengrundfarbe dunkelbraun, Rand kräftig gelb gesäumt; Lippenbasis mit tiefer Kerbe, Lippenränder flach ausgebreitet; Lippenmal violettbraun, mit einem helleren, silbrigen bis blauen, omegaförmigen Abschluss.

*O. phaidra* (li: GR, Kreta, L.c., 20.4.2011, HP; re: GR, Kreta, L.c., 25.4.2011, HP)

**VERWECHSLUNG** *O. cressa* ist niedrigwüchsiger, hat kleinere, 10–13 mm lange, gebogenere Lippen und blüht früher von März bis Anfang Mai. *O. kedra* ist ähnlich aber höher und großblütiger.

**VORKOMMEN** Phrygana, Wiesen, Gebüsch, lichte Wälder, extensives Kulturland. Bis etwa 900 m.

**VERBREITUNG** Endemit Kretas, hier aber vermutlich weit verbreitet. **Typus:** Griechenland, Kreta, Spili, 2007

## Kedros-Ragwurz — *Ophrys kedra*

eher spät: Mitte April–Ende Mai

*O. kedra* (GR, Kreta, Spili, L.c., 25.4.2011, HP)

**STECKBRIEF** 10–25 (35) cm hoch; Blütenstand mit 2–4 großen Blüten; Sepalen hellgrün, 10–12 mm lang, 5–7 mm breit; Petalen grün, oft rotbraun überlaufen, 5–9,5 mm lang, 2–3 mm breit; Lippe

*O. kedra* (GR, Kreta, Spili, L.c., 25.4.2011, HP)

meist flach ausgebreitet, 13–19 mm lang, 9,5–17,5 mm breit, am Grund v-förmig tief eingekerbt und weiß behaart; Lippengrundfarbe dunkelbraun, Lippenrand sehr schmal gelb gesäumt; Lippenmal farblich wenig abgehoben, rötlich braun bis graublau.
**VERWECHSLUNG** *O. phaidra* hat kleinere, 10,5–16,5 mm lange Lippen und einen geringfügig breiteren, gelben Lippensaum. Andere ähnliche Sippen haben meist kleinere und stärker gerollte Lippen.
**VORKOMMEN** Steinrasen, Affodillfluren. Ca. 90–1000 m.
**VERBREITUNG** Kedros-Gebirge auf Kreta, Kithira, Lakonien. **Typus:** Griechenland, Kreta, Rethimnon, 2007.
**BESTÄUBER** *Andrena variabilis*

## Thripti-Ragwurz
— *Ophrys thriptiensis*

früh:
Febr.–März

*O. thriptiensis* (GR, Kreta, Thripti, L.c., 5.3.2019, HP)

**STECKBRIEF** 5–12 (25) cm kleine, meist gedrungene Pflanze; Blütenstand mit 1–3 (6) eher kleinen Blüten; Sepalen hellgrün, 9–12 mm lang, 5–7 mm breit; Petalen hellgrün bis ockerbraun, 4–8 mm lang, 1,5–3 mm breit; Lippe flach, 10–13 mm lang, 10–14 mm breit (ausgebreitet), dunkelbraun, ohne Knick an der gekerbten Lippenbasis; Lippenmal silbrig graublau.
**VERWECHSLUNG** Wegen der frühen Blütezeit und der kleinen Blüten mit flacher Lippe kaum verwechselbar.
**VORKOMMEN** Lichte Kiefernwälder, steinige Phrygana. Von etwa 500–1300 m.
**VERBREITUNG** Endemisch am Thriptimassiv-Westabhang in Ostkreta. **Typus:** Griechenland, Kreta, Lassithi, 1998.
**BESTÄUBER** *Andrena allosa, Andrena bicolor*

## Blasse Ragwurz
— *Ophrys pallidula*

eher spät: Anf.
April–Mitte Mai

*O. pallidula* (GR, Kreta, Orino, 21.4.2011, HP)

**STECKBRIEF** 10–25 (35) cm hoch; Blütenstand mit 3–6 mittelgroßen, schräg abwärtsgerichteten Blüten; Sepalen hellgrün, 10–12 mm lang, 5–7 mm breit; Petalen grün, 4–7,5 mm lang, 1,8–2,6 mm breit; Lip-

*O. pallidula* (GR, Kreta, Thripti, L.c., 21.4.2011, HP)

pe gleichmäßig längs und stärker quer gewölbt, 10–15 mm lang, 9–14 mm breit; Lippengrundfarbe mittelbraun, teils recht hell, Lippenrand schmal gelb gesäumt, Lippe am Grund v-förmig eingekerbt; Seitenlappen herabgeschlagen, Mittellappen ausgerandet, teils stark nach unten gebogen; Lippenmal graublau, meist mit einem hellblauen bis weißlichen, omegaförmigen Abschluss.

**VERWECHSLUNG** *O. thriptinensis* hat eine sehr geringe Lippenkrümmung entlang der Längsachse. *O. phaidra* hat eine dunklere Lippengrundfarbe und ist nicht so gebogen. *O. cressa* ist kleinblütiger mit dunklerer Lippe und blüht früher. Man findet aber immer wieder Pflanzen oder Populationen, die nicht sicher zuzuordnen sind.

**VORKOMMEN** Ödland, Rasen, Phrygana, Zistrosenfluren, lichte Kiefernwälder. Von etwa 600–950 m.

**VERBREITUNG** Endemisch in den Thripti- und Dikti-Bergen Kretas. **Typus:** Griechenland, Kreta, Thripti-Alm, 2007.

**BESTÄUBER** *Andrena combinata*

## Cressa-Ragwurz
— *Ophrys cressa*

März–Anf. Mai

*O. cressa* (GR, Kreta, Thripti, L.c., 23.4.2011, HP)

*O. cressa* (GR, Kreta, Thripti, L.c., 23.4.2011, HP)

**STECKBRIEF** 5–12 (18) cm hoch; Laub zur Blütezeit meist verwelkt; Blütenstand mit 2–5 kleinen, variablen Blüten; Sepalen hellgrün, bis 15 mm lang und 10 mm breit; Petalen 6–9 mm lang, 2,5–3,5 mm breit, gelbgrün bis bräunlich; Lippe 9–13 mm lang, 9–11,5 mm breit, nur gewölbt, ohne Knick, rotbraun bis dunkelbraun, Rand kräftig gelb gesäumt; Lippenbasis mit tiefer Kerbe, Lippenränder flach ausgebreitet; Lippenmal silbrig blau, zur Lippenbasis hin braunrot.

**VERWECHSLUNG** *O. creticola* hat größere, 11–19 mm lange, 10–16,5 mm breite Lippen und eine frühere Blütezeit von Januar bis März. *O. pallidula* hat oft hellere, etwas größere und stärker gebogene Lippen. Manche Exemplare oder Populationen sind jedoch schwer zuzuordnen, vermutlich existieren noch weitere, unbeschriebene Sippen im Gebiet.

**VORKOMMEN** Phrygana, Wiesen, Gebüsch, lichte Wälder, extensives Kulturland. Von etwa 300–1200 m.

**VERBREITUNG** Endemit Kretas, auch auf Gavdos. **Typus:** Griechenland, Kreta, Lassithi, östlich Thripti, 1998.

**BESTÄUBER** *Andrena merul*

## Winzige Ragwurz
*— Ophrys parvula*

Mitte März–Ende April

O. parvula (GR, Rhodos, L.c., 1.4.2013, HP)

**STECKBRIEF** 6–16 cm hoch, klein; Blütenstand mit 1–5 sehr kleinen Blüten; Sepalen hellgrün, 7–8 mm lang; Petalen gelblich grün, 5–6 mm lang; Lippe ungekniet, 6–9 mm lang, 6–7 mm breit, in der Längswölbung sehr wenig konvex, am Grund mit v-förmiger, weiß behaarter Kerbe; Lippengrundfarbe dunkelbraun, Lippenrand schmal gelb gesäumt; Lippenmal hell blaugrau oder blau, bis etwa zur Lippenmitte reichend.

**VERWECHSLUNG** Durch die Kleinheit von Habitus und Blüte von den anderen Arten der *fusca*-Gruppe gut abgegrenzt. *O. cinereophila* hat eine etwas größere, deutlich gekniete Lippe.

**VORKOMMEN** Gern nordexponiert. Bis ca. 100 m.

**VERBREITUNG** Rhodos, Kos, Heraklea. **Typus:** Griechenland, Rhodos, nahe Kattavia, 2001.

**BESTÄUBER** *Andrena tomora*

## Cinereophila-Ragwurz
*— Ophrys cinereophila*

Febr.–Anf. April

**STECKBRIEF** 7–15 (25) cm hoch; Blütenstand mit 2–8 teilweise spiralig angeordneten, kleinen Blüten; Sepalen grün, 7–12 mm lang, 4,5–6 mm breit, eiförmig-elliptisch; Petalen linealisch, 6–9 mm lang, 1,5–2,5 mm breit, grün, ± bräunlich gezeichnet; Lippe 7,5–11 mm lang, 6,5–10,5 mm breit, schmal, mit eng anliegenden Seitenlappen, dunkelbraun, an der Basis zumeist stark knieförmig geknickt und deutlich gefurcht bis etwa zur Lippenmitte; Lippenrand meist grünlich gelb bis zitronengelb und unbehaart, seitliche Lippenlappen einander zugeneigt; Lippenmal bläulich bis braun an der Basis, etwas über die Lippenmitte ragend und oft durch ein helleres, kleines Omega abschließend, kurz behaart; Narbenhöhle hellgrün bis gelblich, breiter als hoch.

O. cinereophila (li: GR, Kreta, Faistos, 4.3.2019, HP; re: GR, Rhodos, 11.3.2011, HP)

**VERWECHSLUNG** *O. bilunulata* subsp. *punctulata* hat größere, flachere Blüten mit 12–16 mm langen Lippen. *O. parvula* hat noch kleinere Blüten, deren Lippen meist weniger geknickt sind.

**VORKOMMEN** Phrygana, Olivenhaine, Wiesen, Erosionsrinnen, lichte Kiefernwälder; kalkliebend. Bis etwa 1000 m.

**VERBREITUNG** Ostmediterran von den Ionischen Inseln bis Zypern und zum Libanon. **Typus:** Griechenland, Kreta, Lassithi, 1998.

**BESTÄUBER** *Andrena cinereophila*

## Bleiche Ragwurz
— *Ophrys pallida* (Syn.: *O. pectus*)

März–Anf. Mai

*O. pallida* (li: I, Sizilien, Ficuzza, 19.4.2019, SH; re: I, Sizilien, Ficuzza, 7.4.2015, UG)

*O. pallida* (li: I, Sizilien, Madonie, 21.4.2019, SH; re: I, Sizilien, Ficuzza, 18.4.2013, BS)

**STECKBRIEF** 10–20 (30) cm hoch; Blütenstand mit 2–7 kleinen Blüten; Sepalen hellgrün bis weißlich, selten weiß oder leicht rosa (einzige Art aus der Gruppe der Pseudophrys), 8–10 mm lang, 4,5–6 mm breit; Petalen 5,5–7 mm lang, 1,4–2,2 mm breit, gelbgrün, am Rand gewellt; Lippe braun, 6–9 mm lang, 4–6 mm breit, am Grund breit v-förmig gekerbt, kniefömig senkrecht nach unten geknickt, leicht dreilappig mit stark zurückgeschlagenen Seitenlappen, auch der Mittellappen zurückgeschlagen; Lippenmal blass blaugrau.
**VORKOMMEN** Magerwiesen, Weideland über frischem Boden, Gebüsch; kalkliebend. Bis etwa 1200 m.
**VERBREITUNG** Im Nordwesten Siziliens und in Nordalgerien. **Typus:** Italien, Sizilien, Palermo, 1810.
**BESTÄUBER** *Andrena orbitalis*

## Doppelhalbmond-Ragwurz
— *Ophrys bilunulata* subsp. *bilunulata* (Syn.: *O. japigiae*)

Ende März–Anf. Mai

**STECKBRIEF** 10–15 (30) cm hoch; Blütenstand mit 2–6 variablen, relativ farbintensiven, waagrecht abstehenden bis etwas hängenden Blüten; Sepalen hellgrün, 8–13 mm lang, 4–6,5 mm breit; Petalen 4–7 mm lang, 2–3,5 mm breit, gelbgrün; Lippe 11–14 mm lang,

*O. bilunulata* subsp. *bilunulata* (I, Tarent, 4.4.2012, HP)

9–13 mm breit (ausgebreitet), leicht konvex, Längswölbung gering, gleichmäßig; Lippengrundfarbe rotbraun bis dunkelbraun, Rand meist kräftig gelb gesäumt; Lippenbasis mit tiefer Kerbe, Lippenränder meist flach ausgebreitet mit ebenfalls flach ausgebreiteten Seitenlappen; Lippenmal silbrig blau bis purpurviolett, innen oft scheckig.
**VERWECHSLUNG** *O. lucifera* hat größere, 14–20 mm lange Lippen und blüht früher, von März bis April. Auch *O. forestieri* hat größere Blüten, die meist weniger flach sind. *O. sulcata* hat stärker gerollte Lippen und blüht später. Die unten angeführten Unterarten unterscheiden sich in Einzelexemplaren oft kaum, auf Populations-Ebene manchmal nur wenig. Bis auf die erste wurden alle als separate Arten beschrieben und erst vor kurzem aufgrund von Bestäuber-Versuchen zusammengelegt.

O. bilunulata subsp. *bilunulata* (I, Tarent, 4.4.2012, HP)

*O. bilunulata* subsp. *kalirachiensis* (GR, Kalirachi, L.c., 18.4.2015, ZA)

*O. bilunulata* subsp. *punctulata* (GR, Lefkas, 14.4.2017, HP)

*O. bilunulata* subsp. *subfusca* (li: F, Narbonne, 1.4.1999, HP; re: I, Sizilien, Caltagirone, 5.4.2015, UG)

**VORKOMMEN** Wiesen, Garrigue, extensives Kulturland, Kiefernwälder, Gebüsch. Bis etwa 1500 m.
**VERBREITUNG** Südfrankreich und italienisches Festland. **Typus:** Frankreich, Seealpen, 1844.
**BESTÄUBER** *Andrena flavipes*
**UNTERARTEN**

Kalirachi-Ragwurz *Ophrys bilunulata* subsp. *kalirachiensis*: Unterscheidet sich von der Nominatunterart v. a. durch kleineren Wuchs (4–14 cm hoch), geringfügig kleinere Blüten mit Lippen, die gekniet und nach unten gerichtet sind, und den nicht mediterranen Standort in im Winter schneereicher Lage. Bisher nur aus der Provinz Grevena in Nordgriechenland von etwa 800–900 m bekannt. **Typus:** Griechenland, Provinz Grevena, nahe Kalirachi, 2016. **Bestäuber:** *Andrena flavipes*

Punktierte Ragwurz *Ophrys bilunulata* subsp. *punctulata* (Syn.: *O. perpusilla*, inkl. subsp. *sancti-isidorii*): Unterscheidet sich von der Nominatunterart durch 1–5-blütige Blütenstände, geringfügig kleinere Blüten, knieartig nach unten gebogene Lippen, die oft etwas dunkler und weniger flach sind. Die Pflanzen auf den Ostägäischen Inseln blühen etwas früher und wirken zierlicher. Sie werden auch als „subsp. *sancti-isodorii*" geführt. Blütezeit von Anfang Februar bis Mitte April. Verbreitet von der Insel Hvar in Süddalmatien bis Griechenland und Anatolien. Hier bis etwa 1400 m. **Typus:** Griechenland, Kefalonia, 1928. **Bestäuber:** *Andrena flavipes*

Blaugraue Ragwurz *Ophrys bilunulata* subsp. *subfusca* (Syn.: *O. caesiella*, *O. africana*, *O. gazella*): Unterscheidet sich von der Nominatunterart v. a. durch eine etwas kleinere Blüte, ein graublaues, mattes Lippenmal, einen schmäleren, gelben Lippenrand und eine frühere Blütezeit von Februar bis März. Verbreitet im westlichen Mittelmeergebiet von der Iberischen Halbinsel und Nordwestafrika bis Malta. Bis etwa 800 m. **Typus:** Algerien, 1851. **Bestäuber:** *Andrena flavipes*

## Zonierte Ragwurz
— *Ophrys zonata*

Ende März–Mai

*O. zonata* (F, Korsika, St. Florent, 11.4.2006, UG)

**STECKBRIEF** 10–25 cm hoch; Blütenstand mit 2–9 kleinen bis mittelgroßen Blüten; Sepalen hellgrün, 9–13 mm lang, 4,5–6,5 mm breit; Petalen gelblich grün, oft braun überlaufen, 7,5–8,5 mm lang, 1,2–2,5 mm breit; Lippe 9,5–14,5 mm lang, 9–11,5 mm breit (ausgebreitet), schräg herabhängend, teilweise fast parallel zum Stängel, längs und quer konvex gewölbt, von der Narbenhöhle bis zum Ende des Lippenmals deutlich gefurcht; Lippengrundfarbe dunkelbraun bis dunkel rotbraun, Lippenrand manchmal schmal gelb oder rötlich, am v-förmigen Übergang zur Furche weißlich behaart; Lippenmal silbrig blau mit einer meist blasseren, ± rötlichen Zone um das Mal.

**VERWECHSLUNG** *O. funerea* hat einen zierlicheren Wuchs, etwas schmälere, oft dunklere Lippen und einen anderen Bestäuber.

**VORKOMMEN** Garrigue, lichter Wald, Weiden, extensives Kulturland. Bis etwa 1000 m.

**VERBREITUNG** Sardinien, sehr selten auch auf Korsika. **Typus:** Italien, Sardinien, Sassari, 1994.

**BESTÄUBER** *Andrena flavipes*

## Geschwollene Ragwurz
— *Ophrys obaesa*

Mitte März–Mai

*O. obaesa* (I, Sizilien, Buccheri, 11.4.2012, HP)

*O. obaesa* (I, Sizilien, Buccheri, 11.4.2012, HP)

**STECKBRIEF** 10–20 cm hoch; Blütenstand dicht, oft kopfig wirkend, mit 2–6 mittelkleinen Blüten; Sepalen hellgrün, 7–13 mm lang, 5–9 mm breit; Petalen gelblich grün bis bräunlich grün, 5–7,5 mm lang, 1,5–2,5 mm breit; Lippe 9–13 mm lang, 7–10 mm breit, horizontal bis schräg abwärts vom Stängel abstehend; Lippe mit welligem Längsprofil, sich an den Basalwülsten erhebend, beim Lippenmal niedergedrückt und an der Spitze wieder nach oben gebogen; Lippenmal metallisch blau, um die Kerbe an der Lippenbasis oft orangebraun; Lippenunterseite weißgrün, oft purpurn überlaufen.

**VERWECHSLUNG** Unterscheidet sich von *O. bilunulata* subsp. *subfusca* durch eine, von vorne gesehen, sattelförmige Einschnürung der Lippe, längere Petalen und das meist gruppenweise Auftreten sowie eine spätere Blütezeit.

**VORKOMMEN** Magerrasen, Garrigue, Ödland, Weiden, Wälder. Von etwa 400–1200 m.

**VERBREITUNG** Endemit Siziliens. **Typus:** Italien, Sizilien, Palermo, 1909.

**BESTÄUBER** *Andrena flavipes*

## Paros-Ragwurz
*— Ophrys parosica*

März–April

**STECKBRIEF** 10–25 cm hoch; Blütenstand mit 2–6 mittelgroßen Blüten; Sepalen hellgrün, 9–14 mm lang, 5–7 mm breit; Petalen grün bis gelbgrün, 5–8 mm lang, 2–3 mm breit, am Rand ± gewellt; Lippe gelblich bräunlich, anfangs flach ausgebreitet, dann nach unten geneigt, 11–16 mm lang, 9–14 mm breit (ausgebreitet), am Grund mit v-förmiger, weiß behaarter Kerbe; Lippenmal silberblau und violettblau, oft punktiert bis marmoriert mit hellerem, blaugrauem oberen Rand.

*O. parosica* (GR, Naxos, 19.3.2012, BT)

*O. parosica* (GR, Naxos, 19.3.2012, BT)

**VERWECHSLUNG** *O. pelinea* ist sehr variabel, hat aber meist größere, 13–20 mm lange, überwiegend gleichmäßig braune Lippen und eine östlichere Verbreitung von Lesbos bis Rhodos. *O. bilunulata* subsp. *punctulata* kann sehr ähnlich aussehen, blüht aber etwas früher und hat geringfügig kleinere Blüten.

**VORKOMMEN** Extensives Kulturland, Phrygana, Ödland, Gebüsch. Bis etwa 700 m.

**VERBREITUNG** Kykladen. **Typus:** Griechenland, Paros, 1995.

**BESTÄUBER** *Andrena similis*

## Peraiola-Ragwurz
*— Ophrys peraiolae*

Anf. März–
Mitte April

**STECKBRIEF** 5–18 cm hoch; Blütenstand mit 1–3 ± schräg stehenden, sehr variablen Blüten; Sepalen blass gelblich grün, 8–10,5 mm lang, 4,5–6 mm breit, seitliche Sepalen ausgebreitet, vorgebogen; Petalen hellgelb bis bräunlich, 4,8–7,2 mm lang, 1,4–2,6 mm breit; Lippe an der Basis hellgelb bis grünlich, sonst braun bis dunkel rotbraun, 9–13 mm lang, 7–10,8 mm breit (ausgebreitet), der Länge nach fast flach bis leicht gesattelt, am Grund mit schmaler und langer, v-förmiger Kerbe; Seitenlappen herabgeschlagen, Mittellappen relativ schmal; Lippenmal zweiteilig, glänzend bläulich bis schwarzbraun, beide Hälften durch einen rötlich behaarten Streifen getrennt.

*O. peraiolae* (F, Korsika, Ogliastro, L.c., 11.4.2006, UG)

**VERWECHSLUNG** *O. sulcata* hat einen reichblütigeren Blütenstand, eine kräftige Lippenkerbe und eine spätere Blütezeit. *O. funerea* ist weniger bunt und variabel, sie hat etwas kleinere Blüten. Möglicherweise handelt es sich um eine Hybridpopulation. Bestäuberbefunde wären wünschenswert.

**VORKOMMEN** Garrigue; bis etwa 100 m.

**VERBREITUNG** Bisher nur von einer kleinen Population in Nordwestkorsika bekannt. **Typus:** Frankreich, Korsika, Bucht von Peraiola, 2000.

## Gefurchte Ragwurz
— *Ophrys sulcata* (Syn.: *O. hespera, O. clara*)

Ende April–Juni

**STECKBRIEF** 5–20 cm hoch; Blütenstand mit 4–7 mittelkleinen Blüten; Sepalen hellgrün, 7–10 mm lang, 3–6 mm breit, konkav; Petalen gelblich grün bis bräunlich grün, 5–7,5 mm lang, 1,2–2,4 mm breit; Lippe schmal, meist kontrastarm, 8–13 mm lang, 6,5–11 mm breit (ausgebreitet), Querwölbung stark, Seitenlappen herabgeschlagen, Basalkerbe kräftig, lang gezogen; Lippengrundfarbe dunkelbraun bis dunkel rotbraun, Lippenrand mit meist sehr schmalem, gelbem Saum, Lippenunterseite grünlich; Lippenmal blau bis purpurbraun, oft glänzend, bis in die Seitenlappen reichend.

*O. sulcata* (F, Corbières, Col de Fourches), 18.5.2016, HP)

*O. sulcata* (I, Grizzana Morandi, 23.5.2015, HP)

**VERWECHSLUNG** *O. lucana* hat größere, 12,5–18 mm lange Lippen. *O. funerea* auf Korsika blüht früher und ist meist dunkler. Möglicherweise handelt es sich bei beiden jedoch nur um eine Art mit dem Namen *O. funerea*, der Bestäuber ist vermutlich derselbe.

**VORKOMMEN** Frische Wiesen, Weiden, extensives Kulturland, Garrigue. Bis etwa 1000 m.

**VERBREITUNG** Von Katalonien bis Istrien. Typus: Frankreich: Charente, Ile d'Oléron, 1994.

**BESTÄUBER** *Andrena wilkella*

## Düstere Ragwurz
— *Ophrys funerea* (inkl. *O. marmorata*)

relativ früh:
Ende Febr.–April

**STECKBRIEF** 6–15 (25) cm hoch; Blütenstand mit 1–8 kleinen bis mittelgroßen Blüten; Sepalen hellgrün, 7,5–13 mm lang, 4–6,5 mm breit, am Rand zurückgerollt; Petalen gelblich grün, oft braun überlaufen, 5,5–8,5 mm lang, 1,2–2,6 mm breit; Lippe schräg herabhängend, teilweise fast parallel zum Stängel, schmal, kontrastarm, stark quer gewölbt; Lippengrundfarbe dunkelbraun bis dunkel rotbraun, Lippenrand meist mit sehr schmalem, gelbem Saum; Lippe 7,5–14,5 mm lang, 6–11,5 mm breit (ausgebreitet), am v-förmigen Übergang zur Furche weißlich behaart; Lippenmal farblich wenig abgehoben, bis annähernd zu den Einschnitten der Seitenlappen reichend, hell graublau bis rötlich.

*O. funerea* (F, Korsika, Taverna, 19.4.2006, UG)

**VERWECHSLUNG** *O. sulcata* ist äußerst ähnlich, sie hat schräg abstehende Lippen, ein etwas helleres, oft bläuliches Lippenmal, einen höheren Wuchs und eine spätere Blütezeit von Ende April bis Juni, was vielleicht

*O. funerea „marmorata“* (F, Korsika, Bonifacio, 15.4.2006, UG)

auf den Standort zurückzuführen ist. Möglicherweise sind beide Sippen zu vereinen, der Bestäuber ist vermutlich gleich.
**VORKOMMEN** Steinige Garrigue, lichter Wald, Weiden, extensives Kulturland. Bis etwa 1000 m.
**VERBREITUNG** Sardinien, Korsika, Elba. Typus: Frankreich, Korsika, Département Corse-du-Sud, 1824.
**BESTÄUBER** *Andrena wilkella* (?)
**VARIABILITÄT** Pflanzen mit oft etwas flacherer, öfters marmorierter Lippe wurden als *„O. marmorata“* abgetrennt. Sie kommt hauptsächlich an der Südspitze Korsikas vor. Sie ist eventuell als eigene Art zu führen.

## Delforges Ragwurz
*— Ophrys delforgei*

März–April

**STECKBRIEF** 10–20 cm hoch; Blütenstand mit 2–9 kleinen Blüten; Sepalen hellgrün, seitliche Sepalen ausgebreitet, eilanzettlich, asymmetrisch; Petalen gelblich grün, 5–8 mm lang, am Rand ± gewellt; Lippe horizontal zum Stängel stehend oder leicht nach unten gerichtet, dunkelbraun, gelegentlich heller oder gelb durchbrochen, am Rand dünn, aber deutlich gelb gesäumt, 6,5–10 mm lang, 5–8 mm breit (ausgebreitet), leicht konvex, am Grund v-förmig eingekerbt; Lippenmal zweiteilig, silbrig blau.

*O. delforgei* (F, Figuerolles, 9.4.2019, UG)

**VERWECHSLUNG** *O. forestieri* hat größere, 11–18 mm lange und 10–16 mm breite Lippen. *O. bilunulata* kann sehr ähnlich sein, ist aber etwas größer in der Blüte, die Seitenlappen der Lippe stehen weniger ab. Bestäuberbefunde zur sicheren Abtrennung wären wünschenswert.
**VORKOMMEN** Ödland, Garrigue. Bis etwa 550 m.
**VERBREITUNG** Südfrankreich bis Ligurien, selten. Typus: Frankreich, Bouches-du-Rhone, 2006.
**NAME** Benannt zu Ehren des zeitgenössischen belgischen Orchideenforschers Pierre Delforge (Jahrgang 1945).

## Fabrella-Ragwurz
*— Ophrys fabrella*

März–Mitte April

*O. fabrella* (E, Mallorca, 1.4.2007, HP)

**STECKBRIEF** 8–15 (25) cm hoch, zierlich; Blütenstand mit 1–4 sehr kleinen Blüten; Sepalen hellgrün bis gelblich grün, 8–9 mm lang, 4,5–6 mm breit; Petalen gelblich grün, oft mit gelblichem Rand, 4–6 mm lang, 1–2 mm

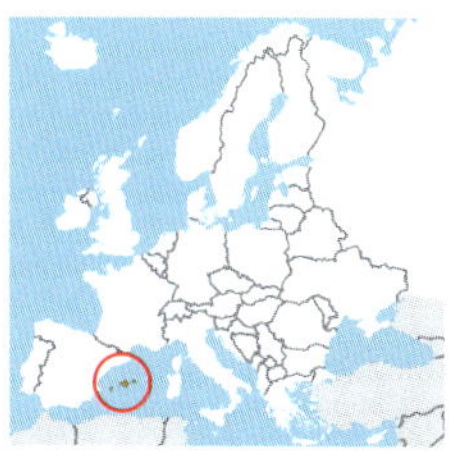

*O. fabrella* (E, Ibiza, 29.3.2013, AR)

breit; Lippe fast waagrecht abstehend bis nach unten gerichtet, dunkelbraun bis dunkel rotbraun, 6–9,5 mm lang, 5,5–9 mm breit (ausgebreitet), flach, v. a. der Längsachse nach; Lippenmal silbrig blau, glänzend; Lippenrand mit ziemlich breitem, gelbem, klar abgegrenztem Saum; Kerbe an der Lippenbasis dicht weiß behaart.

**VERWECHSLUNG** *O. bilunulata* hat größere, 11–14 mm lange, 9–13 mm breite Lippen.

**VERBREITUNG** Endemit der Balearen. **Typus:** Spanien, Mallorca, 2004.

**VORKOMMEN** Garrigue, extensives Kulturland, lichte Kiefernwälder, meist halbschattig; kalkliebend. Bis ca. 400 m.

**BESTÄUBER** *Andrena fabrella*

## Ortuabis-Ragwurz
*— Ophrys ortuabis*

eher früh: März-Mitte April

**STECKBRIEF** 8–20 cm hohe, zierliche Pflanze; Blütenstand mit (1) 2–3 (4) sehr kleinen Blüten; Sepalen hellgrün bis gelblich grün, 8–9 mm lang, 5–6,5 mm breit; Petalen gelblich grün, manchmal braunrot überlaufen, 4–6 mm lang, 1–2 mm breit; Lippe nahezu horizontal ausgerichtet, dunkelbraun bis dunkel rotbraun, 7–10 mm lang, 7–9 mm breit (ausgebreitet), flach, v. a. der Längsachse nach; Seitenlappen dreieckig gerundet, Mittellappen keilförmig gerundet; Lippenmal schwärzlich blau bis bläulich, manchmal marmoriert, glänzend, oft mit 2 helleren, bläulichen, verschwommenen, breiten Halbmonden an der Spitze; Lippenrand mit gelbem bis rötlichem, klar abgegrenztem Saum; Kerbe an der Lippenbasis dicht weiß behaart.

*O. ortuabis* (I, Sardinien, Perdasdefogu, 20.3.2008, HP)

**VERWECHSLUNG** *O. funerea* fehlt der markante gelbe Lippenrand, die Lippe ist nicht flach, die Blütezeit etwas später.

**VORKOMMEN** Garrigue, über Dolomit. Auf etwa 700 m.

**VERBREITUNG** Seltener Endemit Sardiniens. **Typus:** Italien, Sardinien, Nuoro, 2002.

**BESTÄUBER** *Andrena hypopolia*

## Pintos Ragwurz
*— Ophrys pintoi*

früh: Ende Febr.– Anf. April

*O. pintoi* (P, Pombal, 25.3.2015, BT)

**STECKBRIEF** 10–20 (25) cm hoch; Blütenstand mit 2–5 eher kleinen Blüten; Sepalen grün, 7,8–10 mm lang, 4,7–5,7 mm breit, die seitlichen abstehend bis nach vorne gekrümmt, mit eingerollten Rändern; Petalen

*O. pintoi* (li: P, Mafra, 29.3.2010, HWZ; re: P, Pombal, 25.3.2015, BT)

6–7 mm lang, 1,8–2,1 mm breit, gelbgrün bis rotbraun, am Rand gewellt; Lippe 11,5–13,2 mm lang, 9,6–11 mm breit (ausgebreitet), mit geringer Längswölbung; Lippengrundfarbe dunkelbraun; Lippenmal hell rotbraun bis violett, blau oder schiefergrau, oft marmoriert; Lippenunterseite hellgrün, braun umrandet.

**VERWECHSLUNG** *O. vasconica* hat größere, 10–14 mm lange, 6–8 mm breite Sepalen, größere, vorne stärker eingerollte Lippen, eine spätere Blütezeit von April bis Juni und eine andere Verbreitung. Kleinblütige *O. forestieri* können sehr ähnlich aussehen, sie sind zudem auch frühblühend. Die Lippen sind der Länge nach etwas weniger gebogen und kürzer behaart. Dies trifft auch für *O. bilunulata* zu. Beide haben dafür eine etwas stärkere Querwölbung. Einige Exemplare sehen exakt wie kleine *O. fusca* s.str. aus. Bestäuberuntersuchungen wären wünschenswert.

**VORKOMMEN** Ödland, magere, schotterdurchsetzte Wiesen, lückige, moosige Garrigue. Bis etwa 350 m.

**VERBREITUNG** Portugal. **Typus:** Portugal, Ribatejo, Ansião, 2012.

**NAME** Benannt zu Ehren des portugiesischen Taxonomen und Phytosoziologen António Rodrigo Pinto da Silva (1912–1992).

## Braune Ragwurz
*— Ophrys fusca*

Mitte März–Mai

**STECKBRIEF** 10–20 (25) cm hoch; Blütenstand mit 2–10 großen, variablen Blüten; Sepalen hellgrün, 11–16 mm lang, 5,5–9 mm breit, konkav, seitliche Sepalen ausgebreitet, eilanzettlich, asymmetrisch; Petalen gelblich grün bis bräunlich grün, 8–12 mm lang, 2–4 mm breit, am Rand ± gewellt; Lippe 15–22 mm lang, 11–17 mm breit (ausgebreitet), konvex bis flach, am Grund v-förmig eingekerbt, Lippenbasis mit zwei starken, vorspringenden Längsvorsprüngen, die eine Betonung der Längswölbung erzeugen, wobei der Mittelteil der Lippe abfällt, aber relativ flach bleibt; Seitenlappen herabgeschlagen, Mittellappen ausgerandet; Lippengrundfarbe dunkelbraun, oft relativ bunt, teilweise mit deutlichem gelbem oder orangem Rand; Lippenmal zweiteilig, im basalen Lippenbereich, blau bis grauviolett; Lippenunterseite grün bis gelbgrün.

*O. fusca* (li: P, Lissabon, 29.3.2010, HWZ; re: P, Serra do Louro, 23.4.2014, HP)

*O. fusca* (P, Arrabida, 22.4.2014, HP)

**VERWECHSLUNG** *O. forestieri* blüht meist früher, hat etwas kleinere Blüten mit stärker seitlich eingerollten, weniger farbigen Lippen. *O. malacitana* blüht ebenfalls früher und ist weniger farbig. Eine sichere Abgrenzung wäre oft nur durch Bestäuberversuche durchzuführen.

**VORKOMMEN** Steinrasen, Garrigue, lichte Wälder, Gebüsch, extensives Kulturland, Wiesen. Bis etwa 1100 m.

**VERBREITUNG** Durch Verwechslung nicht genau bekannt. Iberische Atlantikküste, möglicherweise auch westliches Mittelmeergebiet von Nordwestafrika und auf den Balearen. **Typus:** Portugal, Lissabon, 1800.

## Malaga-Ragwurz
— *Ophrys malacitana*

Ende Dez.– Mitte April

*O. malacitana* (E, Ronda, 16.4.2014, HP)

*O. malacitana* (li: E, Monda, 3.4.2019, AR; re: E, Alhaurin el Grande, 28.3.2019, AR)

**STECKBRIEF** 10–20 (30) cm hoch; Blütenstand mit 2–8 relativ großen Blüten; Sepalen hellgrün, 10,3–13,3 mm lang, 6,8–8 mm breit, seitliche Sepalen ausgebreitet, eilanzettlich, asymmetrisch; Petalen gelblich grün, 8–9 mm lang, 1,9–2,2 mm breit, am Rand ± gewellt; Lippe dunkel rotbraun, mit schmalem, kahlem, oft dünn gelb gesäumtem Rand, 14,2–16 mm lang, 11,5–14 mm breit (ausgebreitet), am Grund v-förmig eingekerbt; Lippenmal zweiteilig, stumpf oder metallisch bläulich grau.

**VERWECHSLUNG** *O. fusca* hat größere, 15–22 mm lange, teils buntere Lippen und eine spätere Blütezeit von Mitte März bis Mai. *O. forestieri* hat etwas kleinere, variablere Blüten.

**VORKOMMEN** Waldränder, Gebüsch, Garrigue, extensives Kulturland; kalkliebend. Bis etwa 400 m.

**VERBREITUNG** Endemit Südspaniens. **Typus:** Spanien, Malaga, Sierra Mijas, 2010.

**BESTÄUBER** *Colletes cunicularius*

## Forestiers Ragwurz
— *Ophrys forestieri* subsp. *forestieri* (Syn.: *O. decembris, O. laureotica, O. lupercalis*)

Mitte Dez.– Anf. April

**STECKBRIEF** 10–30 cm hoch; Blütenstand mit 2–10 relativ großen Blüten; Sepalen hellgrün, 11–15 mm lang, 4–8 mm breit, seitliche Sepalen ausgebreitet, eilanzettlich, asymmetrisch; Petalen gelblich grün bis bräunlich grün, 7–10 mm lang, 1–2,5 mm breit, am Rand ± gewellt; Lippe relativ variabel, dreilappig, dunkelbraun, am Rand oft dünn gelb gesäumt, 11–18 mm lang, 10–16 mm breit (ausgebreitet), stellenweise auch in der Population auffallend variabel, meist leicht konvex, der Länge nach fast keine Krümmung, am Grund v-förmig eingekerbt; Lippenmal zweiteilig, im basalen Lippenbereich blau bis grauviolett, braunrot oder schmutzig weißlich; Lippenunterseite hellgrün. Einzelne Pflanzen einer Population oft unterschiedlich. Blütezeit Mitte Dezember bis Anfang April, in höheren Lagen Spaniens bis Ende Mai.

*O. forestieri* subsp. *forestieri* (li: F, Torreilles Plage, 17.2.2015, HP; re: I, Sizilien, Noto, 24.12.2012, HP)

*O. forestieri* subsp. *forestieri* (I, Sizilien, Noto, 24.12.2012, HP)

*O. forestieri* subsp. *arnoldii* (E, Orista, 20.5.2016, HP)

*O. forestieri* subsp. *arnoldii* (E, Orista, 20.5.2016, HP)

**VERWECHSLUNG** *O. sulcata* hat kleinere, 7–10 mm lange Sepalen, kleinere, 5–7,5 mm lange Petalen, kleinere Lippen und blüht später von Ende April bis Juni. Auch *O. bilunulata* s.l. hat kleinere Blüten und meist flachere Lippen. Probleme gibt es auf Sizilien, wo *O. gackiae* sehr ähnlich ist (teils heller) und aufblüht, wenn die letzten Exemplare von *O. forestieri* noch gut in Blüte sind. Eine sichere morphologische Abgrenzung ist oft nicht möglich. In Italien, Korsika und Sardinien blüht *O. eleonorae* ebenfalls, wenn die letzten *O. forestieri* noch blühen. Sie ist meist an einer rötlichen Lippenunterseite und scharfen Kanten im basalen Teil der Lippe abzugrenzen. Hier gibt es wegen desselben Bestäubers jedoch Übergänge.
**VORKOMMEN** Magerwiesen, Ödland, extensives Kulturland. Bis etwa 500 m.
**VERBREITUNG** Von Südspanien bis Griechenland. Typus: Frankreich, Bouches-du-Rhône, 1851.
**BESTÄUBER** *Andrena nigroaenea*
**NAME** Zu Ehren des französischen Botanikers, Orchideenliebhabers und Militaristen Aimé René Victor de Forestier (1804–1853) benannt.
**UNTERART** Arnolds Ragwurz *Ophrys forestieri* subsp. *arnoldii* nom. prov. (Syn.: *O. arnoldii*): Benannt zu Ehren des zeitgenössischen spanischen Botanikers J. E. Arnold. Unterscheidet sich von der Nominatunterart durch einen im Durchschnitt etwas höheren Wuchs, stets große Blüten mit intensiver gefärbten Lippen und eine spätere Blütezeit von Ende April bis Ende Juni. Verbreitet in Ostspanien und Mallorca. Die spätere Blütezeit ist stets anhand der Phänologie von Begleitarten zu beurteilen. Bis etwa 1350 m Seehöhe steigend. Typus: Spanien, Tarragona, (1999). Bestäuber: *Andrena nigroaenea*, hiervon die 2. Generation

## Gacks Ragwurz
*— Ophrys gackiae*

Febr.–Mitte April

**STECKBRIEF** 10–20 cm hoch; Blütenstand mit 2–5 Blüten; Sepalen gelblich grün, 9–11,5 mm lang, 4,5–6 mm breit; Petalen gelblich grün bis hellgrün, 5–6,5 mm lang, 1–2,5 mm breit; Lippe 12–16 mm lang, 9,5–13 mm breit (ausgebreitet), mittel- bis dunkelbraun, mit sehr schmalem, aber deutlichem gelben Lippenrand; Seitenlappen dreieckig gerundet; Lippenmal oft milchig silberblau, mit feinen, weißlichen Haaren, von einer ziemlich breiten, aber schwach ausgeprägten Furche unauffällig in zwei Hälften geteilt.

**VERWECHSLUNG** *O. forestieri* unterscheidet sich durch längere, 11–15 mm lange Sepalen, dunklere Lippen und eine frühere Blütezeit. Eine sichere morphologische Abgrenzung ist oft nicht möglich.

*O. gackiae* (li: I, Sizilien, Cassaro, 25.3.2016, SH; re: I, Sizilien, Chiaramonte, 24.3.2016, SH)

*O. gackiae* (I, Sizilien, Cassaro, 25.3.2016, SH)

**VORKOMMEN** Wiesen, extensives Kulturland, Garrigue. Bis etwa 700 m.
**VERBREITUNG** Endemit Südsiziliens. **Typus:** Italien, Sizilien, Siracusa, 2004.
**BESTÄUBER** *Andrena trimmerana*

**NAME** Zu Ehren der zeitgenössischen deutschen Botanikerin Claudia Gack benannt, die sich v. a. durch Arbeiten über Bestäuberspezifität der Gattung *Ophrys* Verdienste erwarb.

## Leuchtende Ragwurz
— *Ophrys lucifera*

eher früh: März–April

**STECKBRIEF** 10–25 cm hoch; Blütenstand mit 1–4 großen Blüten; Sepalen hellgrün, 11–15 mm lang, 5–8 mm breit; Petalen 6–10 mm lang, 1,5–2,8 mm breit, gelbgrün bis gelb, manchmal braun überlaufen; die oft relativ bunte Lippe ziemlich waagrecht abstehend, 14–20 mm lang, 10–14,5 mm breit (ausgebreitet), der Länge nach sehr wenig gewölbt, ohne Knick, schwarzbraun, mit schmalem bis deutlichem, gelbem Saum; Lippenbasis mit tiefer Kerbe; Lippenmal silbrig blau, nicht bis zu den Einkerbungen der Seitenlappen reichend; Lippenränder oft flach ausgebreitet mit schwach abgeteilten Seitenlappen, diese oft weit nach vorn gezogen.

**VERWECHSLUNG** *O. bilunulata* hat kleinere, 11–14 mm lange Lippen. *O. forestieri* blüht früher. *O. eleonorae* ist an den Kanten der Lippenwülste an der Basis zu erkennen. Beide haben keinen auffällig gelben Rand.
**VORKOMMEN** Felsrasen, Ödland, Magerrasen, Garrigue. Bis etwa 1000 m.
**VERBREITUNG** Italien in der Toskana und am Monte Gargano. **Typus:** Italien, Toskana, Mt. Argentario, 2000.
**BESTÄUBER** *Andrena limata* (?)

*O. lucifera* (I, Argentario, L.c., 3.4.2004, HP)

*O. lucifera* (I, Argentario, L.c., 3.4.2004, HP)

## Eleonoras Ragwurz
— *Ophrys eleonorae* (Syn.: *O. lojaconoi, O. vallesiana*)

Ende März–Mai

**STECKBRIEF** (15) 20–30 (45) cm hohe, kräftige Pflanze; Blütenstand mit 3–8 großen Blüten; Sepalen grün, 11–18 mm lang, 6,5–10 mm breit, die seitlichen asymmetrisch, breit-eiförmig; Petalen grün, braunrot überlaufen, 5,5–8 mm lang, 1,5–3 mm breit; Lippe groß, (14) 16–26 mm lang, 13–22 mm breit (ausgebreitet), dunkelbraun, am Grund 2 wulstartige Längskiele, dazwischen eine breite und tiefe Kerbe; Lippenmal blau, schwarzbraun überlaufen; Unterseite der Lippe rot bis orange, oft gelbgrün gerandet.

*O. eleonorae* (F, Korsika, Tavignano, 12.4.2006, UG)

*O. eleonorae „lojaconoi"* (I, Gargano, 2.4.2012, HP)

**VERWECHSLUNG** *O. iricolor* ist mit 10–25 cm Höhe niedriger, hat größere, 8–12 mm lange und 3–4 mm breite Petalen, ein leuchtend blaues Lippenmal und eine meist reinrote Lippenunterseite.
**VORKOMMEN** Garrigue, Wiesen, Steinrasen, Olivenhaine, lichte Kiefern- und Eichenwälder. Bis etwa 950 m.
**VERBREITUNG** Von Tunesien bis Südfrankreich (Bouches du Rhône) und Apulien. **Typus:** Italien, Sardinien, Nuoro, 1991.
**BESTÄUBER** *Andrena morio, Andrena nigroaenea*
**NAME** Zu Ehren der sardischen Volksheldin Eleonora von Arborea (1350–1404) benannt.

## Astypalea-Ragwurz
— *Ophrys astypalaeica*

März–April

**STECKBRIEF** 15–30 (40) cm hoch, kräftig; Blütenstand mit 4–8 Blüten; Sepalen grün, 8–11,5 mm lang, 4,5–7 mm breit, mit zurückgeschlagenen Außenrändern; Petalen grün, braunrot überlaufen, 6,5–9 mm lang, 1,8–2,7 mm breit; Lippe 12–17 mm lang, 9–15 mm breit (ausgebreitet), dunkelbraun, am Grund 2 wulstartige Längskiele, dazwischen eine breite und tiefe Kerbe; Lippenmal graublau; Unterseite der Lippe grünlich.

*O. astypalaeica* (GR, Astypaleia, 15.3.2004, SH)

**VERWECHSLUNG** *O. iricolor* hat größere Blüten, 14–23 mm lange Lippen und 11–18 mm lange Sepalen, ein intensiv blau leuchtendes Lippenmal und eine rote Lippenunterseite. *O. mesaritica* ist morphologisch nicht zu unterscheiden, blüht aber früher. Zur Bestätigung wären Bestäuberuntersuchungen notwendig.
**VORKOMMEN** Phrygana mit Dorn-Bibernelle (*Sarcopoterium spinosum*). Bis etwa 230 m.
**VERBREITUNG** Endemit von Astypalea. **Typus:** Griechenland, Zykladen, Insel Astypalea, 1997.

## Regenbogen-Ragwurz
*— Ophrys iricolor*

März–April

**STECKBRIEF** 10–25 (35) cm hoch; Blätter zur Blütezeit oft schon vertrocknet; Blütenstand mit 2–6 großen, meist abstehenden Blüten; Sepalen grün, gebogen, 11–18 mm lang, 6,5–10 mm breit, die seitlichen asymmetrisch, breit-eiförmig; Petalen grün, braunrot überlaufen, 8–12 mm lang, 3–4 mm breit, am Rand gewellt; Lippe groß, 14–23 mm lang, 11–20 mm breit (ausgebreitet), dunkelbraun, am Grund 2 wulstartige, auffallend kantige Längskiele, dazwischen eine breite und tiefe Kerbe; Lippenmal matt schimmernd, intensiv blau bis rötlich im Zentrum meliert, schwarzbraun überlaufen; Narbenhöhle weißlich grün, groß, mehr als doppelt so breit wie hoch; Unterseite der Lippe auffallend rot bis purpurn, in einigen Gegenden (z.B. Zypern) auch grünlicher mit größeren Grün- als Rot-Bereichen.

*O. iricolor* (CY, Tochni, 3.3.2014, HP)

*O. iricolor* (li: GR, Lambokambos, 1.4.2018, HP; re: GR, Rhodos, 8.3.2011, HP)

**VERWECHSLUNG** Vor allem durch die rötliche Lippenunterseite und die kantigen Wülste an der Lippenbasis lässt sich O. *iricolor* von ähnlichen großblütigen Arten unterscheiden. *O. eleonorae* und *O. mesaritica* haben eine weniger bunte Lippe. Letztere kommt im Verbreitungsgebiet vor, sie hat eine grüne Lippenunterseite, eine kleinere Lippe und eine frühere Blütezeit.

**VORKOMMEN** Phrygana, Wiesen, Steinrasen, Olivenhaine, lichte Kiefern- und Eichenwälder. Bis etwa 1100 m.

**VERBREITUNG** Ostmediterran, vom griechischen Festland bis Zypern und Libyen. **Typus:** Zwischen Samos und Izmir, 1807.

**BESTÄUBER** *Andrena morio*

## Mesara-Ragwurz
*— Ophrys mesaritica* (Syn.: *O. hospitalis*)

sehr früh: Jan.–Mitte März

*O. mesaritica* (li: GR, Kreta, Faistos, 3.3.2019, HP; re: GR, Kreta, Pirgos, 6.3.2019, HP)

**STECKBRIEF** 10–25 (30) cm hoch, schlank; Blütenstand mit 1–5 Blüten; Sepalen grün, 10–12 mm lang, 5–6 mm breit; Petalen spatelig, grün, braunrot überlaufen, 6–9 mm lang, 2–3 mm breit, Rand meist gewellt; Lippe 12–18 mm lang, 9–15 mm breit (ausgebreitet), dunkelbraun, kurz und gleichmäßig behaart, am Grund mit 2 wulstartigen, kantigen Längskielen, dazwischen eine

breite und tiefe Kerbe; Lippe teilweise schmal gelb berandet, Unterseite grün bis leicht braunrot überlaufen; Lippenmal grau- bis schwarzblau, kurz behaart; Narbenhöhle weißlich grün, mehr als doppelt so breit wie hoch.
**VERWECHSLUNG** Unterscheidet sich von *O. iricolor* durch eine grüne bis leicht braunrot überlaufene Lippenunterseite, die weit weniger farbintensiv ist als bei *O. iricolor*. Die Lippe ist etwas kürzer, die Blütezeit 1–2 Monate früher.
**VORKOMMEN** Wiesen, Phrygana, Olivenhaine. Bis 500 m.
**VERBREITUNG** Korfu bis Kreta; Malta. Aufgrund der frühen Blütezeit vermutlich oft übersehen. **Typus:** Griechenland, Kreta, Herakleon, 1990.
**BESTÄUBER** *Andrena nigroaenea*

## Alicante-Ragwurz
— *Ophrys lucentina* (Syn.: *O. dianica*)

Anf. März–
Anf. April

**STECKBRIEF** 10–20 (40) cm hoch; Blütenstand mit 1–6 mittelkleinen, variablen Blüten; Sepalen hellgrün, 9–13 mm lang, 4–6,5 mm breit; Petalen 5–7,5 mm lang, 2–3,5 mm breit, gelbgrün; die sehr variable, oft breite Lippe fast waagrecht abstehend, 11,5–17 mm lang, 10–13 mm breit (ausgebreitet), leicht konvex, Längswölbung gering, gleichmäßig; Lippengrundfarbe rotbraun bis dunkelbraun, Rand manchmal auffallend gelb gesäumt, Übergang von gelb zu braun oft orangebraun getönt; Lippenmal silbrig blau bis purpurviolett, innen oft scheckig.

*O. lucentina* (E, Cocentaina, 13.4.2014, HP)

*O. lucentina* (li: E, Alhaurin Grande, 19.3.2016, AR; re: E, Cocentaina, 13.4.2014, HP)

**VERWECHSLUNG** Extrem helle Exemplare sind von der sizilianischen *O. archimedea* kaum zu unterscheiden. *O. forestieri* hat längere, 7–10 mm lange Petalen, meist etwas länger wirkende Lippen und blüht früher. Der gelbe Lippensaum ist nie breit. *O. bilunulata* hat meist kleinere Blüten, der gelbe Lippensaum ist ebenfalls nie breit.
**VORKOMMEN** Garrigue, extensives Kulturland, lichte Kiefernwälder. Bis etwa 750 m.
**VERBREITUNG** Südostspanien. **Typus:** Spanien, Alicante, 1999.
**BESTÄUBER** *Andrena vulpecula*

## Lindos-Ragwurz
— *Ophrys lindia*

eher spät: Ende
März–Ende April

*O. lindia* (GR, Rhodos, L.c., 4.4.2013, HP)

**STECKBRIEF** 10–20 cm hoch; Blütenstand mit 2–4 mittelgroßen Blüten; Sepalen gelbgrün, 7,5–11 mm lang, 5,5–9 mm breit, die seitlichen nach vorne geneigt; Petalen 6,5–8 mm lang,

1,5–2,5 mm breit, gelbgrün, am Rand gewellt und oft gelb; Lippe ± flach, relativ breit, an der Basis leicht geknickt, Lippengrundfarbe braun bis hellbraun, Lippenrand mit einem deutlichen, dünnen, gelben, seltener braungelben Saum; 9–12,5 mm lang, 7,5–10 mm breit (ausgebreitet), an der Basis v-förmig eingekerbt; Lippenmal hell bläulich, stark glänzend oder Vorderrand aufgehellt.

**VERWECHSLUNG** *O. bilunulata* subsp. *punctulata* hat weniger ausgebreitete Lippen und einen schmäleren gelben Lippensaum. Sie blüht früher.
**VORKOMMEN** Phrygana, Gebüsch, lichte Kiefernwälder. Bis etwa 400 m.
**VERBREITUNG** Rhodos, Karpathos und anatolisches Festland. **Typus:** Griechenland, Rhodos, bei Lindos, 2001.
**BESTÄUBER** *Andrena truncatilabris*

## Creticola-Ragwurz
*— Ophrys creticola*

Jan.–März

**STECKBRIEF** 8–20 cm hoch, stämmig; Blütenstand mit 1–6 großen, waagrecht abstehenden Blüten; Sepalen hellgrün, 9–15 mm lang, 5–8 mm breit; Petalen 6–9 mm lang, 2,5–3,8 mm breit, gelbgrün bis bräunlich; Lippe 13–19 mm lang, 12–16,5 mm breit (ausgebreitet), oft relativ bunt, flach, nur leicht gewölbt, ohne Knick, dunkelbraun, meist mit schmalem, gelbem Saum; Lippenmal silbrig blau, flächig bis zur Lippenbasis oder auch nur blau gerandet; Lippenbasis mit tiefer Kerbe; Lippenränder flach ausgebreitet mit schwach abgeteilten Seitenlappen.

*O. creticola* (GR, Kreta, L.c., 6.3.2019, HP)

**VERWECHSLUNG** *O. cressa* hat kleinere Blüten mit 10–13 mm langen, 9–11,5 mm breiten Lippen und eine spätere Blütezeit von März bis Anfang Mai. Auch *O. phaidra* blüht später und hat etwas kleinere, ± hängende Blüten. *O. thriptiensis* kann sehr ähnlich aussehen, hat aber viel kleinere Blüten und blüht noch etwas früher.
**VORKOMMEN** Wiesen, Phrygana, Gebüsch, extensives Kulturland. Bis etwa 1300 m.
**VERBREITUNG** Endemit Kretas. **Typus:** Griechenland, Kreta, Iraklio, 1998.

## Persephones Ragwurz
*— Ophrys persephonae*

Mitte März–Ende April

*O. persephonae* (GR, Rhodos, 12.3.2011, HP)

**STECKBRIEF** (10) 15–25 (40) cm hoch; Blütenstand mit 2–7 relativ variablen Blüten; Sepalen hellgrün, 9–11,5 mm lang, 3,5–5,5 mm breit; Petalen grün bis rotgrün, 3–6 mm lang, 1,5–2,5 mm breit; Lippe waagrecht vom Stängel abstehend bis leicht nach unten gerichtet, oft flach ausgebreitet, ohne basalen Knick; Lippe 9–13 mm lang, 8–10,5 mm breit, am Grund v-förmig eingekerbt

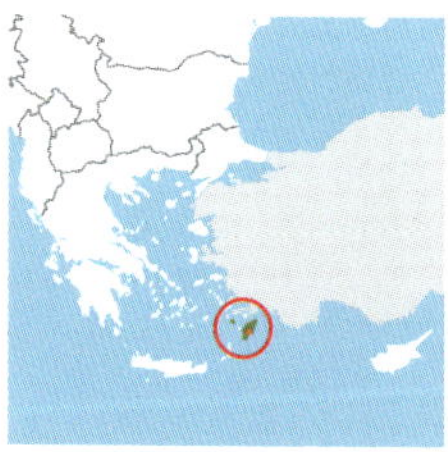

*O. persephonae* (li: GR, Rhodos, 2.4.2013, HP; re: GR, Rhodos, 12.3.2011, HP)

und weiß behaart; Mittellappen ausgerandet, Seitenlappen ± nach unten gerollt; Lippengrundfarbe schwarzbraun, an der Basis oft rötlich, Rand teils breit, gelb bis orangebraun gesäumt; Lippenmal dunkel graublau, oft nur auf einen helleren Vorderrand beschränkt, glänzend.
**VERWECHSLUNG** *O. blitopertha* ist mit 7–20 cm Höhe zierlicher, blüht später und besiedelt v. a. sonnige Standorte.
**VORKOMMEN** Lichte Kiefernwälder, Gebüschränder. Bis etwa 300 m.
**VERBREITUNG** Rhodos, Tilos und das angrenzende anatolische Festland. **Typus:** Griechenland, Rhodos, Arhipoli, 2001.

## Käfer-Ragwurz
*— Ophrys blitopertha*

Ende März–Anf. Mai

**STECKBRIEF** 7–12 (20) cm hoch; Blütenstand 1–6-blütig; Sepalen hellgrün, 7–11 mm lang, 3,5–5,5 mm breit; Petalen grün, oft gelb oder braun überlaufen, 3–6 mm lang, 1,5–2,5 mm breit, am Rand ± gewellt; Lippe flach ausgebreitet, Lippenrand meist nicht nach unten gebogen, 8–13 mm lang, 8–11 mm breit, am Grund tief v-förmig eingekerbt und weiß behaart; Mittellappen ausgerandet, Seitenlappen flach und weit abstehend; Lippengrundfarbe dunkelbraun, Rand breit gelb, selten orangebraun gesäumt oder dunkel; Lippenmal wenig auffallend, graublau bis rotbraun.

**VERWECHSLUNG** Durch die flache Lippe und den meist breiten, gelben Lippenrand gut charakterisiert.
**VORKOMMEN** Phrygana, Weiden, Wiesen, extensives Kulturland, Olivenhaine, lichte Kiefernwälder. Bis etwa 400 m.
**VERBREITUNG** Ägäische Inseln und Südwestanatolien. **Typus:** Griechenland, Zykladen, Naxos, 1998.
**BESTÄUBER** *Blitopertha lineolata*

*O. blitopertha* (GR, Rhodos, 29.3.2013, HP)

*O. blitopertha* (GR, Naxos, 13.4.2009, HP)

*O. blitopertha* (GR, Rhodos, 29.3.2013, HP)

## Flammen-Ragwurz
*— Ophrys flammeola*

April–Mai

*O. flammeola* (I, Sizilien, Colle S.Mauro, 5.4.2015, UG)

*O. flammeola* (li: I, Sizilien, Caltanissetta, L.c., 13.4.2004, HP; re: I, Sizilien, Vittoria, 8.4.2012, HP)

**STECKBRIEF** 15–25 (35) cm hoch; Blütenstand mit 3–9 relativ großen Blüten; Sepalen hellgrün, bis 10,5–16 mm lang, 4,5–7,5 mm breit; Petalen 6–8,5 mm lang, 2–3,5 mm breit, gelbgrün; Lippe 11–16,5 mm lang, 10–14 mm breit (ausgebreitet), leicht konvex, Vorderrand des Mittellappens meist hochgezogen; Außenrand der Lippenseitenlappen einen ± 45°-Winkel zur Lippenlängsachse bildend; Lippengrundfarbe rotbraun bis dunkelbraun, Rand gelb gesäumt; Lippenmal silbrig blau, großflächig, bis annähernd zur Einkerbung der Lippenseitenlappen reichend.
**VERWECHSLUNG** Bei *O. archimedea* bildet der Außenrand der Lippenseitenlappen einen flacheren, 30–45°-Winkel zur Lippenlängsachse, die Lippe wirkt rundlicher. Andere Arten aus dem Komplex haben kaum einen hochgezogenen Lippenvorderrand.
**VORKOMMEN** Wiesen, Garrigue, extensives Kulturland, Gebüschränder. Bis etwa 1000 m.
**VERBREITUNG** Endemit Siziliens. **Typus:** Italien, Sizilien, Caltanissetta, 2000.
**BESTÄUBER** *Andrena florentina, Andrena thoracica*

## Archimedes' Ragwurz
*— Ophrys archimedea*

Anf. April–
Anf. Mai

*O. archimedea* (I, Sizilien, Niscemi, 7.4.2012, HP)

**STECKBRIEF** 15–20 (30) cm hoch; Blütenstand mit 3–7 mittelgroßen Blüten; Sepalen 11–14 mm lang, hellgrün, eiförmig-lanzettlich; Petalen 4–5,5 mm lang, grüngelb, am Rand gewellt; Lippe mit zweilappigem Mittellappen, 10–15,5 mm lang, 9–14 mm breit, der Länge und Breite nach wenig gewölbt, am Grund nicht geknickt, dunkelbraun, mit breitem, gelbem Randsaum; Außenrand der Seitenlappen bildet einen flachen, 30–45°-Winkel zur Lippenlängsachse; Lippenmal silbrig bis bläulich, ± bis zur Hälfte der Lippe reichend.
**VERWECHSLUNG** *O. flammeola* hat eine etwas schlankere Lippe mit meist weniger auffallendem, gelbem

*O. archimedea* (li: I, Sizilien, Buccheri, 11.4.2012, HP; re: I, Sizilien, Niscemi, 7.4.2012, HP)

Rand, die Seitenlappen sind stärker abgespreizt. *O. battandieri* hat einen noch breiteren, gelben Lippenrand, der Mittellappen ist nicht hochgebogen. *O. laurensis* hat größere, 6–10 mm lange Petalen, eine glänzende Lippe und ist bisher nur aus der montanen Stufe weniger Orte Siziliens bekannt.

**VORKOMMEN** Garrigue, extensives Kulturland, Weiden, Kiefernwälder. Bis etwa 1350 m.

**VERBREITUNG** Endemit von Sizilien. Typus: Italien, Sizilien, Enna, 2000.

**NAME** Benannt nach Archimedes von Syrakus (287 bis 212 v.Chr.), einem der größten Mathematiker der Antike.

## Battandiers Ragwurz
— *Ophrys battandieri*

Ende März–April
Nordafrika: ab Febr.

**STECKBRIEF** 15–20 (30) cm hoch; Blütenstand mit 3–10 sehr variablen Blüten; Sepalen 7–9 mm lang, hellgrün; Petalen länglich-spatelig, 5–6,5 mm lang, gelblich grün; Lippe abwärtsgerichtet, an der Basis ausgeprägt keilförmig, 8–12,5 mm lang, am Grunde nicht abgeknickt, Lippenmitte braun, bis in die Zipfel des Mittellappens ausstrahlend, gelber Lippenrand etwa halb so breit wie die braune Mittelzone; Lippenmal violettblau und weißlich, beschränkt auf die untere Lippenhälfte; Lippenmittellappen nicht oder kaum aufgebogen, Seitenlappen herabgeschlagen, weit nach vorne gezogen und dadurch mit sehr schmalem Einschnitt zwischen Mittel- und Seitenlappen.

**VERWECHSLUNG** *O. sicula* hat kleinere, ± waagrecht abstehende Lippen und nicht heruntergeschlagene Lippenseitenlappen. *O. archimedea* hat einen weniger breiten, gelben Rand, der Lippenmittellappen ist vorne gewöhnlich hochgeschlagen.

**VORKOMMEN** Garrigue, extensives Kulturland, lichte Wälder, Gebüsch, Weiden. Bis etwa 900 m.

**VERBREITUNG** Nordwestafrika, vermutlich auch Sizilien, noch zu bestätigen. Typus: Algerien, Algier, 1908.

**NAME** Zu Ehren des französischen Botanikers Jules Aimé Battandier (1848–1922) benannt, der sich v. a. um die Flora Algeriens verdient machte.

*O. battandieri* (I, Sizilien, Buccheri, 27.4.2006, HP)

## Monte Lauro-Ragwurz
— *Ophrys laurensis*

Mitte April–Mai

**STECKBRIEF** 5–13 cm hoch; Blütenstand mit meist 2–4 relativ bunten Blüten; Sepalen 9–13 mm lang, hellgrün, eiförmig-lanzettlich; Petalen 6–10 mm lang, 2–2,5 mm breit, grüngelb, am Rand gewellt; Lippe gewellt, mit zweilappigem Mittellappen, 10–15 mm lang, 10–13 mm breit, dunkel rotbraun mit breitem, gelbem Randsaum; Lippenmal dunkelblau.

**VERWECHSLUNG** *O. archimedea* ist mit 15–25 cm Wuchshöhe höher und hat kleinere, 4–5,5 mm lange Petalen sowie ein helleres Lippenmal, zudem ist die Lippenform mehr gerundet.

**VORKOMMEN** Wiesen über Basalt, lichter Wald. Auf etwa 900 m.

**VERBREITUNG** Endemit Siziliens, bisher nur vom Gebiet des Monte Lauro bei

*O. laurensis* (li: I, Sizilien, Buccheri, 26.4.2012, HP; re: I, Sizilien, Buccheri, 14.4.2016, UG)

Buccheri und den Monti Erei bekannt, eine Angabe bei Godrano/Palermo ist zu überprüfen. **Typus:** Italien, Sizilien, Monte Lauro, 1992.

**BESTÄUBER** *Andrena fulvitarsis*

*O. laurensis* (I, Sizilien, Buccheri, 26.4.2012, HP)

## Anmutige Ragwurz
— *Ophrys lepida* (Syn.: *O. lutea* subsp. *liveranii*)

früh: Anf. März–Ende April

*O. lepida* (li: I, Sardinien, Platamona, 18.3.2008, HP; re: I, Sardinien, Laconi, L.c., 2.4.2007, UG)

*O. lepida* (I, Sardinien, Platamona, 18.3.2008, HP)

**STECKBRIEF** 10–30 cm hoch; Blütenstand mit 2–8 mittelgroßen, auffällig gefärbten Blüten; Sepalen 8–13 mm lang, 5–6 mm breit, hellgrün; Petalen 5–6 mm lang, 1,5–2 mm breit, gelblich grün; Lippe mit zweilappigem Mittellappen, 12–15 mm lang, 11–14 mm breit, Seiten meist herabgezogen; Lippenmitte braun, kurz braun behaart, auf die Lippenlappen ausstrahlend, wenig scharf zum Gelb der Lippe abgegrenzt, teilweise mit orangefarbenen Übergängen; Lippenrand unterschiedlich breit, gelb, ± nach oben gebogen; Lippenmal silbrig bis bläulich, etwa ein Drittel oder halb so lang wie die Lippe, die Einschnitte der Seitenlappen jedoch nicht erreichend.

**VERWECHSLUNG** Ähnelt oft *O. lutea*, welche aber auf Sardinien fehlt. *O. corsica* hat einen reingelben Rand und blüht etwas später, *O. sicula* hat kleinere Blüten mit 8–13 mm langen, flacheren Lippen. *O. pseudomelena* hat ebenfalls kleinere Blüten mit 6–8 mm langen Sepalen und 10–11 mm langen Lippen.

**VORKOMMEN** Garrigue, lichte Steineichenwälder, Küstenkiefernwälder, bis etwa 1500 m.

**VERBREITUNG** Endemit Sardiniens, vielleicht auch auf Sizilien. **Typus:** Italien, Sardinien, Nuoro, 2005.

## Melenaähnliche Ragwurz
— *Ophrys pseudomelena*

Mitte März–
Mitte April

**STECKBRIEF** 10–20 (30) cm hoch; Blütenstand mit 2–4 eher kleinen Blüten; Sepalen 6–8 mm lang, 4–5 mm breit, gelblich grün, eiförmig-lanzettlich; Petalen 4–6 mm lang, 1,2–2 mm breit, länglich-spatelig, gelblich grün; Lippe mit zweilappigem Mittellappen, 10–11 mm lang, 10–12 mm breit, am Grunde nicht geknickt, der Länge nach meist schwach, in der Breite stark gewölbt; Lippengrundfarbe dunkelbraun, am Rand unterschiedlich breit gelb gefärbt, dazwischen oft Übergangsfarben oder eine Übergangsmusterung, am Rand etwas nach oben gebogen, kurz samtig behaart; Lippenmal silbrig bis bläulich, ± beschränkt auf die basale Lippenhälfte.

**VERWECHSLUNG** *O. melena* hat in allen Teilen etwas größere Blüten und ist in Griechenland verbreitet. *O. praemelena* ist teils äußerst ähnlich, meist ist sie zierlicher und blüht etwas früher. Bestäuberbefunde von *O. praemelena* wären wünschenswert, um den Status der Gargano-Population zu klären. Bei gemeinsamen Vorkommen mit *O. sicula* sind die Artgrenzen ± schwer zu erkennen. Generell ist *O. sicula* etwas kleinblütiger, der gelbe Rand breiter, die Längswölbung schwächer.

**VORKOMMEN** Magerrasen, Garrigue, Weiden. Bis etwa 600 m.

**VERBREITUNG** Endemit des Monte Gargano. **Typus:** Italien, Apulien, Mt. Gargano, Mattinata, 2012.

**BESTÄUBER** *Andrena vulpecula*

*O. pseudomelena* (I, Gargano, 16.4.2019, HP)

*O. pseudomelena* (I, Gargano, 16.4.2016, HP)

## Frühe Dunkle Ragwurz
— *Ophrys praemelena* (Syn.: *O. heracleotica*)

früh:
Jan.–April

**STECKBRIEF** 10–15 (25) cm hoch; Blütenstand mit 2–5 Blüten; Sepalen 7–10 mm lang, hellgrün, eiförmig-lanzettlich; Petalen 5–7 mm lang, länglich-spatelig, gelblich grün, am Rand leicht gewellt; Lippe 10–14 mm lang, 9–12 mm breit (ausgebreitet), längs und quer gleichmäßig konvex gekrümmt, die Seitenlappen schräg nach unten gerichtet; Lippengrundfarbe dunkel- bis rötlich braun mit meist dünnem, gelbem Randsaum, der aber teils breiter sein und in die Lippe ausstrahlen kann; Lippenmal blaugrau bis bräunlich, farblich wenig von der Lippengrundfarbe abgesetzt.

**VERWECHSLUNG** *O. praemelena* unterscheidet sich von *O. melena* u. a. durch die frühere Blütezeit, die in alle Richtungen gebogenere Lippe, die stärker hängenden

*O. praemelena* (GR, Herakleia, 22.3.2012, BT). Diese Sippe wurde auch als *„O. heracleotica"* beschrieben.

*O. praemelena* (li: GR, Igoumenitsa, L.c., 4.4.2015, HP; re: AL, Livadhja, 4.4.2015, HP)

Schultern und das meist kaum von der Lippe abgehobene Mal. Die Pflanzen auf der Insel Herakleia wurden als *„O. heracleotica"* beschrieben. Sie haben oft etwas mehr Gelbanteile in der etwas kürzeren Lippe. Bestäuberuntersuchungen wären wünschenswert.

**VORKOMMEN** Phrygana, Wiesen, extensives Kulturland. Bis etwa 700 m.
**VERBREITUNG** Südalbanien bis Nordwestpeloponnes, Insel Herakleia, möglicherweise auch Attika und Euböa.
**Typus:** Griechenland, Epirus, nördlich Igoumenitsa, 2010.

## Dunkle Ragwurz
— *Ophrys melena*

eher spät:
Anf. April–Mai

*O. melena* (GR, Grammousa, 1.4.2018, HP)

*O. melena* (GR, Grammousa, 1.4.2018, HP)

**STECKBRIEF** 7–15 (20) cm hoch; Blütenstand mit 3–7 schräg abwärts bis nach oben gerichtete Blüten; Sepalen 7,5–11 mm lang, gelblich grün bis bräunlich grün, eiförmig-lanzettlich; Petalen 5,5–7,5 mm lang, länglich-spatelig, gelblich grün; Lippe mit zweilappigem Mittellappen, 10–14 mm lang, am Grund ohne Knick, dunkelbraun mit dünnem, gelbem Randsaum, am Rand etwas nach oben gebogen, kurz samtig behaart mit kahlem Zentrum; Lippenmal silbrig bis bläulich, ± beschränkt auf die basale Lippenhälfte.
**VERWECHSLUNG** Unterscheidet sich von *O. sicula* durch etwas größere, fast gänzlich braune Lippen, denen der Knick an der Basis fehlt. *O. praemelena* unterscheidet sich von *O. melena* u. a. durch die frühere Blütezeit, die in alle Richtungen konvexere Lippe, die stärker hängenden Schultern und das meist kaum von der Lippe abgehobene Mal.
**VORKOMMEN** Phrygana, Wiesen, Ödland, lichte Wälder, extensives Kulturland. Bis etwa 1300 m.
**VERBREITUNG** Von Euböa bis Kreta. **Typus:** Griechenland, Attika, Mt. Hymettus, 1928.
**BESTÄUBER** *Andrena transitoria*

## Sizilianische Ragwurz
— *Ophrys sicula* subsp. *sicula* (inkl. var. *transadriatica*)

eher früh:
März–April

**STECKBRIEF** (5) 10–25 (40) cm hoch; Blütenstand mit 3–7 relativ kleinen, fast waagrecht bis leicht nach oben gerichtete Blüten; Sepalen 6–10 mm lang, 3–7 mm breit, gelblich grün bis bräunlich grün, eiförmig-lanzettlich; Petalen länglich-spatelig, 4,5–7 mm lang, gelblich grün, Ränder ± gewellt; Lippe 8–13 mm lang, am Grund nicht oder kaum, selten stärker abgeknickt, Wülste am Grund und Längsfurche meist schwach ausgeprägt; Außenkanten der Lippenseitenlappen stehen zur Längsachse in einem Winkel von ± 45°; gelbe Lippenrandzone 2–3 mm breit, etwas nach oben gebogen; Lippenmitte braun, bis in die Zipfel des Mittellappens ausstrahlend, Farbübergang von braun zu gelb unregelmäßig, oftmals fast verlaufsartig; Lippenmal kahl, braun, grau oder dunkelblau, beschränkt auf die untere Lippenhälfte; Narbenhöhle breiter als hoch.

*O. sicula* (GR, Kreta, Faistos, 6.3.2019, HP)

*O. sicula* (I, Sizilien, Avola, 2.4.2012, HP)

**VERWECHSLUNG** Bei *O. phryganae* s.l. und ähnlichen Sippen ist die Lippe am Grund deutlich nach unten geknickt, der gelbe Lippenrand ist breiter als bei *O. sicula*. Sie blühen später auf. Die Pflanzen östlich der Adria weisen häufiger geknickte Lippen auf.

**VORKOMMEN** Wiesen, offenes Gebüsch, Grasfluren, Olivenhaine, Ödland, Weiden, lichte Kiefernwälder; kalkliebend. Bis etwa 1500 m.

**VERBREITUNG** Mittelmeergebiet von Sizilien bis Anatolien, wobei die Ostgrenze noch nicht genau bekannt ist. Typus: Italien, Sizilien, Palermo, 1846.

**BESTÄUBER** *Andrena hesperia*

**UNTERART** Galiläa-Ragwurz *Ophrys sicula* subsp. *galilaea*: Unterscheidet sich von der Nominatunterart durch geringfügig kleinere Blüten, eine dunklere Lippengrundfarbe und eine geringfügig frühere Blütezeit von Februar bis April. Die gelben Bereiche sind oft etwas grünlicher. Die Außenkanten der Lippenseitenlappen stehen zur Längsachse in einem Winkel von ± 60°. Die Unterart ist im östlichen Mittelmeergebiet von Zypern bis Israel verbreitet, wahrscheinlich auch auf den Ostägäischen Inseln, die Übergänge sind fließend. Bestäuber: *Andrena hesperia* Typus: Israel, Galiläa, 1923.

*O. sicula* subsp. *galilaea* (CY, Larnaka, 2.3.2014, HP)

## Penelopes Ragwurz
— *Ophrys penelopeae*

März–April

**STECKBRIEF** 10–20 (25) cm hoch; Blütenstand mit bis zu 6 locker angeordneten, kleinen Blüten; Sepalen 8–11 mm lang, 5–8 mm breit, hellgrün, eiförmig-lanzettlich; Petalen länglich-spatelig, gelbgrün; Lippe klein, 7,5–10 mm lang, 7,5–9 mm breit (ausgebreitet), am Grund deutlich geknickt, Wülste am Grund und Längsfurche stark ausgeprägt, Lippenmittellappen zweiteilig; Lippengrundfarbe braun, Lippenrand gelb; Lippenmal kürzer behaart bis kahl erscheinend, leuchtend stahlblau bis grau mit dunklerer Marmorierung; Narbenhöhle etwas breiter als hoch.

*O. penelopeae* (GR, Kefalonia, Ainos, 18.4.2017, HP)

*O. penelopeae* (GR, Kefalonia, L.c., 18.4.2017, HP)

**VERWECHSLUNG** *O. phryganae* hat geringfügig größere Blüten mit 8–13 mm langen Lippen. Die Abtrennung von *O. phryganae* beruht v. a. auf einem anderen Bestäuber (*Andrena cinerea*), der in Nordafrika jedoch auch *O. lutea* bestäubt. Der Unterartrang wäre hier vermutlich angebrachter.

**VORKOMMEN** Wiesen, Olivenhaine, Phrygana, Küstenphrygana, grasige Felsfluren, lichte Kiefernwälder, Weiden; kalkliebend.

**VERBREITUNG** Ionische Inseln, Südalbanien, Peloponnes. **Typus:** Griechenland, Kefalonia, 2014.

**BESTÄUBER** *Andrena cinerea*

## Phrygana-Ragwurz
— *Ophrys phryganae* (Syn.: *O. cythnia*)

Ende März–
Anf. Mai

**STECKBRIEF** 10–20 (30) cm hoch; Blütenstand mit bis zu 6 locker angeordneten, kleinen Blüten; Sepalen 8–11 mm lang, 5–8 mm breit, gelblich grün, eiförmig-lanzettlich; Petalen länglich-spatelig, gelblich grün mit ± gewellten Rändern; Lippe fast waagerecht abstehend bis schräg abwärtsgerichtet, mit zweizipfeligem Mittellappen, 8–13 mm lang, am Grund deutlich abgeknickt, Wülste am Grund und Längsfurche stark ausgeprägt; Lippengrundfarbe braun, oft bis in die Zipfel des Mittellappens reichend, Saum grünlich gelb bis leuchtend gelb; Lippenmal kurz behaart bis kahl erscheinend, leuchtend stahlblau bis grau mit dunklerer Marmorierung oder bräunlich; Narbenhöhle etwas breiter als hoch.

*O. phryganae* (li: GR, Kreta, Thripti, 25.3.2005, UG; re: GR, Kreta, Apesokari, 5.4.2019, JV)

**VERWECHSLUNG** Unterscheidet sich von *O. sicula* durch dickere Wülste am Narbeneingang, einen breiteren, gelben Lippenrand, klarere farbliche Trennung zwischen

*O. phryganae* (GR, Kreta, Akoumia, 27.3.2005, UG)

dem gelben Randbereich und dem braunen Lippenzentrum sowie kürzere Lippenbehaarung. Der Lippenknick ist bei *O. sicula* selten. Von *O. lutea* unterschieden durch kleinere Blüten und länglichere Lippen sowie lockereren und wenigerblütigen Blütenstand.

**VORKOMMEN** Wiesen, Olivenhaine, Phrygana, Küstenphrygana, grasige Felsfluren, lichte Kiefernwälder, Weiden; kalkliebend. Ihre Höhenverbreitung ist noch wenig bekannt.

**VERBREITUNG** Von Sardinien bis Südwestanatolien angegeben, nördlich möglicherweise bis zur Insel Cres. Wahrscheinlich handelt es sich allerdings bei den Pflanzen außerhalb Kretas um verschiedene andere Arten, die teilweise noch nicht beschrieben, aber morphologisch kaum unterscheidbar sind. Bestäuberbefunde wären wünschenswert. Typus: Griechenland, Kreta, Lassithi, 1991.

**BESTÄUBER** *Andrena humilis* auf Kreta, *Andrena panurgimorpha*

## Korsische Ragwurz
*— Ophrys corsica*

relativ spät: Ende März–Mitte Mai

**STECKBRIEF** 10–25 cm hoch; Blütenstand mit 1–10 Blüten; Sepalen 7,5–9 mm lang, 4,5–5,5 mm breit, gelblich grün; Petalen länglich-spatelig, 5–7 mm lang, 1,8–2,6 mm breit, gelblich grün, leicht oval und stumpf endend; Lippe mit zweizipfeligem Mittellappen, 8–13,5 mm lang, 7–11 mm breit (ausgebreitet), Basis gelblich grün, breit gefurcht, mit deutlichem, knieförmigem Knick; Lippenmitte braun, Lippenränder 2–3 mm breit gelb gesäumt, meist flach auslaufend, teilweise leicht nach oben gebogen; Lippenmal kahl, braun, grau oder dunkelblau; Narbenhöhle breiter als hoch.

**VERWECHSLUNG** *O. phryganae* hat eine tiefere und breitere Furche an der Lippenbasis, einen schmäleren, gelben Lippenrand und ein leuchtenderes, glänzenderes Lippenmal. *O. lutea* hat meist größere Blüten, aufgrund desselben Bestäubers wäre ein Unterartrang wohl angebrachter.

**VORKOMMEN** Dünensenken, Macchie, Böschungen, extensives Kulturland. Bis etwa 1200 m.

**VERBREITUNG** Korsika, Sardinien und wahrscheinlich vereinzelt am italienischen Festland. Typus: Frankreich, Korsika, Bonifacio, 2002.

**BESTÄUBER** *Andrena cinerea*

*O. corsica* (F, Korsika, Semaphore de P., 20.4.2006, UG)

*O. corsica* (F, Korsika, Bonifacio, 29.4.2008, JV)

## Hellenische Ragwurz
— *Ophrys hellenica*

März–Mitte Mai

*O. hellenica* (li: GR, Kosmas, 1.4.2018, HP; re: AL, Delvine, 13.4.2017, HP)

**STECKBRIEF** 10–15 (30) cm hohe Pflanze; Blütenstand 1–6-blütig; Sepalen gelbgrün bis hell olivgrün, 10–13 mm lang; Petalen gelb bis grün, 6–8 mm lang, 2–3 mm breit, kahl, am Rand ± gewellt; Lippe oft groß, deutlich onduliert, 14–20 mm lang, 15–20 mm breit, an der Basis mit Knick nach unten, in der Mitte dunkelbraun bis rotbraun, zum Rand hin mit breitem, satt gelbem, ausgebreitetem Saum; Lippenmal schildförmig, silbrig blau; Narbenhöhle breit.

**VERWECHSLUNG** *O. lutea* ist teils kaum zu unterscheiden, hat meist etwas kleinere, 12–18 mm lange, 13–18 mm breite Lippen und eine westlichere Verbreitung. *O. phryganae* s.l. kann ähnlich aussehen, hat aber kleinere Blüten, blüht etwas später, der gelbe Saum ist heller. Manche Exemplare, besonders in gemischten Populationen, sind jedoch nur schwer zuzuordnen.

**VORKOMMEN** Wiesen, Ödland, Phrygana, lichte Wälder, extensives Kulturland. Bis etwa 1200 m.

**VERBREITUNG** Von Südalbanien bis Kreta reichend. In Süditalien und auf Sizilien gibt es sehr ähnliche, früh blühende und großblütige Pflanzen, ihre Zugehörigkeit ist noch nicht klar. Typus: Griechenland, Aetolia, 2013.

**BESTÄUBER** *Andrena nigroolivacea*

*O. hellenica* (AL, Delvine, 13.4.2017, HP)

## Gelbe Ragwurz
— *Ophrys lutea*

je nach Lage: Ende Febr.–Mai (Juni)

*O. lutea* (li: E, Malaga, 16.4.2014, HP; re: E, S. Segura, 25.5.2013, HP)

**STECKBRIEF** 10–20 (35) cm hoch; Blütenstand 1–6-blütig; Sepalen gelbgrün bis hell olivgrün, 10–13 mm lang; Petalen gelb bis grün, 6–8 mm lang, 2–3 mm breit, kahl, am Rand ± gewellt; Lippe 12–18 mm lang (in der Population oft einheitlich), 13–18 mm breit, an der Basis mit Knick nach unten, in der Mitte dunkelbraun bis rotbraun, zum ausgebreiteten bis leicht hochgeschlagenen Rand hin mit 4–5 mm breitem, gelbem Saum; Seiten-

*O. lutea* (E, S. Segura, 25.5.2013, HP)

lappen flach bis hochgebogen; Lippenmal schildförmig, silbrig blau; Narbenhöhle breit. Blütezeit in tiefen Lagen früh, Ende Februar bis Mai (bis Juni im höheren Bergland).
**VERWECHSLUNG** *O. phryganae* hat kleinere Blüten mit 8–13 mm langen Lippen. Auch *O. alpujata* in Südspanien hat deutlich kleinere Blüten. *O. hellenica* im Osten ist dunkler gelb, die Verhältnisse auf Sizilien und in Süditalien sind noch nicht abschließend geklärt.
**VORKOMMEN** Steinrasen, Garrigue, lichte Wälder, Wiesen, ehemaliges Kulturland, Gebüsch. Bis etwa 1400 m (in Algerien bis 1800 m).
**VERBREITUNG** Westmediterrane Art von Marokko und Portugal bis Apulien. **Typus:** Spanien, Valencia, 1793.
**BESTÄUBER** *Andrena cinerea*, *Andrena senecionis*

## Sierra Alpujata-Ragwurz
— *Ophrys alpujata*

Mitte März–
Mitte April

**STECKBRIEF** 5–13 cm hoch, sehr zierlich; Blütenstand 1–4-blütig; Sepalen hellgrün, 7,5–11,5 mm lang; Petalen hellgrün, 5,5–7,5 mm lang, 1,3–2,3 mm breit; Lippe 10–12,5 mm lang, 11–13 mm breit, flach ausgebreitet mit meist abgespreizten, gelben Lippenseitenlappen mit deutlichem Spalt zwischen Seiten- und Mittellappen; Lippenmitte dunkelbraun; Lippenmal aus zwei länglichen, silbrig blauen Flecken.

*O. alpujata* (E, Monda, Typus, 22.3.2019, AR)

**VERWECHSLUNG** Mit 10–30 cm Wuchshöhe ist *O. lutea* höherwüchsig, hat größere, 12–18 mm lange Lippen, bei denen sich zwischen den Seitenlappen und dem Mittellappen kein deutlicher Spalt befindet, und hat eine spätere Blütezeit.

**VORKOMMEN** Halbschattiges, moosreiches Ödland in der Nähe von Kiefern; kalkstet, gern auf frischen Böden. Bisher bekannt von 340–440 m.
**VERBREITUNG** Südspanien zwischen Monda und Alhaurin de la Torre am Fuße der Sierra Alpujata in der Provinz Malaga. **Typus:** Spanien, Andalusien, bei Monda, 2019.

*O. alpujata* (E, Monda, L.c., 27.3.2019, AR)

## Quarteira-Ragwurz
— *Ophrys quarteirae*

Anf. April–Mitte Mai

**STECKBRIEF** 15–25 (40) cm hoch; Blütenstand mit 3–8 mittelkleinen, schräg abstehenden Blüten; Sepalen 8–10 mm lang, 4–5 mm breit, hellgrün, die seitlichen nach vorne gebogen; Petalen länglich-spatelig, 5–7 mm lang, 1,5–2,5 mm breit, gelblich grün, an den Rändern meist gelblicher; Lippe ohne oder mit leichtem Basalknick, 10–12 mm lang, 9–12 mm breit, relativ flach ausgebreitet, leicht konvex, Lippenmitte („Nagel") braun, Lippenrand gelb, vorne oft leicht aufgebogen; Lippenmal häufig farblich zweiteilig, glänzend, bläulich bis grauviolett, oft bis zur Basis des mittleren Lippenzipfels reichend.

*O. quarteirae* (P, Alte, 20.4.2014, HP)

**VERWECHSLUNG** *O. lutea* hat 10–13 mm lange Sepalen, größere, 12–18 mm lange, 13–18 mm breite Lippen mit deutlichem Basalknick und einen etwas prominenteren, gelben Rand. Sie blüht bis zu 3 Wochen früher.

**VORKOMMEN** Garrigue, extensives Kulturland. Bis etwa 1000 m.

**VERBREITUNG** Südportugal und Südspanien. **Typus:** Portugal, Algarve, Paderne, 2013.

*O. quarteirae* (P, Alte, 20.4.2014, HP)

## Fliegen-Ragwurz
— *Ophrys insectifera*

April–Mitte Juli

*O. insectifera* (li: D, Gungolding, 16.5.2015, HP; re: D, Gützkow, 5.6.2016, HP)

**STECKBRIEF** 15–30 (60) cm hoch; Blütenstand lang gestreckt, locker mit 2–15 Blüten; Sepalen hellgrün, 6–9 mm lang, 3–4 mm breit, die seitlichen abstehend, das mittlere leicht vorgeneigt; Petalen purpurbraun, schmal-linealisch, 6–10 mm lang, ca. 1 mm breit, behaart; Lippe rotbraun bis schwarzbraun, 9–12 mm lang, 6–10 mm breit (ausgebreitet); an der Basis mit 2 schwarzen Schwielen, tief dreilappig,

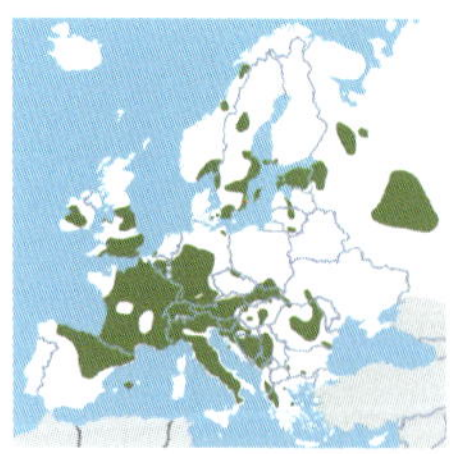

der Mittellappen tief eingebuchtet, untere Randbereiche manchmal orange oder gelb; Mal im Lippenzentrum flächig blau bis hellgrau, glänzend; Anhängsel fehlt.
**VERWECHSLUNG** *O. aymoninii* hat u. a. meist gelbgrüne Petalen, eine fast immer gelb gerandete, breitere, flach ausgebreitete Lippe und ist in ihrer Verbreitung auf den südlichen Causses in Frankreich beschränkt.
**VORKOMMEN** Magerrasen, Halbtrockenrasen, lichte Nadel-, seltener Laubwälder, Latschengebüsch, verfestigter Bachschutt, alte Steinbrüche, Brennen, Niedermoore (v. a. im Norden); kalkliebend. Bis etwa 2200 m.
**VERBREITUNG** Europäische Art von Spanien und Griechenland bis Irland, Norwegen und Westrussland. Typus: Schweden, Öland, bei Björnhovda, 1753.
**BESTÄUBER** *Argogorytes fargei, Argogorytes mystaceus*

*O. insectifera* (li: D, Gungolding, 16.5.2015, HP; re: EST, Saarema, 14.6.2011, HP)

## Aymonins Ragwurz
*— Ophrys aymoninii*

Anf. Mai–
Ende Juni

**STECKBRIEF** 15–25 (40) cm hoch; Blütenstand lang gestreckt, locker, mit 2–12 Blüten; Sepalen hellgrün, die seitlichen abstehend, das mittlere leicht vorgeneigt; Petalen gelbgrün bis bräunlich, schmal-linealisch, behaart; Lippe 9–12 mm lang, 8–12 mm breit (ausgebreitet), rotbraun, mit breitem, gelbem Saum, tief dreilappig; Mittellappen tief eingebuchtet, Lippenmal im Zentrum blaugrau.
**VERWECHSLUNG** *O. insectifera* hat braune Petalen und nur sehr selten einen gelben Lippensaum. Die Lippe ist meist schmäler.

*O. aymoninii* (F, Couvertoirade, 27.5.2016, HP)

**VORKOMMEN** Magerrasen, Waldränder, Steinrasen, Böschungen; kalkliebend. Von etwa 500–1000 m.

**VERBREITUNG** Endemit der großen Causses des Zentralmassivs: Larzac, Noir, Méjean, Bégon, Sauveterre und Séverac. Typus: Frankreich, Aveyron, 1981.
**BESTÄUBER** *Andrena combinata*
**NAME** Zu Ehren des französischen Botanikers Gérard-Guy Aymonin (1934–2014) benannt.

*O. aymoninii* (F, Couvertoirade, 27.5.2016, HP)

## Fliegenähnliche Ragwurz
— *Ophrys subinsectifera*

Anf. Mai–Juni

**STECKBRIEF** 10–30 (40) cm hoch; Blütenstand mit 2–15 sehr kleinen Blüten; Sepalen hellgrün bis gelbgrün, 6–7 mm lang, 3–4 mm breit; Petalen purpurbraun, Spitze meist gelbgrün, schmal-linealisch, behaart, 2–4 mm lang; Lippe von der Form her variabel, dunkelbraun, meist auffallend gelb, grüngelb oder rötlich gerandet, 6–10 mm lang, 5–8,5 mm breit (ausgebreitet); Seitenlappen klein, wenig deutlich ausgebildet, der Mittellappen tief eingebuchtet; Mal im Lippenzentrum flächig blau bis grau.

*O. subinsectifera* (li: E, Pamplona, 25.5.2016 HP, re: E, Solsona, 21.5.2013, HP)

**VERWECHSLUNG**
*O. insectifera* hat größere, 9–12 mm lange Lippen, deutlich ausgebildete Lippenseitenlappen und meist keinen gelben Lippenrand. Lokal scheinen in Katalonien aber Übergänge (Hybridpopulationen?) vorhanden zu sein.

**VORKOMMEN** Wiesen, Garrigue, Gebüsch. Von etwa 400–1100 m.

**VERBREITUNG** Nordostspanien, eine Pflanze auf französischem Boden nahe der Grenze bekannt. **Typus:** Spanien, Navarra, Artazu, 1995.

## Spiegel-Ragwurz
— *Ophrys speculum* subsp. *speculum* (Syn.: *O. ciliata*)

eher früh:
März–April

*O. speculum* subsp. *speculum* (li: I, Sizilien, Noto, 9.4.2012, HP; re: E, Granada, 14.4.2014, HP)

*O. specuculum* subsp. *orientalis* (li: GR, Grammousa, 1.4.2018, HP; re: GR, Rhodos, 7.3.2011, HP)

**STECKBRIEF** (5) 10–15 (25) cm hoch; Blütenstand 1–8-blütig; Sepalen schmaloval länglich, 7–10 mm lang, 3–5 mm breit, mit zurückgeschlagenen Rändern, innen in der unteren Hälfte mit bräunlichen bis roten Streifen; Petalen zurückgekrümmt, dunkelbraun bis violett, 4–6 mm lang; Lippe am Rand zottig braun behaart, 12–16 mm lang; Seitenlappen schräg nach oben, innen kahl glänzend, oval, 0,8–1,8-mal so lang wie breit; Mittellappen breit, 0,6–1,1-mal so lang wie breit, im unbehaarten Bereich kaum gewölbt; Lippenmal großflächig, blau glänzend, im Randbereich gelblich braun gesäumt; Basalfeld länglich-schmal, seitlich jeweils mit 2 beinahe gleich langen Leisten eingegrenzt.

**VERWECHSLUNG** *O. lusitanica* und *O. regis-ferdinandii* haben schmälere Lippenmittellappen, die ebenfalls schmäleren Seitenlappen stehen weniger hoch.

**VORKOMMEN** Brachland, Straßen- und Wegränder, lichte Wälder, Olivenhaine, Macchie, Garrigue, Wiesen, extensives Kulturland; kalkliebend. Bis etwa 1200 m.

**VERBREITUNG** Von Portugal und Marokko bis Malta. Typus: Portugal, Sétubal, 1800.
**BESTÄUBER** *Dasyscolia ciliata* subsp. *ciliata*
**UNTERART** Östliche Spiegel-Ragwurz *Ophrys speculum* subsp. *orientalis* (Syn.: *O. eos*): Unterscheidet sich von der Nominatunterart geringfügig durch dunklere Blüten, ein dunkelblaues Lippenmal, dem der gelbe Rand zum behaarten Lippenteil gewöhnlich fehlt oder der zumindest schmal ist. Der Haarkranz auf der Lippe ist dunkel rotbraun gefärbt und die Innenseiten der Lippenseitenlappen sind schwärzlich. Östlich verbreitet von Südalbanien und Korfu bis in die europäische Türkei, bis Kreta und Südanatolien. Typus: Griechenland, Thessalien, bei Elassona, 2007. Bestäuber: *Dasyscolia ciliata* subsp. *araratensis*

## Portugiesische Spiegelragwurz
### — *Ophrys lusitanica* (Syn.: *Ophrys vernixia*)

März–Mai

**STECKBRIEF** 15–30 (40) cm hoch; Blütenstand 5–15-blütig; Sepalen schmal-längsoval, 7–10 mm lang, 3–5 mm breit, innen in der unteren Hälfte mit purpurnen Streifen, mittleres Sepal über die Säule geneigt; Petalen zurückgekrümmt, grün bis orange, 4–6 mm lang; Lippe am Rand zottig gelblich bis orangebraun behaart, 12–16 mm lang; Seitenlappen flach, meist schmal, etwa auf Höhe des Mals 1,5–3,5-mal so lang wie breit; Mittellappen sehr schmal bis tropfenförmig, 0,9–2,2-mal so lang wie breit; Lippenmal großflächig, blau glänzend, im Randbereich gelblich gesäumt; Pflanzen mit breiteren Lippen werden oft als Hybriden missdeutet.
**VERWECHSLUNG** *O. speculum* ist niedriger und wenigerblütig, hat dunklere Petalen, eine meist dunklere, braune Lippenbehaarung, breitere Lippen, die Seitenlappen sind kürzer und stehen hoch. Sie blüht 2–3 Wochen früher.
**VORKOMMEN** Magerwiesen, Garrigue. Bis ca. 500 m.
**VERBREITUNG** Endemit der Iberischen Halbinsel vom westlichen Portugal bis ins südliche Spanien. Typus: Portugal, Coimbra, 1804.
**BESTÄUBER** *Argogorytes mystaceus*?

*O. lusitanica* (li: P, Setúbal, 24.4.2014, HP; re: P, Sao Bras d.A., 20.4.2014, HP)

## König Ferdinands Ragwurz
### — *Ophrys regis-ferdinandii*

März–April

*O. regis-ferdinandii* (GR, Chios, 22.4.2009, HP)

**STECKBRIEF** (5) 10–25 (35) cm hoch; Blütenstand mit 2–11 relativ kleinen, schräg bis fast waagrecht vom Stängel abstehenden Blüten; Sepalen schmal-längsoval, 7–10 mm lang, 3–4 mm breit, grün, innen in der unteren Hälfte mit bräunlichen bis roten Streifen oder fast gänzlich braunpurpurn; Petalen zurückgekrümmt, braunrot bis

*O. regis-ferdinandii* (GR, Rhodos, 7.3.2011, HP)

violett, 4–6 mm lang; Lippenmittellappen leuchtend blau bis dunkelviolett, mit stark nach unten umgerollten Seitenrändern, daher sehr schmal wirkend, langhaarig orangebraun bis dunkelbraun gerandet; Seitenlappen schmal, 2,5–5-mal so lang wie breit, meist grünlich gelb, lang behaart, zur Seite abstehend, kaum höher als der Mittellappen; Narbenhöhle schwarz glänzend, mit 2 ausgeprägten Pseudoaugen.
**VERWECHSLUNG** *O. speculum* subsp. *orientalis* hat weniger intensiv purpurn gefärbte Sepalen, einen breiteren, ovalen Lippenmittellappen und breitere Lippenseitenlappen, die 0,8–1,8-mal so lang wie breit sind und deutlich nach oben stehen.
**VORKOMMEN** Phrygana, Ödland, Weiden, extensives Kulturland, lückige Trockenrasen. Bis etwa 400 m.
**VERBREITUNG** Rhodos, Symi, Tilos, Samos, Chios und weitere Inseln sowie das angrenzende anatolische Festland. Typus: Griechenland, Rhodos, 1943.
**BESTÄUBER** *Argogorytes fargei*
**NAME** Benannt zu Ehren von König Ferdinand I. von Bulgarien (1861–1948), einem begeisterten Botaniker und Ornithologen und Förderer der Naturwissenschaften.

## Bienen-Ragwurz
— *Ophrys apifera* (inkl. var. *cambrensis*)

Anf. Mai–
Anf. Juli

**STECKBRIEF** (10) 20–30 (40) cm hoch; Laubblätter relativ lang; Blütenstand locker mit 3–10 Blüten; Sepalen weiß, rosa oder purpurn, abstehend bis zurückgeschlagen; Petalen klein, dreieckig bis länglich, 2,5–7 mm lang, geöhrt, behaart, rosa bis grün; Lippe tief dreilappig, Mittellappen stark gewölbt, dunkelbraun mit orangebraunem Basalfeld und weiß gerandetem Mal, Lippenseitenlappen herabgeschlagen, am Ansatz gehöckert, behaart; Anhängsel unter die Lippe zurückgeschlagen. Einziger Selbstbestäuber der Gattung.

*O. apifera* (li: RO, Eşelniţa, 3.6.2017, NDA; re: F, Corconne, 23.5.2018, HP)

**VORKOMMEN** Halbtrockenrasen, Magerrasen, wechselfeuchte, selten feuchte Bereiche, ungedüngte Fettwiesen, Brennen, Macchien, lichtes Gebüsch, Ödland, lichte Kiefern- und Laubwälder, Straßengräben; kalkliebend. Bis 1570 m (in Marokko bis 1800 m).
**VERBREITUNG** Westeuropäisch-mediterran-südwestasiatische Art von Nordafrika, Portugal und Irland bis Georgien und in den Iran. Typus: Vermutlich Belgien, bei Löwen, 1762.
**VARIABILITÄT** Auf Sizilien kommen oft grünliche Sepalen vor. Durch Autogamie ausgesprochen vielgestaltige Art, von der eine Reihe an Varietäten beschrieben wurde, Übergänge und Kombinationen sind nicht selten; manchmal auch in eigenen, reinen Populationen:
var. *flavescens* (Syn.: var. *chlorantha*) mit gelbgrünen Lippen, teils mehr gelb, teils mehr grün. Im gesamten Verbreitungsgebiet der Art.
var. *bicolor* mit einer farblich zweigeteilten Lippe ohne Schleifenmuster. Im gesamten Areal der Art.

*O. apifera* (I, Sardinien, Dorgali, 13.4.2001, HP)

Li: *O. apifera* var. *purpurea* (I, Osoppo, 29.5.2005, HP); re: var. *curviflora* (D, Ottmaring, 17.6.2015, HP)

Li: *O. apifera* var. *flavescens* (D, Kinding, 15.6.2015, HP); re: var. *bicolor* (D, Wassertrüdingen, 16.6.2013, HP)

*O. apifera* var. *badensis* (NL, Zaandijk, 10.6.2016, BT)

Li: *O. apifera* var. *fulvofusca* (F, Mauguio, 25.5.2018, HP); re: var. *belgarum* (NL, Zaandjik, 2.6.2020, HP)

*O. apifera* var. *aurita* (li: D, Altmannstein, 1.7.2013, HP; re: RO, Buzău, 5.6.2017, NDA)

var. *fulvofusca* (Syn.: var. *almaracensis*) mit einheitlich dunkelroter bis rotbrauner, teils etwas kleinerer Lippe mit grünem, nach unten gerichtetem Anhängsel. Von Südengland bis Griechenland, mit Verbreitungsschwerpunkt in Frankreich.
var. *belgarum* mit einer um etwa ein Drittel kleineren Lippe als die Nominatvarietät. Lippe an der Basis breiter, sich nach vorne gleichmäßig verschmälernd; ohne deutliche Seitenlappen und Basalfeld. Von Südengland bis in die Schweiz mit Verbreitungsschwerpunkt in Südengland.
var. *atrofusca* mit einheitlich dunkelbraunen Lippen, die um etwa ein Viertel kleiner sind als bei der Nominatvarietät. Bisher aus England und Belgien bekannt.
var. *aurita* mit schmalen, langen Petalen, die etwa halb bis zwei Drittel so lang wie die Sepalen sind. Im gesamten Areal der Art.
var. *purpurea* (Syn.: var. *tilaventina*) mit flacher, dreieckiger bis lang ovaler, ± rosa Lippe, in Nordostitalien vom Gardasee-Gebiet bis ins Gebiet um Udine, ehemals auch im Tessin und am Oberrhein.
var. *curviflora* mit langen Petalen und einer gewellten Lippe, deren seitliche Ränder aufgebogen sind. Unter anderem aus Deutschland, Belgien, den Niederlanden und Frankreich bekannt. Wenig stabil, in verschiedenen Jahren manchmal unterschiedliche Ausprägung, oft auch nur an einzelnen Blüten.
var. *badensis* hat sepaloide Petalen, die zwei Drittel bis fast so lang wie die Sepalen sind. Mit disjunktem Areal von Irland bis Kroatien und Verbreitungsschwerpunkt am deutschen Oberrhein.

Li: *O. apifera* var. *friburgensis* (D, Ottmaring, 16.6.2016, HP); re: var. *basiliensis* (CH, Basel, 4.6.2017, BT)

var. *friburgensis* (Syn.: var. *botteronii*, var. *jurana*, var. *saraepontana*) mit großen, bunten Petalen, einer flachen bis arttypisch gewölbten Lippe und ungehöckerten Lippenseitenlappen. Zeichnung meist aufgelöst. Vor allem in Mittel- und Westeuropa mit Verbreitungsschwerpunkt im deutschen Oberrheingebiet.
var. *basiliensis* hat eine flache, gelbe Lippe und ein weißes Perigon, die Petalen sind fast so groß wie die Sepalen. Selten in der Schweiz bei Basel.
var. *brevilabellata* mit kleiner, keilförmiger Lippe. Bisher nur aus den Cevennen bekannt.
var. *trollii* mit teils flacher, teils eingerollter Lippe, deren Mittellappen schmal und zugespitzt ist. Mit zersplittertem Areal von Südengland bis Anatolien und Verbreitungsschwerpunkten in Südengland und Frankreich.
var. *patinata* mit schüsselförmiger Lippe und pelorischen Tepalen. Bisher nur aus Istrien bekannt.

*O. apifera* var. *trollii* (li: D, Uffenheim, 16.6.2013, HP; re: GB, Gloucester, 16.6.2017, HP)

Li: *O. apifera* var. *brevilabellata* (F, St. Affrique, L.c., 29.5.2007, UG) re: var. *patinata* (HR, Gologorica, L.c., 22.5.2005, UG)

## Drohnen-Ragwurz
*— Ophrys bombyliflora*

Febr.–April

*O. bombyliflora* (I, Ancona, 16.4.2011, HP)

**STECKBRIEF**

Klein, 5–15 (20) cm hoch, gedrungen, aufgrund ihrer vegetativen Vermehrung gern in Gruppen zusammenstehend; Blütenstand 1–6-blütig mit sehr kleinen, dunkelbraun grünen, wenig variablen Blüten; Sepalen grün, selten weißlich, die seitlichen breit-eiförmig und stumpf, 9–12 mm lang, 6–8 mm breit; Petalen fleischig, dreieckig, 3–4 mm lang, an der Basis bräunlich überlaufen, sonst gelblich grün und leicht behaart; Lippe dunkelbraun, 8–10 mm lang, 11–13 mm breit, der Mittellappen wirkt durch die herabgebogenen Ränder fast halbkugelig bis länglich-eiförmig, am apikalen Ende leicht behaart; Seitenlappen ebenfalls herabgebogen, am

*O. bombyliflora* (li: HR, Pula, 17.5.2010, HP; re: I, Ancona, 16.4.2011, HP)

gehöckerten Ansatz behaart, nach unten in einen kahlen, meist gelblichen Zipfel auslaufend; Lippenmal H-förmig bis flächig, blass bräunlich bis leicht violett, kaum kontrastierend und wenig auffallend.

**VERWECHSLUNG** *O. parviflora* hat um ein Drittel kleinere Blütenlippen, ein stärker kontrastierendes Lippenmal und ist von Malta beschrieben, kann aber auch auf Sizilien und Sardinien gefunden werden.

**VORKOMMEN** Lichte Wälder, Garrigue, Magerwiesen, Ödland, Gebüsch. Bis etwa 900 m.

**VERBREITUNG** Von den Kanaren und Nordafrika bis Istrien und Westanatolien. **Typus:** Portugal, Algarve, 1800.

**BESTÄUBER** *Eucera algira, Eucera bidentata, Eucera gracilipes, Eucera nigrescens, Eucera oraniensis, Eucera parnassia, Eucera penicillata*. Vermutlich verbergen sich unter dem Namen mehrere kryptische Arten, die bisher nur mithilfe von Bestäubern und Blütezeit zu trennen wären.

## Kleine Drohnenragwurz

— *Ophrys parviflora* nom. prov.
(beschrieben als: *O. bombyliflora* var. *parviflora*)

Ende Febr.–
Mitte April

*O. parviflora* (I, Sadinien, Perdasdefogu, 12.4.2001, HP)

*O. parviflora* Sardinien (I) und *O. bombyliflora* (F, Korsika, 18.4.03, HP) im Vergleich

**STECKBRIEF**

Kleine, 5–10 (15) cm hohe, gedrungene Pflanze; Blütenstand 1–6-blütig mit sehr kleinen, schwarzbraunen Blüten; Sepalen grün, die seitlichen breit-eiförmig und stumpf, 7–11 mm lang, 5–7 mm breit, das mittlere etwas schmäler und kürzer; Petalen fleischig, dreieckig, 3–4 mm lang, an der Basis leicht bräunlich überlaufen, sonst gelblich grün und leicht behaart; Lippe schwarzbraun, dreilappig, 5–7 mm lang und 6–9 mm breit, der Mittellappen wirkt durch die herabgebogenen Ränder fast halbkugelig bis länglich-eiförmig; Seitenlappen ebenfalls herabgebogenen, am gehöckerten Ansatz behaart, nach unten in einen kahlen, meist gelblichen Zipfel auslaufend; Lippenmal H-förmig bis flächig, silbrig violettblau, zur Lippengrundfarbe kontrastierend.

**VERWECHSLUNG** *O. bombyliflora* hat um etwa ein Drittel größere Blütenlippen, eine hellere Lippengrundfarbe und ein weniger kontrastierendes Lippenmal. Ein abweichender Bestäuber ist also wahrscheinlich, Untersuchungen wären wünschenswert.

**VORKOMMEN** Steinrasen, Garrigue.

**VERBREITUNG** Malta, Sizilien, Sardinien. **Typus:** Malta (2009).

## Wespen-Ragwurz
— *Ophrys tenthredinifera* subsp. *tenthredinifera* (Syn.: *O. aprilia*)

Ende Jan.– Mitte April

**STECKBRIEF** 10–25 (40) cm hoch; Blütenstand aus 3–10 großen Blüten; Sepalen hell- bis dunkelrosa, selten weiß oder grünlich, 11–13 mm lang, 6–9 mm breit; Petalen ähnlich wie die Sepalen gefärbt, 3–5 mm lang, 2–4 mm breit; Lippe trapezförmig bis quadratisch, vorne meist breiter als an der Basis mit deutlicher Einschnürung unterhalb der Schultern, 12–18 mm lang, 12–19 mm breit, kaum gehöckert, vorne ausgerandet, Ränder zurückgeschlagen und dadurch schmal wirkend, in der Mitte rotbraun, am Rand ± gelb; Lippenbehaarung braun, anliegend; Lippenmal klein, violettblau, weiß umrandet, das Basalfeld meist schildförmig einfassend; Anhängsel gelb, dreieckig, nach oben geklappt, sodass es der Lippe fast anliegt; Bürste relativ schwach entwickelt; Basalfeld rötlich bis rotbraun, Basalschwielen (Pseudoaugen) flach und breit; Narbenkopf sehr breit im Verhältnis zur Schulterbreite. Alle Arten in der Verwandtschaft haben neben einem Haarbüschel über dem Anhängsel (Bürste) flach dreieckige Petalen und ein auffallend stumpfes Konnektiv, was sich auch bei den Hybriden durchsetzt.

*O. tenthredinifera* subsp. *tenthredinifera* (li: F, Korsika, Bonifacio, 9.4.2006, UG; re: E, Menorca, 3.4.2018, AR)

*O. tenthredinifera* subsp. *tenthredinifera* (E, Valencia, 13.4.2014, HP)

*O. tenthredinifera* subsp. *villosa* (GR, Kalogria, 26.3.2018, HP)

**VERWECHSLUNG** *O. ficalhoana* hat kleinere Basalschwielen und eine spätere Blütezeit von Anfang April bis Mitte Juni.

**VORKOMMEN** Steinrasen, lichte Wälder, Wiesen, Garrigue, Gebüsch. Bis etwa 1100 m (in Nordafrika bis 1800 m).

**VERBREITUNG** Westmediterrane Unterart von Marokko und Portugal bis Roussillon in Südfrankreich, Sardinien und Nordtunesien. **Typus:** Algerien, 1805. Eine Abtrennung der Pflanzen von Korsika und Sardinien *(„O. aprilia")* aufgrund der im Schnitt etwas dunkleren Farbe scheint ohne Bestäubernachweise nicht gerechtfertigt.

**BESTÄUBER** *Eucera nigrilabris* subsp. *nigrilabris*

**UNTERART** Zottige Ragwurz *Ophrys tenthredinifera* subsp. *villosa* (Syn.: *O. tenthredinifera* subsp. *sanctae-marcellae*): Unterscheidet sich geringfügig durch eine klarere Trennung des braunen Lippenteils vom gelben Lippenteil und durch eine graue, gedrehte, aufrecht stehende Lippenbehaarung. In erster Linie handelt es sich aber um eine geografische Unterart, verbreitet von Albanien und den Ionischen Inseln bis Südgriechenland, zu den Ägäischen Inseln und das angrenzende anatolische Festland. Bis etwa 1200 m. **Typus:** Griechenland, Chios, 1807. **Bestäuber:** *Eucera nigrilabris* subsp. *fulvitarsis* **Verwechslung:** *O. leochroma* hat dunklere, farbintensivere Blüten mit einer violettbraunen Lippengrundfarbe, einem meist dunklen Basalfeld und eine spätere Blütezeit von Mitte März bis Mai.

## Ficalhoa-Ragwurz
*— Ophrys ficalhoana*

April–Juni

**STECKBRIEF** 10–25 (40) cm hoch; Blütenstand aus 3–10, für die Gruppe eher großen Blüten; Sepalen fast immer rosa, 11–13 mm lang, 6–9 mm breit; Petalen ähnlich wie die Sepalen gefärbt, flach-dreieckig, 3–5 mm lang, 2–4 mm breit; Lippe meist kontrastreich mit leuchtend gelbem Rand, quadratisch, kaum länger als breit, untailliert, 13–21 mm lang, 16–23 mm breit, Ränder an der Spitze nicht aufgebogen; Lippenmal klein, violettblau, weiß umrandet, das Basalfeld schildförmig einfassend; Anhängsel groß und breit, Bürste (Haarbüschel oberhalb des Anhängsels) stark mit langen und dicken Borsten, von der Seite gesehen das Anhängsel meist deutlich überragend; Basalfeld dunkel.

**VERWECHSLUNG** *O. tenthredinifera* hat eine schwach entwickelte Bürste und blüht früher, von Ende Januar bis Mitte April. Ihre Narbenhöhle ist heller und deutlich größer.

**VORKOMMEN** Ödland, Wiesen, Garrigue, lichte Wälder. Bis etwa 1900 m.

**VERBREITUNG** Von Portugal über Spanien bis ins atlantische Westfrankreich, selten in Südfrankreich. Typus: Portugal, Estremadura, 1887.

*O. ficalhoana* (P, S. d. Arrabida, 24.4.2014, HP)

*O. ficalhoana* (P, S. d. Arrabida, 24.4.2014, HP)

## Spektakuläre Ragwurz
*— Ophrys spectabilis*

eher spät:
Anf.–Ende April

*O. spectabilis* (E, Mallorca, Andratx, 4.4.2015, HZ)

**STECKBRIEF** 10–25 (40) cm hoch, kräftig; Blütenstand aus 3–10 sehr großen Blüten; Sepalen rosa, 12–19 mm lang, 9–13 mm breit; Petalen ähnlich wie die Sepalen oder intensiver gefärbt, flach-dreieckig, 4–9 mm lang, 4–7 mm breit; Lippe groß, tailliert, 20–24 mm lang, 16–19,5 mm breit, mit ausgeprägten Schultern, Rand gelb oder hellbraun; Lippenmal klein, violettblau, weiß

*O. spectabilis* (E, Mallorca, Typus, 8.4.2007, HP)

*O. spectabilis* (E, Mallorca, L.c., 8.4.2007, HP)

umrandet, das Basalfeld schildförmig einfassend; Anhängsel schmal bis mittelgroß; Bürste (Haarbüschel oberhalb des Anhängsels) schwach, von der Seite gesehen kürzer als das Anhängsel; Narbenkopf im Verhältnis zur Lippe auffallend schmal.

**VERWECHSLUNG** *O. tenthredinifera* ist zierlicher, hat kleinere Blüten mit 12–18 mm langen Lippen und blüht früher, auf den Balearen von Ende Januar bis Mitte April.
**VORKOMMEN** Buschige Magerwiesen, Ödland, Garrigue, lichte Kiefernwälder, extensives Kulturland, kaum vollsonnig. Bis etwa 300 m.
**VERBREITUNG** Bisher in Europa nur aus Mallorca bekannt und hier ausgesprochen selten. Häufiger möglicherweise in Nordafrika. **Typus**: Spanien, Mallorca, Serra de Tramuntana, 2007.
**BESTÄUBER** *Eucera berlandi* (?)

## Großblütige Ragwurz
*— Ophrys grandiflora*

Ende Febr.–
Ende April

**STECKBRIEF** 10–25 (40) cm hoch; Blütenstand aus 3–10 großen Blüten; Sepalen rosa, selten weißlich oder blassgrün, 11–13 mm lang, 6–9 mm breit; Petalen ähnlich wie die Sepalen gefärbt, flach-dreieckig, 3–5 mm lang, 2–4 mm breit; Lippe ± trapezförmig, mit breitem, gelbem Rand, 13–20 mm lang, Lippenrand nicht oder nur leicht aufgebogen; Lippenmal klein, violettblau, weiß umrandet, das Basalfeld schildförmig einfassend; Basalfeld olivgrün bis orangebraun; Anhängsel gelb, schmal, nach oben gerichtet; Bürste stark entwickelt, von der Seite gesehen das Anhängsel meist deutlich überragend.

*O. grandiflora* (I, Sizilien, Buccheri, 11.4.2012, HP)

**VERWECHSLUNG** Im Gebiet keine. *O. neglecta* am Festland hat kleinere Blüten mit kleinerer, dunkler Narbenhöhle und blüht später.
**VORKOMMEN** Wiesen, Garrigue, Ödland, lichte Wälder, extensives Kulturland. Bis etwa 1500 m.
**VERBREITUNG** Sizilien, Kalabrien, Algerien und Tunesien. **Typus:** Sizilien, Nebroden, 1819.
**BESTÄUBER** *Eucera algira*

*O. grandiflora* (I, Sizilien, Buccheri, 11.4.2012, HP)

*O. grandiflora* (I, Sizilien, Vittoria, 27.2.2020, HP)

## Übersehene Ragwurz
*— Ophrys neglecta*

Ende März–Mai

**STECKBRIEF** 10–20 (35) cm hoch; Blütenstand aus 3–10 verhältnismäßig kleinen, variablen Blüten; Sepalen rosa bis weiß, sehr selten grün, 9–12 mm lang, 6–9 mm breit; Petalen ähnlich wie die Sepalen gefärbt, flach-dreieckig, 3–5 mm lang, 2–4 mm breit; Lippe mit sehr variabler Form und Größe, sehr klein oft im Bergland, relativ groß bei einigen Exemplaren in tiefen Lagen Süditaliens, 8–15 mm lang, mit oft breitem, gelbem Rand, Ränder nicht oder kaum aufgebogen; Lippenmal meist klein, violettblau, weiß umrandet, das Basalfeld schildförmig einfassend; Anhängsel meist klein, Bürste (Haarbüschel oberhalb des Anhängsels) stark, von der Seite gesehen das Anhängsel deutlich überragend; Basalfeld dunkelbraun. Blütezeit Ende März bis Mai, in größeren Höhen wie in der Basilikata auf über 1000 m noch im Juni blühend.

*O. neglecta* (li: I, Cilento, 27.5.2012, HP; re: I, Laurenzana, 30.5.2015, HP)

Li: *O. neglecta* (I, Gargano, 15.4.2019, HP); re: *O. neglecta* var. *expansa* (I, Otranto, 26.4.2011, UG)

**VERWECHSLUNG** *O. tenthredinifera* hat größere, 12–18 mm lange Lippen und eine frühere Blütezeit. *O. grandiflora* hat ebenfalls deutlich größere Blüten. *O. ficalhoana* ist ähnlich, aber großblütiger und blüht später.

**VORKOMMEN** Steinrasen, lichte Wälder, Wiesen, Garrigue, Gebüsch. Bis ca. 1200 m.

**VERBREITUNG** Von Sardinien und Korsika bis Istrien und Dalmatien. **Typus:** Italien, 1858.

**BESTÄUBER** Möglicherweise *Eucera clypeata*

**VARIABILITÄT** Etwas großblütigere Pflanzen mit mehr flächigem Mal wurden als **var.** *expansa* beschrieben. Sie treten zusammen mit normalen Exemplaren auf und erinnern etwas an *O. tardans*.

## Lykomedes' Ragwurz
— *Ophrys lycomedis*

Mitte März–
Mitte April

*O. lycomedis* (GR, Skyros, 13.3.2011, PD)

*O. lycomedis* (li: GR, Kythnos, 22.3.2014, PD; re: GR, Skyros, 13.3.2011, PD)

**STECKBRIEF** 10–20 cm hoch; Blütenstand aus 2–5 mittelgroßen Blüten; Sepalen rosa bis dunkelrosa, 8,5–12 mm lang, 7–10 mm breit; Petalen ähnlich wie die Sepalen gefärbt, flach-dreieckig, 4,5–6 mm lang, 2,5–4 mm breit; Lippe ziemlich dunkel, überwiegend schwarzbraun, am Rand breit hellbraun bis gelb gesäumt, quadratisch-rundlich, 10–14 mm lang, 10,5–14,5 mm breit, gehöckert; Lippenmal klein, violettblau, weiß umrandet, das Basalfeld schildförmig umschließend; Anhängsel gelb, rundlich, aufrecht; Bürste (Haarbüschel oberhalb des Anhängsels) stark entwickelt und markant zweifarbig; Basalfeld dunkelrot, klein.
**VERWECHSLUNG** Charakterisiert durch die kräftige, zweifarbige Bürste oberhalb des Anhängsels, die von der Seite gesehen das Anhängsel deutlich überragt.
**VORKOMMEN** Magerwiesen, Phrygana, Nadelwälder. Bis etwa 400 m.
**VERBREITUNG** Nördliche Sporaden, Insel Skyros. Typus: Griechenland, Skyros, 2013.
**BESTÄUBER** *Eucera caspica*

## Dictynnas Ragwurz
— *Ophrys dictynnae* subsp. *dictynnae* (inkl. *O. lychnitis*)

früh: Ende Jan.–
Ende März

*O. dictynnae* subsp. *dictynnae* (GR, Kreta, Spili, 8.3.2019, HP)

**STECKBRIEF** 7–15 (30) cm hoch; Blütenstand aus 2–6 mittelkleinen Blüten (im Verhältnis zu den anderen Arten der *tenthredinifera*-Gruppe); Sepalen weißlich bis hellrosa, 11–14,5 mm lang, 6–8 mm breit; Petalen ähnlich wie die Sepalen gefärbt, flach-dreieckig, 2,5–5 mm lang, 2–4 mm breit; Lippe trapezförmig bis quadratisch, 10–14,5 mm lang, 13–16 mm breit (ausgebreitet), Lippenmitte dunkelbraun, Rand gelb; Lippenmal klein, violettblau, weiß umrandet, das Basalfeld schildförmig einfassend; Basalfeld rötlich, klein; Anhängsel gelb, dreieckig, meist eingesenkt, nach oben gerichtet; Bürste meist schwach entwickelt.

*O. dictynnae* subsp. *dictynnae* (GR, Kreta, Pirgos, 6.3.2019, HP)

*O. dictynnae* subsp. *lychnitis* (GR, Kreta, Herakleia, 22.3.2012, BT)

**VERWECHSLUNG** *O. leochroma* hat dunklere, großteils violettbraun gefärbte Lippen und ein farbenkräftigeres Perigon. Das Basalfeld ist meist sehr dunkel. Sie blüht etwas später. *O. dimidiata* ist kaum von *O. dictynnae* zu unterscheiden. Sie hat geringfügig kleinere Blüten, das Perigon ist meist etwas dunkler, das Basalfeld etwas größer und ebenfalls dunkler.
**VORKOMMEN** Steinrasen, lichte Wälder, Wiesen, Phrygana, Gebüsch. Bis etwa 300 m.
**VERBREITUNG** Endemit Kretas. **Typus:** Griechenland, Kreta, Lassithi, 2005.
**BESTÄUBER** *Eucera albofasciata*
**UNTERART** Lychnitis-Ragwurz *Ophrys dictynnae* subsp. *lychnitis* nom. prov. (beschrieben als *O. lychnitis*): Unterscheidet sich von der Nominatunterart durch kleinere, 8–10,5 mm lange, 8,5–13,5 mm breite Lippen (ausgebreitet) und verwaschen rosa bis weißliche, 9,2–13 mm lange und 5,2–7,1 mm breite Sepalen. **Verbreitung:** Auf der Insel Paros, auch auf Naxos, Syros und Heraklea. **Typus:** Griechenland, Insel Paros, (2016). **Bestäuber:** *Eucera albofasciata*

## Dimidiata-Ragwurz
*— Ophrys dimidiata*

Anf. März–Mitte (Ende) April

*O. dimidiata* (GR, Kreta, Pilalimata, 7.3.2020, HP)

**STECKBRIEF** 5–17 (20) cm hoch; Blütenstand aus 2–6 verhältnismäßig kleinen Blüten; Sepalen dunkelrosa bis rosaweiß, meist grün gezeichnet, 8–10 mm lang, 5–6 mm breit; Petalen ähnlich wie die Sepalen gefärbt, flach-dreieckig, 3–6,5 mm lang, 1–3,5 mm breit; Lippe meist trapezförmig, schmal wirkend, wenn die Seitenränder nach hinten umgeschlagen sind, basal mit deutlich hervorgehobenen Schultern, dunkelbraun, mit undeutlich abgegrenztem, gelbem Rand, 8–12 mm lang, (5,5) 7–14,5 mm breit; Lippenmal schildförmig, violettblau, weiß umrandet; Anhängsel dreieckig bis quadratisch, kaum oder nicht eingesenkt, oft nach oben gegen die Lippe gepresst; Bürste (Haarbüschel oberhalb des Anhängsels) kurz, gelb; Basalfeld rotbraun, in Form einer Halbellipse; Narbenhöhle vom Basalfeld abgegrenzt

*O. dimidiata* (GR, Kreta, Pilalimata, 7.3.2020, HP)

durch einen schmalen Querwulst mit 2 überhängenden Vorsprüngen.
**VERWECHSLUNG** *O. dictynnae* ist äußerst ähnlich, sie hat im Schnitt unwesentlich größere Blüten mit etwas hellerem Perigon, einen geringfügig breiteren, gelben Lippenrand, ein etwas helleres Basalfeld, ein meist eingesenktes Anhängsel und eine etwas frühere Blütezeit von Ende Januar bis Ende März. *O. leochroma* blüht später und fällt durch ein meist dunkles Basalfeld auf.
**VORKOMMEN** Phrygana, Steinrasen.
**VERBREITUNG** Endemit von Kreta. **Typus:** Griechenland, Kreta, Giouchtas, 2020.
**BESTÄUBER** *Eucera dimidiata*

## Korés Ragwurz
— *Ophrys korae*

früh: Ende Febr.– Anf. April

**STECKBRIEF** 10–15 (20) cm hoch; Blütenstand aus 1–4 verhältnismäßig kleinen Blüten; Sepalen hellrosa bis grünlich weiß, selten kräftig rosa, 9–14,5 mm lang, 5,5–8 mm breit; Petalen ähnlich wie die Sepalen gefärbt, Spitzen öfter grünlich, dreieckig, 3–6,8 mm lang, 2–4,2 mm breit; Lippe trapezförmig, 7,3–13,2 mm lang, 7–13 mm breit; Lippengrundfarbe dunkelbraun, mit breitem, gelbem Rand; Lippenmal klein, violettblau, weiß umrandet, das Basalfeld schildförmig einfassend, Basalfeld orange; Anhängsel länglich-schmal, nach oben gerichtet; Bürste schwach entwickelt, weiß.
**VERWECHSLUNG** *O. tenthredinifera* ist meist höherwüchsig, hat etwas intensiver gefärbte Blüten und größere, 11–16 mm lange, 12–19 mm breite Lippen. Sie blüht etwas später auf. *O. leochroma* blüht später und hat ein dunkles Basalfeld. Eine sichere Unterscheidung zwischen den Sippen mit hellem Basalfeld ist oft nur durch Bestäuber oder die Verbreitung möglich, besonders bei Einzelpflanzen.

**VORKOMMEN** Ödland, Magerwiesen, Phrygana, lichte Wälder. Bis etwa 200 m.
**VERBREITUNG** Rhodos, Samos, Ikaria und vermutlich Lesbos. **Typus:** Griechenland, Rhodos, bei Koskinou, 2012.

*O. korae* (GR, Rhodos, L.c., 25.3.2013, HP)

*O. korae* (GR, Rhodos, L.c., 25.3.2013, HP)

## Löwen-Ragwurz
*— Ophrys leochroma*

Anf. März–Mai

**STECKBRIEF** 10–25 (35) cm hoch; Blütenstand aus 2–8 dunklen Blüten; Sepalen rosa bis purpurrosa, 11–14,4 mm lang, 6–7,7 mm breit; Petalen ähnlich wie die Sepalen oder intensiver gefärbt, nach vorne gerichtet, flach-dreieckig, 4–6 mm lang, 2,4–4 mm breit; Lippe ziemlich dunkel, meist wenig eingerollt, Grundfarbe violettbraun, gelber Lippenrand relativ schmal oder fehlend, 10,3–14,6 mm lang, 13–16,2 mm breit, rundlich bis trapezförmig, mit breiten Schultern; Lippenmal klein, violettblau, weiß umrandet, das Basalfeld schildförmig einfassend; Basalfeld dunkelpurpurn bis dunkel ziegelrot; Narbengrund und Basalschwielen meist schwärzlich; Bürste (Haarbüschel oberhalb des Anhängsels) fehlend bis schwach entwickelt.

**VERWECHSLUNG** *O. tenthredinifera* und ähnliche Arten haben hellere Blüten, meist weniger flach ausgebreitete Lippen, ein helleres und größeres Basalfeld und blühen früher, ab Ende Januar.
**VORKOMMEN** Ödland, Phrygana, Steinrasen, Zypressenwälder. Bis etwa 1000 m.
**VERBREITUNG** Griechische Inseln, sehr selten auch am griechischen Festland. **Typus:** Griechenland, Kreta, 2005.
**BESTÄUBER** *Eucera kullenbergi*

*O. leochroma* (GR, Rhodos, 8.3.2011, HP)

*O. leochroma* (GR, Rhodos, 8.3.2011, HP)

## Odysseus' Ragwurz
*— Ophrys ulyssea* (Syn.: *O. amphidami*)

Ende März–
Ende April

*O. ulyssea* (GR, Kefalonia, 1.4.2010, HP)

**STECKBRIEF** 10–25 (30) cm hoch; Blütenstand aus 3–6 kleinen (im Verhältnis zu den anderen Arten der *tenthredinifera*-Gruppe), lebhaft gefärbten Blüten; Sepalen weißlich bis kräftig rosa, grün geadert, 8,5–12,5 mm lang, 5–8,5 mm breit; Petalen ähnlich wie die Sepalen gefärbt, flach-dreieckig, 2–4,5 mm lang, 2–4 mm breit; Lippe auffallend rechteckig wirkend bis rundlich oder trapezför-

*O. ulyssea* (GR, Kefalonia, 1.4.2010, HP)

*O. ulyssea* (GR, Kefalonia, 1.4.2010, HP)

mig, mit kleinen, aber deutlichen Höckern, 7,5–12 mm lang, 10–16 mm breit, Lippenmitte rautenförmig, dunkelbraun, Ränder großflächig gelb mit seidiger, gelbgrünweißlicher Behaarung; Lippenmal klein, violettblau, weiß umrandet, das Basalfeld schildförmig einfassend; Anhängsel gelb, dreieckig, aufrecht über tiefem Einschnitt; Bürste (Haarbüschel oberhalb des Anhängsels) fast fehlend bis relativ kräftig ausgeprägt mit weißlichen, gelben oder rötlichen Haaren; Basalfeld klein, rostrot bis rotbraun, bis zur Narbenhöhle allmählich schwarzbraun.
**VERWECHSLUNG** *O. tenthredinifera* hat größere, 11–16 mm lange Blüten und eine frühere Blütezeit von Ende Januar bis Anfang April. Pflanzen mit weniger rechteckigen Blüten von Kythira wurden als „*O. amphidami*" beschrieben, haben aber denselben Bestäuber.
**VORKOMMEN** Steinrasen, lichte Wälder, Wiesen, Phrygana, Gebüsch. Bis etwa 500 m.
**VERBREITUNG** Westgriechenland von den Ionischen Inseln bis Kythira und Parnon. Typus: Griechenland, Ionische Inseln, Zakynthos, 2005.
**BESTÄUBER** *Eucera bidentata*

## Spätblühende Ragwurz
*— Ophrys tardans*

eher spät: Mitte April–Anf. Mai

**STECKBRIEF** 10–20 (40) cm hoch; Blütenstand 3–7-blütig; Sepalen meist rosa, 10–15 mm lang, 6–11 mm breit; Petalen rosa, flach-dreieckig, oft geöhrt, 3–4,5 mm lang, 2,5–3 mm breit, behaart; Lippe breit-trapezförmig ausgebreitet, 9–15 mm lang, 12–20 mm breit, Ränder meist deutlich aufgebogen; Lippengrundfarbe braun, zum Rand hin allmählich heller werdend bis gelb; Lippenmal flächig, bis in die Lippenmitte reichend, breit weiß gerandet mit der Tendenz, in Flecke zu zerfallen; Anhängsel klein bis mittelgroß, aufgebogen; Bürste (Haarbüschel oberhalb des Anhängsels) stark, von der Seite gesehen das Anhängsel teils überragend.

*O. tardans* (I, Lecce, 24.4.2019, HP)

**VERWECHSLUNG** *O. neglecta* hat etwas kleinere Blüten, ein kleines, nur dünn weiß umrandetes Lippenmal und blüht früher.

**VORKOMMEN** Magerwiesen, extensives Kulturland, Ödland, lückige Garrigue. Bis etwa 400 m.
**VERBREITUNG** Endemisch in der Provinz Lecce in Apulien. Typus: Italien, Lecce, 1972.
**BESTÄUBER** *Eucera taurica* (?)
**ANMERKUNG** Bei *O. tardans* dürfte es sich um eine artgewordene Hybride aus *O. candica* × *O. neglecta* handeln.

*O. tardans* (I, Lecce, 24.4.2019, HP)

## Normans Ragwurz
*— Ophrys normanii*

eher spät: Anf. April–Mitte Mai

**STECKBRIEF** 15–35 (50) cm hoch; Blütenstand mit 2–7 sehr großen Blüten; Sepalen weißlich bis rosa, selten grün, 11–14 mm lang, 6–9 mm breit; Petalen ähnlich wie die Sepalen oder intensiver gefärbt, meist flach-dreieckig, 3–5 mm lang, 2–4 mm breit; Lippe dunkel, großflächig braun, ± rechteckig oder trapezförmig, 15–24 mm lang, 14–25 mm breit (ausgebreitet), Ränder meist nicht aufgebogen; Lippenmal klein, violettblau, nicht oder kaum weiß umrandet; Anhängsel schmal; Bürste (Haarbüschel oberhalb des Anhängsels) schwach bis mittelstark, von der Seite gesehen so lang oder etwas länger als das Anhängsel; Narbenkopf ziemlich schmal; Boden der Narbenhöhle und Schwielen sehr dunkel, fast schwarz erscheinend.
**VERWECHSLUNG** *O. neglecta* hat kleinere, 9–13 mm lange Lippen mit breitem, gelbem Rand.

*O. normanii* (I, Sardinien, Arenas, 14.4.2001, HP; klein: I, Sardinien, Domusnovas, 10.4.2007, UG)

**VORKOMMEN** Für *Ophrys*-Arten in relativ feucht-schattigen Biotopen vorkommend, extensives Kulturland, Garrigue, Gebüsch. Von etwa 200–400 m.
**VERBREITUNG** Endemit der Iglesiente im Südwesten Sardiniens. Typus: Sardinien, Cagliari, 1983.
**BESTÄUBER** *Bombus vestalis*
**NAME** Benannt zu Ehren des zeitgenössischen englischen Botanikers T. Norman, der die Art 1980 erstmals sammelte.
**ANMERKUNG** *O. normanii* gehört zu den wenigen Ragwurz-Arten, die von einer Hummel-Art bestäubt wird und deswegen so große Blüten besitzt. Neben *O. normanii* sind dies *O. chestermanii* (mit der sie sich den Bestäuber teilt) und die erst vor Kurzem beschriebene *O. mavromata* im Norden der griechischen Insel Kefalonia.

*O. normanii* (li: I, Sardinien, Arenas, 14.4.2001, HP; re: I, Sardinien, Domusnovas, 10.4.2007, UG)

## Chestermans Ragwurz
*— Ophrys chestermanii*

eher spät: Ende März–Mai

**STECKBRIEF** 10–20 (30) cm hoch; im Verhältnis zu den großen Blüten eher zierlich; Blütenstand locker mit 2–7 großen Blüten; Sepalen schmal-lanzettlich, weißlich bis rosa, 10–18 mm lang, 4–8 mm breit; Petalen lang und schlank, leicht geöhrt, spitz endend, 4–6,5 mm lang, 1,5–3 mm breit, kurz behaart, farblich wie die Sepalen oder etwas intensiver, an der Basis etwas bräunlich; Lippe beinah schwarz, trapezförmig bis quadratisch, an den Seitenrändern der Schultern dicht und dunkel behaart, mit kleinen Seitenhöckern, 12–18 mm lang, 15–23 mm breit (ausgebreitet); Lippenmal klein, kahl, grob H-förmig, auf den basalen Teil des Lippenzentrums beschränkt, hebt sich wenig von der Lippe ab, dunkelviolett bis fast schwarz, manchmal heller umrandet;

*O. chestermanii* (I, Sardinien, Domusnovas, 15.4.2001, HP)

Basalfeld dunkelbraun bis tiefschwarz; Anhängsel gelblich grün, schmal entspringend, dann breiter werdend, meist dreizähnig, in einer Ausbuchtung sitzend.

*O. chestermanii* (li: I, Sardinien, Domusnovas, 15.4.2001, HP; re: I, Sardinien, Domusnovas, 10.4.2007, UG)

**VERWECHSLUNG** Auf Sardinien keine.
**VORKOMMEN** Lichte Steineichenwälder, mediterrane Laubmischwaldbestände. Bis etwa 750 m.
**VERBREITUNG** Endemit Sardiniens. Typus: Italien, Sardinien, 1982.
**BESTÄUBER** *Bombus vestalis*. *O. chestermanii* gehört zu den wenigen Ragwurz-Arten, die von einer Hummel-Art bestäubt wird und deswegen so große Blüten besitzt.
**NAME** Benannt zu Ehren des zeitgenössischen britischen Botanikers David Chesterman.

## Äolische Ragwurz
*— Ophrys aeoli*

eher spät: Anf. April–Mitte Mai

**STECKBRIEF** 15–20 (30) cm hoch; Blütenstand mit 3–8 mittelgroßen Blüten; Sepalen 10–16 mm lang, 5,5–9 mm breit, grün oder weiß bis rosa, grün genervt; Petalen 3–5 mm lang, 1,5–2,3 mm breit, dreieckig, verwaschen grün bis hell olivgrün oder purpurrosa, behaart; Lippe oft etwas nach unten verlängert, 10–15 mm lang, 11,5–17 mm breit (ausgebreitet), dunkelbraun, seitliche Ränder nach außen gebogen, mit bis zu 3 mm langen, nach vorn gerichteten Höckern, diese an ihren Außenseiten stark hellbraun behaart; es kommen auch scolopaxoide Lippen vor; Lippenmal H-förmig bis erweitert, braunviolett, weißlich gerandet; Anhängsel auffallend

*O. aeoli* (GR, Amorgos, L.c., 19.4.2009, HP)

*O. aeoli* (GR, Amorgos, L.c., 19.4.2009, HP)

groß, 3–7 mm lang, 2,5–5,5 mm breit, 3–15-zähnig, nach vorne-oben gerichtet und in einer tiefen Kerbe sitzend; Basalfeld dunkelbraun wie die Lippengrundfarbe; Pseudoaugen teils reduziert bis fehlend.
**VERWECHSLUNG** *O. episcopalis* hat größere Blüten mit 14–20 mm langen Lippen und ein braunoranges Basalfeld, das heller als die Lippengrundfarbe ist. *O. chiosica* blüht noch etwas später, ist oft hochwüchsiger und hat fast immer Grüntöne im Perigon.
**VORKOMMEN** Phrygana, extensives Kulturland, Magerwiesen. Bis etwa 450 m.
**VERBREITUNG** Zykladeninseln Amorgos und Astypalea, möglicherweise auch auf Kreta. **Typus:** Griechenland, Zykladen, Amorgos, 1997.

## Chios-Ragwurz
*— Ophrys chiosica*

spät: Ende April–Mitte Juni

*O. chiosica* (GR, Chios, 3.5.2009, HP)

*O. chiosica* (GR, Chios, 3.5.2009, HP)

**STECKBRIEF**
15–30 (40) cm hoch; Blätter zur Blütezeit meist vertrocknet; Blütenstand mit 2–9 ziemlich großen Blüten; Sepalen rosa, grünlich rosa verwaschen oder grün, 11–15,5 mm lang, 5,5–7 mm breit; Petalen groß, gleichfarben oder intensiver gefärbt, oft zweifarbig, dreieckig-lanzettlich, 5–10 mm lang, 2–4 mm breit; Lippe 10–14,5 mm lang, 12–18 mm breit (ausgebreitet), mit 1–4 mm langen Höckern; Lippenrand am vorderen Ende aufgebogen; Lippengrundfarbe dunkelbraun bis rotbraun; Lippenmal H-förmig bis reich gegliedert, braunviolett, gelblich weiß umrahmt; Basalfeld orangebraun; Anhängsel groß, 3–4 mm breit, mit 3–5 Zähnen.
**VERWECHSLUNG** *O. saliarisii* hat kleinere, 4,2–7,6 mm lange Petalen, etwas größere, 14–16 mm lange Lippen, ein kleineres Basalfeld und eine frühere Blütezeit von Mitte März bis Anfang Mai. Die variable *O. aeoli* kann recht ähnlich aussehen, hat aber ebenfalls eine frühere Blütezeit und ist niedriger.
**VORKOMMEN** Ödland, Phrygana. Bis etwa 200 m.
**VERBREITUNG** Endemit der Insel Chios. **Typus:** Griechenland, Chios, 2007.

## Helios' Ragwurz
*— Ophrys helios*

Mitte April–Mitte Mai

**STECKBRIEF** 15–30 (40) cm hoch; Blütenstand mit 3–10 eher großen Blüten; Sepalen rosa, mit grünem Mittelnerv, die beiden seitlichen etwas nach unten gerichtet, 11–14 mm lang; Petalen gleichfarbig wie die Sepalen oder dunkler, dreieckig, oft geöhrt, 3–5 mm lang, 2–3 mm breit; Lippe rundlich bis oval, öfters leicht scolopaxoid, 12–16 mm lang, 13–17 mm breit (ausgebreitet), braun, an den Rändern gelblich bis gelblich braun oder weißlich behaart; Lippenhöcker groß, 1,5–4 mm lang; Lippenmal vielgestaltig, Zentrum des Lippenmals bräunlich oder graublau, grünlich gelb umrandet; Anhängsel breit und groß, nach oben gerichtet.
**VERWECHSLUNG** *O. halia* hat längere, 5–6 mm lange Petalen, oft grünliche Sepalen und kleine Lip-

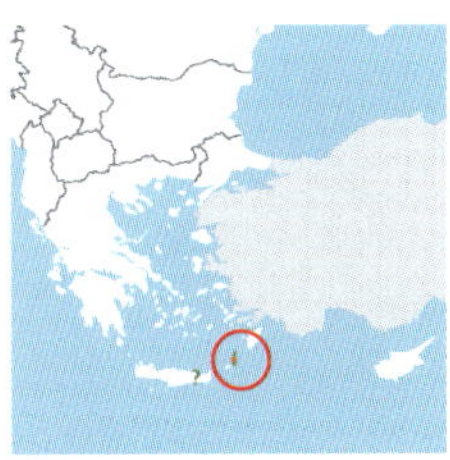

*O. helios* (GR, Karpathos, 4.5.2001, KK)

*O. helios* (GR, Karpathos, 4.5.2001, KK)

penhöcker sowie einen höheren Narbenkopf. *O. saliarisii* ist sehr ähnlich, wie *O. halia* aber selten scolopaxoid. Bestäuberbefunde zur Abtrennung wären wünschenswert.
**VORKOMMEN** Phrygana, extensives Kulturland, Gebüsch, Waldlichtungen, lichter Kiefernwald. Bis etwa 700 m.
**VERBREITUNG** Karpathos, möglicherweise auch auf Kreta. Typus: Griechenland, Karpathos, Volada, 2001.

## Bischof-Ragwurz
— *Ophrys episcopalis* (Syn.: *O. episcopalis* subsp. *talonensis*)

März–Anf. Mai

**STECKBRIEF** 15–30 (40) cm hohe, recht kräftige Pflanze; Blütenstand mit 3–10 großen Blüten; Sepalen 12–16 mm lang, 6–10 mm breit, rosa, selten weiß, grün genervt, im Verhältnis zur Länge auffallend breit, länger als die Lippe; Petalen kurz, 2–3,2 mm lang, 1,5–3,2 mm breit, stumpf-dreieckig, farblich meist gleich wie die Sepalen, behaart; Lippe 14–20 mm lang, 17–24 mm breit (ausgebreitet), braun, seitliche Ränder nach außen und nach oben gebogen, mit relativ schlanken, bis zu 3 mm langen, nach vorn gerichteten Höckern, diese an ihren Außenseiten stark hellbraun behaart; Lippenmal formenreich, gelblich weiß gerandet, im Zentrum mit blaugrauem, H-förmigem Bereich; Anhängsel groß, 3–5-zähnig, nach oben gerichtet, in einer Kerbe sitzend; Basalfeld braunorange; Narbenhöhle ± so breit wie hoch.
**VERWECHSLUNG** *O. halia* hat kleinere, 10–13 mm lange und 10–14,5 mm breite Lippen. Etwas kleinblütigere Pflanzen wurden als „subsp. *talonensis*" abgetrennt.
**VORKOMMEN** Wiesen, Phrygana, am Rand von Regenrinnen, extensives Kulturland, Gebüsch. Bis ca. 1300 m.
**VERBREITUNG** Von Kreta über Südanatolien bis Israel. Typus: Griechenland, Kreta, 1816.
**BESTÄUBER** *Eucera cressa*

*O. episcopalis* (li: GR, Kreta, Spili, 20.4.2011, HP; re: GR, Kreta, Spili, 20.4.2011, HP)

*O. episcopalis* (GR, Kreta, Spili, 20.4.2011, HP)

## Malvasia-Ragwurz
— *Ophrys malvasiana* (Syn.: *O. samia*)

spät: Anf. April–Ende Mai

**STECKBRIEF** (20) 30–45 (60) cm hoch; Blütenstand locker mit 3–8 sehr großen Blüten; Sepalen 13–16 mm lang, 6–9 mm breit, rosa, grün genervt, seitliche Sepalen nach unten gerichtet; Petalen kurz, 1,5–3,5 mm lang, 1,5–3 mm breit, stumpf-dreieckig, dunkler als die Sepalen; Lippe 14–18 mm lang, 17–23 mm breit, trapezförmig; Lippengrundfarbe braun bis dunkelbraun, zum Rand hin heller werdend, mit relativ schlanken, spitzen, kurzen Höckern; Lippenmal einfach bis stark reduziert, violettblau, gelblich weiß umrahmt; Anhängsel relativ klein, 1–3 mm breit, meist gezähnt, nach oben gerichtet; Basalfeld relativ lang, dunkelbraun bis olivgrün.

*O. malvasiana* (GR, Monemvasia, L.c., 7.4.2010, HP)

**VERWECHSLUNG** *O. episcopalis* ist mit 15–30 cm Wuchshöhe niedriger, hat ein großflächigeres, nicht reduziertes Lippenmal und ein breiteres Anhängsel, der Lippenrand ist behaarter. Auf Samos scheint es Übergänge zur kleineren *O. samiotissa* zu geben.

**VORKOMMEN** Wiesen, Phrygana, Gebüsch. Bis etwa 500 m.

**VERBREITUNG** Bisher bekannt aus Lakonien am Peloponnes, von der Insel Samos und dem anschließenden anatolischen Festland. **Typus:** Griechenland, Peloponnes, bei Monemvasia, 2009.

*O. malvasiana* (GR, Monemvasia, L.c., 7.4.2010, HP)

## Koloss-Ragwurz
— *Ophrys colossaea*

eher spät: Anf. April–Mitte Mai

*O. colossaea* (GR, Rhodos, L.c., 6.4.2013, HP)

**STECKBRIEF** 15–35 (70) cm hoch, kräftig; Blütenstand mit 2–6 großen Blüten; Sepalen 12–17 mm lang, 6–9 mm breit, rosa, selten weiß; Petalen kurz, 3,5–8 mm lang, 2,8–5 mm breit, farblich gleich wie die Sepalen oder dunkler; Lippe sehr vielgestaltig, selten sogar scolopaxoid, 14–18,5 mm lang, 14–21 mm breit (ausgebreitet), dunkelbraun, mit bis zu 3 mm langen, nach vorn gerichteten Höckern; Lippenmal formenreich, h- oder x-förmig, erweitert, braunviolett, gelblich

*O. colossaea* (GR, Rhodos, L.c., 6.4.2013, HP)

weiß umrandet; Basalfeld orangebraun; Narbenhöhle relativ hell mit oft hellem, zentralem Fleck.
**VERWECHSLUNG** *O. episcopalis* hat trapezförmige Lippen mit stärkerer Behaarung und hochgebogenen Rändern und noch kleinere, 2–3,2 mm lange Petalen. *O. malvasiana* hat noch größere, meist ausgebreitete Lippen, die meist auch eine hellere Grundfarbe besitzen.
**VORKOMMEN** Ödland, Wiesen, Phrygana, Kiefernwälder, extensives Kulturland, Olivenhaine, Gebüsch. Bis ca. 400 m.
**VERBREITUNG** Rhodos, vermutlich auch Kos und Samos und anschließendes anatolisches Festland. Typus: Griechenland, Dodekanes, Rhodos, 2006.
**BESTÄUBER** *Eucera dalmatica*

## Saliaris' Ragwurz
*— Ophrys saliarisii*

Mitte März–
Anf. Mai

**STECKBRIEF** (10) 15–30 (45) cm hoch; Blütenstand mit 2–6 großen Blüten; Sepalen 9–12 mm lang, rosa, selten weiß, grün genervt; Petalen 4,2–7,6 mm lang, 2–3,2 mm breit, mehr als doppelt so lang wie breit, farblich gleich wie die Sepalen oder dunkler, behaart; Lippe trapezförmig bis oval, an der Spitze meist deutlich breiter als im Schulterbereich, 14–16 mm lang, 13–17 mm breit (ausgebreitet), braun, Lippenränder stark behaart, v. a. im Schulterbereich; Lippenhöcker bis zu 2 mm lang, nach vorne gerichtet, an ihren Außenseiten stark hellbraun behaart; Lippenmal formenreich, gelblich weiß gerandet, im Zentrum mit purpurviolettem, H-förmigem Bereich; Anhängsel groß; Basalfeld klein, kastanienbraun.

*O. saliarisii* (GR, Rhodos, L.c., 2.4.2013, HP)

**VERWECHSLUNG** *O. halia* hat etwas kleinere Blüten, häufiger ein grünliches Perigon, etwas längere Petalen und einen weniger eingezogenen Narbenkopf. *O. chiosica* hat längere, 11–15,5 mm lange Sepalen und längere, 5–10 mm lange Petalen, kleinere, 10–14,5 mm lange Lippen und eine etwas spätere Blütezeit von Ende April bis Mitte Juni.
**VORKOMMEN** Wiesen, Phrygana, Ödland, extensives Kulturland, Gebüsch. Bis etwa 400 m.
**VERBREITUNG** Bisher aus Rhodos und Chios bekannt. Typus: Griechenland, Rhodos, nahe Laerma, 2009.
**BESTÄUBER** *Eucera plumigera*
**NAME** Benannt zu Ehren des zeitgenössischen griechischen Orchideenfachmanns Pantelis Saliaris.

*O. saliarisii* (GR, Rhodos, L.c., 2.4.2013, HP)

## Halias Ragwurz
*— Ophrys halia*

Anf. April–
Mitte Mai

*O. halia* (GR, Rhodos, L.c., 1.4.2013, HP)

*O. halia* (li: GR, Rhodos, L.c., 1.4.2013, HP; re: GR, Rhodos, Laerma, 5.4.2013, HP)

**STECKBRIEF** 15–35 (60) cm hoch; Blütenstand mit 2–8 sehr variablen Blüten; Sepalen grün oder purpurgrün bis rosa, 11–14,5 mm lang; Petalen grün bis rosa, dreieckig, meist relativ lang und spitz zulaufend, 5–6 mm lang; Lippe rhombisch bis rechteckig oder quadratisch, 10–13 mm lang, 10–14,5 mm breit (ausgebreitet), braun, kurz behaart, nur im Schulterbereich mit rötlich brauner, längerer Behaarung; Lippenhöcker klein, auf der Lippenfläche sitzend, Spitzen meist grüngelb; Lippenmal vielgestaltig, Zentrum bräunlich oder graublau, stets breit grünlich gelb umrandet; Anhängsel nach oben gerichtet; Basalfeld länglich, dunkel rotbraun oder orange, bis zwischen die Lippenhöcker hinunterreichend; Narbenhöhle ± so breit wie hoch.

**VERWECHSLUNG** *O. saliarisii* hat einen etwas dickwandigeren Narbenkopf, der näher an der Lippe sitzt, kürzere Petalen und etwas größere Blüten, die nur selten Grün im Perigon haben. Möglicherweise sind beide Sippen aber zu vereinigen. *O. colossaea* ist u. a. sichtbar großblütiger. Auch *O. episcopalis* ist großblütiger und zudem stärker behaart. Beide Arten haben kürzere Petalen. *O. helios* hat meist kürzere Petalen, *O. calypsus* hat dagegen noch etwas längere Petalen. Beide Arten haben kaum einmal Grün im Perigon und sind häufiger scolopaxoid. Bestäuberversuche wären zur sicheren Abgrenzung wünschenswert.

**VORKOMMEN** Küstenphrygana, Wiesen. Bis etwa 200 m.

**VERBREITUNG** Rhodos, Karpathos, Kos, Tilos, Chios. Typus: Griechenland, Rhodos, nahe Hohlakas, 2001.

## Lykische Ragwurz
*— Ophrys lyciensis*

Ende März–
Ende April

**STECKBRIEF** 15–30 (50) cm hoch; Blütenstand mit 4–12 mittelgroßen Blüten; Sepalen weißlich bis dunkelrosa, 13–18 mm lang, 6–10 mm breit, die seitlichen leicht nach unten geneigt; Petalen 4–5 mm lang, 1,5–3,5 mm breit, ± gleich gefärbt oder wenig dunkler als die Sepalen; Lippe ungeteilt, quadratisch oder rechteckig bis leicht rundlich, 12–17 mm lang, 14–18 mm breit (ausgebreitet); Höcker kräftig, 2–5 mm lang, nach außen gebogen, zugespitzt, innen grünlich gelb bis weißlich; Lippengrundfarbe rotbraun bis dunkelbraun; Lippenmal schildförmig bis H-förmig, purpurviolett, breit weißlich umrandet; Basalfeld klein, rehbraun bis orangebraun; Anhängsel gelbgrün, aufwärtsgerichtet.

**VERWECHSLUNG** *O. tili* hat kleinere, 9–12,5 mm lange Sepalen und kleinere,

7,2–10,5 mm lange Lippen. *O. candica* hat etwas kleinere Blüten mit einem kleinen Basalfeld und meist marginalen Höckern.
**VORKOMMEN** Extensives Kulturland, lichte Kiefern- und Eichenwälder, Gebüschränder. Bis etwa 450 m (in Anatolien bis 600 m).
**VERBREITUNG** Südwestanatolien und angrenzende griechische Inseln Kastelorizo und vermutlich Kos. **Typus:** Türkei, Lykien, Cirali, 2001.
**BESTÄUBER** *Eucera graeca*

*O. lyciensis* (TR, Olympos, L.c., 1.4.2016, HP)

*O. lyciensis* (TR, Olympos, L.c., 1.4.2016, HP)

## Samos-Ragwurz
*— Ophrys samiotissa*

Ende März–Mai

**STECKBRIEF** 12–30 (50) cm hoch; Blütenstand locker, mit 4–9 relativ kleinen bis mittelgroßen, extrem variablen Blüten; Sepalen rosa bis purpurrosa, mit grünem Mittelnerv, 9–15 mm lang, 5–6,5 mm breit, mittleres Sepal aufrecht; Petalen gleichfarbig oder etwas dunkler als die Sepalen, dreieckig, 3,3–4,6 mm lang, 2–3,3 mm breit, kurz samtig behaart; Lippe ganzrandig bis dreilappig mit allen denkbaren Übergängen, 9,5–13,5 mm lang, 10–13,5 mm breit (ausgebreitet), samtig behaart, an den Seiten länger; Höcker kurz bis mäßig lang, oft nach außen gebogen, innen meist gelblich; Lippengrundfarbe dunkelbraun; Lippenmal H-förmig, meist mit nabelartigem Einschluss, mit Violettanteil, oft dunkler als die Lippengrundfarbe, breit gelb oder cremefarben umrandet; An-

*O. samiotissa* (GR, Samos, Mytilinii, 4.5.2017, BT)

*O. samiotissa* (li: GR, Samos, Ireo, 4.5.2017, BT; re: GR, Samos, Mytilinii, 4.5.2017, BT)

hängsel kräftig, meist dreizähnig, nach vorne oder oben gestreckt.
**VERWECHSLUNG** Aufgrund der enormen Variabilität (auch jener der ähnlichen Arten) ist eine sichere Bestimmung oft sehr schwierig. *O. heterochila* blüht früher und hat etwas kleinere Blüten mit einer etwas helleren Lippengrundfarbe. Auch *O. ellinicaea* hat hellere Lippen. *O. malvasiana* blüht später und hat deutlich größere Blüten. Die Blüten von *O. ethemeae* sind ebenfalls größer. Übergänge/Introgression oder Hybriden sind nicht selten.
**VORKOMMEN** Ödland, Phrygana, extensives Kulturland, lichte Wälder; kalkliebend. Bis etwa 800 m.
**VERBREITUNG** Samos, v. a. im Westteil der Insel, und anschließendes anatolisches Festland. **Typus:** Griechenland, Samos, Timeo Stavrou, 2011.
**BESTÄUBER** *Eucera punctulata*

## Chalki-Ragwurz
— *Ophrys chalkae*

eher spät: April–Mai

**STECKBRIEF** Pflanze niedrig, 7–15 cm hoch; Blütenstand gedrängt mit 3–9 kleinen, eng stehenden Blüten; Sepalen dunkelrosa bis weißlich, 7,5–11 mm lang, 3,8–6 mm breit, das mittlere Sepal aufrecht bis leicht nach vorne gebogen; Petalen 3,3–4,8 mm lang, 1,2–2,5 mm breit, ± gleich gefärbt oder dunkler als die Sepalen; Lippe dreilappig oder ganzrandig, ± scolopaxoid, 6–9 mm lang, 7–9,5 mm breit (ausgebreitet), rot bis rotbraun, apikales Ende oft gelb; Höcker kräftig, nach vorne gestreckt, an der Innenseite wenig behaart, heller oder in der Farbe der Lippe; Lippenmal H-förmig, oft schildartig verbreitert, blau mit cremefarbiger Umrandung; Basalfeld rötlich; Anhängsel 1,2–2,1 mm breit, ungegliedert, nach oben anliegend bis vorgestreckt.

*O. chalkae* (GR, Chalki, 13.4.2012, ZA)

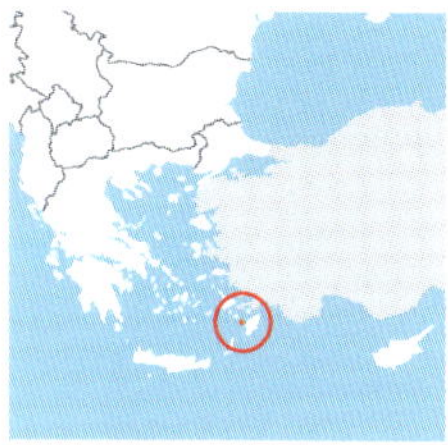

**VERWECHSLUNG** Ähnliche kleinblütige Arten im Verbreitungsgebiet besitzen meist eine ausgebreitete Lippe. Eine sichere Unterscheidung von Einzelpflanzen in der Verwandtschaft ist ohne Kenntnis der Bestäuber oft nicht möglich.
**VORKOMMEN** Phrygana, Ödland, Weiden. Bis etwa 450 m.
**VERBREITUNG** Vermutlich endemisch auf der Insel Chalki, möglicherweise auch auf Kos. **Typus:** Griechenland, Dodekanes, Insel Chalki, Agios Ioannis, 2010.

## Tilos-Ragwurz
— *Ophrys tili*

eher spät: Anf. April–Anf. Mai

**STECKBRIEF** (10) 15–25 (40) cm hoch; Blütenstand mit 3–9 kleinen Blüten; Sepalen rosa, 9–12,5 mm lang, 4,5–6,7 mm breit, das mittlere Sepal leicht nach vorne gebogen; Petalen 2,5–5 mm lang, 2–3 mm breit, ± gleich gefärbt oder dunkler als die Sepalen; Lippe 7,2–10,5 mm lang, 9–12 mm breit, ganzrandig oder dreilappig, gleichmäßig gewölbt, quadratisch bis trapezförmig; Lippenhöcker kräftig, 2,5–7,5 mm lang, nach vorne und außen gerichtet, auf der Innenseite ± grünlich gelb; Lippengrundfarbe rotbraun; Lippenmal H-förmig, mit sich auflösendem, violettem Kern, oft schildförmig verbreitert, gelegentlich mit kreisförmigen Einschlüssen, weißlich umrandet; Basalfeld mittel bis klein, orange, Pseudoaugen groß, schwarz; Narbenkopf eingeschnürt;

*O. tili* (GR, Kos, 10.4.2011, KK)

*O. tili* (GR, Kos, 10.4.2011, KK)

Anhängsel 2,4–3 mm breit, markant, drei- oder mehrzähnig.
**VERWECHSLUNG** Die kleinblütigen „Hummeln" der Ostägäis sind kaum befriedigend zu trennen, zu variabel sind die Populationen, zu wenige Unterschiede sind greifbar. *O. tili* kann man am ehesten an dem prominenten Anhängsel abtrennen, das einigen anderen Sippen gewöhnlich fehlt. *O. ellinicaea* hat längere Höcker und meist hellere Pseudoaugen. *O. lyciensis* ist sehr ähnlich, die Blüten sind aber größer, die Pflanzen hochwüchsiger.
**VORKOMMEN** Wiesen, Phrygana. Bis etwa 500 m.

**VERBREITUNG** Tilos, Leros, Kos, Samos? **Typus:** Griechenland, Dodekanes, Insel Tilos, bei Lethra, 2010.
**BESTÄUBER** *Eucera cineraria*

## Ellinika-Ragwurz
*— Ophrys ellinicaea*

Ende März–Mitte April

*O. ellinicaeae* (GR, Kos, 22.3.2010, BT)

*O. ellinicaeae* (GR, Kos, 22.3.2010, BT)

**STECKBRIEF**

15–25 (35) cm hoch; Blütenstand mit 5–12 locker stehenden, sehr kleinen Blüten; Sepalen rosa mit grünem Mittelnerv, seitliche Sepalen schräg abstehend, mittleres Sepal aufrecht; Petalen dreieckig, geöhrt, an der Spitze abgerundet, meist dunkler gefärbt als die Sepalen; Lippe 6,5–8 mm lang, 7–8,5 mm breit, hellbraun bis rötlich braun, mit einem schmalen, gelben Rand; Lippenseitenlappen in lange, spitze Hörner auslaufend, diese an der Innenseite kahl, gelblich, auf der Außenseite hellbraun, weiß behaart; Lippenmal rötlich violett und reich gegliedert, ornamentalisch mit violetter Mittelpartie, die sich nach außen bis an den Seitenlappen fortsetzt, mit auffallend breiten, hellgelben bis gelben Rändern; Basalfeld rötlich orange; Narbenkopf nicht eingeschnürt; Pseudoaugen dunkel- bis hellgrün verwaschen; Anhängsel grünlich gelb, nach oben anliegend bis vorgestreckt.

**VERWECHSLUNG** *O. chalkae* ist mit 7–15 cm Wuchshöhe niedriger, hat einen dicht gedrängten Blütenstand, meist scolopaxoide Blüten, größere Sepalen, kürzere Lippenhörner und eine spätere Blütezeit. *O. tili* hat kürzere Lippenhörner, kürzere Internodien und dunklere Pseudoaugen. Die Arten dieser Gruppe sind allerdings sehr schwer zu trennen, man findet immer wieder Pflanzen oder gar Populationen, die nicht zufriedenstellend zuzuordnen sind.

**VORKOMMEN** Phrygana, Ödland, Dornbibernellen-Gebüsch, lichte Nadelwälder. Bis etwa 100 m.

**VERBREITUNG** Bisher nur von der Insel Kos bekannt. Typus: Griechenland, Dodekanes, Insel Kos, Gebiet Ellinika, Agios Stephanos, 2011.

## Ethemees Ragwurz
*— Ophrys ethemeae*

eher spät: Ende März–Anf. Mai

*O ethemeae* (li: GR, Kos, L.c., 20.4.2011, KK; re: GR, Kos, 25.3.2010, BT)

*O. ethemeae* (GR, Kos, L.c., 20.4.2011, KK)

**STECKBRIEF**

15–35 cm hoch; Blütenstand mit 2–6 mittelgroßen Blüten; Sepalen 12–14 mm lang, 6–8 mm breit, rosa, grün genervt, selten weiß; Petalen 2,5–4,5 mm lang, 2–3,5 mm breit, farblich gleich wie die Sepalen oder dunkler; Lippe 9,5–14,5 mm lang, 10–15 mm breit (ausgebreitet), dunkelbraun, mit bis zu 3 mm langen, nach vorne außen gerichteten Höckern; Lippenmal formenreich, h- oder x-förmig, erweitert, braunviolett, gelblich weiß umrandet; Basalfeld orangebraun; Narbenhöhle relativ hell mit oft hellem, zentralem Fleck.

**VERWECHSLUNG** *O. colossaea* ist höherwüchsig und hat größere, 3,5–8 mm lange Petalen und größere, 14–18,5 mm lange Lippen. *O. lyciensis* ist sehr ähnlich, sie hat gewöhnlich eine kleinere Malzeichnung. Ein Bestäubernachweis wäre wünschenswert.

**VORKOMMEN** Phrygana, extensives Kulturland, Olivenhaine, Magerwiesen. Bis etwa 450 m.

**VERBREITUNG** Kos, Samos. **Typus:** Griechenland, Kos, 2015.

## Bornmüllers Ragwurz
*— Ophrys bornmuelleri* (Syn.: *O. aphrodite*)

Anf. März–Mitte April

**STECKBRIEF** (10) 15–25 (45) cm hoch; Blütenstand mit 6–9 ziemlich kleinen Blüten; Sepalen grünlich, rosa oder weiß, 10–13 mm lang, 5–7 mm breit, die seitlichen abstehend, das mittlere etwas nach vorne geneigt; Petalen sehr klein, gleichfarbig oder dunkler als die Sepalen, dreieckig, 1,5–2 mm lang, 1,5–3 mm breit, behaart; Lippe breit-trapezförmig, ungeteilt, fast horizontal vom Stängel abstehend, an den Rändern stark silbrig bis violett behaart, 6–10 mm lang, 8–12,5 mm breit (ausgebreitet), kräftig gehöckert, dunkelbraun bis rotbraun; Lippenmal im oberen Lippenbereich, H-förmig, mit Verzweigungen, stahlblau bis blauviolett, gelblich weiß umrandet; Lippenrand heller, hellbraun bis gelblich; Anhängsel groß und breit, grünlich gelb, nach vorne gerichtet.

*O. bornmuelleri* (CY, Episcopi, 6.3.2014, HP)

**VERWECHSLUNG** *O. levantina* hat größere, weniger flache Blüten, die ± senkrecht stehen, und eine frühere Blütezeit von Mitte Februar bis Mitte März.
**VORKOMMEN** Lichte Kiefernwälder, Phrygana, Wiesen, Macchie, Gebüsch. Bis etwa 900 m (außerhalb des Gebiets bis etwa 1200 m).
**VERBREITUNG** Von Anatolien und Zypern bis in den Nordirak und Israel. **Typus:** Israel, Galiläa, 1899.

*O. bornmuelleri* (CY, Episcopi, 6.3.2014, HP)

**BESTÄUBER** *Eucera penicillata*
**NAME** Benannt zu Ehren des deutschen Botanikers und Gärtners Joseph Bornmüller (1862–1948). Zahlreiche Pflanzenarten tragen seinen Namen, so die Gattungen *Bornmuellera* aus der Familie der Kreuzblütler.

## Levante-Ragwurz
— *Ophrys levantina* (Syn.: *O. bornmuelleri* subsp. *grandiflora*)

früh: Mitte Febr.– Mitte März

**STECKBRIEF** 15–25 (30) cm hoch; Blütenstand locker mit 5–10 mittelgroßen, hängenden Blüten; Sepalen hellgrün, seltener weiß oder rosa, 11–14,5 mm lang, 5,5–9 mm breit, die seitlichen abstehend, das mittlere aufrecht; Petalen sehr klein, gleichfarbig oder farbintensiver als die Sepalen, dreieckig, 2–3,2 mm lang, 2–3,5 mm breit, behaart, meist geöhrt; Lippe rundlich bis abgerundet quadratisch oder rechteckig bis leicht trapezförmig, ungeteilt, ± senkrecht stehend, an den Rändern stark silbrig bis violett behaart, 8,5–12,5 mm lang, 11–17 mm breit (ausgebreitet), kräftig gehöckert mit großen und stumpfen Höckern,

*O. levantina* (li: CY, Akrotiri, 5.3.2014, HP; re: CY, Kofinou, 6.3.2014, HP)

*O. levantina* (li: CY, Akrotiri, 5.3.2014, HP; re: CY, Kofinou, 6.3.2014, HP)

braun; Lippenmal isoliert, das Basalfeld oft nicht umfassend, H-förmig oder reduziert auf 2 ± verbundene Flecken, hell umrandet; Anhängsel groß, nach vorne gerichtet.
**VERWECHSLUNG** *O. bornmuelleri* hat kleinere, fast waagrecht abstehende Blüten und eine spätere Blütezeit von Anfang März bis Mitte April.

**VORKOMMEN** Wiesen, Macchien, Phrygana, Böschungen, lichte Kiefernwälder; kalkliebend. Bis etwa 1400 m.
**VERBREITUNG** Endemit Zyperns. **Typus:** Zypern, Limassol, 1975.
**BESTÄUBER** *Eucera cypria*

## Oreas' Ragwurz
*— Ophrys oreas*

Anf. März–
Anf. April

**STECKBRIEF** 7–25 cm hoch; Blütenstand locker, mit 2–7 mittelkleinen Blüten; Sepalen weiß bis rosa, mit grünem Mittelnerv, 9–13 mm lang, 4,4–6,5 mm breit, abstehend bis zurückgeschlagen; Petalen gleichfarbig oder dunkler als die Sepalen, dreieckig-lanzettlich, 3–4,5 mm lang, 1,2–2 mm breit, behaart; Lippe 9–14 mm lang, 9–15 mm breit (ausgebreitet), fuciflorid bis seltener scolopaxoid, an der Basis mit kurzen Hörnern; Lippengrundfarbe braun, Basalfeld relativ dunkel; Lippenmal H-förmig, reduziert auf 2 Flecken oder erweitert mit nabelförmigem Einschluss, braunviolett, gelblich weiß umrahmt; Anhängsel gelblich grün bis hellbraun, aufwärtsgerichtet.

*O. oreas* (GR, Rhodos, L.c., 2.4.2013, HP)

*O. oreas* (GR, Rhodos, L.c., 2.4.2013, HP)

**VERWECHSLUNG** *O. heterochila* hat kleinere, 6–9 mm lange und 6,5–10 mm breite Lippen, ein großflächigeres Lippenmal und eine kleinere Narbenhöhle. Auch *O. dodekanensis* hat eine kleinere Narbenhöhle, sie blüht früher.
**VORKOMMEN** Lichte Kiefernwälder und Waldlichtungen, ehemaliges Kulturland, v. a. am Profitis Ilias. Bis etwa 500 m.
**VERBREITUNG** Seltener Endemit von Rhodos. **Typus:** Griechenland, Rhodos, 2009.
**BESTÄUBER** *Eucera cypria*

## Verschiedenlippige Ragwurz
*— Ophrys heterochila*

früh: Ende Febr.–
Ende April

**STECKBRIEF** 10–25 cm hoch; Blütenstand locker, mit 3–9 abstehenden, relativ kleinen Blüten; Sepalen weiß, rosa oder dunkelrosa, mit grünem Mittelnerv, 7–12 mm lang, 4–6 mm breit, abstehend bis zurückgeschlagen; Petalen gleichfarbig oder dunkler als die Sepalen, dreieckig, 1,2–2,8 mm lang, 1–1,6 mm breit, behaart und geöhrt; Lippe stark gewölbt, ungeteilt bis schwach dreilappig, seltener scolopaxoid, an der Basis mit kleinen Höckern bis mehreren mm langen Hörnern, 6–9 mm lang, 6,5–10 mm breit (ausgebreitet), samtig behaart; Lippengrundfarbe braun bis rötlich braun; Lippenmal sehr variabel und meist über zwei Drittel der Lippe verteilt, H-förmig bis reich gegliedert, braunviolett, weißlich umrahmt; Anhängsel gelblich grün, aufwärtsgerichtet.

*O. heterochila* (li und o re: TR, Kemer, 21.3.2016, HP; u re: TR, Arslanbucak, 22.3.2016, HP)

**VERWECHSLUNG** *O. dodekanensis* hat schmälere, scolopaxoide Lippen, bei denen sich die Lippenränder unterseits beinahe berühren. Sie blüht noch etwas früher. Möglicherweise sind beide Sippen jedoch zu vereinigen.

*O. heterochila* (TR, Kemer, 21.3.2016, HP)

**VORKOMMEN** Phrygana, Macchie, lichte Kiefern- und Eichenwälder, Gebüsch. Bis etwa 600 m.
**VERBREITUNG** Ostägäische Inseln und südwestanatolisches Festland. **Typus:** Türkei, Mugla, 1980.
**BESTÄUBER** *Eucera albofasciata*

## Dodekanes-Ragwurz
*— Ophrys dodekanensis*

früh: Anf. Febr.– Anf. April

**STECKBRIEF** 7–20 cm hoch; Blattrosetten im Verhältnis zur Pflanze auffallend groß, bis 20 cm im Durchmesser; Blütenstand mit 3–9 kleinen Blüten; Sepalen rosa bis weiß, mit grünem Mittelnerv, eilanzettlich, 7–11 mm lang, 4–7 mm breit; Petalen dreieckig, manchmal geöhrt, gleich den Sepalen gefärbt oder dunkler, sehr klein, 1,2–3 mm lang, 1–2 mm breit, be-

*O. dodekanensis* (GR, Rhodos, L.c., 6.3.2011, HP)

*O. dodekanensis* (GR, Rhodos, L.c., 6.3.2011, HP)

haart; Lippe 6–10 mm lang und breit (ausgebreitet), Lippenränder stark eingerollt, sich unterseits beinahe berührend, tief dreilappig, Seitenhöcker kurz und nach unten weisend, zugespitzt; Lippengrundfarbe dunkelbraun, gesamter Lippenrand braun behaart; Malzeichnung vielgestaltig, silbrig blau bis violett, hellgelb umrahmt, das braunorange Basalfeld umfassend; Narbenhöhle breit, mit einem dunkelbraunen Querstrich; Anhängsel relativ groß, oft dreizähnig.
**VERWECHSLUNG** Möglicherweise ist *O. dodekanensis* nur eine extreme und relativ stabile Ausprägung der meist fucifloriden *O. heterochila*, dann wäre der Varietätsrang angebracht. Erste Bestäubertests weisen darauf hin. *O. cornutula* ist mit 15–50 cm Höhe höherwüchsig und hat viel längere Hörner, die so lang wie die Lippe oder länger sind. Sie und andere ähnliche Arten blühen später.
**VORKOMMEN** Lichte Kiefernwälder, Phrygana, Gebüsch. Bis etwa 700 m.
**VERBREITUNG** Ostägäische Inseln von Lesbos bis Rhodos und angrenzende Gebiete in Anatolien. **Typus:** Griechenland, Rhodos, nahe Laerma, 2001.

## Homers Ragwurz
*— Ophrys homeri*

relativ spät: Anf. April–Mitte Mai

*O. homeri* (GR, Samos, 4.5.2017, BT)

*O. homeri* (GR, Chios, 23.4.2009, HP)

**STECKBRIEF**
15–25 (40) cm hoch; Blütenstand locker mit 2–10 Blüten; Sepalen hell- bis dunkelrosa, mit grünem Mittelnerv, oval-lanzettlich, 9–15 mm lang, 4–9 mm breit; Petalen lang-dreieckig, oft geöhrt, 4–6,5 mm lang, 2–3,5 mm breit, gleichfarbig oder etwas intensiver gefärbt als die Sepalen, kurz und dicht behaart; Lippe vielgestaltig, ganzrandig bis deutlich dreilappig, längsoval bis rundlich, scolopaxoid bis (meist) fuciflorid mit hochgeschlagenem Rand, schwach gehöckert; Grundfärbung dunkel rotbraun, oft gelb gerandet, 7,5–13 mm lang, 9–15,5 mm breit (ausgebreitet), im Schulterbereich stärker behaart; Lippenmal glänzend, in der Farbe der Lippe, mit typisch gelben, ± breiten Rändern, die sich oft seitlich verzweigen oder tropfenförmig enden, in Form einer breit ausgezogenen H-Zeichnung, Ausläufer der Längsstreifen eine Tendenz zum Kreiseinschluss zeigend; Anhängsel breit, drei- oder mehrzähnig, gelb, vorgestreckt bis aufwärtsgebogen.
**VERWECHSLUNG** Durch die Kombination „rosa Perigon mit gelblich dunkler Lippe" gut abgesetzt. *O. dodekanensis* ist kleiner mit einer Wuchshöhe von 7–20 cm, hat kleinere, 1,2–3 mm lange Petalen und eine frühere Blütezeit von Anfang Februar bis Anfang April.
**VORKOMMEN** Extensives Kulturland, lichte Kiefernwälder, Phrygana, grasige Hänge, Olivenhaine, Macchien. Bis etwa 600 m (in Anatolien bis 700 m).
**VERBREITUNG** Ostägäische Inseln (Lesbos, Samos, Chios, Kos) und angrenzendes anatolisches Küstenland. Typus: Griechenland, Chios, 1998.
**BESTÄUBER** *Eucera parvicornis* (?)
**NAME** Benannt nach Homer, einem der bedeutendsten Dichter des Abendlandes (etwa 7.–8. Jahrhundert v. Chr.).

## Andros-Ragwurz
— *Ophrys andria* (Syn.: *O. thesei*)

Mitte März–Anf. Mai

*O. andria* (GR, Andros, 1.5.2015, SH)

*O. andria* (GR, Andros, 6.4.2009, HP)

*O. andria* var. *halkionis* (li: GR, Naxos, 7.4.2015, SH; re: GR, Naxos, 23.3.2012, BT)

**STECKBRIEF** (10) 15–25 (40) cm hoch; Blütenstand mit 3–10 Blüten; Sepalen 10–16 mm lang, 5–11 mm breit, weißlich grün bis verwaschen rosagrün oder rosa, nach hinten gerichtet; Petalen 3,5–7,5 mm lang, 1,8–4 mm breit, dreieckig, ähnlich den Sepalen gefärbt oder etwas dunkler, behaart, oft geöhrt; Lippe 9–16 mm lang, 11,5–19 mm breit (ausgebreitet), dunkelbraun; Lippenhöcker teils lang und spitz, 1–8 mm lang; Lippenmal aus 2 Flecken oder erweitert X- bis H-förmig, braunviolett, gelblich weiß gerandet; Anhängsel groß, 1,5–4 mm lang, 2,5–5 mm breit, 3–5-zähnig, nach vorne/oben gerichtet; Basalfeld orangebraun bis dunkelbraun, teils sehr lang.
**VERWECHSLUNG** *O. aeoli* hat kleinere Petalen, kürzere Lippenhöcker, eine andere Malzeichnung und eine spätere Blütezeit von Anfang April bis Mitte Mai.
*O. homeri* hat rosa Sepalen und ein prominenteres Lippenmal.
**VORKOMMEN** Extensives und ehemaliges Kulturland, Wiesen, Phrygana. Bis etwa 550 m.
**VERBREITUNG** Andros, Naxos, Tinos, Kimolos, Syros. Typus: Griechenland, Kykladen, Andros, 1994.
**BESTÄUBER** Möglicherweise *Eucera nigrescens*
**VARIABILITÄT** Die var. *halkionis* (Syn.: *O. thesei*) hat rosa Sepalen (bei der Nominatvarietät meist weißlich grün bis verwaschen rosagrün). Sie ist von Naxos, Tinos, Kimolos und Syros bekannt, auf Naxos kommt die grüne Form offenbar nicht vor. Hier ist auch eine spätere Blütezeit zu beobachten.

## Griechische Ragwurz
— *Ophrys graeca*

eher spät: Ende April–Anf. Juni

**STECKBRIEF** 15–35 (70) cm hohe, kräftige Pflanze; Blütenstand mit 4–9 großen Blüten; Sepalen blassgrün, verwaschen grünrosa oder seltener rosa, 12–14,5 mm lang, 6,5–8 mm breit; Petalen kurz, lanzettlich bis dreieckig, hellrosa bis gelbgrün; Lippe dreilappig oder ganzrandig, 14–18 mm lang, 17–22 mm breit (ausgebreitet), relativ hell, braun, mit relativ schlanken, spitzen, 5–8 mm langen Höckern; Lippenrand schmal gelb oder braun, meist zurückgeschlagen, manchmal wieder aufgebogen; Lippenmal ausgedehnt, bräunlich bis silbergrau, H-förmig bis weit verzweigt mit maximal einem kreisförmigen Einschluss, deutlich gelb oder grünlich umrandet, oft mit Flecken im unteren Lippenbereich; Anhängsel bis 4 mm breit, nach vorne oder oben gerichtet; Basal-

*O. graeca* (GR, Taigetos, 1.6.2012, HP)

*O. graeca* (GR, Taigetos, 1.6.2012, HP)

feld braun, olivgrün bis orange. Blütezeit eher spät, Ende April bis Ende Mai, in den Bergen bis Mitte Juni.
**VERWECHSLUNG** Aufgrund der breiteren, hellen Lippen keine. *O. leptomera* hat schlanke Lippen mit langen Höckern und blüht noch später.
**VORKOMMEN** Eichenwälder, Waldlichtungen, Bergwiesen; kalkliebend. Bis zumindest 1200 m.
**VERBREITUNG** Bisher nur aus Lakonien am Peloponnes bekannt. **Typus:** Griechenland, Peloponnes, Lakonien, 2005.

## Weißglanz-Ragwurz
— *Ophrys candica* subsp. *candica* (inkl. *O. minoa*)

April–Mai

*O. candica* subsp. *candica* (li: GR, Kreta, Ag. Galini, 25.4.2011, HP; re: I, Lecce, 24.4.2019, HP)

*O. candica* subsp. *candica* (GR, Kreta, Ag. Galini, 25.4.2011, HP)

**STECKBRIEF**

15–25 (40) cm hoch; Blütenstand mit 2–9 mittelgroßen Blüten; Sepalen rosa bis weiß, mit grünem Mittelnerv, eilanzettlich, 11,5–15 mm lang, 4,5–8 mm breit; Petalen sehr kurz, dreieckig, manchmal geöhrt, gleich den Sepalen gefärbt oder dunkler, 2,5–4,5 mm lang, 2–3 mm breit, behaart; Lippe ungeteilt, rechteckig, schwach gehöckert bis 6 mm lang gehörnt (fo. *minoa*), rotbraun, an den Rändern aufgebogen, 9,5–14 mm lang, 12–16 mm breit, Lippenrand rundum hell behaart; Lippenmal violett bis purpurbraun, schildförmig, kräftig weiß bis gelblich weiß umrandet und oft unregelmäßig marmoriert, ein winziges, orangebraunes Basalfeld einschließend; Anhängsel groß, 2–4 mm breit, steil aufwärtsgerichtet.
**VERWECHSLUNG** Durch die schildförmige Malzeichnung mit dem breiten, weißlichen Malrand charakterisiert.
**VORKOMMEN** Steinrasen, extensives Kulturland, Phrygana, Wiesen, Gebüsch, lichte Wälder. Bis ca. 1200 m.
**VERBREITUNG** Vom südlichen Apulien über Kreta, Rhodos und Samos bis Südwestanatolien. **Typus:** Griechenland, Kreta, Chania, 1981.

*O. candica* subsp. *cytherea* (GR, Kythira, 4.4.2010, HP)

*O. candica* subsp. *lacaena* (GR, Gythio, 30.3.2018, HP)

**BESTÄUBER** *Eucera furfurea*, für Süditalien wurden auch schon andere Bestäuber angegeben, was aber noch zu überprüfen ist.

**UNTERARTEN**

Kythira-Ragwurz *Ophrys candica* subsp. *cytherea*: Unterscheidet sich von der Nominatunterart durch etwas kleinere, 8–11 mm lange Lippen, eine dunklere Lippengrundfarbe und ein dunkleres Basalfeld. Die Lippenzeichnung ist teils weiter ausgedehnt und mit mehr Weißanteil. Blütezeit von Mitte März bis Ende April. Endemisch auf der Insel Kythira und hier bis etwa 490 m. **Typus:** Griechenland, Kythira, 2005. **Bestäuber:** *Eucera furfurea*

Ledas Ragwurz *Ophrys candica* subsp. *lacaena*: Unterscheidet sich von der Nominatunterart durch eine größere Variabilität (Introgression anderer Arten?), ein flächigeres, fast die gesamte Lippe umfassendes Lippenmal, 4–7 mm lange, nach außen gebogene Hörner und ein oft größeres Basalfeld. Blütezeit etwas früher Ende März bis Mitte Mai. Verbreitet am Peloponnes mit Verbreitungsschwerpunkt um Gythio. Bis etwa 800 m. **Typus:** Griechenland, Peloponnes, Lakonien, 2004.

## Biancas Ragwurz

— *Ophrys biancae* (Syn.: *O. discors*)

relativ früh:
März–April

*O. biancae* (I, Sizilien, Vittoria, 9.4.2012, HP)

**STECKBRIEF**

10–20 (25) cm hoch; Blütenstand mit 4–10 relativ kleinen Blüten; Sepalen grünlich weiß, hellgrün oder weiß, selten rosa, 10–14 mm lang, 5–7 mm breit; Petalen auffallend kurz, dreieckig, 2–3 mm lang, 1,5–2,5 mm breit, ähnlich gefärbt wie die Sepalen oder rosa; Lippe rechteckig bis trapezförmig, 8–12 mm lang, 10–15 mm breit (ausgebreitet), schwach gehöckert, braun mit breitem, hellem Lippenrand; Lippenmal violettblau, meist H-förmig, weiß umrandet; Anhängsel groß, aufwärtsgerichtet, gelb bis braun oder grün.

*O. biancae* (li: I, Sizilien, Ferla, 9.4.2012, HP; re: I, Sizilien, Noto, 9.4.2012, HP)

**VERWECHSLUNG** *O. oxyrrhynchos* hat größere Blüten mit 14–18 mm breiten Lippen, einen meist rotbraunen oder unauffällig gelben Lippenrand und eine spätere Blütezeit.
**VORKOMMEN** Magerwiesen, Garrigue, Weiden, extensives Kulturland, lichte Wälder. Bis etwa 700 m.
**VERBREITUNG** Endemit Siziliens. **Typus:** Italien, Sizilien, Monti Iblei, 1842.
**BESTÄUBER** *Eucera obsoleta*
**NAME** Benannt zu Ehren des italienischen Botanikers Giuseppe Bianca (1801–1883), der u. a. eine Flora von Avola verfasste.

## Hübsche Ragwurz
*— Ophrys calliantha*

eher spät:
März–Mai

**STECKBRIEF** (10) 15–25 (40) cm hoch; Blütenstand 4–8-blütig; Sepalen rosa, selten weiß, 13–18 mm lang, 5–7 mm breit, mit grünem Mittelnerv; Petalen auffallend kurz, dreieckig, 1,5–3 mm lang, 1–3 mm breit, ähnlich gefärbt wie die Sepalen oder kräftiger rosa; Lippe quadratisch bis rundlich oder trapezförmig, 10–15 mm lang, 12–16 mm breit (ausgebreitet), ungehöckert bis schwach gehöckert, rotbraun bis zum Lippenrand; Lippenmal violettblau, ornamental, kräftig weiß bis gelblich weiß umrandet, oft ähnlich der *O. candica*; Anhängsel meist dreizähnig, aufwärtsgerichtet, gelb bis braun; Narbenkopf klein, stark eingeschnürt.

*O. calliantha* (I, Sizilien, Cassaro, 15.4.2016, UG)

**VERWECHSLUNG**
*O. biancae* hat kleinere, 8–12 mm lange Lippen, einen oft gelben Lippenrand und grünlich weiße, hellgrüne oder weiße, selten rosa Sepalen, sie blüht früher. *O. oxyrrhynchos* kann recht ähnlich aussehen, hat aber meist ein grünes Perigon und ein größeres Anhängsel.
**VORKOMMEN** Garrigue, Magerwiesen, Gebüsch. Bis etwa 500 m.
**VERBREITUNG** Endemit Siziliens. 2009 in einem Exemplar auch auf Malta gefunden. **Typus:** Italien, Sizilien, Siracusa, 1997.

*O. calliantha* (I, Sizilien, Vittoria, 12.3.2012, HP)

## Lacaitas Ragwurz
— *Ophrys lacaitae*

spät: Ende April–Ende Juni

**STECKBRIEF** 10–15 (25) cm hoch, eher zierlich; Blütenstand 3–10-blütig; Sepalen weißlich grün, manchmal rosa überlaufen, mit 1–3 grünen Adern, 11,5–14 mm lang, 5–6,5 mm breit; Petalen auffallend kurz, 1,5–3 mm lang und breit, gelblich grün bis rosa; Lippe groß, trapezförmig bis gestaucht rhombisch, in der oberen Hälfte stark aufgewölbt, auffallend bauchig, leicht gehöckert, 11–14 mm lang, 14–18,5 mm breit; Lippengrundfarbe gelb, Schultern gelb behaart; Lippenmal klein, dunkelviolett mit weißlichen Linien, braun unterlegt, ans Basalfeld anschließend; Anhängsel sehr groß, aufwärtsgerichtet, gelb.

**VORKOMMEN** Meist im Bergland: Magerwiesen, extensives Kulturland, Steinrasen, Waldränder, Gebüsch. Bis etwa 1200 m.

**VERBREITUNG** Süditalien inkl. Sizilien, Malta (ehemals), kroatische Insel Vis. **Typus:** Italien, Sizilien „Cozzo Croci", 1909.

**BESTÄUBER** *Eucera eucnemidia* (?)

**NAME** Zu Ehren des englischen Botanikers Charles Carmichael Lacaita (1853–1933) benannt.

*O. lacaitae* (I, Moliterno, 1.6.2015, HP)

*O. lacaitae* (I, Aurunci, 24.5.2015, HP)

## Schnabel-Ragwurz
— *Ophrys oxyrrhynchos*

eher spät: März–Mai

*O. oxyrrhynchos* (I, Sizilien, Vittoria, 8.4.2012, HP)

**STECKBRIEF** 10–25 cm hoch; Blütenstand 3–7-blütig; Sepalen hellgrün, vereinzelt weißlich oder purpurn überlaufen, 11–15 mm lang, 5–8 mm breit; Petalen auffallend kurz, dreieckig, 2–3 mm lang, 1,5–2,5 mm breit, gelbgrün, ± purpurn oder braun überlaufen; Lippe rechteckig bis trapezförmig, 10–13 mm lang, 14–18 mm breit,

ungehöckert bis schwach gehöckert, vorne aufgebogen, braun mit hellbraunem bis gelbem Rand; Lippenmal violettblau, H-förmig bis mäßig gegliedert, weiß umrandet; Anhängsel sehr groß, aufwärtsgerichtet, gelb bis braun oder grün.
**VERWECHSLUNG** *O. calliantha* hat kein grünes Perigon und ein mehr flächiges Mal, das Anhängsel ist etwas kleiner. Die verwandte *O. celiensis* am Festland hat etwas kleinere Blüten mit einem etwas kleineren Anhängsel.
**VORKOMMEN** Magerwiesen, Garrigue, Steinrasen, Gebüsch, lichte Kiefern- und Eukalyptuswälder, Straßenränder. Bis etwa 1300 m.
**VERBREITUNG** Endemit von Sizilien. **Typus:** Italien, Sizilien, Palermo, 1840.

*O. oxyrrhynchos* (li: I, Sizilien, Vittoria, 8.4.2012, HP; re: I, Sizilien, Gela, 7.4.2012, HP)

## Ceglie-Ragwurz
— *Ophrys celiensis* (inkl. *O. ingrassiae*)

eher spät: April–Mai

**STECKBRIEF** 10–20 (30) cm hoch; Blütenstand 3–8-blütig; Sepalen hellgrün, verwaschen rosagrün, weiß oder rosa, 11–15 mm lang, 5–8 mm breit; Petalen dreieckig, geöhrt, 3–6,5 mm lang, 2–4,5 mm breit, gelbgrün bis rosa; Lippe trapezförmig, 9–15 mm lang, 11–18 mm breit (ausgebreitet), angedeutet gehöckert, gleichmäßig rotbraun bis dunkelbraun ohne gelben Rand; Lippenmal violett, weiß umrandet, reich gegliedert, großflächig; Basalfeld orangerot bis orangebraun; Anhängsel relativ groß, aufwärtsgerichtet.

**VERWECHSLUNG** *O. oxyrrhynchos* auf Sizilien hat kürzere, 2–3 mm lange Petalen, etwas größere Blüten, ein nicht so flächiges Lippenmal und einen meist helleren Lippenrand.

**VORKOMMEN** Magerwiesen, Garrigue, Steinrasen, Gebüsch, lichte Kiefernwälder. Bis etwa 550 m.
**VERBREITUNG** Apulien und Basilikata in Süditalien mit Hauptverbreitung zwischen Brindisi, Bari, Potenza und Tarent. **Typus:** Italien, Apulien, Brindisi, 1970.
**BESTÄUBER** *Eucera graeca* (?)

*O. celiensis* (I, Martina Franca, 25.4.2019, HP)

*O. celiensis* (I, Martina Franca, 25.4.2019, HP)

## Apulische Ragwurz
— *Ophrys apulica* (Syn.: *O. pharia*)

Ende März–
Mitte Mai

*O. apulica* (I, Gargano, 17.4.2019, HP)

*O. apulica* (li: I, Murge, Martina Franca, 24.5.2019, HP; re: I, Puglia, Martina Franca, 25.5.2019, HP)

**STECKBRIEF** 15–25 (35) cm hoch; Blütenstand mit 3–10 großen Blüten; Sepalen rosa bis purpurrosa, 14–18,5 mm lang, 7–10 mm breit, abstehend bis leicht zurückgeschlagen; Petalen lang, gleichfarbig oder dunkler als die Sepalen, dreieckig-lanzettlich, 5,5–9 mm lang, 3–5 mm breit, behaart und oft geöhrt; Lippe oval bis trapezförmig, ungeteilt, selten scolopaxoid, 13–18 mm lang, 17–22 mm breit (ausgebreitet), samtig behaart, gehöckert; Lippenrand am vorderen Ende aufgebogen; Lippenmal H-förmig bis reich gegliedert, braunviolett, gelblich weiß umrahmt; Anhängsel groß, 2,5–4,5 mm breit, mit meist 3–7 Zähnen.

**VERWECHSLUNG** *O. episcopalis* und ihre verwandten großblütigen Arten haben deutlich kürzere Petalen. *O. calypsus* auf griechischen Inseln ist variabler, kann aber ähnlich aussehen. Sie teilen sich denselben Bestäuber.

**VORKOMMEN** Magerwiesen, Ödland, lichtes Gebüsch, lichte Eichen- und Kiefernwälder, extensives Kulturland. Bis etwa 900 m.

**VERBREITUNG** Südostitalienisches Festland, Westsizilien (?) und auf der dalmatinischen Insel Hvar. **Typus:** Italien, Apulien, Lecce, 1970.

**BESTÄUBER** *Eucera berlandi*

## Zinnober-Ragwurz
— *Ophrys cinnabarina* (Syn.: *O. holosericea* subsp. *paolina*)

spät: Ende Mai–
Ende Juni

*O. cinnabarina* (I, Gargano, L.c., 26.5.2015, HP)

**STECKBRIEF** 15–30 (40) cm hoch; Blütenstand mit 2–6 großen Blüten; Sepalen rosa bis purpurrosa, 10–14 mm lang, 3,5–5,5 mm breit, abstehend bis leicht zurückgeschlagen; Petalen gleichfarbig oder dunkler als die Sepalen, dreieckig-lanzettlich, 4–7 mm lang, 3–4 mm breit; Lippe oft flach, trapezförmig verlängert, ungeteilt, 13–17 mm lang, 15–20 mm breit (ausgebreitet), samtig behaart, gehöckert, rotbraun; Lippenrand am vorderen

*O. cinnabarina* (li. I, Gargano, l. c., 26.5.2015, HP; re: I, Genzano, 28.5.2015, HP)

Ende aufgebogen; Lippenmal H-förmig bis reich gegliedert, braunviolett, weißlich umrahmt; Basalfeld häufig zinnoberrot, ansonsten orange bis hellbraun; Pseudoaugen grünlich, weit auseinander liegend; Anhängsel groß, grünlich gelb.

**VERWECHSLUNG** *O. apulica* hat ein kleineres Basalfeld und eine frühere Blütezeit von Ende März bis Mitte Mai. Ihre Petalen sind etwas länger, flache Lippen kommen kaum vor.

**VORKOMMEN** Karstwiesen, Steinrasen, Gebüsch, lichte Wälder. Von etwa 250–800 m.

**VERBREITUNG** Italienisches Festland von Apulien und der Basilikata bis Latium. **Typus:** Italien, Apulien, San Marco in Lamis, 2011

## Kleingezeichnete Ragwurz
*— Ophrys parvimaculata*

April–Mai

*O. parvimaculata* (I, Martina Franca, 24.4.2019, HP)

*O. parvimaculata* (li: I, Martina Franca, 24.4.2019, HP; re: I, Gravina, 25.4.2019, HP)

**STECKBRIEF**

10–25 (35) cm hoch; Blütenstand locker, mit 2–7 relativ großen Blüten; Sepalen meistens grün, gelegentlich weißlich grün, weiß oder selten rosa, 12–15,5 mm lang, 6,5–8,5 mm breit, abstehend bis leicht zurückgeschlagen, Spitze des mittleren Sepals nach vorne gebogen; Petalen grün, weiß, gelblich oder rosa, dreieckig-lanzettlich, 4–7 mm lang, 2–4 mm breit; Lippe ungeteilt, länglich-rechteckig bis rundlich oder ausgebreitet trapezförmig, 10–14 mm lang, 13–19 mm breit (ausgebreitet), braun, Rand manchmal gelblich, Randbereich hell behaart; Lippe immer gehöckert, Höcker eng stehend, nach vorne gerichtet; Lippenmal violettblau, H-förmig bis schildartig reduziert, hell umrahmt; Basalfeld breit, orange bis braun; Narbenhöhle 3,7–5,5 mm breit, 2,3–3,2 mm hoch; Anhängsel grüngelb, klein, meist nach vorne gerichtet.

**VERWECHSLUNG** *O. apulica* hat, wie andere ähnliche Arten, ein rosa Perigon und der Lippenrand ist unten ausgebreitet. *O. istriensis* hat zwar denselben Bestäuber, ist teils äußerst ähnlich, jedoch variabler. Der Narbenkopf ist breiter, weniger hoch. Deshalb nehmen die Autoren eine Parallelentwicklung an.

**VORKOMMEN** Lichte Wälder, Gebüschränder, Magerwiesen, Weideflächen, Böschungen. Bis etwa 600 m.

**VERBREITUNG** Endemit Südostitaliens. **Typus:** Italien, Brindisi, 1970.

**BESTÄUBER** *Eucera nigrescens*

## Istrien-Ragwurz
*— Ophrys istriensis*

Mitte März–
Anf. Mai

**STECKBRIEF** (10) 15–30 (40) cm hoch; Blütenstand locker, mit 3–12 relativ großen Blüten; Sepalen grün, weißlich grün, weiß oder rosa; Petalen grün, weiß, gelblich oder rosa, schmal-lanzettlich, 5–9 mm lang; Lippe länglich-rechteckig bis rundlich oder ausgebreitet trapezförmig, 12–20 mm lang, 14–22 mm breit (ausgebreitet), samtig dunkelbraun, im apikalen Bereich oft heller bis gelb, Lippenränder meist zurückgeschlagen, Lippe immer gehöckert, Höcker nach vorne gerichtet; Lippenmal blau bis violett, sehr variabel, von komplex bis reduziert auf 2 Tropfen; Basalfeld orange bis braun; Narbenhöhle 3,7–5,5 mm breit, 2,3–3,2 mm hoch; Anhängsel gelb, von dreiteilig zugespitzt nach unten gerichtet bis fünfteilig stark nach oben gerichtet.

*O. istriensis* (HR, Bale, 1.5.2010, HP)

**VERWECHSLUNG** *O. parvimaculata* ist sehr ähnlich, sie hat einen schmäleren Narbenkopf, weniger stark ausgebildete Lippenhöcker und ein weniger variables Lippenmal. *O. untchjii* hat kleinere Lippen, ein Anhängsel, das fast immer nach oben gerichtet ist, und eine etwa dreiwöchig spätere Blütezeit.
**VORKOMMEN** Gebüschränder, Magerwiesen, karge Kalkböden. Von 30–200 m.
**VERBREITUNG** Istrien, mit Hauptverbreitung um Bale und Rovinj. **Typus:** Kroatien, Istrien, Bale (2016).
**BESTÄUBER** *Eucera nigrescens*. Dies ist auch der Bestäuber von *O. parvimaculata*. Die Rangstufe der Art ist nur gerechtfertigt, wenn beide Arten nicht eng verwandt sind, sondern sich parallel entwickelt haben.

*O. istriensis* (HR, Bale, li: 1.5.2010, HP; re: 11.4.2004, UG)

## Untchjs Ragwurz
*— Ophrys untchjii*

eher spät:
April–Mitte Juni

**STECKBRIEF** 12–20 (30) cm hoch; Blütenstand locker, mit 2–9 relativ kleinen Blüten; Sepalen vorwiegend grün (etwa drei Viertel der Pflanzen), weißlich grün, weiß oder rosa, 9–13 mm lang, 7–9 mm breit, abstehend, mittleres Sepal nach vorne gebogen; Petalen gleich oder intensiver als die Sepalen gefärbt, schmal-dreieckig, 2–6 mm lang, 1,5–3,5 mm breit, meist geöhrt; Lippe oft quadratisch wirkend, 9–13 mm lang, 10–14 mm breit (ausgebreitet), etwa gleich lang wie breit, dunkelbraun, Randbereich hell behaart, immer gehöckert; Höcker kräftig, auf der Innenseite weißgrün; Lippenmal glänzend violettblau bis dunkelbraun grau, weiß umrandet, h- oder x-förmig oder erweitert; Basalfeld breit, orange bis braun; Anhängsel häufig auffallend groß, grüngelb, nach oben gerichtet.

*O. untchjii* (HR, Bale, li: 17.5.2010, re: 1.5.2010, HP)

**VERWECHSLUNG** *O. holosericea* hat etwas größere Blüten mit meist weißem oder rosa Perigon und weniger stark gehöckerten Lippen. Auch *O. istriensis* hat größere Blüten, sie ist höherwüchsig und blüht früher.
**VORKOMMEN** Wiesen, extensives Kulturland, lichtes Gebüsch, Ödland. Bis etwa 800 m.

*O. untchjii* (li: HR, Bale, 17.5.2010, HP; re: HR, Pula, 19.5.2005, UG)

**VERBREITUNG** Vom Trentino bis Dalmatien. Typus: Kroatien, Istrien, 1907.
**BESTÄUBER** *Eucera clypeata*
**NAME** Benannt zu Ehren des k. u. k. Marine-Ingenieurs Karl Untchj (1852–1909), welcher sich um die Erforschung der Flora Istriens verdient gemacht hat. 1898–1901 verfasste er eine „Flora von Istrien".

## Medeas Ragwurz
*— Ophrys medea*

April–Mitte Juni

**STECKBRIEF** (10) 15–30 (50) cm hoch; Blütenstand mit (3) 5–11 relativ kleinen Blüten; Sepalen weiß oder rosa, selten grünlich, 10–14 mm lang, 7–9 mm breit, abstehend; Petalen gleich oder intensiver als die Sepalen gefärbt, schmal-dreieckig bis lanzettlich, 2–3,5 mm lang, 1–2 mm breit; Lippe 8–12 mm lang, dunkelbraun, Randbereich hell behaart; Lippe seltener annähernd scolopaxoid, immer gehöckert, Höcker 1–3 mm lang; Lippenmal glänzend violettblau bis dunkelbraun grau, hell umrandet, h- oder x-förmig oder erweitert; Basalfeld orangebraun bis dunkelbraun; Anhängsel klein bis mittelgroß, grüngelb, nach oben gerichtet.

*O. medea* (HR, Cres, 15.5.1999, HP)

*O. medea* (HR, Vir, li: 7.4.2021, re: 9.4.2021, HP)

**VERWECHSLUNG** *O. untchjii* hat vorwiegend (etwa drei Viertel der Pflanzen) grünliche Sepalen und geringfügig größere Lippen mit etwas größerem Anhängsel. Auch zu Pflanzen der sehr formenreichen *O. brachyotes* in Italien besteht große Ähnlichkeit, eigentlich ist sie von italienischen Populationen nicht sicher abzutrennen. Bestäuberbefunde wären im gesamten Komplex sehr wünschenswert.
**VORKOMMEN** Magerwiesen, Weiden, extensives Kulturland, Gebüsch. Bis etwa 800 m.
**VERBREITUNG** Inseln der Kvarner Bucht. Typus: Kroatien, Insel Cres, 2004.
**BESTÄUBER** Eucera interrupta (?)

*O. medea* (li: HR, Cres, 15.5.1999, HP; re: HR, Krk, 9.5.2013, BT)

## Dinarische Ragwurz
— *Ophrys dinarica* (Syn.: *O. druentica, O. personata*)

eher spät: Anf. Mai–Ende Juni

**STECKBRIEF** 15–30 (65) cm hoch; Blütenstand mit 3–10 mittelgroßen bis großen Blüten (auch in der Population oft uneinheitlich); Sepalen rosa bis dunkelrosa, selten weiß oder grünlich, 10–17,5 mm lang, 4–9,5 mm breit, abstehend bis leicht zurückgeschlagen; Petalen dreieckig, geöhrt, gleichfarbig oder dunkler als die Sepalen, 2,2–8 mm lang, 1,5–4 mm breit, behaart; Lippe oval, rechteckig bis trapezförmig, 10–18 mm lang, 12–25 mm breit (ausgebreitet), samtig behaart, kräftig gehöckert mit 1–7 mm langen Höckern; Lippenmal großflächig, reichlich aufgelöst bis erweitert H-förmig, braunviolett, gelblich weiß umrahmt; Basalfeld meist zweigeteilt oder angedeutet zweigeteilt; Anhängsel groß, 2,5–4,5 mm breit, mit meist 3–7 Zähnen.

**VERWECHSLUNG** Durch das oft in 2 Teile getrennte oder angedeutet getrennte Basalfeld in Populationen gut charakterisierte Art. In Italien als „*O. personata*", in Frankreich als „*O. druentica*" beschrieben.
**VORKOMMEN** Magerwiesen, Ödland, extensives Kulturland, Gebüsch, Waldlichtungen. Bis etwa 1400 m.
**VERBREITUNG** Südliches Kroatien, Zentralitalien, südöstliches Frankreich bis Ligurien. Typus: Kroatien, Dinariden, Lika, 2004.

*O. dinarica* (I, Secinaro, 8.6.2012, HP)

*O. dinarica* (I, Barrea, 8.6.2012, HP)

## Holubys Ragwurz
*— Ophrys holubyana*

Mai–Juni

**STECKBRIEF** 15–25 (50) cm hoch; Blütenstand 3–9-blütig; Sepalen rosa bis weiß, selten verwaschen grünlich, 12–15 mm lang, 5–7 mm breit; Petalen 4–5 mm lang, 2–3 mm breit, ± gleich gefärbt wie die Sepalen; Lippe vielgestaltig, öfters scolopaxoid, 11–14 mm lang und breit (ausgebreitet), kastanienbraun, am Grund dreigeteilt; Mittellappen 7–8 mm breit, konvex, Seitenlappen mit 2–8 mm langen, spitz ausgezogenen Hörnern, diese innen grünlich gelb und kahl; Lippenmal H-förmig bis komplex, blauviolett, hell umrandet, das Basalfeld latzförmig umschließend; Anhängsel 2–4 mm breit.

*O. holubyana* (CZ, Velickou, 21.5.2011, HP)

**VERWECHSLUNG** *O. oestrifera* hat stärkere, 6–11 mm lange Lippenhörner, die rundherum behaart sind, *O. holosericea* hat nur sehr selten scolopaxoide, jedoch etwas größere Blüten und generell kürzere Lippenhöcker. Möglicherweise hybridogene Sippe zwischen den beiden Arten.

**VORKOMMEN** Magerwiesen. Bis etwa 800 m.
**VERBREITUNG** Tschechien, Slowakei, Ungarn. **Typus:** Slowakei, bei Bosáca, 1917.
**BESTÄUBER** *Eucera longicornis*
**NAME** Benannt zu Ehren des slowakischen Pastors, Botanikers und Ethnografen Josef Ludwig Holuby (1836–1923), der die Art bei Zemianske Podhradie in den Weißen Karpaten entdeckte.

*O. holubyana* (CZ, Velickou, 21.5.2011, HP)

## Hummel-Ragwurz
*— Ophrys holosericea* (Syn.: *O. fuciflora*, *O. holoserica*)

April–Juni

**STECKBRIEF** 10–25 (35) cm hoch; Blätter hell- bis bläulich grün, deutlich geadert, die grundständigen rosettig gehäuft, die oberen länglich-lanzettlich, stängelumfassend; Blütenstand mit 2–10 Blüten; Sepalen weiß, rosa, purpurrosa oder selten grün, 10–14,5 mm lang, 5–9 mm breit, abstehend bis leicht zurückgeschlagen; Petalen gleichfarbig oder dunkler als die Sepalen, dreieckig, 3–5,5 mm lang, 2–4 mm breit, behaart und geöhrt; Lippe oval bis trapezförmig, ungeteilt, am unteren Rand meist hochgebogen, 10–13 mm lang und 13–20 mm breit (ausgebreitet), samtig behaart, leicht gehöckert bis gehöckert; Lippenmal H-förmig bis reich gegliedert, braunviolett, weißgelb umrahmt; Anhängsel groß, 2,5–4,5 mm breit, oft dreizähnig.

*O. holosericea* (D, Neuburg, 15.6.2013, HP)

*O. holosericea* (li: D, Hurlach, 28.5.2011, HP; re: D, Neuburg D., 15.6.2013, HP)

*O. holosericea* (li: GB, Folkstone, 3.5.2017, HP; re: D, Ingolstadt, 6.6.2015, HP)

**VORKOMMEN** Halbtrockenrasen, Säume, grasige Dämme, lichte Föhren-Eichenwälder, Brennen (Heißländen), Weinbergsbrachen; kalkliebend. Bis etwa 1450 m.
**VERBREITUNG** Mitteleuropäische Art. Die genaue Verbreitungsgrenze im Süden und Osten ist unsicher wegen Abgrenzungsschwierigkeiten ähnlicher Arten. **Typus:** Schweiz, Bern, 1770.
**BESTÄUBER** *Eucera longicornis*, gebietsweise (wenig effektiv) auch *Eucera nigrescens* und der Gartenlaubkäfer *Phyllopertha horticola* und die Schwebfliege *Microdon analis*

**VARIABILITÄT** Ausgesprochen variable Art, die v. a. in der Farbe der Perigonblätter und der Lippe, wie auch in der Form der Lippe und der Petalen variiert. Sie wurde dadurch lange Zeit als „Sammelart" behandelt, ähnliche Arten im Süden wurden ihr von vielen Autoren zugeordnet.

## Dicke Ragwurz
*— Ophrys pinguis*

Mitte Mai–
Mitte Juni

*O. pinguis* (I, Monti del Matese, 25.5.2015, HP)

**STECKBRIEF**

15–25 (40) cm hoch, kräftig; Blütenstand mit 2–10 eher großen Blüten; Sepalen weiß bis dunkelrosa, grün geadert, 10–14 mm lang, 4–8 mm breit, abstehend; Petalen gleichfarbig oder dunkler als die Sepalen, dreieckig, 4–8 mm lang, 3–6 mm breit, behaart und geöhrt; Lippe rundlich bis trapezförmig, ungeteilt, 12–16 mm lang, 14–20 mm breit (ausgebreitet), samtig behaart, angedeutet bis abgerundet gehöckert; Lippengrundfarbe rotbraun bis dunkelbraun; Lippenmal einfach, ± H-förmig, braunviolett, weiß umrandet, zusätzlich mit

*O. pinguis* (I, Monti Aurunci, L.c., 24.5.2015, HP)

abgesonderten oder anschließenden gelblichen Flecken; Basalfeld grünlich bis orange oder rotbraun; Pseudoaugen klein, grünlich; Anhängsel groß, in einer Vertiefung eingesetzt.
**VERWECHSLUNG** Charakterisiert durch für die Gruppe der Hummel-Ragwurzen auffallend breite Petalen und die hochgezogenen Schultern, der Narbenkopf wirkt oft fast in die Lippe eingesunken. Für eine sichere Abtrennung von *O. holosericea* als eigene Art wären allerdings Bestäubernachweise wünschenswert.
**VORKOMMEN** Magerwiesen, lichte Eichenwälder, Karst. Von 500–1200 m.
**VERBREITUNG** Zentralitalien von der Toskana bis Latium und Abruzzen. Typus: Italien, Latium, bei Itri, Campello, 2011.

## Zarte Ragwurz
*— Ophrys gracilis*

eher spät: Anf. Mai–Anf. Juni

**STECKBRIEF** 15–30 (45) cm hoch; Blütenstand mit 4–10 mittelkleinen Blüten; Sepalen rosa, dunkelrosa oder selten weiß, mit grünem Mittelnerv, 9–13,5 mm lang; Petalen gleichfarbig oder dunkler als die Sepalen, kurz, dreieckig, 1,2–3,5 mm lang; Lippe quadratisch bis rundlich, ungeteilt, 7–11 mm lang, selten und stellenweise auch größer, gleichmäßig kurz samtig behaart, leicht gehöckert bis ungehöckert; Lippenmal X-förmig bis reich gegliedert, braunviolett, weißlich umrahmt; Anhängsel 2–3 mm breit, nach oben gerichtet.

*O. gracilis* (I, Laurenzana, 29.5.2015, HP)

**VERWECHSLUNG** Ähnliche Arten haben meist deutliche Höcker, teils eine frühere Blütezeit oder größere Blüten. Manche Exemplare sind allerdings kaum sicher zuzuordnen.
**VORKOMMEN** Magerwiesen, extensives Kulturland, Gebüsch, Waldlichtungen. Von etwa 250–1200 m.
**VERBREITUNG** Zentralitalien von der Toskana bis Kalabrien. Meldungen aus Südfrankreich sind zu überprüfen. Typus: Italien, Salerno, 1973.
**BESTÄUBER** Möglicherweise *Eucera clypeata*

*O. gracilis* (li: I, Gargano, 26.5.2010, UG; re: I, Laurenzana, 28.5.2015, HP)

## Apennin-Ragwurz
— *Ophrys apennina*

Mitte April–
Mitte Juni

**STECKBRIEF** 10–25 (40) cm hoch; Blütenstand locker, mit 4–10 Blüten; Sepalen weiß bis purpurrosa, selten grün, 10–15 mm lang, 4–8 mm breit, abstehend; Petalen gleichfarbig oder etwas dunkler als die Sepalen, dreieckig, 2,5–6,5 mm lang, 2–3,5 mm breit, behaart; Lippe trapezförmig, ungeteilt, oft flach, 9–14,5 mm lang und 12–17 mm breit (ausgebreitet), samtig braun behaart, gehöckert mit nach außen gerichteten Höckern; Lippenmal H-förmig bis reich gegliedert, braunviolett, gelb umrahmt; Pseudoaugen klein, grün; Anhängsel groß, 2,5–4,5 mm breit, dreizähnig, aufwärtsgerichtet.
**VERWECHSLUNG** Unterscheidet sich von *O. holosericea* durch ± grünliche Pseudoaugen und eine kleinere, meist flache Lippe.
*O. annae* hat noch ein wenig kleinere Blüten, die Lippe ist weniger flach, ihr Rand ist etwas behaarter. Ebenfalls kaum Unterschiede gibt es zu *O. brachyotes* (incl. *O. lorenae*), die Lippe ist oft flacher. Die Artabtrennungen sind nicht durch Bestäuberbefunde gesichert.
**VORKOMMEN** Magerwiesen, Steinrasen, extensive Weiden. Bis etwa 1300 m.
**VERBREITUNG** Italienisches Festland. **Typus:** Italien, Latium, Rom, Canale Monterano, 2011.
**ANMERKUNG** Kritische Sippe, die sehr ähnlichen Sippen wurden vorher beschrieben.

*O. apennina* (I, Cilento, 21.4.2019, HP)

*O. apennina* (I, Monti Aurunci, 24.5.2015, HP)

## Kurzohrige Ragwurz
— *Ophrys brachyotes* (inkl. *O. holosericea* subsp. *lorenae*)

eher spät: (Mitte
April) Mai–Ende Juni

**STECKBRIEF** 15–30 (40) cm hoch; Blütenstand locker mit 2–11 relativ kleinen Blüten; Sepalen weiß bis purpurrosa, 9–14 mm lang, abstehend bis leicht zurückgeschlagen, mittleres Sepal nach vorne gekrümmt; Petalen gleichfarbig oder dunkler als die Sepalen, 3–6 mm lang, geöhrt; Lippe 7–13 mm lang, 9–15 mm breit, quadratisch bis scolopaxoid mit stark zurückgebogenen Seitenlappen, diese samtig behaart, gehöckert und kurz (Name!); Lippenmal h- bzw. x-förmig oder erweitert, braunviolett, weißgelb umrahmt; Anhängsel groß, 3–4,5 mm breit, 3–5-zähnig, nach oben gerichtet.
**VERWECHSLUNG** *O. holosericea* hat breitere, 13–20 mm breite Lippen, die nicht scolopaxoid sind, und eine um etwa 3 Wochen frühere Blütezeit. *O. gresi-*

O. brachyotes (I, Albisano, 23.5.2010, HP)

*O. brachyotes* (I, Grizzana M., L.c. *„lorenae"*, 23.5.2015, HP)

*O. brachyotes* (I, Albisano, 23.5.2010, HP)

*vaudanica* ist sehr ähnlich, häufiger jedoch scolopaxoid. Bestäuberbefunde zur Abtrennung wären wünschenswert. Möglicherweise gehören Populationen südlich der Po-Ebene und in Südostfrankreich zu anderen Arten.

**VORKOMMEN** Magerrasen, extensives Kulturland, Ödland, Waldlichtungen, tonige Böden in Erosionsgebieten. Bis etwa 1000 m.

**VERBREITUNG** Südostfrankreich, Norditalien. Die genaue Verbreitung ist wegen Abgrenzungsschwierigkeiten unsicher. **Typus:** Italien, Genua, 1830.

## Annas Ragwurz
— *Ophrys annae*

Ende März–
Anf. Mai

**STECKBRIEF** (10) 15–25 (40) cm hoch; Blütenstand 3–8-blütig; Blüten relativ klein; Sepalen weiß, rosa, gelegentlich grün, oval, 8–14 mm lang, 4–7,5 mm breit; Petalen aufrecht, samtig, dreieckig gerundet, 3–6 mm lang, 1–4 mm breit, gleich gefärbt wie die Sepalen; Lippe quadratisch gerundet bis trapezförmig, 7–12 mm lang, 9–15 mm breit (ausgebreitet), dunkelbraun, konvex gewölbt mit kleinen, konischen, gerundeten, innenseitig grünlichen Höckern; Randbehaarung um den gesamten Lippenrand deutlich ausgeprägt; Lippenmal leuchtend bläulich grau mit breitem, grünlich gelbem Rand in quadratischer oder X-Form, das Basalfeld umgreifend; Anhängsel groß, einteilig, teilweise 3–6-zähnig, grünlich gelb und nach vorn gerichtet; Narbenhöhle in einem kleinen Basalfeld endend, mit 2 elliptischen, blass grünlichen bis schwärzlichen Pseudoaugen.

**VERWECHSLUNG** Unterscheidet sich von *O. holosericea* durch kleinere Lippen (nur halb bis zwei Drittel so groß wie bei *O. holosericea*), die stark ausgeprägte Lippenrandbehaarung, die sich von den Schultern entlang des gesamten Rands einschließlich des Bereichs über dem Anhängsel als durchgehendes Band findet, die kleinen Narbenhöhlen einhergehend mit dem kleinen Basalfeld und den nah beieinanderliegenden Pseudoaugen. Sehr ähnlich sind Pflanzen vom italienischen Festland, die hier unter *O. brachyotes* geführt werden. Sie haben oft unwe-

*O. annae* (I, Sardinien, Sassari, 28.3.2008, HP)

*O. annae* (li: F, Korsika, Bonifacio, 15.4.2006, UG; re: I, Sardinien, Ittiri, 8.4.2007, UG)

sentlich größere Lippen mit weniger starker Randbehaarung. *O. linearis* hat längere, 4,5–8 mm lange Petalen, die am Rand oft eingerollt sind. *O. apennina* kann sehr ähnlich aussehen, sie hat etwas weiter ausgebreitete Lippen. Die Artabgrenzung in dieser Gruppe ist noch nicht gesichert.
**VORKOMMEN** Trocken- und Halbtrockenrasen, Straßenränder, Olivenhaine, lichte Stellen in Steineichen-Beständen; kalkliebend. Bis etwa 500 m.
**VERBREITUNG** Sardinien, sehr selten im Süden Korsikas. Typus: Italien, Sardinien, Sassari, 1992.
**NAME** Benannt zu Ehren von Anna Devillers, der Tochter des Beschreibers.

## Schmalpetalige Ragwurz
— *Ophrys linearis* (Syn.: *Ophrys pseudoscolopax*)

April–Mai

*O. linearis* (F, Figuerolles, 9.4.2019, UG)

**STECKBRIEF**
15–30 (45) cm hoch; Blütenstand locker mit 2–8 sehr variablen, relativ kleinen Blüten; Sepalen rosa, 10–16 mm lang; Petalen linear, die Ränder oft eingerollt, 4,5–8 mm lang, 1–2,5 mm breit; Lippe kugelig, ungeteilt bis angedeutet dreiteilig, 8–12,5 mm lang; Lippenmal H-förmig erweitert oder komplex bis marmoriert, braunviolett, weißgelb umrahmt; Anhängsel dreizähnig, grüngelb.

**VERWECHSLUNG** *O. brachyotes* hat kürzere, geöhrte, 3–6 mm lange Petalen und eine spätere Blütezeit von (Mitte April) Mai bis Juni.
**VORKOMMEN** Magerwiesen, Garrigue, Weiden, extensives Kulturland, Gebüsch, Waldlichtungen. Bis etwa 1100 m.
**VERBREITUNG** Südostfrankreich bis Ligurien. Typus: Frankreich, Département Alpes-Maritimes, 1869.

## Späte Ragwurz
— *Ophrys serotina* (Syn.: *O. posidonia*)

spät: Ende Mai–Mitte Juli

**STECKBRIEF** 15–35 (50) cm hoch; Blütenstand mit 3–8 kleinen Blüten; Sepalen meist grün, gelegentlich weiß, selten rosa überlaufen, 7–12 mm lang, 4–6 mm breit; Petalen grün, gelb oder weißlich, schmal-dreieckig, 2,5–5 mm lang, 2,5–4 mm breit, samtig behaart und bewimpert; Lippe ungeteilt (fuciflorid) bis seltener dreiteilig (scolopaxoid); 7–10 mm lang, 10,5–13,5 mm breit (ausgebreitet), dunkelbraun mit ± deutlich gelbem bis orangem Randbereich, kaum bis kräftig gehöckert; Lippenmal h- bzw. x-förmig oder erweitert, braunviolett, weiß umrandet; Basalfeld orange bis dunkel orangebraun; Anhängsel grüngelb, nach oben gerichtet.
**VERWECHSLUNG** *O. tetraloniae* ist praktisch nicht zu unterscheiden, hat aber fast immer rosa bis

*O. serotina* (I, Laurino, 3.6.2015, HP)

*O. serotina* (li: I, Moliterno, 3.6.2015, HP; re: I, Laurino, 3.6.2015, HP)

weißes Perigon. Bestäuberbefunde bei *O. serotina* wären wünschenswert.
**VORKOMMEN** Wiesen, extensives Kulturland, lichtes Gebüsch. Von etwa 400–1200 m.
**VERBREITUNG** Italienisches Festland. Typus: Italien, Latium, Frosinone, Monti Lepini, 2000.

## Tetralonia-Ragwurz
— *Ophrys tetraloniae* (Syn.: *O. holosericea* subsp. *laxiflora*)

spät:
Mitte Mai–Juli

**STECKBRIEF** Pflanze hochwüchsig, (15) 20–35 (50) cm hoch; Blütenstand locker, mit 3–9 kleinen Blüten; Sepalen meist weiß, aber auch rosa, dunkelrosa oder selten grünlich, mit einem grünen Mittelnerv, 9–10 mm lang, 4–5 mm breit, abstehend bis leicht zurückgeschlagen, die seitlichen Sepalen leicht hängend; Petalen gleichfarbig oder dunkler als die Sepalen, breit-dreieckig, am Ende gerundet, 3–4,5 mm lang, 2,5–4,5 mm breit, behaart; Lippe schräg vom Stängel abstehend, 7–11 mm lang, 8–13 mm breit, samtig behaart, ungehöckert bis schwach gehöckert; Lippengrundfarbe dunkelbraun; Lippenmal blaugrau, glänzend, weiß umrandet, H-förmig bis x-förmig, manchmal erweitert durch seitliche oder untere Verzweigungen; Anhängsel dreizähnig, grüngelb, nach vorne aufgerichtet, in einer Vertiefung eingebettet.
**VERWECHSLUNG** Bei *O. gracilis* stehen die rundlicheren Lippen eher senkrecht, die Petalen sind kleiner, 1,5–3,5 mm lang.
**VORKOMMEN** Magerwiesen, Weiden, extensives Kulturland, Gebüsch. Bis etwa 800 m.
**VERBREITUNG** Kroatien, Italien, Montenegro. Typus: Kroatien, Istrien, 1987.
**BESTÄUBER** *Tetraloniella fulvescens*

*O. tetraloniae* (li: HR, Montovani, 7.6.2006, UG; re: HR, Gologorica, 4.6.2006, UG)

*O. tetraloniae* (li: HR, Gologorica, 4.6.2006, UG; re: HR, Pican, 5.6.2006, UG)

## Grésivaudan-Ragwurz
*— Ophrys gresivaudanica*

spät:
Ende Juni–Juli

*O. gresivaudanica* (li: F, Pontcharra, 21.6.2019, HP; re: F, Allevard, L.c., 21.6.2019, HP)

*O. gresivaudanica* (F, Allevard, L.c., 21.6.2019, HP)

**STECKBRIEF** (15) 25–40 (70) cm hoch; Grundblattrosette zur Blütezeit oft vertrocknet; Blütenstand locker mit 2–10 kleinen Blüten; Sepalen rosa bis purpurrosa, 8–13 mm lang, abstehend bis leicht zurückgeschlagen, mittleres Sepal nach vorne gekrümmt; Petalen gleichfarbig oder dunkler als die Sepalen, 3–6 mm lang, 1,8–3,6 mm breit; Lippe fuciflorid (etwa zwei Drittel der Pflanzen) oder scolopaxoid (etwa ein Drittel der Pflanzen), 7–11 mm lang, 7–10 mm breit, gehöckert; Lippengrundfarbe dunkelbraun bis rotbraun; Lippenmal unterschiedlich, h- oder x-förmig oder erweitert, oft mit einem nabelartigen Einschluss, braunviolett, weißgelb umrahmt; Anhängsel nach vorne oder oben gerichtet.
**VERWECHSLUNG** *O. elatior* kann äußerst ähnlich aussehen, die Tendenz zu fucifloriden Blüten ist aber ausgeprägter, im Schnitt sind die Pflanzen deutlich höher und die Blütezeit beginnt später und dauert in manchen Jahren bei Einzelpflanzen bis Ende August (aufgrund der abweichenden, weniger trockenen Biotope in Flussauen?). Bestäubertests bei *O. gresivaudanica* wären zur Klärung wünschenswert. *O. santonica* ist von der scolopaxoiden Ausprägung kaum zu unterscheiden, hier wären Bestäubertests noch wichtiger.
**VORKOMMEN** Magerwiesen, Böschungen, Rasen, Weiden, Ödland, Gebüsch. Von etwa 250–800 m.
**VERBREITUNG** Frankreich: Isére, nördliches Rhonetal. **Typus:** Frankreich, Isére, Saint-Pierre d'Allevard, 2002.

## Saintonge-Ragwurz
*— Ophrys santonica*

spät:
Juni–Ende Juli

**STECKBRIEF** 15–35 (60) cm hoch; Blütenstand mit 3–15 kleinen Blüten; Sepalen rosa bis (selten) weiß, 7–11,5 mm lang, 4–6 mm breit; Petalen gleich den Sepalen oder intensiver gefärbt, dreieckig, geöhrt, 3–6 mm lang; Lippe dunkelbraun, oft mit gelbem bis hellbraunem Rand, 7–10 mm lang, dreigeteilt, scolopaxoid, seltener fuciflorid; Mittellappen stark konvex, Seitenlappen nach oben in lang behaarte Höcker verlängert; Lippenmal h- bis schildförmig mit Verzweigungen oder reduziert, braunviolett, gelblich weiß umrandet; Anhängsel grüngelb, nach vorne oder oben gerichtet.
**VERWECHSLUNG** *O. scolopax* hat größere, 8,5–14 mm lange Lippen, keinen gelben Lippenrand und blüht früher von März bis Juni. *O. picta* im Zentralmassiv blüht

*O. santonica* (I, Calvo, 2.7.2011, HP)

*O. santonica* (li: F, Le Caylar, 19.6.2019, HP; re: F, La Villedieu, 27.6.2018, BT)

früher, hat einen weniger dicken, besser abgesetzten Narbenkopf und längere, schlankere Petalen. *O. gresivaudanica* kann äußerst ähnlich sein, ist aber häufiger fuciflorid. *O. elatior* ist fast immer fuciflorid und hat geringfügig größere Blüten. Bestäuberuntersuchungen zur Trennung der kleinblütigen Sippen wären wünschenswert.

**VORKOMMEN** Magerwiesen, extensives Kulturland, Brennen (Heißländen), Garrigue, Waldlichtungen. Bis etwa 800 m.

**VERBREITUNG** Disjunkt von Nordspanien bis Ligurien. Typus: Frankreich, Département Charente, Saintonge, 1994.

## Hohe Hummel-Ragwurz
*— Ophrys elatior*

Anf. Juli–
Ende Aug.

**STECKBRIEF** 25–45 (80) cm hoch; Rosettenblätter erst im Frühling erscheinend, zur Blütezeit oft schon vertrocknet; Blütenstand lang gestreckt, 5–30 cm lang, locker mit 5–15 Blüten besetzt; Sepalen rosa bis purpurrosa, 8–13 mm lang, 4–5,5 mm breit, eiförmig; Petalen gleichfarbig oder dunkler als die Sepalen, dreieckig, dick, 3–6 mm lang, 1,5–3,5 mm breit, behaart; Lippe ungeteilt, 6,5–11 mm lang und 9,5–14 mm breit (ausgebreitet), samtig behaart, an den Schultern

*O. elatior* (D, Steinenstadt, 14.8.2016, HP)

*O. elatior* (D, Steinenstadt, 14.8.2016, HP)

deutlich gehöckert; Lippenmal meist ornamental, sich von den hellen Höckern bis über die Lippenmitte erstreckend, dunkelviolett, hell grünlich gelb gesäumt; Anhängsel grüngelb, 1,5–2,5 mm breit, dreizähnig, nach vorne bis aufwärtsgerichtet.
**VERWECHSLUNG** *O. holosericea* ist niedriger, 10–30 cm hoch, hat größere Blüten mit 10–13 mm langer und 13–20 mm breiter Lippe und ist verblüht, wenn *O. elatior* zu blühen beginnt. *O. gresivaudanica* kann äußerst ähnlich aussehen, die Tendenz zu scolopaxoiden Blüten ist aber ausgeprägter, im Schnitt sind die Pflanzen deutlich niedriger und die Blütezeit beginnt früher (aufgrund der abweichenden, trockeneren Biotope?). *O. santonica* ist fast immer scolopaxoid. Bestäubertests wären wünschenswert.
**VORKOMMEN** Wohl ausschließlich in Flussauen: Brennen, trockene Magerrasen, Gebüsch, Waldlichtungen; kalkliebend. Von etwa 150–500 m.
**VERBREITUNG** Von Lyon bis ins Rheintal Baden-Württembergs. **Typus:** Deutschland, Baden-Württemberg, Istein, 1996.
**BESTÄUBER** *Tetraloniella salicariae*

## Demanges Ragwurz
*— Ophrys demangei*

(Mitte April) Mai–Mitte Juni

**STECKBRIEF** 15–25 (45) cm hoch; Blütenstand locker, mit 4–12 Blüten; Sepalen weiß bis dunkelrosa, 8–12,5 mm lang, 5–8 mm breit; Petalen gleichfarbig, 2,5–5 mm lang; Lippe kreisförmig bis quadratisch, ungeteilt bis dreiteilig, 7,5–10 mm lang, etwas kürzer als die Sepalen, mit vollständigem Randhaarband, samtig behaart, dunkelbraun bis schwarzbraun; Lippenhöcker deutlich, 0,5–3 mm hoch; Lippenmal H-förmig bis reich gegliedert, braunviolett, weißgelb umrahmt; Basalfeld orangerot bis dunkelbraun.
**VERWECHSLUNG** *O. holosericea* hat stets ungeteilte, größere, 10–14,5 mm lange Lippen. *O. dinarica* hat länglichere Lippen, oft mit geteiltem Basalfeld. *O. montiliensis* blüht später und hat häufig scolopaxoide Blüten.
**VORKOMMEN** Magerrasen, Garrigue, Säume, lichte Föhren-Eichenwälder, extensives Kulturland; kalkliebend. Bis etwa 1500 m.

**VERBREITUNG** Südostfrankreich: Dróme, Isére, Haute-Alpes, Haute-Provence. **Typus:** Frankreich, Dróme, 2015.
**NAME** Benannt zu Ehren des französischen Geologen und Orchidologen Michel Demange (1944–2012), der v. a. an der Geologie der Montagne Noire forschte.

*O. demangei* (F, Vercors, 19.5.2018, HP)

*O. demangei* (F, Vercors, 19.5.2018, HP)

*O. demangei* (F, Vercors, 19.5.2018, HP)

## Montélimar-Ragwurz
— *Ophrys montiliensis*

spät:
Anf. Juni–Juli

*O. montiliensis* (F, Charols, 1.6.2018, HP)

*O. montiliensis* (li: F, Charols, 1.6.2018, HP;
re: F, Charols, 20.6.2019, HP)

**STECKBRIEF** (15) 20–40 (70) cm hoch; Blütenstand mit 3–17 eher kleinen, äußerst variablen Blüten; Sepalen hell- bis dunkelrosa, 11–15 mm lang, 5–7,5 mm breit; Petalen gleichfarbig oder dunkler als die Sepalen, breit-dreieckig, seltener lanzettlich, 5–8 mm lang; Lippe ungeteilt fuciflorid (70%) bis dreigeteilt scolopaxoid (30%), 8–13 mm lang, samtig behaart, an den Schultern leicht bis sehr deutlich gehöckert; Lippenmal unterschiedlich, sich von den hellen Höckern bis über die Lippenmitte erstreckend, violett, gelblich weiß gesäumt; Basalfeld grünlich, orange bis dunkelbraun, Pseudoaugen meist grünlich; Anhängsel grüngelb, oft dreizähnig.
**VERWECHSLUNG** *O. elatior* hat kleinere, 3–6 mm lange Petalen, kleinere, 6,5–11 mm lange Lippen und eine noch spätere Blütezeit von Juli bis August. *O. gresivaudanica* ist ebenfalls kleinblütiger und hat weniger prominente Petalen. *O. demangei* blüht früher und hat rundlichere Blüten, die nicht scolopaxoid sind. *O. dinarica* blüht ebenfalls früher, hat selten scolopaxoide Blüten und öfters ein geteiltes Basalfeld.
**VORKOMMEN** Trockene Magerrasen, Gebüsch, Schotterhänge, Brennen, extensives Kulturland. Von ca. 120–250 m.
**VERBREITUNG** Flusstäler von Roubion und Jabron, die bei Montélimar in die Rhone münden. Ein Vorkommen auch weiter südöstlich davon. **Typus:** Frankreich, Drôme, Montélimar, 2012.

## Souches Ragwurz
— *Ophrys souchei* (Syn.: *O. montis-aviarii*)

spät: Ende Mai–
Ende Juni

**STECKBRIEF** (10) 15–30 (47) cm hoch; Blütenstand mit 4–10 großen Blüten; Sepalen rosa, selten weiß, 12–17,5 mm lang, 6–9,5 mm breit; Petalen dreieckig, geöhrt, gleichfarbig oder dunkler als die Sepalen, 3–8 mm lang, 2–4 mm breit; Lippe selten scolopaxoid, (11) 12–15 (17) mm lang, samtig behaart, mit 1–3 mm langen Höckern; Lippengrundfarbe dunkelbraun, Lippenrand manchmal gelb; Lippenmal H-förmig bis großflächig, reichlich aufgelöst, braun bis dunkelviolett, weißlich bis gelb umrahmt; Basalfeld nicht zweigeteilt, orangebraun; Anhängsel grüngelb, nach oben gerichtet.
**VERWECHSLUNG** *O. dinarica* hat weniger ausgebreitete, meist kleinere Lippen und ein oft zweigeteiltes oder angedeutet zweigeteiltes Basalfeld. Sie blüht etwas früher und wird weniger kräftig. *O. montiliensis* blüht noch später, hat aber kleinere Blüten, die oft scolopaxoid sind.

**VORKOMMEN** Magerwiesen, Brennen (Heißländen), extensives Kulturland, Gebüsch, lichter Kiefernwald. Bis etwa 400 m.

*O. souchei* (F, Sainte-Cécile-les-Vignes, 1.6.2018, HP)

*O. souchei* (F, Sainte-Cécile-les-Vignes, 1.6.2018, HP)

**VERBREITUNG** Vaucluse und Drôme sowie südlich Hyères. **Typus:** Frankreich, Vaucluse, 2012.
**NAME** Benannt zu Ehren des zeitgenössischen französischen Orchideenfachmanns Remy Souche (Jahrgang 1951).

## Gestutzte Ragwurz
— *Ophrys truncata* (Syn.: *O. aegirtica*)

spät: Ende Mai–Anf. Aug.

**STECKBRIEF** 15–30 (60) cm hoch; Blütenstand mit 2–7 großen Blüten; Sepalen rosa, 10–17 mm lang, 5–10 mm breit, abstehend bis leicht zurückgeschlagen; Petalen dreieckig, geöhrt, ± gleichfarbig wie die Sepalen, 3,5–6 mm lang, 2–3,5 mm breit, behaart; Lippe quadratisch bis rundlich, 11–18 mm lang und 11–20 mm breit (ausgebreitet), samtig behaart, gehöckert mit 0,5–3 mm langen Höckern; Lippengrundfarbe dunkelbraun bis rotbraun; Lippenmal H-förmig erweitert, braunviolett, gelblich weiß umrahmt; Basalfeld auffallend orange bis orangebraun; Anhängsel grüngelb, dreizähnig.

*O. truncata* (F, St Gaudéric, 18.6.2019, MN)

*O. truncata* (F, Carcassonne, 29.6.2013, BT)

**VERWECHSLUNG** *O. souchei* hat oft ausgebreitetere Lippen mit weniger hellem Basalfeld. Sie blüht etwas früher.
**VORKOMMEN** Lückige Magerrasen, extensives Kulturland, Garrigue. Bis etwa 400 m.
**VERBREITUNG** Departéments Gers und Hautes-Pyrènèes, ein Fundort auch in Lot-et-Garonne. **Typus:** Frankreich, Departément Hautes-Pyrènèes, Monléon-Magnoac, 1867.
**BESTÄUBER** Möglicherweise *Eucera hispanica*

## Seealpen-Ragwurz
*— Ophrys vetula*

eher spät:
Mai–Juni

*O. vetula* (F, Èze, L.c., 15.5.2016, HP)

*O. vetula* (li: F, Èze, L.c., 15.5.2016, HP; re: I, Imperia, 14.5.2016, HP)

**STECKBRIEF** 15–30 (45) cm hoch; Grundblätter zur Blütezeit meist welk; Blütenstand locker, mit 3–6 kleinen Blüten; Sepalen weißlich bis rosa, 8–12 mm lang, bis 6 mm breit; Petalen gleich gefärbt, am Grund leicht geöhrt, bis zu 6 mm lang, schmal-dreieckig, spitz endend und behaart; Lippe sehr variabel (von breit-scolopaxoid bis fuciflorid), 7–11 mm lang, 8–10 mm breit, Grundfarbe braun, samtig; Seitenlappen in kurzen, spitzen, oft etwas hakenförmigen Hörnern endend, diese innenseitig kahl, grün, außenseitig braun, behaart; Mittellappen verkehrt-herzförmig; Lippenmal h- oder x-förmig, bläulich violett bis rot bräunlich, gelblich weiß umrandet und ± stark aufgelöst; Basalfeld klein, etwas heller als die Lippengrundfarbe; Narbenhöhle deutlich breiter als hoch; Anhängsel gerade nach vorne oder leicht abwärtsgerichtet, leicht dreizähnig.

**VERWECHSLUNG** *O. scolopax* und ihre nahen Verwandten haben schmälere, stärker eingerollte Lippen mit der breitesten Stelle ± in der Lippenmitte. *O. scolopax* blüht früher. *O. linearis* hat weniger scolopaxoide Blüten und blüht früher. *O. truncata* hat größere Blüten mit 11–18 mm langen Lippen und blüht etwas später von Ende Mai bis Anfang August.

**VORKOMMEN** Magerrasen, lückige, steinige Küstengarrigue, lichte Kiefern- oder Mischwälder, Straßengräben; kalkliebend. Bis etwa 500 m.

**VERBREITUNG** Südostfrankreich bis Ligurien. **Typus:** Frankreich, Département Alpes-Maritimes, Col d'Èze, 1844.

## Eichenhain-Ragwurz
*— Ophrys quercophila* (Syn.: *O. querciphila*)

spät: Mitte Mai–
Ende Juni

**STECKBRIEF** (20) 25–35 (60) cm hoch; Blütenstand 3–12-blütig; Sepalen hell- bis dunkelrosa, mit grünem Mittelnerv, zurückgespreizt, 11–18 mm lang, 5–9 mm breit; Petalen ± gleich den Sepalen gefärbt, relativ schlank und spitz, 3,5–7,5 mm lang, 1,5–3 mm breit; Lippe dunkelbraun, 12–17 mm lang, Mittellappen ± oval mit größter Breite in der Mitte; Seitenlappen in stumpfen Höckern endend; Lippenmal braunviolett, großflächig, unterschiedlich, h- bis x- oder schildförmig mit Verzweigungen zu den Buchten der Seitenlappen oder ornamental, gelblich weiß umrandet; Basalfeld teils grünlich, orange oder rot- bis dunkelbraun; Anhängsel klein bis mittelgroß, grüngelb, meist nach vorne gerichtet.

**VERWECHSLUNG** *O. scolopax* hat klei-

*O. quercophila* (li: F, Sauteyrargue, L.c., 22.5.2018, HP; re: F, Corconne, 26.5.2018, HP)

*O. quercophila* (F, Sauteyrargue, L.c., 22.5.2018, HP)

nere, 8,5–14 mm lange, in der Form weniger variable Lippen und eine deutlich frühere Blütezeit.
**VORKOMMEN** Lichte Eichenwälder, Lichtungen, Gebüsch, Magerrasen, Straßenränder. Bis etwa 1050 m.
**VERBREITUNG** Südfrankreich und Nordspanien. **Typus:** Frankreich, Languedoc, Hérault, Sauteyrargue, 2017.

## Corbières-Ragwurz
*— Ophrys corbariensis*

spät:
Mai–Juni

**STECKBRIEF** 10–50 cm hoch; Blütenstand 3–9-blütig; Sepalen rosa bis weiß, selten grün, 12–16 mm lang; Petalen gleich den Sepalen oder intensiver gefärbt, länglich, 4–7 mm lang, 1,5–3 mm breit; Lippe groß, horizontal bis schräg nach unten stehend, mittel- bis dunkelbraun, 13–16 mm lang, 13–19 mm breit (ausgebreitet), oben stark dreigeteilt; Mittellappen stark konvex, Seitenlappen nach oben in lang behaarte Höcker verlängert; Lippenmal H-förmig mit Verzweigungen zu den Buchten der Seitenlappen bis komplex, gelblich weiß umrandet; Basalfeld orange, deutlich heller als die Lippengrundfarbe; Anhängsel groß, oft dreizipfelig, grüngelb, hochgebogen, 2–3,5 mm breit.

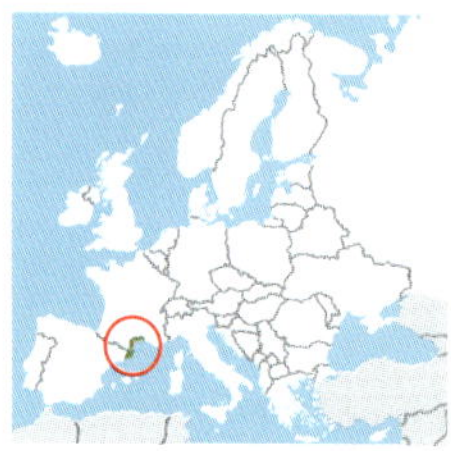

**VERWECHSLUNG** *O. scolopax* hat kleinere Blüten, 9–12 mm lange Sepalen, 8,5–14 mm lange Lippen und im Tiefland eine frühere Blütezeit von März bis Anfang Mai.
**VORKOMMEN** Magerwiesen, extensives Kulturland, Garrigue, Gebüsch, lichte Wälder. Bis etwa 800 m.
**VERBREITUNG** Von Nordostspanien bis Südfrankreich. **Typus:** Frankreich, Aude, 2002.

*O. corbariensis* (F, Fitou, 19.5.2013, HP)

*O. corbariensis* (F, Fitou, 19.5.2013, HP)

## Schnepfen-Ragwurz
— *Ophrys scolopax*

März–Mai (Juni?)

*O. scolopax* (E, Valencia, 13.4.2014, HP)

*O. scolopax* (li: E, S. Segura, 24.5.2013, HP; re: E, Valencia, 13.4.2014, HP)

**STECKBRIEF** 10–30 (50) cm hoch; Blütenstand 3–15-blütig; Sepalen rosa bis weiß, sehr selten grün, 9–12 mm lang, 4–6 mm breit; Petalen gleich den Sepalen oder intensiver gefärbt, länglich, 5–8 mm lang, 1,5–2,8 mm breit; Lippe dunkelbraun, 8,5–14 mm lang, 8–15 mm breit (ausgebreitet); Mittellappen stark konvex, Seitenlappen nach oben in lang behaarte Höcker verlängert; Lippenmal H-förmig mit Verzweigungen zu den Buchten der Seitenlappen, gelblich weiß umrandet; Basalfeld braunorange bis dunkelbraun; Anhängsel groß, oft dreizipfelig, grüngelb, hochgebogen, 2–3,5 mm breit.
**VERWECHSLUNG** *O. corbariensis* hat größere, 13–16 mm lange Lippen, ein oranges Basalfeld, das deutlich heller als die Lippengrundfarbe ist und eine spätere Blütezeit von Mai bis Juni. *O. quercophila* hat eine variablere Lippenform und blüht ebenfalls später. *O. picta* hat kleinere Blüten, dünne Petalen und blüht wenig später. Die Verhältnisse um uneindeutige Pflanzen sind noch nicht geklärt, vermutlich verbergen sich noch unerkannte Arten unter diesem Namen. Hierauf deuten auch die Bestäuber-Angaben hin.
**VORKOMMEN** Wiesen, Steinrasen, Wälder, extensives Kulturland, Garrigue. Bis etwa 1700 m.
**VERBREITUNG** Von Nordmarokko bis Frankreich. Typus: Spanien, Albaida bei Valenzia, 1793.
**BESTÄUBER** *Eucera barbiventris, Eucera interrupta, Eucera nigrescens*

## Bemalte Ragwurz
— *Ophrys picta* (Syn.: *O. sphegifera*)

(Ende Febr.) März–Juni

**STECKBRIEF** 15–30 (40) cm hoch; Blütenstand mit 4–13 relativ kleinen Blüten; Sepalen rosa, weiß oder grünlich, 7–12 mm lang, 4–6,5 mm breit; Petalen gleich den Sepalen oder intensiver gefärbt, Ränder eingerollt und daher auffallend dünn wirkend, 2,5–5 mm lang, 1–2 mm breit; Lippe dunkelbraun bis violettbraun, 7–11 mm lang, 7–11,5 mm breit (ausgebreitet); Mittellappen stark konvex; Seitenlappen nach oben in lang behaarte Höcker verlängert; Lippenmal sehr variabel, H-förmig mit Verzweigungen zu den Buchten der Seitenlappen, weißlich umrandet; Basalfeld orangebraun; Anhängsel groß, oft dreizipfelig, grüngelb, hochgebogen, 2–3,5 mm breit.

**VERWECHSLUNG** *O. scolopax* hat größere, 8,5–14 mm lan-

*O. picta* (P, Algarve, 21.4.2014, HP)

*O. picta* (P, Algarve, 21.4.2014, HP)

ge Lippen, keine eingerollten Petalen und blüht etwas später. Allerdings existieren Populationen, die nicht eindeutig zuzuordnen sind. Ob zudem die Pflanzen der nördlichen Vorkommen mit den südlichen übereinstimmen, ist fraglich. Bestäuberbefunde wären hilfreich. Die Abtrennung einer *O. sphegifera* (etwas kleinere Blüten) in Afrika, Pantelleria und Malaga ist ebenfalls nicht gesichert.

**VORKOMMEN** Magerwiesen, extensives Kulturland, Garrigue, Gebüsch, lichte Wälder. Bis etwa 1200 m.
**VERBREITUNG** Westliches Mittelmeergebiet von Marokko und Portugal bis Sardinien(?) und Pantelleria. Nordwärts in Südfrankreich bis in die Cevennen (?). Typus: Portugal, Setúbal, Serra de Arrabida, 1800.
**BESTÄUBER** Möglicherweise *Eucera barbiventris*

## Beira-Ragwurz
*— Ophrys beirana*

Anf. April–
Mitte Mai

**STECKBRIEF** 15–55 cm hoch; Blütenstand 3–10-blütig; Sepalen intensiv dunkelrosa, 11–14 mm lang, 5,5–8,5 mm breit; Petalen gleich den Sepalen oder intensiver gefärbt, schmal-dreieckig, 3–5,8 mm lang, 1,6–2,5 mm breit; Lippengrundfarbe dunkelbraun bis schwarzbraun, 9,5–12 mm lang;

*O. beirana* (li: P, Outeiro, L.c., 6.5.2019, DT; re: P, Pousadas Vendras, 5.5.2019, DT)

Mittellappen stark konvex, Seitenlappen nach oben in lang behaarte Höcker verlängert; Lippenmal h-förmig mit Verzweigungen zu den Buchten der Seitenlappen, gelblich weiß umrandet; Basalfeld braunorange; Anhängsel groß, oft dreizipfelig, gelblich, hochgebogen, 2,9–4,5 mm breit.

**VERWECHSLUNG** *O. scolopax* hat längere, 5–8 mm lange Petalen, eine weniger intensive Färbung des Perianths, eine schmälere Lippe und eine etwas hellere Lippengrundfarbe. *O. picta* hat schlankere Lippen und schmale Petalen. Allerdings sind sicher noch nicht alle Sippen aus dem Komplex geklärt, man findet immer wieder Populationen, die nicht zuordenbar sind.
**VORKOMMEN** Wiesen, Steinrasen, Wälder, extensives Kulturland, Garrigue. Bisher bis ca. 550 m bekannt.
**VERBREITUNG** Westliches Zentralportugal. **Typus:** Portugal, Beira Litoral, Outeiro, 2020.

## Conrads Ragwurz
— *Ophrys conradiae* (Syn.: *O. sardoa*)

spät: Ende April–Anf. Juni

**STECKBRIEF** 15–40 cm hoch; Blütenstand 3–10-blütig; Blüten relativ klein; Sepalen hellgrün, selten weiß oder rosa, 8–12,5 mm lang; Petalen dreieckig, geöhrt, gleich gefärbt wie die Sepalen, 2,8–4,5 mm lang; Lippe scolopaxoid, 9–13 mm lang, 9–13,5 mm breit (ausgebreitet), samtig, dunkelbraun, mit kleinen, konischen, gerundeten, innenseitig grünlichen Höckern; helle Randbehaarung um den gesamten Lippenrand ± deutlich ausgeprägt; Lippenrand meist gelb, durch die eingerollten Lippen oft kaum sichtbar; Lippenmal braunviolett, breit gelblich weiß umrahmt; Anhängsel auffallend groß, grünlich gelb und nach vorn gerichtet.

*O. conradiae* (I, Gravina, 29.5.2015, HP)

*O. conradiae* (li: I, Gravina, 29.5.2015, HP; re: I, Sardinien, Domusnovas, 1.6.2000, HP)

**VERWECHSLUNG** Aufgrund der kleinen Blüten und der späten Blütezeit im Gebiet keine.

**VORKOMMEN** Garrigue, lichte Wälder, extensives Kulturland, Wiesen. Bis etwa 400 m.

**VERBREITUNG** Korsika, Sardinien, wenige Bereiche in Südostitalien. **Typus:** Frankreich, Korsika, 1993.

**BESTÄUBER** *Tetraloniella* sp., *Anthidium septemdentatum* (?)

**NAME** Benannt zu Ehren der korsischen Botanikerin und Malerin deutscher Herkunft Marcelle Conrad (1897–1990), die 60 Jahre lang Korsika durchstreifte, um die Pflanzenwelt der Insel zu studieren.

## Philippes Ragwurz
— *Ophrys philippi* (Syn.: *O. philippei*)

Mai

**STECKBRIEF** 15–25 (35) cm hoch; Blütenstand 4–12-blütig; Sepalen weiß, selten rosa, 12–14 mm lang; Petalen gelblich weiß bis grünlich weiß, bewimpert, behaart, eilanzettlich, 5–8 mm lang, 1,5–2 mm breit; Lippe schlank, dunkelbraun, 11–14 mm lang; Mittellappen stark konvex, Seitenlappen klein und tief angesetzt („Ärmchen"); Lippenmal komplex, großflächig, fragmentiert, violettbraun, gelblich weiß umrandet; Basalfeld braun, ähnlich der Lippengrundfarbe; Anhängsel groß.

*O. philippi* (F, Belgentier, 15.5.2016, HP)

**VORKOMMEN** Waldränder, Magerwiesen, Säume, lichte Wälder; kalkstet. Bis etwa 700 m.

**VERBREITUNG** Endemisch auf der Hochebene von Siou Blanc nördlich von Toulon sowie deren östliche und nördliche Hänge, selten. **Typus:** Frankreich, Var, 1859.

**NAME** Benannt zu Ehren von Mathieu-Yves Philippe (1802–1866), Direktor des Botanischen Gartens der Kaiserlichen Marine in Saint Mandrier.

## Zinsmeisters Ragwurz
— *Ophrys zinsmeisteri* (Syn.: *O. kvarneri*)

eher spät:
April–Mai

**STECKBRIEF** 10–30 (40) cm hoch; 2–6 ziemlich große Blüten; Sepalen hell- bis dunkelrosa, selten grünlich, 11–15 mm lang, 4–6 mm breit; Petalen 3–5,8 mm lang, 1,5–2,5 mm breit, ± gleich gefärbt wie die Sepalen oder dunkler; Lippe scolopaxoid bis fast fuciflorid, 11–14 mm lang, 12–16 mm breit (ausgebreitet), dunkelbraun, am Grund dreigeteilt; Seitenlappen mit 4–6 mm langen, hellen Hörnern; Lippenmal H-förmig bis erweitert, blauviolett, gelbweiß umrandet; Anhängsel 2–3 mm breit.
**VERWECHSLUNG** *O. oestrifera* und ihre näheren Verwandten am Balkan haben oft längere, 6–11 mm lange Lippenhörner und fehlen im Gebiet des *O. zinsmeisteri*. Sie haben stets rein scolopaxoide Lippen. Die nach Süden anschließende *O. rhodostephane* hat darüber hinaus kleinere Blüten.

**VORKOMMEN** Macchie, Straßenränder, Phrygana, Eichen-Hainbuchen-Wälder, Ödland. Bis etwa 200 m.
**VERBREITUNG** Istrien, Krk, Cres, Losinj. **Typus:** Kroatien, Istrien, 1928.
**BESTÄUBER** *Eucera longicornis*
**NAME** Benannt zu Ehren des deutschen Botanikers Johann Baptist Zinsmeister (1862–1944), Lehrer in Wengen und München, der die Pflanze in Istrien entdeckte.

*O. zinsmeisteri* (HR, Plomin, 1.5.2010, HP)

*O. zinsmeisteri* (HR, Plomin, 1.5.2010, HP)

## Rosakronige Ragwurz
— *Ophrys rhodostephane* (Syn.: *O. oestrifera* subsp. *montis-gargani*, *O. mattinatae*)

eher spät:
April–Anf. Juni

**STECKBRIEF** 15–30 (50) cm hoch; Blütenstand 3–15-blütig; Sepalen rosa bis purpurrosa, selten auch weißlich oder grünlich, 11–15 mm lang, 5–7 mm breit, nach hinten gerichtet; Petalen 3–5 mm lang, 1,5–3 mm breit, ± gleich gefärbt wie die Sepalen; Lippe 9–13 mm lang, 9–15 mm breit (ausgebreitet), kastanienbraun; Seitenlappen mit 5–9 mm langen, spitz ausgezogenen Hörnern; Lippenmal H-förmig erweitert bis über die gesamte Lippe reichend, blauviolett, hell umrandet, das orangebraune Basalfeld latzförmig umschließend; Anhängsel 2–3 mm breit.

**VERWECHSLUNG** *O. oestrifera* hat geringfügig größere, 11–14 mm lange Lippen und eine östlichere Verbreitung. Das Anhängsel ist größer. Die Pflanzen in Italien sind farblich variabler, meist mit hellerem Pe-

*O. rhodostephane* (HR, Vir, 7.4.2021, HP)

*O. rhodostephane* (HR, Vir, 2.4.2021, HP)

*O. rhodostephane* (I, Peschici, 16.4.2019, HP)

rigon, sie wurden nach ihrem Vorkommen als „*O. montisgargani*" und als „*O. mattinatae*" beschrieben. Die Blüten sind meist etwas größer. Bei unterschiedlichen Bestäubernachweisen müssten sie als getrennte Arten geführt werden.

**VORKOMMEN** Gebüsch, extensives Kulturland, Wiesen, Mischwälder. Bis etwa 800 m.

**VERBREITUNG** Dalmatien von der Insel Vir, von Zadar bis Montenegro, Monte Gargano in Apulien. **Typus:** Kroatien, Hvar, 2004.

## Zweigehörnte Ragwurz
*— Ophrys bicornis*

Ende April–Juni

**STECKBRIEF** 15–25 (50) cm hoch; Blütenstand 3–15-blütig; Sepalen rosa bis weiß, mit grünen Nerven, 12–15 mm lang, 5–7 mm breit, nach hinten gebogen; Petalen 4–6 mm lang, 2–3 mm breit, ± gleich gefärbt wie die Sepalen; Lippe 11–14 mm lang und breit (ausgebreitet), kastanienbraun, am Grund dreigeteilt; Seitenlappen mit 8–11 mm langen, spitz ausgezogenen Hörnern; Lippenmal H-förmig bis komplex, blauviolett, hell umrandet, das Basalfeld latzförmig umschließend; Narbenhöhle breit, etwa 60% der Lippenbreite messend, Narbenhöhle mit einer sichtbaren Kante, die zwischen den Pseudoaugen verläuft; Anhängsel 2–3 mm breit.

*O. bicornis* (GR, Thasos, 26.4.2017, BT)

**VERWECHSLUNG** Unterscheidet sich von *O. oestrifera* durch die Narbenhöhle, die an der Basis mit einer sichtbaren Kante verengt ist, die horizontal zwischen den Pseudoaugen verläuft. *O. cerastes* hat meist dickere Hör-

*O. bicornis* (GR, Veria, 9.6.2014, HP)

ner. Am L.c. wurden schon lange keine Pflanzen mehr gefunden, sodass die Merkmale nicht abschließend geklärt werden können.

**VORKOMMEN** Wiesen, Phrygana, Gebüsch, Böschungen. Bis etwa 1300 m.

**VERBREITUNG** Balkanhalbinsel von den nördlichen Ägäischen Inseln bis Ungarn. Die genaue Verbreitung ist aufgrund von Verwechslungen mit ähnlichen Arten nicht bekannt. **Typus:** Ungarn, Mecsek-Gebirge bei Pecs, 1836.

## Gehörnte Ragwurz
— *Ophrys oestrifera* (Syn.: *O. cornuta*)

eher spät: April–Juni

*O. oestrifera* (RO, Braşov, 28.5.2017, NDA)

**STECKBRIEF**

15–35 (50) cm hoch; Blütenstand 3–12 (15)-blütig; Sepalen rosa bis weiß, mit grünen Nerven, 12–15 mm lang, 5–7 mm breit, nach hinten gebogen; Petalen 4–5 mm lang, 2–3 mm breit, ± gleich gefärbt wie die Sepalen oder dunkler; Lippe 11–15 mm lang, 12–20 mm breit (ausgebreitet), kastanienbraun; Mittellappen konvex, Seitenlappen mit 6–11 mm langen, spitz ausgezogenen Hörnern; Lippenmal H-förmig bis komplex, blauviolett, hell umrandet, das Basalfeld latzförmig umschließend; Narbenhöhle in der Breite etwa 60% der Lippenbreite messend; Anhängsel 2–3 mm breit.

**VERWECHSLUNG** *O. minuscula* hat kleinere, 6–9 mm lange, oft bauchigere Lippen und blüht etwas später, oft jedoch im selben Biotop. *O. crassicornis* hat etwas längere, 12–17 mm lange Lippen und eine relativ schmale Narbenhöhle, die etwa 45% der Lippenbreite einnimmt. Bei *O. bicornis* ist die Narbenhöhle an der Basis mit einer sichtbaren Kante verengt, die horizontal zwischen den Pseudoaugen verläuft. Sichere Unterscheidungen sind in dieser Gruppe oft nicht möglich, wahrscheinlich verbergen sich hier auch noch weitere Biospezies. Andererseits könnte es sein, dass benannte Sippen zusammenzulegen sind.

**VORKOMMEN** Phrygana, lichte Wälder, Gebüsch, Wiesen, Böschungen. Bis etwa 1700 m.

**VERBREITUNG** Vermutlich von Ungarn bis in den Nordiran. Die genaue Verbreitung ist aufgrund Verwechslungen mit ähnlichen Arten nicht bekannt. **Typus:** Krim, bei Derekoi, 1808.

**BESTÄUBER** *Eucera clypeata*, vermutlich auch *E. interrupta*, *E. nigra*, *E. nigrescens*

*O. oestrifera* (li: Krim, Skalistoje, 19.5.2011, PZ; re: RO, Svinita, 1.5.2016, CS)

## Langhornige Ragwurz
— *Ophrys cerastes*

April–Mitte Juni

**STECKBRIEF** 15–25 (50) cm hoch; Blütenstand 4–8-blütig; Sepalen rosa bis weiß, mit grünen Nerven, 9–14 mm lang, 5–7 mm breit, stark nach hinten geschlagen; Petalen 1,5–4,5 mm lang, 1–2 mm breit, ± gleich gefärbt wie die Sepalen oder intensiver; Lippe 9,5–12 mm lang, 11–15 mm breit (ausgebreitet), kastanienbraun, am Grund dreigeteilt; Mittellappen 7–8 mm breit, konvex, Seitenlappen mit 9–12 mm langen, spitz ausgezogenen Hornern; Lippenmal H-förmig bis komplex, blauviolett, hell umrandet, großflächig über ± die gesamte Lippe, das Basalfeld latzförmig umschließend; Narbenhöhle in der Breite etwa 45% der Lippenbreite messend; Anhängsel 2–3 mm breit.

*O. cerastes* (li: GR, Ioanina, 6.6.2012, HP; re: GR, Metsovo, 25.5.2010, HP)

*O. cerastes* (GR, Ioanina, 6.6.2012, HP)

**VERWECHSLUNG** Bei *O. oestrifera* sind die Sepalen nicht so stark nach hinten geschlagen, die Sepalen sind 12–15 mm lang, die Lippe 11–14 mm lang und die Narbenhöhle misst in der Breite etwa 60% der Lippenbreite. Auch andere Arten der Verwandtschaft können sehr ähnlich aussehen. Möglicherweise verbergen sich in der Gruppe weitere Biospezies, eventuell sind auch Sippen zusammenzulegen.

**VORKOMMEN** Phrygana, lichte Wälder, Gebüsch, Wiesen, Böschungen. Bis etwa 1300 m.

**VERBREITUNG** Vermutlich von Südalbanien, den Ionischen Inseln und Makedonien bis zur Peloponnes. Die genaue Verbreitung ist aufgrund der oftmaligen Verwechslung mit verschiedenen Sippen aus der *O. oestrifera*-Gruppe nicht bekannt. **Typus:** Griechenland, Epirus, Ioannina, 2004.

**BESTÄUBER** *Eucera furfurea, Eucera signifera*

*O. cerastes* (GR, Ioanina, 6.6.2012, HP)

## Dickhornige Ragwurz
— *Ophrys crassicornis*

Anf. April–
Mitte Juni

*O. crassicornis* (li: GR, Gramoz, 11.6.2014, HP; re: GR, Filiates, 26.4.2011, BT)

*O. crassicornis* (GR, Filiates, 26.4.2011, BT)

**STECKBRIEF** 15–30 (50) cm hoch; Blütenstand mit 3–15 mittelgroßen Blüten; Sepalen rosa bis weiß, mit grünen Nerven, 12–16 mm lang, 5–7 mm breit, nach hinten gebogen; Petalen dreieckig, 2–4 mm lang, 2–3,5 mm breit, ± gleich gefärbt wie die Sepalen; Lippe 12–17 mm lang, 12–19 mm breit (ausgebreitet), kastanienbraun, am Grund dreigeteilt; Seitenlappen mit dicken, 7–11 mm langen, spitz ausgezogenen Hörnern; Lippenmal H-förmig bis komplex, blauviolett, hell umrandet, das Basalfeld latzförmig umschließend; Narbenhöhle relativ schmal, etwa 45% der Lippenbreite messend; Anhängsel 2–3 mm breit.

**VERWECHSLUNG** *O. bicornis* hat längere, 4–6 mm lange Petalen, eine breitere Narbenhöhle, etwa 60% der Lippenbreite messend, schlankere Hörner und eine spätere Blütezeit von Ende April bis Juni. Die Abgrenzung scheint noch nicht endgültig geklärt, Blütezeiten und morphologische Kennzeichen der gesamten Gruppe sind innerartlich sehr heterogen, vermutlich sind auch noch nicht alle Arten bekannt. Eine Absicherung durch eventuell verschiedene Bestäuber erscheint hier nötig.

**VORKOMMEN** Phrygana, Wiesen, extensives Kulturland, lichte Wälder, Gebüsch. Bis etwa 800 m.

**VERBREITUNG** Westgriechenland, südlich bis zur Nordwestpeloponnes. Die genaue Verbreitung ist wegen Verwechslungen noch nicht bekannt. **Typus:** Griechenland, Ionische Inseln, Meganisi, 1928.

**BESTÄUBER** *Eucera longicornis* (?)

## Sepia-Ragwurz
— *Ophrys sepioides* (Syn.: *O. oestrifera* var. *grandiflora*)

spät: (Ende April)
Mai–Ende Juni

**STECKBRIEF** 15–50 cm hoch; Blütenstand mit (3) 4–6 (9) fast waagrecht abstehenden, großen Blüten; Sepalen rosa, 12–17 mm lang, 5–7 mm breit, nach hinten gerichtet; Petalen 3–5,5 mm lang, 2,5–3,5 mm breit, gleich gefärbt wie die Sepalen oder dunkler; Lippe 13–17 mm lang, 15–19 mm breit (ausgebreitet), rotbraun bis dunkelbraun; Mittellappen eiförmig zugespitzt („wie der Schulp eines Tintenfischs", Name!), Seitenlappen mit 4–7 mm langen, spitz ausgezogenen, schmalen Hörnern; Lippenmal H-förmig bis komplex oder marmoriert, blauviolett, hell bis gelb umrandet, das Basalfeld latzförmig umschließend; Narbenhöhle in der Breite etwa 36% der Lippenbreite messend; Anhängsel 2–3 mm breit.

**VERWECHSLUNG** *O. oestrifera* hat klei-

*O. sepioides* (GR, Edessa, 9.6.2014, HP)

*O. sepioides* (GR, Edessa, 9.6.2014, HP)

*O. sepioides* (GR, Edessa, 9.6.2014, HP)

nere Blüten mit 11–14 mm langen Lippen und eine Narbenhöhle, die in der Breite etwa 60% der Lippenbreite misst. Sie blüht früher. Das betrifft auch ähnliche Sippen. *O. phrygia* ist sehr ähnlich, hat aber meist mehr Gelbanteile auf der Lippe, etwas kürzere Petalen und größere Abstände zwischen den Blüten. Bestäuberuntersuchungen wären hier wünschenswert.
**VORKOMMEN** Magerwiesen, Phrygana, extensives Kulturland, Waldlichtungen. Bis etwa 1000 m.
**VERBREITUNG** Nordwestgriechenland und angrenzendes Albanien, vermutlich auch selten lokal in weiteren Teilen Griechenlands. **Typus:** Griechenland, Ioannina, 2004.

## Phrygische Ragwurz
*— Ophrys phrygia*

spät: (Mitte April) Mai–Juni

**STECKBRIEF** Hochwüchsig, 20–55 (70) cm hoch, schlank; Blütenstand locker und lang gestreckt mit 4–12 fast waagrecht vom Stängel abstehenden, relativ großen Blüten; Sepalen rosa, mit grünem Mittelnerv, 12–16 mm lang, 5–7 mm breit, abstehend bis zurückgeschlagen; Petalen sehr klein, 2–3,5 mm lang, 1,5–3 mm breit, gleich gefärbt wie die Sepalen oder etwas intensiver; Lippe 11–16 mm lang und breit (ausgebreitet), hell- bis dunkelbraun; Mittellappen mit viel Gelbanteil, vorgestreckt, bauchig gewölbt, typisch oval; Seitenlappen mit 9–11 mm langen, spitz ausgezogenen, vorne aufwärtsgebogenen, weiß behaarten Hörnern; Lippenmal fast den ganzen Mittellappen umfassend, H-förmig bis komplex, blauviolett, gelblich weiß umrandet, das Basalfeld latzförmig umschließend; Anhängsel groß, nach vorne gerichtet.

**VERWECHSLUNG** Aufgrund des schlanken Wuchses, der ovalen Lippen mit viel Gelbanteil und der späten Blütezeit gut abgesetzt. Lokal kommen jedoch etwas abweichende Pflanzen vor, die dann schlecht einzu-

*O. phrygia* (GR, Kalogria, 21.4.2017, HP)

ordnen sind. Bei gemeinsamen Vorkommen mit *O. oestrifera* blüht *O. phrygia* etwa 3 Wochen später auf. *O. sepioides* ist von der Lippenform sehr ähnlich, sie hat

*O. phrygia* (GR, Chios, 27.5.2009, HP)

weniger Gelbanteil in der Lippe und keine großen Abstände zwischen den Blüten.

**VORKOMMEN** Waldlichtungen, lichte Kiefern- und Eichenwälder, Phrygana. Bis etwa 300 m (in Anatolien bis 1700 m).

**VERBREITUNG** Anatolien, Chios und Lesbos, ansonsten Einzelfunde in Griechenland. **Typus:** Türkei, Konya, 1923.

**BESTÄUBER** *Eucera squamosa* (?)

## Feingliedrige Ragwurz
— *Ophrys leptomera*

spät: Ende April– Anf. Juni

**STECKBRIEF** (20) 30–40 (60) cm hoch, schlank; Blütenstand mit 5–9 mittelgroßen Blüten; Sepalen hellgrün oder verwaschen rosagrün, selten rosa, 10–13 mm lang, 5–7 mm breit, nach hinten gebogen; Petalen dreieckig,

*O. leptomera* (GR, Olympia, 30.5.2012, HP)

*O. leptomera* (GR, Olympia, 30.5.2012, HP)

sehr klein, 1,2–2,5 mm lang, 1,2–2 mm breit, gelblich grün bis rosa; Lippe schlank, 9,5–12 mm lang, kastanienbraun; Mittellappen stark konvex, Seitenlappen mit 8–12 mm langen, spitz ausgezogenen, meist nach außen gebogenen, dünnen Hörnern; Lippenmal H-förmig bis komplex mit meist zumindest einem nabelartigen Einschluss, braunviolett, hell weißgelb umrandet, das Basalfeld umschließend; Anhängsel 2–3 mm breit.

**VERWECHSLUNG** Durch das überwiegend grüne Perigon und die schlanken Lippen mit hohem Gelbanteil gut abgesetzt. *O. kassandra* blüht wesentlich früher und ist in allen Teilen kleiner.

**VORKOMMEN** Phrygana, extensives Kulturland, lichte Kiefernwälder. Bis etwa 1250 m.

**VERBREITUNG** Endemit Griechenlands: Festland und Euböa, Paros, Naxos und Kythnos. **Typus:** Griechenland, Euböa, 2000.

**BESTÄUBER** *Eucera hevola*

## Kalypso-Ragwurz

— *Ophrys calypsus* (inkl. *O. ptolemaea* und *O. holosericea* subsp. *cerigona*)

Mitte März–Ende April

**STECKBRIEF** 10–20 (25) cm hoch; Blütenstand armblütig mit 1–5 Blüten; Sepalen rosa bis purpurn, mit grünem Mittelnerv, oval-lanzettlich, 10–17,5 mm lang, 6–11 mm breit, v. a. das mittlere Sepal zurückgeschlagen; Petalen typisch lang, spitz-dreieckig, 5–8,5 mm lang, 2,5–3,5 mm breit, meist geöhrt, gleichfarbig wie die Sepalen bis etwas intensiver gefärbt, kurz und dicht behaart; Lippe in der Mitte stark aufgewölbt, dadurch seitlich manchmal fast kugelig wirkend, gehöckert; Grundfärbung braun, 10,5–16 mm lang, 12–18 mm breit (ausgebreitet); Lippenmal ± aufgelöst schildförmig, violettpurpurn, gelblich weiß umrahmt; Basalfeld braunorange, gelblich weiß umrahmt; Anhängsel meist mehrzipfelig, hellgelb bis grünlich gelb, vorwärts bis schräg abwärtsgerichtet.

**VERWECHSLUNG** Scolopaxoide Formen sind kaum von der sehr ähnlichen *O. heldreichii* zu unterscheiden, meist sind auch fucifloride Formen in der Population. Möglicherweise sind beide Sippen zusammenzulegen, der Bestäuber ist gleich.

**VORKOMMEN** Lichte Kiefernwälder, Phrygana, grasige Hänge, Böschungen, Macchien. Bis etwa 500 m.

**VERBREITUNG** Ägäische Inseln, westlich bis Kythira, und anschließendes Südwestanatolien. **Typus:** Griechenland, Ostägäis, Insel Lipsi, 1994.

**BESTÄUBER** *Eucera berlandi*

**VARIABILITÄT** Meist zusammen mit der typischen Form sind immer wieder zu beobachten:

var. *scolopaxoides* hat am Lippenmittellappen stark nach unten gebogene Ränder, nur 1–2 mm lange Höcker auf den Seitenlappen und geringfügig kleinere Blüten.

var. *pseudoapulica* (Syn.: *O. holosericea* subsp. *cerigona*) hat große, trapezförmige Lippen, deren Ränder ± nach außen gebogen sind und dann *O. apulica* ähneln. Diese hat ebenfalls denselben Bestäuber.

*O. calypsus* (GR, Rhodos, 1.4.2013, HP)

*O. calypsus* (GR, Rhodos, 1.4.2013, HP)

*O. calypsus* var. *scolopaxoides* (li: GR, Rhodos, 1.4.2013, HP; re: GR, Kythira, 1.4.2010, HP)

*O. calypsus* var. *pseudoapulica* (li: GR, Kythira, 1.4.2010, HP; re: GR, Rhodos, 1.4.2013, HP)

## Heldreichs Ragwurz
— *Ophrys heldreichii* (Syn.: *O. schlechteriana*, *O. oestrifera* subsp. *lemnosiana*, *O. oestrifera* subsp. *pusilla*)

Anf. März–
Anf. Mai

**STECKBRIEF** 15–30 (45) cm hoch, kräftig, aber schlank; Sepalen rosa, oval-lanzettlich, bis 16 mm lang und 10 mm breit, abspreizend bis leicht nach hinten gerichtet; Petalen schmal-dreieckig, ± halb so lang wie die Sepalen, gleichfarbig bis etwas intensiver gefärbt, kurz und dicht behaart; Lippe dreilappig, samtig, Grundfärbung braun, 13–16 mm lang, 15–18 mm breit (ausgebreitet); Mittellappen stark konvex gewölbt, Lippenrand stark nach hinten gebogen, im Zentrum kugelig, mit der breitesten Stelle in der oberen Lippenhälfte; Seitenlappen zu Höckern ausgebildet, diese unterschiedlich groß, nach außen gebogen; Lippenmal variabel, bläulich bis rötlich braun, ornamentiert bis völlig zergliedert, meist gelblich weiß umrandet; Anhängsel kräftig, meist dreizähnig, nach vorn gerichtet, hellgelb bis bräunlich; Basalfeld orangebraun, heller als die Lippengrundfarbe; Narbenhöhle klein, blasser als das Basalfeld.

*O. heldreichii* (li: GR, Kreta, Faistos, 3.3.2019, HP; re: GR, Kreta, Spili, 20.4.2011, HP)

**VERWECHSLUNG**
*O. oestrifera* hat 11–14 mm lange und breite Lippen, die im Zentrum weniger aufgeblasen sind, und lange, spitz ausgezogene Höcker. Die meisten ähnlichen Arten haben kürzere Petalen. *O. calypsus* hat meistens auch fuciforide Lippenformen in der Population, der Bestäuber ist gleich. Möglicherweise sind beide Sippen zusammenzulegen.

**VORKOMMEN** Wiesen, Phrygana, Olivenhaine, Straßen- und Wegränder, Erosionsrinnen; kalkliebend. Bis etwa 1200 m.

**VERBREITUNG** Griechenland. Die genaue Verbreitung ist aufgrund von Abgrenzungsschwierigkeiten mit ähnlichen Arten wie *O. calypsus* bisher nicht bekannt. **Typus:** Griechenland, Kreta, Chania, 1923.

**BESTÄUBER** *Eucera berlandi*

**NAME** Benannt zu Ehren des deutschen Botanikers Theodor von Heldreich (1822–1902), Direktor des Botanischen Gartens Athen, der v. a. an der griechischen Flora forschte und rund 700 neue Pflanzenarten entdeckte. Etwa 70 Arten sind nach ihm benannt.

*O. heldreichii* (GR, Kreta, Faistos, 3.3.2019, HP)

*O. heldreichii* (GR, Kreta, Faistos, 3.3.2019, HP)

## Hippocrates' Ragwurz
*— Ophrys hippocratis*

früh: Febr.–
Mitte März

**STECKBRIEF** 15–25 (40) cm hoch, kräftig; Blütenstand mit 1–7 großen Blüten; Sepalen rosa, oval-lanzettlich, 12–16,5 mm lang, abspreizend bis leicht nach hinten gerichtet; Petalen schmal-dreieckig, 3,9–6,2 mm lang, gleichfarbig bis etwas intensiver gefärbt als die Sepalen; Lippe 13,5–17 mm lang, sehr tief dreilappig; gehörnte Seitenlappen 5–9,8 mm lang, nach außen gebogen; Mittellappen längs stark konvex gewölbt, im Zentrum kugelig, Lippenränder nach hinten gebogen, im apikalen Teil nach unten verlängert; Lippengrundfarbe dunkelbraun, Lippenmal vielgestaltig mit meist einem nabelförmigen Einschluss, braunviolett, gelblich weiß umrandet; Basalfeld braunorange; Anhängsel nach oben gerichtet.

**VERWECHSLUNG** Die Art ist durch ihre eigentümliche, tief dreigeteilte, herabgezogene Lippe mit dem kugelig geformten Mittellappen und die frühe Blütezeit gut charakterisiert.

**VORKOMMEN** Phrygana, Zistrosenfluren, bis etwa 300 m.

**VERBREITUNG** Endemit von Kos, hier bisher nur aus dem südwestlichen Inselteil bekannt. Typus: Griechenland, Dodekanes, Kos, 2009.

**NAME** Benannt nach Hippokrates von Kos (um 460–370 v. Chr.), dem Begründer der Medizin als Wissenschaft.

*O. hippocratis* (GR, Kos, 5.3.2011, BT)

*O. hippocratis* (GR, Kos, 5.3.2009, PD)

## Kleinblütige Ragwurz
*— Ophrys minuscula*

spät: Mitte April–
Mitte Juni

**STECKBRIEF** 15–25 (35) cm hoch; Blütenstand mit 3–9 kleinen Blüten; Sepalen rosa bis weiß, mit grünen Nerven, 9–12 mm lang, 4–7 mm breit, nach hinten gebogen, besonders das mittlere Sepal stark nach hinten geschlagen; Petalen 1,5–3,5 mm lang, 1–2 mm breit, ± gleich gefärbt wie die Sepalen; Lippe 6,5–9 mm lang und 7,5–10 mm breit (ausgebreitet), kastanienbraun; Mittellappen kugelig, Seitenlappen mit 6–10 mm langen, spitz ausgezogenen, weißlich behaarten Hörnern; Lippenmal aufgelöst, blauviolett, hell umrandet, das Basalfeld latzförmig umschließend; Anhängsel meist ungegliedert, nach vorne gestreckt.

**VERWECHSLUNG** *O. oestrifera* hat 11–14 mm lange Lippen und ein mittleres Sepal, das weniger stark nach hinten ge-

*O. minuscula* (GR, Velas, 7.6.2012, HP)

*O. minuscula* (li: GR, Velas, 7.6.2012, HP; re: GR, Igoumenitsa, 24.5.2010, HP)

*O. minuscula* (GR, Velas, 7.6.2012, HP)

schlagen ist. *O. cerastes* hat 9,5–12 mm lange Lippen und blüht bei gemeinsamen Vorkommen 1–2 Wochen vor *O. minuscula*. *O. stavri* kann äußerst ähnlich sein, fällt jedoch durch ein kleines Basalfeld und ein oft flächiges Lippenmal auf. Der Wuchs ist weniger hoch, sie wächst eher in offenem Gelände. Bestäuberbefunde zur Abtrennung wären wünschenswert.

**VORKOMMEN** Phrygana, lichte Wälder, Gebüsch, Wiesen. Bis etwa 1300 m.
**VERBREITUNG** Balkanhalbinsel vom südlichen Kroatien bis zur Peloponnes. **Typus:** Griechenland, Epirus, 2012.

## Stavros' Ragwurz
*— Ophrys stavri*

Mitte März–
Anf. Mai

*O. stavri* (GR, Lambokambos, 1.4.2018, HP)

**STECKBRIEF**

15–25 (45) cm hoch; Blütenstand locker mit 3–6 (13) relativ kleinen Blüten; Sepalen rosa bis dunkelrosa, selten weiß, 7–13 mm lang, 4,8–8,5 mm breit; Petalen 1,8–4,2 mm lang, 1,1–3,5 mm breit, gleich gefärbt wie die Sepalen oder dunkler, teilweise geöhrt; Lippe 6–9,8 mm lang, Mittellappen rundlich, fast kugelig, Seitenlappen mit meist kurzen, 2–7 mm langen, spitz ausgezogenen Hörnern, diese innen grünlich bis gelblich weiß und ± kahl; Lippenmal großflächig, mit H- oder X-Muster, oft erweitert bis flächig, braunviolett bis purpurbraun, sich wenig von der Lippengrundfarbe unterscheidend, hellgelb umrandet, das Basalfeld latzförmig umschließend; Basalfeld auffallend klein; Anhängsel gelb bis grünlich gelb, nach oben gerichtet.

*O. stavri* (GR, Kefalonia, 18.4.2019, HP)

**VERWECHSLUNG** *O. minuscula* hat längere, 6–10 mm lange Hörner, ein stark nach hinten geschlagenes, mittleres Sepal und eine spätere Blütezeit von Mitte April bis Anfang Juni. Das Basalfeld ist etwas größer, das Lippenmal weniger variabel. Bestäuberbefunde wären zur Abtrennung wünschenswert.
**VORKOMMEN** Phrygana, Macchie, Ödland; kalkliebend. Bis etwa 700 m.
**VERBREITUNG** Südostgriechisches Festland. **Typus:** Griechenland, Peloponnes, Attika, bei Agia Marina, 2014.
**NAME** Zu Ehren des griechischen Naturkundlers Stavros Kalogeropoulos (1921–2006) benannt.

## Kleine Gehörnte Ragwurz — *Ophrys cornutula*

Mitte März–
Mitte April

**STECKBRIEF** 15–25 (50) cm hoch; Blütenstand mit 2–16 für die Gruppe kleinen Blüten; Sepalen rosa bis weiß, mit grünen Nerven, 9–12 mm lang, das mittlere leicht nach vorne gebogen bis zurückgeschlagen; Petalen 2–4,5 mm lang, 1–2,5 mm breit, ± gleich gefärbt oder etwas dunkler als die Sepalen; Lippe 6–9 mm lang, 5–7,5 mm breit, bauchig, ± in der Mitte am breitesten, am Grund tief dreigeteilt, Grundfarbe mittelbraun; Seitenlappen mit langen, spießförmigen Hörnern, diese so lang wie die Lippe oder länger; Lippenmal großflächig ausgedehnt, vielgestaltig, violett, weiß umrandet, das orangebraune Basalfeld latzförmig umschließend; Anhängsel klein, gelblich grün, aufwärtsgerichtet.

*O. cornutula* (GR, Rhodos, L.c., 29.3.2013, HP)

**VERWECHSLUNG**
*O. minutula* hat schlankere Hörner und eine spätere Blütezeit. In Südgriechenland (z. B. im südlichen Peloponnes, Ionische Inseln) existieren offenbar noch weitere Sippen, die bisher nicht klar definiert wurden. Ob sie zu *O. cornutula* zu ziehen sind, ist vermutlich nur durch Bestäubertests zu klären.
**VORKOMMEN** Magerrasen, lichte Nadelwälder, Macchie, Phrygana, extensives Kulturland. Bis etwa 1000 m.
**VERBREITUNG** Ostägäische Inseln von Lesbos bis Rhodos. **Typus:** Griechenland, Rhodos, Kattavia, 2001.
**BESTÄUBER** *Eucera penicillata*

*O. cornutula* (GR, Rhodos, L.c., 29.3.2013, HP)

## Kefalonia-Ragwurz
— *Ophrys cephaloniensis*

eher früh: Mitte März–Anf. Mai

**STECKBRIEF** 12–20 (30) cm hoch; Blütenstand mit 4–9 ziemlich kleinen Blüten; Sepalen rosa, seltener weiß, 7–10 mm lang; Petalen 2–4 mm lang, 1,5–2,3 mm breit, gleich gefärbt wie die Sepalen oder dunkler; Lippe 9,5–11 mm lang, Seitenlappen mit bis zu 5 mm langen Hörnern, stark behaart; Lippengrundfarbe dunkelbraun; Lippenmal H-förmig reduziert, graublau, teilweise sehr schmal hell umrandet; Basalfeld länglich, auffallend rot, orangebraun bis hellbraun; Anhängsel ca. 3 mm lang und breit.

O. cephaloniensis (GR, Kefalonia, 18.4.2017, HP)

**VERWECHSLUNG** *O. mycenensis* hat größere, 12–15 mm lange Sepalen und größere, 12–14 mm lange Lippen und ein dunkles Basalfeld.

**VORKOMMEN** Phrygana, lichte Wälder, Gebüsch, Wiesen. Bis etwa 800 m.

**VERBREITUNG** Insel Kefalonia. **Typus:** Griechenland, Ionische Inseln, Kefalonia, Mount Aenos, 2014.

*O. cephaloniensis* (GR, Kefalonia, 16.4.2017, HP)

## Mykene-Ragwurz
— *Ophrys mycenensis*

früh: Mitte März–Anf. Mai

*O. mycenensis* (GR, Kosmas, L.c., 1.4.2018, HP)

**STECKBRIEF** 15–25 (40) cm hoch; Blütenstand mit 3–7 (11) mittelgroßen Blüten; Sepalen stets rosa, 12–15 mm lang, 5–6 mm breit; Petalen 4–5 mm lang, 1,5–3 mm breit, gleich gefärbt wie die Sepalen oder dunkler; Lippe dreilappig, seltener angedeutet dreilappig, 12–14 mm lang, 11–15 mm breit (ausgebreitet); Seitenlappen des Mittellappens nach unten weisend oder unter die Lippe geschlagen, Seitenlappen kurz gehörnt mit bis zu 5 mm langen Hörnern; Lippengrundfarbe dunkelbraun; Lippenmal H-förmig, unte-

rer Teil des H kürzer als der obere, graublau, meist sehr schmal gelblich umrandet; Basalfeld meist auffallend dunkel, rötlich braun bis dunkelbraun, selten orange; Anhängsel ± 3 mm lang und breit, gelbgrün, seltener braun.
**VERWECHSLUNG** Unterscheidet sich von den anderen Arten der *oestrifera*-Gruppe durch dunkle Lippen mit dunklem Basalfeld, kurze Hörner und die frühe Blütezeit.
**VORKOMMEN** Phrygana, lichte Wälder, Gebüsch, Wiesen, Böschungen. Bis etwa 1100 m.
**VERBREITUNG** Endemit Griechenlands von den nördlichen Sporaden bis zur östlichen Peloponnes. **Typus:** Griechenland, Peloponnes, bei Kosmas, 2010.
**BESTÄUBER** *Chalicodoma manicata* (?)

*O. mycenensis* (GR, Kosmas, L.c., 1.4.2018, HP)

## Kassandra-Ragwurz
*— Ophrys kassandra*

früh: März–April

**STECKBRIEF** 15–25 cm hoch; Blütenstand mit (1) 2–5 (7) relativ kleinen Blüten; Sepalen grün, grün-rosa, selten rosa oder weiß mit grünem Mittelnerv, 9–14 mm lang, 4–8 mm breit, nach hinten gerichtet; Petalen lang dreieckig, 3–4 mm lang, 1,5–2,5 mm breit, grün, gelblich oder rosa; Lippe 9–12 mm lang, 8–11 mm breit (ausgebreitet), kastanienbraun bis dunkelbraun; Seitenlappen mit 7–13 mm langen, spitz ausgezogenen Hörnern; Lippenmal blauviolett, hell gelblich umrandet, in der Lippenmitte einen „Nabel" umschließend; Basalfeld auffallend hell und groß, oft unten eingebuchtet, grüngelb bis grünbraun und orange, heller als die Lippengrundfarbe; Anhängsel 1–2 mm lang, schräg aufwärts bis fast waagrecht nach vorne gerichtet.

**VERWECHSLUNG** *O. leptomera* ist mit 30–60 cm Wuchshöhe höher, hat größere Blüten, ein kleineres Basalfeld und eine spätere Blütezeit von Ende April bis Ende Mai.
**VORKOMMEN** Lichte Kiefernwälder. Bis etwa 300 m.
**VERBREITUNG** Bisher nur von der Halbinsel Kassandra auf Chalkidiki bekannt. **Typus:** Griechenland, Chalkidiki, Kassandra, 2018.

*O. kassandra* (GR, Chalkidiki, L.c., 4.4.2018, HP)

*O. kassandra* (GR, Chalkidiki, L.c., 4.4.2018, HP, reu: Typus)

## Nestors Ragwurz
— *Ophrys nestoris* (Syn.: *O. scolopax* subsp. *nestoris*)

Anf. April–
Ende April

**STECKBRIEF** 10–25 cm hoch; Blütenstand mit 2–6 mittelkleinen Blüten; Sepalen grün, rosa-grün oder rosa bis weiß mit grünen Nerven, 10–14 mm lang, 5–7 mm breit, nach hinten gebogen; Petalen kurz, grün bis purpurrosa, nur 1–3 mm lang; Lippe 7–10 mm lang; Lippengrundfarbe dunkelbraun bis schwarzbraun, kaum gehöckert (mit seitlichen „Ärmchen") bis kurz gehörnt; Lippenmal großflächig, H-förmig bis x-förmig und oft erweitert, blauviolett, weiß umrandet, das Basalfeld latzförmig umschließend; Basalfeld dunkel, in der Lippengrundfarbe bis rötlich; Anhängsel 2–3 mm breit.
**VERWECHSLUNG** Unterscheidet sich von den anderen Arten aus der Gruppe durch auffallend dunkle Lippen, die teils schwach bis kaum gehörnt sind, und das oft grüne Perigon. Übergänge zu *O. cerastes* scheinen am L.c. zu existieren und sind schwer zuzuordnen.

**VORKOMMEN** Phrygana, lichte Eichenwälder, Magerwiesen.
**VERBREITUNG** Bisher nur von sehr wenigen Orten aus dem westlichen und mittleren Peloponnes bekannt. Typus: Griechenland, Peloponnes, bei Gargaliani, 2018.

*O. nestoris* (GR, Paradisia, 20.4.2017, HP)

*O. nestoris* (GR, Gargaliani, L.c., 20.4.2017, HP)

## Cetos Ragwurz
— *Ophrys ceto*

Mitte April–
Ende Mai

*O. ceto* (GR, Amorgos, 13.4.2018, BT)

**STECKBRIEF** 10–20 (35) cm hoch; Blütenstand mit 3–10 kleineren bis mittelgroßen Blüten; Sepalen rosa, selten weiß oder grünlich rosa, 11–15 mm lang, 4–6 mm breit; Petalen 1,5–4,5 mm lang, 1–2 mm breit, gleich gefärbt wie die Sepalen oder dunkler; Lippe schlank, 10–14 mm lang, Seitenlappen schwach gehörnt mit relativ kurzen, bis zu 4 mm langen, hoch angesetzten Hörnern; Lippengrundfarbe dunkelbraun; Lippenmal H-för-

*O. ceto* (GR, Amorgos, 13.4.2018, BT)

mig bis erweitert, graublau, gelblich weiß umrandet; Basalfeld orangebraun; Narbenhöhle in der Breite mindestens 50% der Lippenbreite messend; Anhängsel ± 3 mm lang und breit.

**VERWECHSLUNG** *O. mycenensis* hat längere, 4–5 mm lange Petalen, eine breitere Lippe mit kleinflächigerem Mal und eine frühere Blütezeit von Mitte März bis Anfang Mai. Auch andere verwandte Sippen haben eine weniger schlanke Lippe und meist längere Hörner.

**VORKOMMEN** Magerwiesen, Phrygana, lichte Wälder, Gebüsch, extensives Kulturland. Bis etwa 700 m.

**VERBREITUNG** Ägäische Inseln und wenige Stellen des griechischen Festlands. **Typus:** Griechenland, Kykladen, Paros, 2004.

**BESTÄUBER** *Eucera obsoleta*

## Polyxos Ragwurz
*— Ophrys polyxo*

Mitte März–
Mitte April

**STECKBRIEF** 15–30 (40) cm hoch, meist schlank; Blütenstand mit 4–9 äußerst variablen Blüten; Sepalen oft lang, hell-bis dunkelrosa, oval-lanzettlich, bis 16 mm lang und 10 mm breit, länger als die Lippe, abspreizend bis leicht nach hinten gerichtet, Spitze des mittleren Sepals nach vorne geneigt; Petalen schmal-dreieckig, 3–6,5 mm lang, 2–3,5 mm breit, gleichfarbig bis etwas intensiver gefärbt, kurz und dicht behaart; Lippe fast immer scolopaxoid, samtig, Grundfärbung dunkelbraun, 12–15,5 mm lang, 13–16,5 mm breit (ausgebreitet); Mittellappen stark konvex gewölbt, Seitenlappen zu 2,5–7 mm langen Höckern/Hörnern ausgebildet; Lippenrand des Mittellappens stark nach hinten gebogen; Lippenmal variabel, bläulich bis rötlich braun, ornamentiert bis völlig zergliedert, gelblich weiß umrandet; Basalfeld ähnlich gefärbt wie die Lippengrundfarbe, teils rötlich; Anhängsel kräftig, nach vorn gerichtet.

*O. polyxo* (GR, Rhodos, li: 1.4.2013, re: 7.4.2013, HP)

*O. polyxo* (GR, Rhodos, 1.4.2013, HP)

**VERWECHSLUNG** Möglicherweise handelt es sich auf Rhodos um ein Konglomerat verschiedener Arten. Bestäuberuntersuchungen wären wünschenswert. Unterscheidet sich von *O. heldreichii* durch einen schlankeren Wuchs, ein mittleres Sepal, das länger als die Lippe ist, etwas kürzere Petalen, ein Basalfeld, das ± gleich gefärbt ist wie die Lippe, und eine frühere Blütezeit. Die Variabilität bezüglich Blütengröße und -ausbildung ist allerdings deutlich höher als bei *O. heldreichii*. *O. cornutula* hat deutlich kleinere Blüten.

**VORKOMMEN** Phrygana, Steinrasen, Ödland. Bis etwa 600 m.

**VERBREITUNG** Endemit von Rhodos. **Typus:** Griechenland, Rhodos, 2005.

## Orphanides' Ragwurz
— *Ophrys orphanidea*

Anf. März–
Ende April

*O. orphanidea* (GR, Chios, 22.4.2009, HP)

*O. orphanidea* (GR, Chios, 22.4.2009, HP)

**STECKBRIEF** 10–20 (30) cm hohe Pflanze; Blütenstand mit 4–11 kleinen Blüten; Sepalen rosa, selten weiß, 10–13 mm lang, 4,5–7 mm breit, das mittlere Sepal länger als die Lippe, meist nach vorne gebogen; Petalen dreieckig-lanzettlich, gleich den Sepalen gefärbt oder dunkler, 2,5–4 mm lang, 1–2,5 mm breit; Lippe 6–8,5 (11) mm lang, Seitenlappen in 2,5–4 mm lange Hörner verlängert; Mittellappen schmal, in der Mitte leicht aufgewölbt, Ränder stark zurückgebogen; Lippengrundfarbe rotbraun; Malzeichnung braunviolett, kräftig gelblich weiß umrahmt, H-förmig erweitert, vielgestaltig; Basalfeld braunorange, groß; Anhängsel dreizähnig, vorgezogen, nach vorne bis oben weisend.

**VERWECHSLUNG** *O. masticorum* hat kleinere, 1,5–3,5 mm lange Petalen, eine längs gebogene oder fast geknickte Lippe und v. a. eine spätere Blütezeit von Mitte April bis Ende Mai. *O. minutula* ist sehr ähnlich, blüht aber ebenfalls später. Bestäuberuntersuchungen wären wünschenswert.

**VORKOMMEN** Phrygana, Wiesen, extensive Olivenkulturen, Weiden. Bis etwa 300 m.

**VERBREITUNG** Chios, wohl auch Lesbos und angrenzendes anatolisches Festland. **Typus:** Griechenland, Chios, 2007.

**NAME** Benannt zu Ehren des griechischen Botanikers Theodore Orphanides (1817–1886), nach dem u. a. auch *Tulipa orphanidea*, *Viola orphanidis* und *Centaurea orphanidea* benannt sind.

## Mastix-Ragwurz
— *Ophrys masticorum* (Syn.: *O. sappho*)

spät: Mitte April–
Ende Mai

**STECKBRIEF** 15–30 (50) cm hohe Pflanze; Blütenstand mit 5–15 kleinen Blüten; Sepalen rosa, 8–15 mm lang, 4–8 mm breit, das mittlere Sepal länger als die Lippe, fast immer nach vorne gebogen oder über die Säule geneigt, die seitlichen Sepalen nach hinten unten weisend, mit Engelsflügeln vergleichbar; Petalen klein, dreieckig, gleich den Sepalen gefärbt oder dunkler, 1,5–3,5 mm lang, 1–2 mm breit; Lippe 6–11 mm lang, 7–12 mm breit (ausgebreitet); Seitenlappen in 2,5–7 mm lange Hörner verlängert; Mittellappen schmal, in der Mitte kugelförmig aufgewölbt und teils dort auffallend bis 90° geknickt, Ränder stark zurückgebogen; Lippengrundfarbe dunkel rotbraun; Malzeichnung braunviolett, gelblich weiß umrahmt, H-förmig erweitert, vielgestaltig, das

*O. masticorum* (GR, Chios, L.c., 22.4.2009, HP)

*O. masticorum* (GR, Chios, L.c., 22.4.2009, HP)

rötliche Basalfeld umfassend; Anhängsel dreizähnig, vorgezogen, nach vorne bis leicht nach oben weisend.
**VERWECHSLUNG** *O. minutula* hat kürzere, 1–3 mm lange Lippenhörner und keinen Knick in der Lippe. *O. orphanidea* blüht früher und hat etwas größere Blüten, der Lippenknick fehlt. Die früher beschriebene, südosttürkische *O. latakiana* ist äußerst ähnlich, Bestäuberbefunde wären wünschenswert. Ebenfalls sehr ähnliche Pflanzen sind vom griechischen Festland bei Athen und aus dem Taigetos bekannt.
**VORKOMMEN** Phrygana, Wiesenflächen zwischen Mastixsträuchern, extensive Olivenkulturen. Bis etwa 250 m.
**VERBREITUNG** Chios, Lesbos. **Typus:** Griechenland, Chios, Mastichochoria, 2007.

## Kleine Ragwurz
*— Ophrys minutula*

eher spät:
April–Mai

*O. minutula* (GR, Lesbos, L.c., 5.5.2009, HP)

**STECKBRIEF**

10–25 (35) cm hoch; Blütenstand 6–20 cm lang mit 4–9 kleinen Blüten; Sepalen rosa bis weiß, mit grünem Mittelnerv, breit-lanzettlich, 7–11 mm lang, 4,5–7 mm breit, mittleres Sepal aufrecht bis stark zurückgeschlagen; Petalen klein, dreieckig, gleich den Sepalen gefärbt oder dunkler, 2–4 mm lang, 1,5–2,5 mm breit, behaart; Lippe dreilappig, gerade, 6,5–9 mm lang und 7–10 mm breit (ausgebreitet), längsoval, braun, Ränder zurückgebogen; Seitenlappen in stark behaarte, kurze, 1–3 mm lange Hörner verlängert; Malzeichnung im basalen und mittleren Teil der Lippe ausgebreitet, vielgestaltig, violett bis purpurn, gelblich weiß umrahmt, das braunorange Basalfeld umfassend; Anhängsel vorgezogen, schräg abwärts- bis aufwärtsgebogen.
**VERWECHSLUNG** *O. dodekanensis* hat schlankere Petalen und blüht von Februar bis Anfang April. Die Lippe ist meist nach unten gebogen. *O. masticorum* hat eine etwas schlankere, stark gebogene Lippe, *O. orphanidea* besitzt etwas größere Blüten und blüht früher.

*O. minutula* (GR, Lesbos, L.c., 5.5.2009, HP)

*O. minutula* (GR, Lesbos, L.c., 5.5.2009, HP)

**VORKOMMEN** Steinrasen, lichte Kiefernwälder, Macchien, Gebüsch, Olivenhaine. Bis etwa 600 m. **VERBREITUNG** Chios, Lesbos, Samos, Skyros und benachbarte Kleininseln sowie das angrenzende anatolische Festland. **Typus:** Griechenland, Lesbos, 1989.

## Lapethos-Ragwurz
— *Ophrys lapethica* (Syn.: *O. pamphylica*)

eher früh: Ende Febr.– Ende März

*O. lapethica* (li: CY, Larnaka, 4.3.2014, HP; re: CY, Vasa, 6.3.2014, HP)

*O. lapethica* (CY, Larnaka, 4.3.2014, HP)

**STECKBRIEF**

10–20 (30) cm hoch; Blütenstand locker mit 4–8 Blüten; Sepalen weiß bis hellrosa oder pink, mit grünem Mittelnerv, 10,5–15 mm lang, 6–9 mm breit, mittleres Sepal stark nach vorne geneigt; Petalen dreieckig, gleich oder etwas intensiver gefärbt als die Sepalen, 3–5 mm lang, 2–4 mm breit; Lippe braun bis rotbraun, schlank, 9–12 mm lang, 9–12 mm breit (ausgebreitet); Seitenlappen in stumpfe Höcker verlängert, Mittellappen lang und schmal, die seitlichen Ränder stark zurückgebogen, sodass sich die Ränder oft berühren; Lippenmal h- bis x-förmig, meist mit schildförmigem Zentrum, violett, mit gelblich weißer Umrahmung; Anhängsel grüngelb, weit vorgezogen, nach vorne bis aufwärtsgerichtet. In der Türkei ist die Variabilität höher als auf Zypern.
**VERWECHSLUNG** *O. umbilicata* ist kleinblütiger und hat wie die großblütigere *O. orientalis* einen bauchigen, nicht schmalen Lippenmittellappen und ein Lippenmal mit 1–4 nabelartigen Flecken, die bei *O. lapethica* meist fehlen.
**VORKOMMEN** Phrygana, Wiesen, Macchien, lichter Kiefernwald, extensives Kulturland. Bis etwa 800 m.
**VERBREITUNG** Zypern und Südanatolien. **Typus:** Zypern, Esentepe, 1989.
**BESTÄUBER** *Eucera gaullei*

## Venus-Ragwurz
*— Ophrys astarte*

eher früh: Mitte Febr.–Ende März

*O. astarte* (li: CY, Larnaka, 2.3.2014, HP; re: CY, Akrotiri, 5.3.2014, HP)

*O. astarte* (CY, Larnaka, 2.3.2014, HP)

**STECKBRIEF** 15–20 (35) cm hoch; Blütenstand mit 3–8 (12) relativ kleinen Blüten; Sepalen grün, 9–13 mm lang, 4–7 mm breit, die seitlichen am Ende abwärtsgerichtet, das mittlere rechtwinklig oder im stumpfen Winkel zur Säule stehend; Petalen grün, spitz-dreieckig, oft geöhrt, 3–4,5 mm lang, 1,5–2,5 mm breit; Lippe 9–14 mm lang, 11–14 mm breit (ausgebreitet), in der Grundfarbe dunkelbraun bis rotbraun; Seitenlappen zu kurzen, außen stark behaarten Höckern geformt, Mittellappen bauchig gewölbt, mit einer variablen, marmorierten Zeichnung bis zum Lippenende; Lippenmal violettblau metallisch, gelblich weiß umrandet; Basalfeld orange; Anhängsel grüngelb, nach vorne gerichtet.

**VERWECHSLUNG** Die Art lässt sich fast nur durch die frühere Blütezeit und geografisch von *O. rhodia* trennen, welche auf Zypern fehlt und das mittlere Sepal noch weiter nach hinten schlägt. *O. orientalis* hat größere Blüten, das mittlere Sepal ist nach vorne geschlagen. Ihr Perigon ist oft farbig.

**VORKOMMEN** Phrygana, lichte Kiefernwälder, Weg- und Straßenränder. Bis etwa 600 m.

**VERBREITUNG** Zypern, möglicherweise auch in Israel. Typus: Zypern, Larnaka, 2012.

## Rhodos-Ragwurz
*— Ophrys rhodia*

eher spät: Ende März–Anf. Mai

*O. rhodia* (GR, Rhodos, 6.4.2013, HP)

**STECKBRIEF** (10) 15–25 (35) cm hoch; Stängel stark, mit bis zu 12 ziemlich kleinen Blüten; Sepalen grün, 10–13 mm lang, 4,5–7 mm breit, die seitlichen am Ende abwärtsgerichtet, das mittlere rechtwinklig oder im stumpfen Winkel zur Säule stehend; Petalen grün, spitz-dreieckig, oft geöhrt, 3–4,5 mm lang; Lippe 7,5–12 mm lang und breit (ausgebreitet), in der Grundfarbe hell-, meist aber dunkelbraun; Seitenlappen zu kurzen, außen stark be-

*O. rhodia* (GR, Rhodos, li: 1.4.2013, re: 6.4.2013, HP)

haarten Höckern ausgebildet; Mittellappen bauchig gewölbt, mit einer variablen, marmorierten, rotbraun bis violettblau metallischen, gelblich weiß umrandeten Lippenzeichnung bis zum Lippenende; Basalfeld orange; Lippenanhängsel grün bis gelbgrün, nach vorne gerichtet.

**VERWECHSLUNG** *O. umbilicata* hat ein über die Säule geneigtes mittleres Sepal und ein rosa bis mehrfarbiges Perigon. *O. astarte* von Zypern kann äußerst ähnlich sein, blüht jedoch früher, das mittlere Sepal ist mehr nach vorne orientiert.

**VORKOMMEN** Phrygana, lichte Kiefernwälder, Weg- und Straßenränder. Bis etwa 600 m.

**VERBREITUNG** Rhodos, sehr selten auch auf Karpathos und anderen umliegenden Inseln. **Typus:** Griechenland, Rhodos, 1990.

**BESTÄUBER** *Eucera rhodi*

## Nabel-Ragwurz
— *Ophrys umbilicata*

eher früh:
Ende Febr.–April

*O. umbilicata* (GR, Rhodos, 4.4.2013, HP)

*O. umbilicata* (li: GR, Rhodos, 4.4.2013, HP; re: GR, Chios, 29.4.2009, HP)

**STECKBRIEF** 10–20 (35) cm hoch; Blütenstand 2–7 (10)-blütig; Sepalen rosa, weiß oder grünlich, 8–15 mm lang, 4–8 mm breit, mittleres Sepal stark nach vorne geneigt; Petalen ähnlich oder etwas intensiver als die Sepalen gefärbt, geöhrt, 3,5–6,5 mm lang, 2–4 mm breit; Lippe rotbraun, 8–10 mm lang, 8,5–11 mm breit; Seitenlappen in Höcker verlängert, Mittellappen längsoval bis rundlich, bauchig mit der größten Breite unterhalb der Mitte; Lippenzeichnung ornamental und großflächig, aus braunvioletten, gelblich weiß umrahmten Flächen und Linien, darin eingeschlossen 1–4 nabelartige Flecken; Basalfeld heller als die Lippengrundfarbe; Anhängsel grüngelb, breit und kurz, aufwärtsgerichtet.

**VERWECHSLUNG** *O. attica* hat größere Blüten und nur sehr selten ein buntes Perigon. *O. bucephala* hat deutlich größere Blüten mit 12,5–15,5 mm langen und 15–19 mm breiten Lippen und ein grünes Perigon. *O. orientalis* auf Zypern ist sehr ähnlich, hat aber größere Blüten mit weniger eingerollten Lippen.

**VORKOMMEN** Wiesen, Gebüsch, Phrygana, Eichenwälder, feuchte Rasenstellen, Gebüsch, extensives Kulturland. Bis etwa 800 m (in Anatolien bis 1200 m).

**VERBREITUNG** Von den Ägäischen Inseln bis in den Iran. **Typus:** Griechenland, Insel Chios oder Samos, 1807.

**BESTÄUBER** *Eucera digitata*

## Orientalische Ragwurz
*— Ophrys orientalis*

Anf. März–Mitte April

*O. orientalis* (CY, Larnaka, 2.3.2014, HP)

*O orientalis* (li: CY, Akrotiri, 5.3.2014, HP; re: CY, Larnaka, 2.3.2014, HP)

**STECKBRIEF** 10–20 (30) cm hoch; Blütenstand mit 2–8 mittelgroßen Blüten; Sepalen weiß, rosa oder grün, 9–13 mm lang, 4–6 mm breit, mittleres Sepal stark nach vorne geneigt; Petalen ähnlich oder deutlich intensiver als die Sepalen gefärbt, geöhrt, 3–6 mm lang, 1,2–2,5 mm breit; Lippe rotbraun, 10–14 mm lang, 11–15,5 mm breit; Seitenlappen in verlängerten Höckern endend, Mittellappen bauchig mit der größten Breite unterhalb der Mitte; Lippenzeichnung ornamental und großflächig, aus braunvioletten, gelblich weiß umrahmten Flächen und Linien, darin eingeschlossen 1–4 nabelartige Flecken; Basalfeld orangebraun bis braunrot; Anhängsel grüngelb, breit und kurz.

**VERWECHSLUNG** Bei *O. astarte* ist das mittlere Sepal weniger nach vorne geschlagen, die Blüten sind etwas kleiner. Trotzdem sind einzelne Exemplare mit grünem Perigon manchmal nur schwer zuzuordnen. Die früher aufblühende *O. flavomarginata* ist großblütiger und weist meist einen gelben Lippenrand auf. Beide haben kein buntes Perigon. *O. umbilicata* hat kleinere, 8–10 mm lange, 8,5–11 mm breite Lippen und fehlt auf Zypern.

**VORKOMMEN** Phrygana, Wiesen, lichte Kiefernwälder, extensives Kulturland, Steinrasen. Bis etwa 800 m.

**VERBREITUNG** Endemit Zyperns. **Typus:** Zypern, 1932.

**BESTÄUBER** *Eucera syriaca*

## Attische Ragwurz
*— Ophrys attica*

März–Mai

**STECKBRIEF** 10–15 (30) cm hoch; Blütenstand mit 3–9 schräg abstehenden, relativ kleinen Blüten; Sepalen fast immer grün, sehr selten weiß, 9–13 mm lang, 4–7 mm breit, mittleres stark nach vorne gebogen; Petalen 3,5–6,5 mm lang, 2–2,5 mm breit, dreieckig verlängert, grün bis gelbgrün; Lippe im oberen Teil tief dreilappig, 10–13 mm lang, 8–10 mm breit, dunkelbraun bis rotbraun; Seitenlappen aufgerichtet bis zurückgeschlagen, nach oben in Höcker verlängert, außen lang bräunlich behaart; Mittellappen aus verschmälerter Basis längsoval, gewölbt, Seitenränder herabbis zurückgeschlagen; Lippenmal latzförmig mit ornamentalen Auszweigungen, violettblau bis purpurn, gelblich umrandet; Anhängsel kurz, breit, grüngelb, leicht nach oben gerichtet.

*O. attica* (GR, Dilesi, 18.4.2011, HP)

**VERWECHSLUNG** *O. rhodia* hat ein nach hinten geschlagenes oder aufrechtes mittleres Sepal und nach unten gezogene seitliche Sepalen. *O. umbilicata* hat kleinere Blüten mit meist buntem Perigon.

*O. attica* (li: GR, Dilesi, 18.4.2011, HP; re o: GR, Kefalonia, 1.4.2010, HP; re u: GR, Olymp, 3.4.2018, HP)

**VORKOMMEN** Wiesen, Ödland, Steinrasen, Phrygana, lichte Wälder. Bis etwa 800 m.
**VERBREITUNG** Südalbanien bis Ägäische Inseln. Typus: Griechenland, Attika, 1859.
**BESTÄUBER** *Eucera seminuda*

## Gelbrandige Ragwurz
— *Ophrys flavomarginata*

früh: Ende Jan.– Ende März

*O. flavomarginata* (CY, Larnaka, 1.3.2014, HP)

**STECKBRIEF**

10–20 (30) cm hoch; Blütenstand mit 2–8 großen Blüten; Sepalen grün bis weißlich grün, 11–14,5 mm lang, 5,5–8,5 mm breit, mittleres Sepal stark nach vorne geneigt; Petalen schmaldreieckig, geöhrt, grün bis gelbgrün, 4–7 mm lang, 2,5–5 mm breit; Lippe trapezförmig bis längsoval, braun bis rötlich braun, am Grund dreigeteilt, 10–17 mm lang, 11,5–18 mm breit; Seitenlappen in stumpfe Höcker verlängert, Mittellappen längsoval bis rundlich, bauchig mit der größten Breite unterhalb der Mitte und meist breitem, gelbem Lippenrand; Lippenmal großflächig, aus braunvioletten, gelblich weiß umrahmten Flächen und Linien; Anhängsel grüngelb, breit und kurz, aufwärtsgerichtet.
**VERWECHSLUNG** *O. orientalis* hat keine oder nur sehr schmale, gelbe Lippenränder und kleinere, 8–10 mm lange Lippen. Sie blüht etwas später.
**VORKOMMEN** Ödland, lichte Kiefernwälder, Magerwiesen, Weiden, Phrygana, Macchie; kalkliebend. Bis ca. 600 m.

*O. flavomarginata* (CY, Larnaka, 1.3.2014, HP)

*O. flavomarginata* (li: CY, Larnaka, 1.3.2014, HP; re: CY, Souni, 8.3.2014, HP)

**VERBREITUNG** Endemit Zyperns. **Typus:** Zypern, Nikosia, 1929.
**BESTÄUBER** *Eucera dimidiata*

## Stierkopf-Ragwurz
*— Ophrys bucephala*

April–Anf. Mai

**STECKBRIEF** 10–20 (25) cm hoch; Blütenstand mit 2–7 großen Blüten; Sepalen grün, selten weißlich grün, 12–17 mm lang, 6–9 mm breit, mittleres Sepal stark nach vorne über die Säule geneigt; Petalen grün, manchmal bräunlich überlaufen, am Rand behaart, oft geöhrt, 5–8 mm lang, 2–5 mm breit; Lippe dunkelbraun, 13–17,5 mm lang, 15–19 mm breit (ausgebreitet); Seitenlappen in 2 nach vorne gerichtete Höcker verlängert, Mittellappen gerundet trapezförmig, kräftig gewölbt; Lippenzeichnung ornamental und großflächig, einen großen Teil der Lippenfläche bedeckend, aus braunvioletten, gelblich weiß umrahmten Linien, darin eingeschlossen 1–4 nabelartige Flecken; Anhängsel grüngelb, breit-fleischig, nach vorne gerichtet.
**VERWECHSLUNG** *O. attica* hat kleinere Blüten mit 10–13 mm langen und 8–10 mm breiten Lippen. Bei *O. rhodia* ist das mittlere Sepal aufgerichtet, die Lippe ist nur 7,5–12 mm lang.

**VORKOMMEN** Magerwiesen, Phrygana, Macchie, Affodillfluren, Olivenhaine, Böschungen, lichte Wälder, extensives Kulturland; kalkstet. Bis etwa 500 m.
**VERBREITUNG** Westliche Türkei und Inseln Lesbos, Chios und Limnos. **Typus:** Griechenland, Lesbos, 1989.
**BESTÄUBER** *Eucera curvitarsis*

*O. bucephala* (li: GR, Lesbos, 7.4.2012, ZA; re: GR, Lesbos, 8.5.2009, HP)

*O. bucephala* (li: GR, Lesbos, 7.4.2012, ZA; re: GR, Lesbos, 8.4.2012, ZA)

## Kotschys Ragwurz
*— Ophrys kotschyi*

eher früh: Mitte Febr.–Anf. April

**STECKBRIEF** 10–25 (35) cm hoch; Blütenstand gedrängt mit 2–10 großen, oft fast waagrecht abstehenden Blüten; Sepalen grün bis weißlich grün, 12,5–16 mm lang, 6–8,5 mm breit, das mittlere Sepal oft nach vorne gebogen; Petalen schmal-dreieckig bis lanzettlich, olivgrün bis braungrün, 5,5–8 mm lang, 2–4,5 mm breit; Narbenkopf weiß; Lippe elliptisch bis oval, 11,5–17 mm lang, Grundfarbe bräunlich schwarz bis schwarzviolett; Seitenlappen stark zurückgekrümmt, Höcker an der Außenseite stark, teils weiß behaart; Lippenmal über die Lippe verteilt, dunkelviolett bis rötlich mit weißer Umrandung; Anhängsel klein, grüngelb, leicht aufwärts gebogen.
**VORKOMMEN** Phrygana, Magerrasen, Gebüsch, lichte Kiefernwälder, extensives Kulturland, Küstenwiesen. Bis etwa 900 m.
**VERBREITUNG** Endemit Zyperns, eine Einzelpflanze auch in Südanatolien bei Kemer gefunden. **Typus:** Zypern, Larnaca, 1927.

**BESTÄUBER** *Melecta tuberculata*, der auch *O. cretica* bestäubt.
**NAME** Zu Ehren des österreichischen Botanikers Theodor Kotschy (1813–1866) benannt, der die Art erstmals sammelte.

*O. kotschyi* (CY, Akrotiri, 5.3.2014, HP)

*O. kotschyi* (CY, Akrotiri, 5.3.2014, HP)

*O. kotschyi* (CY, Akrotiri, 5.3.2014, HP)

## Kreta-Ragwurz
*— Ophrys cretica* subsp. *cretica*

Ende März–Ende April

**STECKBRIEF** 10–20 (40) cm hoch; Blütenstand 2–10-blütig; Sepalen grün, oft purpurn überlaufen, selten etwas rosa oder weiß, 11–15 mm lang, 5–7,5 mm breit, Ränder zurückgerollt; Petalen grün bis purpurn, 6–9 mm lang, 1,5–3 mm breit; Lippe schwarz bis schwarzbraun, 10–14 mm lang und breit; Mittellappen halbkugelig gewölbt, im Zentrum kahl, am Rand fein behaart; Seitenlappen stärker behaart, gehöckert, nicht gehörnt; Lippenmal weiß, H-förmig bis aufgelöst H-förmig, die Linien im unteren Teil kleine, blauviolette, metallisch glänzende Flächen einschließend; Narbenhöhle weiß, durch einen schwarzen Querstrich getrennt, breiter als hoch; Anhängsel sehr klein, nach vorne gerichtet.
**VERWECHSLUNG** *O. ariadnae* hat etwas

*O. cretica* subsp. *cretica* (GR, Kreta, Iraklio, 26.4.2011, HP)

*O. cretica* subsp. *beloniae* (GR, Rhodos, 1.4.2013, HP)

*O. cretica* subsp. *bicornuta* (li: GR, Kreta, Achlia, 21.4.2011, HP; re: GR, Kreta, Sisarcha, 30.3.2005, UG)

*O. cretica* subsp. *cretica* (li: GR, Kreta, Ag Galini, 25.4.2011, HP; re: GR, Lambokambos, 1.4.2018, HP)

größere, breitere und stärker gewölbte Lippen, oft mit einem komplexeren Lippenmal, die Narbenhöhle ist höher als breit. Manche Populationen sind schwer zuzuordnen.
**VORKOMMEN** Phrygana, Wiesen, extensives Kulturland, Olivenhaine. Bis etwa 1100 m.
**VERBREITUNG** Südgriechenland. **Typus:** Griechenland, Kreta, Lassithi, 1916.
**BESTÄUBER** *Melecta tuberculata*
**UNTERARTEN**

Belonia-Ragwurz *Ophrys cretica* subsp. *beloniae*: Unterscheidet sich von der subsp. *cretica* durch rosa, selten weiße Sepalen und ein farbintensiveres, ± H-förmiges, blauviolettes Lippenmal mit weißer Umrahmung. Die Unterart ist insgesamt farbenkräftiger und zählt zu den schönsten Ragwurzen des Mittelmeergebiets. Sie blüht früh von Anfang März bis Anfang April und ist bisher von Rhodos, Siros und Naxos bekannt, wo sie bis etwa 500 m vorkommt. **Typus:** Griechenland, Naxos, 1996.
Zweigehörnte Kreta-Ragwurz *Ophrys cretica* subsp. *bicornuta*: Unterscheidet sich von der subsp. *cretica* v. a. durch die abstehenden, spitz gehöckerten Seitenlappen der Lippe, die zum Mittellappen hin kahl und oft heller gezeichnet sind, und die etwas frühere Blütezeit von Anfang März bis Anfang April. Sie ist bisher nur aus dem Osten Kretas bekannt und kommt hier bis etwa 600 m vor. **Typus:** Griechenland, Kreta, Agios Ioannis, 2001.

## Ariadnes Ragwurz
— *Ophrys ariadnae*

eher früh:
Febr.–Mai

**STECKBRIEF** 15–25 (40) cm hoch; Blütenstand locker mit bis zu 7 großen Blüten; Sepalen 11–15 mm lang, 5–7,5 mm breit, grün, ± rötlich überlaufen, seitliche Sepalen in der unteren Hälfte oft rötlich; Petalen 6–9 mm lang, 1,5–3 mm breit, schmal-dreieckig, in etwa zwei Drittel der Sepallänge einnehmend, kurz samtig behaart, weißlich grün bis dunkel rotbraun; Lippe länglich, 12–15 mm lang, Grundfarbe schwarz bis braun, am Übergang vom Narbenkopf nicht eingeschnürt; Lippenseitenlappen leicht bzw. kaum gehöckert, Mittellappen im Randbereich kurz behaart, größte Breite im unteren Lippenbereich; Lippenmal variabel, H-förmig bis verästelt, weiß oder purpurviolett mit weißer Umrandung; Narbenhöhle gleich hoch oder höher als breit, innen weiß, horizontal mit einem schwarzen Querstrich geteilt. Blütezeit eher früh, Februar bis März, in einem zweiten Blühschub von März bis Mai.

*O. ariadnae* (GR, Kreta, Spili, 25.4.2011, HP)

**VERWECHSLUNG** Die sehr ähnliche *O. cretica* hat etwas kleinere, schmalere und weniger gewölbte Lippen mit nach hinten gebogenen Seitenrändern in der unteren Lippenhälfte. Das Lippenmal ist einfacher, meist mit H-Form. Die Narbenhöhle ist breiter als hoch und der Übergang vom Narbenkopf zur Lippe eingeschnürt. Nicht jede Pflanze ist allerdings eindeutig zuzuordnen.

**VORKOMMEN** Ödland, offene Phrygana, Olivenhaine, Straßen- und Wegränder, lichte Wälder; kalkliebend. Bis 1100 m.

**VERBREITUNG** Kreta, Karpathos, Naxos, Aegina, Anafi und weitere griechische Inseln, vermutlich auch am anschließenden Festland. **Typus:** Griechenland, Kreta, Lassithi, 1994.

**BESTÄUBER** *Melecta albifrons*

*O. ariadnae* (li: GR, Kreta, Orino, 22.4.2011, HP; re: GR, Kreta, Akoumia, 27.3.2005, UG)

*O. ariadnae* (li: GR, Kreta, Agia Galini, 19.3.2005, UG; re: GR, Kreta, Faistos, 3.3.2019, HP)

## Reinholds Ragwurz
*— Ophrys reinholdii*

März–Juni

**STECKBRIEF** 20–35 (60) cm hoch; Blütenstand mit 2–8 Blüten; Sepalen 13–16 mm lang, 5–7,5 mm breit, hellgrün, weißlich oder rosa, grün genervt, abstehend bis zurückgeschlagen; Petalen 5–8 mm lang, 1,5–3,5 mm breit, intensiver bzw. dunkler gefärbt als die Sepalen, dicht und kurz behaart; Lippe 12–16 mm lang, 14–21 mm breit (ausgebreitet), dunkel purpurbraun, tief dreilappig, seitlich zurückgebogen; Seitenlappen schwach gehöckert, weiß behaart; Lippenmal extrem variabel, blau, seltener rötlich, kräftig weiß umrandet oder ganz weiß, in 2 getrennten Flecken oder Streifen bis brillen-, u-, h-, x- oder omegaförmig; Narbenhöhle weiß; Anhängsel spitz, gelbbraun, zuweilen fehlend.

**VERWECHSLUNG** *O. reinhardiorum* hat häufig ein reinweißes Lippenmal, das Perigon ist immer grün. Sie kommt in den nordgriechischen Bergen vor und blüht deshalb später.

**VORKOMMEN** Wiesen, Phrygana, Wälder, Ödland, Weiden. Bis etwa 1100 m.

**VERBREITUNG** Von Südalbanien bis Südwestanatolien. Vorübergehend auch auf Zypern gefunden. **Typus:** Griechenland, Attika, 1907.

**BESTÄUBER** *Eucera obscura*

**NAME** Benannt zu Ehren des griechischen Arztes Dr. Reinhold (1802–1880).

*O. reinholdii* (li: GR, Plataria, 28.3.2010, HP; re: GR, Rhodos, 6.4.2013, HP)

*O. reinholdii* (GR, Rhodos, 6.4.2013, HP)

*O. reinholdii* (AL, Muzina, 4.4.2015, HP)

## Reinhards Ragwurz
— *Ophrys reinhardiorum*

eher spät:
Ende April–Juni

**STECKBRIEF** (15) 20–35 (50) cm hoch; Blütenstand mit 4–9 Blüten; Sepalen 10–14 mm lang, 4–7,5 mm breit, hellgrün, oft purpurn gezeichnet, abstehend bis zurückgeschlagen; Petalen 4–9 mm lang, 1,5–3 mm breit, gleich gefärbt oder etwas dunkler als die Sepalen; Lippe 10–15 mm lang, 12–19 mm breit (ausgebreitet), bauchig, in der unteren Hälfte am breitesten; Seitenlappen mit kurzen Hörnern, diese nach oben gezogen, weiß bis violett behaart; Lippengrundfarbe schwarz; Lippenmal äußerst variabel, weiß, aus 2 Längslinien, Ringen oder Flecken, mit oder ohne Querbinden oder violetten Einschlüssen; Narbenhöhle weiß mit schwarzen Querbinden; Anhängsel klein, spitz, grünlich.
**VERWECHSLUNG** Unterscheidet sich von *O. reinholdii* durch das meist reinweiße Lippenmal, die fast immer grünen Sepalen und Petalen, geringfügig kleinere Lippen, die Bevorzugung von Standorten in den Bergen und die damit verbundene spätere Blütezeit.
**VORKOMMEN** Wiesen, Phrygana, Wälder, Ödland, Weiden. Von etwa 300–1300 m.

*O. reinhardiorum* (GR, Veria, 9.6.2014, HP)

**VERBREITUNG** Hauptverbreitung im Gebiet Elassona-Kozani-Veria. **Typus:** Griechenland, Olymp, nahe Kryovrissi, 2008.
**BESTÄUBER** *Eucera funeraria*
**NAME** Benannt zu Ehren des Schweizer Ehepaares Ruth und Hans Reinhard (†) aus Zürich, Orchideenfachleuten aus Leidenschaft.

*O. reinhardiorum* (GR, Veria, 9.6.2014, HP)

*O. reinhardiorum* (GR, Veria, 9.6.2014, HP)

## Spruners Ragwurz
*— Ophrys spruneri*

Anf. März–
Anf. Mai

*O. spruneri* (GR, Exohori, 27.3.2018, HP)

*O. spruneri* (li: GR, Exohori, 27.3.2018, HP; re: GR, Olymp, 3.4.2018, HP)

**STECKBRIEF** (10) 15–30 (45) cm hoch; Blütenstand mit 2–8 relativ großen, intensiv und kontrastreich gefärbten Blüten; Sepalen weißlich bis dunkelrosa, seltener grün, seitliche abwärts weisend, in der unteren Hälfte oft dunkler gefärbt, mit nach hinten gebogenen Rändern, mittleres Sepal etwas schmäler, einheitlich gefärbt, aufrecht stehend bis nach vorne geneigt; Petalen lanzettlich bis spitz-dreieckig, 7–12 mm lang, 2–4 mm breit; Lippe 12–17 mm lang, 12–19 mm breit (ausgebreitet); Lippengrundfarbe dunkelbraun bis schwarzviolett; Lippenmal H-förmig, blau, meist weiß umrandet; Anhängsel bräunlich bis gelb, dreieckig, klein, gerade nach vorn gestreckt, manchmal leicht dreizähnig; Narbenhöhle kaum breiter als hoch, im hinteren Narbenbereich weiß, im unteren Bereich schwarz bis stahlblau; Pseudoaugen blau bis blauschwarz mit einer Verbindung.

**VERWECHSLUNG** *O. grigoriana* auf Kreta hat größere, 19–30 mm lange Lippen ohne ausgeformte Seitenlappen.

**VORKOMMEN** Steinige bis wiesige Fluren, Phrygana, aufgelassene Olivenhaine, lichte Laub- und Nadelwälder. Bis etwa 900 m.

**VERBREITUNG** Endemit Griechenlands. **Typus:** Griechenland, Insel Egina, 1855.

**BESTÄUBER** *Xylocopa iris*

**NAME** Benannt zu Ehren des deutschen Botanikers und Militärapothekers Wilhelm von Spruner (1805–1874), der besonders an der griechischen Flora forschte.

## Grigoria-Ragwurz
*— Ophrys grigoriana*

Ende März–
Anf. Mai

**STECKBRIEF** 15–30 cm hoch; Blütenstand mit 2–6 extrem großen, dunklen Blüten; Sepalen weißlich bis rosaviolett, selten grün, seitliche abwärts weisend, in der unteren Hälfte dunkler gefärbt, mit nach hinten gebogenen Rändern; Lippe 19–30 mm lang, 19–32 mm breit (ausgebreitet), oft ohne deutlich ausgeformte Seitenlappen, nur mit leichten Einziehungen des Umrisses, ungehöckert bis angedeutet gehöckert; Lippengrundfarbe schwarzbraun; Lippenmal H-förmig, blau, meist weißlich umrandet; Anhängsel bräunlich bis gelb, dreieckig, gerade nach vorn gestreckt.

**VERWECHSLUNG** *O. spruneri* hat kleinere, 12–17 mm lange und 12–19 mm breite Lippen mit stets deutlich ausgeformten Seitenlappen. Der Narbenkopf ist im Verhältnis zur Lippe größer.

*O. grigoriana* (GR, Kreta, L.c., 29.3.2005, UG)

*O. grigoriana* (GR, Kreta, Akoumia, 27.3.2005, UG)

**VORKOMMEN** Phrygana, Macchie, lichte Kiefernwälder, Magerrasen, Terrassen. Bis etwa 1200 m.
**VERBREITUNG** Endemit Kretas. **Typus:** Griechenland, Kreta, Grigoria, 1995.

## Ikaria-Ragwurz
*— Ophrys icariensis*

März–April

*O. icariensis* (GR, Herakleia, 21.3.2012, BT)

*O. icariensis* (li: GR, Naxos, 14.4.2012, HP; re: GR, Herakleia, 17.4.2009, HP)

**STECKBRIEF**

15–25 cm hoch; Blütenstand locker mit 2–8 mittelkleinen Blüten; Sepalen 9–16 mm lang, 4,5–9 mm breit, rosa, Mittelnerv meist grün; Petalen 5–7 mm lang, 1,2–3,5 mm breit, gleich gefärbt wie die Sepalen oder intensiver, kurz samtig behaart; die meist rundliche, bauchige Lippe 10–13 mm lang, 8–16 mm breit (ausgebreitet), ganzrandig bis dreiteilig, dunkel rotbraun bis fast schwarz, mit 0,5–2 mm hohen Höcker, auf den Schultern bräunlich behaart; Malzeichnung h- oder x-förmig, braunviolett, meist heller umrandet; Anhängsel klein, etwa 1 mm lang, 2 mm breit, rötlich braun bis gelblich.
**VERWECHSLUNG** Aufgrund der kleinen, fast schwarzen Lippen gut charakterisiert. Übergänge zu *O. ferrum-equinum* wurden von der Insel Kea gemeldet. *O. ferrum-equinum* hat 6–10 mm lange Petalen, eine 11–17 mm lange und 12,5–19 mm breite Lippe, die ungehöckert und am unteren Rand leicht aufgebogen ist. Das Malzeichen ist bei ihr öfters auf 2 Flecken reduziert, es kann sogar fehlen.
**VORKOMMEN** Magerwiesen, Phrygana, Gebüsch. Bis etwa 400 m.
**VERBREITUNG** Ikaria, Naxos, Iraklia, Kos, Skyros, Kea, Tinos. **Typus:** Griechenland, Ikaria, 1990. Die Verbreitung in Kroatien ist nicht zu sehen.

## Zierliche Ragwurz
*— Ophrys elegans*

früh: Mitte Febr.–Ende März

**STECKBRIEF** 10–20 cm groß; Blütenstand kurz und locker mit nur 1–4 schräg vom Stängel abstehenden Blüten; Sepalen 9–15 mm lang, 3–7 mm breit, weiß bis rosa, Mittelnerv meist grün, an den Rändern zurückgebogen, seitliche Sepalen abstehend bis zurückgeschlagen, mittleres Sepal schmal-lanzettlich, nach kurzer Zeit weit zurückgeschlagen; Petalen 7–9 mm lang, 2,5–3 mm breit, rosa, kurz samtig behaart; Lippe unausgebreitet dreieckig, dreilappig bis fast ganzrandig, mit stumpfen Höckern, 9–13 mm lang, 9–13 mm breit, braun bis rötlich braun; Mittellappen länglich-dreieckig mit fast rechtwinkligem Knick unter der Mitte, seitliche Ränder stark zurückgeschlagen, Seitenlappen zottig behaart; Lippenmal über die Lippe verteilt, schwarzblau bis dunkelviolett, aus Flecken und Bögen bestehend, hell umrandet; Anhängsel klein und spitz, vorgezogen, nach vorne gerichtet.
**VORKOMMEN** Lichte Kiefernwälder, Zypressenwälder, Phrygana, Macchie, Ödland. Bis etwa 800 m.
**VERBREITUNG** Endemit Zyperns. **Typus:** Zypern, Agios Nikolaos, 1929.
**BESTÄUBER** *Anthophora erschowi*

*O. elegans* (CY, Larnaka, 8.3.2014, HP)

*O. elegans* (CY, Larnaka, 8.3.2014, HP)

## Brillen-Ragwurz
*— Ophrys biscutella*

April–Ende Mai (in höheren Lagen)

**STECKBRIEF** (15) 20–30 (50) cm hoch; Blütenstand 2–8-blütig; Sepalen dunkelrosa bis weiß, selten grün, 13–18 mm lang, 6–9 mm breit; Petalen rosa bis weiß, behaart, lang und schmal, 6–11 mm lang, 2,5–4,5 mm breit; Lippe ungeteilt, rundlich, rot- bis schwarzbraun, 12–15 mm lang, 15–20 mm breit (ausgebreitet); Lippenmal meist aus 2 querverbundenen, schildförmigen Flecken, manchmal nicht verbunden oder komplexer mit Verbindung zum Narbenkopf, graublau bis rötlich, gelegentlich schmal gelblich bis weiß umrahmt; Nabenhöhle rundlich, an der Basis 3–4 mm breit, Pseudoaugen grünlich schwarz; Anhängsel grünlich gelb, relativ klein und schmal, meist spitz, meist nicht nach oben weisend.

*O. biscutella* (I, Gargano, 18.4.2019, HP)

*O. biscutella* (I, Gargano, 18.4.2019, HP)

**VERWECHSLUNG** Durch die schmalen Petalen, das spitze Anhängsel und das zumeist brillenartige Lippenmal gut charakterisierte Art. Im Südwesten (z. B. westliche Basilikata, Cilento) weist das Mal meist eine Verbindung zu den Schultern auf, es ist häufig h- oder x-förmig. Die Blüten tendieren stärker zu *O. crabronifera* subsp. *pollinensis*, die aber eine hellere Grundfärbung aufweist. Die Narbenhöhle ist breiter und heller, die Pseudoaugen grünlicher. Belastbare Bestäuberbefunde wären im gesamten Komplex wünschenswert.

**VORKOMMEN** Magerwiesen, lichte Wälder, Garrigue, Weiden, Felsrasen; kalkliebend. Bis etwa 1000 m.

**VERBREITUNG** Süditalien und Südkroatien, so im Hinterland von Split und auf den Dalmatinischen Inseln Lastovo, Mljet und Korcula. **Typus:** Italien, Apulien, Foggia, Mt. Gargano, 1970.

## Hornissen-Ragwurz
— *Ophrys crabronifera* subsp. *crabronifera*

März–Mai

*O. crabronifera* subsp. *crabronifera* (I, Argentario, 26.4.2019, HP)

**STECKBRIEF**

15–30 (60) cm hoch; Blütenstand locker, 3–12-blütig; Sepalen rosa bis weiß oder grün, leicht zurückgeschlagen, 12–17 mm lang, 6–8,5 mm breit; Petalen oft lang, rosa bis weiß oder olivgrün, behaart, 4–10 mm lang, 2,5–4,5 mm breit; Lippe gelb- bis rotbraun, ungeteilt, oval, in der Mitte am breitesten, gewölbt, schwach gehöckert, mit heller Randbehaarung, 11–15 mm lang, 13–19 mm breit; Lippenmal graublau, teils hell umrandet, in Form zweier isolierter oder verbundener Flecken, teils mit „Hosenträgern" nach oben; Narbenhöhle an der Basis 4–6 mm breit; Anhängsel gelb, breit-dreiteilig bis spitz.

*O. crabronifera* subsp. *crabronifera* (I, Argentario, 26.4.2019, HP)

*O. crabronifera* subsp. *pollinensis* (li und o re: I, Ascea, L.c., 21.4.2019, HP; re u: I, Vietri, d. P., 20.4.2019, HP)

*O. crabronifera* subsp. *crabronifera* (I, Argentario, 26.4.2019, HP)

*O. crabronifera* subsp. *pollinensis* (I, Ascea, L.c., 21.4.2019, HP)

**VERWECHSLUNG** *O. morisii* hat ein Lippenmal in H- oder X-Form und eine Verbreitung in Korsika und Sardinien. Problematik siehe unter subsp. *pollinensis*!
**VORKOMMEN** Wiesen, Garrigue, lichte Küstenwälder, extensives Kulturland, Magerrasen. Bis etwa 1000 m.
**VERBREITUNG** Endemit Mittelitaliens von der Toskana bis Molise und Kampanien. **Typus:** Italien, Latium, Rom, 1820.
**BESTÄUBER** *Anthophora plumipes*
**UNTERART** Monte Pollino-Ragwurz *Ophrys crabronifera* subsp. *pollinensis*: Unterscheidet sich von der Nominatunterart durch eine meist etwas dunklere Lippe, ein komplexeres Lippenmal und Stamidionalpunkte über der Narbenhöhle sowie ein häufiger grünes Perigon. Die Trennung ist allerdings nicht durchgehend nachzuvollziehen, im Süden kommen auch Exemplare vor, die sich von den nördlichen praktisch nicht unterscheiden. *O. biscutella* kann sehr ähnlich aussehen, sie hat eine kleinere, schmalere Narbenhöhle, die Lippengrundfarbe ist dunkler. Übergänge scheinen vorzukommen. Je nach Autor werden manche Populationen *O. crabronifera* s.str., der subsp. *pollinensis* oder gar *O. biscutella* zugerechnet. Für die subsp. *pollinensis* wird eine südlichere Verbreitung von Kampanien bis Kalabrien mit Verbreitungsschwerpunkt vom Cilento bis zum Monte Pollino angegeben. Bis etwa 1000 m. **Typus:** Italien, Kampanien, Cilento, bei Ascea, 1975.

## Ägäische Ragwurz
*— Ophrys aegaea*

früh:
Febr.–April

**STECKBRIEF** 10–15 (25) cm hoch; Blütenstand locker mit 2–6 großen Blüten; Sepalen 12–16 mm lang, 6–8,5 mm breit, rosa bis weiß, mit grünem Mittelnerv; Petalen spatelförmig, 7–10,5 mm lang, dunkler als die Sepalen; Lippe im Umriss rund, relativ flach ausgebreitet, Lippenränder nicht zurückgeschlagen, 11–14 mm lang, 16–20 mm breit, dunkel kastanienbraun bis mittelbraun, in der Mitte heller, zu den Schultern hin länger behaart; Malzeichnung aus 2 meist rautenförmigen, metallisch blauen Feldern bestehend, diese teilweise weißlich umrandet; Narbenhöhle queroval, durch einen braunen Querstrich geteilt, die obere Hälfte weiß; Anhängsel klein, dreieckig-spitz.

**VERWECHSLUNG** *O. lucis* und *O. lesbis* unterscheiden sich u. a. durch eine kleinere, länglichere Lippe.

**VORKOMMEN** Lichte Kiefernwälder, Olivenhaine, Felsfluren, Phrygana, Wiesen, extensives Kulturland. Bis etwa 850 m.

**VERBREITUNG** Karpathos, Kasos, Amorgos, Herakleia. Typus: Griechenland, Karpathos, Aperi, 1987.

**BESTÄUBER** *Anthophora orientalis*

*O. aegaea* (GR, Herakleia, 22.3.2012, BT)

*O. aegaea* (GR, Herakleia, 22.3.2012, BT)

*O. aegaea* (GR, Herakleia, 22.3.2012, BT)

## Lesbos-Ragwurz
*— Ophrys lesbis*

März–April

**STECKBRIEF** 10–20 (30) cm hoch; Blütenstand mit 2–8 großen Blüten; Sepalen 13–18 mm lang, 7–10 mm breit, weiß bis purpurrosa, grün geadert; Petalen lang, 7,5–11 mm lang, 3,5–5,5 mm breit, oft grünlich gelb gerandet; Lippe 13–16 mm lang, 13,5–20 mm breit (ausgebreitet), ungelappt, trapezförmig rund, gleichmäßig konvex gewölbt, ungehöckert bis ganz schwach gehöckert, auffallend hellbraun, teils leicht gelb gerandet; Lippenmal von der Lippenbasis gelöst, ± hufeisenförmig oder zu 2 Flecken reduziert, stahlblau bis braunrot, meist weiß umrahmt; Anhängsel grüngelb bis braunrot, abwärts bis nach vorne gerichtet.

**VERWECHSLUNG** *O. lucis* hat (schwach) dreilappige Lippen.

**VORKOMMEN** Phrygana, Wiesen, Macchien, lichte Flaumeichenwälder, Olivenhaine. Bis ca. 300 m.

*O. lesbis* (GR, Lesbos, 8.4.2009, HP)

*O. lesbis* (GR, Lesbos, 8.4.2009, HP)

**VERBREITUNG** Lesbos. In wenigen Exemplaren bzw. fraglich auch für andere Inseln und Südwestanatolien. Typus: Griechenland, Lesbos, 1989.
**BESTÄUBER** *Andrena curiosa*

## Licht-Ragwurz
*— Ophrys lucis*

früh: Ende Febr.– Mitte April

*O. lucis* (GR, Rhodos, 6.3.2011, HP)

*O. lucis* (GR, Rhodos, 6.3.2011, HP)

**STECKBRIEF**
10–25 cm hoch; Blütenstand 2–4 (8)-blütig; Sepalen 11–15 mm lang, 6–8,5 mm breit, rosa bis weiß, grün genervt, selten grün, abstehend bis leicht zurückgeschlagen; Petalen lang, 6,5–9,5 mm lang, 2,5–4 mm breit, dunkler als die Sepalen; Lippe 11–13 mm lang, 14–19 mm breit (ausgebreitet), rundlich bis breit-elliptisch, dreilappig; Mittellappen gleichmäßig gewölbt, Lippenränder nach hinten umgebogen, in der Grundfarbe hell- bis dunkelbraun, samtig behaart, auf den Schultern oft heller und länger; Lippenmal metallisch blau, in Form zweier ± verbundener Flecken oder eines nach unten geöffneten Hufeisens, seltener aus 2 Strichen.

**VERWECHSLUNG** *O. ferrum-equinum* hat dunklere Lippen, die auf den Schultern nur kurz schwarz behaart sind. Sie blüht später. *O. lesbis* und *O. aegaea* haben u. a. ausgebreitetere, rundlichere Lippen.
**VORKOMMEN** Lichte Kiefernwälder, Zedernforste, Phrygana, Wiesen, extensives Kulturland. Bis etwa 500 m (in Anatolien bis 1000 m).
**VERBREITUNG** Südwestanatolien und die griechischen Inseln Rhodos, Chalki, Tilos, Kos, Symi und Nisyros. Typus: Griechenland, Rhodos, Agios Isidores, 1987.
**BESTÄUBER** *Anthophora mucida*

## Schwarzäugige Ragwurz
— *Ophrys mavromata*

April

**STECKBRIEF** 10–20 (30) cm hoch; Blütenstand mit 1–4 (5) extrem großen Blüten; Sepalen 10–15 mm lang, 6–8 mm breit, hellgrün, selten rosa oder rötlich angehaucht; Petalen 6–11 mm lang, 2–3,5 mm breit, hellgrün bis rosagrün; Lippe rundlich bis trapezförmig, samtig behaart, 15–18 mm lang, 23–28 mm breit (ausgebreitet), auffallend dunkel, schwarzbraun bis schwarz, ungehöckert; Lippenmal hufeisenförmig oder auf 2 silbrig blaue bis dunkelpurpurne Flecken reduziert, oft hell umrandet, manchmal komplett fehlend; Narbenkopf breit und flach; Anhängsel klein, spitz.

**VERWECHSLUNG** Aufgrund der Blütengröße keine.

**VORKOMMEN** Phrygana, Steinrasen, Gebüsch. Auf etwa 400 m.

**VERBREITUNG** Bisher nur von der Insel Kefalonia bekannt, bis auf eine Pflanze nur vom weiteren Locus classicus. Die Anzahl dürfte die 100 nicht wesentlich überschreiten. **Typus:** Griechenland, Kefalonia, bei Komitata, 2015.

**BESTÄUBER** *Bombus terrestris*

*O. mavromata* (li: GR, Kefalonia, L.c., 15.4.2017, HP; re: GR, Kefalonia, L.c., 17.4.2017, HP)

*O. mavromata* (GR, Kefalonia, L.c., 15.4.2017, HP)

*O. mavromata* (GR, Kefalonia, L.c., 15.4.2017, HP)

## Hufeisen-Ragwurz
— *Ophrys ferrum-equinum* subsp. *ferrum-equinum*

März–Mai

**STECKBRIEF** 10–25 (35) cm hoch; Blütenstand locker, bis zu 15 cm lang, 2–8-blütig; Sepalen 10–15 mm lang, 7–8 mm breit, purpurrosa, seltener weiß mit grünem Mittelnerv, selten grün, Ränder zurückgerollt; Petalen 6–10 mm lang, 2–3,5 mm breit, intensiver gefärbt als die Sepalen; Lippe rundlich bis eiförmig, 11–17 mm lang, 12,5–19 mm breit (ausgebreitet), ungeteilt bis seicht dreilappig, schwarzbraun, ungehöckert, am unteren Rand meist leicht aufgebogen; Lippenmal hufeisenförmig oder auf 2 Flecken reduziert, selten H-förmig oder fehlend, violettblau, manchmal weiß umrandet; Anhängsel klein.

**VERWECHSLUNG** *O. lucis* unterscheidet sich u. a. durch eine hellere, orangebraune bis olivbraune Lippe. *O. spruneri* hat ein H-förmiges Lippenmal

und ist hochwüchsiger. *O. argolica* hat eine helle Behaarung auf den Schultern der Lippe.
**VORKOMMEN** Steinrasen, Ödland, Phrygana, Wiesen, lichte Kiefernwälder, Olivenhaine; kalkliebend. Bis etwa 1100 m.
**VERBREITUNG** Von Südalbanien bis Südanatolien. Typus: Griechenland, Samos, 1807.
**BESTÄUBER** *Chalicodoma parietina, Chalicodoma pyrenaica*

*O. ferrum-equinum* subsp. *ferrum-equinum* (li: GR, Igoumenitsa, 8.5.2014, HP; re: AL, Palasë, 12.4.2017, HP)

*O. ferrum-equinum* subsp. *ferrum-equinum* (li: GR, Igoumenitsa, 8.5.2014, HP; re: GR, Rhodos, 24.3.2013, HP)

*O. ferrum-equinum* subsp. *convexa* (Gr, Amorgos, 19.4.2009, HP)

**UNTERARTEN**

Kleine Hufeisen-Ragwurz *Ophrys ferrum-equinum* subsp. *convexa* (Syn.: *Ophrys ferrum-equinum* var. *minor, O. subtriloba, O. subtriloba* var. *convexa, O. ferrum-equinum* var. *anafiensis*): Unterscheidet sich von der Nominatunterart durch eine kleinere, stärker konvexe, im Umriss elliptische Blütenlippe mit schmalerem, 0,5–1,5 mm breiten Anhängsel und einem nach oben verlängerten, hufeisenförmigen Lippenmal. Die Sepalen sind schmäler, 4,5–6 mm breit, die Lippe kleiner, 11–14 mm lang. Die Verbreitung ist nicht genau bekannt, umfasst aber die Ägäischen Inseln, so auf Amorgos, Santorin, Siros, Naxos und Karpathos. Typus: Griechenland, Insel Amorgos, 2005.

Gottfrieds Ragwurz *Ophrys ferrum-equinum* subsp. *gottfriediana* (Syn.: *Ophrys gottfriediana*): Benannt zu Ehren des Schweizer Botanikers Gottfried Keller (1873–1945). Unterscheidet sich von der Nominatunterart durch eine kleinere, schmal-eiförmige, stärker konvexe Lippe mit dem Lippenmal im vorderen Lippenbereich. Oft wirkt die Lippe zugespitzt. Die Ausprägung tritt im Verbreitungsgebiet der subsp. *ferrum-equinum* ohne Größenunterschied vereinzelt auf, auf Kefalonia und den an-

*O. ferrum-equinum* subsp. *gottfriediana* (GR, Kefalonia, 15.4.2017, HP)

deren Ionischen Inseln deutlicher in großen Populationen ohne die Nominatunterart. **Typus:** Griechenland, Kefalonia, 1928. **Bestäuber:** *Chalicodoma parietina*, *Chalicodoma pyrenaica*

*O ferrum-equinum* subsp. *gottfriediana* (GR, Kefalonia, li: 15.4.2017, re: 29.3.2010, HP)

*O. ferrum-equinum* subsp. *labiosa* (li: TR, Olympos, 27.3.2016, HP; re: GR, Chios, 25.4.2009, HP)

**Großlippige Ragwurz** *Ophrys ferrum-equinum* subsp. *labiosa*: Unterscheidet sich von der Nominatunterart durch größere, 17–22 mm lange, taillierte Lippen, deren vorderer Rand aufgebogen ist. Das Lippenmal ist oft reduziert auf 2 nicht verbundene Flecken, die Blütezeit ist früh von Anfang März bis Ende April. Verbreitet von einigen Ägäischen Inseln bis Südwestanatolien, auch in reinen Populationen. **Typus:** Türkei, Mugla, bei Fethiye, 1997. **Bestäuber:** *Chalicodoma parietina*

**Parnass-Ragwurz** *Ophrys ferrum-equinum* subsp. *parnassica* **nom. prov.** (beschrieben als *Ophrys ferrum-equinum* fo. *parnassica*): Unterscheidet sich von der Nominatunterart durch grünliche bis verwaschen purpurgrüne Sepalen und ein großflächigeres Lippenmal, welches das Basalfeld meist napfartig umschließt. Im südlichen Griechenland, die genaue Verbreitung ist nicht bekannt. **Typus:** Grie-chenland, Delphi, (1911).

## Argolische Ragwurz
— *Ophrys argolica* subsp. *argolica*

März–April (Anf. Juni)

*O. argolica* subsp. *argolica* (GR, Skala, 29.3.2018, HP)

**STECKBRIEF** 15–25 (45) cm hoch; Blütenstand locker mit 2–9 Blüten; Sepalen 10–16 mm lang, 5–8 mm breit, rosa, Mittelnerv meist grün, an den Rändern zurückgebogen; Petalen 5–9 mm lang, 3–5 mm breit, intensiver gefärbt als die Sepalen, kurz samtig behaart; Lippe rundlich, 9–15 mm lang, 12–16,5 mm breit, schwach gewölbt, ungehöckert, hell oder dunkel rotbraun, auf den Schultern dicht weißfilzig behaart; Lippenmal meist 2 isolierte, teilweise verbundene, blaue Flecken, ± weiß umrandet; Anhängsel klein.
**VERWECHSLUNG** *O. aegaea* ist niedriger, hat eine größere Lippe und ist auf den Ägäischen Inseln verbrei-

*O. argolica* subsp. *argolica* (li: GR, Peloponnes, Megalopolis, 20.4.2017, HP; re o: GR, Skala, 29.3.2018, HP; re u: GR, Taigetos, 1.6.2012, HP)

*O. argolica* subsp. *olympiotissa* (GR, Elassona, L.c., 5.5.2012, SH)

*O. argolica* subsp. *olympiotissa* (GR, Elassona, L.c., 5.5.2012, SH)

tet. Die helle Behaarung der Schultern fehlt. Sie blüht früher. *O. delphinensis* hat im oberen Teil dreilappige Lippen, die seitlich eingerollt sind. Ihre Seitenlappen sind in stumpfe Höcker ausgezogen.

**VORKOMMEN** Magerwiesen, Phrygana, lichte Kiefernwälder, Macchie, Ödland, Steinrasen; kalkliebend. Bis etwa 1300 m.

**VERBREITUNG** Endemit Griechenlands mit Verbreitungsschwerpunkt auf der Peloponnes. Typus: Griechenland, Peloponnes, Argolis, 1919.

**BESTÄUBER** *Anthophora plagiata*

**UNTERART** Olymp-Ragwurz *Ophrys argolica* subsp. *olympiotissa* nom. prov. (beschrieben als *O. olympiotissa*): Unterscheidet sich von der Nominatunterart durch 10–12 mm lange Sepalen, die auf der unteren Hälfte der seitlichen Sepalen oft dunkler gefärbt sind. Die Lippengrundfarbe ist nicht so stark rötlich, die Schulterbehaarung der Lippe nicht reinweiß, sondern weiß bis rotbraun. Die Blütezeit ist später und reicht von Ende April bis Anfang Juni. Sie besiedelt felsige Rasenhänge von etwa 400–500 m und ist endemisch in einem kleinen Gebiet südlich des Olymp nahe dem Kloster Panaghia Olympiotissa.
Typus: Griechenland, Elassona, (2011).
Bestäuber: *Anthophora plagiata*

## Delphi-Ragwurz
*— Ophrys delphinensis*

eher spät: April–Mai

**STECKBRIEF** 15–30 (45) cm hoch; Blütenstand locker, 3–10-blütig; Sepalen 12–15 mm lang, 6–8 mm breit, rosa, die seitlichen waagrecht bis schräg nach unten gerichtet; Petalen zungenförmig, 4,5–7 mm lang, 2,5–3,5 mm breit, kurz samtig behaart, oft etwas intensiver gefärbt als die Sepalen; Lippe 10–12 mm lang, 9–10 mm breit, seitlich eingerollt, rotbraun, an den Schultern dicht und lang behaart, im oberen Teil dreilappig; Seitenlappen zurückgeschlagen, in stumpfe Höcker ausgezogen, Mittellappen mit zurückgeschlagenen Seitenrändern; Malzeichnung variabel geformt, violett, weiß umrandet; Anhängsel grüngelb bis bräunlich, relativ groß.

**VERWECHSLUNG** *O. argolica* hat keine zurückgeschlagenen Lippenränder und keine bis höchstens angedeutete Lippenhöcker.

*O. delphinensis* (GR, Kalavrita, 2.4.2010, HP)

**ANMERKUNG** Stabilisierte Hybride aus *O. argolica* und *O. oestrifera* s.l., die sich den Bestäuber mit *O. argolica* teilt.

*O. delphinensis* (li und re o: GR, Dilesi, 19.4.2011, HP; re u: GR, Kalavrita, 2.4.2010, HP)

**VORKOMMEN** Phrygana, Ödland, lichte Kiefernwälder, Gebüsch, Wiesen. Bis etwa 1100 m.
**VERBREITUNG** Endemit Griechenlands. Typus: Griechenland, Delphi, 1972.
**BESTÄUBER** *Anthophora plagiata*

## Moris' Ragwurz
— *Ophrys morisii*

März–April

*O. morisii* (I, Sardinien, Urzulei, 9.4.2001, HP)

**STECKBRIEF** (10)

15–25 (40) cm hoch; Blütenstand 3–10-blütig; Sepalen weißlich bis rosa, seltener grün, 10,5–15 mm lang, 5,5–8,5 mm breit, leicht nach hinten gerichtet, Mittelnerv grün; Petalen länglich-lanzettlich, rosa, gelbgrün oder braunrot, kräftiger gefärbt als die Sepalen, 6,5–10 mm lang, Ränder gewellt, behaart, Petalrand meist dunkler als die Mitte; Lippe dunkelbraun, 10–13,5 mm lang, 13–18,5 mm breit (ausgebreitet), selten schwach dreilappig, stark konvex, am hinteren Rand kurzhaarig, ohne Höcker bis schwach gehöckert; Lippenmal variabel, meist braunviolett und hell umrandet, großflächig und reich gegliedert, teils schildförmig, h- oder x-förmig, das Basalfeld umrahmend, nicht selten nur 2 inselförmige Überbleibsel im Lippenzentrum; Anhängsel klein, dreieckig oder gezähnt; Narbenhöhle breiter als hoch, unterhalb der Pseudoaugen wenig eingeschnürt.
**VERWECHSLUNG** Die Narbenhöhle von *O. panattensis* ist höher als breit, die Lippe meist länglicher.

*O. morisii* (F, Korsika, Bonifacio, 15.4.2006, UG)

*O. morisii* (I, Sardinien, Gologone, 9.4.2007, UG)

**VORKOMMEN** Garrigue, Magerweiden, Straßenränder, lichte Wälder, Gebüschränder. Bis etwa 1000 m.
**VERBREITUNG** Endemit Sardiniens und Korsikas. Typus: Italien, Sardinien, 1896.

**BESTÄUBER** *Anthophora sicheli*
**NAME** Benannt zu Ehren des italienischen Botanikers Giuselle Giacinto Moris (1796–1869), der sich v. a. um die Flora Sardiniens verdient gemacht hat.

## Panatta-Ragwurz
*— Ophrys panattensis*

April–Mai

**STECKBRIEF** (10) 15–30 (50) cm hoch; Blütenstand locker mit 6–12 großen, lokal sehr variablen Blüten; Sepalen 13–16 mm lang, abstehend, lanzettlich, weißlich bis dunkelrosa mit grünem Mittelnerv, zum Ende hin oft etwas breiter werdend; Petalen 6–8,5 mm lang, 2–3 mm breit, manchmal geöhrt, behaart, sehr variabel, lineal bis schmal-dreieckig bis *sphegodes*-artig mit leicht gewellten Rändern, farblich intensiver als die Sepalen; Lippe beinah ganzrandig bis stark dreilappig (scolopaxoid), teilweise ausgebreitet, teilweise zurückgeschlagen und gewölbt, gehöckert, 11–18 mm lang, 11–20 mm breit (ausgebreitet), nach unten hängend, Seitenlappen kräftig behaart; Lippengrundfarbe braun; Lippenmal glänzend bläulich grau, h-, x- oder hufeisenförmig, manchmal auch nur als 2 losgelöste einzelne Flecken; Basalfeld ähnlich gefärbt wie die Lippe, Narbenhöhle höher als breit; Anhängsel lang und spitz auslaufend, schräg nach vorn oder nach unten gerichtet.

*O. panattensis* (I, Sardinien, Dorgali, 9.4.2001, HP)

*O. panattensis* (I, Sardinien, Dorgali, 1.4.2007, UG)

**VERWECHSLUNG** *O. morisii* hat rundlichere, kleinere, 10–13,5 mm lange Lippen, ein kleineres Anhängsel und eine frühere Blütezeit von März bis April. Die Narbenhöhle ist breiter als hoch.
**VORKOMMEN** Steineichenwälder, offenes Buschland, Straßenränder; frische Standorte, kalkstet. Bis etwa 800 m.
**VERBREITUNG** Seltener Endemit Sardiniens mit einem kleinen Verbreitungsgebiet in den Kalkmassiven der Provinz Nuoro mit Verbreitungsschwerpunkt um Dorgali. **Typus:** Italien, Sardinien, Nuoro, Panatta, 1992.
**BESTÄUBER** *Osmia bicornis*

*O. panattensis* (li: I, Sardinien, Dorgali, 6.4.2007, UG; re: I, Sardinien, Nuoro, 11.4.2007, UG)

## Halbmond-Ragwurz
— *Ophrys lunulata*

Mitte März–Ende April

**STECKBRIEF** 10–20 (40) cm hoch; Blütenstand 4–10-blütig; Sepalen 10–13 mm lang, rosa bis weiß, selten grünlich, grün genervt, seitliche Sepalen abwärtsgerichtet; Petalen lang, schmal-lanzettlich, 8–9 mm lang, ähnlich den Sepalen gefärbt; Lippe länglich, 10–14 mm lang, dunkelbraun bis rotbraun, an der Spitze gelblich, oben dreilappig, leicht gehöckert, am Rand hellbraun zottig behaart; Rand des Lippenmittellappens meist stark zurückgebogen, manchmal gelb; Lippenmal halbmondförmig bis H-förmig mit Verbindung zum Narbenkopf, selten aufgelöst, blauviolett bis braunpurpurn, weißlich umrandet; Anhängsel gelb, etwas aufwärtsgerichtet.

*O. lunulata* (I, Sizilien, Gela, 7.4.2012, HP)

*O. lunulata* (I, Sizilien, Gela, 7.4.2012, HP)

**VERWECHSLUNG** Durch die schmale Lippe, die langen Petalen und das oft halbmondförmige Lippenmal gut charakterisierte Art.
**VORKOMMEN** Steinrasen, Garrigue, lichte Wälder, Gebüsch, Ödland, extensives Kulturland. Bis etwa 1300 m.
**VERBREITUNG** Endemit Siziliens und der nördlich vorgelagerten Liparischen Inseln. **Typus:** Italien, Sizilien, Palermo, 1838.
**BESTÄUBER** *Osmia kohli*

*O. lunulata* (I, Sizilien, Gela, 7.4.2012, HP)

## Sizilianische Ragwurz
*— Ophrys explanata* subsp. *explanata*

eher früh:
Ende Febr.–April

**STECKBRIEF** 10–20 cm hoch; Blütenstand 2–5-blütig; Sepalen rosa bis dunkelrosa, selten weiß, 11–15 mm lang, abstehend bis zurückgeschlagen; Petalen 6–10 mm lang, 3–5,5 mm breit, gleich gefärbt wie die Sepalen oder dunkler; Lippe ganzrandig bis dreilappig, 11–15 mm lang, im basalen Bereich am breitesten, ungehöckert bis angedeutet gehöckert, schwarzbraun, zottig dunkelbraun behaart, ungefähr in der Mitte leicht nach oben gebogen; Lippenmal schildförmig, glänzend graublau; Narbenhöhle breiter als hoch, seitlich meist geschlossen; Anhängsel klein.

*O. explanata* subsp. *explanata* (I, Sizilien, Gela, 26.2.2020, HP)

*O. explanata* subsp. *explanata* (I, Sizilien, Gela, 26.2.2020, HP)

*O. explanata* subsp. *balearica* (li: E, Menorca, 2.4.2018, AR; re: E, Menorca, 22.4.2014, AR)

**VERWECHSLUNG** *O. bertolonii* hat schmälere, 2–4 mm breite Petalen, eine Narbenhöhle, die seitlich stets offen und höher als breit ist, oft stärker gewinkelte Lippen und eine um 2–3 Wochen spätere Blütezeit.

**VORKOMMEN** Magerrasen, Garrigue. Bis etwa 900 m.

**VERBREITUNG** Endemit Siziliens. **Typus:** Italien, Sizilien, Palermo, 1909.

**BESTÄUBER** *Chalicodoma sicula*

**UNTERART** Balearen-Ragwurz *Ophrys explanata* subsp. *balearica* nom. prov. (beschrieben als *O. balearica*; Syn.: *O. triloba*, *O. bertolonii* subsp. *balearica*): Unterscheidet sich von der subsp. *explanata* durch etwas rundlichere, häufiger dreilappige und etwas längere, 14–19 mm lange Lippen. Manche Exemplare wären ohne Herkunftskenntnis nicht zu unterscheiden. Die Unterart ist auf den Balearen endemisch, wächst bevorzugt in der Garrigue, im lichten Kiefernwald und im extensiv bewirtschafteten Kulturland und steigt hier bis etwa 500 m. **Typus:** Spanien, Mallorca, 1989. **Bestäuber:** *Chalicodoma sicula*

*O. explanata* subsp. *balearica* (E, Ibiza, 27.3.2013, AR)

## Dalmatinische Ragwurz
— *Ophrys flavicans*

eher früh: Mitte März–Ende April

**STECKBRIEF** 12–20 (30) cm hoch; Blütenstand 3–5-blütig; Sepalen rosa, sehr selten grünlich oder weißlich, 8–11,5 mm lang, 2–4 mm breit; Petalen 6–8 mm lang, 2,2–3,5 mm breit, rosa bis braunrot, die Ränder dunkler und gewellt; Lippe 8,7–11,5 mm lang, breitoval, dunkelbraun, ungehöckert, der Länge nach ± gerade oder leicht nach oben gebogen, zottig hellbraun behaart, sich zum Blühende gelblich verfärbend; Lippenmal schildförmig, blau bis violett; Narbenhöhle breiter als hoch, seitlich geschlossen; Anhängsel reduziert.
**VERWECHSLUNG** Unterscheidet sich von *O. bertolonii* durch die geschlossene Narbenhöhle und die kleineren, breitovalen Lippen mit hellerer Behaarung. Sie blüht deutlich früher.

**VORKOMMEN** Magerrasen, Phrygana, Kalksteinhalden; kalkstet. Bis ca. 200 m.
**VERBREITUNG** Endemisch in Süddalmatien von Split bis Zadar mit Verbreitungsschwerpunkt um Šibenik. **Typus:** Kroatien, Dalmatien, 1842.
**BESTÄUBER** *Chalicodoma manicata*

*O. flavicans* (HR, Sibenik, li: 28.3.2015, re: 29.3.2015, HP)

*O. flavicans* (HR, Sibenik, 29.3.2015, HP)

*O. flavicans* (HR, Sibenik, 28.3.2015, HP)

## Bertoloniähnliche Ragwurz
— *Ophrys bertoloniiformis*

Ende März–Anf. Mai

**STECKBRIEF** 10–20 cm hoch; Blütenstand 2–5-blütig; Sepalen grünlich, seltener weiß oder rosa, 9–14 mm lang, 4–7 mm breit; Petalen 6–11 mm lang, 2–5 mm breit, olivgrün, oft braunrot überlaufen, dunkler gefärbt als die Sepalen; Lippe 10–14,5 mm lang, dunkelbraun, oval, zottig dunkelbraun behaart, ungefähr in der Mitte meist schwach nach oben gebogen; Lippenmal schildförmig, blau bis violett, in der Regel nicht umrandet; Narbenhöhle halbkreisförmig, seitlich geschlossen; Anhängsel gelb, nach oben gerichtet.

**VERWECHSLUNG** Unterscheidet sich von *O. bertolonii* v. a. durch häufig grüne Sepalen, olivgrüne, rot überlaufene Petalen, ovale, kürzere Lippen, breite, halbkreisförmige, geschlossene Nar-

benhöhlen und eine frühere Blütezeit. Die Lippe ist flacher, das Lippenende weniger oder nicht aufgebogen.
**VORKOMMEN** Wiesen, Weiden, Garrigue, extensives Kulturland. Bis etwa 1000 m.
**VERBREITUNG** Häufiger im Monte Gargano, selten in der Basilikata und den Abruzzen. Typus: Italien, Apulien, Mt. Gargano, 1971.
**BESTÄUBER** *Chalicodoma benoisti*

*O. bertoloniiformis* (I, Gargano, 2.4.2012, HP)

*O. bertoloniiformis* (I, Gargano, 2.4.2012, HP)

*O. bertoloniiformis* (I, Gargano, 18.4.2019, HP)

## Bertolonis Ragwurz
— *Ophrys bertolonii* subsp. *bertolonii* (Syn.: *O. romolinii*)

Ende März–
Anf. Juni

*O. bertolonii* subsp. *bertolonii* (li: I, Pollino, 22.4.2019, HP; re: HR, Bale, 1.5.2010, HP)

**STECKBRIEF**

10–20 (30) cm hoch; Blütenstand 2–8-blütig; Sepalen rosa, selten weiß oder grün, 10–17 mm lang, abstehend bis zurückgeschlagen; Petalen 6–11 mm lang, 2–4 mm breit, dunkler gefärbt als die Sepalen; Lippe 10–15 mm lang, schmal, schwarzbraun, ungehöckert, zottig dunkelbraun behaart, ungefähr in der Mitte nach oben leicht gebogen bis 90° abgewinkelt; Lippenmal schildförmig, blau bis violett, in der Regel nicht umrandet; Narbenhöhle höher als breit, seitlich offen; Anhängsel gelb, nach oben gerichtet; Säule auffallend lang, 7–9 mm, schlank, von der Seite an der Basis offen (einzige Art), mit den Petalen einem Vögelein ähnelnd.
**VERWECHSLUNG** Alle anderen verwandten Arten haben eine kürzere Säule, eine seitlich geschlossenere Narbenhöhle und weisen keinen starken Lippenknick auf. *O. bertoloniiformis* hat grünliche Sepalen, kleinere, brei-

*O. bertolonii* subsp. *bertolonii* (I, Sizilien, Noto, 9.4.2012, HP)

*O. bertolonii* subsp. *bertolonii* (li: I, Martina Franca, 26.4.2019, HP; re: I, Pollino, 22.4.2019, HP)

*O. bertolonii* subsp. *aurelia* (li: F, Carro, 11.4.2019, UG; re: F, Martigues, 16.5.2016, HP)

*O. bertolonii* subsp. *aurelia* (F, Martigues, 16.5.2016, HP)

tere Lippen, eine halbkreisförmige Narbenhöhle und eine Hauptverbreitung am Mt. Gargano. Auf Sizilien blüht die etwas kleinblütigere *O. explanata* etwa 2 Wochen früher.
**VORKOMMEN** Garrigue, Kiefernwälder, Olivenhaine, trockene Magerrasen. Bis etwa 1450 m.
**VERBREITUNG** Von Nordwestitalien bis Sizilien, Kroatien und Nordwestgriechenland. **Typus:** Italien, Genua oder Palermo, 1823.
**BESTÄUBER** *Chalicodoma parietina*
**NAME** Benannt zu Ehren des italienischen Botanikers Antonio Bertoloni (1775–1869), Verfasser einer zehnbändigen „Flora Italica".

**UNTERARTEN**
Aurelia-Ragwurz
*Ophrys bertolonii* subsp. *aurelia*: Unterscheidet sich von der Nominatunterart durch eine kräftigere Statur mit einer Wuchshöhe von 20–35 cm, größere und intensiver gefärbte Blüten und Lippen, die an der Spitze breiter sind als an der Lippenbasis. Eine leichte Höckerung ist gelegentlich vorhanden. Die Narbenhöhle ist seitlich geschlossener. Übergänge existieren in der Kontaktzone in Norditalien (derselbe Bestäuber). *O. saratoi* ist sehr ähnlich, sie hat weniger Blüten, die Lippen sind an der Spitze weniger breit. Eindeutige Bestäubertests wären hier wünschenswert. Blütezeit von März bis Anfang Mai. Das Verbreitungsgebiet beschränkt sich auf die südlichen Causses (evtl. Verwechslung mit *O. catalaunica*), die Hügel und Berge des mediterranen Hinterlandes von Bouches-du-Rhone in Frankreich bis zur Nordwestküste Italiens. **Typus:** Italien, Genua, 1989. **Bestäuber:** *Chalicodoma parietina*

*O. bertolonii* subsp. *aurelia* (F, Carro, 11.4.2019, UG)

*O. bertolonii* subsp. *benacensis* (I, Albisano, 21.5.2010, HP)

Gardasee-Ragwurz *Ophrys bertolonii* subsp. *benacensis*: Unterscheidet sich von der Nominatunterart durch breitere Lippen und eine halbkreisförmige, breite, seitlich geschlossene Narbenhöhle, die Lippen sind gelegentlich leicht gehöckert. Sie ist variabler als die subsp. *aurelia*, was möglicherweise auf Einkreuzung von *O. sphegodes* zurückzuführen ist. Eine morphologische Trennung ist allerdings oft schwierig. Die Unterart ist in den Südalpen Insubriens zwischen Como und Belluno endemisch und steigt hier bis etwa 850 m. Sie bevorzugt felsige Magerrasen, aufgelassene Oliven- oder Rebterrassen, Weiden und extensive Mähwiesen. **Typus:** Italien, Trentino, Gardasee-Gebiet, 1972. **Bestäuber:** *Chalicodoma parietina*

*O. bertolonii* subsp. *benacensis* (I, Albisano, li: 21.5.2010, HP; re: 9.5.2008, UG)

Große Bertoloni-Ragwurz *Ophrys bertolonii* subsp. *magniflora*: Unterscheidet sich von der Nominatunterart durch eine kräftigere Statur mit einer Wuchshöhe von 20–35 cm, größere und intensiver gefärbte Blüten mit kaum gebogenen Lippen und eine seitlich geschlossene Narbenhöhle, von *O. bertolonii* subsp. *aurelia* durch etwas größere, rundlichere Lippen. Kritische Sippe, Bestäuber unbekannt. Übergänge zu *O. catalaunica* scheinen vorzukommen. **Typus:** Frankreich, Aude, 2001.

*O. bertolonii* subsp. *magniflora* (F, Taurize, L.c., 17.5.2016, HP)

*O. bertolonii* subsp. *magniflora* (F, Taurize, L.c., 17.5.2016, HP)

## Saratos Ragwurz
— *Ophrys saratoi*

Mai–Juni

*O. saratoi* (F, Èze, 15.5.2016, HP)

*O. saratoi* (F, Èze, 15.5.2016, HP)

**STECKBRIEF** 10–25 cm hoch; Blütenstand nur 2–5-blütig; Sepalen rosa, selten mit Grünanteil oder weiß, 10–15 mm lang, 4–7,5 mm breit, abstehend bis zurückgeschlagen; Petalen 7–10 mm lang, 2,5–4 mm breit, dunkler als die Sepalen; Lippe 13–16 mm lang, an der Spitze deutlich schmäler als an der Lippenbasis, schwarzbraun, zottig dunkelbraun behaart, ungefähr in der Mitte leicht nach oben gebogen; Lippenmal schildförmig, purpurviolett bis blau, oft hell umrandet; Anhängsel klein, gelb bis rötlich, nach oben gerichtet.

**VERWECHSLUNG** *O. bertolonii* subsp. *aurelia* hat Lippen, die an der Spitze breiter als an der Lippenbasis sind, und eine frühere Blütezeit von März bis Anfang Mai. Die Unterschiede sind nicht immer eindeutig, möglicherweise sind beide Sippen zu vereinigen. *O. drumana* hat kleinere, schmälere Lippen und mehr Blüten. Es gibt jedoch auch hier Pflanzen im Überschneidungsgebiet, die nicht eindeutig zuzuordnen sind. Sichere Bestäuberbefunde wären wünschenswert.

**VORKOMMEN** Garrigue, Kiefernwälder, Olivenhaine, trockene Magerrasen, steinige Zistrosenfluren. Von etwa 200–900 m.

**VERBREITUNG** Südostfrankreich und angrenzendes Ligurien. **Typus:** Frankreich, Seealpen, Col d'Èze, 1893.

**BESTÄUBER** *Chalicodoma albonotata* (?)

**NAME** Benannt zu Ehren des französischen Botanikers César Sarato (1830–1893).

## Dróme-Ragwurz
— *Ophrys drumana*

Ende April–
Anf. Juni

**STECKBRIEF** 10–30 cm hoch; Blütenstand mit 4–10 im Verhältnis zu den anderen Arten der *bertolonii*-Gruppe kleinen Blüten; Sepalen rosa, selten weiß, 10–14 mm lang, 3,5–6 mm breit; Petalen 6–9 mm lang, 2–3,5 mm breit, dunkler gefärbt als die Sepalen; Lippe 8–13 mm lang, schmal, mit der größten Breite in der basalen Hälfte, ungehöckert bis schwach gehöckert; Lippengrundfarbe dunkelbraun, zottig braunrot behaart; Lippenmal schildförmig oder komplexer, blau bis purpurviolett, meist weißlich umrandet; Narbenhöhle breiter als hoch; Anhängsel klein.

**VERWECHSLUNG** Unterscheidet sich von *O. saratoi* durch kleinere, meist schlanke Lippen, eine hellere, braunrote Behaarung und ein relativ größeres, meist weißlich umrandetes Lippenmal.

*O. drumana* (F, Gigors, 20.5.2018, HP)

*O. drumana* (F, Gigors, li und re o: 19.5.2018, HP; re u: F, Gigors, 20.5.2018, HP)

Es scheint allerdings im Raum Nizza Zwischenformen zu geben.

**VORKOMMEN** Magerwiesen, Steinrasen, extensive Weiden, Garrigue, Waldränder, Lichtungen. Von 250–1100 m.

**VERBREITUNG** Endemit Südostfrankreichs. Typus: Frankreich, Dróme, 1988.

**BESTÄUBER** *Chalicodoma albonotata* (?)

## Katalonische Ragwurz
— *Ophrys catalaunica*

Anf. April–
Ende Mai

*O. catalaunica* (E, Santa Eulalia, 15.5.2016, HP)

*O. catalaunica* (E, Santa Eulalia, 15.5.2016, HP)

**STECKBRIEF**

10–20 (30) cm hoch; Blütenstand 3–7-blütig; Sepalen rosa, seltener weiß, 10–14 mm lang, 4–7 mm breit, abstehend bis leicht zurückgeschlagen; Petalen 5,5–10 mm lang, 2,5–5 mm breit, Petalrand oft dunkler als die Petalmitte oder olivgrün gefärbt, wellig; Lippe 10–16 mm lang, schwarzbraun, ungehöckert bis wenig gehöckert, zottig behaart; Lippenmal schildförmig bis erweitert, dunkel violettblau bis braunpurpurn, schmal weiß umrandet; Narbenhöhle breit; Anhängsel winzig.

**VERWECHSLUNG** Unterscheidet sich von anderen Arten der *O.-bertolonii*-Gruppe durch eine Malzeichnung, die häufig Verbindung nach oben hat („Hosenträger"), sowie gerade bis konvexe Lippen. In Südfrankreich trifft sie mit *O. bertolonii* subsp. *magniflora* zusammen, die u. a. größere Lippen besitzt.

**VORKOMMEN** Magerrasen, Garrigue, Kiefernwälder, Waldlichtungen. Von etwa 200–1100 m.

**VERBREITUNG** Endemisch in Katalonien in Nordostspanien und einem kleinen Bereich in Südfrankreich. Typus: Spanien, Girona, 1972.

**BESTÄUBER** *Chalicodoma pyrenaica*, *Andrena pilipes*

## Tarenter Ragwurz
— *Ophrys tarentina*

früh: Mitte März–Anf. (Ende) April

**STECKBRIEF** (10) 15–25 (35) cm hoch; Blütenstand mit 3–8 Blüten; Sepalen hellgrün, selten weiß oder rosa, abstehend, das mittlere leicht nach vorne gebogen, 10–14,5 mm lang, 4,5–7 mm breit; Petalen lang und schmal, lanzettlich, kahl, stumpf, gelbgrün, selten bräunlich, 8–11 mm lang, 2,5–4,5 mm breit, etwa zwei Drittel so lang wie die Sepalen, mit gewelltem Rand; Lippe oft auffallend länglich-oval, 10,5–15 mm lang, 13–17 mm breit (ausgebreitet), dunkelbraun bis schwarzbraun, ungehöckert bis schwach gehöckert; Lippenmal aus 2 länglichen, parallel verlaufenden Bändern bestehend, nahe der Basis meist verbunden, teils hufeisenförmig, glänzend violettblau bis silbrig grau; Basalfeld dunkelbraun gleich der Lippengrundfarbe; Narbenhöhle schwarzbraun; Anhängsel sehr klein.

**VERWECHSLUNG** *O. sphegodes* hat kürzere, 4–9 mm lange Petalen und ein orangebraunes Basalfeld sowie eine rundlichere Lippe.

**VORKOMMEN** Magerrasen, Garrigue, Waldlichtungen, extensives Kulturland, Trockenwiesen, Flussauen, Straßenränder. Bis etwa 800 m.

**VERBREITUNG** Endemit Süditaliens mit Verbreitungsschwerpunkt um den Golf von Taranto. **Typus:** Italien, Apulien, Taranto, 1982.

**BESTÄUBER** *Osmia tricorni*

*O. tarentina* (I, Massafra, 4.4.2012, HP)

*O. tarentina* (I, Massafra, li: 26.3.2018; re: 4.4.2012, HP)

*O. tarentina* (I, Massafra, 26.3.2018, HP)

## Malta-Ragwurz
— *Ophrys melitensis*

März–Anf. April

**STECKBRIEF** 10–20 cm hoch; mit 2–6 Blüten; Sepalen hellgrün, selten rosa oder weißlich, manchmal purpurn gezeichnet, 10–13 mm lang, 4,5–6 mm breit; Petalen gelbgrün, oft rotbraun überlaufen, selten weiß oder rosa, 7–9 mm lang, 2–4 mm breit, kahl, Rand gewellt; Lippe dunkel- bis schwarzbraun mit dichter, orangebrauner bis dunkelbrauner Randbehaarung, 12–16 mm lang, 9–13 mm breit (ausgebreitet), Lippenhöcker klein oder nur angedeutet; Lippenmal sehr variabel, in Form eines H, eines nach unten offenen Hufeisens, eines senkrecht gestellten Gleichheitszeichens oder 2 Flecken, hellblau metallisch; Basalfeld dunkelbraun, gleich der Lippengrundfarbe; Anhängsel klein, dreieckig.

**VERWECHSLUNG** Auf Malta keine.

*O. melitensis* (li: Malta, L.c., 2.3.2018, AR; re: Malta, L.c., 5.3.2003, HP)

*O. incubacea* hat deutlich gehöckerte Lippen und ein meist fehlendes Anhängsel. *O. tarentina* kann sehr ähnlich aussehen.

*O. melitensis* (li: Malta, 5.3.2003, HP; re: Malta, 4.3.2018, AR)

**VORKOMMEN** Garrigue, felsige Steppe, Magerwiesen. Bis etwa 60 m.
**VERBREITUNG** Endemit Maltas. **Typus:** Malta, Sliema, 1992.
**BESTÄUBER** *Chalicodoma sicula*

## Vorgebirgs-Ragwurz
*— Ophrys promontorii*

Anf. April–
Mitte Mai

*O. promontorii* (I, Gargano, 18.4.2019, HP)

**STECKBRIEF**

10–20 cm hoch; mit 2–7 (10) Blüten; Sepalen weißlich grün bis olivgrün, seitliche selten rötlich überlaufen, 11,5–17 mm lang, 4–6 mm breit; Petalen groß, oft stark verbreitert, breit-lanzettlich, gelblich grün bis rötlich braun mit gewelltem Rand, 8–12 mm lang und 4–7 mm breit; Lippe dunkelbraun bis braunrot, länglich-oval, 9,5–15 mm lang und 10–15 mm breit (ausgebreitet),

*O. promontorii* (I, Gargano, 18.4.2019, HP)

*O. promontorii* (I, Popoli, 26.4.2019, HP)

mit deutlichen, auf der Innenseite kahlen Höckern; Lippenrand und Außenseite der Höcker lang zottig behaart; Lippenmal reduziert, stahlblau, oft nur aus 2 Flecken bestehend, seltener aus 2 Linien oder 4 Flecken oder aufgelöst H-förmig; Basalfeld gleich wie die Lippengrundfarbe; Narbenhöhle auffallend breit; Anhängsel meist vorhanden, klein.
**VERWECHSLUNG** Aufgrund der länglichen Lippenform mit der breiten Narbenhöhle gut abgesetzt. Unterscheidet sich von *O. incubacea* u. a. durch die großen Petalen und das meist reduzierte Lippenmal.
**VORKOMMEN** Wiesen, Weiden, Garrigue, Brachland, Gebüschsäume, Straßenränder. Bis etwa 1300 m.
**VERBREITUNG** Süditalien von den Abruzzen bis Apulien. Typus: Italien, Apulien, Foggia, 1971.
**BESTÄUBER** *Osmia mustelina*

## Oster-Ragwurz
— *Ophrys passionis* subsp. *passionis* (Syn.: *O. caloptera*)

Ende März–
Anf. Juni

*O. passionis* subsp. *passionis* (F, Larzac, 27.5.2016, HP)

*O. passionis* subsp. *passionis* (E, Ezcaray, li: 21.5.2016; re: 27.5.2016, HP)

**STECKBRIEF** (15)

20–30 (40) cm hoch; Blütenstand mit 4–10 mittelgroßen Blüten; Sepalen grün, selten rosa oder weiß, breiteiförmig, 8–13 mm lang, 4–7 mm breit; Petalen groß und oft breit, 6–9 mm lang, 2–4 mm breit, grün oder rosa, meist dunkler als die Sepalen, oft braunrot überlaufen, Rand gewellt; Lippe oval, 10–13,5 mm lang, 12–15 mm breit (ausgebreitet), ungehöckert bis wenig gehöckert; Lippengrundfarbe rotbraun bis fast schwarz, mit oft rötlichem bis gelbem Lippenrand; Lippenmal H-förmig oder erweitert, stahlblau bis violettbraun, nicht oder nur schwach weißlich umrahmt; Anhängsel winzig, über einer Kerbe sitzend; Narbenkopf in der Regel deutlich eingeschnürt.
**VERWECHSLUNG** *O. provincialis* hat ein deutlich weiß umrahmtes Lippenmal und ein auffallend dunkel orangerotes Basalfeld, sie blüht später. *O. incubacea* hat deutliche Lippenhöcker und eine kräftigere Randbehaarung. Hybriden sind aber lokal nicht selten. In den Causses und den Picos de Europa sind die Pflanzen extrem variabel.
**VORKOMMEN** Steinrasen, Weiden, Ödland, Gebüsch, lichte Kiefernwälder, Straßenböschungen und -ränder, bis etwa 1300 m.
**VERBREITUNG** Nordspanien und Frankreich. Typus: Spanien, Barcelona, 1926.
**BESTÄUBER** *Andrena carbonaria* (= *A. pilipes*)

*O. passionis* subsp. *garganica* (I, Gargano, 15.4.2019, HP)

**UNTERART** Gargano-Ragwurz *Ophrys passionis* subsp. *garganica*: Unterscheidet sich von der Nominatunterart durch stets grüne Sepalen, längere, 8–11 mm lange, und v. a. breitere, teils auffallend breite (3,5–6 mm) Petalen. Lippe eher rundlich, mit 11–15 mm Länge und 13–17 mm Breite geringfügig größer, weniger konvex gewölbt mit ± flach ausgebreiteten Rändern. Verbreitet von Sardinien und der Toskana bis Sizilien, Albanien und zu den süddalmatinischen Inseln. **Typus:** Italien, Apulien, Monte Gargano, 1975. **Bestäuber:** *Andrena carbonaria* (= *A. pilipes*)

## Falsche Schwarze Ragwurz
— *Ophrys pseudoatrata*

spät: Anf. Mai–Mitte Juni

**STECKBRIEF** 12–25 cm hoch, zierlich; Blütenstand mit 2–8 recht variablen Blüten; Sepalen hellgrün bis hell bräunlich grün, selten weiß oder rosa, seitliche Sepalen manchmal in der unteren Hälfte purpurn überlaufen, 9–12 mm lang, 4–5 mm breit; Petalen breit-lanzettlich, gelegentlich auffallend breit, an der Basis am breitesten, 5–8 mm lang, 2,5–5 mm breit, intensiver gefärbt als die Sepalen, grüngelb bis orangebraun oder rosa, zur Basis hin oft rötlich, Rand gewellt; Lippe meist schwarzbraun, oft mit violettem Stich, manchmal aber auch rotbraun, oval-rundlich, ohne Höcker oder diese nur angedeutet, samtig behaart, zum Rand hin länger behaart; Lippenmal ein ± gegliedertes H, meist glänzend, silberblau bis braun, oft hell umrandet; Basalfeld schwarzbraun, gleich der Lippengrundfarbe bis rötlich; Narbenkopf eingeschnürt, seitlich meist weiß; Anhängsel klein, aber meist vorhanden.

*O. pseudoatrata* (I, Anzi, L.c., 28.5.2012, HP)

*O. pseudoatrata* (I, Anzi, L.c., 28.5.2012, HP)

*O. pseudoatrata* (li: I, Anzi, L.c., 28.5.2012, HP; re: I, Laurenzana, 30.5.2015, HP)

**VERWECHSLUNG** *O. incubacea* unterscheidet sich v. a. durch einen höheren Wuchs, kräftige Lippenhöcker mit kahler Innenseite und 3 helle Flecken in der Narbenhöhle. Sie blüht früher. *O. passionis* subsp. *garganica* ähnelt ihr in manchen Exemplaren, hat aber größere, rundlichere Lippen und blüht früher. *O. gravinensis* ist oft sehr ähnlich, hat aber deutlich kleinere Blüten.
**VORKOMMEN** Wiesen, Weiden, Magerrasen, Flussauen, Waldlichtungen. Von etwa 400–1200 m.
**VERBREITUNG** Endemit der südlichen Basilikata. Auch am Mt. Gargano gefunden. **Typus:** Italien, Basilikata, Anzi, 2006.

## Gravina-Ragwurz
— *Ophrys gravinensis*

eher spät: Ende April–Ende Mai

**STECKBRIEF** 10–30 cm hoch; Blütenstand locker mit 3–8 kleinen Blüten; Sepalen grün, 7–13 mm lang, 3–6 mm breit; Petalen stumpf, gelbgrün bis braunrot, 5–9 mm lang, 2,5–5,5 mm breit, mindestens halb so lang wie die Sepalen, mit gewelltem und oft dunklerem Rand; Lippe 6–8 mm lang, rotbraun, ungehöckert bis schwach gehöckert, Lippenrandbehaarung intensiv mit violettem Schimmer; Lippenmal H-förmig, teilweise aufgelöst oder reduziert zu 2 graublauen bis violettblauen Flecken oder Strichen, manchmal weiß umrandet; Basalfeld gleich gefärbt wie die Lippe; Anhängsel sehr klein, dreieckig, in einer teils deutlichen Einkerbung.

*O. gravinensis* (li: I, Gravina, L.c., 7.5.2019; re: I, Gravina, 25.4.2019, HP)

**VERWECHSLUNG** *O. minipassionis* hat mehr konvexe, dunkel- bis schwarzbraune, noch kleinere Lippen ohne violetten Stich und eine nördlichere Verbreitung. *O. pseudoatrata* kann sehr ähnlich aussehen, hat aber größere Blüten. Bestäubertests zur Abtrennung wären wünschenswert.
**VORKOMMEN** Lichte Kiefernwälder, Affodillfluren, Magerwiesen. Von etwa 300–600 m.
**VERBREITUNG** Südliches Apulien, Murgia. **Typus:** Italien, Apulien, Gravina, 2015.

*O. gravinensis* (I, Gravina, li: 25.4.2019; re: 20.4.2019, HP)

*O. gravinensis* (I, Gravina, L.c., 7.5.2019, HP)

## Kleine Osterragwurz
— *Ophrys minipassionis*

Mitte April–
Ende Mai

**STECKBRIEF** 10–30 (45) cm hoch; Blütenstand locker mit 5–10 kleinen Blüten; Sepalen hellgrün, abstehend, 7–12 mm lang, 3–6 mm breit; Petalen stumpf, gelbgrün bis braunrot, 5–9 mm lang, 2,5–4,5 mm breit, mindestens halb so lang wie die Sepalen, meist mit gewelltem Rand; Lippe 5–9 mm lang, 7–12 mm breit, dunkel- bis schwarzbraun, ungehöckert bis schwach gehöckert, bauchig gewölbt; Lippenrand heller bis gelblich, schmal; Lippenmal H-förmig bis erweitert, graubraun bis braunviolett, hell umrandet, großflächig; Anhängsel sehr klein.
**VERWECHSLUNG** *O. passionis* hat größere Blüten und blüht etwas früher. Die Lippengrundfarbe von *O. gravinensis* hat einen violetten Stich. Die meisten der noch unzureichend geklärten, kleinblütigen *O.-sphegodes*-Sippen in Italien weisen stärkere Höcker auf der schwächer behaarten Lippe auf.

**VORKOMMEN** Magerwiesen, extensives Kulturland, lichte Kiefernwälder und Esskastanienhaine, Straßenränder. Bis etwa 1200 m.
**VERBREITUNG** Endemit Zentralitaliens von der Toskana bis zum Mt. Gargano. Durch Abgrenzungsschwierigkeiten noch unzureichend geklärt. **Typus:** Italien, Umbrien, Terni, Allerona, 2011.

*O. minipassionis* (I, Gradoli, 14.4.2019, HP)

*O. minipassionis* (I, Gradoli, 14.4.2019, HP)

*O. minipassionis* (I, Gradoli, 14.4.2019, HP)

## Majella-Ragwurz
— *Ophrys majellensis*

spät: Ende Mai–
Mitte Juli

**STECKBRIEF** 20–45 (70) cm hoch; Blätter zur Blütezeit meist vertrocknet; die ersten Blüten bei kräftigen Exemplaren erst hoch oben am Stängel beginnend, daher mit charakteristisch hohem Habitus; Blütenstand kurz und dicht mit 3–7 Blüten; Sepalen hellgrün, seltener auch weiß oder rosa, 11–13 mm lang, 4,5–6,5 mm breit; Petalen lanzettlich, kahl, stumpf, gelbgrün bis braunrot, meist dunkel gerandet, 8–9,5 mm lang, 3–4,5 mm breit, mindestens halb so lang wie die Sepalen, meist mit gewelltem Rand; Lippe 11–19 mm lang und breit (ausgebreitet), oval bis rundlich, braun bis schwarzbraun, mit dünnem, hellerem Randsaum, ungehöckert bis schwach gehöckert; Lippenmal H-förmig oder aus 2 parallelen Streifen, die mehrmals verbunden sind, dun-

*O. majellensis* (I, Palena, L.c., 7.6.2012, HP)

*O. majellensis* (I, Palena, L.c., 7.6.2012, HP)

kel graubraun bis dunkelpurpurn, unauffällig; Basalfeld hell- bis dunkelbraun, meist heller als die Lippe; Narbenkopf eingeschnürt, seitlich oft weiß; Anhängsel sehr klein.

**VERWECHSLUNG** *O. sphegodes* hat keinen langen Stängel, keine so dunkle Lippe und blüht früher. *O. ligustica* ist äußerst ähnlich, ist aber niedriger und hat immer ein dunkles Basalfeld. Bestäubertests zur Trennung wären wünschenswert.

**VORKOMMEN** Wiesen, Weiden, Gebüsch, extensives Kulturland. Bis etwa 1300 m.

**VERBREITUNG** Italien. **Typus:** Italien, Abruzzen, Majella, südlich von Palena, 1997.

**BESTÄUBER** *Andrena thoracica* (?)

## Ligurische Ragwurz
— *Ophrys ligustica*

spät: Mitte Mai–Ende Juni

*O. ligustica* (I, Imperia, 16.5.2016, HP)

**STECKBRIEF**

15–25 (40) cm hoch, mit 5–10 großen, sehr variablen Blüten; Sepalen blassgrün, teilweise verwaschen, seltener reinrosa oder weiß, 8–13 mm lang, 4–7 mm breit; Petalen kräftiger gefärbt, breit-lanzettlich, gelblich grün bis rötlich braun mit gewelltem Rand, kahl, 6,5–10 mm lang, 2,5–4 mm breit; Lippe auffallend dunkelbraun bis schwarz, oval, 12–18 mm lang, 12–20 mm breit (ausgebreitet), schwach gehöckert bis gehöckert, Lippenrand und Außenseiten der Höcker lang zottig behaart; Lippenmal H-förmig, erweitert oder reduziert, selten flächig oder aufgelöst, braunviolett bis stahlblau, teilweise hell umrandet; Basalfeld gleich gefärbt wie die Lippengrundfarbe; Pseudoaugen schwarz, bläulich oder olivgrün; Anhängsel sehr klein.

*O. ligustica* (F, St. Vallier, 3.6.2009, HP)

*O. ligustica* (I, Imperia, 16.5.2016, HP)

**VERWECHSLUNG** *O. incubacea* hat kleinere, 10–14 mm lange Lippen, deutliche Lippenhöcker und eine frühere Blütezeit von Ende März bis Anfang Juni. *O. majellensis* ist äußerst ähnlich, hat aber meist ein helles Basalfeld. Bestäubernachweise zur Abtrennung wären wünschenswert.

**VORKOMMEN** Lichte Flaumeichenbestände, Wiesen, Besenginsterfluren. Von etwa 300–800 m.
**VERBREITUNG** Ligurien (Imperia, Savona) und Provence-Alpes-Côte d'Azur (Var, Alpes-Maritimes). **Typus:** Italien, Ligurien, Imperia, Pompeiana, 2011.

## Siponto-Ragwurz
*— Ophrys sipontensis*

Anfang März–
Ende April

**STECKBRIEF** 15–25 (40) cm hoch; mit 3–8 großen Blüten; Sepalen rosa, purpurrosa, grün, selten weiß, 10–15 mm lang, 4–7,5 mm breit; Petalen breit-lanzettlich, farbintensiv rosa bis purpurn, kupferfarben oder rosagrün bis grün, am Rand oft intensiver gefärbt und gewellt, 7–13 mm lang, 3–7 mm breit; Lippe rundlich bis breit-eiförmig, 10–15 mm lang, 10–17 mm breit (ausgebreitet), angedeutet gehöckert, lang zottig behaart; Lippengrundfarbe schwarzbraun bis dunkel rotbraun; Lippenmal H-förmig mit oft zusätzlichen „Armen" an der Lippenbasis, braunviolett bis stahlblau; Basalfeld

*O. sipontensis* (I, Gargano, 2.4.2012, HP)

*O. sipontensis* (I, Gargano, 2.4.2012, HP)

*O. sipontensis* (I, Gargano, li: 17.4.2018, re: 2.4.2012, HP)

*O. sipontensis* (I, Altamura, 25.3.2018, HP)

gleich dunkel wie die Lippengrundfarbe; Anhängsel winzig.

**VERWECHSLUNG** *O. passionis* subsp. *garganica* hat fast immer grüne Sepalen und flach ausgebreitete Lippenränder. *O. incubacea* hat fast immer grüne Sepalen, kleinere Blüten und deutlicher ausgeprägte Lippenhöcker. Zwischenformen auf Populationsbasis sind jedoch bekannt, deren Zugehörigkeit oder Eigenständigkeit wäre mit Bestäubertests nachzuweisen. *O. majellensis* ist hochwüchsiger und blüht später.

**VORKOMMEN** Magerwiesen, Weiden, extensives Kulturland, Garrigue. Bis etwa 700 m.

**VERBREITUNG** Endemit Süditaliens: Apulien und Kampanien. **Typus:** Italien, Apulien, nahe Siponto am Südfuß des Monte Gargano, 1987.

**BESTÄUBER** *Xylocopa iris*

## Schwarze Ragwurz
— *Ophrys incubacea* (Syn.: *Ophrys atrata*)

Ende März–
Anf. Juni

**STECKBRIEF** 10–35 (45) cm hoch; Blütenstand mit 3–8 recht variablen Blüten; Sepalen grün, seitliche selten in der unteren Hälfte oder ganz rotbraun überlaufen, 10,5–15,5 mm lang, 4–7,5 mm breit; Petalen breit-lanzettlich, gelblich grün bis rötlich braun mit teilweise deutlich gewelltem Rand, kahl, 6,5–9 mm lang und 2,5–5 mm breit; Lippe in der Regel schwarzbraun, manchmal aber auch rotbraun, oval, 10–14 mm lang und 10–14,5 mm breit (ausgebreitet) mit deutlichen, auf der Innenseite stets kahlen Höckern, Lippenrand und Außenseiten der Höcker lang zottig behaart; Lippenmal H-förmig mit seitlichen Ausläufern zu den Innenseiten der Höcker, blauviolett bis stahlblau gefärbt, in der Sonne auffallend glänzend und öfters hell bis weiß umrandet; Basalfeld dunkelbraun, gleich der Lippengrundfarbe; Anhängsel meist fehlend. Blütezeit gebietsweise uneinheitlich, Ende März bis Anfang Juni.

*O. incubacea* (I, Sizilien, Vittoria, 8.4.2012, HP)

**VERWECHSLUNG** *O. sphegodes* fehlen die kräftige Lippenrandbehaarung und die meist ausgeprägten, innen kahlen Lippenhöcker. *O. pseudoatrata* hat keine oder wenig ausgeprägte Höcker, ist weniger hochwüchsig und blüht später auf. *O. brutia* hat ein helles Basalfeld, die Petalen haben meist eine rosa Basis. Sie blüht etwas früher.

*O. incubacea* (li: MNE, Tuzi, 10.4.2017, HP; re: I, Gargano, 15.4.2019, HP)

*O. incubacea* var. *dianensis* (li: E, Haro, 21.5.2016, HP; re: E, Aleson, 22.5.2016, HP)

*O. incubacea* (I, Sizilien, Vittoria, 8.4.2012, HP)

**VORKOMMEN** Wiesen, lichte Wälder, Garrigue, Brachland, Gebüschsäume, Straßenränder. Bis etwa 1300 m.
**VERBREITUNG** Im westlichen und zentralen Mittelmeerraum von Portugal bis Süditalien, Kroatien und nach Süden zumindest bis Nordalbanien verbreitet. Ähnliche Pflanzen wurden aber auch in Nordwestgriechenland und am Peloponnes gefunden, in letzter Zeit jedoch nicht mehr nachgewiesen. **Typus:** Italien, Sizilien, Syrakus, 1842.
**BESTÄUBER** *Andrena morio*
**VARIABILITÄT** In Kroatien scheint es 2 Blühschübe zu geben. Die Lippen sind lokal teils sehr unterschiedlich ausgeprägt (auf Sizilien eher klein). Pflanzen mit reinrosa Perigon kommen selten in Italien, häufiger in Nordspanien vor, hier sogar populationsbildend. Sie wurden aus Italien als **var. *dianensis*** beschrieben. In Italien wurden auch Übergänge zu *O. sipontensis* gemeldet, es kommen zudem Hybridschwärme mit *O. passionis* subsp. *garganica* vor. In Albanien geht die Art in *O. mammosa* über (selber Bestäuber).

## Kalabrische Ragwurz
*— Ophrys brutia*

Mitte März–
Ende April

*O. brutia* (I, Stilo, L.c., 5.4.2012, HP)

**STECKBRIEF**
10–20 (30) cm hoch, mit 3–8 Blüten; Sepalen grün, seitliche Sepalen sehr selten in der unteren Hälfte rotbraun überlaufen, 7–12 mm lang, 3–6 mm breit; Petalen gelblich grün bis olivgrün, an der Basis oft

braunrot bis rosa gezeichnet oder gerandet, 5–7 mm lang, 2,5–3,5 mm breit; Lippe dunkelbraun bis dunkel rotbraun, oval bis rundlich, schwach gehöckert, Höcker

*O. brutia* (I, Stilo, L.c., 5.4.2012, HP)

auf der Innenseite meist kahl, Lippenrand und Außenseiten der Höcker lang zottig behaart; Lippenmal H-förmig, blauviolett bis stahlblau; Basalfeld hell grünlich bis orange, sich von der Lippengrundfarbe deutlich abhebend; Narbenkopf eingeschnürt, seitlich meist weiß.
**VERWECHSLUNG** *O. incubacea* unterscheidet sich u. a. durch ein Basalfeld, das farblich gleich der Lippengrundfarbe ist, die Petalen sind an der Basis nicht rosa. Sie blüht etwas später auf.
**VORKOMMEN** Wiesen, Gebüsch, extensives Kulturland, Weiden, Garrigue. Bis etwa 800 m.
**VERBREITUNG** Süditalien und Monti Iblei auf Sizilien. Typus: Italien, Reggio de Calabria, 2003.

## Antikythera-Ragwurz
*— Ophrys aegilica*

Anf März–
Anf. April

**STECKBRIEF** 10–20 (35) cm hoch; Blütenstand mit 2–7 Blüten; Sepalen 11–14 mm lang, 5–7 mm breit, grün bis bräunlich, die seitlichen in der unteren Hälfte kräftig purpurn überlaufen; Petalen etwas länger als die Hälfte der Sepalen, 7–10 mm lang, 2,5–4 mm breit, gelblich grün, oft purpurn überlaufen, am Rand leicht gewellt; Lippe dunkel, rötlich braun bis schwarzbraun, selten mit dünnem, gelbem Rand, ungehöckert bis schwach gehöckert, 11–14 mm lang, Malzeichnung graublau bis metallblau, ± H-förmig, manchmal weiß umrandet; Basalfeld rötlich schwarzbraun, ± gleichfarbig wie die Lippe; Pseudoaugen meist fehlend, ersetzt durch eine weißlich blaue, waagrechte Linie, die an der Narbenkopfkante glänzt; Anhängsel sehr klein, gelblich grün bis bräunlich, spitz.

*O. aegilica* (GR, Antikythera , L.c., li: 17.3.2018, re: 16.3.2018, DE)

*O. aegilica* (GR, Antikythera , L.c., 16.3.2018, DE)

*O. aegilica* (GR, Antikythera , L.c., 16.3.2018, DE)

**VERWECHSLUNG** Fehlende Pseudoaugen kommen bei anderen Arten selten vor. Manche Exemplare ähneln *O. hansreinhardii* sehr, ihre Blüten sind aber meist kleiner. Bisher wurde sie in Südgriechenland noch nicht gemeldet. *O. mammosa* hat größere, 14–17 mm lange Lippen, die meist deutlich gehöckert sind. *O. spruneri* hat größere, meist dreilappige Lippen, *O. ferrum-equinum* hat fast immer eine schwärzliche Lippe mit einer Zeichnung, die die Schultern nicht erreicht. Beide haben ein meist buntes Perigon und fehlen offenbar, wie auch *O. mammosa*, auf der Insel.
**VORKOMMEN** Ödland, Dornbibernelle- und Kopfthymian-Fluren, Phrygana, bis etwa 200 m.
**VERBREITUNG** Vermutlich Endemit der Insel Antikythera. **Typus:** Griechenland, Antikythera, 2020.

## Hans Reinhards Ragwurz
### — *Ophrys hansreinhardii* (Syn.: *O. ustulata*)

März–April

**STECKBRIEF** 10–20 (35) cm hoch; mit 2–8 recht variablen Blüten; Sepalen hellgrün, seitliche Sepalen in der unteren Hälfte meist purpurn überlaufen, 10–12 mm lang, 3,5–5 mm breit; Petalen verwaschen grün bis rötlich braun, Rand schwach gewellt, 7–8,5 mm lang und 2,5–5 mm breit; Lippe schwarzbraun bis lilaschwarz, rundlich bis trapezförmig, 9,5–11 mm lang und 9,5–12 mm breit (ausgebreitet) mit fehlender oder nur angedeuteter Höckerung, Schultern kräftig behaart; Lippenmal H-förmig, oft aufgelöst, blauviolett bis lilagrau gefärbt, sehr selten weiß umrandet; Basalfeld kurz, gleich gefärbt wie die Lippengrundfarbe; Narbenkopf rundlich, eingeschnürt, außen weiß; Anhängsel winzig.
**VERWECHSLUNG** Unterscheidet sich von *O. mammosa* v. a. durch das Fehlen von ausgeprägten Höckern, die kleineren Lippen mit weniger Rotanteil und die frühere Blütezeit.

*O. hansreinhardii* (GR, Mourkani, 18.4.2011, HP)

**VORKOMMEN** Macchie, Platanenwälder, Wiesen, Waldlichtungen. Bis etwa 1100 m.
**VERBREITUNG** Zentralalbanien, Nordmakedonien, Nordgriechenland, südlich bis Sterea Hellas. **Typus:** Albanien, Dajti-Bergstock nahe Tirana, 2007.
**NAME** Benannt zu Ehren des Schweizer Orchideenforschers Hans R. Reinhard (1919–2007).

*O. hansreinhardii* (GR, Kastoria, 5.4.2018, HP)

*O. hansreinhardii* (GR, Mourkani, 18.4.2011, HP)

## Prespa-Ragwurz
*— Ophrys prespaensis*

Anf. April–
Mitte Mai

*O. prespaensis* (GR, Prespasee, 5.4.2018, HP)

*O. prespaensis* (GR, Prespasee, 5.4.2018, HP)

**STECKBRIEF** (15) 20–30 (45) cm hoch; mit 5–11 Blüten; Sepalen hellgrün, seitliche Sepalen in der unteren Hälfte purpurn überlaufen, 9–14 mm lang, 4–6 mm breit; Petalen gelblich, braunrot überlaufen, 6–10 mm lang, 1,8–3,7 mm breit; Lippe recht variabel, rotbraun bis lilaschwarz, selten mit gelbem Rand, trapezförmig, 9,5–12,5 mm lang, 9,5–14 mm breit (ausgebreitet) mit schwacher, rundlicher Höckerung; Höcker oft mit bläulicher Markierung; Lippenmal H-förmig, meist unregelmäßig aufgelöst, leuchtend metallisch blau bis braunpurpurn, teils weiß umrandet; Basalfeld in der Farbe der Lippe, bis in die Hälfte des Narbenkopfes reichend, fast einen Hals formend; Narbenkopf eingeschnürt, Pseudoaugen weiß bis graublau; Anhängsel winzig oder fehlend.

**VERWECHSLUNG** *O. hansreinhardii* hat weniger bunte Blüten, einen niedrigeren, 10–25 cm hohen Wuchs und eine etwas frühere Blütezeit. *O. leucophthalma* hat fast immer weißliche Pseudoaugen, sie blüht später. Es gibt jedoch Exemplare der sehr variablen *O. prespaensis*, die von einer der beiden Arten kaum zu unterscheiden sind.

**VORKOMMEN** Wiesen, Waldränder, lichte Wälder. Auf etwa 950–1050 m.

**VERBREITUNG** Griechenland, bisher nur aus dem Gebiet zwischen dem Großen und dem Kleinen Prespasee bekannt. Typus: Griechenland, Nomos Florina, bei Psarades, 2017.

**BESTÄUBER** *Andrena danuvia*

## Weißäugige Ragwurz
*— Ophrys leucophthalma*

eher spät:
Mitte April–Juni

**STECKBRIEF** 15–30 hoch; Blütenstand mit 1–5 Blüten; Sepalen 10–17 mm lang, 4–8 mm breit, aufrecht bis schwach abstehend, grün, die seitlichen in der unteren Hälfte purpurn überlaufen; Petalen etwas länger als die Hälfte der Sepalen, 7,5–10 mm lang, 2–3,5 mm breit, gelblich grün bis purpurn, leicht gewellt; Lippe rötlich braunschwarz, rundlich, 10–12 mm lang, ungeteilt, stark gehöckert, Höcker innen manchmal weiß; Lippenmal aus 2 parallelen Streifen oder H-förmig, bläulich bis purpurn, weiß umrahmt; Pseudoaugen, Narbenkopf und Narbenhöhle teilweise weiß; Anhängsel sehr klein, gelblich bis bräunlich, spitz, nach vorne gerichtet.

**VERWECHSLUNG** *O. mammosa* hat größere, 12–17 mm lange Lippen, einen dunklen Narbenkopf, eine

*O. leucophthalma* (GR, Dodoni, 19.4.2011, HP)

*O. leucophthalma* (GR, Kozani, 6.5.2012, ZA)

dunkle Narbenhöhle ohne Weißanteile und eine frühere Blütezeit. Zwischenformen scheinen lokal häufiger zu existieren. *O. prespaensis* sieht manchmal gleich aus, variiert in der Population aber deutlich mehr.

**VORKOMMEN** Lichte Kiefern- und Eichenwälder, Phrygana, Ödland, Wiesen, Macchien, Gebüsch. Bis etwa 700 m.

**VERBREITUNG** Von Südalbanien bis zur Peloponnes und bis Nordwestanatolien. Typus: Griechenland, Preveza, 1994.

**BESTÄUBER** *Andrena albopunctata*

*O. leucophthalma* (li: GR, Petroto, 1.5.2012, SH; re: GR, Kozani, 6.5.2012, ZA)

## Eretria-Ragwurz
*— Ophrys eretriae*

März–April

*O. eretriae* (GR, Grammousa, 29.3.2018, HP)

**STECKBRIEF**

20–40 cm hoch; Blütenstand lockerblütig mit 2–7 Blüten; Sepalen 9,5–13,5 mm lang, 4–6 mm breit, olivgrün, oft in der unteren Hälfte schwach rötlich überlaufen; Petalen 7–9,5 mm lang, 2,7–5,7 mm breit, gelblich grün, bräunlich bis rötlich überlaufen, am Rand oft gewellt; Lippe rötlich schwarzbraun, vorne manchmal schmal gelblich gerandet, 10–13 mm lang, 10–14,5 mm breit, oft dreieckig zusammengezogen, länglich wirkend; Lippenmal aus 2 langen, parallelen Streifen, teilweise H-förmig verbunden, blau bis trübviolett, teilweise weiß oder schwarz eingerahmt; Narbenhöhle breiter als hoch; Anhängsel klein, gelb, spitz.

O. *eretriae* (GR, Grammousa, 29.3.2018, HP)

O. *eretriae* (GR, Grammousa, 29.3.2018, HP)

**VERWECHSLUNG** *O. mammosa* hat etwas größere Blüten, längere, 10–17 mm lange Sepalen, größere, 14–17 mm lange Lippen mit größeren Lippenhöckern und eine eher rundliche Lippenform im Gegensatz zur ± dreieckig-spitzen Lippenform von *O. eretriae*. *O. mammosa* blüht bei gemeinsamem Vorkommen um etwa 2 Wochen früher.

**VORKOMMEN** Wiesen, Ödland, Phrygana. Bis etwa 250 m.

**VERBREITUNG** Bisher populationsbildend nur vom zentralen Teil der Insel Euböa bekannt, einzelne Pflanzen wurden schon bis in den südlichen Peloponnes gefunden. **Typus:** Griechenland, Insel Euböa, Ag. Lukas, 2020.

**BESTÄUBER** *Andrena fuscosa*

## Busen-Ragwurz

— *Ophrys mammosa* subsp. *mammosa* (Syn.: *O. mammosa* subsp. *taurica*)

eher früh: Ende Febr.–Mitte Mai

**STECKBRIEF** (10) 15–30 (45) cm hoch; Blätter bis zu 20 cm lang; Blütenstand mit (2) 4–12 eher großen Blüten; Sepalen 10–17 mm lang, 4–8 mm breit, grün, sehr selten rosa, die seitlichen in der unteren Hälfte purpurn überlaufen; Petalen etwas länger als die Hälfte der Sepalen, 7,5–10 mm lang, 2–3 mm breit, gelblich grün bis purpurn, am Rand leicht gewellt; Lippe rötlich schwarzbraun, selten mit gelbem Rand, konvex gewölbt, gehöckert, durch den umgeschlagenen Lippenrand manchmal länglich-dreieckig wirkend, 14–17 mm lang, 10–20 mm breit (ausgebreitet); Malzeichnung graublau bis violett, H-förmig oder aus 2 parallelen Streifen; Basalfeld ± gleichfarbig wie die ganzrandige Lippe; Narbenkopf eingeschnürt, Narbenhöhle ± halb so hoch wie breit; Anhängsel sehr klein, gelblich grün bis bräunlich, spitz.

O. *mammosa* subsp. *mammosa* (GR, Dilesi, 18.4.2011, HP)

**VERWECHSLUNG** *O. willingii* ist kaum unterscheidbar, blüht aber deutlich später. *O. eretriae* ist etwas kleinblütiger mit meist schlankeren Lippen, sie blüht etwas später. *O. hystera* hat größere Blüten, 16–20 mm lange Lippen mit oft zurückgeschlagenen Rändern und blüht etwa 4 Wochen später.

**VORKOMMEN** Lichte Kiefern- und Eichenwälder, Phrygana, Ödland, Wiesen, Macchie, Gebüsch. Bis etwa 1400 m.

*O. mammosa* subsp. *mammosa* (li: GR, Dilesi, 18.4.2011, HP; re: „*O. taurica*“, Krim, Partisanskoje, 23.5.2011, PZ)

*O. mammosa* subsp. *mammosa* (li: GR, Lefkas, 28.3.2010, HP; re: AL, Delvine, 13.4.2017, HP)

*O. mammosa* subsp. *ciliciana* (GR, Rhodos, 1.4.2013, HP)

*O. mammosa* subsp. *posteria* (CY, Larnaka, 2.3.2014, HP)

**VERBREITUNG** Ostmediterrane Art, östlich bis zur Krim und bis Aserbaidschan. **Typus:** Griechenland, Insel Samos, oder Anatolien, Izmir, 1807.

**BESTÄUBER** *Andrena morio*

**VARIABILITÄT** Lokal kann man besondere Ausprägungen feststellen, auch die Blütezeit kann variieren. Möglicherweise gehören solche Pflanzen zu anderen Sippen.

**UNTERARTEN**

**Kilikien-Ragwurz *Ophrys mammosa* subsp. *ciliciana*:** Unterscheidet sich von der Nominatunterart durch einen deutlich höheren, schlankeren Wuchs, einen armblütigeren Blütenstand, größere Lippen mit einer Länge von 16–21 mm, einer zugespitzten Lippenform und einem oft verlängerten Konnektivfortsatz. Sie blüht von Mitte März bis Mitte April. Verbreitet in den anatolischen Provinzen Antalya (die antike Landschaft Kilikien) und Mersin sowie auf der Insel Rhodos, wo sie zumindest aus der Umgebung von Kattavia, Laerma, Faliraki und Epta Piges bekannt ist. Möglicherweise ist sie als Synonym von subsp. *posteria* zu werten. **Typus:** Türkei, Anatolien, Mersin, Evkavciftligi, 2013.

**Kilikische Busen-Ragwurz *Ophrys mammosa* subsp. *posteria*:** Unterscheidet sich von der Nominatunterart geringfügig durch höheren, 30–70 cm hohen Wuchs, eine stets braun violettschwarze Lippengrundfarbe und eine vorne meist spitze Lippe. Der Konnektivfortsatz ist oft verlängert. Die Sippe gilt als Endemit Zyperns, wo die subsp. *mammosa* fehlt. Sie blüht hier im Vergleich mit anderen Arten etwas später von Mitte Februar bis Anfang Mai und steigt bis ca. 950 m. **Bestäuber:** *Andrena morio* **Typus:** Zypern, 2005.

*O. mammosa* subsp. *posteria* (CY, Larnaka, 2.3.2014, HP)

## Willings Ragwurz
— *Ophrys willingii*

spät: Anf. Mai–
Anf. Juni

*O. willingii* (li: GR, Veria, 31.5.2019, BT; re: GR, Elassona, 24.5.2021, HP)

*O. willingii* (GR, Grevena, L.c., 4.6.2021, HP)

**STECKBRIEF** 10–30 (42) cm hoch; Blütenstand locker mit 2–8 großen Blüten; Sepalen 12–15 mm lang, 4,5–6 mm breit, hell olivgrün, die seitlichen in der unteren Hälfte teils purpurn überlaufen; Petalen 6,5–10 mm lang, 2,5–4 mm breit, dreieckig, an der Basis verbreitert, gelb bis gelblich olivgrün, manchmal purpurn überlaufen oder gefleckt; Lippe dunkel rotbraun bis schwarzbraun, mäßig bis schwach gehöckert, 10,5–14 mm lang, 11–16 mm breit, rundlich bis eiförmig; Malzeichnung H-förmig, trüb graublau oder purpurn, manchmal bläulich weiß umrahmt; Narbenkopf rundlich eingeschnürt; Narbenhöhle ungefähr halb so hoch wie breit; schnabelförmiger Fortsatz der Säule bis zu 2 mm lang; Anhängsel sehr klein, gelblich grün bis bräunlich, spitz.
**VERWECHSLUNG** Die biologisch durch einen eigenen Bestäuber abzutrennende Art ist morphologisch nur schwach von *O. mammosa* verschieden, so durch ein helleres, weniger trübrot verwaschenes Perigon, eine schwächere Lippenhöckerung und die spätere Blütezeit.
**VORKOMMEN** Lichte Kiefern- und Eichenwälder, Phrygana, Ödland, Wiesen, Macchien. Bis etwa 750 m.
**VERBREITUNG** Nordwestgriechenland. **Typus:** Griechenland, Grevena, 2017.
**BESTÄUBER** *Andrena pyropygia*
**NAME** Benannt zu Ehren des zeitgenössischen deutschen Orchideenforschers Eckhard Willing, der die Sippe das erste Mal erwähnte.

## Dörflers Ragwurz
— *Ophrys doerfleri* (Syn.: *O. mammosa* subsp. *falsomammosa*)

Mitte März–
April

**STECKBRIEF** 10–20 (35) cm hoch; Blütenstand mit 2–8 mittelgroßen Blüten; Sepalen 9–15 mm lang, 5–8 mm breit, hellgrün, manchmal rosa oder weiß, die seitlichen in der unteren Hälfte purpurn überlaufen; Petalen 5–9 mm lang, 1,5–2,5 mm breit, meist etwas dunkler und andersfarbig als die Sepalen; Lippe rötlich schwarzbraun, konvex gewölbt, gehöckert, 11–14 mm lang, 11,5–16 mm breit (ausgebreitet); Malzeichnung graublau bis violett, H-förmig oder aus 2 parallelen Streifen; Basalfeld ± gleich gefärbt wie die Lippengrundfarbe; Anhängsel sehr klein, gelblich grün bis bräunlich, spitz.
**VERWECHSLUNG** *O. mammosa* hat größere, 12–17 mm lange Lippen und fehlt auf Kreta. Die „mammosa" von Kreta zeigt Anklänge an *O. spru-*

*O. doerfleri* (GR, Kreta, Stavrohori, 23.4.2011, HP)

*O. doerfleri* (li: GR, Kreta, Orino, 21.4.2011, HP; re: GR, Kreta, Stavrohori, 23.4.2011, HP)

*O. doerfleri* (GR, Kreta, Stavrohori, 23.4.2011, HP)

*neri* und unterscheidet sich so von den anderen „*mammosa*" des östlichen Mittelmeerraumes. Sie wurde daher bereits im Jahr 1925 als *O. doerfleri* beschrieben. Die südostmediterrane *O. adonidis* (1951) ist sehr ähnlich und hat denselben Bestäuber. Dasselbe gilt für die jüngst von Euböa beschriebene *O. eretriae*. Auch auf Zypern wurden wenige ähnliche Pflanzen gefunden. Als getrennte Arten wären sie nur zu betrachten, wenn es sich um Parallelentwicklung handeln würde.
**VORKOMMEN** Magerrasen, Böschungen, Phrygana. Bis etwa 500 m.
**VERBREITUNG** Endemit Kretas und Gavdos. Typus: Griechenland, Gavdos, 1925.

**BESTÄUBER** *Andrena fuscosa*
**NAME** Benannt zu Ehren des österreichischen Botanikers Ignaz Dörfler (1866–1950).

## Taigetos-Ragwurz
*— Ophrys taigetica*

Mitte April–
Anf. Juni

*O. taigetica* (GR, Toriza, li: 1.6.2012; re: 2.6.2012 HP)

**STECKBRIEF** (10) 15–30 cm hoch; (2) 3–5 (7)-blütig; Sepalen 11–14 mm lang, 3–6 mm breit, hellgrün, die seitlichen in der unteren Hälfte meist purpurn überlaufen, das mittlere ± stumpf, wie abgeschnitten wirkend; Petalen lang, 9–14 mm lang, 1,8–4 mm breit, gelblich grün bis bräunlich olivgrün; Lippe ganzrandig, längsoval bis kreisrund, schwarzbraun, mit oder ohne schmalem, gelbem oder rötlichem Rand, ungehöckert bis schwach gehöckert, 12–14 mm lang, 14–16 mm breit (ausgebreitet); Malzeichnung graublau bis violett, H-förmig oder aus

*O. taigetica* (GR, Toriza, 2.6.2012, HP)

2 parallelen Streifen, manchmal dünn weiß umrandet, farblich wenig von der Lippengrundfarbe abgehoben; Basalfeld klein, farblich von der Lippe nicht abgehoben;

*O. taigetica* (GR, Toriza, 2.6.2012, HP)

Narbenkopf weißlich grün bis weiß, oft purpurn überlaufen, kaum eingeschnürt; Narbenhöhle queroval, obere Hälfte weiß, untere schwarzbraun; Anhängsel klein, aber immer vorhanden, vorgestreckt.

**VERWECHSLUNG** *O. epirotica* hat kleinere Blüten mit 7–10 mm langen Sepalen, 5,5–8,5 mm langen Petalen und 7–10 mm langen Lippen, eine etwas hellere Lippengrundfarbe mit breiterem, gelbem Rand und wächst in niedrigeren Lagen bis etwa 1200 m.

**VORKOMMEN** Lichte Tannen- und Kiefernwälder, steinige Bergwiesen in Gehölznähe. Von 950–1560 m.

**VERBREITUNG** Peloponnes. Typus: Griechenland, Peloponnes, Taigetos, 2010.

## Schwarzlippige Ragwurz
— *Ophrys mavrochila*

spät: Anf. April–Anf. Mai

*O. mavrochila*, Typus (GR, Kefalonia, 19.4.2017, HP)

**STECKBRIEF**

15–35 cm hoch; Blütenstand mit meist 3–6 großen Blüten; Sepalen 10–15 mm lang, 5–6 mm breit, grün, die seitlichen in der unteren Hälfte purpurn überlaufen; Petalen lang, 9–11 mm lang, 2–3 mm breit, gelblich grün, oft rötlich überlaufen; Lippe meist dreieckig, seltener oval oder rundlich, nicht oder nur schwach gehöckert, fast schwarz bis dunkel rotbraun, teils mit gelbem Rand, 14–18 mm lang, 13–16 mm breit (ausgebreitet); Lippenmal aus 2 einfachen, parallelen Streifen, die unterhalb des Basalfeldes verbunden sind, selten auch noch einmal weiter unten, blauschwarz, sich von der Lippengrundfarbe kaum abhebend, sehr wohl aber durch die oft gegebene helle Maleinrahmung; Anhängsel einfach, kurz, Konnektivfortsatz meist verlängert.

**VERWECHSLUNG** *O. hystera* hat geringfügig größere Lippen, stärker ausgebildete Lippenhöcker und blüht noch etwas später. Der Konnektivfortsatz ist nicht verlän-

*O. mavrochila* (GR, Kefalonia, L.c., 19.4.2017, HP)

*O. mavrochila* (GR, Kefalonia, L.c., 19.4.2017, HP)

gert. *O. mammosa* subsp. *ciliciana* ist ähnlich, jedoch hochwüchsiger und stärker gehöckert. Sie blüht früher. **VORKOMMEN** Grasland, Gebüsch. Bis etwa 30 m.

**VERBREITUNG** Bisher nur von der Südspitze von Kefalonia bekannt. **Typus:** Griechenland, Kefalonia, Kap Mounda, 2018.

## Späte Busenragwurz
— *Ophrys hystera* (Syn.: *Ophrys mammosa* subsp. *serotina*)

Mai–Juni

**STECKBRIEF** (15) 20–40 (70) cm hoch; Laubblätter bis zu 20 cm lang; Blütenstand gestreckt und locker, mit 2–9 großen Blüten; Sepalen 10–17 mm lang, 4–8 mm breit, aufrecht bis schwach abstehend, grün, die seitlichen in der unteren Hälfte purpurn überlaufen; Petalen etwas länger als die Hälfte der Sepallänge, 7,5–10 mm lang, 2–3 mm breit, gelblich grün bis purpurn, am Rand leicht gewellt; Lippe rötlich braunschwarz, eiförmig bis länglich-oval, 16–20 mm lang, 10–20 mm breit (ausgebreitet), ungeteilt, stark gewölbt mit zurückgeschlagenen Rändern, im oberen Teil stark gehöckert, die Höcker innen kahl und außen behaart; Lippenmal aus 2 parallelen Streifen oder H-förmig, bläulich bis purpurn, gelegentlich weiß umrahmt; Anhängsel sehr klein, gelblich bis bräunlich, spitz, nach vorne gerichtet.

*O. hystera* (GR, Sagiada, 24.5.2010, HP)

*O. hystera* (GR, Sagiada, 24.5.2010, HP)

*O. hystera* (GR, Tripotamos, 3.6.2006, SH)

**VERWECHSLUNG** *O. mammosa* und *O. willingii* haben kleinere Blüten, 12–17 mm lange, rundlichere Lippen mit rundlicheren Höckern, O. mammosa blüht etwa 4 Wochen früher. *O. mavrochila* blüht etwas früher, hat dunklere Lippen, weniger dominante bis gar keine Höcker und einen langen Konnektivfortsatz.
**VORKOMMEN** Lichte Kiefernwälder, Phrygana, Böschungen, Macchien, Gebüsch- und Waldränder. Bis etwa 1400 m.
**VERBREITUNG** Endemit Griechenlands. Typus: Griechenland, Kozani, 1985.

## Narren-Ragwurz
*— Ophrys morio*

früh: Anf. Febr.–
Ende März

*O. morio* (CY, Souni, 7.3.2014, HP)

**STECKBRIEF**

(20) 30–40 (70) cm hoch; Blütenstand lang gestreckt, locker, mit 8–20 großen Blüten; Sepalen 10–17 mm lang, 4–8 mm breit, grün, die seitlichen in der unteren Hälfte purpurn überlaufen; Petalen 8–11,5 mm lang, 2,5–3,5 mm breit, gelblich grün bis purpurn, am Rand leicht gewellt; Lippe ziemlich lang bis breit-eiförmig, meist stark dreilappig, rötlich schwarzbraun, konvex gewölbt, schwach bis kaum gehöckert, durch den umgeschlagenen Lippenrand manchmal länglich-dreieckig erscheinend, 13,5–19 mm lang, 12–22 mm breit (ausgebreitet); Malzeichnung H-förmig oder aus

*O. morio* (CY, Tochni, li: 3.3.2014; re: CY, Souni, 7.3.2014, HP)

*O. morio* (CY, Souni, 19.3.2018, CB)

2 parallelen Streifen, graublau bis violett, ± hell umrandet, das Basalfeld umschließend; Basalfeld orangebraun bis braun, heller als die Lippengrundfarbe; Pseudoaugen grünlich; Anhängsel klein und spitz, gelblich, abwärtsgerichtet.
**VERWECHSLUNG** Bei *O. mammosa* subsp. *posteria* ist das Basalfeld gleich gefärbt wie die Lippengrundfarbe, die Pseudoaugen sind blau bis schwarz. Sie blüht etwa 2 Wochen später. *O. alasiatica* hat eine weniger längliche, etwas kleinere Lippe, gewöhnlich mit gelbem Rand.
**VORKOMMEN** Wiesen, lichte Nadelwälder, aufgelassene Terrassen, Phrygana; kalkliebend. Bis etwa 700 m.
**VERBREITUNG** Endemit Zyperns. **Typus:** Zypern, Larnaca, 2004.
**BESTÄUBER** *Andrena limata*

## Alasia-Ragwurz
*— Ophrys alasiatica*

Mitte Febr. – Ende März

**STECKBRIEF** 15–30 (60) cm hoch; Blütenstand locker, mit 6–12 großen Blüten; Sepalen 10–16 mm lang, 4–7 mm breit, hellgrün, die seitlichen in der unteren Hälfte purpurn überlaufen; Petalen etwas länger als die Hälfte der Sepalen, 7–10 mm lang, 2–4 mm breit, gelblich grün bis purpurn, am Rand leicht gewellt; Lippe häufiger dreilappig mit meist zurückgeschlagenen Rändern, dunkelbraun bis rotbraun, am Rand meistens auffallend gelb gesäumt, oft nur aufgehellt, gehöckert, 10–16 mm lang, 12–19 mm breit (ausgebreitet); Basalfeld heller als die Lippengrundfarbe; Malzeichnung graublau bis violett, meist hell umrahmt, H-förmig oder aus 2 parallelen Streifen; Pseudoaugen grünlich; Anhängsel sehr klein, gelb, leicht nach vorne gerichtet.

**VERWECHSLUNG** Fast allen im Gebiet vorkommenden Arten fehlt der markant gelbe Lippenrand, die Pseudoaugen sind dunkel. *O. morio* kann sehr ähnlich aussehen, die etwas größere Lippe ist durch Einrollen meist relativ schmal und spitz.
**VORKOMMEN** Ödland, aufgelassene Terrassen, lichte Kiefernwälder, Straßen- und Gebüschränder. Bis etwa 700 m.
**VERBREITUNG** Endemit Zyperns, Fund einer Einzelpflanze in Syrien. **Typus:** Zypern, Larnaka, 2002.
**BESTÄUBER** *Andrena bimaculata*

*O. alasiatica* (li: CY, Skarinou, 6.3.2914, HP; re: CY, Vasa, 5.3.2014, HP)

*O. alasiatica* (CY, Vasa, 5.3.2014, HP)

*O. alasiatica* (CY, Souni, 7.3.2014, HP)

## Äskulap-Ragwurz
— *Ophrys aesculapii*

März–Mai

*O. aesculapii* (GR, Lambokambos, 1.4.2018, HP)

*O. aesculapii* (li: GR, Lambokambos, 1.4.2018, HP; re: GR, Megalopolis, 20.4.2017, HP)

**STECKBRIEF** (10) 15–25 (35) cm hoch; Blütenstand locker, bis 15 cm lang, mit 3–10 Blüten; Sepalen hell olivgrün, bisweilen purpurn überlaufen, die seitlichen länglich-elliptisch verschmälert, bis 9 mm lang, das mittlere mit zurückgeschlagenen Seitenrändern; Petalen zungenförmig, 5–6 mm lang, etwa 2,5 mm breit, grünlich gelb bis hell olivgrün, manchmal purpurn überlaufen; Lippe rundlich, etwa 10 mm lang, 13–15 mm breit, ganzrandig, ungehöckert bis leicht gehöckert, vorne mit einer kleinen Spitze, kurzsamtig, dunkel purpurbraun, meistens mit einem auffallenden, 1–3 mm breiten, gelben oder orangen Rand; Malzeichnung hellblau, glänzend, meist weiß umrandet, asymmetrisch H-förmig oder aus 2 Linien; Pseudoaugen grün oder grün umrandet; Narbenkopf schmal.
**VERWECHSLUNG** *O. zeusii* hat eine überwiegend dreiteilige Lippe, dunklere Pseudoaugen, eine spätere Blütezeit von Ende April bis Mitte Juni und eine nördlichere Verbreitung. Die ähnliche *O. alasiatica* kommt nur auf Zypern vor.
**VORKOMMEN** Steinrasen, Ödland, Gebüsch, Böschungen, lichte Kiefern- und Zypressenwälder. Bis 1560 m.
**VERBREITUNG** Endemit Griechenlands. **Typus:** Griechenland, Peloponnes, Argolis, 1928.

## Epirus-Ragwurz
— *Ophrys epirotica* (Syn.: *O. chaonica, O. mammosa* subsp. *parviflora, O. macedonica*)

Mai–Juni

**STECKBRIEF** 10–25 (40) cm hoch; Blütenstand 3–7-blütig; Sepalen 7–10 mm lang, 3,5–5 mm breit, hellgrün, die seitlichen in der unteren Hälfte oft purpurn überlaufen; Petalen etwas länger als die Hälfte der Sepallänge, 5,5–8,5 mm lang, 1,8–3 mm breit, gelblich grün bis olivgrün; Lippe oft mit Tendenz zur Kreisform, ganzrandig, selten dreiteilig, dunkelbraun, meist mit deutlich gelbem, selten rötlichem Rand, konvex gewölbt, ungehöckert bis deutlich gehöckert, 7–10 mm lang, 8–11 mm breit (ausgebreitet); Malzeichnung graublau bis violett, H-förmig oder aus 2 parallelen Streifen, manchmal weiß umrandet; Basalfeld farblich von der Lippe nicht abgehoben; Narbenkopf weißlich grün, nur selten leicht eingeschnürt; Narbenhöhle klein, dunkel; Pseudoaugen bläulich; Anhängsel sehr klein oder fehlend, gleich gefärbt wie der Lippenrand.

**VERWECHSLUNG** Bei *O. zeusii* sind die unteren Hälften der seitlichen Sepalen nicht purpurn überlaufen, die Lippengrundfarbe ist hellbraun bis braun und das Basalfeld hebt sich oft farblich

Li: *O. epirotica „chaonica"* (GR, Veria, 9.6.2014, HP; re: *O. epirotica* (GR, Veria, 10.6.2014, HP)

*O. epirotica* (GR, Velas, 7.6.2012, HP)

*O. epirotica* (li: GR, Veria, 9.6.2014, HP; re: GR, Igoumenitsa, 24.5.2010, HP)

von der Lippe ab, der Narbenkopf ist eingeschnürt. Die Blütengröße variiert an manchen Stellen, kleinblütige oder auch gehöckerte Populationen werden von einigen Autoren unter eigenen Namen geführt.

**VORKOMMEN** Wiesen, lichte Wälder, Gebüsch. Bis etwa 1200 m.

**VERBREITUNG** Endemit der Balkanhalbinsel von Albanien und Südwestbulgarien bis zur Peloponnes. Typus: Griechenland, Thesprotia, 1928.

**BESTÄUBER** *Andrena labialis*

## Zeus' Ragwurz
*— Ophrys zeusii*

eher spät: Mitte April–Ende Juni

*O. zeusii* (GR, Paiko, 8.6.2014, HP)

**STECKBRIEF** (15) 20–35 (60) cm hoch; 5–12-blütig; Sepalen 7,5–12,5 mm lang, 3,5–5,5 mm breit, hellgrün, die seitlichen in der unteren Hälfte nicht purpurn überlaufen; Petalen 5–9 mm lang, 1,8–3 mm breit, gelblich grün bis olivgrün; Lippe dreiteilig bis ganzrandig, relativ flach ausgebreitet, größte Breite in oder etwas unterhalb der Mitte, hellbraun bis braun, meist mit deutlich gelbem, seltener rötlichem Rand, ungehöckert bis schwach gehöckert, 8–11,5 mm lang, 9–13,5 mm breit (ausgebreitet); Malzeichnung graublau bis violett, meist H-förmig, fast immer weiß oder zumindest hell umrandet; Basalfeld oft dunkel, orangebraun bis olivbraun, farblich von der Lippe

*O. zeusii* (GR, Negades, 6.6.2012, HP)

abgehoben, Pseudoaugen grünlich schwarz; Narbenkopf grün, meist eingeschnürt und dadurch kugelig; Anhängsel klein oder fehlend.

**VERWECHSLUNG** *O. epirotica* hat purpurn überlaufene seitliche Sepalen. Das Basalfeld hebt sich farblich von

*O. zeusii* (li: GR, Peloponnes, Chelmos, 4.6.2012, HP; re: GR, Paiko, 8.6.2014, HP)

der Lippe nicht ab, der Narbenkopf ist nicht eingeschnürt, die Pseudoaugen sind bläulich. Sie blüht noch etwas später.

**VORKOMMEN** Wiesen, lichte Wälder, Gebüsch; kalkliebend. Von 390–etwa 1300 m.

**VERBREITUNG** In Gebieten mit hoher Niederschlagsmenge. Von Nordgriechenland und Nordmakedonien bis zur Peloponnes, wahrscheinlich auch in Albanien. Typus: Griechenland, Grevena, nahe Anoixi, 2002.

**BESTÄUBER** *Andrena paucisquama*

## Gortys Ragwurz
*— Ophrys gortynia*

eher spät: Mitte März–Mitte Mai

*O. gortynia* (GR, Kreta, Stavrohori, 21.4.2011, HP)

**STECKBRIEF**

15–30 cm hoch; Blütenstand locker mit 3–10 mittelkleinen Blüten; Sepalen 8–11 mm lang, 4–6 mm breit, seitliche Sepalen schmaldreieckig bis schmaleiförmig, hellgrün, manchmal purpurn überlaufen, das mittlere schmäler, reingrün; Petalen 6–8 mm lang, 2,5–4 mm breit, linealisch bis schmal- und lang-dreieckig mit leicht gewellten Rändern, gelblich grün, teilweise rotbraun angehaucht; Lippe im basalen Teil schlank, länglich, ungeteilt, 9–14 mm lang und breit (ausgebreitet), dunkelbraun, samtig behaart; Lippenrand oft gelb gesäumt, ohne Einschnitt an der Spitze; Höcker nicht oder nur ganz schwach ausgeprägt; Lippenmal ± H-förmig, bräunlich bis metallisch violett, manchmal fein hell umrandet; Anhängsel klein, breit.

O. gortynia (GR, Kreta, Stavrohori, 21.4.2011, HP)

**VERWECHSLUNG** *O. cretensis* hat geringfügig kleinere Blüten mit einer 6–9 mm langen, rundlicheren Lippe und blüht etwa 2 Wochen früher. Die Höcker auf der Lippe sind nicht oder nur schwach ausgeprägt.
**VORKOMMEN** Phrygana, Wiesen, extensives Kulturland, Olivenhaine. Bis etwa 600 m.

*O. gortynia* (li: GR, Kreta, Stavrohori, 21.4.2011, HP; re: GR, Siros, 9.4.2009, HP)

**VERBREITUNG** Kreta, Zykladen. Vielleicht auch am anatolischen Festland bei Çeşme. **Typus:** Griechenland, Kreta, Iraklio, 1986.
**BESTÄUBER** *Colletes albofasciata*

## Helenes Ragwurz
*— Ophrys helenae*

April–Juni

*O. helenae* (GR, Preveza, 21.3.2010, HP)

**STECKBRIEF**

15–25 (35) cm hoch; Blütenstand 2–8-blütig; Sepalen hellgrün, oft purpurn überlaufen, sehr selten leicht rosa, 11–15 mm lang, 4–8 mm breit; Petalen gelbgrün bis olivgrün, oft purpurn überlaufen, 7–11 mm lang, 2,5–3,5 mm breit, am Rand gewellt; Lippe rund, 13–18 mm im Durchmesser, rot bis rotbraun, ohne Lippenmal, manchmal jedoch angedeutet, ungehöckert bis leicht ge-

*O. helenae* (AL, Delvine, 13.4.2017, HP)

*O. helenae* (li: GR, Olymp, 3.4.2018, HP; re: AL, Delvine, 13.4.2017, HP)

höckert; Anhängsel klein, gelblich, nach vorne gerichtet.

**VERWECHSLUNG** Einzige *Ophrys*-Art mit roter Lippe und ohne Lippenzeichnung.

**VORKOMMEN** Wiesen, Phrygana, lichte Eichenwälder, Ödland, Gebüsch. Bis etwa 1000 m.

**VERBREITUNG** Balkanhalbinsel-Endemit von Südalbanien bis zur Peloponnes. **Typus:** Griechenland, Korfu, 1928.

**BESTÄUBER** *Eucera berlandi, Eucera lucasi, Eucera vulpes* (Schlafstättenblume)

**NAME** Benannt nach Helene Renz, der Mutter des Beschreibers Jany Renz (1907–1999).

## Heras Ragwurz
— *Ophrys herae* (Syn.: *O. pseudomammosa*)

früh: Ende Febr.–Anf. April

**STECKBRIEF** 15–40 (50) cm hoch; Blütenstand mit 2–12 mittelgroßen Blüten; Sepalen 9–15 mm lang, 4–7 mm breit, grün, die seitlichen in der unteren Hälfte oft braunrot überlaufen; Petalen 7–9 mm lang, 2–3 mm breit, gelblich grün, oft rötlich überlaufen, meist dunkler als die Sepalen, am Rand leicht gewellt; Lippe dunkel rötlich braun, ganzrandig, gehöckert, 9–14 mm lang, 10–16 mm breit (ausgebreitet); Malzeichnung graublau bis violett, vereinzelt heller gerandet, H-förmig oder aus 2 parallelen Streifen, das farblich abgesetzte, hell orangebraune Basalfeld umschließend; Narbenhöhle ± halb so hoch wie breit; schnabelförmiger Fortsatz der Säule bis zu 2 mm lang; Anhängsel sehr klein, gelblich bis bräunlich, spitz.

*O. herae* (GR, Samos, 1.4.2012, ZA)

**VERWECHSLUNG** *O. mammosa* blüht später auf. Die untere Hälfte der seitlichen Sepalen ist bei *O. mammosa* meist stark purpurn überlaufen, bei *O. herae* meist nur schwach. Das Lippenbasalfeld ist bei *O. herae* heller als bei *O. mammosa*, die Lippe ist generell heller und breiter als lang (bei *O. mammosa* schwarzbraun und meist länger als breit). Vom Südwesten Griechenlands bis nach

*O. herae* (GR, Samos, li: 17.3.2010; re: 15.3.2010, BT)

*O. herae* (GR, Samos, 1.4.2012, ZA)

Südwestkroatien kommt die sehr ähnliche, früher beschriebene *O. montenegrina* vor, die aus dem griechischen Teil des Verbreitungsgebiets als *O. herae* subsp. *janrenzii* neu benannt wurde. Ihr Bestäuber ist noch nicht ermittelt.
**VORKOMMEN** Steinrasen, Phrygana, Böschungen, Wiesen, lichte Kiefernwälder. Bis etwa 800 m.
**VERBREITUNG** Samos, Lesbos, Rhodos, West- und Nordanatolien, möglicherweise auch auf Euböa. **Typus:** Griechenland, Samos, 1992.
**BESTÄUBER** *Andrena thoracica*

## Montenegro-Ragwurz
— *Ophrys montenegrina* (Syn.: *O. janrenzii*, *O. herae* subsp. *janrenzii*)

früh:
März April

**STECKBRIEF** 20–40 (60) cm hoch; Blütenstand mit 2–16 mittelgroßen Blüten; Sepalen 11–13 mm lang, 3,5–7 mm breit, hellgrün, sehr selten rosa, die seitlichen in der unteren Hälfte selten schwach purpurn überlaufen; Petalen 8–10 mm lang, 3–4 mm breit, gelblich grün, oft braunrot überlaufen, meist dunkler als die Sepalen, am Rand gewellt; Lippe dunkel rötlich braun, gehöckert, 12,5–15 mm lang, 13–16 mm breit (ausgebreitet); Malzeichnung graublau bis violett, lang H-förmig oder aus 2 parallelen Streifen, welche das hell orangebraune bis hell olivgrüne Basalfeld umschließt; Anhängsel sehr klein, gelblich bis bräunlich.
**VERWECHSLUNG** *O. herae* ist sehr ähnlich, sie hat eine südöstlichere Verbreitung. Unklar sind noch die Vorkommen in Südalbanien und Westgriechenland.
**VORKOMMEN** Zypressenhaine, Wiesen, Phrygana, gern auf frischen bis leicht feuchten Böden bei Schilf. Bis etwa 400 m.

*O. montenegrina* (HR, Gruda, 1.4.2015, HP)

**VERBREITUNG**

Vom südlichen Dalmatien über Montenegro bis ins nordwestliche Albanien. Vermutlich aber auch in Südalbanien, Nordwestgriechenland und Südwestgriechenland bis Megalopoli (hier als *O. herae* subsp. *janrenzii* beschrieben). Bestäubernachweise wären wünschenswert. **Typus:** Montenegro, 1988.

*O. montenegrina* (HR, Gruda, 1.4.2015, HP)

*O. montenegrina* (HR, Gruda, 1.4.2015, HP)

## Grammos-Ragwurz
— *Ophrys grammica* (inkl. *O. cretensis* subsp. *samica*, *O. cretensis* subsp. *knossia*, *O. sphegodes* subsp. *catalcana*, *O. sphegodes* subsp. *oodicheila*)

früh: Ende Febr.– Anf. Juni im Gebirge

**STECKBRIEF** 15–25 (35) cm hoch; Blütenstand locker mit 2–10 kleinen, recht variablen Blüten; seitliche Sepalen schmal-dreieckig bis eiförmig mit zurückgeschlagenen Rändern, 9–12 mm lang, 5–7 mm breit, blassgrün, in der unteren Hälfte oft rötlich überlaufen, mittleres Sepal schmäler, hellgrün; Petalen 5–8 mm lang, 1,5–3 mm breit, mit leicht gewellten Rändern, gelblich grün, teilweise rotbraun überlaufen; Lippe braun bis gelblich braun, rundlich bis trapezförmig, 9–13 mm lang und breit (ausgebreitet), ohne apikale Einkerbung, fein gelb gerandet mit meist etwas ausgebreiteten Rändern; Höcker 2–2,5 mm hoch; Lippenmal ± H-förmig, grün weißlich bis metallisch violett, oft andersfarbig umrandet; Narbenhöhle und Basalfeld meistens heller als die Lippe, braunorange mit grünlichen Flecken, seitlich in den Pseudoaugen endend. Blütezeit früh, Ende Februar bis Anfang Juni im Gebirge, auf Kreta in 2 einigermaßen getrennten Blühschüben.

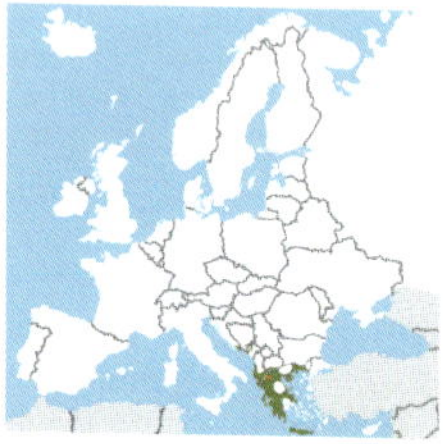

*O. grammica* (AL, Logara-Pass, 12.4.2017, HP)

**VERWECHSLUNG** Die sehr ähnliche, durch einen anderen Bestäuber biologisch abgetrennte *O. herae* hat etwas größere Blüten, eine dunkler braune Lippengrundfarbe und blüht noch früher.

**VORKOMMEN** Phrygana, Grasfluren, rasige Böschungen, lichte Kiefernwälder. Bis etwa 1400 m.

**VERBREITUNG** Von Süddalmatien bis Kreta. Typus: Griechenland: Grammos-Gebirge bei Kastoria, 1985.

**BESTÄUBER** *Andrena nigroaenea*; sollte sich eine Entwicklung aus *O. sphegodes* herausstellen, wäre sie im Unterartrang zu führen.

*O. grammica* (li: AL, Logara-Pass, 12.4.2017, HP; re: GR, Kefalonia, 1.4.2010, HP)

Li: *O. grammica „catalcana"* (GR, Thasos, 27.4.2017, BT); re: *O. grammica* (AL, Logara-Pass, 12.4.2017, HP)

## Spinnen-Ragwurz
— *Ophrys sphegodes* (Syn.: *O. classica, O. liburnica, O. molisana*)

eher früh bis sehr früh: (Ende Febr.) Ende März–Ende Mai

**STECKBRIEF** (10) 15–25 (40) cm hoch; Blütenstand locker, mit 2–10 Blüten; Sepalen hellgrün, abstehend, das mittlere nach vorne gebogen, 8–14 mm lang, 3–6 mm breit; Petalen lanzettlich, kahl, stumpf, gelbgrün bis braunrot, 4–9 mm lang, 2,5–4,5 mm breit, mindestens halb so lang wie die Sepalen, meist mit gewelltem Rand; Lippe oval bis rechteckig, 9–16 mm lang, 10–18 mm breit (ausgebreitet), dunkelbraun bis rotbraun, ungeteilt oder seltener schwach dreilappig, ungehöckert bis kräftig gehöckert, bauchig gewölbt; Basalfeld meist deutlich heller als die Lippengrundfarbe; Lippenmal H-förmig oder aus 2 parallelen Streifen, die mehrmals verbunden sind, selten ± aufgelöst, graubraun bis stahlblau, Anhängsel fehlend oder sehr klein, über einer deutlichen Kerbe sitzend.

**VERWECHSLUNG** *O. araneola* hat kleinere, 6,5–9 mm lange, rundlichere Lippen mit meist auffallend gelbem Lippenrand. Sie blüht früher. Südlich verbreitete Arten sind oft schwer zu unterscheiden, kleinere, dunklere Lippen, ein dunkles Basalfeld, stärkere Behaarung, reicher gegliedertes Mal und abweichende Blütezeit können ein Hinweis auf Verschiedenheit sein. *O. sphegodes* ist im Süden variabler als in Mitteleuropa, was zu verschiede-

*O. sphegodes* (RO, Tinaud, 29.4.17, NDA)

*O. sphegodes* (D, Eichstätt, li: 27.4.2020; re: 18.4.2016, HP)

Li: *O. sphegodes „classica"* (I, Argentario, L.c., 1.4.2012, HP); re: *O. sphegodes „liburnica"* (HR, Omis, 9.4.2015, HP)

Li: *O. sphegodes „maritima"* (I, 27.3.2016, BT); re: *O. sphegodes „molisana"* (I, Barrea, 8.6.2012, HP)

nen Abtrennungen geführt hat (siehe Synonyme!). Besonders in Kroatien und Italien variieren die Pflanzen enorm, auch innerhalb der Population. Teils blühen sie vor *O. exaltata*, teils danach. Bisher sind aber keine abweichenden Bestäuberbefunde bekannt, auch sind die Abweichungen nicht durchgehend. In Südkroatien scheint sie in *O. grammica* überzugehen.

**VORKOMMEN** Frische Magerrasen, Halbtrockenrasen, Brennen (Heißländen), steinige Weidegebiete, Phrygana, Straßenböschungen, lichte Kiefernwälder, Waldlichtungen. Bis etwa 1500 m.
**VERBREITUNG** Von Spanien und England bis Rumänien. **Typus:** England, 1768.
**BESTÄUBER** *Andrena limata*, *Andrena nigroaenea*

## Kretische Ragwurz
— *Ophrys cretensis*

Anf. März–
Mitte April

**STECKBRIEF** 15–30 cm hoch, eher zierlich; Blütenstand locker mit 2–12, im Vergleich zur gesamten Pflanzengröße kleinen Blüten; Sepalen 8–11 mm lang, 4–5 mm breit, seitliche Sepalen schmal-dreieckig bis schmal-eiförmig mit zurückgeschlagenen Rändern, grün, manchmal in der unteren Hälfte rot überlaufen, das mittlere Sepal schmäler, grünlich; Petalen 5–9 mm lang, 1,5–3 mm breit, linealisch bis schmal-dreieckig mit leicht gewellten Rändern, gelblich grün, manchmal rotbraun überlaufen; Lippe klein, kürzer als das mittlere Sepal, 6–9 mm lang, 7–10 mm breit (ausgebreitet), ungeteilt, rundlich, Höcker nicht oder nur ganz schwach ausgeprägt, Lippenrand rötlich braun bis schwarzbraun, selten gelb; Lippenmal H-förmig, bräunlich bis metallisch violett, oftmals fein hell umrandet.

*O. cretensis* (li: GR, Kreta, Agios Galini, 4.3.2019, HP; re: GR, Kreta, Spili, 20.4.2011, HP)

**VERWECHSLUNG** *O. gortynia* hat eine spätere Blütezeit von Ende März bis Mai und geringfügig größere, 9–14 mm lange, weniger rundliche Lippen.
**VORKOMMEN** Grasfluren, Phrygana, buschige Wegränder, Olivenhaine, Steinrasen, oft umgeben von dornigem Buschwerk. Bis etwa 1300 m.
**VERBREITUNG** Kreta, Karpathos, Kos, Chios, Amorgos, Paros. **Typus:** Griechenland, Kreta, Lassithi, 1986.
**BESTÄUBER** *Andrena vachali*

*O. cretensis* (GR, Kreta, Agios Galini, 4.3.2019, HP)

*O. cretensis* (GR, Kreta, Jouchtas, 6.3.2019, HP)

## Marseille-Ragwurz
*— Ophrys massiliensis*

sehr früh: Ende Dez.–März

*O. massiliensis* (F, Marseille, 19.2.2015, HP)

*O. massiliensis* (li: F, Blausasc, 21.2.2015, HP; re o: F, Marseille, 19.2.2015, HP; re u: F, St. Cyr, 20.2.2015, HP)

**STECKBRIEF** 10–20 (25) cm hoch; Blütenstand locker mit 3–10 Blüten; Sepalen hellgrün, abstehend, das mittlere vorgebogen, 8–14 mm lang, 3–6 mm breit; Petalen lanzettlich, kahl, stumpf, gelbgrün bis braunrot, 4–9 mm lang, 2,5–4,5 mm breit; Lippe 8–13 mm lang, braun bis rotbraun, ungeteilt oder schwach dreilappig, deutlich gehöckert, bauchig gewölbt, über dem schmalen, meist deutlichen gelben Rand rundum kräftig behaart; Mal H-förmig oder aus 2 parallelen Streifen, graubraun bis stahlblau; Anhängsel fehlend oder sehr klein über einer Einbuchtung. Blütezeit sehr früh, Ende Dezember bis März, in Ligurien teils bereits ab Ende November.

**VERWECHSLUNG** *O. sphegodes* hat etwas größere, 9–16 mm lange, etwas schwächer behaarte Lippen und eine spätere Blütezeit von Ende März bis Ende Mai. Die Unterschiede sind marginal, Zwischenformen scheinen vorhanden zu sein.

**VORKOMMEN** Lichte Kiefernwälder, Küstenmacchie, gefestigte Steinschutthänge, meist halbschattig oder an Nordhängen. Bis etwa 800 m.

**VERBREITUNG** In den südfranzösischen Departements Var, Alpes-Maritimes, Hérault, Gard, Ardéche und Aveyron sowie in Ligurien und Katalonien, vermutlich auch auf Elba. **Typus:** Frankreich, Bouches-du-Rhone, 1999.

**BESTÄUBER** *Andrena bicolor* und *A. nigroaenea*, in der Literatur existieren noch weitere Angaben.

## Tommasinis Ragwurz
*— Ophrys tommasinii* (Syn.: *O. incantana*)

Anf. April–Anf. Mai

**STECKBRIEF** (10) 15–30 (40) cm hoch; Blütenstand mit 4–11 kleinen Blüten; Sepalen hellgrün, 8–12 mm lang, 4–6,5 mm breit; Petalen gelblich grün, kahl, am Ende stumpf, an den Rändern gewellt, 6–8,5 mm lang, 2–4 mm breit; Lippe eiförmig bis rundlich, konvex gewölbt, 7,5–10,5 mm lang, 9,5–11 mm breit (ausgebreitet), gelblich braun, an den Rändern behaart und oft mit einem kahlen, schmalen, gelben Saum; Lippenhöcker angedeutet bis schwach; Malzeichnung H-förmig bis erweitert, das Basalfeld umrahmend, trüb graublau oder bräunlich, hell umrandet; Basalfeld klein; Konnektivfortsatz parallel zur Lippe stehend; Anhängsel klein, oft nur angedeutet.

**VERWECHSLUNG** *O. araneola* hat etwas kleinere Lippen, die breiter gelb gesäumt sind, und eine westli-

*O. tommasinii* (HR, Bale, 1.5.2010, HP)

Li: *O. tommasinii* (HR, Porec, 1.5.2010, HP); re: *O. tommasinii „incantata"* (HR, Zecevo, L.c., 29.3.2015, HP)

*O. tommasinii* (HR, Porec, 1.5.2010, HP)

chere Verbreitung. Bei *O. illyrica* weist der Konnektivfortsatz schräg nach oben, die rötlich braune Lippe ist ungehöckert bis höchstens angedeutet gehöckert und die Blütezeit um 3–4 Wochen später. Die in Kroatien extrem variable *O. sphegodes* kann ähnlich aussehen, blüht aber etwa 1–3 Wochen früher und hat bei kleinen Blüten selten einen gelben Lippenrand.

**VORKOMMEN** Magerrasen, Gebüsch, Ödland, Straßenböschungen. Bis etwa 1200 m in den Abruzzen.

**VERBREITUNG** Istrien, Inseln der Kvarner Bucht, so Krk, Cres, Losinj, Ilovik und Sveti Petar; süddalmatinische Inseln; Zentralitalien. **Typus:** Kroatien, Insel Sveti Petar nahe der Insel Losinj, 1851.

**BESTÄUBER** *Andrena vulpecula*

**NAME** Zu Ehren von Mutius Joseph Spiritus Ritter von Tommasini (1794–1879) benannt. Tommasini war Bürgermeister der damals österreichischen Hafenstadt Triest und Erforscher der dortigen Pflanzenwelt.

## Monte Argentario-Ragwurz
— *Ophrys argentaria* (Syn.: *O. maritima, O. metaurensis*)

März–Anf. Mai

**STECKBRIEF** (10) 15–20 (30) cm hoch; Blütenstand mit 3–8 kleinen, sehr variablen Blüten; Sepalen hellgrün, eiförmig-lanzettlich, 8–12 mm lang; Petalen gelbgrün, oft etwas verwaschen purpurbraun, am Ende stumpf, Ränder gewellt, 5–8 mm lang, 2–4 mm breit; Lippe dunkelbraun, am Rand meist mit schmalem, gelbem Saum, 5–10 mm lang, 6–12 mm breit, ungehöckert bis schwach gehöckert, an der Spitze ausgerandet; Malzeichnung H-förmig erweitert bis fragmentiert mit Verlängerungen oder marmoriert, braunviolett, meist weiß umrandet; Basalfeld orangebraun; Anhängsel klein, oft nur angedeutet.

**VERWECHSLUNG** *O. sphegodes* („*classica*") hat größere Blüten und ist stärker gehöckert. Äußerst ähnliche, kleinblütige Sippen wurden morphologisch unzureichend abgetrennt, was kaum nachvollziehbar ist: „*O. maritima*" ist von der Lippenform oft etwas der *O. sphegodes* angenähert und wurde aus der Toskana (Massa e Carrara) beschrieben. „*O. metaurensis*" kommt auf Bergwiesen von 900–1200 m vor, blüht also etwas

O. *argentaria* (I, Argentario, L.c., 1.4.2012, HP)

O. *argentaria* (I, Argentario, L.c., 1.4.2012, HP)

O. *argentaria* (I, Argentario, L.c., 1.4.2012, HP)

später (bis Anfang Mai). Sie wurde aus der Region Marken (Monte di Torrini zwischen Piobbico und Urbania) beschrieben und zeigt Tendenzen zu *O. tarquinia*. Beide Sippen werden hier als Synonyme von *O. argentaria* behandelt, Bestäuberuntersuchungen und einigermaßen durchgehende Unterschiede wären zur Abtrennung nötig.

**VORKOMMEN** Steinrasen, Magerwiesen, Gebüsch, Straßenränder, Waldränder. Bis etwa 1200 m.
**VERBREITUNG** Tyrrhenische Küste und Hinterland von Ligurien bis in die Provinz Latium südlich von Rom. **Typus:** Italien, Toskana, Monte Argentario, 1991.
**BESTÄUBER** *Andrena fulvata*

## Kleine Spinnenragwurz
— *Ophrys araneola*

früh:
März–Mai

**STECKBRIEF** (10) 15–20 (30) cm hoch; Blütenstand mit 4–10 kleinen Blüten; Sepalen gelblich grün bis hellgrün, selten weiß bis rosa, eiförmig-lanzettlich, 8–12 mm lang, 4–6 mm breit; Petalen gelblich grün, kahl, am Ende stumpf, an den Rändern gewellt, 5–8 mm lang, 2–4 mm breit; Lippe höchstens so lang wie das mittlere Sepal, ganzrandig, konvex gewölbt, an den Rändern behaart, braun, am Rand oft mit einem kahlen, deutlich gelben Saum, 6,5–9 mm lang, 7,5–10 mm breit (ausgebreitet), kaum gehöckert, an der Spitze ausgerandet; Malzeichnung H-förmig, das Basalfeld umrahmend, trüb graublau oder bräunlich, hell umrandet; Basalfeld klein; Anhängsel klein, oft nur angedeutet.
**VERWECHSLUNG** *O. sphegodes* hat größere, 9–16 mm lange

*O. araneola* (D, Königheim, 28.4.2012, HP)

und 10–18 mm breite Lippen, die meist stärker gehöckert sind und denen der gelbe Lippenrand meist fehlt. Die Lippe ist deutlich länger als das mittlere Sepal, die Blüten öffnen sich meist etwas später. *O. virescens* ist häufig noch kleinblütiger, die Lippengrundfarbe dunkler, die Blütezeit später.

**VORKOMMEN** Magerrasen, Wacholderheiden, Gebüsch, lichte Kiefernwälder, Ödland; kalkliebend. Bis 1330 m.

*O. araneola* (li: D, Küssaberg, 15.4.2020, HP; re: D, Retzbach, 28.4.2012, HP)

*O. araneola* (li: D, Küssaberg, 15.4.2020, HP; re: F, Vercors, 27.4.2014, HP)

**VERBREITUNG** Südwesteuropa von Katalonien und Ligurien bis Deutschland. **Typus:** Schweiz, Bex im Wallis, 1831.

**BESTÄUBER** *Andrena combinata, Andrena florivaga*

## Illyrische Ragwurz
— *Ophrys illyrica* (inkl. *O. ausonia*)

spät: Anf. Mai–Mitte Juni

*O. illyrica* (HR, Bale, 2.5.2010, HP)

**STECKBRIEF**

12–30 (45) cm hoch; Blütenstand mit 2–10 kleinen Blüten; Sepalen weißlich grün bis grün, lanzettlich, 9–12 mm lang, 4–6 mm breit; Petalen gelblich grün, oft braun überlaufen, am Ende stumpf, an den Rändern gewellt, 6–9 mm lang, 2,5–5 mm breit; Lippe ganzrandig, konvex gewölbt, aber meist relativ flach, an den Rändern behaart, rötlich dunkelbraun, am Rand oft mit einem kahlen, deutlich gelben Saum, 7–10,5 mm lang, 7,5–12 mm breit (ausgebreitet), ungehöckert bis höchstens angedeutet gehöckert; Malzeichnung H-förmig, das Basalfeld umrahmend, trüb graublau bis braunviolett, hell umrandet; Basalfeld klein; Anhängsel klein, oft nur angedeutet.

*O. illyrica* (HR, Bale, 2.5.2010, HP)

**VERWECHSLUNG** *O. tommasinii* unterscheidet sich v.a. durch die 3–4 Wochen frühere Blütezeit und das Vorhandensein von Lippenhöckern. Ihre Lippengrundfarbe ist weniger rötlich, das Konnektiv weist parallel zur Lippe (bei *O. illyrica* schräg nach oben). Kleinblütige *O. sphegodes* blühen noch früher, sind weniger hochwüchsig und weisen meist deutliche Höcker auf weniger rundlichen Lippen auf.
**VORKOMMEN** Magerwiesen, Steinrasen, Gebüschränder, extensives Kulturland; kalkliebend. Bis etwa 700 m.

Li und re o: *O. illyrica* (HR, Bale, 2.5.2010, HP); re u: *O. illyrica „ausonia"* (I, Lenola, 24.5.2015, HP)

**VERBREITUNG** Nordwestkroatien und Zentralitalien. Typus: Kroatien, Insel Cres, 2002.
**BESTÄUBER** *Andrena paucisquama*

## Grünliche Ragwurz
— *Ophrys virescens*

April–Juni

*O. virescens* (F, Laroque, 18.5.2016, HP)

**STECKBRIEF**

15–30 cm hoch; Laubblätter grün; Blütenstand mit 2–8 kleinen Blüten; Sepalen hellgrün bis grün, selten rosa oder weiß, eiförmig-lanzettlich, 8–12 mm lang, 4–6 mm breit; Petalen gelblich grün, selten braunrot überlaufen, kahl, am Ende stumpf, an den Rändern gewellt, 6–8,5 mm lang, 2–4 mm breit; Lippe ungeteilt, konvex gewölbt, dunkelbraun, am Rand oft mit einem kahlen, gelben oder rötlichen Saum, 7,5–10 mm lang, 8,5–11 mm breit (ausgebreitet), angedeutet gehöckert bis schwach gehöckert; Malzeichnung H-förmig bis erweitert oder komplex, trüb graublau bis unauffällig violettbraun; Anhängsel klein, oft nur angedeutet.
**VERWECHSLUNG** *O. araneola* hat blaugrüne Laubblätter, eine hellere Lippengrundfarbe, stärker behaarte Lippen und eine frühere Blütezeit von März bis Mai.
**VORKOMMEN** Magerwiesen, Garrigue, extensives Kulturland, Weiden, lichte Wälder. Bis etwa 1000 m.

*O. virescens* (li: F, Martigues, 16.5.2016, HP; re: F, Taurize, 17.5.2016, HP)

*O. virescens* (F, Quillan, 18.5.2016, HP)

**VERBREITUNG** Südfrankreich. Fundangaben aus der Toskana, dem Monte Gargano und Nordspanien sind fraglich. **Typus:** Frankreich, Var, 1859.

## Rioja-Ragwurz
*— Ophrys riojana*

Ende April–
Ende Mai

**STECKBRIEF** 10–25 (40) cm hoch; Blütenstand locker mit 5–14 kleinen, sehr variablen Blüten; Sepalen hellgrün, manchmal rosa überlaufen, sehr selten weiß, abstehend, das mittlere nach vorne gebogen, 6–8 mm lang; Petalen lanzettlich, kahl, stumpf, gelbgrün, manchmal braunrot überlaufen, 5–7 mm lang, 3–4 mm breit, mit gewelltem Rand; Lippe ungeteilt bis dreilappig, ungehöckert, 6–10 mm lang, 8–11 mm breit (ausgebreitet), dunkelbraun bis rotbraun, Lippenrand fast immer gelb gesäumt und häufig ausgebreitet; Lippenmal großflächig über fast die ganze Lippe ausgebreitet, teilweise fragmentiert, graubraun bis stahlblau; Basalfeld klein, in der Lippengrundfarbe, seltener heller; Anhängsel fehlend oder sehr klein.

*O. riojana* (E, Nájara, L.c., 22.5.2016, HP)

**VERWECHSLUNG** *O. sphegodes* hat größere, 9–16 mm lange Lippen, meist keinen gelben Lippenrand,

*O. riojana* (E, Nájara, L.c., 22.5.2016, HP)

*O. riojana* (li: E, Haro, 21.5.2016, HP; re: E, Nájara, L.c., 22.5.2016, HP)

ein einfacheres Lippenmal und ist oft gehöckert. *O. castellana* kann sehr ähnlich sein, hat aber meistens ein buntes Perigon, einen stärker eingeschnürten Narbenkopf und keinen oder nur einen dünnen, gelben, unausgebreiteten Lippenrand. Sie wächst auf feuchtem bis frischem Untergrund.

**VORKOMMEN** Magerwiesen, extensives Kulturland, Weiden, Steinrasen. Bis etwa 800 m.

**VERBREITUNG** Nordspanien. Typus: Spanien, La Rioja, Nájara, 1999.

**BESTÄUBER** *Andrena hypopolia*

## Atlantische Ragwurz
— *Ophrys suboccidentalis* (inkl. subsp. *olonae*)

früh: Jan–März

**STECKBRIEF** 15–25 (35) cm hoch, kräftig; Blütenstand mit 4–10 sehr variablen Blüten; Sepalen hellgrün, seltener weiß oder blassrosa mit grünen Nerven, abstehend, 10–16 mm lang, 4–8 mm breit; Petalen lanzettlich, kahl, stumpf, gelbgrün bis braunrot oder weißlich, Rand oft intensiver gefärbt und gewellt, 6–9 mm lang, 2,5–4,5 mm breit; Lippe ± rundlich, 10–16 mm lang und breit, rotbraun, am Rand oft gelb, seitlich stark behaart, ungeteilt oder schwach dreilappig, nur angedeutet gehöckert; Lippenmal H-förmig bis erweitert oder reduziert, violettbraun bis graubraun; Basalfeld orange bis braun, oft heller als die Lippengrundfarbe, Pseudoaugen relativ groß; Anhängsel fehlend oder sehr klein.

**VERWECHSLUNG**
*O. massiliensis* ist zierlicher im Wuchs und hat kleinere, 8–14 mm lange Lippen, die deutlicher gehöckert sind. Sie hat fast immer ein grünes Perigon. *O. sphegodes* blüht etwas später, hat sehr selten ein buntes Perigon, weniger variable Blüten und eine dunklere Lippengrundfarbe.

*O. suboccidentalis* (F, Noirmoutier, 23.3.2019, OG)

*O. suboccidentalis* (F, Noirmoutier, 23.3.2019, OG)

*O. suboccidentalis* (li:, F, Bretagne, 13.3.2020, OG; re: F, Bretagne, 14.3.2020, OG)

*O. suboccidentalis „olonae"* (F, Bretagne, 14.3.2020, OG)

**VORKOMMEN** Magerwiesen, Garrigue, Ödland, Weiden, lichte Wälder, Steinrasen. Bis etwa 500 m.
**VERBREITUNG** Westfrankreich. Typus: Frankreich, Departement Charente-Maritime, 2017.

**ANMERKUNG** Möglicherweise fällt *O. suboccidentalis* in die Variabilitätsbreite von *O. massiliensis* und muss dann als Synonym von dieser bewertet werden.

## Galicische Ragwurz
*— Ophrys kallaikia*

früh: Mitte März–Ende April

**STECKBRIEF** 8–15 (20) cm hoch; Blütenstand mit 3–13 auffallend keinen Blüten; Sepalen grün bis weißlich grün, manchmal leicht purpurn überlaufen, 7–11 mm lang, 3,5–6 mm breit; Petalen gelblich grün, an den Rändern gewellt, 5–8 mm lang, 2–4 mm breit; Lippe ganzrandig, konvex gewölbt, an den Rändern hell behaart, schwarzbraun bis dunkel rotbraun, 5–8 mm lang, 6–10 mm breit (ausgebreitet), gehöckert; Malzeichnung h- bis x-förmig oder aus 2 parallelen Streifen, trüb graublau bis braunviolett, manchmal hell umrandet.

**VERWECHSLUNG** Durch die kleinen Blüten im Gebiet gut abgesetzte Sippe.
**VORKOMMEN** Dünenrasen, salzbeeinflusste Wiesen. Bis etwa 50 m.
**VERBREITUNG** Küstengebiete Nordwestspaniens. Typus: Spanien, Galicien, Lugo, Praia do Xilloi, 2018.
**BESTÄUBER** *Andrena nitida* subsp. *hispaniola*

*O. kallaikia* (E, Vicedo, 30.3.2018, CH)

*O. kallaikia* (E, Vicedo, 30.3.2018, CH)

## Kastilische Ragwurz
*— Ophrys castellana*

Mai–Juni

*O. castellana* (E, Pamplona, 25.5.2016, HP)

*O. castellana* (E, Uno, 23.5.2013, HP)

**STECKBRIEF** 12–18 (25) cm hoch; Blütenstand mit 3–8 kleinen Blüten; Sepalen 7–13 mm lang, 3–5 mm breit, weiß bis hellrosa, selten weißlich grün, mit grünen Nerven, an den Rändern zurückgeschlagen; Petalen 5–9 mm lang, 2–4 mm breit, meist intensiver gefärbt als die Sepalen, mit gewelltem, farbigem Rand; Lippe ungeteilt bis dreilappig, dunkelbraun, rund bis eiförmig, 7–11 mm lang, 9–13 mm breit (ausgebreitet), ungehöckert bis schwach gehöckert; Lippenmal H-förmig, wenig verzweigt, graublau, hell umrandet, Lippenrand manchmal schmal gelb gesäumt; Basalfeld dunkelbraun, gleich der Lippe gefärbt; Anhängsel gelblich grün, winzig bis klein.
**VERWECHSLUNG** *O. riojana* hat etwas kleinere, 6–8 mm lange, meist grüne Sepalen, breitere, 3–5 mm breite, gelbgrüne Petalen und einen deutlicher gelben Lippenrand. Der Narbenkopf ist weniger eingeschnürt.
**VORKOMMEN** Frische bis feuchte Wiesen, Gräben, Hangversickerungen, quellige Stellen, lichte Wälder. Von etwa 650–1400 m.
**VERBREITUNG** Endemit der spanischen Berge. **Typus:** Spanien, Cuenca, 1988.
**BESTÄUBER** *Andrena schrenkii*

## Argenson-Ragwurz
*— Ophrys argensonensis*

spät: Mitte Juni–
Mitte Juli

*O. argensonensis* (F, Rouillé, 27.6.2018, BT)

**STECKBRIEF** 15–25 (35) cm hoch; Blütenstand mit 3–11 kleinen Blüten; Sepalen blassgrün bis gelbgrün, 7–9 mm lang, 4–6 mm breit; Petalen gelblich grün bis verwaschen bräunlich, Ränder gewellt, 6–8 mm lang, 2–4,5 mm breit; Lippe ± kreisförmig, konvex gewölbt, an den Rändern behaart, braun, 7–10 mm lang, 8–11 mm breit (ausgebreitet), ungehöckert bis schwach gehöckert, an der Spitze ausgerandet; Lippenmal h- bis x-förmig, das Basalfeld umrahmend, braunviolett, teilweise hell umran-

*O. argensonensis* (F, Rouillé, 27.6.2018, BT)

det; Basalfeld orangebraun; Anhängsel klein, oft nur angedeutet.

**VERWECHSLUNG** *O. araneola* hat meist einen deutlichen gelben Lippensaum und blüht früher von März bis Mai. *O. virescens* hat kleinere Blüten mit weniger runden Lippen. Auch sie blüht früher.

**VORKOMMEN** Magerrasen, Straßenränder. Bis etwa 200 m.

**VERBREITUNG** Westfrankreich, in den Hügeln des Massif d'Argenson, welches sich quer durch die Départements Deux-Sèvres, Vienne und Charente-Maritime zieht. Typus: Frankreich, Département Charente-Maritime, La Villedieu, 1998.

**BESTÄUBER** *Tetraloniella* sp.

## Provence-Ragwurz
*— Ophrys provincialis*

eher spät:
April–Mai

**STECKBRIEF** 15–25 (35) cm hoch; Blütenstand 4–8-blütig; Sepalen weißlich grün, vereinzelt purpurn überlaufen, 10–13 mm lang, 4–6 mm breit; Petalen 6–8 mm lang, 2,5–4 mm breit, etwas dunkler als die Sepalen, Rand gewellt; Lippe rundlich bis breit-eiförmig, 10–13,5 mm lang, 12–17 mm breit (ausgebreitet), nicht oder schwach gehöckert; Lippengrundfarbe rotbraun; Lippenmal glänzend, sich bis zu den Schultern erstreckend, reich gegliedert bis flächig, violettblau, meist auffallend weiß umrandet; Basalfeld auffallend dunkel orangerot; Anhängsel sehr klein, spitz. Es existieren auch Populationen, die etwas kleinere Blüten besitzen, die weniger auffallende Malumrandungen und Basalfelder haben. Die Zugehörigkeit wäre noch durch Bestäuberbefunde abzusichern.

*O. provincialis* (li: F, Martigues, 16.4.2011, MN; re: F, Orgon, 21.4.2019, UG)

*O. provincialis* (li: F, Bagnols en F., 23.4.2008, OG); re: F, Bagnols en F., 19.4.2004, OG)

*O. provincialis* (li: F, Martigues, 9.4.2019, UG; re: F, Bagnols en Forêt, 22.4.2008, OG)

**VERWECHSLUNG** *O. passionis* hat kein auffallend weiß umrandetes Lippenmal und kein auffallend dunkel orangerotes Basalfeld. *O. argensonensis* hat kleinere Blüten mit 7–10 mm langen Lippen.
**VORKOMMEN** Lichte Kiefernwälder, Wiesen, Olivenhaine, Waldränder, Böschungen. Bis etwa 800 m.
**VERBREITUNG** Südostfrankreich von der Provence bis zum östlichen Teil des Languedoc. Typus: Frankreich, Département Alpes-Maritimes, 1988.
**BESTÄUBER** *Anthophora atriceps*

## Aveyron-Ragwurz
— *Ophrys aveyronensis* (inkl. *O. vitorica*)

eher spät: Mitte Mai–Juni

*O. aveyronensis* (F, Lapanouse, 27.5.2018, HP)

*O. aveyronensis* (F, Lapanouse, 27.5.2018, HP)

*O. aveyronensis* (li: F, Tierges, 27.5.2016, HP; re: F, Lapanouse, 27.5.2018, HP)

**STECKBRIEF**

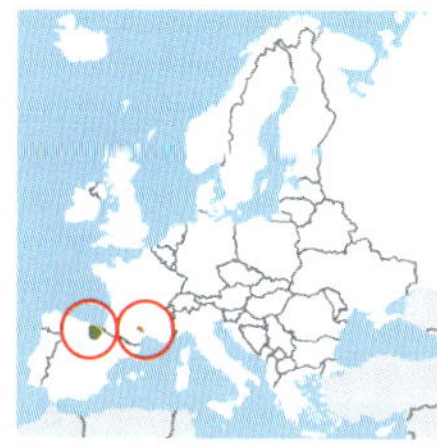

15–25 (40) cm hoch; Blütenstand mit 3–10 großen Blüten; Sepalen rosa oder weiß, grün geadert, ausgebreitet, 10–16 mm lang, 6–8 mm breit; die oft sehr breiten Petalen ähnlich den Sepalen gefärbt, am Rand meist intensiver gefärbt und papillös, breit-lanzettlich bis eiförmig, 7–10 mm lang, 4–5,5 mm breit; Lippe hängend, ungeteilt bis dreilappig, dunkelbraun bis rotbraun, 10–17 mm lang, 12–18 mm breit, gewölbt; Lippenmal sehr variabel, silbrig blau glänzend, großflächig, H-förmig, verlaufend oder marmoriert, besonders in Frankreich oft flächig; Anhängsel klein, dreieckig-spitz.
**VERWECHSLUNG** Kaum verwechselbare, prächtige Art. Die Pflanzen in Spanien (als *O. vitorica* neu beschrieben) zeigen weniger Variabilität, der Narbenkopf ist minimal deutlicher abgesetzt. Ein Unterart-Status wäre akzeptabel.
**VORKOMMEN** Wiesen, lichte Eichenwälder, Gebüsch, extensives Kulturland. Von ca. 200–1100 m.
**VERBREITUNG** Südfrankreich und Nordspanien: Kalkhochflächen des südlichen Zentralmassivs und der Causses du Larzac (Departements Aveyron und Hérault); Provinzen Burgos, Palencia und Logrono. Typus: Frankreich, Aveyron, Causses, 1983.
**BESTÄUBER** *Andrena hattorfiana*

*O. aveyronensis „vitorica"* (li: E, Ezcaray, 21.5.2016, HP; re: E, Espinosa, 24.5.2016, HP)

## Prächtige Ragwurz
*— Ophrys splendida*

eher spät:
April–Mai

**STECKBRIEF** 10–25 (30) cm hoch; Blütenstand 3–7-blütig; Sepalen rosa bis grünlich weiß, 10–15 mm lang, 5–8 mm breit; Petalen weißlich bis rosa, auffallend grüngelb gerandet, zweifarbig, 6–10 mm lang, 3–5 mm breit, am Rand gewellt bis gelappt; Lippe ± oval, 8,5–12 mm lang, 10–14 mm breit (ausgebreitet), braun, teilweise mit schmalem, gelbem Rand, ungehöckert bis leicht gehöckert; Lippenmal H-förmig, manchmal reich gegliedert, auffallend weiß umrahmt; Anhängsel klein, spitz.
**VERWECHSLUNG** Durch die zweifarbigen Petalen gut charakterisiert. *O. exaltata* subsp. *arachnitiformis* mit einfarbigen Petalen kann sehr ähnlich aussehen, blüht aber früher.
**VORKOMMEN** Lichte Wälder, Garrigue, Wiesen, extensives Kulturland; kalkliebend. Bis ca. 600 m.

**VERBREITUNG** Südostfrankreich (Bouches-du-Rhone, Var, Alpes-Maritimes) bis Ligurien. Typus: Frankreich, Bouches-du-Rhóne, 1980.
**BESTÄUBER** *Andrena villipes*

*O. splendida* (F, Cabrières, 1.5.2013, MN)

*O. splendida* (F, Sernhac, li: 25.4.2010, re: 25.4.2010, MN)

*O. splendida* (F, Le Muy, 7.4.2009, OG)

## Palermo-Ragwurz
*— Ophrys panormitana* (inkl. *O. praecox*)

früh:
Febr.–Anf. April

**STECKBRIEF** 20–40 cm hoch, kräftig; Blütenstand lang gestreckt, bis 25 cm lang, mit 3–7 Blüten; Sepalen 10–15 mm lang, 5–8 mm breit, hellgrün bis weiß oder hellrosa, mit grünen Nerven; Petalen 7–11 mm lang, 2,5–4 mm breit, gelbgrün bis rosa oder weiß, am Rand gewellt; Lippe ungeteilt bis tief dreilappig, rundlich bis eiförmig oder rechteckig, 11–15 mm lang, 10–18 mm breit (ausgebreitet), ungehöckert bis schwach gehöckert, rotbraun, gegen die Ränder oft dicht behaart; Lippenmal H-förmig, wenig verzweigt, graublau bis braunviolett, hell umrandet; Narbenhöhle orangegrün bis hell olivgrün; Anhängsel gelblich grün, sehr klein, über einer Kerbe sitzend.
**VERWECHSLUNG** *O. exaltata* hat länglich-eiförmige, zugespitzte Lippen ohne

*O. panormitana* (I, Sizilien, Ferla, 9.4.2012, HP)

oder mit einer weniger deutlichen Kerbe an der Spitze und eine etwas spätere Blütezeit von März bis April. Einzelpflanzen sind manchmal schwer zuzuordnen.
**VORKOMMEN** Magerrasen, Ödland, Garrigue, Weiden, Gebüsch, lichte Kiefernwälder. Bis etwa 1200 m.
**VERBREITUNG** Sizilien, Sardinien, Korsika. **Typus:** Italien, Sizilien, Palermo, 1842. Die Pflanzen auf Sardinien und Korsika werden auch unter dem Namen „*O. praecox*" geführt, oft sind sie weniger hochwüchsig.
**BESTÄUBER** *Andrena florentina*, *Andrena thoracica*

*O. panormitana* (I, Sizilien, Ferla, 9.4.2012, HP)

*O. panormitana* (I, Sizilien, Vittoria, 24.2.2020, HP)

## Hohe Ragwurz
— *Ophrys exaltata* subsp. *exaltata* (inkl. *O. mateolana*)

früh:
Ende Febr.–April

**STECKBRIEF** 20–35 (60) cm hoch; Blütenstand lang gestreckt, bis 25 cm lang, mit 3–12 sehr variablen Blüten; Sepalen 10–12 mm lang, hellgrün bis weiß oder rosa, mit grünen Nerven, an den Rändern zurückgeschlagen; Petalen 7–11 mm lang, schlank, 2–3,5 mm breit, gelbgrün bis rosa, am Rand gewellt; Lippe ungeteilt, selten dreilappig, länglich, 9–14 mm lang, ungehöckert bis schwach gehöckert, rotbraun, gegen die Ränder dicht behaart; Lippenmal H-förmig, wenig verzweigt, blau bis braunviolett, ± hell umrandet; Anhängsel gelblich grün, klein, eine Einbuchtung an der Lippenspitze fehlt normalerweise; Narbenkopf eingeschnürt, Pseudoaugen relativ groß und eng stehend.
**VERWECHSLUNG** *O. panormitana* hat grünliche Pseudoaugen, eine rundliche bis rechteckige, oft dreilappige Lippe mit einer Einbuchtung an der Spitze und eine etwas frühere Blütezeit von Anfang Februar bis März. Einzelne Pflanzen sind manchmal schwer einzuordnen.
**VORKOMMEN** Ödland, Garrigue, Weiden, Wiesen, Gebüsch, lichte Kiefernwälder. Bis etwa 1000 m.

*O. exaltata* subsp. *exaltata* (I, Sizilien, Modica, 27.2.2020, HP)

*O. exaltata* subsp. *exaltata* (li: I, Sizilien, Niscemi, 26.2.2020, HP; re: I, Sizilien, Modica, 27.2.2020, HP)

*O. exaltata* subsp. *exaltata* (li: I, Sizilien, Brucoli, 26.2.2020, HP; re: I, Serra S. Bruno, 4.3.2012, HP)

*O. exaltata* subsp. *marzuola* (li: F, Teryan, 19.3.2011, MN; re: F, Saint-Bauzille-de-Montmel,8.3.2021, MN)

*O. exaltata* subsp. *arachnitiformis* (li: F, Cassis, 23.3.2015, HP; re: F, Bandol, 2.3.2015, HP)

**VERBREITUNG** Endemit Süditaliens von Sizilien und Kalabrien, vereinzelt auch weiter nördlich am italienischen Festland. Übergänge zur subsp. *archipelagi* in Begegnungszonen wie in der Murge werden von einigen Autoren als „*O. mateolana*" bezeichnet, der jedoch eine eigene Ausprägung fehlt. **Typus:** Italien, Sizilien, Messina, 1819.
**BESTÄUBER** *Colletes cunicularius*; diese Biene bestäubt nach aktueller Kenntnis alle Unterarten. In breiten Begegnungszonen verschwimmen deshalb die geringfügigen Unterschiede zwischen den Unterarten, Zwischenformen sind die Regel.

**UNTERARTEN**

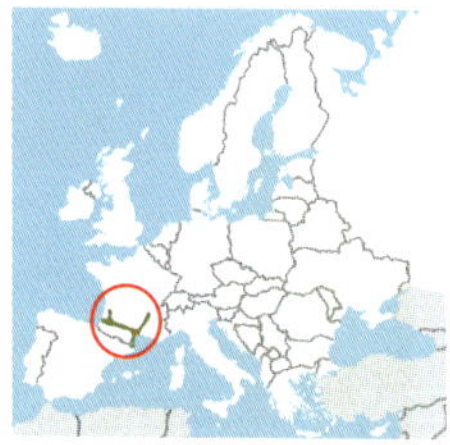

März-Ragwurz *Ophrys exaltata* subsp. *marzuola* (Syn.: *O. occidentalis*): Unterscheidet sich von der subsp. *arachnitiformis* durch ein überwiegend grünes Perigon. Blütezeit sehr früh, Mitte Februar bis Anfang April. Die Sippe beschreibt die westlichen Populationen von Spanisch-Katalonien bis zum mittleren Rhône-Tal. **Typus:** Frankreich, Montagnac, Bessilles, 2002.

Spinnenähnliche Ragwurz *Ophrys exaltata* subsp. *arachnitiformis*: Unterscheidet sich von der Nominatunterart u. a. durch einen niedrigeren, 15–30 cm hohen Wuchs, 2–7-blütige Blütenstände und ein meist reich gegliedertes, teils auch flächiges Lippenmal. Blütezeit früh, Ende Februar bis April. Besiedelt Magerwiesen, Steinrasen, Garrigue, Phrygana, Ödland und lichte Kiefernwälder und steigt bis etwa 800 m. In ihrer Verbreitung auf Südostfrankreich und Ligurien beschränkt. **Typus:** Frankreich, Var, 1859.

*O. exaltata* subsp. *arachnitiformis* (li: F, Bandol, 2.3.2015, HP; re: F, Saint-Bauzille-de-Montmel, 20.2.2016, MN)

*O. exaltata* subsp. *archipelagi* (li: I, Gargano, 1.4.2012, HP; re: HR, Šibenik, 29.3.2015, HP)

*O. exaltata* subsp. *cephalonica* (li: GR, Kefalonia, 15.4.2017, HP; re: GR, Kefalonia, 23.3.2009, SH)

*O. exaltata* subsp. *montis-leonis* (li: I, Toscana, 6.4.2002, EG; re: I, Cecina, 13.4.2019, HP)

*O. exaltata* subsp. *montis-leonis* (li: I, Argentario, 19.3.2018, BT; re: I, Cecina, 7.4.2006, SH)

Adriatische Ragwurz *Ophrys exaltata* subsp. *archipelagi* (Syn: *O. mateolana*): Unterscheidet sich von der Nominatunterart durch einen schwächeren Wuchs, größere, 10,5–17 mm lange, 5,5–9 mm breite Sepalen, breitere, 2,5–4,5 mm breite Petalen und ein reich gegliedertes, oft asymmetrisches Lippenmal. Verbreitet auf beiden Seiten der Adria, in Kroatien disjunkt auf mehreren Inseln und im Süden, nördlich bis zur Insel Cres, in Italien auf das östliche Apulien beschränkt, besonders am Mt. Gargano. Die kroatischen Pflanzen mit Ausnahme von Korčula werden oft hochwüchsiger, haben meist ein grünes Perigon und unten breitere Lippen. Sie sind eventuell zu subsp. *exaltata* zu ziehen. **Typus:** Kroatien, Korčula, 1986.

Kefalonische Ragwurz *Ophrys exaltata* subsp. *cephalonica*: Unterscheidet sich von der Nominatunterart durch fast stets grünes Perigon, 11–15 mm lange und 5–6,5 mm breite Sepalen und v.a. längere, 9–13 mm lange und 2,5–3,5 mm breite, am Rand meist gewellte Petalen. Die seitlichen Sepalen sind in der unteren Hälfte oft purpurn angehaucht. Die Lippe ist 12–15 mm lang, das Haarband umrandet die gesamte Lippe. Das Basalfeld ist orangebraun, die Basalschwiele gelblich grün. Verbreitet in Westgriechenland und Westalbanien bis in den Süden Kroatiens, wo sie in die subsp. *archipelagi* übergeht. Steigt bis etwa 800 m. **Typus:** Griechenland, Kefalonia, 1984.

Tyrrhenische Ragwurz *Ophrys exaltata* subsp. *montis-leonis* (Syn.: *O. tyrrhena*): Unterscheidet sich durch einen niedrigeren Wuchs, meist weiße bis dunkelrosa Perigonblätter, größere Blüten mit 11–17 mm langen und 5–7,5 mm breiten Sepalen und einer breiteren, trapezförmigen bis dreilappigen Lippe. Blütezeit März bis Mai. Endemit der Tyrrhenischen Küste vom östlichen Ligurien bis Latium. Besiedelt hier lichte Wälder, Magerwiesen, Garrigue und Gebüsch bis etwa 500 m. **Typus:** Italien, Toskana, Monte Leoni bei Grosseto, 1972.

## Grassos Ragwurz
— *Ophrys grassoana* nom. prov. (beschrieben als *O. sphegodes* subsp. *grassoana*)

Ende März–Ende April

**STECKBRIEF** 10–30 (40) cm hoch; Blütenstand mit 2–10 mittelkleinen, sehr variablen Blüten; Sepalen blassgrün bis grün, abstehend; Petalen lanzettlich, mindestens zwei Drittel so lang wie die Sepalen, gelbgrün, randlich oft braunrot gefärbt, Petalrand gewellt; Lippe rundlich bis länglich, ungeteilt bis selten dreiteilig, 8–13 mm lang (ausgebreitet), dunkelbraun, Lippenrand heller, wenig zurückgebogen bis fast flach ausgebreitet, ungehöckert bis angedeutet gehöckert, eine apikale Einkerbung fehlt; Lippenmal großflächig, teils fast über die gesamte Lippe reichend, H-förmig bis reich gegliedert, braunviolett bis stahlblau; Basalfeld wie die Lippe gefärbt, Basalschwielen grünbraun; Anhängsel fehlend oder sehr klein.

O. *grassoana* (I, Sizilien, Etna, 12.4.2012, HP)

**VERWECHSLUNG** *O. sphegodes* hat stärker zurückgebogene Lippenseitenränder, eine hellere Lippengrundfarbe, ein helleres Basalfeld und ein weniger flächiges Lippenmal und eine Einkerbung am Lippenende. *O. brutia* hat ein helles Basalfeld und weniger eingerollte Lippen. *O. tarquinia* ist äußerst ähnlich, hat aber geringfügig größere Blüten. Bestäubertests wären wünschenswert.

**VORKOMMEN** Auf alten, bewachsenen Lavaströmen. Von etwa 690–1100 m.

**VERBREITUNG** Endemit des Ätna. **Typus:** Italien, Sizilien, Ätna, 2010.

**NAME** Benannt zu Ehren der zeitgenössischen italienischen Botanikerin Maria Pia Grasso Muntoni, Jahrgang 1960, die sich besonders um die Flora des Ätna Verdienste erwarb.

*O. grassoana* (I, Sizilien, Etna, 12.4.2012, HP)

## Tarquin-Ragwurz
— *Ophrys tarquinia*

eher spät: April–Mai

**STECKBRIEF** 15–30 (50) cm hoch; Blütenstand mit 5–11 mittleren bis relativ großen Blüten; Sepalen hellgrün bis gelblich grün, eiförmig-lanzettlich, 10–15 mm lang, mit zurückgerollten Rändern; Petalen groß, 8,5–12,5 mm lang, 2,5–4 mm breit, gelbgrün bis rotbraun, am Ende stumpf, Ränder gewellt; Lippe länglich, braun bis dunkelbraun, 11–16 mm lang, 10–17 mm breit (ausgebreitet), ungehöckert bis angedeutet gehöckert; Malzeichnung h- bis x-förmig oder erweitert bis fragmentiert, braunviolett, meist hell umrandet; Basalfeld orangebraun; Anhängsel klein, oft nur angedeutet.

**VERWECHSLUNG** *O. argentaria* hat bedeutend kleinere Blüten mit 5–10 mm langen, rundlicheren Lippen, die oft gelb gesäumt sind. Über-

*O. tarquinia* (I, Sassetta, L.c., 13.4.2019, HP)

gangsformen scheinen jedoch häufig zu sein. Die sizilianische *O. grassoana* ist sehr ähnlich, sie hat etwas kleinere Blüten.

*O. tarquinia* (I, Sassetta, L.c., 13.4.2019, HP)

**VORKOMMEN** Extensives Kulturland, Böschungen, Magerrasen, frische Wiesen, Lichtungen. Bis etwa 800 m.
**VERBREITUNG** Endemit Westitaliens, möglicherweise auch am Monte Gargano. **Typus:** Italien, Toskana, Livorno, 2000.
**BESTÄUBER** *Andrena tibialis*

## Cilento-Ragwurz
*— Ophrys cilentana*

März–April

*O. cilentana* (I, Ascea, 30.3.2009, HZ)

*O. cilentana* (li: I, Rutino, 30.3.2009, EG; re: I, Ascea, 30.3.2009, HZ)

**STECKBRIEF**

15–25 (40) cm hoch; Blütenstand mit 3–12 mittelgroßen Blüten; Sepalen 11–15 mm lang, 4–7 mm breit, meist hellgrün bis weiß, seltener rosaweiß oder rosa mit grünen Nerven; Petalen 7–9 mm lang, ähnlich den Sepalen oder etwas dunkler gefärbt, am Rand gewellt, die Spitze wirkt meist wie abgeschnitten; Lippe eiförmig bis trapezförmig oder rhombisch, 10–14 mm lang, 11–16 mm breit (ausgebreitet), ungehöckert bis schwach gehöckert, dunkelbraun; Lippenmal h- bis x-förmig bis erweitert oder fragmentiert, silberblau bis braunviolett, hell umrandet; Anhängsel klein, spitz.
**VERWECHSLUNG** Die italienischen Unterarten der *O. exaltata* haben kürzere, 3–7 mm lange, oft spitze Petalen und ein meist buntes Perigon. *O. sphegodes* hat meist eine Kerbe statt eines Anhängsels.
**VORKOMMEN** Magerwiesen, Garrigue, extensives Kulturland, Gebüsch. Bis etwa 700 m.
**VERBREITUNG** Süditalien von Neapel bis zum Monte Pollino mit Verbreitungsschwerpunkt im Cilento. **Typus:** Italien, Kampanien, Cilento, 2000.
**BESTÄUBER** *Andrena florentina* (?)

## Albanische Ragwurz
— *Ophrys albanica*

sehr früh: Mitte Febr.–
Mitte März (Anf. April)

**STECKBRIEF** 12–22 cm hoch, zierlich; Blütenstand mit 2–4 kleinen, locker stehenden, waagrecht bis leicht hängenden Blüten; Sepalen hellgrün, manchmal braunrot überlaufen, 9–14 mm lang, 3,5–4,5 mm breit, mittleres Sepal nach vorne geneigt; Petalen lang, 6–10 mm lang, 2–3 mm breit, hellgrün bis gelblich, oft purpurn gezeichnet oder gerandet, Rand gewellt; Lippe sehr klein und variabel, eiförmig bis rundlich, zugespitzt, ungehöckert bis leicht gehöckert, bauchig gewölbt, 8–10 mm lang, 9–11 mm breit, dunkel- bis kastanienbraun, am Rand selten mit gelbem Saum; Lippenmal glänzend, stark gegliedert, meist hell umrandet, meist einen runden Bereich umschließend, mehr als die Hälfte der Lippe einnehmend; Narbenhöhle klein, etwa 3 mm breit und 2 mm hoch; Pseudoaugen meist hell umrandet; Anhängsel klein, nach vorne gerichtet.

**VERWECHSLUNG** *O. hebes* ist stattlicher, hat größere Blüten, hellere, nicht zugespitzte Lippen mit einem meist deutlichen, gelben Rand und eine spätere Blütezeit mit Hauptverbreitung in den Bergen.

**VORKOMMEN** Lichte Küstenkiefernwälder, unterwuchsfrei, moosig bis locker vergrast. Sie wurde bisher nur in einem Waldgebiet gefunden auf 2–3 m Seehöhe.

**VERBREITUNG** Bisher nur aus dem zentralen Westalbanien bekannt. **Typus:** Albanien, Diviaka, 2016.

*O. albanica* Typus (AL, Diviaka, 3.4.2015, HP)

*O. albanica* (AL, Diviaka, L.c., 18.3.2019, BT)

*O. albanica* (AL, Diviaka, L.c., 18.3.2019, BT)

*O. albanica* (AL, Diviaka, L.c., 4.4.2015, HP)

## Hebes Ragwurz
*— Ophrys hebes* (inkl. *O. negadensis*)

früh:
März–Mai

**STECKBRIEF** 10–20 (30) cm hoch; Blütenstand 3–8-blütig; Sepalen hellgrün, manchmal braunrot überlaufen, 11–14 mm lang, 5–6,5 mm breit; Petalen lang, gelbgrün, oft rötlich überlaufen, gewellt, 7–11 mm lang; Lippe rundlich, ungehöckert, deutlich bauchig gewölbt, dunkel rotbraun, 9–13 mm lang, 8–12 mm breit, am Rand gelb bis hellbraun, vorne ausgebreitet; Lippenmal violettblau bis rötlich, metallisch glänzend, weiß umrahmt, H-förmig bis flächig mit über die Lippe verteilten Flecken; Basalfeld dunkel bis rotbraun; Anhängsel klein.

*O. hebes* (li: GR, Kosmas, 1.4.2018, HP; re: AL, Koplik, 10.4.2017, HP)

**VERWECHSLUNG** *O. zeusii* ist mit 25–60 cm höherwüchsig und reichblütiger. Ihr Lippenmal ist H-förmig und weniger gegliedert, die Lippe nicht bauchig, die Blütezeit deutlich später. *O. albanica* hat kleinere Blüten ohne aufgewölbten Lippenrand. Sie blüht noch früher und ist bisher nur aus einem albanischen Küstenkiefernwald auf Sand bekannt.

**VORKOMMEN** Lichte Eichenwälder, Gebüsch, Tannenwälder, Bergwiesen; kalkliebend. Fast nur im Bergland, bis etwa 1700 m.

**VERBREITUNG** Balkanhalbinsel-Endemit von Montenegro bis zur Peloponnes. **Typus:** Griechenland, Peloponnes, Taigetos, 1975.

**BESTÄUBER** *Andrena bimaculata, Andrena symphyti* (?)

**NAME** Benannt nach der griechischen Professorin Hebe Kouyeas.

**VARIABILITÄT** Pflanzen aus Nordwestgriechenland mit 5–8-blütigen Blütenständen (bei der Nominatvarietät 3–5-blütig), ungeteilten bis angedeutet dreiteiligen, stärker gerollten Lippen und einfacherem Lippenmal werden als var. *negadensis* abgetrennt (evtl. Einfluss von *O. exaltata* subsp. *cephalonica*).

*O. hebes* (GR, Kosmas, 1.4.2018, HP)

*O. hebes* var. *negadenis* (GR, Negades, L.c., 25.4.2011, BT)

# Glossar, Quellen

## Glossar

**allogam** fremdbestäubt, bei europäischen Orchideen durch Insekten

**Anhängsel** kleine Spitze am vorderen Ende der *Ophrys*-Blüte (nur Euophrys); dient als Widerlager bei der Insektenbestäubung

**Ansalbung** florenverfälschendes Ausbringen von Pflanzen

**Anthere** Staubbeutel, Teil des Staubblatts

**Apomikt, apomiktisch** Pflanze, bei der die geschlechtliche Fortpflanzung ersetzt wird durch Jungfernzeugung

**ausgerandet** Lippenform, am Rand mit kleinen Buchten

**autogam** selbstbestäubend

**Basalfeld** umrandete Fläche an der Basis der Lippe unterhalb der Pseudoaugen

**Braktee** Tragblatt, Deckblatt

**diploid** mit doppeltem Chromosomensatz

**einseitswendig** Blüten ± nach einer Richtung ausgerichtet

**endemisch** Verbreitung auf ein bestimmtes Gebiet beschränkt

**Epichil** vorderer Lippenteil

**fertil** fruchtbar bzw. mit Blütentrieben

**fuciflorid** Lippe ungeteilt, ähnlich der von *Ophrys holosericea* (Syn. *O. fuciflora*)

**Gynostemium** Griffelsäule

**Habitus** Gestalt der gesamten Pflanze

**Helm** zusammenneigende Perigonblätter

**Hybrid** Kreuzung zwischen zwei verschiedenen Elternsippen, auch „Bastard"

**hybridogen** Pflanzensippe, die durch Hybridisierung entstand

**Hypochil** hinterer Lippenteil

**Internodium** Abschnitt zwischen zwei Blattansatzstellen

**Kallus** (Mehrzahl Kalli) Gewebewulst, hier Aufstülpungen auf der Vorderlippe bei *Epipactis*

**Kapsel** Einzelfrucht, die aus zwei oder mehreren Fruchtblättern gebildet wird

**kleistogam** Blüten bleiben geschlossen und vollziehen Selbstbefruchtung

**Klinandrium** Pollenschüssel, Hohlraum am Säulenende

**Konnektiv** steriler Abschnitt zwischen zwei Staubbeutelhälften

**Konnektivfortsatz** Spitze an der Säule bei *Ophrys*, „Schnäbelchen"

**Konvergenz** Entstehung ähnlicher Organismen ohne nahe Verwandtschaft, Parallelentwicklung

**Labellum** Lippe, meist als großes, buntes oder besonderes Blütenblatt ausgebildet

**Locus classicus (L.c.)** Fundort der Erstbeschreibung der jeweiligen Art; enger begrenzt: Locus typicus

**Narbe** weiblicher Teil der Blüte zur Aufnahme der Pollen

**Narbenhöhle** vertiefter Bereich der Säule bei *Ophrys*, oberhalb der Pseudoaugen

**Narbenkopf** oberer Teil der Säule bei *Ophrys*, beginnend unterhalb der Pseudoaugen, von außen oft durch eine Einschnürung abgesetzt

**nom. prov.** nomen provisorium, noch nicht gültig publizierter Name

**Papillen** Ausstülpungen auf der Oberfläche der Lippe oder auf den Deckblatträndern

**Perigon** Blütenblätter; bei Orchideen meist ohne die Lippe gemeint

**Petalen** innere Blütenblätter (Kronblätter); bei Orchideen meist ohne die Lippe gemeint

**Pollinien** Pollenpakete, teils mit Stielchen und/oder Klebfläche

**p.p.** pro parte, zum Teil

**Pseudoaugen** glänzende, meist aufgewölbte, dunkle Bereiche an der Lippenbasis bei *Ophrys*

**Rostellum** Klebdrüse am oberen Teil der Narbe (zum Befestigen der Pollinien am Insekt)

**scolopaxoid** Lippe dreigeteilt, ähnlich der von *Ophrys scolopax*

**Sepalen** äußere Blütenblätter (Kelchblätter)

**Sippe** taxonomische Einheit unabhängig ihrer Rangstufe

**Spindel** Stängel im Blütenstandsbereich

**Stamidionalpunkte** zwei dunkle Pünktchen an der Säule oberhalb der Pseudoaugen bei Ophrys

**Staminodium** verkümmertes, unfruchtbares Staubblatt; seitlicher Teil der Säule

**steril** unfruchtbar bzw. Pflanzen ohne Blütentriebe

**subsp.** Abkürzung für Subspecies, Unterart, auch ssp.

**Synonym** gleichbedeutender, jüngerer, ungültiger Name

**Tepalen** Petalen und Sepalen gemeinsam

**Terra typica** Gebiet, in dem der Locus classicus liegt

**tetraploid** mit vierfachem Chromosomensatz

**Typus, Typus-Exemplar** Pflanze, die als Belegexemplar für die Beschreibung gesammelt und im Herbar hinterlegt wurde; hiernach richtet sich, welche Pflanzen zu dieser Sippe gehören

**var.** Abkürzung für Varietät, hier niedrigste benutzte Rangstufe

**Viscidium** Klebdrüse an Pollinien bei *Epipactis*

## Quellen


Ayuso, J. B. (2017): Estudio de las Orquideas silvestres del Sistema Iberico – Programa de Doctorado en Biodiversidad y Biologia Evolutiva – Universitat d Valencia.

Fischer M. A. (2015): Was ist ein Taxonym? – Neilreichia 7: 195–229.

Kreutz C. A. J. (2004): Kompendium der Europäischen Orchideen – Kreutz Publishers, Landgraaf.

Paulus H. F. (2018): Pollinators as isolation mechanismus – Entomologia Generalis Vol. 37 (3–4): 261–316.

# Register

## F



## G



## H

**P**

## S

## T



## V



## W

## Länderverzeichnis

| | |
|---|---|
| **A** | Österreich |
| **AL** | Albanien |
| **AND** | Andorra |
| **AZ** | Aserbaidschan |
| **B** | Belgien (BE) |
| **BG** | Bulgarien |
| **CH** | Schweiz |
| **CY** | Zypern |
| **CZ** | Tschechische Republik |
| **D** | Deutschland |
| **DK** | Dänemark |
| **E** | Spanien (ES) |
| **EST** | Estland (EE) |
| **F** | Frankreich |
| **GB** | Großbritannien |
| **GR** | Griechenland |
| **H** | Ungarn |
| **HR** | Kroatien |
| **I** | Italien |
| **IL** | Israel |
| **IRL** | Irland |
| **IS** | Island |
| | Krim |
| **LIT** | Litauen |
| **LV** | Lettland |
| **MNE** | Montenegro |
| | Malta |
| **N** | Norwegen |
| **NL** | Niederlande |
| **P** | Portugal |
| **PL** | Polen |
| **RO** | Rumänien |
| **S** | Schweden |
| **SK** | Slowakei |
| **SLO** | Slowenien |
| **SRB** | Serbien |
| **TR** | Türkei |
| **UA** | Ukraine |

## Verzeichnis der Fotografen

**AA** Andreas Axmann, A, Wien

**AF** Albert Fröhlich, A, Villach

**AR** Adolf Riechelmann, D, Kersbach

**AS** Alan Smith, GB, Gloucestershire

**AVF** A. V. Fateryga, Krim

**BB** Beniamin Borceanu, RO, Braşov

**BS** Bernhard Schubert Mag., A, Karlstetten

**BSch** Bernhard Schifer, A, Wöllersdorf

**BT** Bernd Tenschert, D, Hohenstadt

**CB** Claus Bauernfeind, D, Ochsenfeld

**CH** Carlos Hermosilla, E, Miranda

**CS** Corina Steiu, RO, Dumbravita

**CVT** Cezar-Valentin Tomescu, RO, Suceava

**DE** Dries Engelen, NL, Nijmegen

**DT** Daniel Tyteca, B, Louvain-la-Neuve

**EG** Ernst Gügel, D, München

**GB** Günther Blaich, D, Mannheim

**GG** Gabriel Gigea, RO, Limanu

**GL** Gerhard Lakmann Dr., D, Delbrück

**GT** Gertrud Tritthart Mag., A, Graz

**HP** Helmut Presser, D, Kipfenberg

**JS** John Spencer, GB, Gloucester

**JV** Jürgen Vetter, D, Erlangen

**KK** Karel Kreutz, NL, Sint-Geertruid

**KS** Karl Schebesta, A, Wien

**MB** Mihai-Mircea Bobocea, RO, Bucureşti

**MN** Michel Nicole, F, Teyran

**NdA** Nora de Angelli, RO, Snagov

**NG** Norbert Griebl, A, Stainz

**OG** Olivier Gerbaud Dr., F, Allevard-les-Bains

**PD** Pierre Delforge, B, Rhode-Saint-Genèse

**PZ** Peter Zschunke Dr., D, Mainz

**RL** Richard Lorenz, Dr., D, Weinheim

**SH** Stefan Hertel, D, Haag

**UG** Uwe Grabner, D, Starnberg

**UH** Ulrich Heidtke, D, Niederkirchen

**VC** Vito Campo, Sizilien, Ragusa

**WF** Wolfram Foelsche, A, Graz

**WV** Walter Vöth, A, Mödling

**ZA** Zissis Antonopoulos, GR, Thessaloniki

# Bildnachweis, Impressum

## Bildnachweis

Andreas Axmann (AA): 2; Albert Fröhlich (AF): 4; Adolf Riechelmann (AR): 14; Alan Smith (AS): 5; A. V. Fateryga (AVF): 5; Beniamin Borceanu (BB): 1; Bernhard Schubert (BS): 3; Bernhard Schifer (BSch): 1; Bernd Tenschert (BT): 108; Claus Bauernfeind (CB): 1; Carlos Hermosilla (CH): 3; Corina Steiu (CS): 1; Cezar-Valentin Tomescu (CVT): 1; Dries Engelen (DE): 5; Daniel Tyteca (DT): 3; Ernst Gügel (EG): 6; Günther Blaich (GB): 4; Gabriel Gigea (GG): 2; Gerhard Lakmann (GL): 1; Gertrud Tritthart (GT): 2; Helmut Presser (HP): 1561; John Spencer (JS): 2; Jürgen Vetter (JV): 10; Karel Kreutz (KK): 14; Karl Schebesta (KS): 4; Mihai-Mircea Bobocea (MB): 2; Michel Nicole (MN): 10; Nora de Angelli (NDA): 18; Norbert Griebl (NG): 56; Olivier Gerbaud (OG): 11; Pierre Delforge (PD): 5; Peter Zschunke (PZ): 7; Richard Lorenz (RL): 2; Stefan Hertel (SH): 64; Uwe Grabner (UG): 110; Ulrich Heidtke (UH): 1; Vito Campo (VC): 2; Wolfram Foelsche (WF): 5; Walter Vöth (WV): 2; Zissis Antonopoulos (ZA): 15.

## Impressum

Umschlaggestaltung von BÜRO JORGE SCHMIDT, München, unter Verwendung von drei Fotos von Helmut Presser (*Ophrys grandiflora* und *Ophrys lesbis* auf der Vorderseite, *Ophrys ficalhoana* auf der Rückseite) und einer Illustration von Quagga Illustrations, Berlin, 2021 (*Orchis* sp.)

Mit 2072 Fotos, 633 Verbreitungskarten von KOSMOS Kartografie/Annette Wrobel, Stuttgart, und 5 Schwarz-Weiß-Zeichnungen von Wolfgang Lang

Das Foto auf Seite 2/3 zeigt die Gattungshybride *Gymnigritella* (N. Griebl), das Foto auf Seite 4 *Ophrys lacaitae* (N. Griebl), das Foto auf Seite 32/33 einen *Serapias*-Bestand (B. Schubert).


ISBN 978-3-440-17100-4
Projektleitung: Claudia Salata
Redaktion, Lektorat und Satz: Barbara Kiesewetter, München
Grundlayout: Peter Schmidt Group GmbH, München
Produktion: Markus Schärtlein
Druck und Binden: Printer, Trento
Printed in Italy / Imprimé en Italie